高等职业教育教材

获中国石油和化学工业
优秀教材奖

基础化学

第二版

朱超云　陈　琳　胡智学　主　编

陈玉霞　曹国庆　副主编

化学工业出版社

·北京·

内容简介

《基础化学》第二版全面贯彻党的教育方针，落实立德树人根本任务，在教材中有机融入党的二十大精神。本教材曾获中国石油和化学工业优秀教材奖，将传统的四大化学课程进行模块化整合，共分为化学反应速率与化学平衡、化学分析技术、物质结构和化合物基础、有机化合物、物质的聚集态和化学热力学基础五大模块，共19章及14个实训内容。全书在适当位置插入启发式、探究式的小问题，以促进学生思考，并将教材与生活、社会相结合。

《基础化学》第二版重视化学技能的培养和化学在实际生活中的应用，适合高等职业专科学校、高等职业本科学校应用化工技术、精细化工、材料、环境工程、生物化工和制药等专业的学生和教师使用。

图书在版编目（CIP）数据

基础化学 / 朱超云，陈琳，胡智学主编． -- 2版．
北京：化学工业出版社，2025.1． —（高等职业教育教材）． -- ISBN 978-7-122-47452-0

Ⅰ．O6

中国国家版本馆 CIP 数据核字第 2025VD7267 号

责任编辑：刘心怡　　　　　文字编辑：崔婷婷
责任校对：宋　夏　　　　　装帧设计：王晓宇

出版发行：化学工业出版社
　　　　　（北京市东城区青年湖南街 13 号　邮政编码 100011）
印　　装：大厂回族自治县聚鑫印刷有限责任公司
787mm×1092mm　1/16　印张 26　彩插 1　字数 668 千字
2025 年 9 月北京第 2 版第 1 次印刷

购书咨询：010-64518888　　　售后服务：010-64518899
网　　址：http://www.cip.com.cn
凡购买本书，如有缺损质量问题，本社销售中心负责调换。

定　　价：58.00 元　　　　　　　版权所有　违者必究

前　言

本书自 2016 年第一版出版以来，深受高等职业教育院校相关专业师生的认可，在基础化学课程教学中发挥了重要的作用。为了满足当前高等职业教育基础化学教学改革的需求，也为了数字化技术与基础化学教学的深度融合，编写团队经过充分调研，广泛征求教学一线教师、学生、相关企业专家的意见和建议，在第一版的基础上进行修订。突出了以下特点。

1. 丰富了数字化教学资源。充分利用现代互联网信息技术，在教材适当位置插入二维码链接，使用者可通过扫描二维码获得与教材内容相关的文字、动画、视频等教学信息，帮助读者更好地学习本教材内容。

2. 增强了教材的教学辅助功能。本教材作为国家精品在线开放课程"基础化学"的配套教材，实现了课前、课中、课后学习的连贯性。每章前增加了学习目标，章后增加了学习指导及课件资源，更有利于学生课后复习或自学。教材习题内容丰富并附有详尽的参考答案，供读者检验学习效果。

3. 提升了教学实用性。根据不同专业的要求，对第二模块中的教学内容适当调整，达到服务于专业、服务于培养目标的要求；补充了生产案例、生活应用等方面内容，可促进学生在教学中当场思考，及时理解教学内容。

4. 教学内容具有科学性和先进性。教材内容呈现经典知识的同时，增加了相关研究的新成果、新知识、榜样人物介绍，设有"知识拓展"与"素质阅读"栏目，丰富和延伸了化学在新材料、新领域中的应用。

5. 体现了职业教育的实用性。教材包含了 14 个实训项目，与技能大赛化学实验技术赛项、江苏省职教高考化工类专业基本技能考试内容、化学检验员技师培训内容相衔接，在强化理实一体、训练技能的同时，有机融入了 HSE 理念、7S 管理等企业实验岗位要求。

本书由南京科技职业学院基础化学教研室教师和具有丰富经验的企业科研人员合作编写而成，南京科技职业学院陈琳编写第 1～3 章、曹国庆编写第 4～6 章、陈玉霞编写第 7、8、19 章、朱超云编写第 9～11 章、冯美丽编写第 12、13 章、胡智学编写第 14～16 章、雷玲编写第 17、18 章。中国石化南京化工研究院有限公司贾凤博士参与第 12、13 章编写，江苏富森科技股份有限公司王勤博士参与第 10、15 章编写，两位博士对本书的编写提出了许多宝贵意见和建议，在此表示感谢。同时，化学工业出版社对教材修订的内容、视频和动画等资源的建设方面给予了专业的无私帮助和指导，在此表示衷心的感谢。本书由南京工业大学姚成教授和中国石化扬子石油化工有限公司邵强（江苏省产业教授）担任主审，全书由朱超云统稿。

鉴于编者的知识和能力有限，书中难免存在不足之处，敬请读者和同行批评指正。

编者
2025 年 1 月

第一版前言

高职教育的目标是要培养具备高技能、有技术的应用型人才,现将这种理念应用到化学学科的教学。化学学习的根本就在于能将化学知识应用于生活、应用于生产和能为后续的专业课程服务。经过多年的高职化学教学的实践与探索,我们编写了这本《化学应用基础》教材。

本教材将传统的四大化学课程进行模块化整合,形成一本由"化学反应速率与化学平衡""化工分析技术""物质结构和化合物基础""有机化合物""物质的聚集态和化学热力学基础"五大模块组成,共19章及14个实训内容的综合性教材。本教材编写注意突出了以下几个特点:

1. 模块化整合内容,重构课程体系

"化学应用基础"课程是应用化工技术、精细化工、材料、环境工程、生物化工和制药等专业的重要基础课程,该课程内容的设置和教学质量将直接影响到专业的培养目标。在编写该教材时,编者剔除了四大化学中理论性强又不实用的内容,根据各专业的培养目标,选择了四大化学中的部分内容并进行有机整合,形成了《化学应用基础》的五大模块内容,内容虽然庞大但又自成体系。

2. 结合专业需求,灵活教学内容

由于不同专业培养目标和后续课程的不同,其对"化学应用基础"课程要求是不一样的。根据不同专业的要求,模块中的教学内容可作适当取舍,达到服务于专业、服务于培养目标的要求。譬如分析检验专业,因后续有更详细的定量化学分析和仪器分析课程,"化工分析技术"模块就可以不在此进行教学了;对于精细化工技术中涂料生产专业,"物质的聚集态和化学热力学基础"模块中增加了"胶体及应用"内容。

3. 培养实训技能,应用于生活和生产

本教材的14个实训内容,有不少是物质的制备技术实训,培养学生在实验室进行生产试验的能力;也有与生活密切相关的实训,如水的pH测定、水的纯度测定等。体现教材服务生活和生产。

4. 促进思考,培养兴趣

教材中有许多诸如"想一想""练一练"等思考内容,可促进学生在教学中当场思考,及时理解教学内容。教材章节后还有许多小资料可供学生在课后阅读,扩大学生的视野,培养学生学习兴趣。

5. 拓展课外技能

用计算机绘制化学结构和进行实验数据处理也是高职学生应该要有的一项技能。在本教材中还介绍了ChemOffice化学结构软件的使用和用Excel软件进行实验数据处理的方法。

全书由南京科技职业学院、扬州工业职业技术学院有着多年高职教学经验的教师及企业科研人员合作编写而成。参加本书编写的有南京科技职业学院曹国庆(编写第1~4章)、胡智学(编写第14~16章)、雷玲(编写第17、18章)、朱超云(编写第9~11章)、武亚明

（编写第 12、13 章）、陈玉霞（编写第 7、8、19 章）和扬州工业职业技术学院王元有（编写第 5、6 章）。江苏中丹制药有限公司马锋高级工程师对本书的编写提出了许多宝贵意见和建议，在此表示感谢。本教材由南通大学石玉军教授担任主审，全书由曹国庆统稿和修改。

鉴于编者的知识和能力有限，书中难免存在缺点和不足之处，敬请读者和同行批评指正。

编者

2016 年 6 月

目　录

第3章 氧化还原平衡

第4章 配位平衡

第二模块　化学分析技术

第5章　定量分析技术基础

第6章　定量分析技术

第三模块　物质结构和化合物基础

第7章　物质结构

第8章　常见金属元素及其化合物

第四模块 有机化合物

第9章 认识有机化合物

第 10 章　烃

第 11 章　芳烃

第 12 章　卤代烃

第 13 章 醇、酚、醚

第 14 章 醛和酮

第 15 章　羧酸及其衍生物

第 16 章　含氮及杂环有机化合物

第五模块 物质的聚集态和化学热力学基础

第 17 章 化学热力学基础

第18章 溶液及相平衡

第 19 章　胶体及应用

附录

参考文献

元素周期表

第1章

化学反应速率与化学平衡概述

学习目标 ■

第一模块

化学反应速率与化学平衡

第1章
化学反应速率与化学平衡概述

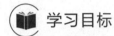 学习目标

知识目标

1. 熟悉理想气体方程式和分压定律；
2. 熟悉化学反应速率的表示方法和影响反应速率的因素；
3. 熟悉化学平衡概念和平衡影响因素。

能力目标

1. 能根据实验数据推断化学反应速率方程式；
2. 能用反应速率理论来解释外界因素对反应速率的影响；
3. 能利用分压定律计算混合气体中各组分的分压；
4. 会计算各物质的平衡浓度和反应物的转化率。

素质目标

1. 培养学以致用、理论联系实际的素养；
2. 培养低碳、绿色、环保、安全的化工责任意识，激发创新思维；
3. 增强民族自豪感，激发爱国之情和报国之志。

我们知道，有的化学反应速率较快，例如爆炸反应、强酸与强碱的中和反应等，几乎在顷刻之间完成。而有些则很慢，例如岩石的风化、钟乳石的生长等，需要历时千百万年才有显著变化。

研究化学反应速率快慢及其影响因素，无论对我们的日常生活，还是工业生产都有重要意义。例如，我国科学家提出的"纳米限域催化"，成为精准调控化学反应速率的有效手段，荣获 2020 年度国家自然科学奖一等奖。从发现现象到提出概念再到工业应用，研究团队潜心攻关了 20 多年，用实际行动诠释了一代又一代化工人坚守的力量！

1.1 气体

自然界中物质通常以气、液、固三种状态存在。与液体和固体相比，气体是物质的一种较简单的聚集状态，在科学研究和工业生产中，许多气体参与了重要的化学反应。

气体物质的基本特征是易扩散和可压缩性。气体既没有固定的体积又没有固定的形状，所谓气体的体积就是指它们所在容器的容积。

在一定温度下，无规则运动的气体分子具有一定的能量，在运动中分子彼此间发生碰撞，气体分子也碰撞器壁，这种碰撞产生了气体的压力。气体的状态常用四个物理量描述，

即物质的量（n）或质量（m）、体积（V）、压力（p）和热力学温度（T）。

查一查：地球大气中的主要温室气体有哪些？温室气体对环境有哪些影响？

1.1.1　气体的压力单位和压力表

气体压力通常用国际单位制（SI）中的帕斯卡为单位，以 Pa 或帕表示。当作用于 $1m^2$（平方米）面积上的力为 1N（牛顿）时压力就是 1Pa（帕斯卡）。有时也用单位 kPa。

但是，原来的许多压力单位，例如，标准大气压（简称大气压）、工程大气压（即 $kg \cdot cm^{-2}$）、巴等现在仍然在使用。物理化学实验中还常选用一些标准液体（例如汞）制成液体压力计，压力大小就直接以液体的高度来表示。它的意义是作用在液柱单位底面积上的液体重量与气体的压力相平衡或相等。

图 1-1　压力表

在测量气体的压力时，见得最多的是用压力表来测量气体压力，例如实验仪器、高压钢瓶、灭火器、气体管路上常接有压力表，压力表如图 1-1 所示。

想一想："双碳"目标，是中国提出的 2030 年"碳达峰"和 2060 年"碳中和"目标。"碳达峰"是指二氧化碳的排放不再增加，达到峰值后逐渐减少；"碳中和"是指采取植树造林、节能减排、发展新能源等方式将排放的二氧化碳抵消。作为一名大学生，如何从我做起，助力"双碳"目标的实现？

1.1.2　高压气体钢瓶及标识

在实验室和生产中经常会用到装有不同气体的高压气体钢瓶，为了便于识别，同时也是为了安全，规定在钢瓶上涂上不同颜色的油漆，表 1-1 列出了常见气体钢瓶颜色及标注。

表 1-1　气体钢瓶颜色及标注

序号	气体名称	化学式	瓶色	字样	字色
1	空气	—	黑	空气	白
2	氧气	O_2	淡蓝	氧	黑
3	氮气	N_2	黑	氮	白
4	氢气	H_2	淡绿	氢	大红
5	氯气	Cl_2	深绿	液氯	白
6	氨气	NH_3	淡黄	液氨	黑
7	乙炔	C_2H_2	白	乙炔　不可近火	大红
8	甲烷	CH_4	棕	甲烷	白

查一查：高压气体钢瓶在使用过程中不可将气体用尽，需留有 0.05MPa 以上的余气。解释高压气体钢瓶不能将气体用尽的原因。

1.1.3　理想气体状态方程

理想气体是分子之间没有相互吸引和排斥，分子本身的体积相对于气体所占有体积完全可以忽略的一种假想情况。对于真实气体，只有在低压力和较高温度下，由于气体分子间距离较大，分子间相互作用力很小，才能近似地看成理想气体。在通常温度的条件下，理想气体的状态方程对大多数气体都是适用的。理想气体状态的四个物理量之间关系为：

$$pV=nRT \tag{1-1}$$

式中，p 为气体压力，Pa；V 为气体体积，m^3；T 为气体温度，K；n 为气体物质的量，mol；R 为气体常数，8.314J·(mol^{-1}·K^{-1})。

根据 $n=\dfrac{m}{M}$ 和 $\rho=\dfrac{m}{V}$，其中 m 为气体质量，M 为摩尔质量，ρ 为气体密度，理想气体方程又可写作：

$$pV=\frac{m}{M}RT \tag{1-2}$$

$$pM=\rho RT \tag{1-3}$$

根据理想气体方程式，可以进行有关气体压力、体积和质量等的计算。

【例1-1】 在温度为 400K、压力为 260kPa 的条件下，体积为 50.0L 的二氧化碳的物质的量和质量各是多少？

解：根据 $pV=nRT$ 得

$$n=\frac{pV}{RT}=\frac{260\times10^3\times50.0\times10^{-3}}{8.314\times400}=3.91(\text{mol})$$

$$m=nM(\text{CO}_2)=3.91\times44.01=172(\text{g})$$

练一练：在 25℃ 时，将电解水所得氢气和氧气混合气体 54.0g，注入 60.0L 的真空容器中，问氢气和氧气的分压各为多少？

1.1.4 气体分压定律

在实际生产和科研中遇到的气体通常都是混合气体。如果有几种互不反应的气体放在一个容器中时，每种气体所占据的体积都与容器体积一致，其对容器产生的压力并不受共存的其他气体的影响，就如同该气体单独占有此容器时所表现的压力一样。在一定温度下，各组分气体单独占据与混合气体相同体积时所产生的压力叫作该组分气体的分压，各组分的分压的和为混合气体的总压。用数学式表示为：

$$p=p_1+p_2+p_3+\cdots+p_i \tag{1-4}$$

式中，p 是混合气体总压，p_1、p_2、$p_3\cdots p_i$ 是组分气体 1、2、3$\cdots i$ 的分压。

因 $pV=nRT$，则 $p_1V=n_1RT$，$p_2V=n_2RT$，$p_3V=n_3RT$，$\cdots$，$p_iV=n_iRT$，可以得到 $\dfrac{p_1}{p}=\dfrac{n_1}{n}$，$\dfrac{p_2}{p}=\dfrac{n_2}{n}$，$\cdots$，$\dfrac{p_i}{p}=\dfrac{n_i}{n}$，$\dfrac{n_i}{n}$ 称为物质的量分数 x_i，混合气体中各组分气体的物质的量分数和为 1，各组分气体分压与混合气体总压存在如下关系：

$$p_i=x_ip \tag{1-5}$$

上述关系式即为分压定律。即某一组分气体的分压与该气体物质的量分数成正比。

【例1-2】 在温度 300K 时，将 2.0mol 氮气、3.0mol 氧气和 1.0mol 二氧化碳充到体积为 2.0m^3 钢瓶中，求混合气体的总压，并利用分压定律计算各组分气体的分压。

解：

$$x(N_2) = \frac{n(N_2)}{n_{总}} = \frac{2.0}{6.0} = \frac{1}{3}$$

$$x(O_2) = \frac{n(O_2)}{n_{总}} = \frac{3.0}{6.0} = \frac{1}{2}$$

$$x(CO_2) = \frac{n(CO_2)}{n_{总}} = \frac{1.0}{6.0} = \frac{1}{6}$$

根据理想气体状态方程，混合气体总压为：

$$p = \frac{nRT}{V} = \frac{6.0 \times 8.314 \times 300}{2.0} = 7482.6(Pa) = 7.48(kPa)$$

利用分压定律，计算出各组分气体分压为：

$$p(N_2) = x(N_2)p = \frac{1}{3} \times 7.48 = 2.49(kPa)$$

$$p(O_2) = x(O_2)p = \frac{1}{2} \times 7.48 = 3.74(kPa)$$

$$p(CO_2) = x(CO_2)p = \frac{1}{6} \times 7.48 = 1.25(kPa)$$

在本章的压力平衡常数中的压力就是指反应体系中各组分的分压，后续第 18 章中计算溶液上方混合蒸气中各组分物质的量分数即要利用此分压定律。

1.2　化学反应速率

任何一个化学反应都涉及两个方面的问题：一是化学反应进行的快慢问题；二是化学反应进行的程度问题。化学反应速率讨论的是化学反应进行的快慢问题；化学平衡讨论的是化学反应进行的程度问题。各种化学反应进行的速率差别很大，有些反应进行得很快，如炸药的爆炸、酸碱中和反应等，有些反应进行得很慢，如常温下 H_2 和 O_2 生成 H_2O 的反应，几乎看不出变化。

想一想：从化学反应速率的角度，解释夏季食品容易变质的原因。

1.2.1　化学反应速率的表示与测定

（1）化学反应速率的表示

化学反应速率通常以单位时间内反应物浓度的减少或生成物浓度的增加来表示。浓度单位常用 $mol \cdot L^{-1}$，时间单位根据具体反应的快慢用 s（秒）、min（分）或 h（小时）表示，因此反应速率单位为 $mol \cdot L^{-1} \cdot s^{-1}$、$mol \cdot L^{-1} \cdot min^{-1}$ 或 $mol \cdot L^{-1} \cdot h^{-1}$ 等。

反应速率可选用反应体系中任一物质浓度变化表示，例如，合成氨反应：

$$N_2 + 3H_2 \longrightarrow 2NH_3$$

其反应速率可分别表示为

$$\bar{v}(N_2) = -\frac{\Delta c(N_2)}{\Delta t}$$

$$\overline{v}(H_2) = -\frac{\Delta c(H_2)}{\Delta t}$$

$$\overline{v}(NH_3) = \frac{\Delta c(NH_3)}{\Delta t}$$

【例 1-3】 某温度下，在密闭容器中进行的合成氨反应，从反应开始到 3min 时，各物质浓度变化如下表所示：

t/min	0	3
$c(N_2)/\text{mol} \cdot L^{-1}$	3.0	1.5
$c(H_2)/\text{mol} \cdot L^{-1}$	9.0	4.5
$c(NH_3)/\text{mol} \cdot L^{-1}$	0	3.0

求从反应开始到 3min 时的平均速率。

解： 　$\overline{v}(N_2) = -\dfrac{\Delta c(N_2)}{\Delta t} = -\dfrac{1.5-3.0}{3} = 0.5(\text{mol} \cdot L^{-1} \cdot \text{min}^{-1})$

$\overline{v}(H_2) = -\dfrac{\Delta c(H_2)}{\Delta t} = -\dfrac{4.5-9.0}{3} = 1.5(\text{mol} \cdot L^{-1} \cdot \text{min}^{-1})$

$\overline{v}(NH_3) = \dfrac{\Delta c(NH_3)}{\Delta t} = \dfrac{3.0-0}{3} = 1.0(\text{mol} \cdot L^{-1} \cdot \text{min}^{-1})$

以上反应，用不同物质表示同一时间内反应速率时，数值是不等的。因此，在表示化学反应速率时必须指明是以哪种物质为基准。用不同物质表示该反应速率时，虽然其数值不等，但这些数值之比恰好等于各物质化学式前的系数之比。

$$\overline{v}(N_2) : \overline{v}(H_2) : \overline{v}(NH_3) = 1 : 3 : 2$$

在化学反应中，体系中各组分的浓度均随时间而变化，反应速率也在不断变化。前面所表示的反应速率实际上是在某一段时间间隔内的平均速率，而不是瞬时速率。瞬时速率是指 $\Delta t \to 0$ 时的反应速率，只有瞬时速率才代表化学反应在某一时刻的实际速率。

（2）瞬时速率的测定

瞬时速率是通过实验测定的。如 340K 时，将 0.160mol N_2O_5 放在 1L 容器中，会发生如下反应：

$$2N_2O_5 \longrightarrow 4NO_2 + O_2$$

实验测定 N_2O_5 浓度随时间变化数据如下表所示：

t/min	0	1	2	3	4
$c(N_2O_5)/(\text{mol} \cdot L^{-1})$	0.160	0.113	0.080	0.056	0.040
$v/(\text{mol} \cdot L^{-1} \cdot \text{min}^{-1})$	0.056	0.039	0.028	0.020	0.014

以 N_2O_5 浓度为纵坐标，时间为横坐标，可以得到反应物浓度随时间变化的 c-t 曲线，如图 1-2 所示。在曲线上任一点作切线，其斜率为

$$斜率 = \frac{dc(N_2O_5)}{dt}$$

在 c-t 曲线上任一点的斜率的负值，即是该点对应时间的瞬时速率。如在该曲线上 2min 时，曲线斜率为 $-0.028\text{mol} \cdot L^{-1} \cdot \text{min}^{-1}$，因此，该时刻的反应速率为：

$$v(N_2O_5) = -(-0.028\text{mol} \cdot L^{-1} \cdot \text{min}^{-1})$$

$$= 0.028\text{mol} \cdot L^{-1} \cdot \text{min}^{-1}$$

用相同的方法可以求得其他时刻的反应速率，见上表。可见，该反应的反应速率是逐渐下降的。

1.2.2 化学反应速率理论

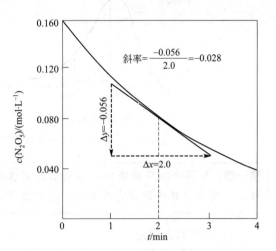

图 1-2 N_2O_5 浓度随时间变化

化学反应速率之所以不同，一方面与外界因素有关，另一方面还与参加反应的物质本身性质有关，为解释化学反应的相关问题，化学家们经过大量的研究探索，提出了化学反应的分子碰撞理论和过渡状态理论。

（1）碰撞理论

碰撞理论认为，反应物分子（或原子、离子）间的相互碰撞是反应进行的先决条件。但是反应物分子之间的每一次碰撞并不是都能够发生反应。对大多数反应来说，只有少数或极少数分子的碰撞才能发生反应，能发生反应的碰撞称为有效碰撞。发生有效碰撞，必须具备两个条件：

第一，反应物分子必须具有足够的能量，即当反应物分子具有的能量超过某一定值时，反应物分子间的相互碰撞才有可能使化学反应发生，即旧的化学键断裂并形成新的键。碰撞理论把这些具有足够能量的分子称为活化分子。

第二，分子间相互碰撞时，必须具有合适的方向性。也就是说，并非所有的活化分子间的碰撞都可以发生反应。只有当活化分子以适当的方向相互碰撞后，反应才能发生。如反应 $CO+NO_2 \longrightarrow CO_2 + NO$，活化分子 CO、$NO_2$ 必须以合适的方向碰撞才可发生反应，如图 1-3 所示。

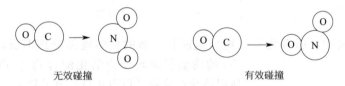

图 1-3 CO 与 NO_2 分子不同方向碰撞

非活化分子吸收一定的能量后，也可转变为活化分子。活化分子具有的最低能量（$E_{最低}$）与反应物分子具有的平均能量（$E_{平均}$）的差称为活化能。用 E_a 表示：

$$E_a = E_{最低} - E_{平均} \tag{1-6}$$

图 1-4 为一定温度下反应物分子能量分布情况，图中阴影部分为活化分子，横坐标为分子的能量，纵坐标指具有一定能量的分子所占的百分数。反应的活化能越大，活化分子所占的百分数越少，有效碰撞的机会少，反应速率越慢；反应的活化能越小，活化分子所占的百分数越多，有效碰撞的机会多，反应速率越快。在一定的温度下，每个反应都有特定的活化能。大多数化学反应的活化能 E_a 在 $60 \sim 250 kJ \cdot mol^{-1}$，若 $E_a < 40 kJ \cdot mol^{-1}$，则反应速率快得难以测定；若 $E_a > 400 kJ \cdot mol^{-1}$，则反应速率慢得难以察觉。由此可见，化学反应的活化能是决定化学反应速率大小的重要因素。

分子碰撞理论比较直观形象，用有效碰撞成功地解释了简单分子间的反应，但是它不能说明反应过程及反应过程中能量的变化。

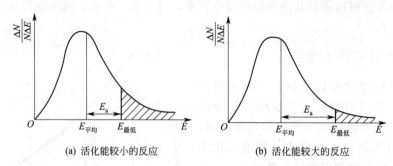

(a) 活化能较小的反应   (b) 活化能较大的反应

图 1-4　一定温度下反应分子能量分布图

想一想：取两个洁净的烧杯，分别加入常温自来水和热水，将两支荧光棒分别放入两个烧杯中，哪个烧杯中的荧光棒更亮？从碰撞理论的角度解释原因。

（2）过渡状态理论

过渡状态理论认为，化学反应不只是通过反应物分子之间简单碰撞就能完成的，当两个具有足够能量的分子相互接近并发生碰撞后，要经过一个高能量的中间过渡状态，即形成一种活化配合物，然后再分解为产物。

例如，在化学反应 $NO_2 + CO \longrightarrow NO + CO_2$ 的反应中，当 NO_2 和 CO 的活化分子碰撞之后，就形成了一种活化配合物 $[ONOCO]$，如图 1-5 所示。

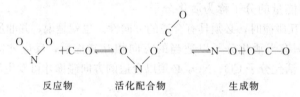

反应物　　　　　　活化配合物　　　　　　生成物

图 1-5　NO_2 和 CO 的反应过程

在活化配合物中，原有化学键部分地断裂，新的化学键部分地形成，反应物 NO_2 和 CO 的动能暂时转变为活化配合物 $[ONOCO]$ 的势能，所以活化配合物 $[ONOCO]$ 很不稳定。它既可以分解成反应物 NO_2 和 CO，又可以分解成生成物 NO 和 CO_2。当该活化配合物中靠近 C 原子的那个 N—O 键完全断裂，新形成的 C—O 键进一步强化时，即形成了产物 NO 和 CO_2，此时整个体系势能下降，反应完成。过程中的势能变化如图 1-6 所示。

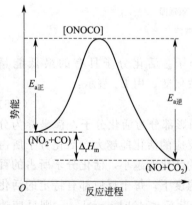

图 1-6　反应过程中势能变化图

过渡状态理论中，活化能也是指使反应进行所必须克服的势能，活化配合物能量与反应物分子平均能量之差即为正反应的活化能。

对于可逆反应，逆反应同样具有活化能，正逆反应活化能的差值，即为该反应的热效应。

$$\Delta_r H_m = E_{a正} - E_{a逆}\tag{1-7}$$

如果 $E_{a正} > E_{a逆}$，则 $\Delta_r H_m > 0$，正反应为吸热反应；$E_{a正} < E_{a逆}$，则 $\Delta_r H_m < 0$，则正反应为放热反应。

练一练: 在 298K, 101.325kPa 时, 反应 $O_3 + NO \longrightarrow O_2 + NO_2$ 的活化能为 $10.7kJ \cdot mol^{-1}$, 反应放出热量 $193.8kJ \cdot mol^{-1}$, 则其逆反应的活化能为多少?

1.2.3 影响化学反应速率的因素

化学反应速率的大小, 首先取决于反应物的本性。对于给定的化学反应, 其化学反应速率还与反应物的浓度 (压力)、温度及催化剂等因素有关。

(1) 基元反应和质量作用定律

化学动力学上把反应分为基元反应 (简单反应) 和非基元反应 (复杂反应)。一步就能完成的反应称为基元反应。如

$$2NO_2 \longrightarrow 2NO + O_2$$
$$CO + NO_2 \longrightarrow CO_2 + NO$$

对于基元反应, 在一定温度下, 其反应速率与各反应物浓度幂的乘积成正比, 浓度的幂在数值上等于基元反应中反应物的计量系数。这一规律称为质量作用定律, 该式也叫化学反应速率方程式。

按照质量作用定律, 以上两个基元反应速率方程式分别为:

$$v = kc^2(NO_2)$$
$$v = kc(CO)c(NO_2)$$

式中, k 称为速率常数, k 是化学反应在一定温度下的特征常数, 速率常数与反应物的本性和温度等因素有关, 不随反应物浓度而改变。在相同条件下, k 值越大, 反应速率越快。同一反应, 一般情况下, 温度升高, k 值增大。

由两个或两个以上的基元反应构成的化学反应称为复杂反应。如反应:

$$2NO + 2H_2 \longrightarrow N_2 + 2H_2O$$

该反应实际上是分两步进行的:

$$2NO + H_2 \longrightarrow N_2 + H_2O_2$$
$$H_2O_2 + H_2 \longrightarrow 2H_2O$$

想一想: $H_2(g)$ 与 $I_2(g)$ 反应生成 $HI(g)$ 的反应速率方程式为 $v = kc(H_2)c(I_2)$, 由此能判断该反应为基元反应吗?

以上每一步都是基元反应, 总反应是两步反应的加和, 总反应的反应速率由反应慢的基元反应决定。

对于非基元反应, 速率方程式应由实验测定, 不能用质量作用定律直接写出。由实验测得的速率方程式中浓度 (或分压) 的指数, 往往与反应式中的化学计量数是不一致的。

质量作用定律有一定的使用条件和范围, 在使用时应注意以下几点:

① 质量作用定律只适用于基元反应和构成复杂反应的各基元反应, 不适用于复杂反应的总反应。

② 若反应中有固体、纯液体或稀溶液中的溶剂参与反应, 其浓度可视为常数, 不必写入质量作用定律表示式。

如碳的燃烧反应 $\quad\quad\quad C(s) + O_2(g) \longrightarrow CO_2(g)$

反应速率方程式为 $\quad\quad\quad v = kc(O_2)$

又如金属钠与水反应 $\quad 2Na(s) + 2H_2O(l) \longrightarrow 2NaOH(aq) + H_2(g)$

反应速率方程式为 $v=k$，反应速率与反应物浓度无关。

③ 气体的浓度还可以用分压来表示。

（2）反应级数

在速率方程式中，各反应物浓度的指数之和称为该反应的级数。反应级数不同，速率常数单位是不一样的。例如，对于一般反应：

$$a A + b B \longrightarrow c C + d D$$

若反应速率方程式为

$$v = kc^x(A)c^y(B)$$

然后通过实验确定 x 和 y 的值，x 与 y 的和称为该反应的总级数。反应级数的大小表示了浓度对反应速率的影响程度，级数越大，速率受浓度的影响越大。

【例 1-4】 600K 时，反应 $2NO(g) + O_2(g) \longrightarrow 2NO_2(g)$，NO、$O_2$ 初始浓度及反应初始速率如下表所示：

$c(NO)/(mol \cdot L^{-1})$	$c(O_2)/(mol \cdot L^{-1})$	$v/(mol \cdot L^{-1} \cdot s^{-1})$
0.10	0.10	3.0×10^{-2}
0.10	0.20	6.0×10^{-2}
0.30	0.20	0.54

（1）写出反应速率方程式；

（2）求反应级数及 600K 时的速率常数；

（3）计算 600K 时，当 NO、O_2 浓度分别为 $0.10 mol \cdot L^{-1}$、$0.15 mol \cdot L^{-1}$ 时的反应速率。

解：（1）设该反应速率为 $v = kc^x(NO)c^y(O_2)$

$$\frac{v_1}{v_2} = \frac{k \times 0.10^x \times 0.10^y}{k \times 0.10^x \times 0.20^y} = \frac{3.0 \times 10^{-2}}{6.0 \times 10^{-2}}$$

$$\frac{v_2}{v_3} = \frac{k \times 0.10^x \times 0.20^y}{k \times 0.30^x \times 0.20^y} = \frac{6.0 \times 10^{-2}}{0.54}$$

求得 $x=2$，$y=1$

该反应速率方程式为 $\qquad v = kc^2(NO)c(O_2)$

（2）该反应为 3 级反应。

速率常数可用第一组数据代入速率方程式求出

$$k = \frac{v}{c^2(NO)c(O_2)} = \frac{3.0 \times 10^{-2} mol \cdot L^{-1} \cdot s^{-1}}{(0.10 mol \cdot L^{-1})^2 \times (0.10 mol \cdot L^{-1})} = 30 mol^{-2} \cdot L^2 \cdot s^{-1}$$

（3）$v = kc^2(NO)c(O_2) = (30 mol^{-2} \cdot L^2 \cdot s^{-1}) \times (0.10 mol \cdot L^{-1})^2 \times (0.15 mol \cdot L^{-1})$

$\qquad = 0.045 mol \cdot L^{-1} \cdot s^{-1}$

（3）浓度（压力）对反应速率的影响

大量实验证明，在一定的温度下，化学反应速率与浓度有关，且反应物的浓度增大，反应速率加快。这是由于对于任意一个化学反应，温度一定时，反应物分子中活化分子的百分数是一定的，而活化分子的浓度正比于反应物分子的浓度，当反应物的浓度增加时，活化分子的浓度也相应增加，在单位时间内反应物分子之间的有效碰撞次数也增加，所以反应速率加快。

不同盐酸浓度溶液与铁粉反应

固体与纯液体的浓度是一个常数，所以增加这些物质的量不会影响反应速率，但固体物质的反应速率与其表面积大小有关。

（4）温度对反应速率的影响

温度对反应速率的影响要远大于反应物浓度对反应速率的影响。例如 H_2 与 O_2 反应生成 H_2O 的反应，常温下反应速率极小，几乎不发生，但当温度升高到 873K 时，反应速率急剧增大，甚至发生爆炸。对于大多数化学反应来说，反应速率随反应温度的升高而加快。一般地，在反应物浓度恒定时，温度每升高 10K，化学反应速率增加 $2 \sim 4$ 倍。温度升高反应速率加快的根本原因是温度升高，分子能量升高，导致活化分子百分数增加，有效碰撞概率增大，从而反应速率加快。

温度升高反应速率加快在速率方程式上反映在反应速率常数增大了。可从阿仑尼乌斯经验公式大致看出温度对反应速率常数的影响：

$$k = Ae^{-\frac{E_a}{RT}} \tag{1-8}$$

> **想一想**：温度升高对活化能大的反应速率影响大还是对活化能小的反应速率影响大？

（5）催化剂对反应速率的影响

在常温下，混合在一起的氢气和氧气很难发生化学反应，但如果在这混合气体中加入少量细的铂粉，立即发生爆炸性反应并化合成水，铂粉是该反应的催化剂。催化剂能显著地改变反应速率而本身的组成、质量和化学性质在反应前后保持不变。在现代化工生产中，催化剂担负着一个重要角色。据统计，化工生产中80%以上的反应都采用了催化剂。例如，接触法生产硫酸的关键步骤是将 SO_2 转化为 SO_3。自从采用了 V_2O_5 作催化剂后，反应速率竟增加一亿六千万倍。甲苯为重要的化工原料，可从大量存在于石油中的甲基环己烷脱氢而制得。但因该反应极慢，以致长时间不能用于工业生产，直到发现能显著加速反应的 Cu、Ni 催化剂后，它才有了工业价值。

催化剂对化学反应速率的影响

催化剂能够加快反应速率的原因是在催化反应过程中，催化剂参与了化学反应，改变了反应的途径，使反应的中间过渡态的能量降低了，从而降低了反应的活化能。图 1-7 是合成氨反应使用铁催化剂的反应历程的前后变化图，其结果是在不改变温度的情况下，使用了催化剂后，增大了活化分子的百分数，从而使反应速率大大加快。

在化学反应中使用的催化剂有如下特点：

① 催化剂之所以能改变反应速率，是因为催化剂本身参与的化学过程，改变了原来反应的途径，降低了反应的活化能，如图 1-7 所示。

② 催化剂是通过改变反应途径来改变反应速率的，它不能改变反应的焓变、方向。

③ 在可逆反应中，催化剂只能改变到达平衡的时间，但不能改变化学平衡常数，也不会使平衡发生移动。

④ 催化剂具有一定的选择性。主要表现在两个方面：不同的反应需要用不同的催化剂来催化，氯酸钾分解制备氧气时加少量 MnO_2，合成氨生产中用 Fe 作催化剂；许多化学反应往往生成多种产物，筛选合适的催化剂可以使反应定向进行，以获得所要产物。

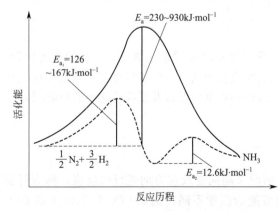

图 1-7　催化剂改变反应历程示意图

⑤ 某些物质会影响催化剂的催化效果。有时反应中的少量杂质会严重降低催化剂的活性，这种现象叫做催化剂的中毒。如在接触法制硫酸中，少量的 AsH_3 就能使铂催化剂中毒。

⑥ 催化剂有活性温度。催化剂在一定温度范围内催化活性较高，超出这个温度范围会降低其活性，有时甚至会使催化剂报废。

催化剂不但在化学工业中有着十分重要的意义，在生命过程中，也起着重要作用，生物体中进行的各种化学反应，如食物的消化、细胞的合成等几乎都是在酶的催化作用下进行的。

催化剂与化工生产经济效益、环境保护、清洁能源开发与利用等息息相关，是世界各国科学家们研究的热点。在我国工业催化领域，有一位著名专家余祖熙，他带领团队成功研制出一系列硫酸生产用和合成氨用催化剂，为我国化工事业发展做出突出贡献。为了解决硫酸生产中反应速率慢的重大难题，在经历了几十次试验失败之后，余祖熙成功制备了钒催化剂，实现了我国催化剂工业零的突破。

> **练一练**：现有化学反应 $C(s) + CO_2(g) \rightleftharpoons 2CO(g)$，下列哪些方法能够增大化学反应速率？
>
> （1）增大压强　（2）增加碳的量　（3）恒容下充入 N_2　（4）恒压下充入 N_2

（6）影响反应速率的其他因素

以上讨论的主要是均相反应，对于多相反应来说，除以上因素外还有接触面大小、扩散速率和接触机会等因素。在化工生产中，常将大块固体破碎成小块或磨成粉末，以增大接触面积；对于气液反应，可将液态物质采用喷淋的方式来扩大与气态物质的接触面；还可以对反应物用搅拌、震荡、鼓风等方式强化扩散作用。一些生产安全事故也会与化学反应速率有关，例如，2014 年 8 月 2 日 7 时 34 分，江苏省昆山市的昆山某金属制品有限公司发生特别重大铝粉尘爆炸事故，造成 97 人死亡、163 人受伤，直接经济损失 3.51 亿元。

块状碳酸钙和粉末状碳酸钙分别与稀盐酸反应

超声波、紫外光、激光和高能射线等也会对某些反应的速率产生较大的影响。

> **想一想**：勤劳智慧的中国人民在实践中总结谚语"人要实心，火要空心"，把煤做成蜂窝状蕴含的化学原理是什么？

1.3　化学平衡

化学反应速率讨论了化学反应快慢的问题，化学平衡将要讨论化学反应进行的程度问题。绝大多数反应是不能进行到底的，在反应物转变成生成物的同时，生成物也在不断地反应生成反应物。掌握化学平衡理论，就能正确认识反应进行的程度问题以及反应转化率的影响因素。

1.3.1　化学平衡与平衡常数

（1）化学平衡

在同一条件下，既能向正反应方向进行，同时又能向逆反应方向进行的反应，称为可逆反应。任何一个反应都具有一定的可逆性，但可逆的程度不同。例如 CO 与 H_2O 生成 CO_2 和 H_2 的反应，可逆程度比较显著。

$$CO(g) + H_2O(g) \rightleftharpoons H_2(g) + CO_2(g)$$

方程式中的反应符号用"$\rightleftharpoons$"表示该反应可逆。

对于任一可逆反应，若在一定条件下反应并保持反应条件不变，开始时反应物浓度最大，正反应速率最大，逆反应速率几乎为零。随着反应的进行，反应物浓度逐渐降低和生成物浓度逐渐升高，正反应速率随之减小，逆反应速率随之增大。当反应进行到一定程度时，正、逆反应速率相等，反应物浓度和生成物浓度不再改变。图 1-8 为反应速率随着反应时间的变化状况。当可逆反应的正、逆反应速率相等时的状态称为化学平衡。

化学平衡的建立

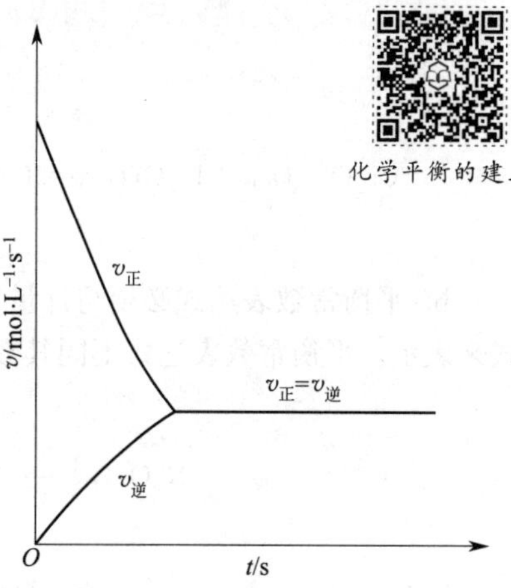

体系达到化学平衡时，表现出如下特征。

① 各物质浓度保持不变。在一定条件下，体系达到平衡后，正、逆反应速率相等，对任何一种物质，任一时刻其生成量和消耗量相等，所以反应物和生成物浓度保持不变。

图 1-8　可逆反应的反应速率随反应时间的变化状况

② 化学平衡是一种动态平衡。化学平衡是在一定的外界条件下建立的，当此条件不变时，平衡才能保持。当外界条件改变时，正、逆反应速率发生改变，体系内各物质的浓度发生改变，原有平衡被破坏，直到在新的条件下建立新的平衡。

（2）平衡常数

对任一可逆反应

$$a A + b B \rightleftharpoons d D + e E$$

在一定温度下，达到平衡时，体系中各物质的浓度间有如下关系：

$$K^{\ominus} = \frac{\left[\dfrac{c(D)}{c^{\ominus}}\right]^d \left[\dfrac{c(E)}{c^{\ominus}}\right]^e}{\left[\dfrac{c(A)}{c^{\ominus}}\right]^a \left[\dfrac{c(B)}{c^{\ominus}}\right]^b} \tag{1-9}$$

$$K^{\ominus} = \frac{\left[\dfrac{p(D)}{p^{\ominus}}\right]^d \left[\dfrac{p(E)}{p^{\ominus}}\right]^e}{\left[\dfrac{p(A)}{p^{\ominus}}\right]^a \left[\dfrac{p(B)}{p^{\ominus}}\right]^b} \tag{1-10}$$

在一定条件下，$K^{\ominus}$为一常数，称为标准平衡常数。上式中，$c^{\ominus} = 1\,mol \cdot L^{-1}$，$p^{\ominus} = 100.00\,kPa$，所以 $K^{\ominus}$ 是一个无量纲的量。

在一定温度下，可逆反应达到平衡时，生成物的浓度幂（以反应方程式中计量数为指数）的乘积与反应物浓度幂（以反应方程式中的计量数为指数）的乘积之比是一常数，称为平衡常数。

① 平衡常数表达式的书写规则

a. 如果反应中有固体或纯液体物质参与反应，它们的浓度是固定不变的，可视作常数，不必写入 $K^{\ominus}$ 的表达式中。稀溶液中进行的反应，如有水参加，水的浓度也不必写在平衡关系中。化学平衡关系式中只包括气态物质和溶液中各溶质的浓度。例如：

$$CaCO_3(s) \rightleftharpoons CaO(s) + CO_2(g) \qquad K^{\ominus} = \frac{c(CO_2)}{c^{\ominus}}$$

$$CO_2(g) + H_2(g) \rightleftharpoons CO(g) + H_2O(g) \qquad K^{\ominus} = \dfrac{\dfrac{c(CO)}{c^{\ominus}} \times \dfrac{c(H_2O)}{c^{\ominus}}}{\dfrac{c(CO_2)}{c^{\ominus}} \times \dfrac{c(H_2)}{c^{\ominus}}}$$

$$Cr_2O_7^{2-}(aq) + H_2O(l) \rightleftharpoons 2CrO_4^{2-}(aq) + 2H^+(aq) \qquad K^{\ominus} = \dfrac{\left[\dfrac{c(CrO_4^{2-})}{c^{\ominus}}\right]^2 \left[\dfrac{c(H^+)}{c^{\ominus}}\right]^2}{\dfrac{c(Cr_2O_7^{2-})}{c^{\ominus}}}$$

b. 平衡常数表达式必须与计量方程式相对应，同一化学反应若以不同的计量化学反应方程式来表示，平衡常数表达式不同其数值也不同。例如，某温度时，N_2O_4 和 NO_2 的平衡体系：

$$N_2O_4(g) \rightleftharpoons 2NO_2(g) \qquad K_1^{\ominus} = \dfrac{\left[\dfrac{p(NO_2)}{p^{\ominus}}\right]^2}{\dfrac{p(N_2O_4)}{p^{\ominus}}} = 0.36$$

$$\frac{1}{2}N_2O_4(g) \rightleftharpoons NO_2(g) \qquad K_2^{\ominus} = \dfrac{\dfrac{p(NO_2)}{p^{\ominus}}}{\left[\dfrac{p(N_2O_4)}{p^{\ominus}}\right]^{\frac{1}{2}}} = 0.60$$

$$2NO_2(g) \rightleftharpoons N_2O_4(g) \qquad K_3^{\ominus} = \dfrac{\dfrac{p(N_2O_4)}{p^{\ominus}}}{\left[\dfrac{p(NO_2)}{p^{\ominus}}\right]^2} = 2.78$$

显然，$K_1^{\ominus} = (K_2^{\ominus})^2 = 1/K_3^{\ominus}$。因此，要注意使用与反应方程式相对应的平衡常数。

本教材为了书写方便，后续各类平衡常数，在其表达式中各组分浓度不再除以标准浓度 $c^{\ominus}$。例如对于反应

$$NH_3(aq) + HAc(aq) \rightleftharpoons NH_4^+(aq) + Ac^-(aq)$$

其标准平衡常数可简写为：

$$K^{\ominus} = \frac{c(NH_4^+)c(Ac^-)}{c(NH_3)c(HAc)}$$

> **练一练**：某温度时，化学反应 $2A + B \rightleftharpoons A_2B$ 的标准平衡常数为 10^4，那么在相同温度下，反应 $2A_2B \rightleftharpoons 4A + 2B$ 的标准平衡常数为多少？

② 平衡常数的意义

a. 是比较反应完成程度的依据。平衡常数越大，反应进行得越完全。相同条件下，可根据平衡常数的大小比较反应进行的程度。

b. 是判断反应进行方向的依据。若把任意状态（包括平衡和非平衡态）下各物质的浓度或分压仍按平衡常数表达式的形式列成分式，用 Q 来表示，称为反应商。

对于任一可逆反应 $aA + bB \rightleftharpoons dD + eE$

$$Q = \dfrac{\left[\dfrac{c(D)}{c^{\ominus}}\right]^d \left[\dfrac{c(E)}{c^{\ominus}}\right]^e}{\left[\dfrac{c(A)}{c^{\ominus}}\right]^a \left[\dfrac{c(B)}{c^{\ominus}}\right]^b} \quad \text{或} \quad Q = \dfrac{\left[\dfrac{p(D)}{p^{\ominus}}\right]^d \left[\dfrac{p(E)}{p^{\ominus}}\right]^e}{\left[\dfrac{p(A)}{p^{\ominus}}\right]^a \left[\dfrac{p(B)}{p^{\ominus}}\right]^b} \qquad (1\text{-}11)$$

$Q < K^{\ominus}$，正向反应自发进行；

$Q = K^{\ominus}$，反应处于平衡状态（即反应进行到最大限度）；

$Q > K^{\ominus}$，逆向反应自发进行。

（3）多重平衡规则

某些反应体系中经常有一种或几种物质同时参与几个不同的化学反应。在一定条件下，这种反应体系中的某一种（或几种）物质同时参与两个或两个以上的反应，当这些反应都达到平衡时，称为多重平衡，这种平衡体系叫多重平衡体系。若多重平衡体系中的某个反应可以由几个反应相加或相减得到（必要时，方程式要乘系数），则该反应的平衡常数等于这几个反应的平衡常数之积或商，这种关系叫多重平衡规则。

【例 1-5】　已知(1) $O_2(g) + S(s) \rightleftharpoons SO_2(g)$ 　　　$K_1^{\ominus} = 1.0 \times 10^{-3}$

(2) $H_2(g) + S(s) \rightleftharpoons H_2S(g)$ 　　　$K_2^{\ominus} = 5.0 \times 10^{6}$

求反应（3）$O_2(g) + H_2S(g) \rightleftharpoons SO_2(g) + H_2(g)$ 的平衡常数 $K_3^{\ominus}$。

解：可以看出，反应(1)－反应(2)＝反应(3)

所以

$$K_3^{\ominus} = \frac{K_1^{\ominus}}{K_2^{\ominus}} = \frac{1.0 \times 10^{-3}}{5.0 \times 10^{6}} = 2.0 \times 10^{-10}$$

在溶液中进行的电离平衡、沉淀与溶解平衡、配位平衡中，多重平衡是普遍存在的。

1.3.2 化学平衡的有关计算

平衡常数具体体现着各平衡浓度之间的关系，实验和工业生产中根据这种平衡关系来计算有关物质的平衡浓度、平衡常数以及反应的转化率。

某一反应物的平衡转化率是指化学反应达平衡后，该反应物转化为生成物的百分数，是理论上能达到的最大转化率（以 α 表示）。

$$\alpha = \frac{反应物已转化的量}{反应物起始总量} \times 100\% \tag{1-12}$$

若反应前后体积不变，反应物的量又可用浓度表示：

$$\alpha = \frac{反应物起始浓度 - 反应物平衡浓度}{反应物起始浓度} \times 100\% \tag{1-13}$$

【例 1-6】　某温度 T 时，反应 $CO(g) + H_2O(g) \rightleftharpoons H_2(g) + CO_2(g)$，$K^{\ominus} = 9.0$。在该温度下于 5.0L 密闭容器中通入 0.10mol CO 和 0.10mol H_2O。求（1）平衡时 CO 的转化率；（2）平衡时各组分的浓度。

解：（1）设反应达到平衡时体系中 H_2 和 CO_2 的浓度均为 x。

$$CO(g) + H_2O(g) \rightleftharpoons H_2(g) + CO_2(g)$$

	$CO(g)$	$H_2O(g)$	$H_2(g)$	$CO_2(g)$
起始时浓度/mol·L^{-1}	$\dfrac{0.10}{5.0}$	$\dfrac{0.10}{5.0}$	0	0
平衡时浓度/mol·L^{-1}	$0.020 - x$	$0.020 - x$	x	x

$$K^{\ominus} = \frac{c(H_2)c(CO_2)}{c(CO)c(H_2O)} = \frac{x^2}{(0.02 - x)^2} = 9.0$$

解得　　　$x=0.015$，即平衡时

CO 的平衡转化率　　　$\alpha=\dfrac{0.015}{0.020}\times100\%=75\%$

（2）各组分的平衡浓度

$$c(H_2)=c(CO_2)=0.015(mol\cdot L^{-1})$$

$$c(CO)=c(H_2O)=0.020-0.015=0.005(mol\cdot L^{-1})$$

利用同样的方法，可以求得 $K^{\ominus}=4$ 和 $K^{\ominus}=1$ 时，CO 的平衡转化率分别为 67% 和 50%。通过例题我们看到，在其他条件相同时，$K^{\ominus}$ 越大，平衡转化率越大。

> **想一想**：某一反应物在一定条件下的平衡转化率为 35%，若在相同条件下，加入正催化剂，它的平衡转化率将如何变化？

1.3.3　化学平衡的移动及应用

化学平衡是动态平衡，是有条件的。当外界条件（如浓度、压力和温度等）改变时，化学平衡就会被破坏，系统中各物质的浓度也将随之发生改变，直到在新条件下建立新的平衡为止。在新的平衡状态，系统中各物质的浓度与原平衡时各物质的浓度不再相同，这种由于条件的改变，可逆反应从一种平衡状态向另一种平衡状态转变的过程叫化学平衡的移动。

之前用可逆反应 Q 和 $K^{\ominus}$ 的相对大小判断反应方向也适用于因外界条件改变后平衡移动方向的判断。下面分别讨论浓度、压力和温度对化学平衡的影响。

（1）浓度对化学平衡的影响

在一定温度下，可逆反应　　　$aA+bB\rightleftharpoons dD+eE$
达到平衡时，若增加 A 的浓度，则正反应速率将增加，$v_{正}>v_{逆}$，反应向正反应方向进行，在新的条件下，最后重新达到平衡，其过程见图 1-9。

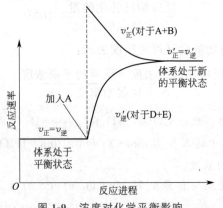

浓度对化学平衡的影响

图 1-9　浓度对化学平衡影响

可以得到这种结论，在其他条件不变的情况下，增加反应物浓度或减小生成物浓度，化学平衡向正反应方向移动；增加生成物浓度或者减小反应物的浓度，化学平衡向着逆反应的方向移动。

> **【例 1-7】**　若在上例的平衡体系中再通入 0.2mol H_2O，并保持温度和容器体积不变。（1）判断平衡移动的方向；（2）计算重新达到平衡时各物质的平衡浓度；（3）计算 CO 的总转化率。

解：(1) 设平衡破坏时的反应商为 Q

$$CO(g) + H_2O(g) \Longrightarrow H_2(g) + CO_2(g)$$

原平衡浓度/mol·L^{-1} 0.005   0.005   0.015   0.015

新起始浓度/mol·L^{-1} 0.005   0.045   0.015   0.015

$$Q = \frac{c(CO_2)c(H_2)}{c(CO)c(H_2O)} = \frac{0.015 \times 0.015}{0.005 \times 0.045} = 1$$

$Q < K^{\ominus}$，平衡向正反应方向移动。

(2) 设在新的条件下达到平衡时 CO 又转化了 y mol·L^{-1}

$$CO(g) + H_2O(g) \Longrightarrow H_2(g) + CO_2(g)$$

新起始浓度/mol·L^{-1} 0.005   0.045   0.015   0.015

新平衡时浓度/mol·L^{-1} 0.005$-y$ 0.045$-y$ 0.015$+y$ 0.015$+y$

$$K^{\ominus} = \frac{c(H_2)c(CO_2)}{c(CO)c(H_2O)} = \frac{(0.015+y)(0.015+y)}{(0.005-y)(0.045-y)} = 9.0$$

解得 $y = 0.004$ mol·L^{-1}

平衡时各物质的浓度分别为：

$$c(CO) = 0.005 - 0.004 = 0.001 (\text{mol·L}^{-1})$$

$$c(H_2O) = 0.045 - 0.004 = 0.041 (\text{mol·L}^{-1})$$

$$c(CO_2) = c(H_2) = 0.015 + 0.004 = 0.019 (\text{mol·L}^{-1})$$

(3) CO 的总转化率为：$\dfrac{0.019}{0.020} \times 100\% = 95\%$

从以上计算可以看出，增大了反应物之一水蒸气的浓度，CO 的平衡转化率从 75% 提高到 95%。

练一练：在本例题计算时，如果假设最开始时就通入 0.20 mol H_2O（g），即按如下起始浓度计算

$$CO(g) + H_2O(g) \Longrightarrow H_2(g) + CO_2(g)$$

起始浓度/mol·L^{-1} 0.020   0.060   0   0

计算出的平衡浓度与上述计算方法结果会相同吗？

工业上，经常利用这一原理，增大价廉易得的原料浓度，以提高反应物的转化率。

(2) 压力对化学平衡的影响

压力的变化对液态物质浓度影响很小，但在有气体参加的反应中，气体的浓度或分压受系统总压影响较大，并会影响到化学平衡。

压力对化学
平衡的影响

【例 1-8】 反应 $N_2(g) + 3H_2(g) \Longrightarrow 2NH_3(g)$，在一定温度下达到平衡后，如果平衡体系的总压力增加到原来的两倍，平衡如何移动？

解： $N_2(g) + 3H_2(g) \Longrightarrow 2NH_3(g)$

从反应式可以知道，反应物的总分子数为 4，生成物的总分子数为 2，反应前后分子总数是有变化的。

在一定温度下，当上述反应达到平衡时，各组分的平衡分压为：$p(NH_3)$、$p(H_2)$、$p(N_2)$。那么：

$$K^\ominus = \frac{[p(NH_3)/p^\ominus]^2}{[p(N_2)/p^\ominus][p(H_2)/p^\ominus]^3}$$

如果平衡体系的总压力增加到原来的两倍，这时，各组分的分压也增加两倍，分别为 $2p(NH_3)$、$2p(H_2)$、$2p(N_2)$。于是：

$$Q_p = \frac{[2p(NH_3)/p^\ominus]^2}{[2p(N_2)/p^\ominus][2p(H_2)/p^\ominus]^3} = \frac{4[p(NH_3)/p^\ominus]^2}{2[p(N_2)/p^\ominus] \times 8[p(H_2)/p^\ominus]^3} = \frac{1}{4}K^\ominus$$

此时体系已经不再处于平衡状态，$Q_p < K^\ominus$，平衡向正反应方向移动。即反应朝着生成氨（即气体分子数减小）的正反应方向进行。随着反应的进行，$p(NH_3)$ 不断增高。$p(H_2)$ 和 $p(N_2)$ 下降。最后当 Q_p 的值重新等于 $K^\ominus$，体系在新的条件下达到新的平衡。

想一想：反应前后气体分子数相等的反应，当增大总压力到原来的两倍时，其 Q 值是否改变，并与 $K^\ominus$ 比较。

如果将例 1-8 中平衡体系的压力降低到原来的一半，可以计算出 $Q_p > K^\ominus$，平衡向逆反应方向移动。即平衡向氨分解为氮和氢的方向（即气体分子数增加的方向）移动并达到新的平衡。

结论：在恒温下，增大总压力，平衡向减少气体分子数目的方向移动。减小总压力，平衡向气体分子数目增加的方向移动。如反应前后气体总分子数不变，则改变总压力对平衡无影响。

（3）温度对化学平衡的影响

温度对化学平衡的影响与前两种情况有本质的区别。在一定的温度下，改变浓度或压力只能使平衡发生移动，平衡常数不发生变化。而温度的变化，却导致了平衡常数数值的改变，从而导致平衡发生移动。

温度对化学
平衡的影响

温度对平衡的影响与反应的热效应有关。升高温度，平衡向吸热反应方向移动；降低温度平衡向放热反应方向移动。

在工业生产中，要综合考虑影响化学平衡及影响反应速率的各种因素，采用合适的反应条件以提高产率。合成氨是放热反应，当温度升高时，$K^\ominus$ 减小，平衡向分解的方向移动，不利于生产更多的 NH_3。因此，从化学平衡角度看，该可逆反应适宜在较低的温度下进行。在实际生产中考虑到，低温时反应速率小，生产周期长，所以综合考虑化学平衡和反应速率两方面因素，选择最佳温度（催化反应还得考虑催化剂的活性温度），以提高合成氨的产率。因此合成氨反应是在高压（10～30MPa）、不太低的温度（一般为500℃）下进行的。

我国的合成氨工业发展史，也是一段中国化工人热爱祖国、勇于创新的奋斗史。1934年，民族化学工业之父范旭东先生创立永利铔厂，化学博士侯德榜担任总工程师，经过 3 年艰苦开拓，1937 年顺利产出合成氨，这也是中国最早的合成氨装置。由此，中国人自己制造化肥的梦想变成现实！

（4）催化剂与化学平衡

对于可逆反应，催化剂可同等程度改变正、逆反应速率。因此，在平衡体系中加入催化剂后，正、逆反应的速率仍然相等，不会引起平衡常数的变化，也不会使化学平衡发生移动。但在未达到平衡的反应中，加入催化剂后，由于反应速率的提高，可以大大缩短达到平衡的时间，这在工业生产上具有重要意义。

总之，一个化学反应的反应速率和进行的程度除由其本性决定外，还受浓度、压力、温度及催化剂等外界条件的影响，这种影响具有一定的规律性，掌握这些规律，对化工产品生产、化学药物合成等均有重要意义。

学习指导

实训 1
二氧化碳分子量的测定

 素质阅读

纳米限域催化新技术

2021 年 11 月 3 日，2020 年度国家科学技术奖励大会在人民大会堂隆重举行，由中国科学院大连化学物理研究所包信和院士带领完成的项目"纳米限域催化"，荣获一等奖。

催化剂参与化学反应，改变化学反应的途径，使反应中间过渡态的能量发生变化，改变化学反应的活化能，从而调节化学反应速率。在现代化工生产中，催化剂担负着重要角色，据统计化工生产中 80% 以上的化学反应都使用了催化剂，因此开发新型、高效催化剂任重道远。

1 纳米＝1.0×10^{-9} 米，研究发现，当到了一定纳米尺度以后就会产生量子效应。纳米限域催化，是在纳米尺度给催化反应体系提供一个约束环境，对催化剂体系的电子能态进行调节，从而改变催化剂的活性和选择性，实现催化性能的精准调控。

我国煤炭资源丰富，把煤转化为重要的基础化工原料例如乙烯、丙烯、丁烯等低碳烯烃，一直是科学家们的研究重点，然而传统催化技术催化效率不高，并且需要消耗大量水资源。包信和院士带领团队经过 20 多年的潜心研究和试验，利用纳米限域催化原理自主研发煤制烯烃技术，颠覆了国际上沿用 90 多年的传统费-托合成技术，取得重大突破。

坚守初心，不畏困难，勇于创新，科技报国。正如包信和院士所说："在纳米催化的这条研究道路上，团队坚持了 20 多年。但我们始终相信，科学研究只要方向对，就不怕旅途遥远。"

 思考与练习

一、选择题

1. 一个化学反应速率大小的决定因素是（　　）。
A. 反应物浓度　　B. 温度和压力　　C. 催化剂　　D. 反应物的本性
2. 催化剂是通过改变反应的历程来加快反应速率，这一历程中会（　　）。
A. 增大碰撞频率　　B. 降低活化能　　C. 减小速率常数　　D. 增大平衡常数

3. 下列说法错误的是（　　　）。

A. 一步完成的反应是基元反应

B. 由一个基元反应构成的化学反应称简单反应

C. 由两个或两个以上基元反应构成的化学反应称复杂反应

D. 基元反应都是零级反应

4. 已知 $2A+2B \Longrightarrow C$，当 A 的浓度增大 1 倍，其反应速率为原来的 2 倍，当 B 的浓度增大 1 倍，其反应速率为原来的 4 倍，总反应为（　　　）级反应。

A. 1　　　　　　B. 2　　　　　　C. 3　　　　　　D. 0

5. 已知 $2NO + 2H_2 \Longrightarrow N_2 + 2H_2O$，当反应容器体积增大 1 倍，其反应速率为原来的 1/8，则该反应为（　　　）级反应。

A. 1　　　　　　B. 2　　　　　　C. 3　　　　　　D. 0

6. 某一反应的活化能为 $65kJ \cdot mol^{-1}$，则其逆反应的活化能为（　　　）。

A. $65kJ \cdot mol^{-1}$　　B. $-65kJ \cdot mol^{-1}$　　C. 0　　　　D. 无法确定

7. 使用质量作用定律的条件是（　　　）。

A. 基元反应　　　　　　　　　　B. 非基元反应

C. 基元反应，非基元反应均可　　D. 变温下发生的反应

8. 某温度下，一个可逆反应的平衡常数为 $K^{\ominus}$，同温下，经测定，计算得 $Q < K^{\ominus}$，则此反应（　　　）。

A. 处于平衡状态　　　　　　　　B. 正向进行

C. 逆向进行　　　　　　　　　　D. 没有具体数据，无法判断

9. 某温度下反应 $SO_2(g) + 1/2O_2(g) \Longrightarrow SO_3(g)$ 的平衡常数 $K^{\ominus} = 50$，在同一温度下，反应 $2SO_3(g) \Longrightarrow 2SO_2(g) + O_2(g)$ 的 $K^{\ominus}$ 值为（　　　）。

A. 2500　　　　　B. 100　　　　　C. 4×10^{-4}　　　D. 2×10^{-2}

10. 当一个化学反应处于平衡时，则（　　　）。

A. 平衡混合物中各种物质的浓度都相等　　B. 正反应和逆反应速率都是零

C. 反应混合物的组成不随时间变化而改变　　D. 反应的焓变是零

二、填空题

1. 对于大多数化学反应而言，只有少数分子的碰撞才能发生反应，能发生反应的碰撞称为_____碰撞。

2. 碰撞理论把那些具有足够能量的分子称为_____分子。

3. 在一定温度下，化学反应的活化能越大，活化分子所占的百分数越_____，有效碰撞的机会越_____，化学反应速率越_____。

4. 过渡状态理论中，活化配合物能量与反应物分子平均能量之差即为正反应的_____。

5. 化学动力学上把反应分为_____和非基元反应（复杂反应）。一步就能完成的反应称为_____。

6. 已知 $2A + B \Longrightarrow 2C$ 为简单反应，此反应 A 物质反应级数为_____，总反应为_____级反应。

7. 已知反应 $mA(g) + nB(g) \Longrightarrow pC(g) + qD(g)$，当体系总压力增大 1 倍时，反应速率为原来的 8 倍，而 A 的分压为原来的一半时，反应速率为原来的 1/4，则该反应的速率方程为_____，总反应级数为_____。

8. 反应 $2SO_2(g) + O_2(g) \Longrightarrow 2SO_3(g)$ 达到平衡时，保持体积不变，加入惰性气体

He，使总压力增加一倍，则平衡_____。（向右移动、向左移动、不移动）

9. 正催化剂之所以能增大化学反应速率，是因为_____。

10. 在相同温度下，有以下 3 个化学反应：① $2H_2(g)+S_2(g) \rightleftharpoons 2H_2S(g)$，$K_1^{\ominus}$；② $2Br_2(g)+2H_2S(g) \rightleftharpoons 4HBr(g)+S_2(g)$，$K_2^{\ominus}$；③ $H_2(g)+Br_2(g) \rightleftharpoons 2HBr(g)$，$K_3^{\ominus}$。则 $K_2^{\ominus}$ 等于_____。

三、判断题

1. 在恒温条件下，增大总压力，化学平衡向气体分子数目减少的方向移动。　（　　）

2. 如果一个化学反应前后气体分子数不变，那么改变总压对于化学平衡的移动有影响。
　（　　）

3. 一个化学反应速率大小的决定因素是反应物浓度。　（　　）

4. 催化剂能改变所有反应的反应速率。　（　　）

5. 为了安全，高压气体钢瓶在使用过程中不可将气体用尽。　（　　）

6. 当一个化学反应处于平衡时，正反应和逆反应速率都是零。　（　　）

7. 在一定温度下，各组分气体单独占据与混合气体相同体积时所产生的压力，叫作该组分气体的分压。　（　　）

8. 化学反应速率通常用单位时间内反应物浓度的增加或生成物浓度的减少来表示。
　（　　）

9. 化学反应的活化能是决定化学反应速率大小的重要因素。　（　　）

10. 催化剂是通过改变反应途径来改变化学反应速率的，它还能够改变反应的焓变、方向。　（　　）

四、名词解释

1. 基元反应

2. 可逆反应

3. 化学平衡

4. 气体分压定律

5. 活化能

6. 质量作用定律

7. 平衡转化率

8. 反应商

五、简答题

1. 丙烯是一种重要的化工原料，丙烷脱氢是制备丙烯的重要途径，然而该反应使用的催化剂价格昂贵，并且存在环境污染等问题。目前，我国科研人员研发出新型丙烷脱氢催化剂，具有更好的稳定性和环境友好性。请简述催化剂对化学反应速率的影响。

2. 我国合成氨主要用于制造化肥，保障农业发展，在农业生产中占有非常重要的地位，还可以作为其他化工产品例如炸药、合成纤维的原料。目前我国合成氨生产能力稳居世界前列，拥有不同规模的合成氨企业。合成氨反应是放热反应，从化学平衡角度看，该反应适合在较低温度下进行，然而实际生产中，该反应一般在 500℃ 左右进行，请分析原因。

3. 请简述化学反应达到平衡时的特征。

4. 关节炎病因是在关节滑液中形成尿酸钠晶体，可用以下化学反应方程式表示：$Ur^-(aq)+Na^+(aq) \rightleftharpoons NaUr(s)$，正反应为放热反应。请问为什么在寒冷季节更容易诱发关节疼痛？

六、计算题

1. $PCl_5(g)$ 在 523K 达分解平衡 $PCl_5(g) \rightleftharpoons PCl_3(g) + Cl_2(g)$，平衡浓度 $[PCl_5] = 1.00 \text{mol} \cdot L^{-1}$，$[PCl_3] = [Cl_2] = 0.204 \text{mol} \cdot L^{-1}$。若温度不变而压力减小一半，在新的平衡体系中各物质的平衡浓度为多少？

2. 在 1273K 时，已知 $FeO(s) + CO(g) \rightleftharpoons Fe(s) + CO_2(g)$ 的 $K^\ominus = 0.5$。若起始浓度 $c(CO) = 0.05 \text{mol} \cdot L^{-1}$，$c(CO_2) = 0.01 \text{mol} \cdot L^{-1}$。求：（1）各物质的平衡浓度。（2）平衡时 CO 的转化率。

3. 若合成氨反应：$N_2(g) + 3H_2(g) \rightleftharpoons 2NH_3(g)$ 达平衡时，N_2、H_2 和 NH_3 的平衡浓度依次为 3.0、2.0 和 4.0 $\text{mol} \cdot L^{-1}$，求该反应的 $K^\ominus$ 和 N_2、H_2 的起始浓度。

4. 有 10.0 L 含有 H_2、I_2 和 HI 的混合气体，在 689K 下发生下列反应：

$$H_2(g) + I_2(g) \rightleftharpoons 2HI(g)$$

平衡时分别有 0.100mol I_2、0.100mol H_2 和 0.740mol HI。若向体系中再加入 0.500mol HI，重新达到平衡时，H_2、I_2 和 HI 的浓度各为多少？

5. 500K 时，反应 $mA + nB \longrightarrow xC + yD$ 的实验数据如下：

初始浓度/mol · L⁻¹		反应初始速率/mol · L⁻¹ · s⁻¹
A	B	
0.010	0.010	5.0×10^{-3}
0.010	0.020	1.0×10^{-2}
0.020	0.020	8.0×10^{-2}

（1）写出上述反应速率方程式，反应级数是多少？

（2）试计算反应速率常数。

（3）当 $c_A = 0.02 \text{mol} \cdot L^{-1}$，$c_B = 0.015 \text{mol} \cdot L^{-1}$ 时，反应速率是多少？

第2章
酸碱平衡

 学习目标

知识目标

1. 掌握强酸、强碱、一元弱酸、一元弱碱、多元弱酸溶液中酸度计算方法；
2. 掌握难溶电解质在纯水和同离子效应溶液中溶解度计算；
3. 掌握溶度积规则及其应用。

能力目标

1. 会计算常用溶液的 pH 值；
2. 会配制缓冲溶液并能利用酸度计测定水样 pH 值；
3. 能利用溶度积解决常见离子的沉淀和分离的问题。

素质目标

1. 培养运用化学知识分析和解决生产与生活中实际问题的能力；
2. 培养安全环保、实事求是、科学严谨、精益求精的化工责任意识；
3. 培养推理判断、逻辑分析能力。

生活和生产中遇到的许多物质都具有酸性或碱性，也可以说我们每天都在与酸碱性物质打交道，如吃的菜、喝的汤和饮料、用的调料等。本章介绍了溶液的多种浓度表示方法；酸性、碱性溶液的 pH 计算；缓冲溶液 pH 计算、配制和利用；难溶电解质的溶解度计算、溶度积规则的应用。

2.1 溶液浓度表示

溶液浓度有多种表示方法，但常见的有体积分数（如空气组成）、质量分数（如 98% 浓硫酸）、物质的量浓度（如 $0.15\,mol \cdot L^{-1}$ NaOH 溶液）、质量摩尔浓度（如 $0.20\,mol \cdot kg^{-1}$ 蔗糖水溶液）、质量体积浓度（如 $120\,g \cdot L^{-1}$ 乙酸水溶液）等。

2.1.1 浓度表示和计算

（1）物质的量浓度

单位体积的溶液中所含溶质的物质的量称为物质的量浓度，单位为 $mol \cdot L^{-1}$，其数学计算公式如下：

$$c = \frac{n}{V} \tag{2-1}$$

$$或\ c=\frac{m}{MV} \tag{2-2}$$

【例 2-1】　实验室需配制 $0.20\text{mol} \cdot \text{L}^{-1}\text{Na}_2\text{CO}_3$ 溶液 2L，需要称取 Na_2CO_3 固体多少克?

解:

$$m(\text{Na}_2\text{CO}_3)=cVM=(0.20\text{mol} \cdot \text{L}^{-1})\times2.0\text{L}\times(106\text{g} \cdot \text{mol}^{-1})=42.4\text{g}$$

（2）质量摩尔浓度

1kg 溶剂（A）中所含溶质（B）的物质的量称为质量摩尔浓度（b_B），单位为 $\text{mol} \cdot \text{kg}^{-1}$，其数学计算公式如下:

$$b_B=\frac{n_B}{m_A} \tag{2-3}$$

（3）质量体积浓度

1L 溶液中所含溶质的质量称为质量体积浓度，单位为 $\text{g} \cdot \text{L}^{-1}$ 或 $\text{mg} \cdot \text{L}^{-1}$。水质分析中污染物浓度常用这种方式表示。其数学计算公式如下:

$$\rho=\frac{m}{V} \tag{2-4}$$

查一查:酒精（乙醇）是常用的消毒剂，常见浓度有 75% 和 95%，医院里通常使用 75% 的酒精消毒，为什么不使用浓度更大的 95% 酒精消毒?

2.1.2　浓度换算

同一种溶液可以用不同的浓度方式和单位来表示，在平时的溶液配制过程中，最常见的是质量分数浓度与物质的量浓度之间进行换算。譬如试剂商店买来的浓硫酸，试剂标签标示的浓度是 98%，这是质量分数浓度，其对应的物质的量浓度可以换算。

换算方法是，假设溶液体积是 1L，则不管是用质量分数还是物质的量浓度计算其溶质，其质量应该是相等的。换算公式如下:

$$1000\text{mL}\times\rho(\text{g} \cdot \text{mL}^{-1})\times w=c(\text{mol} \cdot \text{L}^{-1})\times1\text{L}\times M(\text{g} \cdot \text{mol}^{-1}) \tag{2-5}$$

【例 2-2】　98% 浓硫酸，密度是 1.84g/mL，求其物质的量浓度。

解:假设浓硫酸体积为 1L，则

$$1000\text{mL}\times\rho(\text{g} \cdot \text{mL}^{-1})\times w=c(\text{H}_2\text{SO}_4)\times1\text{L}\times M(\text{g} \cdot \text{mol}^{-1})$$

$$1000\text{mL}\times1.84\text{g} \cdot \text{mL}^{-1}\times98\%=c(\text{H}_2\text{SO}_4)\times1\text{L}\times98.1\text{g} \cdot \text{mol}^{-1}$$

$$c(\text{H}_2\text{SO}_4)=\frac{1000\times1.84\times98\%}{1\times98.1}\text{mol} \cdot \text{L}^{-1}=18.4\text{mol} \cdot \text{L}^{-1}$$

2.1.3　溶液配制

配制溶液时经常遇到的是固体配制溶液、液体配制溶液、同单位浓度溶液稀释和混合。在用液体配制溶液时，常见浓氨水、浓盐酸、浓硫酸配制成稀溶液。

【例 2-3】　实验室需配制 1.0L 浓度是 $0.50\text{mol} \cdot \text{L}^{-1}$ 的盐酸溶液，需要用浓度是 37%，密度是 $1.19\text{g} \cdot \text{mL}^{-1}$ 的浓盐酸多少毫升?

解：当用浓盐酸配制成稀溶液时，其实就是稀释，其稀释前后溶质的质量或物质的量是不变的，这就是计算依据。

$$V_1 \times \rho \times \omega = c(\text{HCl}) \times V_2 \times M(\text{HCl})$$

$$V_1 = \frac{c(\text{HCl})V_2 M(\text{HCl})}{\rho \omega} = \frac{0.50 \times 1.0 \times 36.5}{1.19 \times 37\%} = 41.4(\text{mL})$$

想一想：该题计算浓盐酸的体积，还可以用哪种方法计算？

2.2　酸碱平衡

酸和碱是化学工业的基础，早在我国古代就有了以绿矾为原料，高温煅烧得到硫酸的方法。1919 年，"中国民族化学工业之父"范旭东创立中国最早的制碱厂——永利碱厂。1926 年，永利碱厂生产出"红三角"牌纯碱，以优异的质量荣获美国费城万国博览会金奖，彻底打破了国外对制碱技术的垄断，开启了化工实业救国的感人篇章。

2.2.1　酸碱质子理论

酸碱质子理论认为：凡能给出质子（H^+）的物质都是酸；凡能接受质子的物质都是碱。例如，HCl、HAc、NH_4^+ 是酸；Cl^-、Ac^-、NH_3 是碱。酸（HB）给出质子后生成了碱（B^-），碱（B^-）接受质子后生成了酸（HB）。

$$HB \Longleftrightarrow H^+ + B^-$$
$$HCl \Longleftrightarrow H^+ + Cl^-$$
$$HAc \Longleftrightarrow H^+ + Ac^-$$
$$NH_4^+ \Longleftrightarrow H^+ + NH_3$$

HB-B^- 称为共轭酸碱对，酸（HB）是碱（B^-）的共轭酸，碱（B^-）是酸（HB）的共轭碱。例如，HAc 是 Ac^- 的共轭酸，而 Ac^- 是 HAc 的共轭碱。共轭酸碱之间彼此只相差一个质子。质子理论中的酸碱可以是分子或离子。

有些物质既能给出质子又能接受质子，如 $H_2PO_4^-$、HCO_3^-、H_2O 等物质，这类物质称为两性物质。

酸碱质子理论扩大了酸碱电离理论的酸碱定义的范围。按照酸碱质子理论，电离理论中盐（如碳酸钠）就是二元碱，并且碱性较强，这就是碳酸钠的俗名叫纯碱的原因。

2.2.2　强酸、强碱溶液酸碱度计算

大家熟悉的硫酸、盐酸、硝酸三大强酸，以及氯酸、高氯酸等都是强酸，在水溶液中完全电离成 H^+ 和酸根离子。而像氢氧化钠、氢氧化钙等都是强碱，在水溶液中完全电离出 OH^- 和阳离子。这类酸碱性溶液，计算溶液中离子很简单，只要按照电离方程式完全离解计算离子浓度和溶液的 pH 值即可。

强电解质
的解离

【**例 2-4**】　计算 $0.020\text{mol} \cdot \text{L}^{-1}$NaOH 溶液中 OH^-、H^+ 浓度和 pH 值。

解：写出 NaOH 在水中的电离方程式

$$NaOH \longrightarrow Na^+ + OH^-$$

$$c(OH^-) = c(NaOH) = 0.020 \, mol \cdot L^{-1}$$

$$c(H^+) = \frac{K_w}{c(OH^-)} = \frac{10^{-14}}{0.020} = 5.0 \times 10^{-13} \, mol \cdot L^{-1}$$

$$pH = -\lg c(H^+) = -\lg(5.0 \times 10^{-13}) = 12.30$$

2.2.3 弱电解质的解离平衡

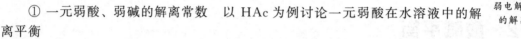

弱电解质
的解离

（1）一元弱酸、弱碱的解离平衡

① 一元弱酸、弱碱的解离常数　以 HAc 为例讨论一元弱酸在水溶液中的解离平衡

$$HAc \rightleftharpoons H^+ + Ac^-$$

在一定温度下，达平衡时，则有

$$K_a^{\ominus} = \frac{[H^+][Ac^-]}{[HAc]} \tag{2-6}$$

$K_a^{\ominus}$ 称为弱酸的解离常数。在温度一定情况下，$K_a^{\ominus}$ 越大，酸越易给出质子，酸性越强。例如：$K_a^{\ominus}(HAc) = 1.76 \times 10^{-5}$，$K_a^{\ominus}(HCN) = 4.93 \times 10^{-10}$，HAc 酸性比 HCN 强。

同理，$K_b^{\ominus}$ 为弱碱的解离常数，其大小同样可以表示该碱在水溶液中接受质子能力的大小。如氨水的电离：

碱的解离

$$NH_3 \cdot H_2O \rightleftharpoons NH_4^+ + OH^-$$

$$K_b^{\ominus} = \frac{[NH_4^+][OH^-]}{[NH_3 \cdot H_2O]} \tag{2-7}$$

$K_b^{\ominus}$ 越大，碱接受质子的能力越强，碱性越强。常见弱电解质的解离常数见书后附录。

② 一元弱酸酸度的计算　以醋酸（HAc）为例，设 HAc 的起始浓度为 c_a 时，电离平衡时溶液中的 $[H^+]$

	HAc	$\rightleftharpoons$	H^+	+	Ac^-
起始浓度	c_a		0		0
平衡浓度	$c_a - [H^+]$		$[H^+]$		$[H^+]$

酸的解离

$$K_a^{\ominus} = \frac{[H^+][Ac^-]}{[HAc]} = \frac{[H^+]^2}{c_a - [H^+]}$$

当 $\dfrac{c_a}{K_a} \geqslant 500$ 时，$[H^+] \ll c_a$，$[HAc] = c_a - [H^+] \approx c_a$，则 $K_a^{\ominus} = \dfrac{[H^+]^2}{c_a}$，得：

$$[H^+] = \sqrt{c_a K_a^{\ominus}} \tag{2-8}$$

式（2-8）是计算一元弱酸 $[H^+]$ 的近似公式。

③ 一元弱碱酸度的计算　按照相同方法，可以推导出计算一元弱碱 $[OH^-]$ 的近似公式为

$$[OH^-] = \sqrt{c_b K_b^{\ominus}} \tag{2-9}$$

式（2-9）是计算一元弱碱 $[OH^-]$ 的近似公式。

【例 2-5】 计算 $0.10 \, mol \cdot L^{-1}$ HAc 溶液的 pH 值。

解：查表得 $K_a^{\ominus}(HAc) = 1.76 \times 10^{-5}$，且 $c_a / K_a^{\ominus} > 500$，所以

$$[H^+]=\sqrt{c_a K_a^\ominus}=\sqrt{0.10\times1.76\times10^{-5}}=1.3\times10^{-3}(mol\cdot L^{-1})$$

$$pH=-lg[H^+]=-lg(1.3\times10^{-3})=2.88$$

（2）多元弱酸的解离平衡

多元弱酸的
解离平衡

多元弱酸在水溶液中的解离是分步进行的。例如 H_2CO_3 的解离

$$H_2CO_3 \rightleftharpoons H^+ + HCO_3^- \qquad K_{a_1}^\ominus = 4.30\times10^{-7}$$

$$HCO_3^- \rightleftharpoons H^+ + CO_3^{2-} \qquad K_{a_2}^\ominus = 5.61\times10^{-11}$$

因为 $K_{a_1}^\ominus \gg K_{a_2}^\ominus$，说明第二步电离比第一步困难得多。当 $K_{a_1}^\ominus/K_{a_2}^\ominus > 10^2$，溶液中的 H^+ 主要来自第一步电离，所以可参照式（2-8）计算 H_2CO_3 溶液中 $[H^+]$。即多元弱酸 $[H^+]$ 的近似公式为：

$$[H^+]=\sqrt{c_a K_{a_1}^\ominus} \tag{2-10}$$

【例 2-6】 计算 $0.10mol\cdot L^{-1}$ H_2S 溶液中 $[H^+]$、$[HS^-]$、$[S^{2-}]$ 和溶液 pH 值。

解：查附录知 H_2S 溶液的 $K_{a_1}^\ominus = 1.3\times10^{-7}$，$K_{a_2}^\ominus = 7.1\times10^{-15}$

$$H_2S \rightleftharpoons H^+ + HS^-$$

因 H_2S 溶液的 $K_{a_1}^\ominus \gg K_{a_2}^\ominus$，$H^+$ 主要来自第一步电离，同时因第二步电离消耗的 HS^- 很少，所以溶液中：

$$[H^+]=[HS^-]=\sqrt{c_a K_{a_1}^\ominus}=\sqrt{0.10\times1.3\times10^{-7}}=1.1\times10^{-4}(mol\cdot L^{-1})$$

$$pH=-lg[H^+]=-lg(1.1\times10^{-4})=3.96$$

溶液中 S^{2-} 来自 HS^- 的电离，因此此时必须考虑 H_2S 的第二步电离，设 S^{2-} 浓度为 $x\, mol\cdot L^{-1}$。

$$HS^- \rightleftharpoons H^+ + S^{2-}$$

平衡浓度/$mol\cdot L^{-1}$ $\qquad 1.1\times10^{-4}-x \quad 1.1\times10^{-4}+x \quad x$

$$K_{a_2}^\ominus = \frac{[H^+][S^{2-}]}{[HS^-]} = \frac{(1.1\times10^{-4}+x)x}{(1.1\times10^{-4}-x)} = 7.1\times10^{-15}$$

因第二步电离离子非常少，所以 $1.1\times10^{-4}\pm x = 1.1\times10^{-4}$

因此 $\qquad\qquad\qquad\qquad x = K_{a_2}^\ominus = 7.1\times10^{-15}$

即 $\qquad\qquad\qquad\qquad [S^{2-}]=7.1\times10^{-15}mol\cdot L^{-1}$

对于多元弱碱溶液中 pH 计算，可仿照多元弱酸，根据第一步电离，先计算溶液中 OH^- 浓度，再计算 pH 值。

（3）两性物质溶液的解离平衡

两性物质
在水溶液中
的解离过程

既能给出质子，又能接受质子的物质称为两性物质。常见的两性物质，有 $NaHCO_3$、NaH_2PO_4、Na_2HPO_4 等。H^+ 浓度计算公式推导比较复杂，下面以 $NaHCO_3$ 为例计算两性物质溶液 pH。

$$[H^+]=\sqrt{K_{a_1}^\ominus K_{a_2}^\ominus} \tag{2-11}$$

式（2-11）为计算 $NaHCO_3$、NaH_2PO_4 等两性物质溶液 pH 的公式。

想一想：Na_2HPO_4 溶液 H^+ 浓度公式应该如何写？

【例2-7】 计算 $0.010mol \cdot L^{-1}NaHCO_3$ 溶液的 pH。已知 H_2CO_3 的 $K_{a_1}^{\ominus}=4.30 \times 10^{-7}$，$K_{a_2}^{\ominus}=5.61 \times 10^{-11}$。

解：因为 $c/K_{a_1}^{\ominus}>20$，所以

$$[H^+]=\sqrt{K_{a_1}^{\ominus}K_{a_2}^{\ominus}}=\sqrt{4.30 \times 10^{-7} \times 5.61 \times 10^{-11}}=4.9 \times 10^{-9}(mol \cdot L^{-1})$$

$$pH=-\lg[H^+]=-\lg(4.9 \times 10^{-9})=8.31$$

2.2.4 缓冲溶液及配制

（1）同离子效应

在 HAc 溶液中加入少量 NaAc，由于 NaAc 是强电解质，在溶液中全部解离，溶液中大量存在的 Ac^- 就会和 H^+ 结合成 HAc 分子，使 HAc 的解离平衡向左移动，从而降低了 HAc 的解离度。同样，在 $NH_3 \cdot H_2O$ 中加入 NH_4Cl，也会导致 $NH_3 \cdot H_2O$ 的解离度降低。

$$HAc \Longleftrightarrow H^+ + Ac^-$$
$$\longleftarrow 平衡移动方向$$
$$NaAc \longrightarrow Na^+ + Ac^-$$

$$NH_3 \cdot H_2O \Longleftrightarrow OH^- + NH_4^+$$
$$\longleftarrow 平衡移动方向$$
$$NH_4Cl \longrightarrow Cl^- + NH_4^+$$

这种在弱电解质的溶液中由于加入相同离子，使弱电解质的解离度降低的现象叫同离子效应。

【例2-8】 计算：（1）$0.10mol \cdot L^{-1}HAc$ 溶液的 $[H^+]$ 及解离度；（2）在 1.0L 该溶液中加入 0.10mol NaAc 晶体（忽略引起的体积变化）后，溶液中 $[H^+]$ 及解离度，已知 HAc 的 $K_a^{\ominus}=1.76 \times 10^{-5}$。

解：（1）因为 $c/K_a^{\ominus}>500$，所以

$$[H^+]=\sqrt{cK_a^{\ominus}}=\sqrt{0.10 \times 1.76 \times 10^{-5}} mol \cdot L^{-1}=1.3 \times 10^{-3} mol \cdot L^{-1}$$

$$\alpha=\frac{溶质已解离部分的浓度}{溶质的原始浓度} \times 100\%=\frac{1.3 \times 10^{-3}}{0.10} \times 100\%=1.3\%$$

（2）加入 0.10mol NaAc 晶体后，体积不变；由于同离子效应，HAc 的解离度很小，可作如下的近似处理：

$$HAc \Longleftrightarrow H^+ + Ac^-$$

$$
\begin{array}{cccc}
平衡浓度/mol \cdot L^{-1} & 0.10-[H^+] & [H^+] & 0.10+[H^+] \\
& \approx 0.10 & & \approx 0.10
\end{array}
$$

$$K_a^{\ominus}=\frac{[H^+][Ac^-]}{[HAc]}=\frac{0.10[H^+]}{0.10}=1.76 \times 10^{-5}$$

$$[H^+]=1.76 \times 10^{-5} mol \cdot L^{-1}$$

$$\alpha=\frac{1.76 \times 10^{-5}}{0.10} \times 100\%=0.018\%$$

加入 NaAc 后，由于存在同离子效应，H^+ 浓度和解离度都降低了。因此，利用同离子效

应控制溶液中某种离子的浓度和调节溶液的 pH，对科学实验和生产实践都具有实际意义。

> **想一想**：硫酸钡在硫酸和纯水中的溶解度哪个大？为什么？

（2）缓冲溶液

① 缓冲溶液的组成及缓冲原理　具有抵抗外加少量强酸或强碱或稍加稀释，而 pH 基本保持不变的作用称为缓冲作用，具有缓冲作用的溶液称为缓冲溶液。从本质上说，缓冲溶液是由一对共轭酸碱对组成的，其组成可分为三种：

弱酸-弱酸盐（共轭碱），如 HAc-NaAc、HF-NaF。

弱碱-弱碱盐（共轭酸），如 NH_3-NH_4Cl。

多元弱酸的酸式盐-次级盐，如 $NaHCO_3$-Na_2CO_3、NaH_2PO_4-Na_2HPO_4、Na_2HPO_4-Na_3PO_4。

现以相同浓度的 HAc-NaAc 缓冲溶液为例来说明缓冲作用的原理。

$$HAc \rightleftharpoons H^+ + Ac^-$$

$$NaAc \longrightarrow Na^+ + Ac^-$$

NaAc 是强电解质，在溶液中完全电离，溶液中存在大量的 Ac^-，由于同离子效应，降低了 HAc 的电离度，溶液中还存在大量的 HAc 分子，缓冲溶液在组成上的特点是存在大量的弱酸分子及其共轭碱。

当向溶液中加入少量强酸时，H^+ 和溶液中大量 Ac^- 结合成 HAc，使平衡向左移动，溶液中 H^+ 浓度几乎没有升高，pH 基本保持不变，此时 Ac^- 起到了抗酸的作用。

缓冲溶液
的原理

当向溶液中加入少量强碱时，OH^- 和溶液中的 H^+ 结合成 H_2O，使平衡向右移动，HAc 进一步解离，H^+ 浓度几乎没有降低，此时 HAc 起到了抗碱的作用。

② 缓冲溶液 pH 的计算　弱酸及其共轭碱组成的缓冲溶液，以弱酸 HAc 及其共轭碱 Ac^- 组成的缓冲溶液为例，该缓冲溶液存在下列平衡：

$$HAc \rightleftharpoons H^+ + Ac^-$$

平衡浓度　　　$c_a - x$　x　$c_b + x$

$$K_a^\ominus = \frac{[H^+][Ac^-]}{[HAc]} = \frac{x(c_b + x)}{c_a - x}$$

由于缓冲溶液的浓度都较大，且存在同离子效应，所以，$c_a - x \approx c_a$，$c_b + x \approx c_b$，则

$$x = K_a^\ominus \frac{c_a}{c_b}$$

由此，得到弱酸及其共轭碱组成的缓冲溶液 $[H^+]$ 和 pH 计算近似公式：

$$[H^+] = K_a^\ominus \times \frac{[HAc]}{[Ac^-]} \tag{2-12}$$

$$pH = pK_a^\ominus - \lg \frac{[HAc]}{[Ac^-]} \tag{2-13}$$

同理，可推导出弱碱及其共轭酸组成的缓冲溶液（如 NH_3-NH_4Cl）：

$$[OH^-] = K_b^\ominus \times \frac{[NH_3]}{[NH_4Cl]} \tag{2-14}$$

$$pOH = pK_b^\ominus - \lg \frac{[NH_3]}{[NH_4Cl]} \tag{2-15}$$

从以上四个计算式还可以看出，当向缓冲溶液加水适当稀释时，溶液 pH 基本不变。

> **查一查**：健康人体血液的 pH 范围是 7.35～7.45，如果 pH 低于 7.35，则是酸中毒，如果 pH 高于 7.45，则是碱中毒。人体血液保持正常 pH 范围主要依靠血液中的缓冲溶液和肺肾的调节。人体血液中的缓冲溶液主要有哪些？它们是如何保持血液 pH 处于正常范围的？

【例 2-9】 在 HAc 与 NaAc 组成的混合溶液中，HAc 与 NaAc 浓度分别为 0.10mol·L^{-1} 和 0.20mol·L^{-1}，求溶液的 pH。

解： $[HAc] = 0.10$mol·L^{-1} $\qquad [Ac^-] = 0.20$mol·L^{-1}

$$[H^+] = K_a^\ominus \times \frac{[HAc]}{[Ac^-]} = 1.76 \times 10^{-5} \times \frac{0.10}{0.20} = 8.8 \times 10^{-6} \text{(mol·L}^{-1}\text{)}$$

$$pH = -\lg[H^+] = -\lg(8.8 \times 10^{-6}) = 5.06$$

任何缓冲溶液的缓冲能力都是有限的，若向体系中加入过多的酸或碱，或是过分稀释，都可能使缓冲溶液失去缓冲作用。一般 **HA-A$^-$ 缓冲溶液的缓冲范围是 pH ≈ p$K_a^\ominus$±1**。

③ 缓冲溶液的配制　首先需根据缓冲溶液的 pH 要求选择合适的共轭酸碱对。若要配制弱酸性缓冲溶液，则选择 p$K_a^\ominus$ 与 pH 接近的弱酸及其共轭碱；若要配制弱碱性缓冲液，则选择 p$K_b^\ominus$ 与 pOH 接近的弱碱及其共轭酸。例如配制 pH = 5.0 的缓冲溶液则应选择 HAc 及其共轭碱 NaAc，因为 HAc 的 p$K_a^\ominus$ = 4.74 与 pH = 5.0 接近。

【例 2-10】 实验室需配制 5.0L pH 为 5.0 的缓冲溶液，（1）该用何种物质配制？（2）计算各物质的用量；（3）说明配制方法。

解题思路：首先选定用何种化学药品配制，其次计算药品质量或体积。

解：（1）pH = 5.0 的弱酸性缓冲溶液应选用 p$K_a^\ominus$ 为 5 左右的弱酸及其共轭碱混合溶液，查询得 HAc 的 p$K_a^\ominus$ = 4.74，因此可用 HAc 和 NaAc 混合溶液配制该缓冲溶液，即可用冰醋酸或 36% 醋酸和醋酸钠固体配制。

（2）设该缓冲溶液中 HAc 浓度为 0.50mol·L^{-1}

$$pH = pK_a^\ominus - \lg\frac{[HAc]}{[Ac^-]}$$

$$5.0 = 4.74 - \lg\frac{0.50}{[Ac^-]}$$

$$[Ac^-] = 0.91 \text{mol·L}^{-1}$$

所需称取醋酸钠质量为：

$$m(NaAc) = [Ac^-]V(Ac^-)M(NaAc) = 0.91 \times 5.0 \times 82.03 = 373.2 \text{(g)}$$

若用密度是 1.05g·mL^{-1}、质量分数是 36% 的醋酸配制，计算所需其体积 V_1：

$$V_1(\text{mL}) \times \rho(\text{g·mL}^{-1}) \times w = c(\text{mol·L}^{-1}) \times V_2(\text{L}) \times M(\text{g·mol}^{-1})$$

$$V_1 = \frac{c(\text{mol·L}^{-1}) \times V_2(\text{L}) \times M(\text{g·mol}^{-1})}{\rho(\text{g·mL}^{-1}) \times w} = \frac{0.50 \times 5.0 \times 60.05}{1.05 \times 36\%} = 397 \text{(mL)}$$

（3）配制过程如下：

称取无水 NaAc 固体 373.2g，加水溶解，并向该溶液中加入 397mL 浓度为 36% 的醋酸，最后加水稀释到 5.0L，混匀即得到 pH 为 5.0 的缓冲溶液。

想一想：配制 pH＝10.0 的缓冲溶液应该选择何种共轭酸碱对？

2.3　沉淀溶解平衡

电解质根据其溶解度可分为易溶、微溶和难溶性电解质，每 100g 水中溶解度大于 0.1g 电解质为易溶，0.01～0.1g 为微溶，小于 0.01g 称为难溶。微溶和难溶电解质在溶液中的状况即为本节需要讨论的内容。

在含有固体难溶强电解质的饱和溶解中，存在着未溶解固体与已溶解部分解离的离子之间的平衡，称为沉淀溶解平衡。图 2-1 为 $BaSO_4$ 的沉淀溶解平衡。

2.3.1　溶度积

（1）溶度积常数

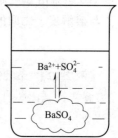

图 2-1　$BaSO_4$ 的沉淀
溶解平衡

将 $BaSO_4$ 晶体投入水中，晶体表面的 Ba^{2+}、SO_4^{2-} 在水分子的作用下，离开晶体表面进入水中，成为自由移动的水合离子，这个过程称为溶解过程。同时，Ba^{2+}、SO_4^{2-} 在水中相互碰撞，重新结合成 $BaSO_4$ 晶体，或受到晶体表面离子的吸引回到晶体表面上，这个过程称为沉淀过程。任何难溶电解质的溶解过程都是可逆的。在一定条件下，当沉淀和溶解速率相等时，就达到了沉淀溶解平衡。此过程可表示为：

$$BaSO_4(s) \underset{沉淀}{\overset{溶解}{\rightleftharpoons}} Ba^{2+}(aq) + SO_4^{2-}(aq)$$

$$K^{\ominus} = \frac{[Ba^{2+}][SO_4^{2-}]}{[BaSO_4]}$$

$[BaSO_4]$ 是未溶解固体的浓度，视为常数并入 $K^{\ominus}$ 中，则有

$$K_{sp}^{\ominus} = [Ba^{2+}][SO_4^{2-}]$$

$K_{sp}^{\ominus}$ 称为溶度积常数，简称溶度积。溶度积随温度的变化而变化，与溶解的浓度无关。常见难溶电解质的溶度积常数见附录 3。

对于一般的难溶强电解质 A_mB_n 的沉淀溶解平衡为

$$A_mB_n(s) \underset{沉淀}{\overset{溶解}{\rightleftharpoons}} mA^{n+}(aq) + nB^{m-}(aq)$$

$$K_{sp}^{\ominus}(A_mB_n) = [A^{n+}]^m[B^{m-}]^n \tag{2-16}$$

如 $Ag_2Cr_2O_7$、$Fe(OH)_3$ 的 $K_{sp}^{\ominus}$ 表达式分别为：

$$K_{sp}^{\ominus} = [Ag^+]^2[Cr_2O_7^{2-}] \text{ 和 } K_{sp}^{\ominus} = [Fe^{3+}][OH^-]^3$$

（2）溶度积与溶解度的关系

溶度积和溶解度都可用来衡量电解质的溶解能力。对于同种类型（AB 型、AB_2 型等）的难溶电解质，在同一温度下，可用 $K_{sp}^{\ominus}$ 比较溶解能力，$K_{sp}^{\ominus}$ 越小，溶解度也越小。对于不同类型的难溶电解质，需根据溶度积换算成溶解度，才能比较其溶解能力的大小。换算时所用溶解度的单位是 $mol \cdot L^{-1}$。

【例 2-11】 298.15K 时，$BaSO_4$ 的溶度积为 1.08×10^{-10}，求该温度下 $BaSO_4$ 的溶解度。

解：设 $BaSO_4$ 的溶解度（s）为 x

$$BaSO_4 \rightleftharpoons Ba^{2+} + SO_4^{2-}$$

平衡浓度/mol·L^{-1}　　　　　　　　　　x　　　x

$$K_{sp}^{\ominus}(BaSO_4) = [Ba^{2+}][SO_4^{2-}]$$

$$1.08 \times 10^{-10} = x^2$$

$$x = 1.04 \times 10^{-5}$$

即　　　　　　　$$s(BaSO_4) = 1.04 \times 10^{-5} \text{ mol·L}^{-1}$$

AB 型难溶强电解质，如 $AgCl$、$AgBr$、$BaSO_4$、$CaCO_3$ 等，即 **1：1** 型难溶电解质的 $K_{sp}^{\ominus}$ 与溶解度 s 之间的换算关系为：

$$s = \sqrt{K_{sp}^{\ominus}} \tag{2-17}$$

【例 2-12】 在 298.15K 时，Ag_2CrO_4 的溶度积为 1.1×10^{-12}，计算其溶解度。

解：设 Ag_2CrO_4 在水中的溶解度（s）为 x，则

$$Ag_2CrO_4 \rightleftharpoons 2Ag^+ + CrO_4^{2-}$$

平衡浓度/mol·L^{-1}　　　　　　　　　$2x$　　　x

$$K_{sp}^{\ominus} = [Ag^+]^2[CrO_4^{2-}] = (2x)^2 x = 4x^3$$

$$x = \sqrt[3]{K_{sp}^{\ominus}/4} = \sqrt[3]{1.1 \times 10^{-12}/4} = 6.7 \times 10^{-5}$$

即　　　　　　　$$s(Ag_2CrO_4) = 6.7 \times 10^{-5} \text{ mol·L}^{-1}$$

AB_2 型或 A_2B 型难溶强电解质，如 Ag_2CrO_4、$Mg(OH)_2$、Ag_2S 等，即 **1：2** 型难溶电解质的 $K_{sp}^{\ominus}$ 与 s 之间的换算关系为：

$$s = \sqrt[3]{\frac{K_{sp}^{\ominus}}{4}} \tag{2-18}$$

练一练：298K 时 $Fe(OH)_3$ 的溶解度如何计算。已知该温度下 $Fe(OH)_3$ 的溶度积为 4.0×10^{-38}。

（3）同离子效应对溶解度的影响

同离子效应在溶液中是普遍存在的现象，在电离平衡中会使弱电解质电离度下降，在难溶电解质的沉淀溶解平衡中会使其溶解度下降。若在 $BaSO_4$ 的沉淀溶解平衡中加入易溶性强电解质 Na_2SO_4，将使平衡向左移动，析出 $BaSO_4$，从而使 $BaSO_4$ 溶解度下降，如下图所示。

$$BaSO_4(s) \rightleftharpoons Ba^{2+} + \boxed{SO_4^{2-}} \quad \text{系统中 } SO_4^{2-} \text{ 浓度增大平衡}$$
$$Na_2SO_4 \longrightarrow 2Na^+ + \boxed{SO_4^{2-}} \quad \text{向左移动}$$

计算同离子效应的溶液中难溶电解质的溶解度，可以仿照弱电解质的同离子效应计算。如上例所示，再次达到沉淀溶解平衡时，溶液中的 SO_4^{2-} 由 Na_2SO_4 电离产生的 SO_4^{2-} 决定。

【例 2-13】 298.15K 时，已知 $BaSO_4$ 的 $K_{sp}^{\ominus}=1.08\times10^{-10}$，计算 $BaSO_4$ 在 0.10mol·L^{-1} Na_2SO_4 溶液中的溶解度。

解：设 $BaSO_4$ 在 Na_2SO_4 溶液中的溶解度 (s) 为 x mol·L^{-1}，则

$$BaSO_4 \Longrightarrow Ba^{2+} + SO_4^{2-}$$

平衡浓度/mol·L^{-1} x $0.10+x \approx 0.10$

$$K_{sp}^{\ominus}(BaSO_4) = [Ba^{2+}][SO_4^{2-}]$$
$$1.08\times10^{-10} = 0.10x$$
$$x = 1.08\times10^{-9}$$

即 $s = 1.08\times10^{-9}$ mol·L^{-1}

从以上计算可以看出，溶液中的 Ba^{2+} 完全来自 $BaSO_4$ 的溶解和电离，计算出溶液中的 Ba^{2+} 浓度即为 $BaSO_4$ 在 Na_2SO_4 溶液中的溶解度。因此计算 $BaSO_4$ 在 Na_2SO_4 溶液中的溶解度可以简化为：

$$s = [Ba^{2+}] = \frac{K_{sp}^{\ominus}(BaSO_4)}{[SO_4^{2-}]} = \frac{1.08\times10^{-10}}{0.10} = 1.08\times10^{-9}(\text{mol}\cdot\text{L}^{-1})$$

练一练：某温度下，CaF_2 饱和溶液的浓度为 2×10^{-4} mol·L^{-1}，在该温度下它的溶度积为多少？

2.3.2 溶度积规则及其应用

(1) 溶度积规则

难溶电解质的沉淀与溶解平衡是一种动态平衡。改变条件，溶液中的离子可以结合形成沉淀或沉淀溶解转化为溶液中的离子。

在一定温度下，任意状态下难溶强电解质溶液中离子浓度系数幂的乘积，称为离子积。用符号 Q_i 表示，离子积是沉淀反应的反应商。

对某一溶液，Q_i 与 $K_{sp}^{\ominus}$ 数值大小关系，有以下三种情况。

① $Q_i < K_{sp}^{\ominus}$ 不饱和溶液，无沉淀析出。

② $Q_i > K_{sp}^{\ominus}$ 过饱和溶液，不稳定，有沉淀析出直至平衡。

③ $Q_i = K_{sp}^{\ominus}$ 饱和溶液，沉淀和溶解处于动态平衡。

(2) 判断混合溶液有无沉淀生成

根据溶度积规则，当溶液中 $Q_i > K_{sp}^{\ominus}$ 时，即有沉淀生成。通常采用加入沉淀剂、控制溶液酸度、应用同离子效应等方法达到沉淀目的。

【例 2-14】 在 20mL 0.0020mol·L^{-1} Na_2SO_4 溶液中加入 20mL 0.020mol·L^{-1} $BaCl_2$ 溶液，是否有沉淀产生？

解：查表得 $BaSO_4$ 的 $K_{sp}^{\ominus}=1.08\times10^{-10}$。溶液等体积混合，各物质浓度减小为原来一半：

$$[Ba^{2+}]=0.020 \times \frac{20}{40}=0.010(mol \cdot L^{-1})$$

$$[SO_4^{2-}]=0.0020 \times \frac{20}{40}=0.0010(mol \cdot L^{-1})$$

$$Q_i=[Ba^{2+}][SO_4^{2-}]=0.010 \times 0.0010=1.0 \times 10^{-5} > K_{sp}^{\ominus}(BaSO_4)$$

所以溶液中有 $BaSO_4$ 沉淀产生。

（3）沉淀条件计算

根据溶度积规则，溶液中加入沉淀只要达到 $Q_i > K_{sp}^{\ominus}$ 时，即有产生沉淀，由此可以计算出沉淀时的条件。

【例 2-15】 计算溶液中 $0.010mol \cdot L^{-1}$ Fe^{3+} 开始沉淀时溶液的 pH。已知 $Fe(OH)_3$ 的 $K_{sp}^{\ominus}=4.0 \times 10^{-38}$。

解：$Fe(OH)_3$ 开始沉淀时，$[Fe^{3+}]=0.010mol \cdot L^{-1}$。

$$K_{sp}^{\ominus}[Fe(OH)_3]=[Fe^{3+}][OH^-]^3$$

$$[OH^-]=\sqrt[3]{\frac{K_{sp}^{\ominus}[Fe(OH)_3]}{[Fe^{3+}]}}=\sqrt[3]{\frac{4.0 \times 10^{-38}}{0.010}}=1.6 \times 10^{-12}(mol \cdot L^{-1})$$

$$pOH=-lg[OH^-]=-lg(1.6 \times 10^{-12})=11.8$$

$$pH=14-11.8=2.2$$

同理，可以计算出许多金属离子开始形成氢氧化物沉淀时的 pH 条件。

2.3.3　沉淀分离技术

利用生成沉淀使物质分离的方法在化学研究、化工生产中具有重要意义。如果在溶液中有两种以上的离子可与同一试剂反应产生沉淀，首先析出的是离子积最先达到溶度积的化合物。这种按先后顺序沉淀的现象，称为分步沉淀。利用分步沉淀方法可以将两种共存离子进行分离。

例如，在含有相同浓度的 Cl^- 和 I^- 的混合溶液中，逐滴加入 $AgNO_3$ 溶液，先产生黄色 AgI 沉淀，随着 $AgNO_3$ 溶液的继续加入，才出现白色 $AgCl$ 沉淀，如果 $AgCl$ 开始沉淀时溶液中 I^- 早已经沉淀完毕，则可通过过滤方法先将 AgI 分离，再滴加 $AgNO_3$ 溶液沉淀 Cl^-。一般认为，当一种离子浓度小于 $10^{-5}mol \cdot L^{-1}$ 时，可以认为已经沉淀完全。

【例 2-16】 在含有 $0.010mol \cdot L^{-1}$ Cl^- 和 I^- 的溶液中，逐滴加入 $AgNO_3$ 溶液，

（1）$AgCl$ 和 AgI 中哪种先析出？

（2）当 $AgCl$ 开始沉淀时，溶液中 I^- 的浓度为多少？

已知 $K_{sp}^{\ominus}(AgCl)=1.8 \times 10^{-10}$，$K_{sp}^{\ominus}(AgI)=8.3 \times 10^{-17}$。

解：（1）$AgCl$ 开始沉淀时所需 Ag^+ 的最低浓度为：

$$[Ag^+]=\frac{K_{sp}^{\ominus}(AgCl)}{[Cl^-]}=\frac{1.8 \times 10^{-10}}{0.010}=1.8 \times 10^{-8}(mol \cdot L^{-1})$$

AgI 开始沉淀时所需 Ag^+ 的最低浓度为：

$$[Ag^+]=\frac{K_{sp}^{\ominus}(AgI)}{[I^-]}=\frac{8.3 \times 10^{-17}}{0.010}=8.3 \times 10^{-15}(mol \cdot L^{-1})$$

沉淀 I^- 所需 Ag^+ 浓度比沉淀 Cl^- 所需 Ag^+ 浓度小得多，所以 AgI 先析出。

（2）当 $AgCl$ 开始沉淀时，溶液对 AgI 来说已达到饱和，此时 $[Ag^+] \geq 1.8 \times 10^{-8}$ mol·L^{-1}，并同时满足这两个沉淀溶解平衡，所以

$$[Ag^+] = \frac{K_{sp}^{\ominus}(AgCl)}{[Cl^-]} = \frac{K_{sp}^{\ominus}(AgI)}{[I^-]}$$

$$[I^-] = \frac{8.3 \times 10^{-17} \times 0.010}{1.8 \times 10^{-10}} \text{mol} \cdot L^{-1} = 4.6 \times 10^{-9} \text{mol} \cdot L^{-1}$$

计算可知，当 $AgCl$ 开始沉淀时，$[I^-] \ll 1.0 \times 10^{-5}$ mol·L^{-1}，说明 I^- 早已沉淀完全了。可见，利用分步沉淀原理，可使离子进行分离，$K_{sp}^{\ominus}$ 相差越大，分离得越完全。

金属离子经常共存于同一溶液中，若能形成氢氧化物沉淀，可以通过控制溶液 pH 值的方法，将其分离。

【例 2-17】 现有 0.010 mol·L^{-1} 的 Fe^{2+} 和 0.010 mol·L^{-1} 的 Fe^{3+} 的混合溶液，若要将 Fe^{3+} 完全沉淀而又不能让 Fe^{2+} 出现沉淀，求 pH 控制范围。

解：解题思路：本题需要计算 2 个 pH 值，一是计算 Fe^{3+} 刚好完全沉淀时的 pH 值，即计算 Fe^{3+} 浓度刚好降到 10^{-5} mol·L^{-1} 时对应的溶液 pH 值；二是计算 Fe^{2+} 不出现 $Fe(OH)_2$ 沉淀的最高 pH 值，即计算 0.010 mol·L^{-1} Fe^{2+} 刚好要出现 $Fe(OH)_2$ 沉淀时对应的 pH 值。

当 Fe^{3+} 完全除尽时，$[Fe^{3+}] = 1.0 \times 10^{-5}$ mol·L^{-1}

$$[OH^-]_1 = \sqrt[3]{\frac{K_{sp}^{\ominus}[Fe(OH)_3]}{[Fe^{3+}]}} = \sqrt[3]{\frac{4.0 \times 10^{-38}}{1.0 \times 10^{-5}}} = 1.6 \times 10^{-11} (\text{mol} \cdot L^{-1})$$

$$pH = 14 - pOH = 14 + \lg[OH^-] = 14 + \lg(1.6 \times 10^{-11}) = 3.20$$

当 Fe^{2+} 刚好要出现沉淀时

$$[OH^-]_2 = \sqrt{\frac{K_{sp}^{\ominus}[Fe(OH)_2]}{[Fe^{2+}]}} = \sqrt{\frac{8.0 \times 10^{-16}}{0.010}} = 2.8 \times 10^{-7} (\text{mol} \cdot L^{-1})$$

$$pH = 14 - pOH = 14 + \lg[OH^-] = 14 + \lg(2.8 \times 10^{-7}) = 7.45$$

即要将溶液 pH 值控制在 $3.20 \sim 7.45$ 间，即可保证 Fe^{3+} 完全除尽而又不至于使 Fe^{2+} 出现沉淀。

【知识拓展】

pH 值快速测定技术

实验室利用酸度计测量水样的 pH 值虽然准确，但每次测定都要配制标准缓冲溶液并需对酸度计进行校正，达不到对水样快速测定和方便的目的，也不利于野外操作。因此便携式 pH 快速测定仪（见图 2-2）和 pH 检测试剂盒（见图 2-3）应运而生。

1. 便携式 pH 测定仪

便携式 pH 测定仪为野外、流动性条件下测定 pH 要求设计，仪器小巧、自带电源，使用方便，pH 测定准确。

2. pH 检测试剂盒

pH 检测试剂盒由小瓶溶液、小试管和滴管组成，采用比色法测定水样中氢离子浓度。检测方法是取

待测水样冲洗试管 2 次，然后将水样加入试管中至管的刻度线，按照比色卡背面的操作说明依次加入小瓶中试剂于试管中，晃动试管使之溶解或混合均匀，待反应完全后将试管放在比色卡边上，自上而下目视比色，管内色调与比色卡上标准色相同或是相近者，即为水样的 pH 值。这种方法对检测人员要求不高，也不要求专业方面的知识，在水产养殖、环境分析、污水废水排放与处理、工业用水、印染与漂洗、化工与轻工、电镀表面处理、游泳池中的水质分析中被广泛使用。

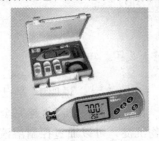　　　　　　　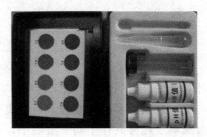

图 2-2　便携式 pH 测定仪　　　　　　　图 2-3　pH 检测试剂盒

学习指导 —————————————————————————————————

实训 2 —————————————————————————————————
缓冲溶液配制和 pH 测定

 素质阅读

中国化学工业的先驱侯德榜

　　一块玻璃，一个馒头，看似平常的物品，它们的原材料都有同一种东西——纯碱。如今，纯碱在日常生活中随处可见，殊不知在百年前的中国，人们因得不到价格高昂的纯碱，只得以酸馍为食，以纯碱为生产原料的工厂更是举步维艰。这时，出现了一个人改变了这样的局面，他就是侯德榜。

　　1890 年 8 月 9 日，侯德榜出生于福建省闽侯县一个普通农家。自幼勤奋好学的他，半耕半读，1911 年，考入北平清华留美预备学堂，以 10 门功课 1000 分的优异成绩誉满清华园，被保送入美国麻省理工学院化工科学习，成为第一批赴美深造的毕业生，于 1921 年获博士学位。就在这时，侯德榜接到了国内爱国实业家范旭东的来信，邀请他毕业后到"永利制碱公司"工作，承担起建设亚洲第一家碱厂——永利塘沽碱厂的重任。也正是这封信，让范旭东、侯德榜两位中国重化学工业开拓者结缘，开启了科学救国之路。

　　彼时，受到第一次世界大战爆发的影响，我国进口洋碱的来源锐减，人民生活水深火热，工业生产也难以发展。为此，范旭东在塘沽成功创办久大精盐公司之后，将目光投向了碱业。当时的主流制碱方法苏尔维制碱技术被几个大公司垄断，因此创办碱厂与一般工厂不同，无从购买整套机器，必须自己暗中摸索设计。"虽粉身碎骨，我也要硬干出来。"对于制碱，范旭东早已下定决心。也正是范旭东这种一往无前振兴中华民族工业的热情感动了侯德榜，让他放弃了已小有成就的制革专业，转而投身于尚不太专精的制碱领域。

为了使永利碱厂生产出合格的纯碱，侯德榜苦心钻研，经过 500 次的试验，永利碱厂终于在 1926 年生产出我国乃至亚洲第一批优质纯碱——"红三角"牌纯碱，并在同年举行的美国费城万国博览会上荣获金奖，获得"中国近代工业进步的象征"的评语，同时也一举打破西方碱业公司的垄断。

侯德榜（左）与范旭东（右）

侯德榜制碱成功，让中国看到了前进的希望，随后他的又一举动更是震惊了世界。侯德榜决意将他的研究成果向世人公开，1933 年他以英文写作的《纯碱制造》一书在纽约出版。他解开了苏尔维制碱技术的奥秘，至此封锁了长达 70 年之久的苏尔维制碱技术的神秘面纱被揭开，制碱技术成为全人类的共同财富。

侯德榜的身上有着中国传统知识分子最显著的标志——士子之风。他们从不计较个人得失，始终心怀天下，将国家民族的利益视作终生奋斗的目标，这种人才称得上是"共和国的脊梁"，这种精神才叫作民族精神，值得我们继续传承下去。

思考与练习

一、选择题

1. 下列各组酸碱对中，不属于共轭酸碱对的是（   ）。

A. HAc-Ac^- B. NH_3-NH_2^- C. HNO_3-NO_3^- D. H_2SO_4-SO_4^{2-}

2. $0.1mol \cdot L^{-1}$ 的 $NH_3 \cdot H_2O$ 溶液（氨水的 $K_b^{\ominus} = 1.8 \times 10^{-5}$）的 pH 值为（   ）。

A. 1   B. 2.87   C. 11.13   D. 3.22

3. 下列物质可配制成缓冲溶液的是（   ）。

A. NaH_2PO_4-$NaCl$ B. H_3PO_4-$NaOH$ C. NH_4Cl-HCl D. HAc-HCl

4. 配制 pH＝5 的缓冲溶液，选择合适的缓冲对是（   ）。

A. HAc-$NaAc$ B. NH_3-NH_4Cl

C. NaH_2PO_4-Na_2HPO_4 D. $NaHCO_3$-Na_2CO_3

5. 将浓度均为 $0.1mol \cdot L^{-1}$ HAc 和 NaAc 混合溶液用水稀释 2 倍，溶液 pH 值（   ）。

A. 增大   B. 减小   C. 不变   D. 无法判断

6. pH＝1.0 和 pH＝3.0 的两种强酸的水溶液等体积混合后，溶液 pH 值为（   ）。

A. 1.0   B. 1.5   C. 2.0   D. 1.3

7. 下列各对溶液中，能用来配制缓冲溶液的是（   ）。

A. NaOH 和 NaCl   B. HNO_3 和 NaOH

C. Na_3PO_4 和 HCl   D. HCl 和 NH_4Cl

8. 将 $0.0040mol \cdot L^{-1}$ Na_2SO_4 溶液与 $0.0020mol \cdot L^{-1}$ $Ba(NO_3)_2$ 溶液等体积混合（$BaSO_4$ 的 $K_{sp}^{\ominus} = 1.1 \times 10^{-10}$），现象是（   ）。

A. 产生沉淀　　　　B. 无沉淀　　　　C. 无法判断

9. 某温度下，$Mg(OH)_2$ 的 $K_{sp}^{\ominus}=8.39\times10^{-12}$，则 $Mg(OH)_2$ 的溶解度（$mol \cdot L^{-1}$）为（　　）。

A. 2.05×10^{-6}　　B. 2.03×10^{-4}　　C. 1.28×10^{-4}　　D. 2.90×10^{-6}

10. AgBr 的 $K_{sp}^{\ominus}=5.2\times10^{-13}$，在 $0.1mol \cdot L^{-1}$ KBr 溶液中的溶解度（$mol \cdot L^{-1}$）是（　　）。

A. 2.6×10^{-6}　　B. 5.2×10^{-12}　　C. 4.0×10^{-13}　　D. 4.0×10^{-14}

二、填空题

1. AgCl 的 $K_{sp}^{\ominus}=1.8\times10^{-10}$，它在 $0.010mol \cdot L^{-1}$ $AgNO_3$ 中的溶解度是_____ $mol \cdot L^{-1}$。

2. HCO_3^-、HPO_4^{2-}、$H_2PO_4^-$ 的共轭酸分别是_____、_____、_____。

3. HCO_3^-、HPO_4^{2-}、$H_2PO_4^-$ 的共轭碱分别是_____、_____、_____。

4. $0.1mol \cdot L^{-1}$ 的 H_2S 溶液中 H^+ 浓度为_____ $mol \cdot L^{-1}$，pH 值为_____，HS^- 离子浓度为_____ $mol \cdot L^{-1}$，S^{2-} 离子浓度为_____ $mol \cdot L^{-1}$。（已知 H_2S 的 $K_{a1}^{\ominus}=1.3\times10^{-7}$，$K_{a2}^{\ominus}=7.1\times10^{-15}$）

5. 已知 HAc 的电离常数 $K_a^{\ominus}=1.8\times10^{-5}$，则 $0.20mol \cdot L^{-1}$ HAc 溶液中 H^+ 浓度为_____ $mol \cdot L^{-1}$，溶液 pH 为_____；若在 1L 该溶液中加入 NaAc 固体并使 NaAc 浓度为 $0.10mol \cdot L^{-1}$，则溶液 pH 为_____。

6. AgCl 的溶度积常数为 $K_{sp}^{\ominus}=1.56\times10^{-10}$，则 AgCl 在纯水中的溶解度是_____ $mol \cdot L^{-1}$，在 $0.02mol \cdot L^{-1}$ NaCl 中的溶解度为_____ $mol \cdot L^{-1}$。

7. $K_b^{\ominus}$ 是弱碱的解离常数，其值越大，碱接受质子的能力越_____，碱性越_____。

8. Ag_2CrO_4 的溶度积常数为 1.1×10^{-12}，则 Ag_2CrO_4 在纯水中的溶解度为_____ $mol \cdot L^{-1}$，在 $0.02mol \cdot L^{-1}$ 的 $AgNO_3$ 溶液中的溶解度为_____ $mol \cdot L^{-1}$，在 $0.01mol \cdot L^{-1}$ 的 K_2CrO_4 溶液中的溶解度为_____ $mol \cdot L^{-1}$。

9. Ag_2CrO_4 的溶度积常数为 1.1×10^{-12}，它在 $0.010mol \cdot L^{-1}$ $AgNO_3$ 中的溶解度是_____ $mol \cdot L^{-1}$。

10. 酸碱质子理论认为，既能给出质子又能接受质子的物质，称为_____。

三、判断题

1. 根据酸碱质子理论，Cl^- 是碱。（　　）

2. 1kg 溶剂（A）中所含溶质（B）的物质的量称为质量体积浓度。（　　）

3. 共轭酸碱之间只相差一个质子。（　　）

4. 酸碱质子理论扩大了酸碱电离理论的酸碱定义范围。按照酸碱质子理论，碳酸钠是二元碱，这就是碳酸钠的俗名叫纯碱的原因。（　　）

5. $0.020mol \cdot L^{-1}$ NaOH 溶液的 pH 值为 8.9。（　　）

6. 在温度一定情况下，$K_a^{\ominus}$ 越大，酸越不容易给出质子，酸性越弱。（　　）

7. 对于二元弱酸，如果 $K_{a_1}^{\ominus}\gg K_{a_2}^{\ominus}$，说明第二步电离比第一步困难得多。（　　）

8. $0.010mol \cdot L^{-1}$ $NaHCO_3$ 溶液的 pH 为 8.31。（　　）

9. Na_2HPO_4-Na_3PO_4 不可以组成缓冲溶液。（　　）

10. 任何缓冲溶液的缓冲能力都是有限的，若向体系中加入过多的酸或碱，或是过分稀

释，都可能使缓冲溶液失去缓冲作用。　　　　　　　　　　　　　　　　　（　　）

四、名词解释

1. 酸碱质子理论
2. 缓冲溶液
3. 同离子效应
4. 分步沉淀
5. 沉淀与溶解平衡
6. 溶度积规则

五、简答题

1. 低碳生活，从我做起！CO_2 是一种温室气体，导致地球表面温度升高，形成温室效应。有人提出将 CO_2 通过管道输送到海底，以减小空气中 CO_2 的浓度。这种方法会给海洋造成什么影响？

2. 保护环境，人人有责！酸雨是指 pH 小于 5.6 的雨雪或其他形式的降水。酸雨是怎样形成的？会对环境和人类造成哪些影响？如何减少酸雨的产生？

3. 大量研究表明，使用含氟牙膏能够有效预防龋齿，龋齿是牙体硬组织脱矿与再矿化动态平衡被打破的结果。脱矿，就是牙齿中的矿物质溶解、流失；而再矿化，就是溶解的矿物盐重新在牙齿上沉积。请从沉淀与溶解平衡的角度解释为什么含氟牙膏能够预防龋齿。

4. 利用硫酸钡不易被 X 射线穿透的特性，医学上在进行消化系统的 X 射线透视时，常使用 $BaSO_4$ 作内服造影剂（钡餐），由于 Ba^{2+} 有毒，不能用水溶性钡盐，为什么不用同样难溶的 $BaCO_3$ 作为造影剂？

5. 化工原料氯化铵中常含有杂质氯化铁，通常去除杂质氯化铁的方法是将混合物溶于水，加入氨水调节 pH 在 7~8 之间，可以使 Fe^{3+} 转化为 $Fe(OH)_3$ 沉淀，从而达到去除的目的。请写出涉及的反应方程式。

6. 在处理工业废水时，常以 Na_2S 作为沉淀剂，使废水中的金属离子 Cu^{2+}、Hg^{2+} 等转化为难溶沉淀而除去，请写出涉及的反应方程式。

7. 安全生产，责任重大！锅炉水垢的主要成分是 $CaSO_4$，当水垢较多时，一方面使燃料利用率降低，浪费能源；另一方面，还会带来安全隐患，存在爆炸隐患，影响锅炉的使用寿命。因此，需要定期清除锅炉水垢，常用方法是先加入 Na_2CO_3 溶液，然后再用酸去除，请解释原理。

六、计算题

1. 有 $0.0982mol \cdot L^{-1}$ 的 H_2SO_4 溶液 480mL，现欲使其浓度增至 $0.1000mol \cdot L^{-1}$。问应加入 $0.5000mol \cdot L^{-1}$ 的 H_2SO_4 溶液多少毫升？

2. 配制 pH=10.0 的 NH_3-NH_4Cl 缓冲溶液 1000mL，若该缓冲溶液中 $NH_3 \cdot H_2O$ 浓度为 $0.50mol \cdot L^{-1}$，则需要称取 NH_4Cl 固体多少克？需量取质量分数为 27%，密度为 $0.90g \cdot mL^{-1}$ 的浓 $NH_3 \cdot H_2O$ 多少毫升？

$[M(NH_4Cl)=53.5g \cdot mol^{-1}$，$M(NH_3)=17.0g \cdot mol^{-1}$，$K_b^{\ominus}(NH_3 \cdot H_2O)=1.8 \times 10^{-5}]$

3. 实验室欲用 HAc 和 NaAc 配制 1.0L 的 pH=5.00 的缓冲溶液，要求溶液中 HAc 的浓度为 $0.20mol \cdot L^{-1}$，则需要密度是 $0.900g \cdot mL^{-1}$ 的醋酸（纯）多少毫升？醋酸钠多少克？

4. 将 1.5×10^{-6} mol·L^{-1} 的 AgNO$_3$ 和 1.5×10^{-5} mol·L^{-1} 的 NaCl 等体积混合，利用溶度积规则，通过计算说明混合溶液中是否有沉淀生成。$[K_{sp}^{\ominus}(\text{AgCl}) = 1.8 \times 10^{-10}]$

5. 某酸性溶液中，Fe^{3+} 和 Zn^{2+} 离子的浓度均为 0.010mol·L^{-1}，请计算出彼此分离的 pH 范围。（$K_{sp}^{\ominus}[\text{Fe(OH)}_3] = 4.0 \times 10^{-38}$，$K_{sp}^{\ominus}[\text{Zn(OH)}_2] = 3.0 \times 10^{-17}$）

6. 在含 Fe^{3+}、Fe^{2+}，浓度均为 0.010mol·L^{-1} 的混合溶液中，若要除尽 Fe^{3+} 而又不使 Fe^{2+} 沉淀，求 pH 控制范围。

$[K_{sp}^{\ominus}[\text{Fe(OH)}_2] = 8.0 \times 10^{-16}$，$K_{sp}^{\ominus}[\text{Fe(OH)}_3] = 4.0 \times 10^{-38}]$

第 3 章
氧化还原平衡

学习目标

知识目标
1. 熟悉氧化还原反应中的基本概念；
2. 熟悉电极电势大小与物质氧化、还原能力的关系。

能力目标
1. 会用氧化数配平法配平氧化还原方程式；
2. 会利用电极电势判断氧化还原反应方向和判断氧化剂、还原剂的强弱；
3. 能利用能斯特方程式计算非标准状态下电对的电极电势。

素质目标
1. 培养学以致用，分析和解决生产与生活中实际问题的能力；
2. 培养安全、环保、节能、低碳意识，激发创新思维；
3. 培养宏观辨识和微观探究的能力。

化学反应分为两大类，非氧化还原反应和氧化还原反应，酸碱反应、沉淀反应属于非氧化还原反应。物质之间有电子转移（或偏移）的反应称为氧化还原反应，这是一类非常重要的反应。我国传统文化瑰宝唐诗宋词中，就有"爆竹声中一岁除，春风送暖入屠苏"的千古名句，爆竹燃烧其实就是氧化还原反应。"春蚕到死丝方尽，蜡炬成灰泪始干"，蜡烛燃烧也是氧化还原反应。此类反应在工业生产（如物质制备、电池生产、金属防腐、电解、电镀等）、日常生活及生命活动中都有十分重要的作用。本章重点学习氧化还原基本概念、原电池、电极电势及应用等。

3.1 氧化还原反应

3.1.1 氧化还原反应概念

（1）氧化数

氧化数是某元素一个原子的荷电数，这种荷电数是假设把每个化学键中的电子指定给电负性更大的原子而求得。

常根据以下规则确定物质中元素原子的氧化数。

① 单质中元素的氧化数为零。如白磷（P_4）中 P 的氧化数为 0。

② 简单离子中元素原子的氧化数等于该离子的电荷数；多原子离子的总电荷数等于各

元素原子氧化数的代数和；电中性化合物各原子氧化数代数和为零。如 Cl^- 中 Cl 的氧化数为 -1，SO_4^{2-} 中 1 个 S 和 4 个 O 的氧化数和为 -2。

③ 氧在化合物中的氧化数一般为 -2，但在过氧化物（如 H_2O_2，Na_2O_2）中为 -1，在超氧化物（如 KO_2）中为 $-1/2$，在 OF_2 中为 $+2$。

④ 氢在化合物中的氧化数一般为 $+1$，但在金属氢化合物（如 NaH，CaH_2）中为 -1。

⑤ 氟在所有化合物中都为 -1，其他卤素原子的氧化数在二元卤化物（如 $CaCl_2$）中为 -1，在含氧化物中按各元素原子氧化数代数各为零确定。

【例 3-1】 计算 Fe_3O_4、$KClO_3$、MnO_4^- 中 Fe、Cl、Mn 各元素的氧化数。

解：已知氧的氧化数为 -2，设 Fe、Cl、Mn 各元素的氧化数为 x、y、z，则

Fe_3O_4 中：
$$3x + 4 \times (-2) = 0$$
$$x = +\frac{8}{3}$$

$KClO_3$ 中：
$$1 + y + 3 \times (-2) = 0$$
$$y = +5$$

MnO_4^- 中：
$$z + 4 \times (-2) = -1$$
$$z = +7$$

练一练：请计算 $K_2Cr_2O_7$、MnO_2、$Cr_2(SO_4)_3$、$FeCl_3$ 中 Cr、Mn、S、Fe 各元素的氧化数。

（2）氧化剂和还原剂

在氧化还原反应中，得到电子的物质称为氧化剂，失去电子的物质称为还原剂。可以从反应物中有无元素原子的氧化数下降或升高来判断，如反应的物质中某元素原子的氧化数下降，则该物质为氧化剂，反之则为还原剂。譬如：

$$Cu + 4HNO_3(浓) \longrightarrow Cu(NO_3)_2 + 2NO_2 + 2H_2O$$

上述反应中，Cu 的氧化数从 0 升高到 $+2$，Cu 为还原剂；而 HNO_3 中的 N 的氧化数从 $+5$ 下降到 $+4$，因此 HNO_3 为氧化剂。

有时氧化数升高和氧化数下降的元素在同一反应物中，该氧化还原反应称为自身氧化还原反应，如氯酸钾的热分解反应：

$$2KClO_3 \longrightarrow 2KCl + 3O_2$$

在该反应中 Cl 的氧化数从 $+5$ 下降到 -1，而 O 的氧化数从 -2 升高到 0，所以 $KClO_3$ 既是氧化剂又是还原剂，该反应称为自身氧化还原反应。

在自身氧化还原反应中，若氧化数升高和氧化数下降的是同种元素，则称为歧化反应。将 Cl_2 通入 NaOH 中发生的反应就属于歧化反应。

$$Cl_2 + 2NaOH \longrightarrow NaCl + NaClO + H_2O$$

查一查：勤劳智慧的中国人民在实践中总结出"雷雨发庄稼"的生产经验，列出"雷雨发庄稼"中蕴含的氧化还原反应。

3.1.2　氧化还原反应方程式的配平

氧化还原反应方程式一般比较复杂，用观察法不易配平，可采用氧化数法和离子-电子法等方法配平。在此介绍其中的氧化数法。

（1）配平原则

① 氧化剂中元素氧化数降低的总数与还原剂中元素氧化数升高的总数相等。元素氧化数变化的根本原因是反应时发生了得失电子，在氧化还原反应中氧化剂得到电子数与还原剂失去电子数相等。

② 反应前后各元素的原子数目相等。

（2）配平步骤

以下用 $KMnO_4$ 与 HCl 制取氯气反应为例讨论氧化数法配平步骤。

① 写出未配平的反应方程式（可只写出主要的物质）。

$$KMnO_4 + HCl \longrightarrow MnCl_2 + Cl_2 + H_2O$$

② 标出氧化数发生变化的元素，计算出反应前后氧化数升高和下降的数值。

氧化数法配
平氧化
还原方程式

$$\overset{+7}{K}MnO_4 + \overset{-1}{H}Cl \longrightarrow \overset{+2}{M}nCl_2 + \overset{0}{C}l_2 + H_2O$$

（上方 ↓5，下方 ↑1×2）

③ 根据氧化数降低总数和氧化数升高总数相等的原则，将各原子氧化数变化值乘上适当的系数。

$$2KMnO_4 + 10HCl \longrightarrow 2MnCl_2 + 5Cl_2 + H_2O$$

（上方 ↓5×2，下方 ↑1×2×5）

④ 用观察法配平反应前后氧化数未发生变化的元素的原子数。

$$2KMnO_4 + 16HCl \longrightarrow 2MnCl_2 + 5Cl_2 + 2KCl + 8H_2O$$

氧化数法配平简单、快速，既适用于水溶液中的氧化还原反应，也适用于非水体系的氧化还原反应，氧化数法配平同样适用于配平离子方程式。为了正确、熟练配平，配平时注意如下：

① 对部分被氧化或还原的元素的物质前的系数，可暂时不配，等方程式另一边该元素原子数目确定后再配，如上述方程式的 HCl 系数，在第③步时可以不把"10"配上，在步骤④进行观察法配平时，等到方程式右边的 Cl 原子数确定共有 16 个时，再在 HCl 前配上系数"16"。

② 最后配系数的物质一般是 H_2O，使方程式两边 H 原子数相等。在水溶液中进行的反应，H_2O 既可以在反应物中也可以在生成物中出现。

③ 氧原子一般不参与配平，而是等到 H_2O 的系数配平后，检查方程式两边的 O 原子数是否相等。

④ 配平时要注意反应是酸性介质还是碱性介质。酸性条件下的反应，方程式中不能出现碱（如 $NaOH$）。

练一练：配平下列反应方程式。

$$Cu_2S + HNO_3 \longrightarrow Cu(NO_3)_2 + H_2SO_4 + NO\uparrow$$

$$KMnO_4 + K_2SO_3 + H_2SO_4 \longrightarrow MnSO_4 + K_2SO_4$$

3.2 原电池的组成和设计

近年来，随着新理念、新技术、新材料的不断发展，新能源汽车市场占有率不断提升。纯电动汽车作为新能源汽车中的重要一员，利用电池电能推动汽车行驶，纯电动汽车电池主要包括锂离子电池、铅酸电池以及镍镉电池等。电池续航时间、使用寿命、充电是否便捷等是纯电动汽车发展面临的主要问题。

2020 年 10 月，国务院办公厅印发《新能源汽车产业发展规划（2021—2035 年）》，明确指出"发展新能源汽车是我国从汽车大国迈向汽车强国的必由之路，是应对气候变化、推动绿色发展的战略举措"。并将"实施电池技术突破行动"列为新能源汽车核心技术攻关工程，重点攻关高强度、轻量化、高安全、低成本、长寿命的动力电池和燃料电池短板技术。

3.2.1 电对概念

任何一个氧化还原反应都是由两个半反应构成的，氧化剂得到电子被还原，其产物称为**还原产物**，氧化剂和其还原产物构成一对电对；还原剂失电子被氧化，其产物称为**氧化产物**，还原剂和其氧化产物构成另一对电对。例如反应：

$$2Fe^{3+} + Sn^{2+} \rightleftharpoons 2Fe^{2+} + Sn^{4+}$$

半反应为

$$Fe^{3+} + e \rightleftharpoons Fe^{2+}$$
$$Sn^{2+} - 2e \rightleftharpoons Sn^{4+}$$

上述两个半反应中，Fe^{3+} 与 Fe^{2+}、Sn^{2+} 与 Sn^{4+} 分别构成该氧化还原反应的两个电对，每个电对中，氧化数高的称为氧化型，氧化数低的称为还原型。这种由同一元素的氧化型物质和其对应的还原型物质所构成的整体，称为**氧化还原电对**。其表示方法是"氧化型/还原型"，如 Fe^{3+}/Fe^{2+} 和 Sn^{4+}/Sn^{2+}。

实际上，任何一种元素的不同氧化数的物质之间都可以构成一对电对，如 Mn 元素有 +7、+6、+4、+2、0 等多种氧化数的物质，这些物质之间可以形成多种电对，如 MnO_4^-/MnO_4^{2-}、MnO_4^{2-}/MnO_2、MnO_4^-/Mn^{2+}、MnO_2/Mn^{2+}、Mn^{2+}/Mn 等。任何一个氧化还原反应就是两个不同的电对之间的反应。

铜锌原电池
原理

3.2.2 原电池的组成与符号

（1）原电池组成

在一个烧杯中加入 $ZnSO_4$ 溶液并插入 Zn 片，另一个烧杯里加入 $CuSO_4$ 溶液并插入 Cu 片，将两个烧杯用盐桥连接起来，用一个检流计将两金属片连接起来，如图 3-1 所示。可以看到，检流计有电流通过，且电流方向是从铜片流向锌片。这种借助于氧化还原反应，将化学能转变为电能的装置，叫作**原电池**。

铜-锌原电池由两个半电池组成，每个半电池有一对氧化还原电对，分别是 Zn^{2+}/Zn 和 Cu^{2+}/Cu。Cu 和 Zn 既作电极材料起导电作用，又是电对的一部分。该原电池中，根据电流方向，可以确定，Zn 为负极，Cu 为正极。因为电流方向与电子流动方

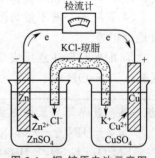

图 3-1 铜-锌原电池示意图

向相反，因此在该原电池的两个半电池发生了以下反应：

负极（Zn）　　　　　$Zn(s)-2e \rightleftharpoons Zn^{2+}(aq)$　　（氧化反应）

正极（Cu）　　　　　$Cu^{2+}(aq)+2e \rightleftharpoons Cu(s)$　　（还原反应）

将上面两个半电池反应合在一起，就可以得到：

电池反应　　　　　　$Zn+Cu^{2+} \longrightarrow Zn^{2+}+Cu$　　（氧化还原反应）

如果上述原电池持续放电，一定时间后，我们将发现锌极质量减少，而铜极质量增加。原电池装置中连接正负半电池的，由 KCl 饱和溶液组成的盐桥的作用是中和电荷，保持半电池呈电中性。如果将盐桥撤去，电池反应也立即中止。

（2）原电池符号

原电池符号

原电池装置可以用一种简单的符号来表示，如 Cu-Zn 原电池可表示为

$$(-)Zn \mid ZnSO_4(c_1) \parallel CuSO_4(c_2) \mid Cu(+)$$

原电池符号书写的规则如下：

① 写出正极和负极符号，负极写在左边，正极写在右边。

② 用"$\mid$"表示物质间的相界面。如 $Zn(s) \mid ZnSO_4(c_1)$。

③ 用"$\parallel$"表示盐桥，盐桥左右分别为原电池的负极、正极。

④ 电极反应物质为溶液时，要注明其浓度，若为气体要注明其分压。

⑤ 如果半电池中无金属单质作电极材料，需借助惰性导电物质作电极，称为惰性电极（仅起导电作用，如铂和石墨）。如电对 Fe^{3+}/Fe^{2+}、O_2/OH^- 等，因电对中无金属单质，此时就得配置 Pt 作惰性电极。惰性电极在电池符号中要表示出来。

【例 3-2】　一个烧杯中加入含有 Fe^{3+} 和 Fe^{2+} 的溶液，另一烧杯中放入含有 Sn^{2+} 和 Sn^{4+} 的溶液；分别插入铂片作电极，用盐桥和导线等连接成为原电池。写出其电极反应及电池反应并用原电池符号表示出来。

解：负极反应：　　　$Sn^{2+}-2e \longrightarrow Sn^{4+}$　　发生氧化反应

正极反应：　　　$Fe^{3+}+e \longrightarrow Fe^{2+}$　　发生还原反应

电池反应：　　　$Sn^{2+}+2Fe^{3+} \longrightarrow Sn^{4+}+2Fe^{2+}$

原电池符号：$(-)Pt \mid Sn^{2+}(c_1),Sn^{4+}(c_2) \parallel Fe^{3+}(c_3),Fe^{2+}(c_4) \mid Pt(+)$

（3）原电池的设计

在电池反应中，负极的电极反应对应于还原剂失去电子的反应（氧化反应），而正极的电极反应对应于氧化剂得到电子的反应（还原反应），亦即负半电池电对就是还原剂与产物组成的电对，正半电池电对就是氧化剂与产物组成的电对。因此，根据原电池符号可以写出电极反应和电池反应，同样的根据氧化还原反应也可以设计成原电池。

【例 3-3】　写出下列电池的反应式：

$$(-)Pt \mid I_2(s) \mid I^-(c_1) \parallel Cl^-(c_2) \mid Cl_2(p^\ominus) \mid Pt(+)$$

解：负极反应　　　　　$2I^--2e \longrightarrow I_2(s)$

正极反应　　　　　$Cl_2+2e \longrightarrow 2Cl^-$

电池反应　　　　　$Cl_2+2I^- \longrightarrow I_2+2Cl^-$

【例 3-4】　将氧化还原反应 $2Fe^{2+}+Cl_2 \longrightarrow 2Fe^{3+}+2Cl^-$ 设计成原电池，用原电池符号表示，并写出电极反应。

解：根据正极发生还原反应（对应氧化剂），负极发生氧化反应（对应还原剂），将上述氧化还原反应拆成两个电极反应为：

正极反应　　　　　　　　　$Cl_2 + 2e \longrightarrow 2Cl^-$

负极反应　　　　　　　　　$Fe^{2+} - e \longrightarrow Fe^{3+}$

原电池符号为　　　$(-)Pt \mid Fe^{3+}(c_1), Fe^{2+}(c_2) \parallel Cl^-(c_3) \mid Cl_2(p^\ominus) \mid Pt(+)$

拓展思考：某一原电池符号为$(-)Pt \mid Fe^{3+}(c_1), Fe^{2+}(c_2) \parallel Ag^+(c_3) \mid Ag(+)$，写出该原电池的负极反应、正极反应以及电池反应。

3.3　电极电势

任何电对都有电势，其电势的大小与电对本身性质有关，同时还受到温度、浓度、酸度等因素影响，尤其浓度、酸度发生变化时，电对电势变化明显。

电极电势
的原理

3.3.1　标准电极电势

电极电势的大小，反映了电对得失电子倾向的大小，不同电对的电势大小不同，但目前电极电势的绝对值还无法测量到，实际应用中只能应用其相对值。

铂黑

图 3-2　标准氢电极

（1）标准氢电极

标准氢电极如图 3-2 所示，是将表面镀有一层铂黑的铂片浸入氢离子浓度为 $1 mol \cdot L^{-1}$ 的水溶液中，在 $25^\circ C$ 时不断通入标准压力 $[p^\ominus(H_2) = 100 kPa]$ 的纯氢气，使铂黑吸附氢气达到饱和，即制成了标准氢电极。

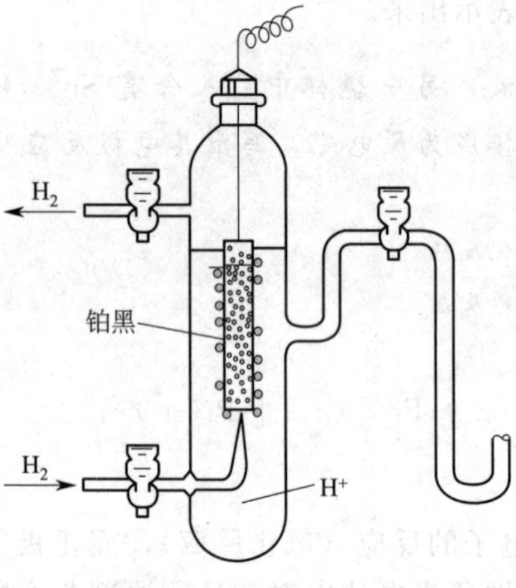

溶液中的 H^+ 与 H_2 在铂片表面建立了电对 H^+/H_2，并达到电极反应的平衡：

电极反应　　$2H^+(1.0 mol \cdot L^{-1}) + 2e \Longleftrightarrow H_2(100 kPa)$

其电极电势称为标准氢电极的电极电势，记作 $\varphi^\ominus(H^+/H_2)$，并规定在 $25^\circ C$ 时：

$$\varphi^\ominus(H^+/H_2) = 0.0000 V$$

其半电池表示式为　$Pt \mid H_2(100 kPa) \mid H^+(1 mol \cdot L^{-1})$

（2）标准电极电势

电极电势的大小主要取决于金属的本性，还与溶液的温度、浓度有关。为了便于比较，规定下列条件为标准状态：组成电极的有关物质的浓度为 $1 mol \cdot L^{-1}$，有关气体的压力为 $100 kPa$，温度为 $298.15 K$。标准状态下所测得的电极电势叫做该电极的标准电极电势，用符号 $\varphi^\ominus$ 表示。

电极电势或标准电极电势，可以通过实验来测定。方法是：

① 将待测标准电极与标准氢电极组成原电池；

② 判断电池的正负极；

③ 测出电池的标准电动势 $E^\ominus$，$E^\ominus = \varphi^\ominus_{(+)} - \varphi^\ominus_{(-)}$；

④ 计算出待测标准电极电势。

【例 3-5】　测定锌电极的标准电极电势。

解：① 将锌半电池与标准氢电极组成原电池，如图 3-3 所示。原电池符号是

$$Zn(s)|Zn^{2+}(1mol \cdot L^{-1}) \| H^{+}(1mol \cdot L^{-1})|H_2(100kPa)|Pt$$

② 根据电流方向判断出氢电极为正极，锌
电极为负极。

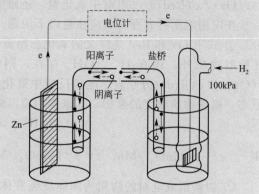

负极反应：　　　$Zn-2e \Longrightarrow Zn^{2+}$

正极反应：　　　$2H^{+}+2e \Longrightarrow H_2$

电池反应：　　　$Zn+2H^{+} \longrightarrow Zn^{2+}+H_2$

③ 测出该原电池的电动势为 0.763V。

④ 根据电池电动势计算电极电势

$$E^{\ominus}=\varphi^{\ominus}(H^{+}/H_2)-\varphi^{\ominus}(Zn^{2+}/Zn)$$

$$0.763V=0.0000V-\varphi^{\ominus}(Zn^{2+}/Zn)$$

得　　$\varphi^{\ominus}(Zn^{2+}/Zn)=-0.763V$

图 3-3　标准锌电极的电极电势测定

"-0.763"的意思是标准锌电极的电势要比标准氢电极的电势低 0.763V。用类似的方法，可以测出其他电对的标准电极电势，如 $\varphi^{\ominus}(Cu^{2+}/Cu)=0.342V$。

（3）标准电极电势表

将各种氧化还原电对的标准电极电势按一定方式汇集，就形成了标准电极电势表，见书后附录 4。附录 4 的表格中各电对的排列方式是按电势值从上往下、由小到大排列，并分为酸表和碱表。

使用电极电势表时应注意以下几点：

① 电极反应一律用氧化型$+ne \Longrightarrow$还原型表示，所以表中电极电势又称为还原电势。电对符号为氧化型/还原型。

② $\varphi^{\ominus}$值与电极反应中各物质的计量数无关。例如：

$$Fe^{3+}+e \Longrightarrow Fe^{2+} \qquad \varphi^{\ominus}=+0.771V$$

$$2Fe^{3+}+2e \Longrightarrow 2Fe^{2+} \qquad \varphi^{\ominus}=+0.771V$$

③ $\varphi^{\ominus}$值与半电池反应的书写方向无关。例如：

$$Fe^{3+}+e \Longrightarrow Fe^{2+} \qquad \varphi^{\ominus}=0.771V$$

$$Fe^{2+}-e \Longrightarrow Fe^{3+} \qquad \varphi^{\ominus}=0.771V$$

④ $\varphi^{\ominus}$值的大小表示物质的氧化型和还原型得失电子的难易程度。$\varphi^{\ominus}$值越大，表示氧化型物质越容易得电子，氧化能力越强；$\varphi^{\ominus}$值越小，表示还原型物质越容易失电子，还原能力越强。表中电极电势自上而下依次增大，则电极反应左侧的氧化型物质的氧化能力逐渐增强，而电极反应右侧的还原型物质的还原能力则逐渐减弱。最强的氧化剂在电势表的左下方，而最强的还原剂在电势表的右上方。

3.3.2　非标准电极电势的计算

（1）能斯特方程式

电极电势的大小不仅取决于电对的本性，还与溶液的浓度、温度以及气体的分压等有关。这些影响因素之间的关系，在 298.15K 时可用能斯特方程来表示。

若电极反应为　　　　　　　$Ox+ne \Longrightarrow Red$

能斯特方程式为　　　　$\varphi_{Ox/Red}=\varphi^{\ominus}_{Ox/Red}+\dfrac{0.0592}{n}\lg\dfrac{c(Ox)}{c(Red)}$ 　　　　　　（3-1）

式中　　$\varphi_{Ox/Red}$ ——电对在某一浓度（对于气体用分压）时的电极电势；

$\varphi^{\ominus}_{Ox/Red}$ ——标准电极电势；

n ——电极反应中得失电子数；

$c(Ox)$、$c(Red)$ ——电对中氧化型、还原型物质的浓度。

在应用能斯特方程时，应注意以下问题。

① 式中 Ox 和 Red 是广义的氧化态物质和还原态物质，如果在电极反应中，除氧化型、还原型物质外，还有 H^+、OH^- 存在，则它们的浓度也必须写入能斯特方程。式中的 $c(Ox)$ 和 $c(Red)$ 分别表示电极反应中氧化态一侧各物质（不包括电子）浓度的乘积和还原态一侧各物质浓度的乘积，其浓度均应以对应的计量数为指数。如

$$MnO_4^- + 8H^+ + 5e \rightleftharpoons Mn^{2+} + 4H_2O$$

则　　$$\varphi(MnO_4^-/Mn^{2+}) = \varphi^{\ominus}(MnO_4^-/Mn^{2+}) + \frac{0.0592}{5}\lg\frac{c(MnO_4^-)c^8(H^+)}{c(Mn^{2+})}$$

② 如果组成电对的物质为固体或纯液体时，它们的浓度不列入方程中。如果是气体物质则用相对压力 $p/p^{\ominus}$ 表示。如：

$$MnO_2(s) + 4H^+ + 2e \rightleftharpoons Mn^{2+} + 2H_2O$$

则　　$$\varphi(MnO_2/Mn^{2+}) = \varphi^{\ominus}(MnO_2/Mn^{2+}) + \frac{0.0592}{2}\lg\frac{c^4(H^+)}{c(Mn^{2+})}$$

$$Cl_2(g) + 2e \rightleftharpoons 2Cl^-$$

则　　$$\varphi(Cl_2/Cl^-) = \varphi^{\ominus}(Cl_2/Cl^-) + \frac{0.0592}{2}\lg\frac{\dfrac{p(Cl_2)}{p^{\ominus}}}{c^2(Cl^-)}$$

$$Br_2(l) + 2e \rightleftharpoons 2Br^-$$

则　　$$\varphi(Br_2/Br^-) = \varphi^{\ominus}(Br_2/Br^-) + \frac{0.0592}{2}\lg\frac{1}{c^2(Br^-)}$$

练一练：写出电对 $I_2(s)/I^-$、$Cr_2O_7^{2-}/Cr^{3+}$、ClO_3^-/Cl^-、$HClO/Cl^-$ 的能斯特方程式。

（2）非标准电极电势的计算

在水溶液中发生的电极反应，当浓度或酸度发生变化时，可利用能斯特方程式计算其电势。

【例 3-6】　计算 298.15K 时，Fe^{3+} 的浓度为 $1.00mol \cdot L^{-1}$，Fe^{2+} 的浓度为 $0.00100mol \cdot L^{-1}$，求电对 Fe^{3+}/Fe^{2+} 的电极电势。

解：查表 $\varphi^{\ominus}(Fe^{3+}/Fe^{2+}) = 0.771V$，电极反应为

$$Fe^{3+} + e \rightleftharpoons Fe^{2+}$$

根据能斯特方程　　$$\varphi(Fe^{3+}/Fe^{2+}) = \varphi^{\ominus}(Fe^{3+}/Fe^{2+}) + \frac{0.0592}{1}\lg\frac{c(Fe^{3+})}{c(Fe^{2+})}$$

$$= 0.771 + \frac{0.0592}{1}\lg\frac{1.00}{0.00100} = 0.949(V)$$

【例 3-7】　已知电极反应

$$MnO_4^- + 8H^+ + 5e \rightleftharpoons Mn^{2+} + 4H_2O \qquad \varphi^{\ominus} = 1.507V$$

若 $c(MnO_4^-) = c(Mn^{2+}) = 1.0mol \cdot L^{-1}$，求 298.15K，pH=6 时电极的电极电势。

解：将已知数值代入能斯特方程：

$$\varphi(MnO_4^-/Mn^{2+}) = \varphi^{\ominus}(MnO_4^-/Mn^{2+}) + \frac{0.0592}{5}\lg\frac{c(MnO_4^-)c^8(H^+)}{c(Mn^{2+})}$$

$$= 1.507 + \frac{0.0592}{5}\lg\frac{1.0 \times (10^{-6})^8}{1.0} = 0.939 \ (V)$$

根据能斯特方程式和以上例题计算，可以得到结论：氧化型一侧浓度增大或还原型一侧浓度减小，电极电势增大；氧化型一侧浓度减小或还原型一侧浓度增大，电极电势减小。含氧酸盐随着酸度增大其氧化性往往增强即与此有关。

3.3.3　电极电势的应用

电极电势的数值反映了电对中氧化型和还原型物质得失电子的能力或氧化还原能力的强弱，因此，电极电势有着较为广泛的应用。

（1）比较氧化剂和还原剂的相对强弱

电极电势值越大，电对中氧化型物质的氧化能力越强，还原型物质的还原能力越弱；电极电势值越小，电对中氧化型物质的氧化能力越弱，还原型物质的还原能力越强。

【例 3-8】　根据标准电极电势数值，判断下列电对中哪种物质是最强的氧化剂？哪种物质是最强的还原剂？并按各物质氧化能力、还原能力顺序进行排列。

$$MnO_4^-/Mn^{2+}, I_2/I^-, Fe^{3+}/Fe^{2+}, Cl_2/Cl^-$$

解：查电极电势表可知：$\varphi^{\ominus}(MnO_4^-/Mn^{2+}) = 1.507V$，$\varphi^{\ominus}(I_2/I^-) = 0.536V$，$\varphi^{\ominus}(Fe^{3+}/Fe^{2+}) = 0.771V$，$\varphi^{\ominus}(Cl_2/Cl^-) = 1.36V$。

电对 MnO_4^-/Mn^{2+} 的 $\varphi^{\ominus}$ 值最大，说明其氧化型 MnO_4^- 是最强的氧化剂。电对 I_2/I^- 的 $\varphi^{\ominus}$ 值最小，说明其还原型物质 I^- 是最强的还原剂。

氧化型物质氧化能力的强弱顺序：$MnO_4^- > Cl_2 > Fe^{3+} > I_2$

还原型物质还原能力的强弱顺序：$I^- > Fe^{2+} > Cl^- > Mn^{2+}$

（2）判断氧化还原反应方向

氧化还原反应可看作是两个电极电势不同的电对之间发生的反应，其对应的电池的电动势 $E = \varphi_{(+)} - \varphi_{(-)}$，当 $E > 0$ 时，氧化还原反应自发进行。标准状况下用标准电动势判断，非标准状况下用能斯特方程式计算出非标准电动势判断。

【例 3-9】　判断反应 $Pb^{2+} + Sn \Longrightarrow Pb + Sn^{2+}$ 能否在下列条件下自发进行。

（1）标准状态下；

（2）$c(Pb^{2+}) = 0.0010mol \cdot L^{-1}$，$c(Sn^{2+}) = 2.0mol \cdot L^{-1}$。

解：假设反应按所写方程式向正方向进行，则正极电对是 Pb^{2+}/Pb，负极电对是 Sn^{2+}/Sn，查出他们的标准电极电势值

$$\varphi^{\ominus}(Pb^{2+}/Pb) = -0.126V, \varphi^{\ominus}(Sn^{2+}/Sn) = -0.136V$$

（1）标准状态下，

$$E^{\ominus} = \varphi^{\ominus}_{(+)} - \varphi^{\ominus}_{(-)} = -0.126 - (-0.136) = 0.01(V)$$

因为 $E^{\ominus}>0$，在标准态下反应向正方向自发进行。

（2）当 $c(Pb^{2+})=0.0010\,mol\cdot L^{-1}$ 时，Pb^{2+}/Pb 电极电势为

$$\varphi(Pb^{2+}/Pb)=\varphi^{\ominus}(Pb^{2+}/Pb)+\frac{0.0592}{2}\lg c(Pb^{2+})$$

$$=-0.126+\frac{0.0592}{2}\lg 0.0010=-0.22(V)$$

当 $c(Sn^{2+})=2.0\,mol\cdot L^{-1}$ 时，Sn^{2+}/Sn 电极电势为

$$\varphi(Sn^{2+}/Sn)=\varphi^{\ominus}(Sn^{2+}/Sn)+\frac{0.0592}{2}\lg c(Sn^{2+})$$

$$=-0.136+\frac{0.0592}{2}\lg 2.0=-0.13(V)$$

$$E=\varphi_{(+)}-\varphi_{(-)}=-0.22-(-0.13)=-0.09(V)$$

非标准态下 $E<0$，反应按所写方程式逆向进行，即 Sn^{2+}/Sn 电对为正极，Pb^{2+}/Pb 电对为负极。

以上例子的反应中，在标准状况和非标准状况下，反应方向刚好相反。这是因为在标准状况时，标准电动势较小，当电对中物质浓度发生变化时，电动势正、负号发生改变，从而反应方向发生逆转。但如果 $E^{\ominus}>0.2V$，浓度改变一般不至于引起电动势的正、负号发生改变，此时仍可以用标准电动势判断反应方向。

但应注意，当电极反应中包含 H^+ 或 OH^- 时，介质对电极电势影响较大，尽管 $E^{\ominus}>0.2V$，但酸度的改变仍有可能使反应方向逆转。如某些含氧酸及其盐（$KMnO_4$、$K_2Cr_2O_7$ 等）参加的氧化还原反应，因为溶液酸度发生变化对电极电势影响较大，所以溶液酸度改变可能导致反应方向改变。

【例 3-10】　判断反应 $Cr_2O_7^{2-}+6I^-+14H^+\rightleftharpoons 2Cr^{3+}+3I_2+7H_2O$ 能否在下列条件下自发进行。

（1）标准状态下；

（2）pH=6.00 的酸性介质中，其他物质仍然是标准态。

解：查出电对 $Cr_2O_7^{2-}/Cr^{3+}$、I_2/I^- 的标准电极电势，

$$\varphi^{\ominus}(Cr_2O_7^{2-}/Cr^{3+})=1.33V,\varphi^{\ominus}(I_2/I^-)=0.536V$$

（1）标准状态下：

$$E^{\ominus}=\varphi^{\ominus}_{(+)}-\varphi^{\ominus}_{(-)}=1.33V-0.536V=0.794V$$

因为 $E^{\ominus}>0$，在标准态下反应向正方向自发进行。

（2）pH=6.00 的酸性介质中：

$$Cr_2O_7^{2-}+14H^++6e\rightleftharpoons 2Cr^{3+}+7H_2O$$

$$I_2+2e\rightleftharpoons 2I^-$$

根据以上电极反应，I_2/I^- 的电势与酸度无关，而 $Cr_2O_7^{2-}/Cr^{3+}$ 电势随酸度减小而减小

$$\varphi(I_2/I^-)=\varphi^{\ominus}(I_2/I^-)=0.536V$$

$$\varphi(Cr_2O_7^{2-}/Cr^{3+}) = \varphi^{\ominus}(Cr_2O_7^{2-}/Cr^{3+}) + \frac{0.0592}{6}\lg\frac{c(Cr_2O_7^{2-})c^{14}(H^+)}{c^2(Cr^{3+})}$$

$$= 1.33 + \frac{0.0592}{6}\lg\frac{1.0\times(1.0\times10^{-6})^{14}}{1.0^2} = 0.501(V)$$

此时 $\varphi(Cr_2O_7^{2-}/Cr^{3+}) < \varphi(I_2/I^-)$，因此在 pH＝6.00 时，反应向逆反应方向进行。

> **练一练：**1. 计算在 pH＝5.00、其他物质为标准态时，电对 MnO_4^-/Mn^{2+} 的电极电势，并与标准状况下作比较。
>
> 　2. 实验室为何必须用浓盐酸与 MnO_2 制取氯气？

（3）判断氧化还原反应进行的程度

氧化还原反应进行的程度，可以用平衡常数 $K^{\ominus}$ 的大小来衡量。在 298.15K 时，依据能斯特方程经推导可得

$$\lg K^{\ominus} = \frac{nE^{\ominus}}{0.0592} = \frac{n[\varphi_{(+)}^{\ominus} - \varphi_{(-)}^{\ominus}]}{0.0592} \tag{3-2}$$

式中，$K^{\ominus}$ 为平衡常数；n 为氧化还原反应中转移的电子数。从式(3-2)可以看出，在一定温度下，氧化还原反应的平衡常数与标准态电池的电动势及转移的电子数有关，$E^{\ominus}$ 越大，平衡常数越大，反应进行得越完全。

> **【例 3-11】**　计算 298.15K 时，氧化还原反应 $Zn + Cu^{2+} \rightleftharpoons Zn^{2+} + Cu$ 的平衡常数 $K^{\ominus}$。
>
> **解：**若将该反应组成原电池，则电对 Cu^{2+}/Cu 为正极，电对 Zn^{2+}/Zn 为负极
>
> 查表得到 $\varphi^{\ominus}(Zn^{2+}/Zn) = -0.763V$　　$\varphi^{\ominus}(Cu^{2+}/Cu) = 0.342V$
>
> $$\lg K^{\ominus} = \frac{nE^{\ominus}}{0.0592} = \frac{n[\varphi_{(+)}^{\ominus} - \varphi_{(-)}^{\ominus}]}{0.0592} = \frac{2\times[0.342-(-0.763)]}{0.0592} = 37.3$$
>
> $$K^{\ominus} = 2.0\times10^{37}$$
>
> $K^{\ominus}$ 很大，说明该反应进行得相当完全。

> **练一练：**在氧化还原滴定中，常用草酸或草酸钠标定高锰酸钾溶液的浓度，请计算出高锰酸钾与草酸反应的标准平衡常数。

学习指导 ——————————————————————————

 素质阅读

新型电池

　　新型电池具有以下特点：自重小、体积小、容量大、温度适应范围宽、使用安全、储存期长、维护方便等。

1. 锌银电池

锌银电池采用氢氧化钾或氢氧化钠作为电解液，由银作正极材料，锌作负极材料。正极上的活性物质是多孔性银，负极上的活性物质主要是氧化锌。灌入电解液，经充电后，正极的银变成二价的氧化银，负极的氧化锌变成锌。锌银电池一般装在塑料壳内或装在铝合金、不锈钢的外壳内。

锌银电池主要优点是比能量高，它的能量与质量比（单位质量产生的有效电能量）达 $100 \sim 130 W \cdot h/kg$（是铅蓄电池的 3～4 倍）。大电流放电的锌银电池应用于军事、航空、移动的通信设备、电子仪器和人造卫星、宇宙航行等方面。制成纽扣式微型的锌银电池应用于电子手表、助听器、计算机和心脏起搏器等。

2. 锂离子电池

锂离子电池是指分别用两个能可逆地嵌入与脱嵌锂离子的化合物作为正负极构成的二次电池。锂离子电池的正极材料通常由锂的活性化合物组成，负极材料则是特殊分子结构的碳，常见的正极材料主要成分为 $LiCoO_2$。充电时，加在电池两极的电势迫使正极的化合物释出锂离子，嵌入负极分子排列成片层结构的碳中；放电时，锂离子则从片层结构的碳中析出，重新和正极的化合物结合。锂离子的移动产生了电流。

根据锂电池所用电解质材料，可以分为液态锂电池（简称 LIB）和聚合物锂电池（简称 LIP）两大类。聚合物锂电池所用的正负极材料与液态锂都是相同的，电池的工作原理也基本一致。它们的主要区别在于电解质的不同，锂电池使用的是液体电解质，而聚合物锂电池则以固体聚合物电解质来代替，这种聚合物可以是"干态"的，也可以是"胶态"的，目前大部分采用聚合物胶体电解质。聚合物锂电池可分为三类：

（1）固体聚合物电解质锂电池　电解质为聚合物与盐的混合物，这种电池在常温下的离子电导率低，适于高温使用。

（2）凝胶聚合物电解质锂电池　即在固体聚合物电解质中加入增塑剂等添加剂，从而提高离子电导率，使电池可在常温下使用。

（3）聚合物正极材料的锂电池　采用导电聚合物作为正极材料，其能量是现有锂电池的 3 倍，是最新一代的锂电池。由于用固体电解质代替了液体电解质，与液态锂电池相比，聚合物锂电池具有可薄形化、任意面积化与任意形状化等优点，也不会产生漏液与燃烧爆炸等安全上的问题，因此可以用铝塑复合薄膜制造电池外壳，从而可以提高整个电池的容量；聚合物锂电池还可以采用高分子作正极材料，其比能量将会比目前的液态锂电池提高 50% 以上。此外，聚合物锂电池在工作电压、充放电循环寿命等方面都比液态锂电池有所提高。基于以上优点，聚合物锂电池被誉为下一代锂电池。

3. 太阳能电池

目前常用的太阳能电池是由硅制成的。一般是在电子型单晶硅的小片上用扩散法渗进一薄层硼，以得到 PN 结，然后再加上电极。当日光直射到渗了硼的薄层面上时，两极间就产生电动势。这种电池可用作人造卫星上仪器的电源。除硅外，砷化镓也是制作太阳能电池的好材料。

世界最大的太阳能飞机"阳光动力 2 号"，机翼上安装有 17248 块超薄、高效太阳能电池板。而这些电板非常薄，每块仅厚 $135\mu m$，相当于人类的一根头发丝。同时为了满足昼夜飞行的需求，发动机吊舱中安装了 633kg 重的锂离子电池。这样，太阳能电池板所产生的电量,除了供其日间飞行外,还可以实现夜间飞行。有了能量储备,飞机也不用担心碰到阴雨天气。2015 年 3 月 9 日,阳光动力 2 号太阳能飞机从阿联酋首都阿布扎比启程,开始环球飞行。2016 年 6 月 20 日凌晨从纽约起飞,经过 70 小时的飞行,终于跨过了大西洋,顺利降落在西班牙城市塞维利亚。

　　4. 原子电池

　　据 1975 年的报道,当时国外正对第一个原子电池进行测试。这个可输出 20W、质量为 1398kg 的原子电池已沉入北海海底,向邻近的海洋测量站供电。这种电池密封在长84cm、直径 69cm、铅外壁厚 10cm 的圆柱体中。它的核心部分是锶 90。当锶衰变时,它产生相当于 300W 的热能,然后通过热电发生器将热能转化为电能。最后输出的电功率是20W,电压 28V。据称这种原子电池不需维护,至少可用 5 年,估计可用 10 年。

思考与练习

一、选择题

1. 已知电对 I_2/I^- 和 MnO_4^-/Mn^{2+} 在 25℃时的标准电极电势分别为 0.54V 和 1.51V,若将其构成原电池的总反应式如下:$2MnO_4^- + 16H^+ + 10I^- \Longleftrightarrow 2Mn^{2+} + 8H_2O + 5I_2$,则该原电池的 $E^\ominus$ 等于（　　　）。

　　A. 0.97V　　　　　B. 0.65V　　　　　C. 0.03V　　　　　D. −0.97V

2. 已知 $\varphi^\ominus(Fe^{3+}/Fe^{2+}) = 0.77V$,$\varphi^\ominus(Cu^{2+}/Cu) = 0.34V$,反应 $Cu + 2Fe^{3+} \Longleftrightarrow 2Fe^{2+} + Cu^{2+}$ 在标准态下自发进行的方向是（　　　）。

　　A. 正向　　　　　B. 逆向　　　　　C. 不反应　　　　　D. 不能判断

3. 现有原电池,$(-)Pt|Fe^{3+},Fe^{2+}||Ce^{4+},Ce^{3+}|Pt(+)$,该原电池放电时发生的反应是（　　　）。

　　A. $Ce^{3+} + Fe^{3+} \Longleftrightarrow Ce^{4+} + Fe^{2+}$　　　　　B. $3Ce^{4+} + Ce \Longleftrightarrow 4Ce^{3+}$

　　C. $2Ce^{4+} + Fe \Longleftrightarrow 2Ce^{3+} + Fe^{2+}$　　　　　D. $Ce^{4+} + Fe^{2+} \Longleftrightarrow Ce^{3+} + Fe^{3+}$

4. 下列电极反应中各离子浓度各减小一半,电势增加的是（　　　）。

　　A. $Cu^{2+} + 2e \Longleftrightarrow Cu$　　　　　B. $I_2 + 2e \Longleftrightarrow 2I^-$

　　C. $2H^+ + 2e \Longleftrightarrow H_2$　　　　　D. $Fe^{3+} + e \Longleftrightarrow Fe^{2+}$

5. 下列电极反应中各离子浓度各增大 5 倍,电势不变的是（　　　）。

　　A. $Zn^{2+} + 2e \Longleftrightarrow Zn$　　　　　B. $MnO_4^- + 8H^+ + 5e \Longleftrightarrow Mn^{2+} + 4H_2O$

　　C. $Cl_2 + 2e \Longleftrightarrow 2Cl^-$　　　　　D. $Cr^{3+} + e \Longleftrightarrow Cr^{2+}$

6. 下列电对中,标准电极电势最大的是（　　　）。

　　A. Ag^+/Ag　　　　　B. $AgCl/Ag$　　　　　C. $AgBr/Ag$　　　　　D. AgI/Ag

7. 电极电势与 pH 无关的是（　　　）。

　　A. H_2O_2/H_2O　　　B. IO_3^-/I^-　　　C. MnO_2/Mn^{2+}　　　D. MnO_4^-/MnO_4^{2-}

8. 已知反应 $Cr_2O_7^{2-} + 6Fe^{2+} + 14H^+ \Longleftrightarrow 2Cr^{3+} + 6Fe^{3+} + 7H_2O$,$2Fe^{3+} + 2I^- \Longleftrightarrow 2Fe^{2+} + I_2$ 在标准状况下向右进行,则标准电极电势最大的电对是（　　　）。

　　A. Fe^{3+}/Fe^{2+}　　　B. I_2/I^-　　　　C. $Cr_2O_7^{2-}/Cr^{3+}$　　　D. H^+/H_2

9. 已知 $\varphi^\ominus(Fe^{3+}/Fe^{2+}) = 0.77V$,$\varphi^\ominus(Ag^+/Ag) = 0.799V$,则反应 $Fe^{2+} + Ag^+ \Longleftrightarrow Ag + Fe^{3+}$ 在标准态下自发进行的方向是（　　　）。

A. 正向　　　　　　　B. 逆向　　　　　　C. 不反应　　　　　　D. 不能判断

10. 在标准状况下，往 H_2O_2 酸性溶液中加入适量的 Fe^{2+}，此时最可能的产物是（　　）。

A. Fe，O_2，H^+　　B. Fe^{3+}，H_2O　　C. Fe，H_2O　　D. Fe^{3+}，O_2

二、填空题

1. 已知 $\varphi^{\ominus}_{Fe^{3+}/Fe^{2+}} = 0.77V$，$\varphi^{\ominus}_{Cr^{3+}/Cr^{2+}} = -0.41V$，则反应 $Fe^{3+} + Cr^{2+} \rightleftharpoons Cr^{3+} + Fe^{2+}$ 在标准态下自发进行的方向是_____。（不反应、正向、逆向、不能判断）

2. 将 $Ni + 2Ag^+ \rightleftharpoons 2Ag + Ni^{2+}$ 氧化还原反应设计为一个原电池。则电池的负极反应为_____，正极反应为_____，原电池符号为_____。

3. 将 $Cu + 2Fe^{3+} \rightleftharpoons Cu^{2+} + 2Fe^{2+}$ 组成原电池，其电池符号是_____，正极反应为_____，负极反应为_____。

4. 将 $Cl_2 + 2Fe^{2+} \rightleftharpoons 2Cl^- + 2Fe^{3+}$ 氧化还原反应设计为一个原电池，则电池的负极反应为_____，正极反应为_____，原电池符号为_____。

5. 已知 $\varphi^{\ominus}(Ag^+/Ag) = 0.799V$，$\varphi^{\ominus}(Ni^{2+}/Ni) = -0.257V$，如果设计一个银-镍原电池，则电池符号为_____，负极反应为_____，正极反应为_____，电池反应为_____。

6. 在下列氧化剂中：$Cl_2(g)$、$Cr_2O_7^{2-}$、Fe^{3+}、Ag^+、MnO_4^-，随着溶液中 H^+ 浓度的增加，氧化性增强的是_____，氧化性不变的是_____。

7. K_2SO_3、Cu_2S 中 S 和 Cu 的氧化数分别为_____和_____。

8. 标准状态下测得的电极电势叫作标准电极电势，有关物质的浓度为 $1.0mol \cdot L^{-1}$，有关气体的压力为_____kPa，温度为_____K。

9. 电极电势值越大，电对中氧化型物质的氧化能力_____，还原型物质的还原能力_____；电极电势值越小，电对中氧化型物质的氧化能力_____，还原型物质的还原能力_____。

10. 根据能斯特方程式，氧化型一侧浓度增大或还原型一侧浓度减小，电极电势_____；氧化型一侧浓度减小或还原型一侧浓度增大，电极电势_____。

三、判断题

1. $Cr_2(SO_4)_3$ 中 Cr 的氧化数为 +3。　　　　　　　　　　　　　　　　　　（　　）

2. 物质之间有电子转移（或偏移）的反应称为置换反应。　　　　　　　　（　　）

3. 氧化还原反应是一类非常重要的反应，在工业生产（如物质制备、电池生产、金属防腐、电解、电镀等）、日常生活及生命活动中都有十分重要的作用。　　　（　　）

4. 在氧化还原反应中，得到电子的物质称为还原剂，失去电子的物质称为氧化剂。
　　　　　　　　　　　　　　　　　　　　　　　　　　　　　　　　　　（　　）

5. 在自身氧化还原反应中，若氧化数升高和氧化数下降的是同种元素，则称为歧化反应。　　　　　　　　　　　　　　　　　　　　　　　　　　　　　　　　　（　　）

6. 在配平氧化还原反应时，对部分被氧化或还原元素物质前的系数，可暂时不配平，等方程式另一边该元素原子数目确定后再配平。　　　　　　　　　　　　　（　　）

7. 每个电对中，氧化数高的称为氧化型，氧化数低的称为还原型。　　　　（　　）

8. 借助于氧化还原反应，将电能转化为化学能的装置，叫作原电池。　　　（　　）

9. 原电池装置中盐桥是 KCl 饱和溶液组成的，其作用是中和电荷保持半电池呈电中性。如果将盐桥撤去，电池反应不会终止。　　　　　　　　　　　　　　　　　　（　　）

10. 任何电对都有电势，电势的大小与电对本身性质有关，同时还受到温度、浓度、酸度等因素影响，尤其浓度、酸度发生变化时，电对电势变化明显。　　　　　　（　　）

四、名词解释

1. 氧化剂和还原剂
2. 原电池
3. 标准氢电极
4. 标准电极电势
5. 氧化还原反应平衡常数
6. 能斯特方程

五、简答题

1. 将下列氧化还原反应设计成原电池，用原电池符号表示。
$$2MnO_4^- + 10Cl^- + 16H^+ \longrightarrow 2Mn^{2+} + 5Cl_2 + 8H_2O$$

2. 请结合本章学习内容，列举生活中常见的氧化还原反应。

3. 请简述如何配平氧化还原反应方程式。

4. 北宋著名文学家在《元丰行示德逢》中写道："雷蟠电掣云滔滔，夜半载雨输亭皋。旱禾秀发埋牛尻，豆死更苏肥荚毛"，生动描述了一幅土地干旱严重时，雷电交加，及时雨降临，久旱干枯的庄稼旺盛生长的景象。请问雷电交加大雨降临后，为什么有利于庄稼的生长？

5. 电镀是指在金属或者其他物体表面镀上一层金属或合金薄膜，以提高金属或其他物体表面的耐磨性、耐腐蚀性、导电性等。电镀的原理是电解质溶液在通电情况下，发生氧化还原反应，金属离子还原析出，形成金属镀层。请思考电镀在提高金属表面耐磨性、耐腐蚀性、导电性的同时，还存在哪些缺点。

6. 酒驾是违法行为，开车不喝酒，喝酒不开车。呼气式酒精检测仪中主要物质是橙色的重铬酸钾，司机吹气后，如果含有酒精，橙色的重铬酸钾会变为绿色。请写出涉及的氧化还原反应方程式。

7. 配平下列氧化还原反应方程式（必要时加上适当的反应物或生成物）。

(1) $Cu + HNO_3(稀) \longrightarrow Cu(NO_3)_2 + NO + H_2O$
(2) $S + H_2SO_4(浓) \longrightarrow SO_2 + H_2O$
(3) $KClO_3 + KI + H_2SO_4 \longrightarrow I_2 + KCl + K_2SO_4 + H_2O$
(4) $H_2O_2 + KI + H_2SO_4 \longrightarrow K_2SO_4 + I_2 + H_2O$
(5) $MnO_2 + KClO_3 + KOH \longrightarrow K_2MnO_4 + KCl$
(6) $K_2Cr_2O_7 + KI + H_2SO_4 \longrightarrow Cr_2(SO_4)_3 + I_2$

六、计算题

1. 已知：
$$Cr_2O_7^{2-} + 14H^+ + 6e \Longrightarrow 2Cr^{3+} + 7H_2O \qquad \varphi^\ominus = 1.33V$$
$$Cl_2 + 2e \Longrightarrow 2Cl^- \qquad \varphi^\ominus = 1.36V$$

(1) 判断反应 $Cr_2O_7^{2-} + 6Cl^- + 14H^+ \Longrightarrow 2Cr^{3+} + 3Cl_2 + 7H_2O$ 在标准状况下进行的方向。

(2) 298K 时，当 H^+ 浓度为 $6.0mol \cdot L^{-1}$，其他各离子浓度均为 $1.00mol \cdot L^{-1}$，Cl_2 压力为 $100kPa$ 时，判断该反应方向。

(3) 在上述（2）条件下，将这两个半电池组成原电池，用电池符号表示该原电池组成，标明正、负极，并计算电动势。

(4) 求反应 $Cr_2O_7^{2-} + 6Cl^- + 14H^+ \Longrightarrow 2Cr^{3+} + 3Cl_2 + 7H_2O$ 在标准状况下的平衡常数。

2. 已知电极反应：$MnO_4^- + 8H^+ + 5e \Longrightarrow Mn^{2+} + 4H_2O \qquad \varphi^\ominus = 1.51V$
当 $[MnO_4^-] = [Mn^{2+}] = 1.0mol \cdot L^{-1}$ 时，求 298.15K，pH=4.00 时电极的电极电势。

3. 当 pH=5.00，其他有关组分处于标准状态下，问能否用下列反应：

$2MnO_4^- + 16H^+ + 10Cl^- \rightleftharpoons 5Cl_2 + 2Mn^{2+} + 8H_2O$ 制备氯气？试通过计算加以说明。

[已知 $\varphi^\ominus(Cl_2/Cl^-) = 1.36V$，$\varphi^\ominus(MnO_4^-/Mn^{2+}) = 1.51V$]

4. 已知：

$$MnO_4^- + 8H^+ + 5e \rightleftharpoons Mn^{2+} + 4H_2O \qquad \varphi^\ominus = 1.51V$$
$$Fe^{3+} + e \rightleftharpoons Fe^{2+} \qquad \varphi^\ominus = 0.771V$$

（1）判断反应 $MnO_4^- + 5Fe^{2+} + 8H^+ \rightleftharpoons Mn^{2+} + 5Fe^{3+} + 4H_2O$ 在标准状态下进行的方向。

（2）将这两个半电池组成原电池，用电池符号表示该原电池组成，标明正、负极，并计算标准电动势。

（3）当 H^+ 浓度为 $10.0\,mol \cdot L^{-1}$，其他各离子浓度均为 $1.00\,mol \cdot L^{-1}$ 时，计算该电池的电动势。

5. 原电池

$$(-)Pt|Fe^{2+}(1.00\,mol \cdot L^{-1}),Fe^{3+}(1.00 \times 10^{-4}\,mol \cdot L^{-1})\parallel I^-(1.0 \times 10^{-4}\,mol \cdot L^{-1})|$$
$$I_2(1.00\,mol \cdot L^{-1})|Pt(+)$$

已知：$\varphi^\ominus(Fe^{3+}/Fe^{2+}) = 0.770V$，$\varphi^\ominus(I_2/I^-) = 0.535V$。

求：（1）$\varphi(Fe^{3+}/Fe^{2+})$、$\varphi(I_2/I^-)$；

（2）求电动势 E；

（3）写出电极反应和电池反应。

6. 已知电池 $(-)Co|Co^{2+}(1.0\,mol \cdot L^{-1})\parallel Cl^-(1.0\,mol \cdot L^{-1})|Cl_2(100kPa)|Pt(+)$

的电动势为 $1.63V$，$\varphi^\ominus(Cl_2/Cl^-) = 1.36V$。

求：（1）写出电池的自发反应方程式；

（2）求 $\varphi^\ominus(Co^{2+}/Co)$；

（3）若 Co^{2+} 离子浓度减为 $0.010\,mol \cdot L^{-1}$，电池的电动势又是多少。

第4章
配位平衡

 学习目标

知识目标

1. 熟悉配合物的基本概念；
2. 熟悉配位平衡，掌握配合物稳定常数意义；
3. 了解配合物稳定常数的应用和配合物的应用。

能力目标

1. 会判断配合物的中心离子、配位体和配位数，并会命名配合物；
2. 会利用稳定常数计算配位平衡溶液中各离子浓度。

素质目标

1. 培养理论联系实际的素养；
2. 增强资源有效利用和环境保护意识。

配位化合物是一类具有独特结构的化合物，简称配合物，它是由中心离子（或原子）与配位体以配位键结合形成复杂结构。该类结构的物质在湿法冶金、环境保护、化学分析、医药、印染和材料等行业中有着十分重要的作用。

4.1 配合物的基本概念

4.1.1 配合物的组成

若将氨水滴加到硫酸铜溶液中，将得到如图 4-1 所示的实验现象和物质：

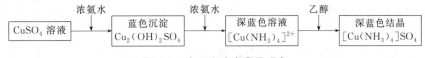

图 4-1 演示实验步骤及现象

在上述实验中，得到了深蓝色结晶 $[Cu(NH_3)_4]SO_4$，其在水溶液中完全解离成 $[Cu(NH_3)_4]^{2+}$ 和 SO_4^{2-}。$[Cu(NH_3)_4]SO_4$ 即是一种配位化合物。

把由中心离子（或原子）与一定数目的配体（分子或离子）以配位键结合而成的复杂离子，称为配离子。如 $[Cu(NH_3)_4]^{2+}$、$[Ag(NH_3)_2]^+$ 等。凡含配离子的化合物称为配位化合物，简称配合物。如 $[Cu(NH_3)_4]SO_4$、$K_4[Fe(CN)_6]$、$[Ag(NH_3)_2]Cl$ 等。现以配合物 $[Cu(NH_3)_4]SO_4$ 为例，其组成表示如下：

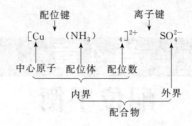

（1）中心离子（或原子）

中心离子也叫形成体，是配合物的核心部分，它位于配合物的中心，结构上具有空的价层电子轨道，能接受孤对电子。中心离子一般为过渡金属的离子，如 Cu^{2+}、Fe^{3+}、Fe^{2+}、Ni^{2+} 等。有些配合物中的中心离子不是离子而是中性原子，如 $[Ni(CO)_4]$、$[Fe(CO)_5]$ 等。

（2）配位体和配位原子

在配合物中与中心离子直接结合的阴离子或分子称为配位体，简称配体。配体可以是阴离子，如 X^-（卤离子）、OH^-、CN^-、SCN^-、$C_2O_4^{2-}$ 等。也可以是中性分子，如 CO、NH_3、H_2O 等。在配体中与中心离子形成配位键的原子称为配位原子，如配体 Cl^-、NH_3、OH^- 中的 Cl、N、O 均为配位原子。配位原子主要是电负性较大的非金属元素，如 N、P、O、S、C 和卤素原子等。

配体可按其分子或离子中所含配位原子数分为单基（单齿）配体和多基（多齿）配体。含有一个配位原子的配体称为单齿配体，含有两个或两个以上配位原子的配体称为多齿配体。常见的配位体见表 4-1（带"＊"表示配位原子）。

表 4-1　常见的配位体

单齿配体	多齿配体
F^-、Cl^-、Br^-、I^-、N^*H_3、H_2O^*、C^*O、C^*N^-、S^*CN^-、$N^*O_2^-$	$H_2N^*CH_2CH_2N^*H_2$(en,乙二胺)、$^-O^*OC\text{-}COO^{*-}$（草酸根 Ox）、 EDTA结构式 （EDTA,乙二胺四乙酸）

由多齿配体与中心离子或原子形成的具有环状结构的配合物称为螯合物，如 EDTA 与 Ca^{2+} 形成的螯合物，其立体结构如图 4-2 所示，该螯合物结构中具有五个五元环。具有多个环状结构的螯合物一般比较稳定，大多数具有五元环或六元环的稳定结构。

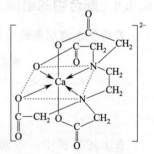

图 4-2　EDTA 与 Ca^{2+} 形成的螯合物结构

（3）配位数

直接与中心离子成键的配位原子数，称为中心离子的配位数。若中心离子同单齿配体结合，则配体数与配位数相等；若配体数是多齿的，则配体数应等于配体数乘以齿数。

$$配位数 = \sum（配体数 \times 齿数）$$

如 $[CoCl_2(en)_2]^+$ 中共有 4 个配体，其中 Cl^- 是单齿配体，en 是双齿配体，因此 Co^{3+} 的配位数是 $2 \times 1 + 2 \times 2 = 6$。

配位数的多少与中心离子、配体的半径、电荷有关，也和配体的浓度、形成配合物的温度等因素有关。对某一中心离子来说，常有一特征配位数。表 4-2 列出了一些常见金属离子的配位数。

表 4-2 常见金属离子的配位数

配位数	金属离子	实例
2	Ag^+、Cu^+、Au^+	$[Ag(NH_3)_2]^+$、$[Cu(CN)_2]^-$
4	Cu^{2+}、Zn^{2+}、Cd^{2+}、Hg^{2+}、Al^{3+}、Sn^{2+}、Pb^{2+}、Co^{2+}、Ni^{2+}、Pt^{2+}、Fe^{3+}、Fe^{2+}	$[Cu(NH_3)_4]^{2+}$、$[HgI_4]^{2-}$、$[Zn(CN)_4]^{2-}$、$[Pt(NH_3)_2Cl_2]$
6	Cr^{3+}、Al^{3+}、Pt^{4+}、Fe^{3+}、Fe^{2+}、Co^{3+}、Co^{2+}、Ni^{2+}	$[PtCl_6]^{2-}$、$[Fe(CN)_6]^{3-}$、$[Ni(NH_3)_6]^{2+}$、$[Cr(NH_3)_4Cl_2]^+$

练一练：指出下表配离子中的中心离子（或原子）、配位体和配位数。

配离子	中心离子	配位体	配位数
$[Fe(CN)_6]^{3-}$			
$[Zn(en)_3]^{2+}$			
$[Cr(NH_3)_4Cl_2]^+$			

（4）配离子的电荷

配离子的电荷数等于中心离子和配体总电荷的代数和。例如在 $[HgI_4]^{2-}$ 中，配离子的电荷数＝1×（+2）+4×（-1）＝-2。由于配合物是电中性的，因此，外界离子的电荷总数和配离子的电荷总数相等，所以由外界离子的电荷可以推断出配离子的电荷及中心离子的氧化数。

4.1.2 配合物的命名

配合物的命名遵守一般的无机化合物命名原则。

① 内界和外界。与一般无机酸、碱、盐一样命名。阴离子在前阳离子在后。若配合物的外界是阴离子，则作为酸根，简单阴离子称某化某，复杂阴离子称某酸某。若配合物的外界是阳离子，也称某酸某。

② 内界的命名。内界的命名须遵守一定的顺序，配体数（中文数字）—配体名称（不同配体间用"·"分开）—"合"—中心离子名称—中心离子氧化数（加括号罗马数字Ⅰ、Ⅱ、Ⅲ等）。

③ 有多种配体时的命名。先无机配体，后有机配体；先阴离子，后中性分子；先简单配体，后复杂配体。若配体均为阴离子或中性分子（称为同类配体），则可按配位原子元素符号的英文字母顺序排列。

下面是一些配合物按照以上配合物命名原则进行命名的例子：

$[Ni(NH_3)_4](OH)_2$	氢氧化四氨合镍（Ⅱ）
$H[PtCl_3(NH_3)]$	三氯·一氨合铂（Ⅱ）酸
$K_2[PtCl_6]$	六氯合铂（Ⅳ）酸钾
$[Co(NH_3)_4Cl_2]Cl$	氯化二氯·四氨合钴（Ⅲ）
$K_3[Fe(CN)_6]$	六氰合铁（Ⅲ）酸钾
$NH_4[Cr(NH_3)_2(SCN)_4]$	四硫氰·二氨合铬（Ⅲ）酸铵
$[Co(NH_3)_3(H_2O)Cl_2]Cl$	氯化二氯·三氨·一水合钴（Ⅲ）
$[Ni(CO)_4]$	四羰基合镍

有些配合物还有习惯名称，譬如：

$K_3[Fe(CN)_6]$ 铁氰化钾，也叫赤血盐（晶体为红色）

$K_4[Fe(CN)_6]$ 亚铁氰化钾，也叫黄血盐（晶体为黄色）

$H_2[PtCl_6]$ 除了系统名称叫六氯合铂（Ⅳ）酸外，也称氯铂酸。

练一练：写出下列配合物的名称。

$[Ag(NH_3)_2]OH$，$[Cr(NH_3)_4Cl_2]Cl$，$H_2[SiF_6]$，$Na_3[Ag(S_2O_3)_2]$

4.2 配合物在溶液中的状况

4.2.1 配位平衡

按图 4-3 进行实验，并观察现象。发现 (a) 有白色沉淀产生；(b) 无现象；(c) 有黑色沉淀产生。说明在 $[Cu(NH_3)_4]SO_4$ 溶液中加入 $BaCl_2$ 溶液，产生白色 $BaSO_4$ 沉淀，说明配合物的外界易解离；加入 $NaOH$，无 $Cu(OH)_2$ 蓝色沉淀产生，说明配合物的内界 $[Cu(NH_3)_4]^{2+}$ 很稳定，难解离出 Cu^{2+}；但加入 Na_2S 有黑色 CuS 沉淀生成，说明内界的稳定性是相对的，在水溶液中就像弱电解质一样，存在微弱的解离作用，并且在一定条件下建立平衡，这种平衡称为配位平衡。

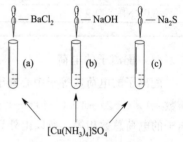

图 4-3 $[Cu(NH_3)_4]SO_4$
溶液的实验

（1）配合物的稳定常数

化学平衡的原理同样适用于配位平衡。例如 $[Cu(NH_3)_4]^{2+}$ 在溶液中存在下列平衡：

$$Cu^{2+}+4NH_3 \rightleftharpoons [Cu(NH_3)_4]^{2+}$$

$$K^{\ominus}=\frac{[Cu(NH_3)_4^{2+}]}{[Cu^{2+}][NH_3]^4}$$

$K^{\ominus}$ 值越大，表示该配离子越易形成，也越稳定。所以此常数称为配离子的稳定常数，用 $K^{\ominus}_{稳}$ 表示。同类型配合物，$K^{\ominus}_{稳}$ 越大，配合物相对越稳定。附录 5 列出了常见配离子的稳定常数。

实际上，溶液中配离子的形成是分步进行的，因此溶液中存在着一系列的配位平衡，各级配位平衡均有其对应的稳定常数，称为逐级稳定常数。如 $[Cu(NH_3)_4]^{2+}$ 配离子的形成：

$$Cu^{2+}+NH_3 \rightleftharpoons Cu(NH_3)^{2+} \qquad K^{\ominus}_{稳1}$$

$$Cu(NH_3)^{2+}+NH_3 \rightleftharpoons Cu(NH_3)_2^{2+} \qquad K^{\ominus}_{稳2}$$

$$Cu(NH_3)_2^{2+}+NH_3 \rightleftharpoons Cu(NH_3)_3^{2+} \qquad K^{\ominus}_{稳3}$$

$$Cu(NH_3)_3^{2+}+NH_3 \rightleftharpoons Cu(NH_3)_4^{2+} \qquad K^{\ominus}_{稳4}$$

将以上四个方程式相加，就得到：

$$Cu^{2+}+4NH_3 \rightleftharpoons [Cu(NH_3)_4]^{2+}$$

根据多重平衡规则，$[Cu(NH_3)_4]^{2+}$ 的稳定常数即是以上四个逐级稳定常数的积。$[Cu(NH_3)_4]^{2+}$ 配离子的总稳定常数 $K^{\ominus}_{稳}$ 与其逐级稳定常数的关系为：

$$K^{\ominus}_{稳}=K^{\ominus}_{稳1}K^{\ominus}_{稳2}K^{\ominus}_{稳3}K^{\ominus}_{稳4}$$

为了计算方便，一般总是让配体过量，中心离子绝大部分处在最高配位状态，只需用总的稳定常数 $K^{\ominus}_{稳}$ 进行计算。

（2）有关配位平衡的计算

【例 4-1】 在 1.0L 3.0mol·L^{-1} 氨水中溶解 0.10mol CuSO$_4$，求溶液中各组分的浓度（假设 CuSO$_4$ 溶解后溶液体积不变）。

解题分析：CuSO$_4$ 溶解后完全解离为 Cu^{2+} 和 SO$_4^{2-}$，因为 NH$_3$ 过量，所以 Cu^{2+} 几乎都与 NH$_3$ 结合生成 [Cu(NH$_3$)$_4$]$^{2+}$，计算时可假设 Cu^{2+} 全部生成了 [Cu(NH$_3$)$_4$]$^{2+}$，然后 [Cu(NH$_3$)$_4$]$^{2+}$ 再发生离解，这样有利于求解。

解：设平衡时 [Cu^{2+}] 为 x mol/L，则

$$Cu^{2+} + 4NH_3 \rightleftharpoons [Cu(NH_3)_4]^{2+}$$

起始浓度/(mol·L^{-1})   0   2.6   0.10

平衡浓度/(mol·L^{-1}) x 2.6+4x 0.10−x

查表，$K_稳^\ominus = 2.1 \times 10^{13}$，则

$$\frac{0.10-x}{x(2.6+4x)^4} = 2.1 \times 10^{13}$$

由于 $K_稳^\ominus$ 很大，所以 x 很小，$0.10-x \approx 0.10$，$2.6+4x \approx 2.6$，则

$$\frac{0.10}{x \times 2.6^4} = 2.1 \times 10^{13}$$

$$x = 1.0 \times 10^{-16}$$

各组分的浓度分别为：

$$[Cu^{2+}] = 1.0 \times 10^{-16} mol·L^{-1}$$

$$[NH_3] = 2.6 mol·L^{-1}$$

$$[Cu(NH_3)_4]^{2+} = (0.10-1.0 \times 10^{-16})mol·L^{-1} \approx 0.10 mol·L^{-1}$$

$$[SO_4^{2-}] = 0.10 mol·L^{-1}$$

从计算结果可以看出，在过量的氨水中未被配位的 Cu^{2+} 已经微乎其微。

4.2.2 配合物稳定常数的应用

（1）判断配离子与沉淀之间转化

在配离子溶液中加入沉淀剂，是否有沉淀产生；或者向难溶电解质加入配位剂，沉淀是否溶解生成配合物。这取决于这种转化反应的平衡常数大小，该平衡常数可利用配离子的稳定常数和难溶电解质的溶度积进行计算，通过更进一步的计算还可以计算出配离子或难溶电解质的转化程度。

【例 4-2】 向 [Ag(CN)$_2$]$^-$ 溶液中加入 NaCl 溶液，判断生成 AgCl 沉淀可能性。已知 $K_稳^\ominus\{[Ag(CN)_2]^-\} = 1.3 \times 10^{21}$，$K_{sp}^\ominus(AgCl) = 1.8 \times 10^{-10}$。

解：转化反应为

$$[Ag(CN)_2]^- + Cl^- \rightleftharpoons AgCl(s) + 2CN^-$$

$$K^\ominus = \frac{[CN^-]^2}{[Ag(CN)_2^-][Cl^-]}$$

分子、分母同乘以溶液中的 $[Ag^+]$ 得

$$K^\ominus = \frac{[CN^-]^2}{[Ag(CN)_2^-][Cl^-]} \times \frac{[Ag^+]}{[Ag^+]} = \frac{[CN^-]^2[Ag^+]}{[Ag(CN)_2^-]} \times \frac{1}{[Ag^+][Cl^-]}$$

$$= \frac{1}{K^\ominus_{稳}\{[Ag(CN)_2]^-\}K^\ominus_{sp}(AgCl)} = \frac{1}{1.3 \times 10^{21} \times 1.8 \times 10^{-10}} = 4.3 \times 10^{-12}$$

该转化反应平衡常数非常小，因此在 $[Ag(CN)_2]^-$ 中加入 NaCl 很难产生沉淀。反之，逆反应的平衡常数却很大，如果向 AgCl 沉淀加入 NaCN 溶液，则 AgCl 将溶解形成 $[Ag(CN)_2]^-$。

练一练：写出下列转化反应的平衡常数表达式，并用相应的 $K^\ominus_{sp}$ 和 $K^\ominus_{稳}$ 表示。

$AgCl(s) + 2NH_3 \rightleftharpoons [Ag(NH_3)_2]^+ + Cl^-$

$[Ag(NH_3)_2]^+ + Br^- \rightleftharpoons AgBr(s) + 2NH_3$

$2[Ag(NH_3)_2]^+ + S^{2-} \rightleftharpoons Ag_2S(s) + 4NH_3$

【例 4-3】 加适量的 AgBr 固体于 $Na_2S_2O_3$ 溶液中，通过计算求出 1.0L 0.50mol·L^{-1} 的 $Na_2S_2O_3$ 溶液最多可溶解多少 AgBr 固体（单位 mol 或 g）。

分析：AgBr 溶于 $Na_2S_2O_3$ 时，可形成 $[Ag(S_2O_3)_2]^{3-}$，并达到沉淀与形成配离子之间的转化平衡。可以利用【例 4-2】的方法计算出转化反应的平衡常数，然后利用化学平衡原理计算平衡浓度的方法求出最多可溶解的 AgBr 的量。

解：转化反应方程式 $AgBr(s) + 2S_2O_3^{2-} \rightleftharpoons [Ag(S_2O_3)_2]^{3-} + Br^-$

$$K^\ominus = \frac{[Ag(S_2O_3)_2^{3-}][Br^-]}{[S_2O_3^{2-}]^2} = \frac{[Ag(S_2O_3)_2^{3-}][Br^-]}{[S_2O_3^{2-}]^2} \times \frac{[Ag^+]}{[Ag^+]}$$

$$= K^\ominus_{sp}(AgBr)K^\ominus_{稳}\{[Ag(S_2O_3)_2]^{3-}\} = 5.35 \times 10^{-13} \times 2.88 \times 10^{13} = 15.4$$

设 1.0L $Na_2S_2O_3$ 溶液最多可溶解 x mol AgBr 固体

$$AgBr(s) + 2S_2O_3^{2-} \rightleftharpoons [Ag(S_2O_3)_2]^{3-} + Br^-$$

平衡浓度/mol·L^{-1} $0.50-2x$ x x

$$K^\ominus = \frac{[Ag(S_2O_3)_2^{3-}][Br^-]}{[S_2O_3^{2-}]^2} = \frac{x \cdot x}{(0.50-2x)^2} = 15.4$$

解得 $x = 0.22$

即 1L 0.50mol·L^{-1} 的 $Na_2S_2O_3$ 溶液最多可以溶解 0.22mol 的 AgBr 固体

换算成质量即：

$$m(AgBr) = n(AgBr)M(AgBr) = 0.22mol \times 188g·mol^{-1} = 41g$$

配离子与沉淀之间转化的难易程度取决于沉淀的溶度积和配离子的稳定常数的大小。若难溶电解质的溶度积不是很小而配离子的稳定常数又比较大，则沉淀易溶于配位剂而形成配合物；反之，若难溶电解质的溶度积很小而配离子的稳定常数又不是很大，则在配合物溶液中加沉淀剂时易形成沉淀。

（2）判断配离子与配离子之间转化

当向配离子溶液中加入另一种配位剂时，若该配位剂与中心离子也可形成配合物，则可能发生配离子的转化或共存。

【例 4-4】　向含有 $[Ag(NH_3)_2]^+$ 的溶液中加入 $NaCN$，试判断 $[Ag(NH_3)_2]^+$ 能否转化为 $[Ag(CN)_2]^-$。已知 $K_{稳}^{\ominus}\{[Ag(CN)_2]^-\}=1.3\times10^{21}$，$K_{稳}^{\ominus}\{[Ag(NH_3)_2]^+\}=1.1\times10^7$。

解：转化反应为

$$[Ag(NH_3)_2]^+ + 2CN^- \Longrightarrow [Ag(CN)_2]^- + 2NH_3$$

其平衡常数表达式为

$$K^{\ominus}=\frac{[Ag(CN)_2]^-[NH_3]^2}{[Ag(NH_3)_2]^+[CN^-]^2}$$

分子、分母同乘以 $[Ag^+]$ 得

$$K^{\ominus}=\frac{[Ag(CN)_2]^-[NH_3]^2}{[Ag(NH_3)_2]^+[CN^-]^2}\times\frac{[Ag^+]}{[Ag^+]}=\frac{K_{稳}^{\ominus}\{[Ag(CN)_2]^-\}}{K_{稳}^{\ominus}\{[Ag(NH_3)_2]^+\}}$$

$$=\frac{1.3\times10^{21}}{1.1\times10^7}=1.2\times10^{14}$$

该转化反应的平衡常数很大，说明转化反应进行得很完全。这种配离子间转化反应方向是由 $K_{稳}^{\ominus}$ 小的配离子转化为 $K_{稳}^{\ominus}$ 大的配离子，$K_{稳}^{\ominus}$ 相差越大转化越完全。

练一练：写出下列转化反应的平衡常数表达式，并用反应物和生成物的 $K_{稳}^{\ominus}$ 表示：
$$[Ag(NH_3)_2]^+ + 2S_2O_3^{2-} \Longrightarrow [Ag(S_2O_3)_2]^{3-} + 2NH_3$$

4.3　配合物的应用

配位化合物的结构与性质与无机化学、有机化学、分析化学和物理化学密切相关，对配合物的研究目前已经形成一门独立的学科，叫作配位化学。配合物在生物医药、湿法冶金、分析检验、化学工程等领域都有广泛用途。

4.3.1　分析检验中的应用

配合物在分析化学中占有重要地位。它可以用作显色剂、沉淀剂、萃取剂、滴定剂、掩蔽剂等。利用配合物的溶解度、颜色及稳定性等差异可以对元素进行分离和分析。譬如：

① 离子鉴定。Zn^{2+} 与二苯硫腙反应时，能形成粉红色的螯合物，反应不受其他离子干扰，这种螯合物能溶于 CCl_4 中。在强碱性介质中，常用于鉴定 Zn^{2+}。

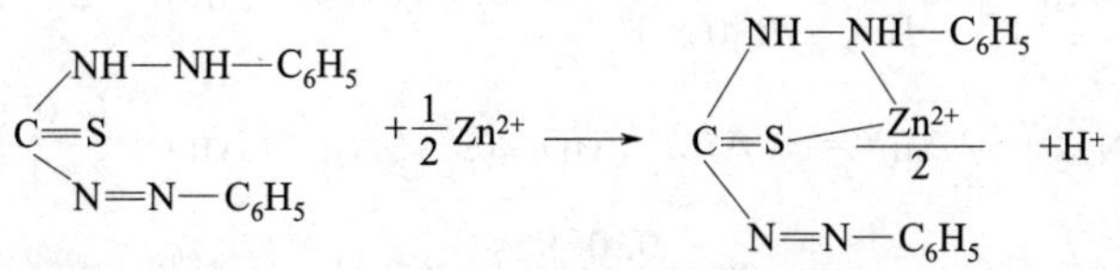

② 定量分析。大多数金属离子与 EDTA 都能形成稳定配合物，而且反应完全，因此可

用配位滴定法测定大多数金属离子，如第 6 章配位滴定中的水硬度的测定。金属离子与螯合剂形成的螯合物有特殊颜色，如 Fe^{2+} 可与邻二氮菲形成稳定的红色配合物，510nm 为其最大吸收波长，且吸光度与该有色配合物的浓度成正比，因此可用分光光度法测定微量铁的含量。

4.3.2　电镀工业中的应用

为了获得光滑、均匀、附着力强的金属镀层，需要降低电镀液中的被镀金属离子的浓度，但同时溶液中又得有足够的该金属离子作补充。通常是使该金属离子形成配合物，常用的配位剂有 KCN、酒石酸、柠檬酸等。

使用过的电镀液中含有大量剧毒的 CN^-，可在电镀液中加入 $FeSO_4$ 形成无毒的 $[Fe(CN)_6]^{4-}$，或者用强氧化剂（如 ClO_2）氧化等方法。电镀废液对水源的污染是非常严重的问题，当前电镀液大都采用无氰电镀液，如镀锌时常用氨三乙酸—氯化铵电镀液。

4.3.3　湿法冶金中的应用

金银等贵金属的开采采用氰化法提炼。譬如提炼黄金时，将粉碎过的含金矿石放在 NaCN 的溶液中，经搅拌、通入空气，矿石中的 Au 在 CN^- 存在下可被氧气氧化成 $[Au(CN)_2]^-$ 而熔解。利用这个反应可将 Au 从矿石中浸取出来，再用锌粉使其还原为金。反应方程式如下：

$$4Au+8CN^- + 2H_2O + O_2 \longrightarrow 4[Au(CN)_2]^- + 4OH^-$$

$$2[Au(CN)_2]^- + Zn \longrightarrow [Zn(CN)_4]^{2-} + 2Au$$

空气中的氧气为何能将金氧化，其原因是 Au^+ 与 CN^- 形成 $[Au(CN)_2]^-$ 后，降低了电对 Au^+/Au 的电极电势，并使 $\varphi(Au^+/Au) < \varphi(O_2/OH^-)$（或 $\varphi\{[Au(CN)_2]^-/Au\} < \varphi(O_2/OH^-)$），因此在碱性的 NaCN 溶液中，空气中的 O_2 即可将 Au 氧化。

【例 4-5】　计算 $[Au(CN)_2]^- + e \rightleftharpoons Au + 2CN^-$ 体系的标准电极电势 $\varphi^{\ominus}\{[Au(CN)_2]^-/Au\}$。已知 $K_{稳}^{\ominus}\{[Au(CN)_2]^-\} = 2.0 \times 10^{38}$，$\varphi^{\ominus}(Au^+/Au) = 1.68V$

解题分析：$\varphi^{\ominus}\{[Au(CN)_2]^-/Au\}$ 即是当 CN^- 和 $[Au(CN)_2]^-$ 浓度均为 $1.00 \, mol \cdot L^{-1}$ 时对应的 Au^+ 与 Au 电对 $\varphi(Au^+/Au)$，因此，只需根据 $[Au(CN)_2]^-$ 的配位平衡先计算出此时的 Au^+ 浓度，然后根据能斯特方程式计算 $\varphi(Au^+/Au)$，即 $\varphi^{\ominus}\{[Au(CN)_2]^-/Au\}$。

解：
$$Au^+ + 2CN^- \rightleftharpoons [Au(CN)_2]^-$$

$$K_{稳}^{\ominus} = \frac{[Au(CN)_2^-]}{[Au^+][CN^-]^2} = 2.0 \times 10^{38}$$

标准态时 $[Au(CN)_2]^-$ 与 CN^- 浓度均为 $1.00 mol \cdot L^{-1}$，

则
$$[Au^+] = \frac{1}{K_{稳}^{\ominus}} = \frac{1}{2.0 \times 10^{38}} = 5.0 \times 10^{-39} (mol \cdot L^{-1})$$

$$\varphi^{\ominus}\{[Au(CN)_2]^-/Au\} = \varphi(Au^+/Au) = \varphi^{\ominus}(Au^+/Au) + \frac{0.0592}{1}\lg c(Au^+)$$

$$= 1.68 + \frac{0.0592}{1}\lg(5.0 \times 10^{-39}) = -0.59 \, (V)$$

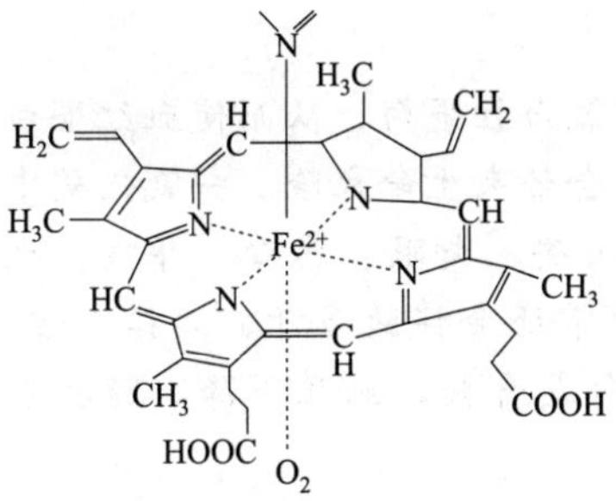

图 4-4 血红蛋白与氧结合

在碱性溶液中，$\varphi^{\ominus}(O_2/OH^-)=0.401V$，大于此时的 $\varphi^{\ominus}\{[Au(CN)_2]^-/Au\}$。因此空气中的氧气在 NaCN 溶液中即可将 Au 氧化到 $[Au(CN)_2]^-$ 了。

4.3.4 医学中的应用

生物体内的金属元素，特别是过渡金属元素，主要是通过形成配合物来完成生物化学功能的，这些配合物在医学上有着重要的意义。

（1）O_2 的输送与 CO 中毒

人体内输送 O_2 和 CO_2 的血红蛋白（Hb）由亚铁血红蛋白和 1 个球蛋白构成，它们的 5 个配位原子占据了 Fe^{2+} 的 5 个配位位置。Fe^{2+} 的第 6 个配位位置由水分子占据，它能可逆地被 O_2 置换形成氧合血红蛋白（$Hb \cdot O_2$）以保证体内对氧的需要，如图 4-4 所示。

人的 CO 中毒是因为患者吸入的 CO 迅速与血红蛋白结合成碳氧血红蛋白（$Hb \cdot CO$），因其与血红蛋白的结合力要比 O_2 与血红蛋白结合力大 $200 \sim 300$ 倍，使下述平衡向右移动：

$$Hb \cdot O_2 + CO \Longrightarrow Hb \cdot CO + O_2$$

因而降低了血红蛋白输送氧的功能，造成体内细胞缺氧，最终因机体得不到氧气而死亡。临床上在抢救 CO 中毒患者时，常采用高压氧气疗法。高压的氧气可使溶于血液的氧气增多，从而促使上述可逆反应向左进行，达到治疗 CO 中毒的目的。

（2）重金属离子解毒

当人发生铅中毒时，可以肌肉注射 EDTA 溶液解毒，它使 Pb^{2+} 以配离子的形式进入溶液而从人体中排出去。EDTA 是重金属（如 Pb、Hg、Cd 等）中毒的一种有效的解毒剂。

学习指导

素质阅读

一氧化碳中毒与解毒

一氧化碳是含碳物质不完全燃烧的产物，无色无味，不易被察觉。一氧化碳中毒，又称为煤气中毒，据统计，每年约有 6000 人出现一氧化碳中毒，成为冬季的安全隐患。

新闻报道，2024 年 11 月，云南省镇雄县发生一起一氧化碳中毒事件，导致 4 人死亡，起因是天气寒冷，居民在家中烧煤取暖，但是门窗紧闭，从而导致悲剧发生。2024 年 12 月，云南省瑞丽市发生一氧化碳中毒事件，导致 1 人死亡，3 人受伤，事故起因同样是天气寒冷烧炭取暖。

血红蛋白位于红细胞内，是红细胞内运输氧气的蛋白质，血红蛋白与氧气分子结合生成氧合血红蛋白，能够把吸入体内的氧气运输到机体各处组织。当运输氧气减少时，会导致人体出现呼吸急促、心跳加快等不适反应，长时间下去，会导致慢性缺氧或器官受损。

一氧化碳能够与血红蛋白发生配位反应，生成稳定的碳氧血红蛋白，从而使血红蛋白不能与氧气生成氧合血红蛋白，造成人体内缺氧，严重时则会带来生命危险。一氧化碳中毒分为轻度、中度和重度中毒，轻度中毒一般表现为头晕头痛、失眠、恶心、耳鸣、乏力、心跳加速等症状。中度中毒除了有轻度中毒症状外，通常还会伴随多汗、心律失常、嗜睡、昏迷等症状。重度中毒则是进入昏迷状态，面色苍白或青紫，血压下降，瞳孔散大，重度中毒致死率较高，并且通常伴随严重的后遗症。

如果发现人员出现一氧化碳中毒，应迅速将中毒者转移到空气流通处，保持其呼吸顺畅，拨打急救电话及时送往医院接受专业治疗，等待医务人员救援时，要对中毒者进行密切观察和紧急处理。

日常生活中，我们在室内使用含碳燃料，例如天然气、煤炭等，应注意开窗通风，对于可能产生一氧化碳的场所，安装一氧化碳报警器。提高安全意识，保障自己和他人的人身安全。

思考与练习

一、选择题

1. 下列各组配合物中，形成体氧化数相同的是（　　）。

A. $K[Al(OH)_4]$、$K_2[Co(NCS)_4]$　　　　B. $[Ni(CO)_4]$、$[Mn_2(CO)_{10}]$

C. $H_2[PtCl_6]$、$[Pt(NH_3)_2Cl_2]$　　　　D. $K_2[Zn(OH)_4]$、$K_3[Co(C_2O_4)_3]$

2. 乙二胺四乙酸根可提供的配位原子数为（　　）。

A. 2　　　　　　　B. 4　　　　　　　C. 6　　　　　　　D. 8

3. 在 $K[Co(C_2O_4)_2(en)]$ 中，中心离子的配位数是（　　）。

A. 3　　　　　　　B. 3　　　　　　　C. 5　　　　　　　D. 6

4. 下列物质不能作配位体的是（　　）。

A. CH_3NH_2　　　　B. NH_3　　　　C. NH_4^+　　　　D. CO

5. 若 $[M(NH_3)_2]^+$ 的 $K_{稳}^{\ominus}=a$，$[M(CN)_2]^-$ 的 $K_{稳}^{\ominus}=b$，则反应 $[M(NH_3)_2]^+ + 2CN^- \rightleftharpoons [M(CN)_2]^- + 2NH_3$ 的平衡常数是（　　）。

A. ab　　　　　　B. $a+b$　　　　　C. a/b　　　　　D. b/a

6. 下列配合物中，中心离子氧化数是+3，配位数是6的是（　　）。

A. $K_4[Fe(CN)_6]$　　B. $H_2[PtCl_6]$　　C. $[Cr(en)_3]Cl_3$　　D. $[Co(CN)_6]^{4-}$

7. Mg^{2+} 与 EDTA 形成的是（　　）。

A. 单体　　　　　　B. 复盐　　　　　　C. 螯合物　　　　　D. 聚合物

8. 已知 $K_{稳}^{\ominus}[Cu(NH_3)_4]^{2+}=2.1\times10^{13}$，在 $[Cu(NH_3)_4]^{2+}$ 溶液中，当 $[Cu(NH_3)_4]^{2+}$、NH_3 平衡浓度均为 $0.1mol\cdot L^{-1}$ 时，Cu^{2+} 浓度为（　　）$mol\cdot L^{-1}$。

A. 4.8×10^{-11}　　B. 4.8×10^{-14}　　C. 2.1×10^{10}　　D. 2.1×10^{-13}

9. 下列各组电对中，标准电极电势最小的是（　　）。

A. Ag^+/Ag　　　　　　　　　　　B. $[Ag(NH_3)_2]^+/Ag$

C. $[Ag(S_2O_3)_2]^{3-}/Ag$　　　　　　D. $[Ag(CN)_2]^-/Ag$

二、填空题

1. 命名下表中各配合物，并指出中心离子、配位体、配位原子及配位数。

配合物	名称	中心离子(或原子)	配位体	配位原子	配位数
$Na_2[SiF_6]$					
$[NiCl_2(NH_3)_2]$					
$K_3[Ag(S_2O_3)_2]$					
$[CoCl_2(H_2O)_4]Cl$					
$[Fe(H_2O)_4(OH)(SCN)]NO_3$					
$[Fe(CO)_5]$					
$[Ni(CO)_2(CN)_2]$					

2. 在 Ag^+ 溶液中加入 Cl^- 溶液生成_____沉淀，再加入氨水生成_____而使沉淀溶解，再加入 Br^- 溶液则又出现_____沉淀，再加入 $S_2O_3^{2-}$ 溶液由于生成_____而使沉淀溶解，再加入 I^- 溶液又出现_____沉淀，再加入 CN^- 溶液，由于生成_____而使沉淀溶解。(填化学式)

三、判断题

1. 配合物中的配位体既可以是中性分子，也可以是阴离子和阳离子。　　　　（　　）

2. EDTA 是一种螯合剂，与中心离子配位形成具有五个五元环的螯合物。　　（　　）

3. 配位化合物中的配位体个数即是配位数。　　　　　　　　　　　　　　（　　）

4. 配合物的内界与外界之间是靠离子键结合的。　　　　　　　　　　　　（　　）

5. 配合物中的中心离子大多数是过渡元素，原因是过渡元素有较多的空轨道，可以与配位体形成配位键。　　　　　　　　　　　　　　　　　　　　　　　　　（　　）

四、名词解释

1. 配位化合物

2. 螯合物

五、计算题

1. 计算下列转化反应的平衡常数。

(1) $AgCl(s)+2S_2O_3^{2-} \rightleftharpoons [Ag(S_2O_3)_2]^{3-}+Cl^-$

(2) $[Zn(NH_3)_4]^{2+}+4CN^- \rightleftharpoons [Zn(CN)_4]^{2-}+4NH_3$

(3) $2[Ag(NH_3)_2]^+ +S^{2-} \rightleftharpoons Ag_2S(s)+4NH_3$

2. 将 $10.0mL$ $0.10mol \cdot L^{-1}$ $CuSO_4$ 溶液与 $10.0mL$ $1.0mol \cdot L^{-1}$ 氨水混合，并达到配位平衡。

(1) 计算溶液中 Cu^{2+}、NH_3 和 $[Cu(NH_3)_4]^{2+}$ 的浓度各是多少。

(2) 若向此溶液中加入 $2.0 \times 10^{-4} mol$ NaOH 固体（忽略体积变化），问是否有 $Cu(OH)_2$ 沉淀生成？

3. 仿照【例 4-5】的计算方法，计算溶液中 $\varphi^{\ominus}\{[Ag(NH_3)_2]^+ /Ag\}$。

第二模块

化学分析技术

第 5 章
定量分析技术基础

 学习目标

知识目标

1. 熟悉标准溶液配制方法及条件；
2. 熟悉误差的分类和减免方法；
3. 熟悉有效数字概念及运算。

能力目标

1. 会进行标准溶液的制备与标定；
2. 会进行实验结果和精密度的计算。

素质目标

1. 培养产品质量意识；
2. 培养实事求是的治学态度，严谨求实的科学精神。

对物质进行分析时，通常是先进行定性分析确定其组成，然后再进行定量分析。在化工生产中，从原料采购、生产过程及最终产品都涉及分析检验过程。在人们的生活中，也经常涉及水体、空气和土壤等环境方面的检测。本章主要介绍定量分析中的一些基础知识，如标准溶液、误差的来源与消除、精密度、定量分析结果计算方法等。

5.1 滴定分析法

定量分析法可以分为化学分析法和仪器分析法，化学分析法又可分为重量分析法（也叫称量分析法）和滴定分析法。

5.1.1 滴定分析对化学反应的要求

滴定分析法又称容量分析法，它是用滴定管将一种已知准确浓度的试剂溶液，滴加到一定量待测物质的溶液中，直到所加试剂与待测物质恰好反应完全（化学计量点），此时停止滴定（滴定终点）。然后由试剂溶液的浓度和用量，依据化学反应的计量关系计算出待测物质的含量。

可用于滴定分析的化学反应必须具备一定条件：反应需按一定计量关系定量地完成，转化率 99.9% 以上；反应速率要快，对于有些速率慢的反应，应采取适当措施提高其反应速率；能用适当的指示剂或其他物理化学方法来确定滴定终点。

5.1.2 滴定反应类型和滴定方式

（1）滴定反应类型

根据滴定分析法所用的化学反应的类型不同，可以分为酸碱滴定法、沉淀滴定法、配位滴定法和氧化还原滴定法四类。

（2）滴定方式

并不是所有化学反应都能满足滴定分析对化学反应要求的。譬如，有的反应完全但反应慢，有的反应不完全，有的滴定反应没有合适的指示剂确定终点。此时可以改变滴定方式来完成分析测定过程。

① 直接滴定法　用标准溶液直接滴定待测溶液的方法称为直接滴定法。凡能满足滴定分析要求的化学反应，都可用直接滴定法。

例如，以 NaOH 标准溶液滴定 H_2SO_4 溶液即属于直接滴定法。其反应式为：

$$2NaOH + H_2SO_4 \longrightarrow Na_2SO_4 + 2H_2O$$

② 返滴定法　化学反应能定量完成，但反应速率较慢或待测物是固体，或滴定时无合适的指示剂时，均可采用返滴定法。

例如，测定 $CaCO_3$ 时，先加入一定量过量的 HCl 标准溶液，待反应完成后，再用 NaOH 标准溶液滴定溶液中剩余的 HCl。其过程为：

第1步：加 HCl　　　　$CaCO_3 + 2HCl(准确量,过量) \longrightarrow CaCl_2 + CO_2\uparrow + H_2O$

第2步：滴定　　　　　$NaOH + HCl(剩余) \longrightarrow NaCl + H_2O$

由 HCl 和 NaOH 标准溶液的浓度及用量，即可计算 $CaCO_3$ 的含量。

③ 置换滴定法　对于没有定量关系或伴有副反应的反应，可先用适当的试剂与待测物反应，转换成一种能被定量滴定的物质，然后再用适当的标准溶液进行滴定，这种滴定方式称为置换滴定法。

例如，$K_2Cr_2O_7$ 氧化剂不能用 $Na_2S_2O_3$ 标准溶液直接滴定。因为 $K_2Cr_2O_7$ 可将 $Na_2S_2O_3$ 氧化成 $Na_2S_4O_6$、Na_2SO_4 等，不能进行定量计算。但是，$K_2Cr_2O_7$ 可以与过量的 KI 在酸性溶液中反应，析出定量的 I_2，而 I_2 能用 $Na_2S_2O_3$ 标准溶液直接滴定。其反应式为：

第1步：加 KI　　　$Cr_2O_7^{2-} + 6I^-(过量) + 14H^+ \longrightarrow 2Cr^{3+} + 3I_2 + 7H_2O$

第2步：滴定　　　　　　　$I_2 + 2S_2O_3^{2-} \longrightarrow S_4O_6^{2-} + 2I^-$

其计量关系是 $K_2Cr_2O_7$-$3I_2$-$6Na_2S_2O_3$，由 $Na_2S_2O_3$ 标准溶液的浓度及用量，可以计算出 $K_2Cr_2O_7$ 的含量。

④ 间接滴定法　当被测物质不能直接与标准溶液作用，而能和另一种可以与标准溶液直接作用的物质反应时，便可采用间接滴定法进行测定。

例如，测定溶液中 Ca^{2+} 时，由于 Ca^{2+} 没有氧化还原性质，不能直接用氧化还原法测定。可将其沉淀为 CaC_2O_4，过滤、洗净后溶解于硫酸，生成与 Ca^{2+} 相当量的 $H_2C_2O_4$，再用 $KMnO_4$ 标准溶液滴定。其反应式为：

第1步：沉淀、过滤　　　$Ca^{2+} + C_2O_4^{2-} \longrightarrow CaC_2O_4$

第2步：溶解　　　　　　$CaC_2O_4 + H_2SO_4 \longrightarrow CaSO_4 + H_2C_2O_4$

第3步：滴定　　$2MnO_4^- + 5C_2O_4^{2-} + 16H^+ \longrightarrow 2Mn^{2+} + 10CO_2\uparrow + 8H_2O$

其计量关系是 $5Ca^{2+}$-$5CaC_2O_4$-$5H_2C_2O_4$-$2KMnO_4$，由 $KMnO_4$ 标准溶液的浓度和用量，可间接计算出 Ca^{2+} 的含量。

由此可见，采用不同的滴定方式，可大大扩展滴定分析法的应用范围。

5.2 标准溶液及配制方法

5.2.1 标准溶液

在滴定分析中经常需要用到多种试剂和不同浓度的溶液，用途不同，其浓度的准确性要求也不同。在分析检验工作中，常需要用到已知准确浓度的溶液，这种已知准确浓度的溶液称为标准溶液。标准溶液浓度常用物质的量浓度和质量体积浓度表示。如 $c(NaOH) = 0.2010 mol \cdot L^{-1}$、$\rho(Fe^{3+}) = 1.45 mg \cdot L^{-1}$ 等。

5.2.2 标准溶液的配制方法

配制标准溶液一般有两种方法，即直接法和间接法。

（1）直接法

准确称取一定量的基准物质，溶解后准确稀释至一定体积，根据物质的质量和溶液的体积可直接计算出该标准溶液的准确浓度。

能用直接法配制标准溶液的物质称为基准物质。基准物质必须具备下列条件。

① 具有足够的纯度。一般要求纯度在 99.9% 以上，其杂质含量应达到滴定分析所允许的误差限度以下。

② 物质的组成与化学式要完全相符，包括所含的结晶水。

③ 性质稳定。要求贮存时不起变化，在空气中不吸收水分和二氧化碳，不易被空气中氧所氧化，在烘干时不分解等。

在滴定分析中常用的标准溶液，绝大多数都不符合基准试剂的要求。如盐酸、硫酸、氢氧化钠、高锰酸钾、硫代硫酸钠等，这些标准溶液都不能用直接法配制。

查一查：我国目前基准级试剂有哪些？主要适用于哪些方面？

（2）间接法（又称标定法）

先粗略地称取一定量的物质或量取一定量体积的溶液，配制成近似所需浓度的溶液，然后用基准物质测定它的准确浓度。这种利用基准物质来确定该标准溶液准确浓度的操作过程称为标定。

例如，欲配制 $0.1 mol \cdot L^{-1}$ NaOH 标准溶液，可先根据所需配制溶液的体积粗略称取适量的 NaOH 试剂，配成约为 $0.1 mol \cdot L^{-1}$ 的溶液；再准确称取一定量的基准物（如邻苯二甲酸氢钾）溶解制成溶液，用上述待标定的 NaOH 溶液滴定邻苯二甲酸氢钾溶液，根据 NaOH 溶液的消耗量和基准物的质量，即可求出 NaOH 溶液的准确浓度。表 5-1 中列出的是常用基准试剂的干燥条件及应用范围。

表 5-1 常用基准试剂的干燥条件及应用范围

基准试剂		干燥后组成	干燥条件/℃	标定对象
名称	化学式			
碳酸钠	$Na_2CO_3 \cdot 10H_2O$	Na_2CO_3	$270 \sim 300$	酸
邻苯二甲酸氢钾	$KHC_8H_4O_4$	$KHC_8H_4O_4$	$105 \sim 110$	碱
碳酸钙	$CaCO_3$	$CaCO_3$	110	EDTA
草酸钠	$Na_2C_2O_4$	$Na_2C_2O_4$	130	$KMnO_4$
重铬酸钾	$K_2Cr_2O_7$	$K_2Cr_2O_7$	$140 \sim 150$	$Na_2S_2O_3$

5.3 滴定分析结果

滴定分析计算的依据是化学反应方程式中的物质前的系数关系，即化学计量关系。滴定达到化学计量点时，待测物质的物质的量 $n(B)$ 与标准溶液的物质的量 $n(A)$ 之比等于物质前系数之比。

5.3.1 滴定分析结果的表示方法

若某滴定反应为 $a\text{A}+b\text{B} \longrightarrow m\text{M}+n\text{N}$，则：

$$n(B)=\frac{b}{a}n(A) \tag{5-1}$$

若 A 和 B 均为溶液，并用物质的量浓度表示，则式(5-1) 可改为：

$$c(B)V(B)=\frac{b}{a}c(A)V(A) \tag{5-2}$$

式(5-2) 可用于标准溶液和被测溶液均为物质的量浓度时的计算。若被测物质 B 是进行称量取得的，则式(5-1) 可改为：

$$\frac{m(B)}{M(B)}=\frac{b}{a}c(A)V(A) \tag{5-3}$$

$$\text{或} \quad m(B)=\frac{b}{a}c(A)V(A)M(B) \tag{5-4}$$

式(5-3) 或式(5-4) 可用于被测物质质量的计算；或用于标定法配制标准溶液时，待标定的标准溶液浓度的计算（此时 B 为基准试剂，A 为待标定的溶液）；也可用于标定时基准试剂需称量的质量的计算。

若用被测物 B 的质量除以试样的质量，则就得到被测试样中 B 物质含量的计算公式：

$$w(B)=\frac{\dfrac{b}{a}c(A)V(A)M(B)}{m_{样}} \tag{5-5}$$

> **查一查**：将 5.1.2 中直接滴定、返滴定、置换滴定和间接滴定的四种滴定方式中所举的例子整理一下，完成以下问题。(1) 确定 A、B 及对应的系数 a、b；(2) 求出计量关系 $\dfrac{b}{a}$；(3) 对照式(5-5)，写出各例子中被测物质含量计算公式。

若试样为液体，则 B 的含量也可用质量体积浓度表示：

$$\rho(B)=\frac{\dfrac{b}{a}c(A)V(A)M(B)}{V_{样}} \text{（单位 mg·L}^{-1} \text{ 或 g·L}^{-1}\text{）} \tag{5-6}$$

5.3.2 滴定分析的计算

滴定分析的计算主要为基准试剂质量或样品中组分质量的计算、标准溶液浓度的计算、被测物质的浓度或含量的计算。

【例 5-1】　用基准草酸钠标定高锰酸钾溶液，称取 0.2215g $Na_2C_2O_4$，溶于水后加入适量硫酸酸化，然后用高锰酸钾溶液滴定，用去 30.67mL。求高锰酸钾溶液物质的量浓度。

解：滴定反应为：$5C_2O_4^{2-}+2MnO_4^-+16H^+ \longrightarrow 2Mn^{2+}+8H_2O+10CO_2\uparrow$

待标定溶液 $KMnO_4$ 为 A，基准试剂 $Na_2C_2O_4$ 为 B，可由式 (5-3) 式 (5-4) 计算：

$$\frac{m(Na_2C_2O_4)}{M(Na_2C_2O_4)}=\frac{5}{2}c(KMnO_4)V(KMnO_4)$$

$$c(KMnO_4)=\frac{0.2215}{\frac{5}{2}\times30.67\times10^{-3}\times134.0}=0.02156(mol\cdot L^{-1})$$

【例 5-2】　称取工业硫酸 1.740g，以水溶解并稀释至 250.0mL，摇匀。移取 25.00mL，用 $c(NaOH)=0.1044mol\cdot L^{-1}$ 氢氧化钠溶液滴定，消耗 32.41mL。求试样中 H_2SO_4 的质量分数。

解：滴定反应为 $2NaOH+H_2SO_4 \longrightarrow Na_2SO_4+2H_2O$

NaOH 为 A，H_2SO_4 为 B，其计量关系 $\frac{b}{a}=\frac{1}{2}$，可由式 (5-5) 计算：

$$w(H_2SO_4)=\frac{\frac{1}{2}c(NaOH)V(NaOH)M(H_2SO_4)}{m\times\frac{25.00}{250.0}}$$

$$=\frac{\frac{1}{2}\times0.1044\times32.41\times10^{-3}\times98.08}{1.740\times\frac{1}{10}}=0.9536$$

【例 5-3】　在 1.000g 碳酸钙试样中加入 50.00mL 0.5100mol·L^{-1} 过量的 HCl 标准溶液，待碳酸钙溶解完后，过量的盐酸用 0.4900mol·L^{-1} NaOH 标准溶液滴定，消耗 NaOH 标准溶液 18.35mL。求样品中 $CaCO_3$ 质量分数。

解：这是个返滴定过程，首先过量的 HCl 与 $CaCO_3$ 作用，剩余的盐酸被 NaOH 滴定。总的 HCl 中减去与 NaOH 反应的 HCl 即是与 $CaCO_3$ 反应的 HCl。

$$CaCO_3+2HCl \longrightarrow CaCl_2+CO_2+H_2O$$
$$NaOH+HCl \longrightarrow NaCl+H_2O$$

$CaCO_3$ 为 B，HCl 为 A，其计量关系 $\frac{b}{a}=\frac{1}{2}$；另一滴定反应中 $n(HCl)=n(NaOH)$

$$w(CaCO_3)=\frac{\frac{1}{2}[c(HCl)V(HCl)-c(NaOH)V(NaOH)]\times M(CaCO_3)}{m_{样}}$$

$$=\frac{\frac{1}{2}\times(0.5100\times50.00\times10^{-3}-0.4900\times18.35\times10^{-3})\times100.1}{1.0000}=0.8263$$

5.4　误差与偏差

5.4.1　分析技术中的误差及减免方法

根据误差的来源，可将误差分为系统误差和随机误差。

（1）系统误差

系统误差是由某个固定原因造成的，在平行测定中会重复出现的误差。系统误差可分为仪器误差、试剂误差、方法误差和操作误差。

① 仪器误差。是由于滴定中所用分析仪器（如天平、滴定管、移液管、容量瓶等）本身不准确而引入的误差。通常可以通过校准仪器的方法加以减免。

② 试剂误差。是由于试剂或溶剂不纯引入的误差。可通过空白试验及使用高纯度的试剂和溶剂来减免。

③ 方法误差。是由于分析方法本身不完善引入的误差。如在滴定分析法中的反应不完全、指示剂变色点与化学计量点不完全一致等所引入的误差均为方法误差。可通过选择其他方法或进行对照试验对分析方法加以校正。

④ 操作误差。是指在正常操作情况下，因操作人员的某些主观因素造成的误差。如因对颜色敏感程度不同，辨别滴定终点颜色时有人偏深、有人偏浅，读取滴定数值总是偏高或偏低均将引入操作误差。

（2）随机误差

随机误差又称偶然误差，是由某些难以控制、无法避免的偶然因素造成的，其大小、正负很随机，偶然误差在平行测定不会重复出现。但当进行多次平行测定时，偶然误差符合正态分布的统计规律，如图 5-1 所示。所以随机误差可通过增加平行测定次数取其平均值加以减免。

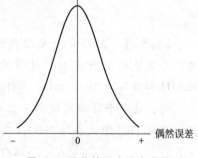

图 5-1　误差的正态分布曲线

5.4.2　准确度与误差

分析结果的准确度表示测定值（x）与真实值（T）的接近程度。分析结果与真实值越接近，分析结果越准确。准确度是用误差来表示的。误差可分为绝对误差 E 和相对误差 RE。

绝对误差（E）。绝对误差是测量值（x）与真实值（T）之差。

$$E = x - T \tag{5-7}$$

相对误差（RE）。相对误差是绝对误差在真实值中所占的百分比。

$$RE = \frac{E}{T} \times 100\% \tag{5-8}$$

绝对误差和相对误差都有正负之分。

【例 5-4】　用万分之一分析天平称量两份试样，称得质量分别是 0.0081g 和 1.1281g。两试样真实质量分别是 0.0083g 和 1.1283g。计算两份样品称量的绝对误差和相对误差。

解：

$$E_1 = x_1 - T_1 = 0.0081 - 0.0083 = -0.0002$$

$$E_2 = x_2 - T_2 = 1.1281 - 1.1283 = -0.0002$$

$$RE_1 = \frac{E_1}{T_1} \times 100\% = \frac{-0.0002}{0.0083} \times 100\% = -2\%$$

$$RE_2 = \frac{E_2}{T_2} \times 100\% = \frac{-0.0002}{1.1283} \times 100\% = -0.018\%$$

由此可见，绝对误差相等，相对误差不一定相等。上例中，同样的绝对误差，称量物越重，其相对误差越小。因此，用相对误差来表示测定结果的准确度更为确切。

5.4.3　精密度与偏差

在实际工作中，真实值实际上是不知道的，所以难以用准确度表示分析结果的可靠性。分析结果的精密度表示平行测定结果之间相互接近的程度。在相同条件下，对同一样品进行的多次测定称为平行测定。平行测定结果越相接近，分析结果的精密度越高。分析结果的评价常用精密度，精密度的高低用偏差表示。偏差分为绝对偏差与相对偏差、平均偏差与相对平均偏差、标准偏差与相对标准偏差。

1. 绝对偏差（d）与相对偏差（Rd）

测量值与平均值之差称为绝对偏差，相对偏差是绝对偏差在平均值中所占的百分比。绝对偏差与相对偏差都有正、负值。

$$d_i = x_i - \bar{x} \tag{5-9}$$

$$Rd_i = \frac{d_i}{\bar{x}} \times 100\% \tag{5-10}$$

2. 平均偏差（$\bar{d}$）与相对平均偏差（$R\bar{d}$）

为了表示一组平行测定结果之间接近程度，引入平均偏差和相对平均偏差。平均偏差是各单次测定结果的绝对偏差的绝对值的平均值，相对平均偏差是平均偏差在平均值中所占百分比。平均偏差与相对平均偏差没有负值。

$$\bar{d} = \frac{\sum |x_i - \bar{x}|}{n} \tag{5-11}$$

$$R\bar{d} = \frac{\bar{d}}{\bar{x}} \times 100\% \tag{5-12}$$

在报告一次分析结果时，通常要求除计算所得的平均值作为最终分析结果外，还应报告测定次数及偏差大小。滴定分析要求相对偏差不大于 0.2%。

【例 5-5】 分析某样品中含水量时，测得下列数据：34.45%，34.30%，34.20%，34.50%，34.25%。计算这组数据的算术平均值、平均偏差和相对平均偏差。

解：将这组数据按大小顺序列成下表

顺序	$x/\%$	$d_i = x_i - \bar{x}/\%$
1	34.50	+0.16
2	34.45	+0.11
3	34.30	-0.04
4	34.25	-0.09
5	34.20	-0.14
$n=5$	$\sum x = 171.70\%$	$\sum |d| = 0.54\%$

算术平均值　　　　　$\bar{x} = \dfrac{\sum x}{n} = \dfrac{171.70\%}{5} = 34.34\%$

平均偏差　　　　　　$\bar{d} = \dfrac{\sum |x_i - \bar{x}|}{n} = \dfrac{0.54\%}{5} = 0.11\%$

相对平均偏差　　　$R\bar{d} = \dfrac{\bar{d}}{\bar{x}} \times 100\% = \dfrac{0.11}{34.34} \times 100\% = 0.32\%$

　　精密度高并不一定反映出准确度就高。如果存在系统误差，尽管精密度高，测定结果的误差还是会较大。只有在消除了系统误差的前提下，精密度高时准确度才会高。

> **练一练**：某分析检验三次平行测定结果数据为 $0.2015\text{mol} \cdot \text{L}^{-1}$、$0.2086\text{mol} \cdot \text{L}^{-1}$、$0.2055\text{mol} \cdot \text{L}^{-1}$，求分析结果的平均值、平均偏差和相对平均偏差。

5.5　有效数字运算规则

　　为了得到准确分析结果，不仅需要准确测量，还要正确记录数据及运算。分析检验中的数据不仅表示了数据的大小，同时还反映了其准确程度。如在滴定管和量筒中的液体，若液面刚好在 25mL 刻度处，则应分别记录成 25.00mL、25.0mL，如果都记录成 25.00mL 或 25.0mL 就错了，这两个数值所代表的准确度是不一样的。

5.5.1　有效数字

　　有效数字是指分析过程中实际能测量到的数字。有效数字中只有最末一位是可疑的（不确定的、估计的），其位数取决于分析方法中规定使用仪器的准确度。例如一个质量为 0.5g 的样品，用分析天平称取时应读作 0.5000g，其最后一位 0 是可疑的，该数值的相对误差为

$$\frac{\pm 0.0002}{0.5} \times 100\% = \pm 0.04\%$$

如用台秤称取时，应读作 0.5g，其最后一位 5 是可疑的，其相对误差为

$$\frac{\pm 0.2}{0.5} \times 100\% = \pm 40\%$$

　　可见，有效数字的最后一位是反映测量的绝对误差，测量值在这一位上有 $\pm 1 \sim \pm 2$ 个单位的不确定性，数值的大小由测量仪器的准确度和精密度决定。有效数字的位数多少大致反映测量值的相对误差。根据滴定分析对准确度和精密度的要求，通常各测量值及分析结果的有效数字位数为四位。

5.5.2　有效数字位数的确定及运算规则

　　（1）有效数字位数的确定

　　① 数字"0"的意义　"0"有时是有效数字，有时是非有效数字，这取决于"0"在数字中所处的位置。当"0"处在其他非零数字中间或后面时，作为有效数字；当"0"处在其他非零数字前面时，作为非有效数字只起定位作用。例如：23.05、21.20、0.001043 均

为四位有效数字。

② 改变单位不能改变有效数字的位数　若将 2.500L 改写为 2500mL 是不对的，应改写为 2.500×10^3 mL。且 2500 不能正确表达和判断有效数字的位数。

③ 化学反应倍数等不是测量所得的数字　化学反应倍数等不是测量所得数字，可视作无误差数据或无限多位的有效数字。

④ 化学计算中遇到的对数值　如 lg$K$、pH 等，有效数字位数取决于小数部分，其整数部分代表该数的方次。如 pH＝11.02，即[H^+]＝9.6×10^{-12} mol·L^{-1}，其有效数字位数为 2 位。

（2）有效数字位数的修约

运算时，按照"四舍六入五留双"的规则修约，舍去多余的尾数。

$$4\quad 不进位\quad 5.1234\ 修约为\ 5.123$$
$$6\quad 进位\quad 5.1236\ 修约为\ 5.124$$

$$5\begin{cases}前面是奇数进位\quad 5.1235\ 修约为\ 5.124\\[4pt]前面是偶数\begin{cases}5\ 后有不为"0"的数，进位\quad 5.124502\ 修约为\ 5.125\\[2pt]5\ 后为"0"或无数字，不进位\quad 5.1245\ 修约为\ 5.124\end{cases}\end{cases}$$

进行有效数字修约时需一次修约到位。如 5.12348 应一次修约为 5.123；不能分次修约，先修约成 5.1235，再修约为 5.124。

（3）有效数字的运算规则

① 加减运算　运算结果数据的绝对误差与各数据中绝对误差最大（小数点后位数最少）的相当。例如：

$$0.12+0.0354+42.715=42.8704=42.87$$

② 乘除运算　运算结果数据的相对误差与各数据中相对误差最大（有效数字位数最少）的相当。例如：

$$0.0121\times25.65\times1.05782=?$$

原数的积为 0.3283103，修约后数的积为 0.328，与 0.0121 有效数字位数一致。

练一练：根据有效数字的运算规则，计算下列计算式的值。

$$W_{Cl}=\frac{2\times0.2032\times(24.26-2.21)\times10^{-3}\times35.45}{2.3452}\times100\%$$

$$W_{Cl}=\frac{2\times0.2032\times(24.26-22.21)\times10^{-3}\times35.45}{2.3452}\times100\%$$

学习指导

 素质阅读

食品分析检验领域的新技术

食品安全不仅与我们每个人的身体健康息息相关，更关系到社会的稳定与发展。近年来，人们对食品安全问题关注度较高，例如食品添加剂、防腐剂、保质期等，食品分析检验领域也不断出现新技术。

　　近红外光谱技术通过食品对光的吸收、反射、散射等性质，进行定性或定量分析检测，可用于检测牛奶掺杂、肉制品掺假、转基因食品检测、食品中微生物检测以及生鲜制品新鲜度检测等。例如，利用近红外光谱技术在 $8600\sim5700\mathrm{cm}^{-1}$ 波段具有较好的检测精度，可以检测牛奶中氯化铵含量。

　　质谱成像技术利用质谱离子扫描技术和专业图像处理软件，直接分析生物组织切片从而产生二维离子密度图，实现对被测物质成分、含量等快速检测。该技术不需要染色、标记等复杂的预处理，高效便捷，通常用于食品成分检测、食品营养评估、食品安全监测以及食品来源鉴别等。例如，有些药材外形相似，肉眼难以区分，加工成粉末或提取后更加难以辨别，利用质谱成像技术可以测定不同人参组织中的皂苷成分，实现不同人参种属的快速鉴别。

　　气相色谱通过物质沸点、极性以及吸附特性的差别实现混合组分的分离和分析，质谱检测则是先将物质分裂成离子，再根据不同质量进行分离，得到该物质的特征谱图。气相色谱-质谱联用技术先利用气相色谱柱将待测食品进行分离，然后进入质谱检测，常用于测定食品营养成分、油品组成分析、农残含量分析以及食品溯源等。例如，利用气相色谱-质谱联用技术测定食品聚丙烯包装袋中有毒有害物质，20 分钟内可实现指定物质的快速检测。

　　激光诱导击穿光谱技术是建立在原子发射光谱上的分析技术，可以实现多种元素同时检测，并且不需要对待测食品进行处理或简单预处理，检测步骤简单，分析速度快。常用于检测肉制品和乳制品掺杂、食品营养成分、有害成分等。例如，利用激光诱导击穿光谱技术可以快速检测蔬菜中的杀虫剂残留含量。

　　此外，近年来智能手机成像技术、数据融合技术、质谱成像技术等在食品分析检验领域也得到了广泛应用。

 思考与练习

一、选择题

1. 下列情况中属于偶然误差的是（　　）。

A. 砝码腐蚀　　　　　　　　　　　B. 滴定管读数读错

C. 几次读取滴定管读数不一致　　　D. 读取滴定管读数时总是略偏低

2. 下列情况属于系统误差的是（　　）。

A. 操作时溶液溅出　　　　　　　　B. 称量时天平零点稍有变动

C. 滴定管未经校准　　　　　　　　D. 几次滴定管读数不一致

3. 下列方法可以消除分析测定中的偶然误差的是（　　）。

A. 增加平行测定次数　　　　　　　B. 空白试验

C. 仪器校正　　　　　　　　　　　D. 对照试验

4. 提纯粗硫酸铜，平行测定五次，得平均含量为 78.54%，若真实值为 79.01%，则 78.54%−79.01%=−0.47% 为（　　）。

A. 标准偏差　　　B. 相对偏差　　　C. 绝对误差　　　D. 相对误差

5. 下列各数中，有效数字位数为四位的是（　　）。

A. $\omega_{CaO}=25.30\%$ B. $[H^+]=0.0235\,mol\cdot L^{-1}$
C. $pH=10.46$ D. $420kg$

6. 下列数据均保留两位有效数字，修约结果错误的是（　　）。
A. $1.25\rightarrow1.3$　　B. $1.35\rightarrow1.4$　　C. $1.454\rightarrow1.5$　　D. $1.7456\rightarrow1.7$

7. 由计算器算得 $\dfrac{4.178\times0.0037}{60.4}$ 的结果为 0.000255937，按有效数字运算规则应将结果修约为（　　）。
A. 0.0002　　B. 0.00026　　C. 0.000256　　D. 0.0002559

8. 对某样品进行多次平行测定，得到平均值，其中某个测定值与平均值之差为该次测定的（　　）。
A. 绝对误差　　B. 相对误差　　C. 绝对偏差　　D. 相对偏差

9. 在定量分析中，精密度与准确度之间的关系是（　　）。
A. 精密度高，准确度必然高　　B. 准确度高，精密度也就高
C. 精密度是保证准确度的前提　　D. 准确度是保证精密度的前提

10. 下列物质能直接配制标准溶液的是（　　）。
A. NaOH　　B. EDTA　　C. $KMnO_4$　　D. $K_2Cr_2O_7$

二、填空题

1. 系统误差主要包括_____、_____、_____和_____。
2. 消除系统误差的方法有_____、_____、_____、_____。增加平行测定次数则可减少_____误差。
3. 用正确的有效数字表示下列数据：用准确度为 $0.01mL$ 的 $25mL$ 移液管移出溶液的体积应记录为_____ mL；用量筒量取 $25mL$ 溶液应记录为_____ mL；用误差为 $0.1g$ 的台秤称取 $3g$ 样品应记录为_____ g。
4. 称取某样品 $2.2g$，经测定最后计算出该样品分析结果为 2.0852%，正确的报告应该是_____。
5. 在滴定分析中，一般用指示剂颜色的突变来判断化学计量点的到达，在指示剂变色时停止滴定。这一点称为_____。
6. 标准溶液的配制方法有_____和_____两种。
7. 用重铬酸钾法测定某样品的铁含量，五次平行测定结果为 20.03%、20.02%、20.04%、20.06% 和 20.05%，则分析结果平均偏差_____、相对平均偏差_____。
8. 按有效数字运算规则计算下列各式：
(1) $0.0278+7.563+2.45=$_____　　(2) $\dfrac{2.38\times10^{-4}\times1.7465\times10^{-3}}{2.6\times10^{-5}}=$_____。

三、判断题

1. 在进行分析检验时，精密度高了，准确度也高。（　　）
2. 在滴定分析中，不小心将滴定剂滴加到了锥形瓶外，造成了偶然误差。（　　）
3. 仪器能够测到的数字就是有效数字。（　　）
4. $pH=5.06$ 的有效数字是三位。（　　）
5. 用绝对误差大小表示分析结果的准确度高低更合理。（　　）
6. 精密度是指在相同条件下，多次平行测定值间相互接近的程度。（　　）
7. 系统误差影响测定结果的准确度。（　　）
8. 对某试样进行五次平行测定，测得的某组分平均含量是 20.25%，试样中该组分的真

实含量是 20.65%，测定的相对误差为－0.40%。　　　　　　　　　　　　　　　（　　）

　　9. 随机误差影响测定结果的精密度。　　　　　　　　　　　　　　　　　　　（　　）

　　10. 标准溶液只能采用直接法配制。　　　　　　　　　　　　　　　　　　　　（　　）

四、简答题

　　1. 什么是基准物质？有何条件？

　　2. 什么是绝对误差？写出对应公式。

　　3. 什么是相对误差？写出对应公式。

　　4. 滴定分析法有哪几种？

　　5. 滴定方式可以分为哪几种？

　　6. 系统误差可以分为哪几种？

　　7. 分析检验中的方法误差如何减免？

　　8. 何种试剂可以采用直接法配制标准溶液？直接法如何配制标准溶液？

　　9. 间接法配制标准溶液如何进行？

五、计算题

　　1. 某铜矿试样，两次平行测定的含铜量分别为 24.86%、24.74%，已知该铜矿中实际含铜量为 24.93%。求分析结果的绝对误差和相对误差。

　　2. 用重铬酸钾法测得 $FeSO_4 \cdot 7H_2O$ 中铁的百分含量为：20.02%、20.04%、20.05% 和 20.06%，计算分析结果的平均值、平均偏差、相对平均偏差。

　　3. 用间接法配制了近似浓度为 $0.2mol \cdot L^{-1}$ 的 HCl 溶液，用基准试剂 Na_2CO_3 进行标定，若 HCl 待标液要求消耗为 20～30mL，需要称取 Na_2CO_3 质量多少克？

　　4. 称取 0.1133g 纯 $Na_2C_2O_4$ 基准试剂，溶解后，在强酸性溶液中，用 $KMnO_4$ 待标液进行滴定，消耗 $KMnO_4$ 溶液 19.74mL，求 $KMnO_4$ 溶液的物质的量浓度。

　　反应式为：$5C_2O_4^{2-} + 2MnO_4^- + 16H^+ \longrightarrow 2Mn^{2+} + 10CO_2 \uparrow + 8H_2O$ ［已知 $M(Na_2C_2O_4) = 134.0g \cdot mol^{-1}$］

第6章
定量分析技术

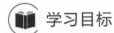 学习目标

知识目标

1. 熟悉酸碱滴定、配位滴定和氧化还原滴定原理；

2. 掌握滴定分析中指示剂的选择原则；

3. 掌握紫外-可见分光光度法定性和定量方法。

能力目标

1. 会计算酸碱滴定过程中溶液 pH 值；

2. 会进行酸碱滴定、配位滴定、氧化还原滴定中的样品含量计算；

3. 在分光光度法中会用标准曲线法和比较法测定样品中组分含量。

素质目标

1. 培养"产品质量是企业的生命"和"分析检验是产品质量的眼睛"的责任意识；

2. 培养实事求是的工作作风、认真仔细严谨的工作态度；

3. 培养团队合作精神。

6.1 酸碱滴定技术

6.1.1 酸碱指示剂

（1）酸碱指示剂作用原理

酸碱指示剂一般是结构复杂的有机弱酸或弱碱，其酸式和碱式具有不同的颜色。当溶液的 pH 值增大时，酸式给出 H^+ 转化为碱式；溶液的 pH 值下降时，碱式接受 H^+ 转化为酸式，从而导致颜色的变化。

例如：甲基橙指示剂在水溶液中发生如下的离解作用和颜色变化：

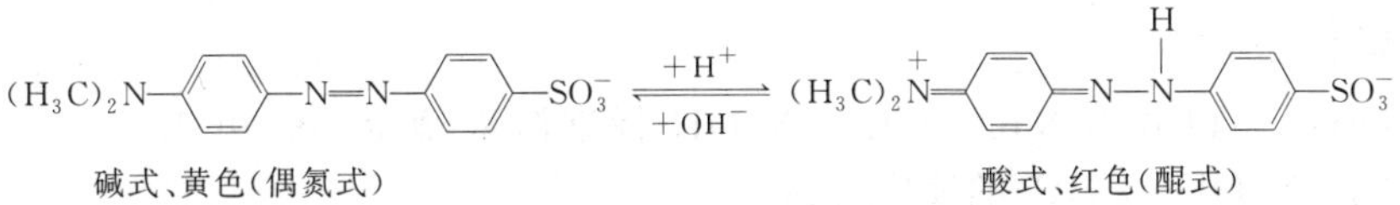

$$(H_3C)_2N-\!-N=N-\!-SO_3^- \underset{+OH^-}{\overset{+H^+}{\rightleftharpoons}} (H_3C)_2\overset{+}{N}=\!=N-\overset{H}{\underset{}{N}}-\!-SO_3^-$$

碱式、黄色(偶氮式)　　　　　　　　　　　　酸式、红色(醌式)

In^-　　　　　　　　　　　　　　　　　　　　HIn

在酸性溶液中平衡右移，溶液由黄色变为红色；在碱性溶液中平衡向左移动，溶液由红色变为黄色。

（2）指示剂的变色范围

酸碱指示剂的电离平衡随着 pH 变化时，溶液中指示剂的酸式浓度与碱式浓度的比值也

在发生变化。

$$HIn \rightleftharpoons H^+ + In^-$$

$$K_{HIn}^{\ominus} = \frac{[H^+][In^-]}{[HIn]} \quad 或 \quad [H^+] = K_{HIn}^{\ominus}\frac{[HIn]}{[In^-]}$$

溶液 pH 下降，当 $\frac{[HIn]}{[In^-]} \geqslant 10$ 时，呈酸式颜色，$pH \leqslant pK_{HIn} - 1$；

溶液 pH 升高，当 $\frac{[HIn]}{[In^-]} \leqslant \frac{1}{10}$ 时，呈碱式颜色 $pH \geqslant pK_{HIn} + 1$。

即溶液的 pH 从 $pH \leqslant pK_{HIn} - 1$ 变化到 $pH \geqslant pK_{HIn} + 1$ 过程中，指示剂的颜色将从酸式颜色转变为碱式颜色。以甲基橙为例，甲基橙的 $pK_a = 3.4$

pH 理论变色范围 2.4～4.4

pH 实际变色范围 3.1～4.4

表 6-1 列出了一些常用的酸碱指示剂及变色范围。

表 6-1　几种常用的酸碱指示剂及变色范围

指示剂	变色范围 pH	颜色变化	$pK_a^{\ominus}$	浓　　度
百里酚蓝(第一次变色)	1.2～2.8	红色～黄色	1.7	$1g \cdot L^{-1}$ 的 20%乙醇溶液
甲基黄	2.9～4.0	红色～黄色	3.3	$1g \cdot L^{-1}$ 的 90%乙醇溶液
甲基橙	3.1～4.4	红色～黄色	3.4	$0.5g \cdot L^{-1}$ 的水溶液
溴酚蓝	3.0～4.6	黄色～紫色	4.1	$1g \cdot L^{-1}$ 的 20%乙醇溶液
溴甲酚绿	4.0～5.6	黄色～蓝色	4.9	$1g \cdot L^{-1}$ 的水溶液，每 100mg 指示剂加 $0.05mol \cdot L^{-1}$ NaOH 2.9mL
甲基红	4.4～6.2	红色～黄色	5.0	$1g \cdot L^{-1}$ 的 60%乙醇溶液
溴百里酚蓝	6.2～7.6	黄色～蓝色	7.3	$1g \cdot L^{-1}$ 的 20%乙醇溶液
中性红	6.8～8.0	红色～橙黄色	7.4	$1g \cdot L^{-1}$ 的 60%乙醇溶液
酚红	6.8～8.4	黄色～红色	8.0	$1g \cdot L^{-1}$ 的 60%乙醇溶液
酚酞	8.0～10.0	无色～红色	9.1	$10g \cdot L^{-1}$ 的 90%乙醇溶液
百里酚蓝(第二次变色)	8.0～9.6	黄色～蓝色	8.9	$1g \cdot L^{-1}$ 的 20%乙醇溶液
百里酚酞	9.4～10.6	无色～蓝色	10.0	$1g \cdot L^{-1}$ 的 90%乙醇溶液

6.1.2　酸碱滴定原理

酸碱滴定法是以酸碱反应（中和反应）为基础的滴定分析法。它是滴定分析中重要的方法之一。它所依据的反应是：

$$H^+ + OH^- \longrightarrow H_2O$$

在酸碱滴定法中，常用强酸或强碱作标准溶液，如 HCl、H_2SO_4、NaOH、KOH 等。滴定终点一般利用酸碱指示剂在一定酸碱度发生变色来确定。酸碱滴定可以分为强碱滴定强酸、强酸滴定强碱、强碱滴定弱酸和强酸滴定弱碱四类。

（1）强碱滴定强酸

① 滴定曲线　以 $0.1000mol \cdot L^{-1}$ NaOH 标准溶液滴定 20.00mL $0.1000mol \cdot L^{-1}$ HCl 溶液为例，NaOH 与 HCl 的反应式为

$$NaOH + HCl \longrightarrow NaCl + H_2O$$

为了计算滴定过程中各点的 pH，可以把整个滴定过程分为四个阶段。

a. 滴定开始前。溶液的酸度等于 HCl 的原始浓度。即

$$c(H^+) = 0.1000mol \cdot L^{-1}$$

$$pH = 1.00$$

b. 滴定开始至化学计量点前。随着 NaOH 标准溶液的不断滴入，溶液中 $[H^+]$ 逐渐降低。这时溶液的组成是 NaCl 和 HCl 的混合溶液。由于 NaCl 在溶液中呈中性，故溶液的酸度取决于剩余的 HCl 的浓度。

当滴入 NaOH 溶液 19.98mL（只剩余 0.02mL 的 HCl 未被中和）时

$$c(H^+) = \frac{0.02}{20.00 + 19.98} \times 0.1000 = 5.00 \times 10^{-5} (mol \cdot L^{-1})$$

$$pH = -\lg c(H^+) = -\lg(5.00 \times 10^{-5}) = 4.30$$

c. 化学计量点时。当滴入 NaOH 溶液 20.00mL 时，NaOH 与 HCl 等物质的量反应，溶液呈中性。即

$$c(H^+) = c(OH^-) = 1.00 \times 10^{-7} mol \cdot L^{-1}$$

$$pH = 7.00$$

d. 化学计量点后。化学计量点后，溶液由 NaCl 和过量的 NaOH 组成，其 pH 由过量的 NaOH 来决定。

当滴入 NaOH 溶液 20.02mL（溶液中过量的 NaOH 为 0.02mL）时

$$c(OH^-) = \frac{0.02}{20.00 + 20.02} \times 0.1000 = 5.00 \times 10^{-5} (mol \cdot L^{-1})$$

$$pH = 14.00 + \lg c(OH^-) = 14.00 + \lg(5.00 \times 10^{-5}) = 9.70$$

其他各点可参照上述方法逐一计算，将计算结果列于表 6-2 中。

表 6-2　$0.1000 mol \cdot L^{-1}$ NaOH 溶液滴定 $20.00 mL$ $0.1000 mol \cdot L^{-1}$ HCl 溶液时溶液的 pH

加入 NaOH/mL	剩余 HCl/mL	过量 NaOH/mL	$c(H^+)/(mol \cdot L^{-1})$	pH
0.00	20.00		1.00×10^{-1}	1.00
18.00	2.00		5.26×10^{-3}	2.28
19.80	0.20		5.02×10^{-4}	3.30
19.96	0.04		1.00×10^{-4}	4.00
19.98	0.02		5.00×10^{-5}	4.30
20.00	0.00		1.00×10^{-7}	7.00
20.02		0.02	2.00×10^{-10}	9.70
20.04		0.04	1.00×10^{-10}	10.00
20.20		0.20	2.00×10^{-11}	10.70
22.00		2.00	2.10×10^{-12}	11.70
40.00		20.00	3.00×10^{-13}	12.50

以滴加的 NaOH 溶液的体积（mL）为横坐标，以溶液的 pH 为纵坐标来绘制曲线，即为强碱滴定强酸的酸碱滴定曲线，如图 6-1 所示。

从表 6-2 和图 6-1 可以看出，从滴定开始到加入 19.98mL NaOH 溶液（即 99.9% 的 HCl 被滴定），溶液 pH 变化缓慢，只改变了 3.3 个 pH 单位。在化学计量点前后，滴入的 NaOH 溶液从不足 0.02mL 到过量 0.02mL，总共增加 0.04mL（约 1 滴）的量，而溶液的 pH 就从 4.30 增加到 9.70，改变了 5.4 个 pH 单位，在曲线上表现为垂直部分，形成了一个 pH 突变。化学计量点附近滴定误差在 ±0.1% 范围内 pH 的突变称为酸碱滴定的突跃范围。化学计量点后，随着 NaOH 的滴入，溶液的 pH 变化由快逐渐减慢，曲线则由倾斜逐渐变为平坦。

强酸滴定强碱的滴定曲线与强碱滴定强酸的滴定曲线相对称，见图 6-1 中虚线，其 pH 变化则相反，化学计量点的 pH 仍是 7.00。

② 指示剂的选择　选择指示剂时，主要是以滴定曲线的 pH 突跃范围为根据的。显

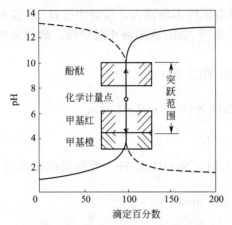

图 6-1　0.1000mol·L⁻¹ NaOH 与
0.1000mol·L⁻¹ HCl 溶液的滴定曲线

然最理想的指示剂应该恰好在滴定反应的化学计量点变色，但这很难找到合适的指示剂。实际上，凡是在发生滴定突跃时发生变色的指示剂都可以选用，这时所产生的误差是在允许范围内的。即指示剂的选择原则是指示剂的变色范围全部或部分落在滴定突跃范围内。任何类型的酸碱滴定，都可依据该原则来选择适宜的指示剂。

上例中，pH 突跃范围为 4.30～9.70，因此，甲基橙（变色范围为 3.1～4.4）、甲基红（变色范围为 4.4～6.2）、酚酞（变色范围为 8.0～10.0）等都可以作为这一类滴定的指示剂。

滴定突跃的大小与滴定剂及待测试液的浓度有关。图 6-2 是不同浓度的 NaOH 与 HCl 的滴定曲线。当酸碱的浓度增大 10 倍时，滴定突跃范围增大两个 pH 单位（为 3.30～10.70）；当酸碱浓度减小 10 倍时，滴定突跃范围减小两个 pH 单位（为 5.30～8.70）。显然，溶液越浓，突跃范围越大，但过量一滴引起的误差也会增大；溶液越稀，突跃范围越小，指示剂的选择更受限制。如用 0.01mol·L⁻¹ NaOH 溶液滴定 0.01mol·L⁻¹ HCl 溶液时，甲基橙指示剂就不合适了。

（2）强碱滴定弱酸

① 滴定曲线　用强碱滴定弱酸，在化学计量点时由于所生成的强碱弱酸盐的水解，溶液呈碱性。现以 0.1000mol·L⁻¹ NaOH 溶液滴定 20.00mL 0.1000mol·L⁻¹ HAc 溶液为例，讨论其滴定曲线的特点。此滴定反应式为

$$NaOH + HAc \longrightarrow NaAc + H_2O$$

下面通过计算简单说明滴定过程中 pH 变化。

a. 滴定前：溶液为 HAc 溶液，按单纯 HAc 溶液计算 pH。

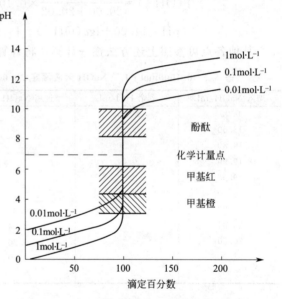

图 6-2　不同浓度 NaOH 溶液滴定
相等浓度 HCl 溶液的滴定曲线

$$c(H^+) = \sqrt{K_a c_a} = \sqrt{1.8 \times 10^{-5} \times 0.10} = 1.3 \times 10^{-3} (mol \cdot L^{-1})$$

$$pH = -\lg(1.3 \times 10^{-3}) = 2.87$$

b. 化学计量点前：HAc-NaAc 混合溶液，可根据缓冲溶液计算溶液 pH。

当 $V(NaOH) = 19.98mL$ 时，$c(HAc) = \dfrac{0.1000 \times 0.02}{39.98} = 5.0 \times 10^{-5} (mol \cdot L^{-1})$

$$c(NaAc) = \frac{0.1000 \times 19.98}{39.98} = 5.0 \times 10^{-2} (mol \cdot L^{-1})$$

$$pH = pK_a - \lg \frac{c(HAc)}{c(NaAc)} = 4.74 - \lg \frac{5 \times 10^{-5}}{5 \times 10^{-2}} = 7.7$$

c. 计量点：NaAc 溶液，按 NaAc 水解性盐计算 pH。

可以计算得到 pH＝8.7，即化学计量点时溶液已经成碱性了。

d. 计量点后：NaOH、NaAc 混合溶液，溶液 pH 由过量的 NaOH 浓度决定，其计算方法与强碱滴定强酸相同。

若将此滴定过程中溶液 pH 的变化情况绘成滴定曲线，如图 6-3 所示。滴定的 pH 突跃范围为 7.7～9.7。根据酸碱滴定指示剂选择原则，甲基橙和甲基红变色范围都超出了滴定突跃范围，都不能作为此滴定的指示剂了，但酚酞仍可采用，终点颜色为无色变为微红色。

从以上讨论可以看到，当用强碱滴定弱酸时，滴定突跃变窄了，且到了碱性范围，在选择指示剂时也只能选择碱性范围变色的指示剂了，如酚酞、百里酚酞等。

NaOH 滴定不同强度的一元弱酸时，滴定的突跃范围的大小，与弱酸的 $K_a^{\ominus}$ 值和浓度有关。图 6-4 是用浓度为 $0.1\,mol\cdot L^{-1}$ NaOH 溶液滴定 $0.1\,mol\cdot L^{-1}$ 不同强度弱酸的滴定曲线。从图中可以看出，当酸的浓度一定时，$K_a^{\ominus}$ 值越小，滴定突跃范围越小。当 $K_a^{\ominus}=10^{-9}$ 时已无明显突跃。在这种情况下已无法使用一般的酸碱指示剂来确定滴定终点。另一方面，当 $K_a^{\ominus}$ 值一定时，酸的浓度越大，突跃范围也越大。

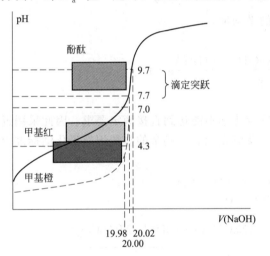

图 6-3　$0.1000\,mol\cdot L^{-1}$ NaOH 滴定
$0.1000\,mol\cdot L^{-1}$ HAc 滴定曲线

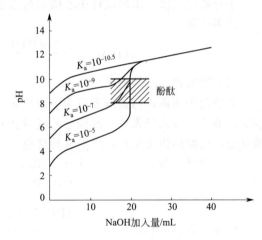

图 6-4　$0.1\,mol\cdot L^{-1}$ NaOH 滴定 $0.1\,mol\cdot L^{-1}$
不同强度弱酸的滴定曲线

② 弱酸直接滴定条件　强碱滴定弱酸时，pH 突跃大小与酸的强度有关，$K_a^{\ominus}$ 越小，pH 突跃越小；同时也与酸的浓度有关，浓度越小，pH 突跃越小。一般来讲，当 $cK_a^{\ominus}\geqslant 10^{-8}$ 时，化学计量点与终点相差 0.3pH 单位（滴定突跃为 0.6pH 单位）可以辨别指示剂颜色的变化。故判断弱酸能否直接滴定的条件是：

$$c_a\cdot K_a^{\ominus}\geqslant 10^{-8} \tag{6-1}$$

（3）强酸滴定弱碱

强酸滴定弱碱的滴定曲线与强碱滴定弱酸的滴定曲线相似，只是 pH 的变化方向相反，化学计量点附近的 pH 突跃较小且处于酸性区域内，宜选用酸性范围内变色的指示剂，如甲基橙、甲基红等。同样，弱碱可以直接滴定的条件是：

$$c_b\cdot K_b^{\ominus}\geqslant 10^{-8} \tag{6-2}$$

> **查一查**：查询本教材附录2中的弱酸、弱碱解离常数表数据，判断下列弱酸或弱碱能否用酸碱滴定法直接准确滴定。
>
> HF、HCN、HCOOH、$H_2C_2O_4$、NH_3、苯胺、吡啶、H_3PO_4。

6.1.3　酸碱滴定的应用

酸碱滴定法的应用很广泛。凡是酸类和碱类物质以及能与强酸或强碱的标准溶液直接反应的物质，都能用酸碱滴定法进行测定。

（1）工业乙酸含量的测定

原理：工业乙酸的含量，可用 NaOH 标准溶液直接滴定试样溶液，以酚酞作指示剂。滴定反应如下：

$$NaOH + HAc \longrightarrow NaAc + H_2O$$

步骤：用吸量管吸取工业乙酸试样 1.00mL，放入预先装有 80mL 无 CO_2 水的 250mL 锥形瓶中。加 2 滴酚酞指示液，以 $c(NaOH) = 0.5mol \cdot L^{-1}$ 氢氧化钠标准溶液滴定至粉红色 30s 不褪色为终点。

平行测定三次，求出试样中乙酸质量浓度的平均值。

结果计算：

$$\rho(HAc) = \frac{c(NaOH)V(NaOH)M(HAc)}{V_{样}} g \cdot L^{-1}$$

（2）碳酸钙含量的测定

碳酸钙为固体，与盐酸反应为多相反应，反应速率不能达到直接滴定要求，因此采用返滴定的方式。方法是先加入准确量的过量盐酸，反应完成后，剩余的盐酸用氢氧化钠标准溶液滴定，用酚酞作指示剂，终点为粉红色。

发生的反应为：

$$CaCO_3 + 2HCl \longrightarrow CaCl_2 + CO_2 + H_2O$$
$$NaOH + HCl \longrightarrow NaCl + H_2O$$

结果计算：$w(CaCO_3) = \dfrac{\frac{1}{2}[c(HCl)V(HCl) - c(NaOH)V(NaOH)] \times M(CaCO_3)}{m_{样}}$

实训 3
食醋中总酸含量的测定

6.2　配位滴定技术

配位滴定法是以配位反应为基础的滴定分析法。配位滴定法主要是以配位剂 EDTA 与金属离子进行配位反应的滴定法，又称为 EDTA 配位滴定法。

6.2.1　方法原理

（1）EDTA 及其分析特性

EDTA 是乙二胺四乙酸的英文缩写，其结构简式为：

$$\begin{array}{cc} \text{HOOC—H}_2\text{C} & \text{H} & \text{H} & \text{CH}_2\text{COO}^- \\ & \text{N—CH}_2\text{—CH}_2\text{—N} & \\ {}^-\text{OOC—H}_2\text{C} & {}^+ & {}^+ & \text{CH}_2\text{COOH} \end{array}$$

EDTA 是四元酸，用 H_4Y 表示。由于它在水中溶解度很小（22℃时，100mLH_2O 中溶解 0.02g），不适宜用作滴定剂，故常用其二钠盐（$Na_2H_2Y \cdot 2H_2O$），也简称为 EDTA，通常配制成 $0.01\sim0.1\,mol \cdot L^{-1}$ 的标准溶液用于滴定分析。在水溶液中，EDTA 的两个羧酸根可再接受两个 H^+ 形成 H_6Y^{2+}，这样，它就相当于一个六元酸，有六级解离平衡。

$$H_6Y^{2+} \rightleftharpoons H^+ + H_5Y^+ \qquad K_{a_1} = 10^{-0.9}$$
$$H_5Y^+ \rightleftharpoons H^+ + H_4Y \qquad K_{a_2} = 10^{-1.6}$$
$$H_4Y \rightleftharpoons H^+ + H_3Y^- \qquad K_{a_3} = 10^{-2.0}$$
$$H_3Y^- \rightleftharpoons H^+ + H_2Y^{2-} \qquad K_{a_4} = 10^{-2.67}$$
$$H_2Y^{2-} \rightleftharpoons H^+ + HY^{3-} \qquad K_{a_5} = 10^{-6.16}$$
$$HY^{3-} \rightleftharpoons H^+ + Y^{4-} \qquad K_{a_6} = 10^{-10.26}$$

也就是说，在水溶液中 EDTA 以七种离子 H_6Y^{2+}、H_5Y^+、H_4Y、H_3Y^-、H_2Y^{2-}、HY^{3-} 和 Y^{4-} 存在。pH<1 时，主要以 H_6Y^{2+} 形式存在；pH>10.26 时，主要以 Y^{4-} 形式存在。

EDTA 与金属离子配位有以下特点：

① EDTA 与不同价态的金属离子生成配合物时，配位比较简单。一般情况下形成 1∶1 的配合物。

② EDTA 与金属离子配位时形成五个五元环的螯合物结构，因此都较稳定。

金属离子与 EDTA 的配位反应，略去电荷，可简写成：

$$M + Y \rightleftharpoons MY$$

其稳定常数 $K_{\text{稳}}^{\ominus}(MY)$ 为

$$K_{\text{稳}}^{\ominus}(MY) = \frac{c(MY)}{c(M)c(Y)}$$

表 6-3 列出了一些常见金属离子与 EDTA 的配合物的稳定常数。

表 6-3　常见金属离子与 EDTA 的配合物的稳定常数（298.15K）

金属离子	$\lg K_{\text{稳}}^{\ominus}(MY)$	金属离子	$\lg K_{\text{稳}}^{\ominus}(MY)$
Na^+	1.66	Zn^{2+}	16.50
Li^+	2.79	Pb^{2+}	18.04
Ba^{2+}	7.76	Y^{3+}	18.09
Sr^{2+}	8.63	Ni^{2+}	18.67
Mg^{2+}	8.69	Cu^{2+}	18.80
Ca^{2+}	10.69	Hg^{2+}	21.8
Mn^{2+}	14.04	Cr^{3+}	23.0
Fe^{2+}	14.33	Th^{4+}	23.2
Ce^{3+}	15.98	Fe^{3+}	25.1
Al^{3+}	16.1	V^{3+}	25.90
Co^{2+}	16.31	Bi^{3+}	27.90

③ 生成的配合物易溶于水，且大多数配位反应速度快，瞬间即可完成。

④ 生成的配合物多数无色。EDTA 与无色的金属离子配位时，生成无色配合物，有利于用指示剂指示终点。有色金属离子与 EDTA 配位时，一般生成颜色更深的配合物，滴定这些离子时，试液浓度应稀一些，避免颜色干扰。

（2）酸度对 EDTA 配位滴定的影响

在 EDTA 的六级电离中，只有 Y^{4-} 与金属离子配位，根据 DETA 的六级电离平衡，在

EDTA 溶液中 Y^{4-} 浓度随溶液酸度增大而减小，随酸度减小而增大，由此溶液的酸度实际影响到了 DETA 与金属离子的配位能力。即溶液 pH 越小，EDTA 配位能力越低，MY 越不稳定。这种由于 H^+ 的存在，使配位体 Y^{4-} 参与主反应的能力降低的现象称为酸效应。由 H^+ 引起副反应时的副反应系数称为酸效应系数 $[\alpha_{Y(H)}]$。

酸效应系数 $\alpha_{Y(H)}$ 为 EDTA 总浓度 $c(Y')$ 与其有效存在形式 $c(Y^{4-})$ 的平衡浓度的比值。

$$\alpha_{Y(H)} = \frac{c(Y')}{c(Y^{4-})} \tag{6-3}$$

显然，酸效应系数随溶液酸度增加而增大。$\alpha_{Y(H)}$ 值越大，表示酸效应引起的副反应越严重，配位剂的配位能力越弱。因此，酸效应系数是判断 EDTA 能否滴定某金属离子的重要参数。不同 pH 时 $\lg\alpha_{Y(H)}$ 列于表 6-4 中。

表 6-4　不同 pH 时的 $\lg\alpha_{Y(H)}$

pH	$\lg\alpha_{Y(H)}$	pH	$\lg\alpha_{Y(H)}$	pH	$\lg\alpha_{Y(H)}$
0.0	21.18	3.4	9.71	6.8	3.55
0.4	19.59	3.8	8.86	7.0	3.32
0.8	18.01	4.0	8.04	7.5	2.78
1.0	17.20	4.4	7.64	8.0	2.26
1.4	15.68	4.8	6.84	8.5	1.77
1.8	14.21	5.0	6.45	9.0	1.29
2.0	13.52	5.4	5.69	9.5	0.83
2.4	12.24	5.8	4.98	10.0	0.45
2.8	11.13	6.0	4.65	11.0	0.07
3.0	10.63	6.4	4.06	12.0	0.00

从表 6-4 可以看出，只有在 pH≥12 时，$\alpha_{Y(H)}$ 才等于 1，$c(Y^{4-})$ 才等于 $c(Y')$。

在 DETA 稳定常数的表达式中，并没有反映出酸度变化对 EDTA 配位能力的影响，为了了解在不同酸度条件下 EDTA 的配位能力，需要引进 EDTA 另一种配位常数。

$$K'_{稳}(MY) = \frac{c(MY)}{c(M)c(Y')} = \frac{c(MY)}{c(M)c(Y^{4-})\alpha_{Y(H)}}$$

得　　$$K'_{稳}(MY) = \frac{K^{\ominus}_{稳}(MY)}{\alpha_{Y(H)}} \tag{6-4}$$

上式中 $K'_{稳}(MY)$ 是考虑了酸效应的 EDTA 与金属离子配合物的稳定常数，称为条件稳定常数。它的大小说明配合物在溶液酸度的影响下的实际稳定程度，它是判断滴定可能性的重要依据。该式用对数形式表示，则为：

$$\lg K'_{稳}(MY) = \lg K^{\ominus}_{稳}(MY) - \lg\alpha_{Y(H)} \tag{6-5}$$

【例 6-1】 计算 pH=2.0 和 pH=5.0 时的 $\lg K'_{稳}(ZnY)$。

解：已知 $\lg K_{稳}(ZnY) = 16.50$

查表 6-4　　　　　　　　pH=2.0 时，$\lg\alpha_{Y(H)} = 13.52$

$$\lg K'_{稳}(ZnY) = 16.50 - 13.52 = 2.98$$

$$pH=5.0 \text{ 时}, \lg\alpha_{Y(H)} = 6.45$$

$$\lg K'_{稳}(ZnY) = 16.50 - 6.45 = 10.05$$

由上例可见，在 pH=2.0 时，$\lg K'_{稳}(ZnY)$ 值仅为 2.98，生成的 ZnY 很不稳定；

pH=5.0 时，$\lg K'_{稳}$(ZnY) 值达 10.05，生成的 ZnY 很稳定，配位反应进行就完全。这说明在配位滴定中控制酸度有着重要的意义。

> **练一练**：仿照 [例 6-1] 的方法，通过查表 6-3 和表 6-4 数据，求 pH=8.0 时，$\lg K'_{稳}$(CaY) 和 $\lg K'_{稳}$(MgY)。

（3）配位滴定的最高允许酸度和酸效应曲线

由上面的讨论可知，pH 越大，$\lg \alpha_{Y(H)}$ 值越小，条件稳定常数越大，配位反应越完全，对滴定越有利。pH 降低，条件稳定常数就减小。对于稳定性高的配合物，溶液的 pH 即使稍低一些，仍可进行滴定，而对稳定性差的配合物，若溶液的 pH 低，就不能进行滴定了。因此滴定不同的金属离子时，有不同的酸度限度。当酸度高于某一限度时，就不能准确滴定了，这一限度就是配位滴定的最高允许酸度（最低允许 pH）。

EDTA 准确滴定金属离子的条件是：

$$\lg c(M)K'_{稳}(MY) \geqslant 6 \tag{6-6}$$

在配位滴定中，被测金属离子的浓度一般为 $0.01 mol \cdot L^{-1}$ 左右，则式(6-6) 可写为

$$\lg K'_{稳}(MY) \geqslant 8 \tag{6-7}$$

在不考虑其他副反应的影响时，根据式(6-5) 和式(6-7) 可以计算到测定某一金属离子时，准确滴定的最高酸度。

根据式(6-5) 和式(6-7) 得到

$$\lg \alpha_{Y(H)} = \lg K^{\ominus}_{稳}(MY) - \lg K'_{稳}(MY)$$
$$\lg \alpha_{Y(H)} = \lg K^{\ominus}_{稳}(MY) - 8 \tag{6-8}$$

滴定某金属离子时，将 $\lg K^{\ominus}_{稳}$(MY) 代入式(6-8)，求出 $\lg \alpha_{Y(H)}$ 后，根据表 6-4 查到对应的 pH 即是滴定该金属离子的最高酸度条件。

> **【例 6-2】**　求用 EDTA 滴定浓度为 $c(Zn^{2+}) = 0.01 mol \cdot L^{-1}$ 的最高允许酸度。
>
> **解**：已知 $c(Zn^{2+}) = 0.01 mol \cdot L^{-1}$　　查表 6-3 得 $\lg K^{\ominus}_{稳}$(ZnY)=16.50
>
> 因此　　　　　　　　$\lg \alpha_{Y(H)} = \lg K^{\ominus}_{稳}(MY) - 8 = 8.50$
>
> 查表 6-4 得：　　　　pH=3.84，即其最低 pH 应为 4 左右。

用上述方法可计算出滴定各种金属离子时的最低 pH。若以 pH 为纵坐标，金属离子 $K^{\ominus}_{稳}$(MY) 的对数为横坐标，作图可得 pH-$\lg K^{\ominus}_{稳}$(MY)（或 pH-$\lg \alpha_{Y(H)}$）曲线，此曲线称为酸效应曲线，如图 6-5 所示。图中金属离子所对应的 pH，就是滴定这种金属离子时所允许的最低 pH。

从图 6-5 可以查出单独滴定某种金属离子时允许的最高允许酸度。不同金属离子与 EDTA 形成的配合物 $K^{\ominus}_{稳}$(MY) 值不同，因此滴定允许的最高允许酸度也不同。$K^{\ominus}_{稳}$(MY) 大的离子，在 pH 值低时也可准确滴定；如果金属离子 $K^{\ominus}_{稳}$(MY) 本来就不是很大，则必须在 pH 高时才能准确滴定。例如 Fe^{3+} 的 $\lg K^{\ominus}_{稳}$(MY)=25.1，准确滴定最低 pH 约为 0.9，即在强酸性溶液中也可准确滴定；而 Ca^{2+} 的 $\lg K^{\ominus}_{稳}$(MY)=10.69，准确滴定最低 pH 约为 7.7，须在 pH≥7.7 的弱碱性溶液中滴定。

需要指出的是，酸效应曲线给出的是用 EDTA 准确滴定该金属离子的最低 pH，并没有给出其滴定的 pH 范围，所以并不是只要在这个最低 pH 值以上的任意 pH 值都可以准确滴定，还得防止金属离子水解形成沉淀。

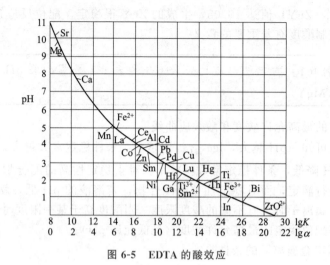

图 6-5　EDTA 的酸效应

6.2.2　金属指示剂

在配位滴定中，通常利用一种能与金属离子生成有色配合物的显色剂来指示滴定过程中金属离子浓度的变化，这种显色剂称为金属离子指示剂，简称金属指示剂。

金属指示剂一般是水溶性有机染料，本身具有某种颜色，在一定 pH 下，它与金属离子 M 生成与指示剂（In）本身的颜色明显不同的配合物。

$$M + In \longrightarrow MIn$$

当滴入 EDTA 后，金属离子逐渐被配位。到终点时，M 离子几乎全部被配位，稍微过量的 EDTA 便夺取已与指示剂配位的金属离子，游离出指示剂，从而引起颜色变化，指示终点到达。

例如，在 pH=10 的溶液中，用 EDTA 滴定 Mg^{2+} 时，以铬黑 T（EBT）作指示剂，其过程如下：

滴定前　　　　　　　　　$Mg^{2+} + EBT \longrightarrow Mg\text{-}EBT$
　　　　　　　　　　　　　　　　蓝色　　　　红色

滴定中　　　　　　　　　$Mg^{2+} + Y \longrightarrow MgY$

终点时　　　　　　　$Mg\text{-}EBT + Y \longrightarrow MgY + EBT$
　　　　　　　　　　红色　　　　　　　　　蓝色

金属指示剂能够准确指示终点必须具备下列条件：

① In 与 MIn 颜色要有明显的区别。

② MIn 要有适当的稳定性，即：

a. 指示剂与金属离子应能形成足够稳定的配合物，$\lg K'(MIn) \geqslant 4$。$\lg K'(MIn)$ 太小会使终点提早出现。

b. 配合物 MIn 的稳定性应小于配合物 MY 的稳定性，$\lg K'(MY) - \lg K'(MIn) \geqslant 2$。$\lg K'(MIn)$ 与 $\lg K'(MY)$ 太接近，会使终点拖后甚至不出现终点，这种现象叫指示剂量的封闭现象。

③ MIn 易溶于水。如果生成沉淀，会使变色不明显，这种现象称为指示剂的僵化。这时可加入适当的有机溶剂（如乙醇）或加热，以增大其溶解度。

想一想：EDTA 配位滴定中的返滴定方式（如 Al^{3+} 的测定）终点颜色如何变化？

常用的金属指示剂及其主要应用列于表 6-5 中。

表 6-5　常用的金属指示剂及其主要应用

指示剂	可直滴定的金属离子	使用 pH 范围	金属离子配合物的颜色	指示剂本身的颜色
铬黑 T(EBT)	Mg^{2+}、Cd^{2+}、Zn^{2+}、Pb^{2+}、Hg^{2+}	9~10	红色	蓝色
二甲酚橙(XO)	Zr^{4+}	<1	红紫色	黄色
	Bi^{3+}	1~2		
	Th^{4+}	2.5~3.5		
	Sc^{3+}	3~5		
	Pb^{2+}、Zn^{2+}、Cd^{2+}、Hg^{2+}、Ti^{3+}	5~6		
PAN	Cd^{2+}	6	红色	黄色
	In^{3+}	2.5~3.0		
	Zn^{2+}	5.7		
	Cu^{2+}	3~10		
钙指示剂	Ca^{2+}	12~13	红色	蓝色
酸性铬蓝 K	Ca^{2+}、Mg^{2+}、Zn^{2+}、Mn^{2+}	9~10	红色	蓝灰色
磺基水杨酸	Fe^{3+}	2~4	紫红色	无色(终点呈浅黄)

6.2.3　应用示例（水的总硬度测定）

水的总硬度测定即水中钙镁总含量的测定。可在 pH＝10 的 NH_3-NH_4Cl 缓冲溶液中，用 EDTA 标准溶液直接滴定水中的钙镁离子。由于 $K^{\ominus}_{稳}(CaY)>K^{\ominus}_{稳}(MgY)$，EDTA 首先与溶液中 Ca^{2+} 配位然后再与 Mg^{2+} 配位，故可选用对 Mg^{2+} 灵敏的指示剂铬黑 T 来指示终点。

步骤：用移液管吸取一定体积水样，用 NH_3-NH_4Cl 缓冲溶液调节溶液的 pH 值为 10，加铬黑 T 指示剂，立即用 EDTA 标准溶液滴定至溶液由酒红色变为纯蓝色为终点。

平行测定三次，计算水中钙镁离子的总含量。

计算：Ca^{2+} 和 Mg^{2+} 的总浓度（以 $CaCO_3$ 计）

$$\rho(CaCO_3)=\frac{c(EDTA)V(EDTA)M(CaCO_3)}{V_{水样}}\times10^3\,mg\cdot L^{-1}$$

实训 4
EDTA 标准溶液的标定和水的总硬度测定

6.3　氧化还原滴定技术

氧化还原滴定法是以氧化还原反应为基础的滴定分析法。根据所用氧化剂的不同，可分为高锰酸钾法、重铬酸钾法、碘量法、溴酸钾法等。本节重点讨论高锰酸钾法和碘量法。

6.3.1　高锰酸钾法

（1）方法原理

高锰酸钾法是以高锰酸钾为标准溶液的氧化还原滴定法。高锰酸钾是强氧化剂，其氧化能力大小和产物与介质酸度有关，如表 6-6 所示。

表 6-6　KMnO₄ 氧化能力和还原产物与酸度关系

条件	还原产物	电极反应	$\varphi^{\ominus}/V$
强酸性介质	Mn^{2+}	MnO_4^-（紫色）$+8H^++5e \longrightarrow Mn^{2+}$（微红色）$+4H_2O$	1.51
弱酸性、中性、弱碱性介质	MnO_2	MnO_4^-（紫色）$+2H_2O+3e \longrightarrow MnO_2(s,$褐色$)+4OH^-$	0.59
强碱性介质	MnO_4^{2-}	MnO_4^-（紫色）$+e \longrightarrow MnO_4^{2-}$（绿色）	0.56

从表 6-6 可以看出，中性和强碱性条件下，KMnO₄ 氧化能力弱并且终点观察有颜色干扰；强酸性条件下，KMnO₄ 氧化能力强并且没有颜色干扰。因此 KMnO₄ 滴定法一般都在强酸性溶液中进行，以 $0.5\sim1mol\cdot L^{-1}$ 硫酸介质为宜。

> **思考：** 高锰酸钾法能否用硝酸和盐酸作介质？

高锰酸钾水溶液呈紫红色，其还原产物 Mn^{2+} 几乎无色。因此高锰酸钾法不需另加指示剂，可借助于化学计量点后稍微过量的高锰酸钾使溶液呈粉红色来指示滴定终点。这种确定滴定终点的方法称为**自身指示剂法**。

利用 KMnO₄ 标准溶液作氧化剂，能够直接滴定许多还原性物质，如 Fe^{2+}、As(Ⅲ)、Sb(Ⅲ)、H_2O_2、$C_2O_4^{2-}$、NO_2^-、SO_3^{2-} 及具有还原性的有机物等。

> **思考：** KBrO₃ 能否用高锰酸钾法的返滴定方式测定？

KMnO₄ 与另一还原剂相配合，可用返滴定法测定许多氧化性物质，如 $Cr_2O_7^{2-}$、ClO_3^-、PbO_2 及 MnO_2 等。

某些不具氧化还原性的物质，若能与还原剂或氧化剂定量反应，也可用 KMnO₄ 法间接加以测定。例如，Ca^{2+}、Ba^{2+}。将试样处理成溶液后，用 $C_2O_4^{2-}$ 将被测离子如 Ca^{2+} 沉淀为 CaC_2O_4，过滤，再用稀硫酸溶解沉淀并形成 $H_2C_2O_4$，用 KMnO₄ 标准溶液滴定溶液中的 $C_2O_4^{2-}$，从而间接求出钙的含量。

高锰酸钾的优点是氧化能力强，可测物质多，使用自身指示剂，应用范围广；但 KMnO₄ 能与许多还原性物质作用，干扰比较严重，且其溶液不够稳定，长时间不用时应过滤后再标定。

（2）KMnO₄ 标准溶液的标定

由于 KMnO₄ 化学性质不稳定，因此不符合基准试剂的要求，其标准溶液需用间接法配制。$H_2C_2O_4\cdot2H_2O$、$Na_2C_2O_4$、$FeSO_4(NH_4)_2SO_4\cdot6H_2O$ 等基准试剂都可用于 KMnO₄ 标准溶液的标定。其中 $Na_2C_2O_4$ 是最常用的标定 KMnO₄ 标准溶液的基准试剂，发生的化学反应是：

$$5C_2O_4^{2-}+2MnO_4^-+16H^+\longrightarrow2Mn^{2+}+10CO_2+8H_2O$$

标定时需要注意以下条件：

① 温度　室温下反应慢，需要加热至 $75\sim85℃$；但温度也不能过高，否则 $H_2C_2O_4$ 会分解。

$$H_2C_2O_4\longrightarrow CO\uparrow+CO_2\uparrow+H_2O$$

② 酸度　以 H_2SO_4 为介质，开始滴定时酸度约为 $c(H^+)=1mol\cdot L^{-1}$。若酸度过低，KMnO₄ 会部分还原为 MnO_2 沉淀；酸度过高，又会促使 $H_2C_2O_4$ 分解。

③ 滴定速度　该反应速率慢，但又属于自身催化反应，反应生成的 Mn^{2+} 对反应有催化作用，滴定反应刚开始时溶液中 Mn^{2+} 很少，如果滴定速度快的话，会导致 KMnO₄ 来不及与 $C_2O_4^{2-}$ 反应，在热的酸性溶液中发生分解：

$$4MnO_4^-+12H^+\longrightarrow4Mn^{2+}+5O_2\uparrow+6H_2O$$

而使标定结果偏低。

④ 指示剂　$KMnO_4$ 自身指示剂，稍过量的 $KMnO_4$ 就可以使溶液呈粉红色。

（3）应用示例

① H_2O_2 的测定　采取直接滴定方式，在强酸性溶液中，$KMnO_4$ 与 H_2O_2 发生定量反应：

$$5H_2O_2 + 2MnO_4^- + 6H^+ \longrightarrow 2Mn^{2+} + 5O_2\uparrow + 8H_2O$$

开始滴定时该反应速率较慢，当产生一定量的 Mn^{2+} 后，反应速率明显加快，可以适当提高滴定速度。但该滴定反应切忌加热，加热会促使 H_2O_2 分解。H_2O_2 含量计算公式是：

$$w(H_2O_2) = \frac{\frac{5}{2}c(KMnO_4)V(KMnO_4)M(H_2O_2)}{m_{试样}}$$

② 亚铁盐含量的测定　在硫酸和磷酸混合介质中，可用 $KMnO_4$ 标准溶液直接滴定 Fe^{2+}，测定亚铁盐的含量，其滴定反应为：

$$MnO_4^- + 5Fe^{2+} + 8H^+ \longrightarrow Mn^{2+} + 5Fe^{3+} + 4H_2O$$

> 想一想：$KMnO_4$ 测定亚铁盐含量为什么必须在 H_2SO_4 介质中进行滴定？加入磷酸的作用是什么？

终点为粉红色。若测定的是 $FeSO_4$，则根据硫酸亚铁试样质量和消耗的 $KMnO_4$ 标准溶液的体积即可计算试样中硫酸亚铁的含量。计算公式是：

$$w(FeSO_4) = \frac{5c(KMnO_4)V(KMnO_4)M(FeSO_4)}{m_{试样}}$$

6.3.2　碘量法

（1）方法原理

碘量法是利用 I_2 的氧化性和 I^- 的还原性测定物质含量的氧化还原滴定法。基本反应为：

$$I_2 + 2e \Longleftrightarrow 2I^- \qquad \varphi^\ominus = 0.54V$$

由标准电极电势可知，I_2 是较弱的氧化剂，能与较强的还原剂作用；而 I^- 是中等强度的还原剂，能与许多氧化剂作用。因此，碘量法分为直接碘量法和间接碘量法两种。

① 直接碘量法（碘滴定法）　直接碘量法是利用 I_2 标准溶液直接滴定标准电极电势小于 0.54V 的强还原性物质的方法，也称碘滴定法。如 S^{2-}、SO_3^{2-}、$S_2O_3^{2-}$、As_2O_3、Sn^{2+}、维生素 C 等可以用直接碘量法测定。

滴定时通常用淀粉作指示剂，在 I^- 的存在下，稍过量的 I_2 能使溶液由无色变为浅蓝色而到达滴定终点。淀粉是碘量法的专属指示剂。

② 间接碘量法（滴定碘法）　间接碘量法是利用 I^-（通常用 KI）的还原性，使之与电位大于 0.54V 的氧化性物质反应定量地生成 I_2，然后再用还原剂 $Na_2S_2O_3$ 标准溶液滴定 I_2，从而间接测定物质含量的方法称为间接碘量法。加入过量 KI 有两个目的：一是保证被测物完全反应，二是因为 I_2 在水中溶解度小，生成的 I_2 易溶于 KI 溶液，防止 I_2 产生沉淀。

利用间接碘量法能够测定许多氧化性物质，如 Fe^{3+}、Cu^{2+}、$Cr_2O_7^{2-}$、ClO^-、H_2O_2 等，应用广泛。如用间接碘量法测定 $K_2Cr_2O_7$ 含量，发生的反应为：

$$Cr_2O_7^{2-} + 6I^- + 14H^+ \longrightarrow 2Cr^{3+} + 3I_2 + 7H_2O$$

$$I_2 + 2S_2O_3^{2-} \longrightarrow 2I^- + S_4O_6^{2-}$$

间接碘量法也是使用淀粉作指示剂，不过淀粉指示液应在接近终点时加入，终点现象为蓝色恰好消失。

> **想一想**：间接碘量法中，淀粉指示剂需在接近终点时加入，如果是滴定前就加入，对滴定结果有何影响？

（2）应用实例

① 维生素 C 含量测定　维生素 C 分子中含有烯二醇基，易被 I_2 定量氧化成含二酮基的脱氢维生素 C，故可用直接碘量法测定含量。

$$C_6H_8O_6 + I_2 \longrightarrow C_6H_6O_6 + 2HI$$

从上式可以看出，在碱性条件下有利于反应向右进行，但维生素 C 的还原性很强，在碱性环境中易被空气中的 O_2 氧化，故滴定时加一些 HAc 使滴定在弱酸性溶液中进行，以减少被空气氧化。

维生素 C 含量计算式为：

$$w(C_6H_8O_6) = \frac{c(I_2)V(I_2)M(C_6H_8O_6)}{m_{样}}$$

② 硫酸铜含量的测定　在硫酸铜溶液中加入过量的 KI，使 Cu^{2+} 与 KI 作用生成 CuI，并析出 I_2，再用 $Na_2S_2O_3$ 标准溶液滴定析出的 I_2。

$$2Cu^{2+} + 4I^- \longrightarrow 2CuI(s) + I_2$$

$$I_2 + 2S_2O_3^{2-} \longrightarrow 2I^- + S_4O_6^{2-}$$

由消耗的 $Na_2S_2O_3$ 标准溶液体积和标准溶液浓度计算硫酸铜的含量：

$$w(CuSO_4 \cdot 5H_2O) = \frac{c(Na_2S_2O_3)V(Na_2S_2O_3) \times 249.7}{m_{样}}$$

实训 5
高锰酸钾标准溶液的标定和亚铁盐含量的测定

6.4　吸光度测定技术

6.4.1　物质对光的选择性吸收

人的眼睛能够看到的光称为可见光，在可见光区内，不同波长的光具有不同的颜色，只有一种波长的光称为单色光，由不同波长的光组成的光称为复色光，白光就是复色光，由红、橙、黄、绿、青、蓝、紫等各种颜色的光按一定比例混合而成。

（1）溶液颜色的产生

当一束白光通过某透明溶液时，如果该溶液对可见光区各波长的光都不吸收，即入射光全部通过溶液，这时看到的溶液透明无色；当该溶液对可见光区各种波长的光全部吸收时，此时看到的溶液呈黑色；若某溶液选择性地吸收了可见光区某波长的光，则该溶液即呈现出被吸收光的互补色光的颜色。例如，当一束白光通过 $KMnO_4$ 溶液时，该溶液选择性地吸收了 500～560nm 的绿色光，而将其他的色光两两互补成白光而通过，只剩下紫红色光未被互补，所以 $KMnO_4$ 溶液呈现紫红色。可见物质的颜色是基于物质对光有选择性吸收的结果，而物质呈现的颜色则是被物质吸收光的互补色。溶液颜色与吸收光颜色的互补关系见表 6-7。

表 6-7　溶液颜色与吸收光颜色的互补关系

溶液颜色	吸收光		溶液颜色	吸收光	
	颜色	波长/nm		颜色	波长/nm
黄绿色	紫色	400～450	紫色	黄绿色	560～580
黄色	蓝色	450～480	蓝色	黄色	580～610
橙色	绿蓝色	480～490	绿蓝色	橙色	610～650
红色	蓝绿色	490～500	蓝绿色	红色	650～780
红紫色	绿色	500～560			

　　以上是用溶液对有色光的选择性吸收来说明溶液的颜色。若要更精确地说明物质具有选择性吸收不同波长范围光的性质，则必须用光吸收曲线来描述。

　　（2）物质的吸收曲线

　　吸收曲线是通过实验获得的，

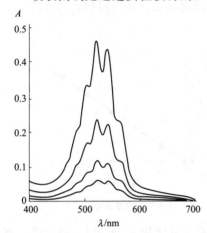

图 6-6　KMnO₄ 溶液的吸收曲线

具体方法是：将不同波长的光依次通过某一固定浓度和厚度的有色溶液，分别测出它们对各种波长光的吸收程度（用吸光度 A 表示），以波长为横坐标，以吸光度为纵坐标作图，画出曲线，此曲线即称为该物质对光的吸收曲线（或吸收光谱），它描述了物质对不同波长光的吸收程度。图 6-6 所示的是四种不同浓度的 $KMnO_4$ 溶液的吸收曲线。

　　① 高锰酸钾溶液对不同波长的光的吸收程度是不同的，对波长为 525nm 的绿色光吸收最多，在吸收曲线上有一高峰（称为吸收峰）。光吸收程度最大处的波长称为最大吸收波长（常以 λ_{max} 表示）。在进行光度测定时，通常都是选取在 λ_{max} 的波长处来测量，因为这时可得到最大的灵敏度。

　　② 不同浓度的高锰酸钾溶液，其吸收曲线的形状相似，最大吸收波长也一样。所不同的是吸收峰峰高随浓度的增加而增高。

　　③ 不同物质的吸收曲线，其形状和最大吸收波长都各不相同。因此，可利用吸收曲线来作为物质定性分析的依据。

6.4.2　朗伯-比尔定律

　　（1）朗伯-比尔定律

　　如图 6-7 所示，当一束强度为 I_0 平行单色光通过液层厚度为 b 的有色溶液后，溶质吸收了光能，光的强度减弱为 I。光的吸收程度（A）与液层厚度（b）和溶液浓度（c）的乘积成正比，称为朗伯-比尔定律，即光吸收定律。其数学表达式为：

$$A = \lg\left(\frac{I_0}{I}\right) = kbc \qquad (6\text{-}9)$$

　　式(6-9)中的 k 为吸光系数，k 与入射光的波长、物质的性质和溶液的温度等因素有关。当液层厚度一定时，吸光度与溶液浓度成正比，这是吸光度法进行定量分析的理论基础。

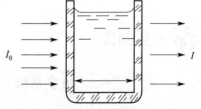

图 6-7　单色光通过盛溶液的吸收池

　　在吸光度的测量中，有时也用透光度 T 或百分透光度 $T\%$ 表示物质对光的吸收程度。透光度 T 与吸光度关系是：

$$A = \lg\frac{1}{T} \tag{6-10}$$

　　用于测定溶液不同波长下吸光度的仪器称为分光光度计，图 6-8 是一台紫外-可见分光光度计，能通过波长扫描功能自动绘制溶液的吸收曲线，可用于定性分析，并在定量分析时选择合适的入射光波长。

　　(2) 吸光度测定

　　吸光度测定技术中的定量方法主要为两种，标准曲线法和比较法。

　　① 标准曲线法　该法是先配制一系列浓度不同的标准溶液，显色后，用相同规格的比色皿，在相同条件下测定各标准溶液的吸光度，以标准溶液浓度为横坐标，吸光度为纵坐标作图，得到一条经过原点的直线，称为标准曲线 (图 6-9)。然后取被测试液在相同条件下显色、测定，根据测定的吸光度在标准曲线上查到相应的浓度从而计算出被测物的含量。标准曲线法是吸光度测定技术中最常用的定量方法。

图 6-8　紫外-可见分光光度计

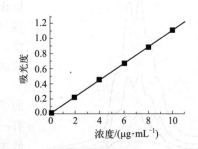

图 6-9　标准曲线

　　② 比较法　配制一个与被测溶液浓度接近的标准溶液 (浓度用 c_s 表示)，测出吸光度为 A_s；在相同条件下测出试样的吸光度为 A_x，则试样溶液浓度 c_x 可按下式计算得到：

$$c_x = \frac{A_x}{A_s}c_s \tag{6-11}$$

　　该方法适用于非经常性的分析工作。

实训 6
工业产品中微量铁含量的测定

学习指导

素质阅读

仿生系统：电子舌与电子鼻的魔法"感官"

　　生物传感系统经过数百万年的进化，在多功能性、性能和灵敏度方面脱颖而出。大脑

从五种感官（视觉、听觉、嗅觉、触觉和味觉）进行的实时处理能力仍然远超人工认知系统。尽管具有优势，但不可能使用生物传感系统来监测工业过程，分析令人反感、有害或有毒的样品，如药物、病毒、细菌和污染物。为了克服这些挑战，基于生物传感系统的原理开发了仿生系统，例如模仿哺乳动物鼻子的电子鼻（E-Nose）和电子舌（E-Tongue）。

1. 电子鼻工作原理

电子鼻由气敏传感器、信号处理系统和模式识别系统等功能器件组成。由于食品的气味是多种成分的综合反映，当气味分子吸附在感测材料表面时，会导致体积膨胀、电荷转移或离子交换，或与离子相互作用，从而改变感测材料的导电性或电阻性。

传感器的电信号（降噪或放大）通过使用模数转换器（ADC）处理并从模拟转换为数字。这些数据进一步使用机器学习算法进行分析和表征，如 PCA、LDA、K-NN、ANN、PLSR、PLS-DA 等。

依托这些数据，对每一样品进行数据计算和识别，可得到样品的"气味指纹图"和"气味标记"，实现了由仪器"嗅觉"对产品进行客观分析。由于这种智能传感器矩阵系统中配有不同类型传感器，使它能更充分模拟复杂的鼻子，也可通过它得到某产品实实在在的身份证明（指纹图），从而辅助研究人员快速地进行系统化、科学化的气味监测、鉴别、判断和分析。

2. 电子舌工作原理

电子舌（图 6-10）由味觉传感器阵列、信号采集系统和模式识别系统三部分组成。电子舌最初的设计思想就来自生物体感受味觉的机制。

生物体感受味觉的机制在于依赖舌面不同位置的味蕾，感受不同的溶液化味觉物质的刺激信号，通过神经传输至大脑，最后大脑针对味觉细胞采集信号的整体特征进行处理分析，给出不同物质的区分辨识以及感官性质方面的信息。

电子舌系统中的传感器阵列即相当于生物系统中的舌头，传感器感受不同的化学物质，采集各种不同的信号信息，从而获得电信号。这些电信号被转换成数字数据文件，输入数学模型中，并通过计算机模拟进行评估，以确定其味道或性质。

基于电子舌与电子鼻各自的特点与检测中的优越性，电子鼻与电子舌已有了各种应用与潜在发展领域，国内外已在食品工业、环境检测、医疗卫生、药品工业等方面报道了不少研究成果。

图 6-10　电子舌

思考与练习

一、选择题

1. 直接滴定法标定 HCl 溶液常用的基准物质是（　　）。

A. 无水 Na_2CO_3　　　B. $H_2C_2O_4 \cdot 2H_2O$　　C. $CaCO_3$　　　　D. NaH_2PO_4

2. 常用于标定 NaOH 标准溶液的基准试剂是（　　）。

A. 无水 Na_2CO_3　　　B. $CaCO_3$　　　　　　C. 硼砂　　　　　　D. 邻苯二甲酸氢钾

3. 下列弱酸或弱碱符合直接滴定条件的是（　　）。

A. 苯酚（$K_a^\ominus = 1.1 \times 10^{-10}$）　　　　　　　B. 苯甲酸（$K_a^\ominus = 6.2 \times 10^{-5}$）

C. 吡啶（$K_a^\ominus = 1.7 \times 10^{-9}$）　　　　　　　D. 羟氨（$K_a^\ominus = 9.1 \times 10^{-9}$）

4. 用 $0.1000 \text{mol} \cdot \text{L}^{-1}$ NaOH 滴定 20.00mL $0.1000 \text{mol} \cdot \text{L}^{-1}$ HCl 时，滴定突跃为 $4.3 \sim 9.7$，若两者的浓度均增大 10 倍，则滴定突跃为（　　）。

A. $4.3 \sim 9.7$　　　　B. $3.3 \sim 10.7$　　　C. $5.3 \sim 8.7$　　　D. $5.3 \sim 10.7$

5. 在水溶液中，直接滴定弱酸或弱碱时，要求 $c_a K_a^\ominus$ 或 $c_b K_b^\ominus$（　　）。

A. $\geqslant 10^{-6}$　　　　B. $\leqslant 10^{-6}$　　　　C. $\geqslant 10^{-8}$　　　D. $\leqslant 10^{-8}$

6. 酸碱指示剂中选择指示剂的原则是（　　）。

A. $K_a = K_{HIn}$

B. 指示剂的变色范围与等当点完全符合

C. 指示剂的变色范围部分或全部落在 pH 值突跃范围内

D. 指示剂变色范围应完全落在滴定的 pH 值突跃范围内

7. 在 EDTA 配位滴定中，下列有关酸效应的叙述，正确的是（　　）。

A. 酸效应系数愈大，配合物的稳定性愈大

B. 酸效应系数愈小，配合物的稳定性愈大

C. pH 值愈大，酸效应系数愈大

D. pH 值愈大，配位滴定曲线的 pM 突跃范围愈小

8. 碘量法中常用的指示剂为（　　）。

A. 酸碱指示剂　　　B. 淀粉　　　　　C. 自身作指示剂　　D. 二苯胺磺酸钠

9. 在 $KMnO_4$ 法中，调节溶液酸度使用的是（　　）。

A. HAc　　　　　B. HCl　　　　　C. HNO_3　　　　D. H_2SO_4

10. 在间接碘量法中，加入淀粉指示剂的适宜时间是（　　）。

A. 滴定开始时　　　　　　　　　B. 滴定近终点时

C. 滴入标准溶液近 30% 时　　　D. 滴入标准溶液近 50% 时

二、填空题

1. 酸式滴定管常用来装＿＿＿＿溶液，不宜装＿＿＿＿溶液；碱式滴定管常用来装＿＿＿＿溶液，不能装＿＿＿＿溶液。

2. 用洗净的吸管移取溶液前，应先用滤纸将管＿＿＿＿的水吸干，然后用待吸溶液润洗＿＿＿＿次，润洗液应从＿＿＿＿放出。

3. 准确称取基准物质邻苯二甲酸氢钾（只有一个氢质子）0.8432g，溶解后标定 NaOH，终点时消耗 NaOH 为 26.36mL，NaOH 准确浓度为＿＿＿＿。（邻苯二甲酸氢钾的 $M = 204.1$）

4. 已知 $\lg K_{ZnY} = 16.50$，在 pH $= 4.4$ 时，$\lg \alpha_{Y(H)} = 7.64$，则此时 $\lg K'_{ZnY}$ 为＿＿＿＿，

在该 pH 条件下，能否用 EDTA 进行直接滴定？＿＿＿＿＿＿（能或不能）。

5. 配位滴定用的指示剂称为＿＿＿＿＿＿指示剂。在测定水硬度时常用的指示剂是＿＿＿＿＿＿，终点变色过程是＿＿＿＿＿＿。

6. 在用 EDTA 配位滴定某金属离子时，溶液酸度越大，该配合物的条件稳定常数＿＿＿＿＿＿。

7. 氧化还原滴定法所用的指示剂可以分为＿＿＿＿＿＿、＿＿＿＿＿＿和＿＿＿＿＿＿三类。

8. 在用 $Na_2C_2O_4$ 标定 $KMnO_4$ 标准溶液时，强酸性介质用＿＿＿＿＿＿，指示剂是＿＿＿＿＿＿，终点颜色是＿＿＿＿＿＿。

9. 从下列试剂中选择可以用于标定以下标准溶液的试剂：

Na_2CO_3、$Na_2C_2O_4$、$H_2C_2O_4 \cdot 2H_2O$、邻苯二甲酸氢钾、硼砂（$Na_2B_4O_7 \cdot 10H_2O$）、$(NH_4)_2Fe(SO_4)_2 \cdot 6H_2O$、$CaCO_3$、$ZnO$

(1) 标定 HCl 标准溶液的基准试剂是＿＿＿＿＿＿＿＿＿＿＿＿＿＿；

(2) 标定 NaOH 标准溶液的基准试剂是＿＿＿＿＿＿＿＿＿＿＿＿＿＿；

(3) 标定 $KMnO_4$ 标准溶液的基准试剂是＿＿＿＿＿＿＿＿＿＿＿＿＿＿；

(4) 标定 EDTA 标准溶液的基准试剂是＿＿＿＿＿＿＿＿＿＿＿＿＿＿。

10. 分光光度法的定性依据是＿＿＿＿＿＿，定量依据是＿＿＿＿＿＿。入射光波长通常选择＿＿＿＿＿＿。

三、判断题

1. 在进行分析检验时，精密度高了，准确度也高。　　　　　　　　　　（　）

2. 酸碱滴定中被测物与滴定剂浓度各增大 10 倍，滴定突跃范围相应增加 2 个 pH 单位。　　　　　　　　　　　　　　　　　　　　　　　　　　　　　　（　）

3. 相同浓度和体积的 HAc 和 HCl 溶液，与 NaOH 发生中和时，消耗的 NaOH 量相同。　　　　　　　　　　　　　　　　　　　　　　　　　　　　　　　（　）

4. 失去部分结晶水的硼砂作为标定盐酸的基准物质时，将使标定结果偏高。（　）

5. 部分吸水的无水碳酸钠基准试剂标定盐酸溶液时，将使标定结果偏高。（　）

6. $KMnO_4$ 法需要在强酸性介质中进行，可以用硫酸、盐酸或硝酸等强酸作强酸性介质。　　　　　　　　　　　　　　　　　　　　　　　　　　　　　　（　）

7. 直接碘量法可以用来测定能被 I_2 氧化的强还原性物质，用淀粉作指示剂，终点是蓝色消失。　　　　　　　　　　　　　　　　　　　　　　　　　　　（　）

8. 间接碘量法采用淀粉作指示剂，并在滴定前加入，终点是蓝色消失。（　）

9. EDTA 与金属离子配位时，溶液酸度越大，$K_{MY}^{\ominus}$ 越小。　　　　　　（　）

10. Mn^{2+} 可以加快 $KMnO_4$ 与 $Na_2C_2O_4$ 的反应速率。　　　　　　（　）

四、简答题

1. 酸碱滴定中指示剂选择原则是什么？

2. 用基准试剂碳酸钠标定盐酸标准溶液时，能否用酚酞作指示剂？为什么？

3. 什么是 EDTA 的酸效应？酸效应与 EDTA 的配合物的稳定性有何关系？

4. 配位滴定为什么要用缓冲溶液控制 pH 值？

5. 为什么 $KMnO_4$ 法必须在强酸性介质中进行？其强酸为什么要用硫酸，而不能用硝酸和盐酸？

五、计算题

1. 测定工业硫酸时，准确称样 1.1250g，在 250mL 容量瓶中稀释至刻度，取出

25.00mL，用 0.1340mol·L^{-1} 的 NaOH 溶液滴定，消耗 NaOH 溶液 15.40mL。求 H_2SO_4 的质量分数。

2. 用酸碱滴定法测定 ZnO 含量，称取氧化锌试样 0.3526g 于 50.00mL 0.1101mol·L^{-1} H_2SO_4 溶液中溶解，用 0.1200mol·L^{-1} NaOH 溶液滴定过量的 H_2SO_4，消耗 NaOH 溶液 25.50mL。求试样中氧化锌的质量分数。

3. 用 0.01060mol·L^{-1} EDTA 标准溶液滴定水中钙和镁的含量，取 100.0mL 水样，以铬黑 T 为指示剂，在 pH＝10 时滴定，消耗 EDTA 31.30mL。计算水的总硬度（以 $CaCO_3$ mg·L^{-1} 表示）。

4. 用 $KMnO_4$ 法测定工业硫酸亚铁的含量，称取样品 0.9343g，溶解后在酸性条件下，用 0.02002mol·L^{-1} $KMnO_4$ 溶液滴定，共消耗 32.02mL，求试样中 $FeSO_4$·$7H_2O$ 的质量分数。

5. 某厂生产 $FeCl_3$·$6H_2O$ 试剂，国家规定二级品含量不低于 99.0%，三级品不低于 98.0%。为了检验质量，称取样品 0.5000g，用水溶解后加适量 HCl 和 KI，用 0.09026mol·L^{-1} 的 $Na_2S_2O_3$ 标准溶液滴定析出的 I_2，用去 20.15mL。问该产品属于哪一级？

6. 某物质制备成的有色溶液，在入射光 540nm 处测得吸光度为 0.653，该物质的标准有色溶液浓度为 $6.5×10^{-4}$ mol·L^{-1}，在相同条件下测得其吸光度为 0.562。求该物质的有色溶液浓度。

7. 用邻二氮菲分光光度法测定溶液中微量铁含量，定量方法采用标准曲线法，用相同的方法制备成有色的铁离子标准溶液和 Fe 试样溶液；用 1cm 吸收池在 510nm 波长处分别测得其吸光度，得到下列数据：

标准溶液	1	2	3	4	5	6	7	试样
浓度/mg·L^{-1}	0.000	0.360	0.720	1.440	2.160	2.880	3.600	c_x
吸光度 A	0.000	0.075	0.149	0.294	0.440	0.585	0.730	0.456

求试样的有色溶液中铁的含量（mg·L^{-1}）。

 技能拓展

Excel 在化学实验数据处理中的应用

本文介绍了用 Excel 电子表格工具来处理化学实验数据，并制作光吸收曲线、标准曲线和线性回归方程的方法，以利于学生用计算机快速处理实验数据。

1. 吸收曲线的制作

首先打开 Excel 文档，建立数据表格，如图 6-11 所示。然后选中图中数据，用鼠标选择：插入/散点图/带平滑线的散点图，如图 6-12 所示。

点击鼠标后就得到图 6-13，该图即为吸收曲线，从该图中就可以找出最大吸收波长。

如果坐标间隔太大，可以修改横坐标和纵坐标的刻度值，方法是在横坐标或纵坐标处右击鼠标，在弹出的菜单中选择"设置坐标轴格式"，如图 6-14 所示。在弹出的对话框（见图 6-15）中的"主要刻度单位"处，选择固定，并输入坐标刻度间隔，关闭对话框后得到图 6-16 的吸收曲线，还可对该吸收曲线进行标注，图形也可上下或左右拉伸。

2. 标准曲线的制作

首先打开 Excel 文档，建立数据表格，如图 6-17 所示。用鼠标选中需要作图所需的横坐标和纵坐标数据，用鼠标选择：插入/散点图/仅带数据标记散点图，如图 6-18 所示。

用鼠标点击选定的图形后就得到只含数据点的图形，如图 6-19 所示。用鼠标右键点击图 6-19 中任何一个数据点，在弹出的菜单中选择"添加趋势线"，如图 6-20 所示。

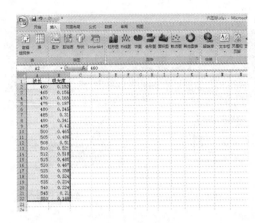

图 6-11　建立数据表

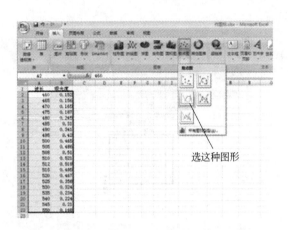

选这种图形

图 6-12　选择带平滑线的散点图

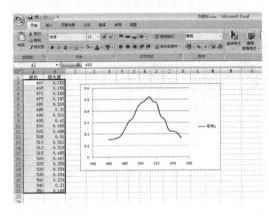

图 6-13　画出了吸收曲线

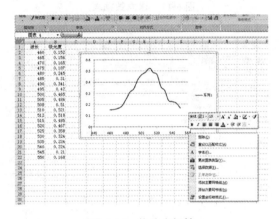

图 6-14　修改坐标轴

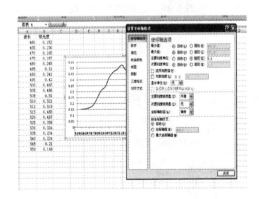

图 6-15　设置坐标轴间隔

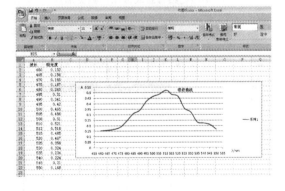

图 6-16　修改后的坐标

在弹出的对话框（见图 6-21）中的右下角"□显示公式和□显示 R 平方值"的方框中打钩，单击关闭后就得到了直线图形和线性回归方程，这就是标准曲线，如图 6-22 所示。如果直线要强制过圆点，只要增加圆点数据即可。

将试样吸光度值代入线性回归方程即可求得 Fe 含量。

如果要有更多的处理实验数据功能和更好地处理实验数据，需要专业的实验数据处理软件来完成，如 Origin 数据分析和绘图软件。

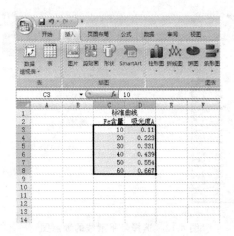

图 6-17　建立数据表

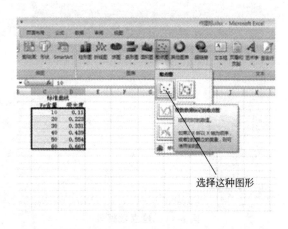

图 6-18　选择仅带数据标记散点图

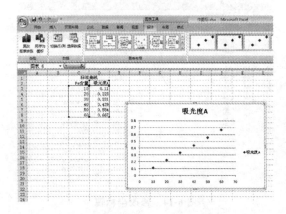

图 6-19　具有直线形状的数据点

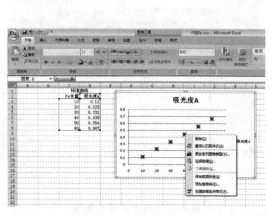

图 6-20　选择添加趋势线

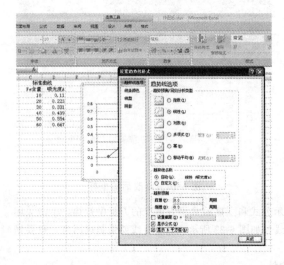

图 6-21　选择要显示线性回归公式

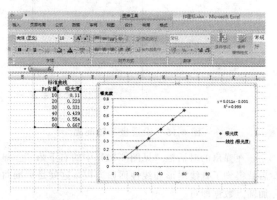

图 6-22　线性回归处理图和线性方程

第三模块

物质结构和化合物基础

第 7 章

物质结构

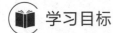**学习目标**

知识目标

1. 掌握核外电子排布的规律;
2. 掌握价键理论和 sp 型杂化理论,能用其解释分子结构;
3. 掌握分子极性判断方法,熟悉分子间力、氢键的形成对物质物理性质的影响;
4. 掌握晶体的基本类型及其性质特点。

能力目标

1. 能用四个量子数说明核外电子的运动状态,能正确书写核外电子排布式;
2. 能用价键理论、杂化轨道理论判断和说明分子的空间结构。

素质目标

1. 树立实事求是、尊重事实、遵循客观规律的科学观;
2. 弘扬追求真理、勇攀高峰的科学精神;
3. 增强民族自信心,激发爱国之情和社会责任感。

原子是物质发生化学反应的基本微粒,物质在宏观上表现出来的许多化学和物理性质很大程度上是由原子内部结构决定的。本章主要讨论原子核外电子运动状态及其特征,研究核外电子的排布规律,介绍元素性质周期性变化规律与元素原子电子层结构的关系。掌握这些知识对学习和理解物质的结构和性质具有重要作用。

在原子结构和量子力学发展史上,科学家们勇于挑战现有观念,不断提出新的假设与猜想,并通过实验进行验证,体现出了科学家们坚韧不拔的探索精神。习近平总书记指出:"科技创新特别是原始创新要有创造性思辨的能力、严格求证的方法,不迷信学术权威,不盲从既有学说,敢于大胆质疑,认真实证,不断试验。"我们只有养成并保持质疑思维和探索精神,才能在科技强国的建设中不断推动科学的进步。

7.1 核外电子运动状态

电子是构成原子的基本粒子之一,其质量和体积都很小,带单位负电荷,属于微观粒子。微观粒子的运动不遵循经典力学的定律,其原因是微观粒子及其运动与宏观物体在本质上有很大的差别。微观粒子的运动具有波粒二象性。

虽然不能确切地测出核外运动的个别电子某时刻在什么位置出现,但通过对

电子云

大量电子或一个电子亿万次重复性研究表明，电子在核外空间某些区域出现的概率较大，另一些区域出现的概率则较小。量子力学认为，原子核外电子的运动没有确定的轨道，但有按概率分布的统计规律。

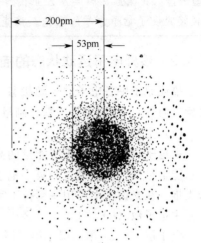

图 7-1　基态氢原子 1s 电子云示意图

7.1.1　电子云的概念

为了形象地表示核外电子运动的概率分布情况，化学上常用小黑点分布的疏密表示电子在核外出现的概率密度的相对大小。小黑点较密的地方，表示概率密度较大，单位体积内电子出现的机会多。电子在核外出现的概率密度分布的空间图像称为**电子云**。图 7-1 为基态氢原子 1s 电子云示意图。

原子轨道并不是传统意义上的"轨道"，而是电子出现概率较高的空间区域。原子轨道是基于量子力学的理论基础，通过求解薛定谔方程得到的波函数，可以反映电子在原子中的空间分布和运动状态，而电子云是波函数的概率密度分布的可视化结果。原子轨道的形状（如 s、p、d 等）决定了电子云的具体形态。图 7-2(a) 为 s、p、d 电子云的示意图，图 7-2(b) 为 s、p、d 原子轨道示意图。

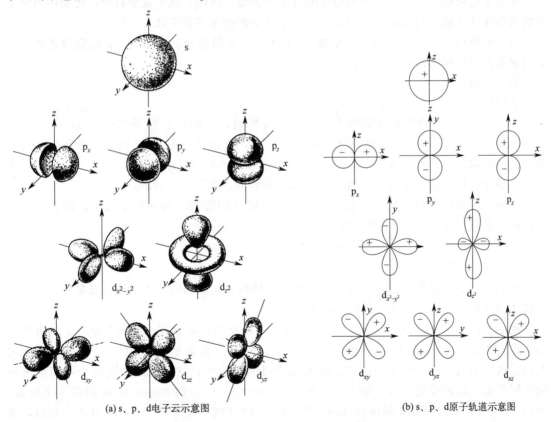

(a) s、p、d 电子云示意图　　　　　　(b) s、p、d 原子轨道示意图

图 7-2　s、p、d 电子云和原子轨道示意图

查一查：我国旅美科学家汪正民博士在国际上首次获得原子体系连续态不同电子云影像，直接验证了量子力学的理论。请查一查汪正民博士是如何获得电子云影像的。

7.1.2 核外电子运动状态的描述

描述原子中各电子的运动状态（例如电子所在的原子轨道离核远近、形状、方位、电子自旋方向等），需用主量子数、副量子数、磁量子数和自旋量子数这四个参数才能确定。

（1）主量子数 n

主量子数是描述电子层能量的高低次序和离核远近的参数。主量子数为自然数，$n=1$ 表示能量最低、离核最近的第一电子层，$n=2$ 表示能量次低，离核次近的第二电子层，其余类推。在光谱学上另用一套拉丁字母表示电子层，其对应关系为：

主量子数（n）　1　　2　　3　　4　　5　　6　…
电子层　　　第一层　第二层　第三层　第四层　第五层　第六层　…
电子层符号　　K　　L　　M　　N　　O　　P　…

n 值越大，该电子层离核平均距离越远，能量越高。电子层能量由高到低的顺序：

$$K<L<M<N<O<P$$

（2）副量子数 l

在电子层内还存在着能量差别很小的若干个亚层。因此，除主量子数外，还要用另一个参数来描述核外电子的运动状态和能量，这个量子数称为副量子数或角量子数。

副量子数可为 0 到（$n-1$）的整数，l 的每一个数值表示一个亚层。l 数值与光谱学规定的亚层符号之间的对应关系为：

副量子数（l）　　0　1　2　3　4　5　…
亚层符号　　　　s　p　d　f　g　h　…

$l=0$、1、2、3 的轨道分别称为 s、p、d、f 轨道，其中按 n 值分别称为 ns、np、nd、nf 轨道，如 3s、3p 等，在该轨道中的电子称为 3s、3p 电子。此外，l 的每一个数值还可以表示一种形状的原子轨道或电子云。$l=0$，表示 s 电子云，呈球形对称；$l=1$，表示 p 电子云，呈哑铃形；$l=2$，表示 d 电子云，呈花瓣形等。如图 7-2 所示。

在同一原子中副量子数与主量子数一起决定电子的能级，同一电子层中，随着 l 的增大，原子轨道的能量（E）也依次升高：

$$E_{ns}<E_{np}<E_{nd}<E_{nf}$$

（3）磁量子数 m

在同一电子亚层中往往还包含着若干个空间伸展方向不同的原子轨道。磁量子数可用于来描述原子轨道或电子云在空间的伸展方向。

磁量子数 m 的取值为 0、±1、±2、…、$\pm l$ 的整数，m 值受 l 值的限制，m 取值个数与 l 的关系是（$2l+1$），即 m 取值（$2l+1$）个。一个 m 值表示亚层中的一个空间伸展方向的轨道或电子云。一个电子亚层中，m 有几个可能的取值，这个亚层就有几个不同伸展方向的同类原子轨道或电子云。如表 7-1 所示，当 $n=1$、$l=0$ 时，$m=0$，m 只有 1 个取值，表示 1s 亚层在空间只有 1 种伸展方向；当 $n=2$、$l=1$ 时，$m=0$、±1，m 有 3 个取值，表示 2p 亚层在空间有 3 种伸展方向，即 p_x、p_y、p_z。这 3 条轨道的 n 和 l 相同，轨道的能力相等，称为等价轨道或简并轨道。

由此可见，n、l、m 三个量子数可决定一个原子轨道的能量大小、形状和伸展方向。

查一查：用三个量子数的合理组合（薛定谔方程的合理解）来描述核外电子的运动状态，体现了化繁为简的神奇。请查一查薛定谔方程和"薛定谔的猫"。

（4）自旋量子数 m_s

电子除了绕核运动外，还有自旋运动。描述核外电子的自旋运动状态，可用第四个量子数，即自旋量子数 m_s。m_s 值只可能有两个数值，即 $+\frac{1}{2}$ 和 $-\frac{1}{2}$。其中每一个数值表示电子的一种自旋方向，即顺时针或逆时针方向，用"↑"和"↓"表示相反的自旋。

量子力学认为，要描述原子中每个电子的运动状态，需要用四个量子数才能完全表达清楚。研究表明，在同一原子中不可能有运动状态完全相同的电子存在。也就是说，在同一原子中，各个电子的四个量子数不可能完全相同，按此推论，每一个轨道内最多只能容纳两个自旋方向相反的电子。

根据量子数，可推出各电子层所能容纳电子的最大容量，见表 7-1。

表 7-1　量子数与电子层中电子的最大容量

主量子数(n)	1	2		3			4			
电子层符号	K	L		M			N			
副量子数(l)	0	0	1	0	1	2	0	1	2	3
电子亚层符号	1s	2s	2p	3s	3p	3d	4s	4p	4d	4f
磁量子数(m)	0	0	0 ±1	0	0 ±1	0 ±1 ±2	0	0 ±1	0 ±1 ±2	0 ±1 ±2 ±3
亚层轨道数($2l+1$)	1	1	3	1	3	5	1	3	5	7
电子层轨道数 n^2	1	4		9			16			
每层最大容量 $2n^2$	2	8		18			32			

想一想：在同一个原子中，量子数 n、l、m 相同的两个电子，其能量也相等吗？电子云形状相同吗？

7.1.3 核外电子排布规律

（1）多电子原子轨道的能级

在多电子原子中，由于电子间的相互排斥作用，原子轨道能级关系较为复杂。1939 年鲍林根据光谱实验结果，总结出多电子原子中原子轨道能级图，以表示各原子轨道之间能量的相对高低，见图 7-3。

图中的圆圈表示原子轨道，其位置的高低表示各原子轨道能级的相对高低，图中虚线方框内各原子轨道的能量较接近，称为一个能级组。"能级组"与元素周期表的"周期"是相对应的。

查一查：各能级组中轨道数与周期表中对应周期内的元素种类数有何关系？

（2）基态原子中电子排布原理

人们根据原子光谱实验的结果和对元素周期系的分析、归纳，总结出了多电子原子的核外电子分布的基本原理。

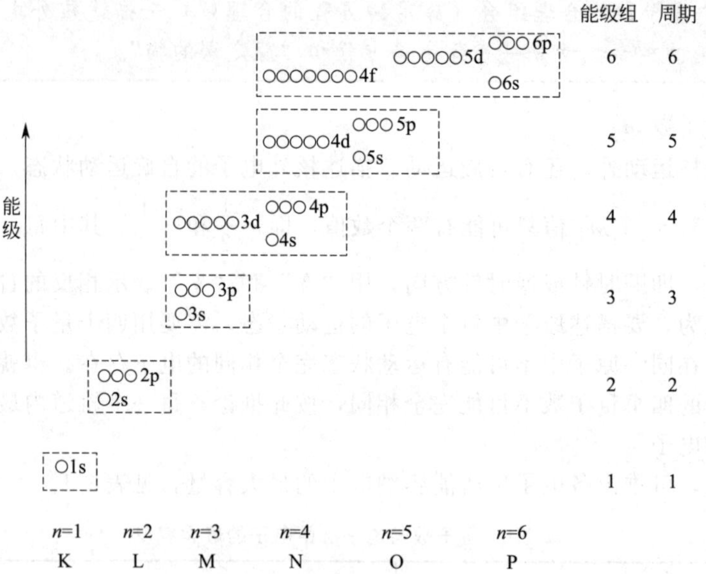

		能级组	周期

　　　　　　　　　　　　　　　　○○○○○5d　○○○6p　　6　　6
　　　　　　　○○○○○○○4f　　　　　○6s

　　　　　　　　　　○○○○○4d　○○○5p　　　5　　5
　　　　　　　　　　　　　　○5s

　　　　　○○○○○3d　○○○4p　　　　4　　4
　　　　　　　　　　○4s

　　　　　　○○○3p　　　　　　　　3　　3
　　　　　　○3s

能
级
　　　　○○○2p　　　　　　　　　2　　2
　　　　○2s

　　○1s　　　　　　　　　　　　1　　1

　　$n=1$　　$n=2$　　$n=3$　　$n=4$　　$n=5$　　$n=6$
　　K　　　　L　　　　M　　　　N　　　　O　　　　P

图 7-3　鲍林近似能级图

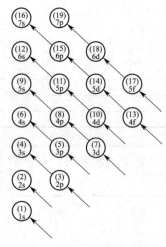

图 7-4　基态原子中电
子填入轨道顺序

　　① 能量最低原理　多电子原子处在基态时，总是先分布在能量最低的轨道，才排入能量较高的轨道，以使原子处于能量最低的状态。

　　综合鲍林近似能级图与能量最低原理，电子填入原子轨道的顺序如图 7-4 所示。

　　② 泡利不相容原理　在同一原子中，不可能有四个量子数完全相同的电子存在。每一个轨道内最多只能容纳两个自旋方向相反的电子。

　　根据泡利不相容原理，可以推出如下结论：

　　a. 每一种运动状态的电子只能有一个。

　　b. 每个原子轨道中最多只能容纳两个自旋方向相反的电子，各亚层最多可容纳的电子数为 $2(2l+1)$ 个，即 s、p、d、f 各亚层的电子数分别为 2、6、10、14 。

　　c. 每个电子层中的轨道总数是 n^2，所以每个电子层最多能容纳的电子数为 $2n^2$。

　　③ 洪特规则　在同一亚层的等价轨道上分布电子时，将尽可能单独分布在不同的轨道，而且自旋方向相同。这样分布，原子的能量较低，体系较稳定。

　　比如 d 轨道上有 4 个电子，根据洪特规则，在等价轨道的 d 轨道中电子排布成 ↑ ↑ ↑ ↑ ＿＿，而不排布成 ↓ ↑ ↓ ↑ ＿＿＿＿。

　　洪特规则的特例，等价轨道在全充满、半充满和全空时，原子比较稳定。

全充满：s^2、p^6、d^{10}、f^{14}

半充满：s^1、p^3、d^5、f^7

全空：s^0、p^0、d^0、f^0

（3）基态原子中核外电子排布

① 核外电子分布式　应用鲍林近似能级图，再根据泡利不相容原理、洪特规则和能量最低原理，就可以准确无误地写出 91 种元素原子核外电子分布式。核外电子分布式是按电子在原子核外各亚层中分布的情况，按照电子层的顺序，在亚层符号的右上角注明排列的电子数。

【例 7-1】　请写出 22 号元素基态电子的电子排布式。

解：根据能量最低原理，在图 7-4 基态原子中电子填入轨道顺序的基础上从 1s 轨道开始，填电子（见图 7-5），虽然最后填入 3d 轨道，但是书写的时候注意按照电子层的顺序，所以 22 号元素的基态电子排布式为：$1s^2\,2s^2\,2p^6\,3s^2\,3p^6\,3d^2\,4s^2$。

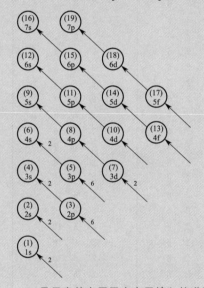

图 7-5　22 号元素基态原子中电子填入轨道顺序

为简化电子结构式的书写，通常将内层已达到稀有气体电子层结构的部分用稀有气体的元素符号加上方括号表示，称为原子实。如 $_{35}Br$ 核外电子排布还可以写作 $[Ar]\,3d^{10}\,4s^2\,4p^5$。

② 核外电子的分布　表 7-2 列出了原子序数 1～36 各元素基态原子内的电子分布。总结核外电子排布可得出三点结论：

表 7-2　基态原子内电子的分布

核电荷数	元素符号	K	L		M			N			
		1s	2s	2p	3s	3p	3d	4s	4p	4d	4f
1	H	1									
2	He	2									

续表

核电荷数	元素符号	K	L		M			N			
		1s	2s	2p	3s	3p	3d	4s	4p	4d	4f
3	Li	2	1								
4	Be	2	2								
5	B	2	2	1							
6	C	2	2	2							
7	N	2	2	3							
8	O	2	2	4							
9	F	2	2	5							
10	Ne	2	2	6							
11	Na	2	2	6	1						
12	Mg	2	2	6	2						
13	Al	2	2	6	2	1					
14	Si	2	2	6	2	2					
15	P	2	2	6	2	3					
16	S	2	2	6	2	4					
17	Cl	2	2	6	2	5					
18	Ar	2	2	6	2	6					
19	K	2	2	6	2	6		1			
20	Ca	2	2	6	2	6		2			
21	Sc	2	2	6	2	6	1	2			
22	Ti	2	2	6	2	6	2	2			
23	V	2	2	6	2	6	3	2			
24	Cr	2	2	6	2	6	5	1			
25	Mn	2	2	6	2	6	5	2			
26	Fe	2	2	6	2	6	6	2			
27	Co	2	2	6	2	6	7	2			
28	Ni	2	2	6	2	6	8	2			
29	Cu	2	2	6	2	6	10	1			
30	Zn	2	2	6	2	6	10	2			
31	Ga	2	2	6	2	6	10	2	1		
32	Ge	2	2	6	2	6	10	2	2		
33	As	2	2	6	2	6	10	2	3		
34	Se	2	2	6	2	6	10	2	4		
35	Br	2	2	6	2	6	10	2	5		
36	Kr	2	2	6	2	6	10	2	6		

　　a. 原子的最外电子层最多只能容纳 8 个电子（第一电子层只能容纳 2 个电子）。

　　b. 次外电子层最多只能容纳 18 个电子。

　　c. 原子的外数第三层最多只有 32 个电子。

　　注意：当原子失去电子时，是先失去最外层上电子，后失去次外层上电子。如 Fe 失去 2 个电子时，应该是失去 4s 亚层上电子，如失去 3 个电子时，应该失去 4s 上两个电子和 3d 上一个电子。其形成的离子的核外电子排布为：

　　Fe^{2+}　　$1s^2 2s^2 2p^6 3s^2 3p^6 3d^6$

　　Fe^{3+}　　$1s^2 2s^2 2p^6 3s^2 3p^6 3d^5$

7.2 元素周期表

　　化学元素周期表是根据原子序数从小至大排序的化学元素列表。列表大体呈长方形，某些元素周期中留有空格，使特性相近的元素归在同一族中，如卤素、碱金属元素、稀有气体（又称惰性气体或贵族气体）等。这使周期表中形成元素分区且有七主族、七副族与零族、八族。由于周期表能够准确地预测各种元素的特性及其之间的关系，因此它在化学及其他科学范畴中被广泛使用，作为分析化学行为时十分有用的框架。

7.2.1 电子结构与元素周期表

　　元素周期表一共有七个周期，横向每一行为一个周期，周期数与电子层数相同。如：第二周期元素原子有两个电子层，也是最外电子层的主量子数 $n =$ 2。即：

元素周期表

$$元素所在周期数＝原子外层电子所处最高能级组数＝电子层数$$

　　元素周期表共有 18 个纵行，除第 8、第 9、第 10 纵行为第 ⅧB 族外，其余 15 个纵行，每一个纵行为 1 个族。元素一共 16 个族，由八个主族（A 族）、八个副族（B 族）组成。A 族元素在周期表中的族数等于元素基态原子的最外电子层的电子数。同一 A 族内，不同元素的原子的电子层数不同，但是最外电子层上的电子数都是相等的。B 族元素基态原子的最外电子层有 1 个或 2 个电子，次外层有 9～18 个电子。除第 ⅧB 族外，第 ⅠB、ⅡB 族元素的族数等于最外电子层电子数，ⅢB～ⅦB 族元素的族数等于元素原子的最外层的 ns 电子与次外层 d 电子数之和。即：

$$主族元素：族数＝最外电子层电子数$$
$$副族元素：ⅠB、ⅡB＝最外电子层电子数$$
$$ⅢB～ⅦB＝n s 电子数＋(n-1)d 电子数$$

　　根据元素原子的外层电子构型，可以把元素表中的元素分为 s 区、p 区、d 区、ds 区、f 区。原子价层电子构型与族数及区的关系见表 7-3。

表 7-3　原子价层电子构型与族数及区的关系

原子价层电子构型	族　　　数	区
$n\mathrm{s}^{1\sim2}$	原子最外层电子数→ ⅠA～ⅧA	s
$n\mathrm{s}^{1\sim2}n\mathrm{p}^{1\sim6}$		p
$(n-1)\mathrm{d}^{1\sim9}n\mathrm{s}^{1\sim2}$	ns 电子＋$(n-1)$d 电子数之和→ ⅢB～ⅦB	d
	ns 电子＋$(n-1)$d 电子数之和＝8～10→ⅧB	
$(n-1)\mathrm{d}^{10}n\mathrm{s}^{1\sim2}$	ns 电子数→ ⅠB～ⅡB	ds
$(n-2)\mathrm{f}^{1\sim14}(n-1)\mathrm{d}^{0\sim2}n\mathrm{s}^2$	ⅢB	f

> **练一练**：根据【例 7-1】核外电子排布，指出 22 号元素在周期表中所属周期、族和区。

7.2.2 元素周期律

　　原子的电子层结构随着核电荷数的递增呈现周期性变化，其原子半径、电离能、电子亲和能和电负性等，也呈现周期性的变化，这一规律称为元素周期律。

（1）原子半径

核外电子的运动是按概率分布的，由于原子本身没有鲜明的界面，因此，原子核到最外电子层的距离，实际上是难以确定的。通常所说的原子半径是根据该原子存在的不同形式来定义的，常用的有以下三种表示方法。

① 共价半径。指某元素的两个原子以共价键结合时，其核间距离的一半。

② 金属半径。是指金属晶体中，两个相邻金属原子核间距的一半。

③ 范德华半径。在稀有气体元素形成的单原子分子晶体中，分子间以范德华力结合，这样两个同种元素的原子核间距的一半，称为范德华半径。

由于作用力不同，三种原子半径相互间没有可比性。一般而言，同一元素金属半径比共价半径大，范德华半径比共价半径要大得多。表 7-4 列出了周期表中各元素的共价半径。

H																	He
28																	54
Li	Be											B	C	N	O	F	Ne
134	90											80	77	55	60	71	71
Na	Mg											Al	Si	P	S	Cl	Ar
154	136											118	113	95	94	99	98
K	Ca	Sc	Ti	V	Cr	Mn	Fe	Co	Ni	Cu	Zn	Ga	Ge	As	Se	Br	Kr
196	174	144	132	122	118	117	117	116	115	117	125	126	122	120	108	114	112
Rb	Sr	Y	Zr	Nb	Mo	Te	Ru	Rh	Pd	Ag	Cd	In	Sn	Sb	Te	I	Xe
216	191	162	145	134	130	127	125	125	128	134	148	144	141	140	130	133	131
Cs	Ba	La	Hf	Ta	W	Re	Os	Ir	Pt	Au	Hg	Tl	Pb	Bi	Po	At	Rn
235	198	169	144	134	130	128	126	127	130	134	149	148	147	146	146	145	

图 7-6　周期表中各元素的共价半径（单位：pm）

由图 7-6 可见原子半径在周期表中的变化存在一定的规律：

① 同一周期的主族元素，从左向右过渡时，随着核电荷数增多，原子半径变化的总趋势是逐渐减小的。

② 同一周期的 d 区过渡元素，从左向右过渡时，新增加的电子填入次外层的 $(n-1)d$ 轨道上，部分地抵消了核电荷对外层 ns 电子的引力，因此，随着核电荷的增加，原子半径只是略有减小，而且，从ⅠB族元素起，由于次外层的 $(n-1)d$ 轨道已经全充满，较为显著地抵消核电荷对外层 ns 电子的引力，因此，原子半径反而有所增大。

③ 主族元素自上而下，原子半径显著增大。这是由于从上到下电子层数逐渐增加，核电荷也同时增加，但电子层的增加对原子半径影响起主要作用，故同一主族元素从上到下原子半径增大。但副族元素除钪分族外，从上往下过渡时，原子半径一般增大幅度较小，尤其是第五周期和第六周期的同族元素之间，原子半径非常接近。

原子半径越大，核对外层电子的引力越弱，原子就越易失去电子；相反，原子半径越小，核对外层电子的引力越强，原子就越易得到电子。但必须注意，难失去电子的原子，不一定就容易得到电子。例如，稀有气体原子得、失电子都不容易。

（2）电离能

原子失去电子的难易可用电离能（I）来衡量。从基态的中性气态原子失去一个电子形成气态阳离子所需要的能量，称为原子的第一电离能（I_1）；由氧化值为 +1 的气态阳离子再失去一个电子形成氧化值为 +2 的气态阳离子所需要的能量，称为原子的第二电离能（I_2）；其余依次类推。通常 $I_1 < I_2 < I_3 < \cdots$，例如

$$\text{Mg(g)} - e \longrightarrow \text{Mg}^+(g); I_1 = \Delta H_1 = 737.7 \text{kJ} \cdot \text{mol}^{-1}$$

$$Mg^+(g)-e \longrightarrow Mg^{2+}(g); I_2 = \Delta H_2 = 1450.7 kJ \cdot mol^{-1}$$

显然，元素原子的电离能越小，原子就越易失去电子；反之，元素原子的电离能越大，原子越难失去电子。因此，根据原子的电离能可以衡量原子失去电子的难易程度。一般，只需第一电离能数据即可，周期表中各元素原子的第一电离能见图 7-7。

从图 7-7 可知，同一周期主族元素，从左向右过渡时，电离能逐渐增大。N 比 O 的电离能反而要大，是因为 N 原子 2p 亚层电子排布为半充满，是一种相对稳定状态。副族元素从左向右过渡时，由于原子的有效核电荷略有增加，核对外层电子的吸引力略有增强，原子半径减小的幅度很小，因而电离能总的看只是稍微增大。

H 1312																	He 2372
Li 520	Be 900											B 801	C 1086	N 1402	O 1314	F 1681	Ne 2081
Na 496	Mg 738											Al 578	Si 786	P 1012	S 1000	Cl 1251	Ar 1520
K 419	Ca 590	Sc 631	Ti 658	V 650	Cr 653	Mn 717	Fe 759	Co 758	Ni 737	Cu 746	Zn 906	Ga 579	Ge 762	As 944	Se 941	Br 1140	Kr 1351
Rb 403	Sr 550	Y 616	Zr 660	Nb 664	Mo 685	Te 702	Ru 711	Rh 720	Pd 805	Ag 731	Cd 868	In 558	Sn 709	Sb 832	Te 869	I 1108	Xe 1170
Cs 376	Ba 503	La 538	Hf 675	Ta 761	W 770	Re 760	Os 840	Ir 880	Pt 870	Au 890	Hg 1007	Tl 589	Pb 716	Bi 703	Po 812	At 917	Rn 1037

图 7-7 周期表中各元素原子的第一电离能（单位：$kJ \cdot mol^{-1}$）

同一主族元素从上向下过渡时，原子的电离能逐渐减小。副族元素从上向下原子半径只是略有增大，而且第五、六周期元素的原子半径又非常接近，核电荷数增多的因素起了主要作用，第四周期与第六周期同族元素原子的电离能相比较，总的趋势是增大的，但其间的变化没有较明显的规律。

电离能的大小只能衡量气态原子失去电子变为气态离子的难易程度，至于金属在溶液中发生化学反应形成阳离子的倾向，还应根据金属的电极电势来进行估量。

（3）电负性（χ）

为了能比较全面地描述不同元素原子在分子中吸引成键电子的能力，鲍林提出了电负性的概念。所谓**电负性**是指分子中元素原子吸引电子的能力。他指定最活泼的非金属元素原子的电负性值 χ(F) ＝4.0，由此通过计算得到其他元素原子的电负性值，见图 7-8。

从图 7-8 可见，元素的电负性呈周期性变化。同一周期元素，从左向右电负性逐渐增大；在同一主族元素，从上往下电负性逐渐减小。至于副族元素，其电负性变化不太有规律。某元素的电负性越大，表示其原子在分子中吸引成键电子的能力越强，元素的非金属性就越强；元素的电负性越小，表示其原子在分子中吸引成键电子的能力越弱，元素的金属性就越强。电负性综合地反映出元素的原子得失电子的相对能力，能全面衡量元素得失电子能力的强弱。

（4）元素的氧化值

元素的氧化值与原子的价电子数直接相关。

① 主族元素的氧化值　由于主族元素原子只有最外层的电子为价电子，能参与成键，因此，主族元素（F、O 除外）的最高氧化值等于该原子的价电子总数（即族数）。随着原子核电荷数的递增，主族元素的氧化值呈现周期性变化。

H 2.1																
Li 1.0	Be											B 2.0	C 2.5	N 3.0	O 3.5	F 4.0
Na 0.9	Mg											Al 1.5	Si 1.9	P 2.1	S 2.5	Cl 3.0
K 0.8	Ca 1.0	Sc 1.3	Ti 1.5	V 1.6	Cr 1.6	Mn 1.5	Fe 1.8	Co 1.9	Ni 1.9	Cu 2.0	Zn 1.6	Ga 1.6	Ge 1.8	As 2.0	Se 2.4	Br 2.8
Rb 0.8	Sr 1.0	Y 1.2	Zr 1.4	Nb 1.6	Mo 1.8	Te 1.9	Ru 2.2	Rh 2.2	Pd 2.2	Ag 1.9	Cd 1.7	In 1.7	Sn 1.8	Sb 1.9	Te 2.1	I 2.5
Cs 0.7	Ba 0.9	La 1.1	Hf 1.3	Ta 1.5	W 1.7	Re 1.9	Os 2.2	Ir 2.2	Pt 2.2	Au 2.4	Hg 1.9	Tl 1.8	Pb 1.9	Bi 1.9	Po 2.0	At 2.2

图 7-8　周期表中各元素原子的电负性值

② 副族元素的氧化值　ⅢB～ⅦB 族元素原子最外层的 s 亚层和次外层 d 亚层的电子均为价电子，因此，元素的最高氧化值也等于价电子总数。但 ⅠB 和Ⅷ族元素的氧化值变化不规律，ⅡB 族的最高氧化值为+2。

（5）元素的金属性和非金属性

元素金属性是指原子失去电子成为阳离子的能力；**元素非金属性**是指原子得到电子成为阴离子的能力。元素的电负性综合反映了原子得失电子的能力，因此可以作为元素金属性和非金属性统一衡量的依据。一般来说，金属的电负性小于 2，非金属的电负性大于 2。

同一周期的主族元素从左至右，元素的电负性逐渐增大，金属性逐渐减弱，非金属性逐渐增强。同一主族元素自上而下，元素的电负性逐渐减小，金属性逐渐增强，非金属性逐渐减弱。

7.3　共价键和分子结构

7.3.1　共价键理论

（1）共价键的形成

共价键

以 H_2 分子的形成为例。实验测知，H_2 分子中的核间距（d）为 74pm，而 H 原子的半径却为 53pm，可见，H_2 分子的核间距比两个 H 原子玻尔半径之和要小。这一事实表明，在 H_2 分子中两个 H 原子的 1s 轨道必然发生了重叠。正是由于成键电子的轨道重叠的结果，两核间形成了一个电子出现的概率密度较大的区域。这样，不仅削弱了两核间的正电排斥力，而且还增强了核间电子云对两氢核的吸引力，使体系能量得以降低，从而形成共价键，如图 7-9 所示。

这种由于原子间的成键电子的原子轨道重叠而形成的化学键叫作共价键。

离子键

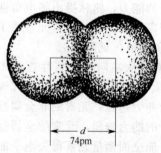

图 7-9　H_2 分子的核间距

d
74pm

（2）共价键理论的要点

将对氢分子的研究成果推广到其他复杂的多原子分子中，发展成为现代价键理论。价键理论的基本要点是：

① 电子配对原理　两原子相靠近时，自旋相反的未成对价电子可以配对，形成共价键。例如 H_2 分子的形成：

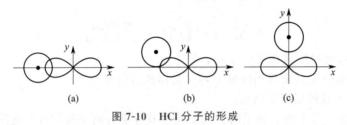

$$H \boxed{\uparrow} + H \boxed{\downarrow} \longrightarrow H \boxed{\uparrow\downarrow} H$$

H_2 分子也可以简写成 H∶H 或者 H—H。

② 最大重叠原理　成键电子的原子轨道重叠越多，所形成的共价键就越牢固。

（3）共价键的特征

① 饱和性　原子的一个未成对电子，如果跟另一个原子的自旋相反的电子配对后，就不能跟第三个原子的电子配对成键。这说明一个原子形成共价键的能力是有限的，即共价键具有饱和性。

② 方向性　形成共价键时，成键电子的原子轨道只有沿着轨道伸展方向进行重叠（s 轨道与 s 轨道重叠例外），才能实现最大限度的重叠，即共价键具有方向性，如图 7-10 所示。

(a)　　　　　　(b)　　　　　　(c)

图 7-10　HCl 分子的形成

（4）共价键的类型

① σ 键和 π 键　根据形成共价键时原子轨道重叠方式的不同，共价键可分为 σ 键和 π 键。

a. σ 键。若原子轨道沿键轴（两原子的核间连线）方向以"头碰头"的形式相重叠，所形成的共价键称为 **σ 键**。图 7-11 给出了几种不同组合形成的 σ 键。

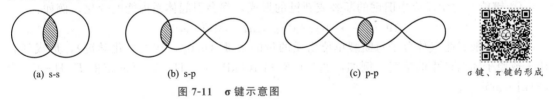

(a) s-s　　　　　(b) s-p　　　　　　(c) p-p　　　　　　*σ 键、π 键的形成*

图 7-11　σ 键示意图

b. π 键。若原子轨道沿键轴（两原子的核间连线）方向以"肩并肩"的形式重叠，所形成的共价键称为 **π 键**。p_y-p_y、p_z-p_z 原子轨道重叠形成的 π 键，如图 7-12 所示。

② 非极性共价键和极性共价键　根据共价键的极性情况，可分为极性共价键和非极性共价键，简称极性键和非极性键。

a. 非极性共价键。由同种原子之间形成的共价键。由于元素的电负性相同，电子云在两核中间均匀分布，无偏向，如图 7-13(a) 所示。

b. 极性共价键。由电负性不同元素的原子之间形成的共价键。由 **图 7-12　π 键示意图** 于元素的电负性不同，对电子的吸引能力不同，导致电子对偏向于电负性较大的元素原子，于是在共价键的两端出现了电的正极和负极，如图 7-13(b) 所示。

③ 配位键　形成共价键的共用电子对，通常是由成键的两个原子各提供一个单电子相互配对形成的。但有时共价键中的一对电子是由一个原子单独提供的，这种凡共用电子对由一个原子单方面提供而形成的共价键称为配位共价键，简称配位键。例如 CO 分子。

C 原子价层内有一对 s 电子、两个未成对的 p 电子和一个空的 p 轨道；O 原子价层内有一对 s 电子、两个未成对的 p 电子和一对 p 电子。化合时，除 C 原子两个未成对的 p 电子和

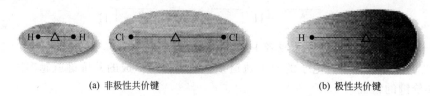

(a) 非极性共价键　　　　　　　　(b) 极性共价键

图 7-13　H_2、Cl_2、HCl 共价键的电子云

O 原子两个未成对的 p 电子形成一个 σ 键和一个 π 键外，O 原子的 p 电子对还可以和 C 原子空的 p 轨道形成一个 π 配键。其形成过程示意如下：

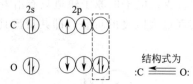

由此可见，形成配位键必须具备两个条件：

a. 一个原子其价层有未共用的电子对（又称孤对电子）。

b. 另一个原子其价层有空轨道。

只要具备条件，分子内、分子间、离子间以及分子与离子间均有可能形成配位键，所形成的配位键也分 σ 键和 π 键。配位键在无机化合物中是普遍存在的，如 NH_4^+、SO_4^{2-}、ClO_4^- 等物质中都含有配位键。

（5）键参数

键参数是用于表征化学键性质的物理量，常见的有键长、键能和键角等。利用键参数，可以判断分子的几何构型、分子的极性及热稳定性等。

① 键能　化学反应中旧键的断裂或新键的形成，都会引起体系内能的变化。例如：

$$HCl(g) \longrightarrow H(g) + Cl(g)；\Delta H = 431 kJ \cdot mol^{-1}$$

键能一般是指气体分子每断裂单位物质的量的某键（6.02×10^{23} 个化学键），形成气态原子或原子团时产生的焓变。例如，298.15K 和 100kPa 下，H—Cl 键的键能 E(H—Cl) 为 $431 kJ \cdot mol^{-1}$。

根据能量守恒定律，断裂一个化学键所需的能量与形成该键所释放的能量是一样的。因此，键能可作为衡量化学键牢固程度的键参数。键能越大，键越牢固，由该键形成的分子也就越稳定。

② 键长　分子内成键两原子核间的平衡距离称为键长（l）。表 7-4 列出了一些共价键的键长和键能。

表 7-4　共价键的键长和键能

键	键长 l/pm	键能 E/(kJ·mol^{-1})	键	键长 l/pm	键能 E/(kJ·mol^{-1})
H—H	74	436	C—H	109	414
C—C	154	347	C—N	147	305
C=C	134	611	C—O	143	360
C≡C	120	837	C=O	121	736
N—N	145	159	C—Cl	177	326
O—O	148	142	N—H	101	389
Cl—Cl	199	244	O—H	96	464
Br—Br	228	192	S—H	136	368
I—I	267	150	N≡N	110	946
S—S	205	264	F—F	128	158

　　在不同分子中，同一种键的键长基本上是相同的。这说明一个键的性质主要取决于成键原子的本性。相同原子形成的共价键的键长，单键＞双键＞三键。键长越短，键能越大，键越牢固。

　　③ 键角　在分子中两个相邻化学键间的夹角称为**键角**。例如 H_2O 分子，两个 O—H 键间的键角为 $104.8°$。

　　如果知道某分子内所有化学键的键长和键角数据，其分子的几何构型就确定了。图 7-14 列出了一些分子的键角及分子几何结构图。

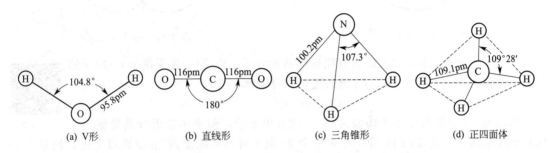

　　　(a) V形　　　　　(b) 直线形　　　　(c) 三角锥形　　　　(d) 正四面体

图 7-14　H_2O、CO_2、NH_3 及 CH_4 分子的几何结构

　　由此可见，键角和键长是描述分子几何结构的两个要素。

7.3.2　杂化轨道理论

> **想一想**：利用价键理论可以解释甲烷分子内一个 C 原子可以与四个 H 原子形成四面体结构分子，其键角为 $109°28'$；水分子键角是 $104.8°$ 吗？

　　价键理论成功地解释了共价键的本质和特点，但却无法解释许多多原子分子的空间构型。为了更好地解释多原子分子的实际空间构型，1931 年，鲍林提出了杂化轨道理论，进一步发展了价键理论。

　　（1）杂化轨道理论要点

　　① 发生轨道杂化的原子一定是中心原子。

　　② 参加杂化的各原子轨道能量要相近（同一能级组或相近能级组的轨道，参照鲍林近似能级图）。

　　③ 杂化前后原子轨道数目不变：参加杂化的轨道数目等于形成的杂化轨道数目。例如，同一原子的一个 ns 轨道和一个 np 轨道，只能杂化成两个杂化轨道。

　　④ 杂化轨道形状上：一头大，一头小，见图 7-15，其相应的电子云分布更为集中。杂化轨道在空间构型上都具有一定的对称性，以减小化学键之间的排斥力。如果把两个 sp 杂化轨道图形合绘在一起，则得图 7-16，为了看得清楚起见，这两个轨道分别用虚线和实线表示。由此可知，两个 sp 杂化轨道的形状一样，但其角度分布最大值在 x 轴上的取向相反。

> **想一想**：杂化轨道之间可以形成 π 键吗？

　　（2）杂化类型

　　① sp 杂化　同一原子内有一个 ns 轨道和一个 np 轨道发生的杂化，称为 **sp 杂化**。杂化

后组成的轨道称为 sp 杂化轨道。sp 杂化可以而且只能得到两个 sp 杂化轨道，两个 sp 杂化轨道在一条直线上，之间的夹角为 180°，如图 7-16 所示。

图 7-15　杂化轨道　　　　　　　　　　　　图 7-16　sp 杂化轨道

以 $BeCl_2$ 分子为例，$BeCl_2$ 为直线形的共价分子。Be 原子位于两个 Cl 原子的中间，键角为 180°，两个 Be—Cl 键的键长和键能都相等：

sp 杂化

Cl—Be—Cl

基态 Be 原子的价层电子构型为 $2s^2$，没有单电子，似乎不能形成共价键。杂化轨道理论认为，成键时 Be 原子中的一个 2s 电子可以被激发到 2p 空轨道上去，使基态 Be 原子转变为激发态 Be 原子（$2s^1 2p^1$）：

与此同时，Be 原子的 2s 轨道和一个刚跃进一个电子的 2p 轨道发生 sp 杂化，形成两个能量相等的 sp 杂化轨道，每个杂化轨道中各有一个单电子。

其中每一个 sp 杂化轨道都含有 $\frac{1}{2}$ s 轨道和 $\frac{1}{2}$ p 轨道的成分。如图 7-16 所示，每个 sp 轨道的形状都是一头大，一头小。成键时，都是以杂化轨道比较大的一头与 Cl 原子 3p 轨道重叠而形成两个 σ 键，形成的 $BeCl_2$ 分子的空间构型为直线形，如图 7-17 所示。

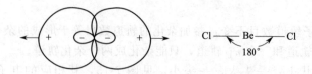

图 7-17　sp 杂化轨道与分子的几何构型

CO_2、CS_2、$HgCl_2$ 及乙炔等共价化合物，其中心原子也是采用 sp 杂化。

② sp^2 杂化　同一原子内有一个 ns 轨道和两个 np 轨道发生的杂化，称为 sp^2 杂化。杂化后组成的轨道称为 sp^2 杂化轨道，三个 sp^2 杂化轨道位于同一平面，之间夹角为 120°。

sp^2 杂化

以 BF_3 为例，BF_3 具有平面三角形的结构。B 原子位于三角形的中心，三个 B—F 键是同等的，键角为 120°，如图 7-18 所示。

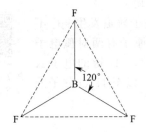

图 7-18　BF_3 分子的空间结构

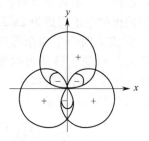

图 7-19　sp^2 杂化轨道

基态 B 原子的价层电子构型为 $2s^2 2p^1$，杂化轨道理论认为，成键时 B 原子中的一个 2s 电子可以被激发到一个空的 2p 轨道上去，使基态的 B 原子转变为激发态的 B 原子（$2s^1 2p^2$）；与此同时，B 原子的 2s 轨道与各填有一个电子的两个 2p 轨道发生 sp^2 杂化，形成三个能量等同的 sp^2 杂化轨道：

其中每一个 sp^2 杂化轨道都含有 $\frac{1}{3}$ s 轨道和 $\frac{2}{3}$ p 轨道的成分。sp^2 杂化轨道的形状和 sp 杂化轨道的形状类似，如图 7-19 所示。成键时，都是以杂化轨道比较大的一头与 F 原子的 p 轨道重叠而形成三个 σ 键，形成的 BF_3 分子结构为平面三角形。

BCl_3、BBr_3、乙烯、苯等共价化合物，其中心原子也是采用 sp^2 杂化。

③ sp^3 杂化　同一原子内由一个 ns 轨道和三个 np 轨道发生的杂化，称为 sp^3 杂化，杂化后组成的轨道称为 sp^3 杂化轨道。sp^3 杂化可以而且只能得到四个 sp^3 杂化轨道，四个杂化轨道的伸展方向朝向正四面体的四个顶点，之间的夹角为 $109°28'$，如图 7-20 所示。

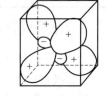

图 7-20　sp^3 杂化轨道

以 CH_4 为例，CH_4 为正四面体结构。基态 C 原子的价层电子构型为 $2s^2 2p^2$，杂化轨道理论认为，成键时 C 原子中的一个 2s 电子可以被激发到一个空的 2p 轨道上去，使基态的 C 原子转变为激发态的 C 原子（$2s^1 2p^3$），激发态 C 原子的 2s 轨道与三个 2p 轨道发生 sp^3 杂化，从而形成四个能量等同的 sp^3 杂化轨道：

其中每一个 sp^3 杂化轨道都含有 $\frac{1}{4}$ s 轨道和 $\frac{3}{4}$ p 轨道的成分。成键时，都是以杂化轨道比较大的一头与 H 原子的成键轨道重叠而形成四个 σ 键，形成的 CH_4 分子为正四面体结构。

CCl_4、CF_4、SiH_4、$SiCl_4$、$GeCl_4$ 等共价化合物，其中心原子也是采用 sp^3 杂化，烷烃分子中的碳原子都是以 sp^3 杂化轨道与相邻原子成键的。

④ 不等性杂化　有些分子，如 NH_3、H_2O，在 NH_3 和 H_2O 的成键过程中，中心原子也像 CH_4 分子中的 C 原子一样，是采取 sp^3 杂化的方式成键的，但这四个 sp^3 杂化轨道不

完全等同，这种产生不完全等同轨道的杂化称为**不等性杂化**。

O 原子的价层电子构型为 $2s^2 2p^4$，成键时这四个价电子轨道发生 sp^3 不等性杂化：形成了四个不完全等同的 sp^3 杂化轨道，O 原子有两对孤电子对，其电子云在 O 原子核外占据着更大的空间，对两个 O—H 键的电子云有更大的静电排斥力，使键角从 $109°28'$ 被压缩到 $104.8°$，以至 H_2O 分子的空间结构如图 7-21(a) 所示。

氨分子中 N 原子
不等性 sp^3 杂化

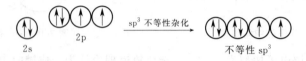

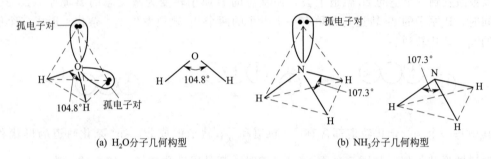

(a) H_2O分子几何构型　　　　(b) NH_3分子几何构型

图 7-21　H_2O 和 NH_3 分子的空间构型

NH_3 的形成与 H_2O 相似，N 也是采用 sp^3 杂化，只是在形成的四个杂化轨道中只有一个被成对电子所占有。由于成键电子对只受到一对孤对电子的排斥，键角从键角从 $109°28'$ 被压缩到 $107.3°$，比 H_2O 中键角就要大些，如图 7-21(b) 所示。

> **想一想**：如何用杂化轨道理论说明 H_2S、NF_3 分子结构？并推测其键角。

7.3.3　分子间作用力与氢键

（1）分子的极性

① 非极性分子。对于双原子分子来说，在由两个相同原子构成的分子中，由于分子的正、负电荷中心重合于一点，以 H_2 分子为例，如图 7-22(a) 所示。图中＋、－表示正、负电荷中心，整个分子并不存在正、负两极，即分子不具有极性，这种分子叫非极性分子。

非极性分子

② 极性分子。在两个不同原子构成的分子中，以 HCl 分子为例，由于成键电子云偏向于电负性较大的氯原子，使分子的负电荷中心比正电荷中心更偏向于氯，如图 7-22(b) 所示。这种正、负电荷中心不重合的分子中就有正、负两极，分子具有极性，叫作极性分子。

极性分子

对于极性分子的判断，可以从以下几个角度进行：

① 对双原子分子来说，分子是否有极性，决定于形成的键是否有极性。有极性键的分子一定是极性分子，极性分子内一定含有极性键。

② 对于多原子分子，分子是否有极性，除要考虑键的极性，还要考虑分子的组成和空间构型是否对称。例如：$BeCl_2$、$HgCl_2$、CO_2 分子呈直线形中心对称结构，BF_3、BCl_3 等分子呈正三角形中心对称结构，CH_4、SiH_4、CCl_4、$SiCl_4$

氨分子的结构

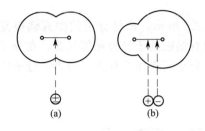

图 7-22 H_2 和 HCl 分子电荷分布示意图

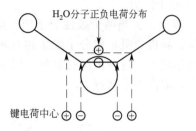

图 7-23 H_2O 分子中的电荷分布

等分子呈正四面体中心对称结构，故这些分子都属于非极性分子。而在 H_2O、NH_3、$SiCl_3H$、CH_3Cl 等分子中，键都是极性的，而 H_2O 是折线形，NH_3 是三角锥形，$SiCl_3H$、CH_3Cl 分子是非正四面体结构，其分子结构无中心对称成分，所以这些分子是极性的，如图 7-23 为水分子内电荷分布，正、负电荷中心不重合。

分子极性的大小通常还可以用偶极矩 μ 来衡量。偶极矩的定义为分子中正电荷中心或负电荷中心上的电荷量（q）与正、负电荷中心间距离（d）的乘积。

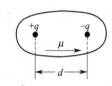

图 7-24 分子偶极矩

$$\mu = qd$$

其示意图见图 7-24，偶极矩单位是库仑·米（$C \cdot m$），分子极性的大小可用偶极矩大小判断。偶极矩的大小可通过实验测定，表 7-5 列出了一些分子的偶极矩值。

表 7-5 一些分子的偶极矩

物质	$\mu/(10^{-30}C \cdot m)$	物质	$\mu/(10^{-30}C \cdot m)$
H_2	0.0	HI	1.27
N_2	0.0	HBr	2.63
CO_2	0.0	HCl	3.61
CS_2	0.0	H_2S	3.67
CH_4	0.0	NH_3	5.00
CCl_4	0.0	SO_2	5.33
CO	0.33	H_2O	6.23
NO	0.53	HF	6.40

$\mu=0$ 的分子即为非极性分子；$\mu \neq 0$ 的分子为极性分子。偶极矩越大，分子的极性越强。因而可以根据偶极矩数值的大小比较分子极性的相对强弱。还可以根据偶极矩数值验证和推断某些分子的几何构型。例如，通过实验测知 H_2O 分子的 $\mu \neq 0$，可以认为 H_2O 分子不可能是直线形分子，即 H_2O 分子一定为 V 形结构。又例如实验测知 CO_2 分子的 $\mu=0$，说明 CO_2 分子应为直线形结构。

（2）分子间作用力

化学键是分子中原子与原子之间的一种较强的相互作用，它是决定物质化学性质的主要因素。但像水蒸气可以凝聚成水，水又可凝固成冰，这一过程并没有发生化学键的变化，这说明分子与分子之间还存在着另一种较弱的作用力，称为**分子间力**（也叫范德华力）。分子间力是决定物质沸点、熔点、汽化热、熔化热、溶解度、表面张力以及黏度等物理性质的主要因素。

分子间的作用力包括分子间力和分子间氢键，分子间力又包括取向力、诱导力和色散力三种。

① 分子间力

a. 取向力。当两个极性分子相互接近时，如图 7-25 所示，极性分子的固有偶极发生同极相斥、异极相吸，使分子发生相对转动而取向，固有偶极处于异极相邻状态，在分子间产生静电作用力。这种由固有偶极之间的取向而产生的分子间作用力称为取向力。分子的偶极矩越大，取向力也就越大。

(a) 分子离得较远   (b) 取向   (c) 诱导

图 7-25 极性分子之间的相互作用

b. 诱导力。当极性分子与非极性分子相互接近时，如图 7-26 所示，非极性分子在极性分子固有偶极的影响下，正、负电荷中心发生相对位移，产生诱导偶极，诱导偶极与极性分子固有偶极之间相互作用力称为诱导力。

图 7-26 极性分子和非极性分子相互作用

当极性分子相互接近时，在固有偶极的相互影响下，每个极性分子也会产生诱导偶极，因此诱导力也存在于极性分子之间。

c. 色散力。非极性分子的偶极矩为零，但由于每个分子中的电子都在不断地运动，原子核都在不停地振动，使电子云与原子核之间经常会发生瞬时的相对位移，使分子的正、负电荷中心暂时不重合，产生瞬时偶极。当两个或多个非极性分子在一定条件下充分靠近时，就会由于瞬时偶极而发生异性相吸的作用，每一个瞬时偶极存在的时间尽管是极为短暂的，但由于电子和原子核时刻都在运动，瞬时偶极不断地出现，异极相邻的状态不断地重现，如图 7-27(b) 和图 7-27(c)，使非极性分子之间只要接近到一定的距离，就始终存在着一种持续不断的相互吸引的作用。分子之间由于瞬时偶极而产生的作用力称为色散力，非极性分子之间正是由于色散力的作用才能凝聚为液体、凝固为固体的。

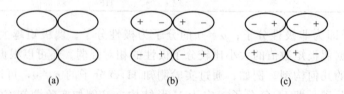

(a)   (b)   (c)

图 7-27 非极性分子相互作用

瞬时偶极不仅会在非极性分子中产生，也会产生于极性分子中。因此，不仅非极性分子之间存在色散力，在非极性分子与极性分子之间以及极性分子与极性分子之间也存在色散力。一般来说，分子的相对分子质量越大，色散力也就越大。

综上所述，在非极性分子之间只有色散力；在非极性分子和极性分子之间有色散力和诱导力；在极性分子之间有色散力、取向力和诱导力。由此可见，色散力存在于一切分子之间，对大多数分子来说，色散力是主要的，取向力次之，诱导力最小；只有强极性分子（如水分子）取向力才比较显著。

② 分子间力对物质性质的影响 分子间力直接影响物质的许多物理性质。液态物质分

子间力越大，汽化热就越大，沸点就越高；固态物质分子间力越大，熔化热就越大，熔点就越高。一般来说，结构相似的同系列物质相对分子质量越大，色散力越大，物质的沸点、熔点也就越高。例如稀有气体、卤素等，其沸点和熔点就是随着相对分子质量的增大而升高的。

分子间力对液体的相互溶解以及固、气态非电解质在液体中的溶解度也有一定影响。极性分子易溶于极性溶剂，非极性分子易溶于非极性溶剂，这称为"相似相溶"原理。"相似"的实质是指溶质内部分子间力和溶剂内部分子间力相似，当具有相似分子间力的溶质、溶剂分子混合时，两者易互溶。例如 NH_3 易溶于 H_2O；I_2 易溶于苯或 CCl_4，而不易溶于水。

另外，分子间力对分子型物质的硬度也有一定的影响。分子极性小的聚乙烯、聚异丁烯等物质，分子间力较小，因而硬度不大；含有极性基团的有机玻璃等物质，分子间力较大，具有较高的硬度。

（3）氢键

> 想一想：按照前面对分子间力的讨论，在卤化氢中，HF 的熔沸点应该是最低的，但是为什么事实并非如此呢（见图 7-28）？

结构相似的同系列物质的熔、沸点一般随着相对分子质量的增大而升高。但在氢化物中唯有 NH_3、H_2O、HF 的熔、沸点却比相应同族的氢化物高，如图 7-28 所示。原因是这些分子之间除有分子间力外，还有氢键的作用力。

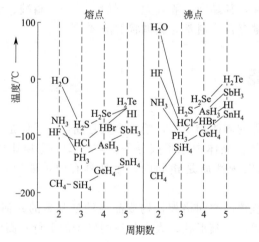

图 7-28　ⅣA～ⅦA氢化物熔、沸点递变情况

氢键的形成

在 HF 分子中，由于 F 的电负性（4.0）很大，共用电子对强烈偏向 F 原子一边，而 H 原子核外只有一个电子，其电子云向 F 原子偏移的结果，使得它几乎要呈质子状态。这样氢原子就与相邻 HF 分子中 F 原子的孤电子产生静电吸引作用，这个静电吸引力就是**氢键**。示意图如下：

不仅同种分子之间可以存在氢键，某些不同种分子之间也可能形成氢键。例如 NH_3 与 H_2O 之间：

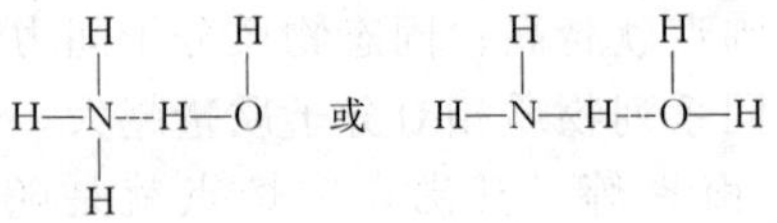

$$H—N—H---O \quad 或 \quad H—N—H---O—H$$

氢键可用 X—H---Y 表示。其中 X 和 Y 代表 F、O、N 等电负性大而原子半径较小的非金属原子。X 和 Y 可以是同种元素，也可以是不同元素。

某些分子可以形成分子内氢键，如 HNO_3、邻硝基苯酚，如图 7-29 所示。

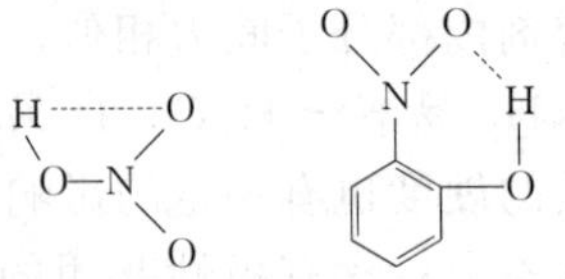

图 7-29　HNO_3、邻硝基苯酚分子内氢键

分子内氢键由于受环状结构的限制，X—H---Y 往往不能在同一直线上。

氢键的强度一般超过分子间力，但远不及化学键能大，基本上属于静电吸引作用。分子间能够形成氢键的物质有很多，如水、水合物、氨合物、无机酸、有机酸和醇类化合物。氢键的存在，影响到物质的某些性质，例如熔点、沸点、溶解度、黏度、密度等。

同类化合物中，若能形成分子间氢键，物质的熔、沸点就升高，如 NH_3、H_2O 和 HF 等，这是因为欲使这类固体熔化或液体汽化，必须额外地提供一份能量来破坏分子间的氢键。分子内氢键常使物质的熔、沸点降低，如邻硝基苯酚比对硝基苯酚的沸点要低。如果溶质分子与溶剂分子间能形成氢键，将有利于溶质的溶解。NH_3 在水中有较大的溶解度就与此有关。液体分子间若有氢键存在，其黏度一般较大。例如，甘油、磷酸、浓硫酸等多羟基化合物都是因为分子间有多个氢键存在，通常为黏稠状的液体。

7.4　晶体结构与性能

晶体的分布非常广泛，自然界的固体物质中，绝大多数是晶体。晶体是经过结晶过程而形成的具有规则的几何外形的固体。晶体中原子或分子在空间按一定规律周期性重复地排列，从而使晶体内部各个部分的宏观性质是相同的，而且具有固定的熔点和规则的几何外形。

晶格是指原子在晶体中排列规律的空间格架，构成晶格的最基本的几何单元称为晶胞，晶胞是各种晶体构造的最小体积单位，其形状、大小与空间格子的平行六面体单位相同，保留了整个晶格的所有特征。

7.4.1　分子晶体

分子间通过分子作用力相结合的晶体叫**分子晶体**。构成分子晶体的微粒是分子，分子间以分子间作用力而结合，而分子间作用力是一种比较弱的作用，比化学键弱得多。因此，分子晶体一般硬度较小，熔、沸点较低。

（1）典型的分子晶体

干冰是固态的二氧化碳，是典型的分子晶体。如图 7-30 所示，在 CO_2 分子内，原子之间以共价键结合成 CO_2 分子，然后以 CO_2 分子为单位，占据晶格结点位置，分子间以范德华力结合构成一个面心立方体。

干冰与水的溶解度体积比 1∶1，部分生成碳酸，沸点：$-57℃$，熔点：$-78.5℃$。

（2）分子晶体的性质

① 分子晶体是由分子组成，可以是极性分子，也可以是非极性分子。

② 在固态和熔融状态时都不导电。分子晶体无论是液态时，还是固态时，都是以分子形式存在的，不存在可以导电的粒子（阴、阳离子或电子），故分子晶体固态或熔融时都不导电，由此性质，可判断晶体为分子晶体。

③ 其溶解性遵守"相似相溶"原理。极性分子易溶于极性溶剂，非极性分子易溶于非极性的有机溶剂，例如 NH_3、HCl 极易溶于水，难溶于 CCl_4 和苯；而 Br_2、I_2 难溶于水，易溶于 CCl_4、苯等有机溶剂。根据此性质，可用 CCl_4、苯等溶剂将 Br_2 和 I_2 从它们的水溶液中萃取、分离出来。

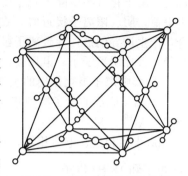

图 7-30　干冰晶体结构示意图
注：○─○─○ 代表一个 CO_2 分子

④ 分子间的作用力很弱，分子晶体具有较低的熔点、沸点。熔沸点的变化规律：分子间作用力越强，熔沸点越高。

a. 组成和结构相似的分子晶体，一般相对分子质量越大，分子间作用力越强，熔沸点越高。

b. 若分子间有氢键，则分子间作用力比结构相似的同类晶体要大，故熔沸点较高。

c. 组成和结构不相似的物质，分子极性越大，其熔沸点越高。

d. 在有机物的同分异构体中，一般来说，支链越多，熔沸点越低。

e. 互为同分异构体的芳香烃及其衍生物中，熔沸点高低顺序为：邻位化合物＞间位化合物＞对位化合物。

7.4.2　离子晶体

当电负性较小的金属原子与电负性较大的非金属原子发生反应时，很容易发生电子的转移，电子从电负性小的原子转移到电负性大的原子，从而形成了阳离子和阴离子。阴、阳离子间靠静电作用而形成的化学键叫作**离子键**。由离子键形成的化合物叫作**离子化合物**。离子晶体是指由离子化合物结晶成的晶体，离子晶体属于离子化合物，是离子化合物中的一种特殊形式。由正、负离子或正、负离子基团按一定比例通过离子键结合形成的晶体称作**离子晶体**。

（1）典型的离子晶体

在通常情况下，氯化钠是晶体，属于离子型化合物。在氯化钠晶体中，每个氯离子的周围都有 6 个钠离子，每个钠离子的周围也有 6 个氯离子，离子个数比为 1∶1（见图 7-31）。钠离子和氯离子就是按照这种排列方式向空间各个方向伸展，形成氯化钠晶体的。

氯化钠为无色透明的立方晶体，熔点为 801℃，沸点为 1413℃，相对密度为 2.165。有咸味，含杂质时易潮解；溶于水或甘油，难溶于乙醇，不溶于盐酸，水溶液显中性。在水中的溶解度随着温度的升高略有增大。

（2）离子极化理论

离子极化理论是离子键理论的重要补充。离子极化理论

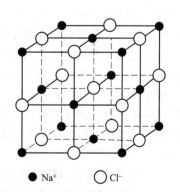

● Na^+　　○ Cl^-

图 7-31　NaCl 晶体结构示意图

认为：离子化合物中除了起主要作用的静电引力之外，诱导力起着很重要的作用。离子本身带电荷，阴、阳离子接近时，在相反电场的影响下，电子云变形，正、负电荷重心不再重合，产生诱导偶极，导致离子极化，致使物质在结构和性质上发生相应的变化。由于阳离子半径一般比阴离子小，电场强，所以阳离子的极化作用大，而阴离子形变性大。

① 影响离子极化作用的主要因素

a. 离子壳层的电子构型相同、半径相近的阳离子，电荷高的阳离子有较强的极化作用。例如：$Al^{3+} > Mg^{2+} > Na^+$。

b. 半径相近、电荷相等，而电子构型不同的阳离子，其极化作用大小顺序如下：

$$
\begin{array}{ccc}
\begin{matrix}\text{18 电子和 18+2 电子}\\ \text{构型以及氦型离子}\\ \text{(如：}Ag^+\text{、}Pb^{2+}\text{、}Li^+\text{等)}\end{matrix}
>
\begin{matrix}\text{9~17 电子构型的离子}\\ \text{(如：}Fe^{2+}\text{、}Ni^{2+}\text{、}Cr^{3+}\text{等)}\end{matrix}
>
\begin{matrix}\text{离子壳层为 8 电子构型的离子}\\ \text{(如：}Na^+\text{、}Ca^{2+}\text{、}Mg^{2+}\text{等)}\end{matrix}
\end{array}
$$

c. 离子的构型相同、电荷相等，半径越小，离子的极化作用越大。但由于阳离子半径相互差别不大，所以，阳离子的电荷数越大，极化力越大。

② 影响离子变形性的主要因素　离子受外电场影响发生变形，产生诱导偶极矩的现象叫**离子的变形性**，变形性常用极化率来衡量。影响离子变形性的主要因素如下。

a. 正离子电荷越小，半径越大，变形性（极化率）越大。

b. 负离子电荷越多，半径越大，极化率越大。例如，极化率：

$$F^- < Cl^- < Br^- < I^-$$

c. 电荷和半径相近时，变形性与离子的电子层构型有关，极化率强弱顺序是：

（18+2）电子型离子、18 电子型离子 >（9~17）电子型离子 > 8 电子型离子

综上所述，极化作用最强的是电荷高、半径小和具有 18 电子层或（18+2）电子层的正离子；最容易变形的是体积大的负离子和具有 18 电子层或（18+2）电子层的低电荷正离子；而具有 18 电子层或（18+2）电子层的正离子无论极化作用还是变形性均较强。

③ 离子化合物性质的影响

a. 使离子晶体熔点、沸点下降。由于离子极化作用加强，化学键型发生变化，使离子键逐渐向极性共价键过渡。导致晶格能降低。例如：AgCl 与 NaCl 同属于 NaCl 型晶体，但 Ag 离子的极化力和变形性远大于 Na 离子，所以，AgCl 的键型为过渡型，晶格能小于 NaCl 的晶格能。因而 AgCl 的熔点（455℃）远远低于 NaCl 的熔点（800℃）。

b. 使离子化合物的颜色加深。影响化合物颜色的因素很多，其中离子极化作用是一个重大的影响。在化合物中，阴、阳离子相互极化的结果，使电子能级改变，致使激发态和基态间的能量差变小。所以，只要吸收可见光部分的能量即可引起激发，从而呈现颜色。极化作用越强，激发态和基态能量差越小，化合物的颜色就越深。

c. 使离子化合物在极性溶剂中溶解度下降。物质的溶解度是一个复杂的问题，它与晶格能、水化能、键能等因素有关，但离子的极化往往起着很重要的作用。一般来说，由于极性水分子的吸引，离子化合物是可溶于水的，而共价型的无机晶体却难溶于水。如果离子间相互极化强烈，离子间吸引力很大，甚至由于键型变化，由离子键向共价键过渡，无疑会增加溶解的难度。因此，随着无机物中离子间相互极化作用的增强，共价程度增强，其溶解度下降。

d. 使离子化合物热稳定性下降。在离子化合物中，如果阳离子极化力强，阴离子变形性大，受热时则因相互作用强烈，阴离子的价电子振动剧烈，可越过阳离子外壳电子斥力进入阳离子的原子轨道，为阳离子所有，从而使化合物分解。在二元化合物中，对于同一阴离

子，若阳离子极化力越大，则化合物越不稳定。例如：KBr 的稳定性远远大于 AgBr 的稳定性。对于同一阳离子来说，阴离子的变形性越大，电子越易靠拢阳离子上，化合物就越不稳定，越容易分解。在含氧酸中，阳离子极化力大的盐，则由于阳离子的反极化作用强，对相邻氧原子的电子云争夺力强，受热时容易形成金属氧化物使盐分解。含氧酸与其含氧酸盐相比较，含氧酸的热稳定性比其盐差得多。

e. 对盐的水解性的影响。盐类水解是指盐类溶于水后，阳离子或阴离子和水分子间相互作用，生成弱电解质（弱酸、弱碱、碱式盐或氧基盐等）的过程。水解作用的强弱与阳离子及阴离子对水分子所具有的电场力大小有关。若离子的电场力强，对水分子的极化作用大，能够引起水分子变形产生较大偶极，甚至断裂成两部分：OH^-、H^+，与离子电荷相反的一部分组合在一起，形成水解产物。对于盐来说，不一定阴、阳离子同时发生水解。若盐的阴离子水解，则生产弱酸，其酸的强度越弱，盐的水解度越大。若阳离子水解，其水解能力与离子极化力成正比，离子的极化力越大，离子的水解度越大（pK_a 值越小）。

f. 使离子化合物的导电率和金属性增强。有的情况下，阴离子被阳离子极化后，使自由电子脱离了阴离子，这样就使离子晶格向金属晶格过渡，电导率因而增加，金属性也相应增强。硫化物的不透明性、金属光泽等都与此有关。如 FeS、CoS、NiS 等化合物，特别是它们的矿石均有金属光泽。

（3）离子晶体的性质

因为离子键的强度大，所以离子晶体的硬度高。又因为要使晶体熔化就要破坏离子键，故离子晶体具有较高的熔沸点。离子晶体在固态时有离子，但不能自由移动，不能导电，溶于水或熔化时离子能自由移动而能导电。因此水溶液或熔融态导电，是通过离子的定向迁移导电，而不是通过电子流动而导电。

离子晶体的晶格能是指 1mol 的离子化合物中的阴阳离子，由相互远离的气态，结合成离子晶体时所释放出的能量或拆开 1mol 离子晶体使之形成气态阴离子和阳离子所吸收的能量。单位是 $kJ \cdot mol^{-1}$。晶格能与阴阳离子的半径成反比，与离子电荷的乘积成正比。离子所带电荷越高，离子半径越小，则离子键越强，熔沸点越高。

7.4.3　原子晶体

相邻原子之间通过强烈的共价键结合而成的空间网状结构的晶体叫作**原子晶体**。即在原子晶体中，晶格上的质点是原子，而原子间是通过共价键结合在一起。

（1）典型的原子晶体

SiO_2 不溶于水，不溶于酸，化学性质比较稳定，但溶于氢氟酸及热浓磷酸，能和熔融碱类起作用。二氧化硅用途很广泛，主要用于制造玻璃、水玻璃、陶器、耐火材料、气凝胶毡、硅铁、型砂、单质硅、水泥等。

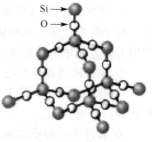

图 7-32　二氧化硅晶体结构示意图

SiO_2 晶体是原子晶体，SiO_2 晶体中不存在 SiO_2 分子，只是由于 Si 原子和 O 原子个数比为 1∶2，才得出二氧化硅的化学式为 SiO_2。SiO_2 晶体是空间网状结构，Si 原子构成正四面体，O 原子位于 Si—Si 键中间（如图 7-32 所示）。

（2）原子晶体的性质

在原子晶体中，不存在独立的小分子，而只能把整个晶体看成一个大分子。由于原子之间相互结合的共价键非常强，要打断这些键而使晶体熔化必须消耗大量能量，所以原子晶体一般具有较高的熔点、沸点和硬度，在通常情况下不导电，也是热的不良导体。熔化时也不导电，但半导体硅等可有条件地导电。

原子晶体熔沸点的高低与共价键的强弱有关。一般来说，半径越小、形成共价键的键长越短，键能就越大，晶体的熔沸点也就越高。

7.4.4　金属晶体

金属晶体是指金属单质，构成金属晶体的微粒是金属阳离子和自由电子（也就是金属的价电子），是晶格结点上排列金属原子（离子）时所构成的晶体。金属阳离子所带电荷越高、半径越小，金属键越强，熔沸点越高，硬度越硬。金属具有延展性、导电性、导热性等特点。

> **查一查**：陈创天院士研究的 KBBF 晶体领先美国 15 年，被誉为"中国牌晶体之父"。请查阅 KBBF 晶体的相关资料。

7.4.5　晶体比较

（1）四种晶体的结构与性质比较

四种晶体的结构与性质比较见表 7-6。

表 7-6　四种晶体的比较

类型	晶体结构		晶体性质				典型实例
	质点	作用力	熔沸点	硬度	导电性	溶解性	
分子晶体	分子	范德华力	低	小	不导电	相似相溶	单质：H_2、O_2 等，化合物：干冰、H_2SO_4 等
离子晶体	离子	离子键	高	大、脆	溶液或熔化导电	一般易溶于水	NaCl、KBr 等
原子晶体	原子	共价键	高	大、脆	一般不导电	难溶水和其他溶剂	金刚石、硅晶体、SiO_2、SiC
金属晶体	原子、离子	金属键	高	大	导电	一般不溶于水，通过反应溶于某些溶液	金属单质

（2）根据物质的物理性质判断晶体的类型

① 在常温下呈气态或液态的物质，其晶体应属于分子晶体（Hg 除外），如 H_2O、H_2 等。对于稀有气体，虽然构成物质的微粒为原子，但应看作单原子分子，因为微粒间的相互作用力是范德华力，而非共价键。

② 在溶液或熔化状态下能导电的晶体（化合物）是离子晶体。

③ 有较高的熔、沸点，硬度大，并且难溶于水的物质大多为原子晶体，如晶体硅、二氧化硅、金刚石等。

④ 易升华的物质大多为分子晶体。

（3）物质的熔沸点比较及规律

① 不同类型的晶体，一般来讲，熔沸点高低比较为：原子晶体＞离子晶体＞分子晶体。

② 由共价键形成的原子晶体中，原子半径越小的，键长越短，键能越大，晶体的熔、沸点越高。如熔点：金刚石＞石英＞碳化硅＞晶体硅。

③ 比较离子晶体的熔沸点需比较离子键的强弱。一般地说，阴、阳离子的电荷数越多，

离子半径越小，则离子间的作用就越强，其离子晶体的熔沸点就越高，如熔点：$MgO>MgCl_2>NaCl>CsCl$。

④ 对于分子晶体，组成和结构相似的物质，相对分子质量越大，熔沸点越高，如 $Cl_2<Br_2<I_2$；组成和结构不相似的物质，分子极性越大，其熔沸点就越高，如 $CO>N_2$。

查一查：寻找生活中遇到的由"结构决定性质，性质决定用途"的物质。

学习指导

 素质阅读

中国量子化学之父——唐敖庆

唐敖庆（1915 年 11 月 18 日—2008 年 7 月 15 日），江苏宜兴人。物理化学家，中国现代理论化学的开拓者和奠基人，被誉为"中国量子化学之父"。1940 年毕业于西南联合大学化学系，1949 年获美国哥伦比亚大学博士学位，1955 年被选聘为中国科学院学部委员，1958 年 6 月加入中国共产党。唐敖庆的专长是物理化学和高分子物理化学，特别是量子化学。有关分子内旋转、高分子化学反应统计理论、配位场理论、分子轨道图形理论及分子轨道对称守恒原理等研究成果，均受到国家奖励。其中，与其研究集体关于"配位场理论"的研究，共发表学术论文 260 多篇；与其研究集体合作出版《配位场理论（方法、英文版）》等 8 部学术专著。

在唐敖庆院士光辉的一生中，他始终以党、国家和人民的需要为己任，以严谨、求实、创新的科学态度，发扬甘当人梯和铺路石的精神，为新中国创建了理论化学学科，培养出一大批被国际同行誉为"中国学派"的从事理论化学研究的高级人才队伍，使我国的理论化学在国际前沿占有一席之地。2020 年 11 月 18 日，由何梁何利基金会、国家自然科学基金委员会（以下简称"自然科学基金委"）、中国科学院紫金山天文台和吉林大学联合主办的"唐敖庆星"命名仪式在北京举行，浩瀚星河中再添一颗以中国科学家姓名命名的小行星。该小行星由中国科学院紫金山天文台于 2007 年 5 月 19 日发现，国际编号为 218914 号。2019 年 5 月，何梁何利基金评选委员会推荐命名"唐敖庆星"，并于 2020 年 1 月 9 日荣获国际小行星命名委员会批准，将其正式命名为"唐敖庆星"，以表彰中国科学院院士、自然科学基金委第一任主任、吉林大学原校长唐敖庆在教育和科学研究领域所作出的杰出贡献。

唐敖庆院士是我国学识渊博、业绩卓著、德厚流光、闻名遐迩的教育家、科学家和科教事业的组织领导者。我们后辈应牢记他的谆谆教导，继承他的遗志，为中华民族伟大复兴贡献力量。

思考与练习

一、选择题

1. 下列各组量子数，不正确的是（　　）。

A. $n=2$，$l=1$，$m=0$，$m_s=-1/2$
B. $n=3$，$l=0$，$m=1$，$m_s=1/2$
C. $n=2$，$l=1$，$m=-1$，$m_s=1/2$
D. $n=3$，$l=2$，$m=-2$，$m_s=-1/2$

2. 下列各组量子数中，合理的一组是（　　）。

A. $n=3$，$l=1$，$m=+1$，$m_s=+1/2$　　B. $n=4$，$l=5$，$m=-1$，$m_s=+1/2$

C. $n=3$，$l=3$，$m=+1$，$m_s=-1/2$　　D. $n=4$，$l=2$，$m=+3$，$m_s=-1/2$

3. 原子序数为 19 的元素的价电子的四个量子数为（　　）。

A. $n=1$，$l=0$，$m=0$，$m_s=+1/2$　　B. $n=2$，$l=1$，$m=0$，$m_s=+1/2$

C. $n=3$，$l=2$，$m=1$，$m_s=+1/2$　　D. $n=4$，$l=0$，$m=0$，$m_s=+1/2$

4. 在下列各组量子数中，合理的一组是（　　）。

A. $n=1$，$l=1$，$m=0$　　　　　　　　B. $n=2$，$l=1$，$m=2$

C. $n=2$，$l=0$，$m=1$　　　　　　　　D. $n=3$，$l=1$，$m=0$

5. 在等价轨道的 d 轨道中电子排布成 ↑ ↑ ↑ ↑ ＿＿，而不排布成 ↓ ↑ ↓ ↑ ＿＿＿＿，其最直接的根据是（　　）。

A. 能量最低原理　　　　　　　　　　　B. Pauli 原理

C. 原子轨道能级图　　　　　　　　　　D. 洪特规则

6. 若将 N 原子的基态电子构型写成 $1s^2\,2s^2\,2p_x^2\,2p_y^1$，这违背了（　　）。

A. 泡利原理　　　　　　　　　　　　　B. 洪特规则

C. 对称性一致的原则　　　　　　　　　D. 玻尔理论

7. 下列电子排布式中不正确的是（　　）。

A. $1s^2$　　　　　　　　　　　　　　　B. $1s^2\,2s^2\,2p^3$

C. $1s^2\,2s^2\,2p^6\,3s^2\,3p^6\,3d^3\,4s^2$　　D. $1s^2\,2s^2\,2p^6\,3s^2\,3p^6\,3d^4\,4s^2$

8. 下列分子中心原子是 sp^2 杂化的是（　　）。

A. PBr_3　　　　　　B. CH_4　　　　　　C. BF_3　　　　　　D. H_2O

9. 元素 N 的核外电子正确排布是（　　）。

A. $1s^2\,2s^2\,2p_x^1\,2p_y^1\,2p_z^1$　　　　　B. $1s^2\,2s^1\,2p_x^2\,2p_y^1\,2p_z^1$

C. $1s^2\,2s^2\,2p_x^2\,2p_y^1$　　　　　　　D. $1s^2\,2s^2\,2p_x^2\,2p_y^2$

10. 在 B、C、N、O 四种元素中，第一电离能最大的是（　　）。

A. B　　　　　　　B. C　　　　　　　C. N　　　　　　　D. O

11. 下列离子半径变小的顺序正确的是（　　）。

A. $F^->Na^+>Mg^{2+}>Al^{3+}$　　　　　B. $Na^+>Mg^{2+}>Al^{3+}>F^-$

C. $Al^{3+}>Mg^{2+}>Na^+>F^-$　　　　　D. $F^->Al^{3+}>Mg^{2+}>Na^+$

12. 下列的等电子离子中半径最小的是（　　）。

A. Al^{3+}　　　　　B. Na^+　　　　　C. F^-　　　　　D. O^{2-}

13. 既存在离子键和共价键，又存在配位键的化合物是（　　）。

A. H_3PO_4　　　　B. $Ba(NO_3)_2$　　　C. NH_4F　　　　D. $NaOH$

14. 下列物质中，属于共价化合物的是（　　）。

A. I_2　　　　　　B. $BaCl_2$　　　　　C. H_2SO_4　　　　D. $NaOH$

15. 下列物质中，既有离子键又有共价键的是（　　）。

A. KCl　　　　　　B. CO　　　　　　C. Na_2SO_4　　　　D. NH_4^+

16. 下列分子中，中心原子采取不等性 sp^3 杂化的是（　　）。

A. BF_3　　　　　　B. BCl_3　　　　　C. H_2O　　　　　D. $SiCl_4$

17. 下列分子中，键和分子均具有极性的是（　　）。

A. Cl_2　　　　　　B. BF_3　　　　　C. CO_2　　　　　D. NH_3

18. 下列分子的立体结构，其中属于直线形分子的是（　　）。

A. H_2O B. CO_2 C. C_2H_4 D. P_4

19. 下列分子中属于直线形分子构型的是（　　　）。

A. C_2H_2 B. SO_2 C. $C_2H_5OC_2H_5$ D. BF_3

20. 下列分子中，各原子均处于同一平面上的是（　　　）。

A. NH_3 B. CCl_4 C. C_2H_6 D. C_2H_4

21. 下列分子中，偶极矩为零的是（　　　）。

A. BF_3 B. NF_3 C. PF_3 D. $CHCl_3$

22. 下述化合物中，偶极矩不为零的是（　　　）。

A. CS_2 B. H_2S C. CCl_4 D. Br_2

23. 下列各组判断中，不正确的是（　　　）。

A. CH_4，CO_2，BCl_3 非极性分子

B. $CHCl_3$，HCl，H_2S 极性分子

C. CH_4，CO_2，BCl_3，H_2S 非极性分子

D. $CHCl_3$，HCl 极性分子

24. 下列偶极矩不等于零的分子是（　　　）。

A. $BeCl_2$ B. BF_3 C. NF_3 D. CO_2

25. 下列说法中正确的是（　　　）。

A. BCl_3 分子中 B—Cl 键是非极性的

B. BCl_3 分子和 B—Cl 键都是非极性的

C. BCl_3 分子是极性分子，而 B—Cl 键是非极性的

D. BCl_3 分子是非极性分子，而 B—Cl 键是极性键

26. 下列各组判断中正确的是（　　　）。

A. CH_4、CO_2 非极性分子   B. $CHCl_3$、BCl_3、H_2S、HCl 极性分子

C. CH_4、H_2S、CO_2 非极性分子   D. $CHCl_3$、BCl_3、HCl 极性分子

27. 膦（PH_3）又称磷化氢，在常温下是一种无色有大蒜臭味的有毒气体，电石气的杂质中常含有磷化氢。它的分子构型是三角锥形。以下关于 PH_3 的叙述正确的是（　　　）。

A. PH_3 分子中有未成键的孤对电子   B. PH_3 是非极性分子

C. PH_3 是一种强氧化剂   D. PH_3 分子的 P—H 键是非极性键

28. 在分子中衡量原子吸引成键电子的能力用（　　　）。

A. 电离能   B. 电子亲和能   C. 电负性   D. 解离能

29. 下列化学键中，极性最弱的是（　　　）。

A. H—F   B. H—O   C. O—F   D. C—F

30. 下列说法中正确的是（　　　）。

A. NH_3 分子中 N—H 键是非极性的

B. NH_3 分子和 N—H 键都是极性的

C. NH_3 分子是极性分子，而 N—H 键是非极性键

D. NH_3 分子是非极性分子，而 N—H 键是极性键

31. 极性键形成的非极性分子是（　　　）。

A. Cl_2 B. NH_3 C. H_2S D. CO_2

32. 在单质碘的四氯化碳溶液中，溶质和溶剂分子之间存在着（　　　）。

A. 取向力   B. 诱导力   C. 色散力   D. 诱导力和色散力

33. 下列能形成分子间氢键的物质是（　　　）。

A. NH_3 B. C_2H_4 C. HI   D. H_2S

34. 下列物质的熔点由高到低的顺序为（   ）。

a. $CuCl_2$ b. SiO_2 c. NH_3 d. PH_3

A. a＞b＞c＞d   B. b＞a＞c＞d   C. b＞a＞d＞c   D. a＞b＞d＞c

35. 碘单质在水溶液中溶解度很小，但在 CCl_4 中溶解度很大，这是因为（   ）。

A. CCl_4 与 I_2 分子量相差较小，而 H_2O 与 I_2 分子量相差较大

B. CCl_4 与 I_2 都是直线形分子，而 H_2O 不是直线形分子

C. CCl_4 和 I_2 都不含氢元素，而 H_2O 中含有氢元素

D. CCl_4 和 I_2 都是非极性分子，而 H_2O 是极性分子

二、填空题

1. 某电子处在 3d 轨道，它的轨道量子数 n 为＿＿＿＿＿＿，l 为＿＿＿＿＿＿，m 可能是＿＿＿＿＿＿＿＿。

2. 在下列空白处填入所允许的量子数。

(1) $n=1$，$l=$＿＿＿＿，$m=$＿＿＿＿；(2) $n=2$，$l=1$，$m=$＿＿＿＿；(3) $n=3$，$l=2$，$m=$＿＿＿＿＿＿。

3. 符号"3p"表示电子的主量子数 n 等于＿＿＿＿＿，角量子数 l 等于＿＿＿＿＿，该电子亚层最多可以有＿＿＿＿＿种空间取向，该电子亚层最多可容纳＿＿＿＿＿个电子。

4. 3p 轨道的主量子数为＿＿＿＿＿，角量子数为＿＿＿＿＿，可能的磁量子数为＿＿＿＿＿。

5. 22 号元素的核外电子排布式是＿＿＿＿＿＿＿＿＿＿＿，它属于第＿＿＿＿＿周期＿＿＿＿＿族。

6. 铬的原子序数是 24，其外层价电子排布式是＿＿＿＿＿＿＿＿＿，它属于第＿＿＿＿＿周期＿＿＿＿＿族。

7. 第 29 号元素的元素符号为＿＿＿＿，该元素位于周期表中第＿＿＿＿周期，＿＿＿＿族，核外电子排布式为＿＿＿＿＿＿＿＿＿＿。

8. CO_2 是＿＿＿＿分子，SO_2 是＿＿＿＿分子，BF_3 是＿＿＿＿分子，NF_3 是＿＿＿＿分子。（"极性"或"非极性"）

9. 下列各对分子之间，存在的相互作用力分别是：

(1) CH_3Cl 和 CCl_4 分子之间存在＿＿＿＿＿＿＿＿＿；(2) CH_3Cl 和 CH_3Cl 分子之间存在＿＿＿＿＿＿＿＿＿；（3）CCl_4 和 CCl_4 分子之间存在＿＿＿＿＿＿＿＿＿；(4) CH_3OH 和 C_2H_5OH 分子间存在＿＿＿＿＿＿＿＿＿。

10. 浓硫酸的黏度很大，这是由于 H_2SO_4 分子之间存在着＿＿＿＿＿＿＿＿＿，硫酸与水混合能放出大量的热，这是由于 H_2SO_4 与 H_2O 之间形成了＿＿＿＿＿＿＿＿＿。

11. 填表

价层电子结构式	原子序数	周期	族	区	金属性
$3s^2 3p^2$					
$3s^2 3p^3$					
$3d^{10} 4s^1$					

三、判断题

1. 两种分子的中心原子杂化轨道类型不同，NH_3 为 sp^2 型杂化，而 CH_4 是 sp^3 型杂化。

（   ）

2. NH_3 分子中 N 原子形成三个杂化轨道，CH_4 分子中 C 原子形成 4 个杂化轨道。

（　　）

3. NH_3 分子中有一对未成键的孤对电子，它对成键电子的排斥作用较强。　（　　）

4. 氨气分子是极性分子而甲烷是非极性分子。　（　　）

5. 共价单键既可以是 σ 键，也可以是 π 键。　（　　）

6. 杂化轨道和其他原子轨道之间只能形成 σ 键。　（　　）

7. π 键的强度恰好是 σ 键强度的两倍。　（　　）

8. 有的分子中，只有 π 键，没有 σ 键。　（　　）

四、名词解释

1. 配位键

2. σ 键

3. π 键

4. 键能

5. 键长

6. 键角

7. 分子晶体

8. 离子晶体

9. 原子晶体

五、简答题

1. 共价键理论要点是什么？

2. 杂化轨道理论要点是什么？

六、讨论题

查阅我国"中国稀土之父"徐光宪院士根据光谱数据归纳的能级高低判断近似规律，并讨论 $(n+0.71)$ 值与能级的关系。

第8章
常见金属元素及其化合物

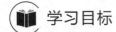 学习目标

知识目标

熟悉铬、锰、铁和锌族元素化合物的性质及用途。

能力目标

1. 能利用电势图，判断铬、锰、铁、锌的化合物或离子在不同介质中的稳定性及发生的反应；

2. 能鉴定 Mn^{2+}、Fe^{2+}、Fe^{3+}、Hg^{2+} 等离子。

素质目标

1. 增强生态文明意识，树立绿色环保理念；

2. 增强创新意识，提高创新能力；

3. 增强爱国主义情怀和社会责任感，树立爱国、敬业的价值观。

在元素周期表中，大多数元素为金属元素，所有的过渡元素均为金属，本章主要介绍常见的过渡元素及其化合物。过渡金属材料具有优异的电化学性能和催化活性，在新能源领域发挥着重要作用。过渡金属材料也具备高强度、高导电性等特点，在提高设备精度和稳定性方面有着广泛应用前景。在航空航天领域中，过渡金属材料的高强度、高温耐受性等特点也能够为航空航天技术提供更多选择。新材料技术在新能源、装备制造、航空航天和轨道交通等产业中的广泛应用，展现了新材料产业良好的市场机遇和发展前景。新材料是新型工业化的重要支撑，是国家大力发展的战略性新兴产业之一，也是加快发展新质生产力、扎实推进高质量发展的重要产业方向。

8.1 铬及其重要化合物

铬元素在周期表中位于第四周期的ⅥB族，在地壳中的丰度居第 21 位，主要矿物是铬铁矿，组成为 $FeO \cdot Cr_2O_3$ 或 $FeCr_2O_4$。我国的铬铁矿主要分布在青海、宁夏和甘肃等地。

8.1.1 铬的元素电势图

铬原子的价电子构型是 $3d^5 4s^1$，能形成多种氧化态的化合物，如 +1、+2、+3、+4、+5、+6 等，其中以 +3、+6 氧化态两类化合物最为重要。各氧化态间电势图如下：

$$\varphi_A^\ominus/V \quad Cr_2O_7^{2-} \xrightarrow{+1.33} Cr^{3+} \xrightarrow{-0.41} Cr^{2+} \xrightarrow{-0.91} Cr$$
$$\underset{-0.74}{\underline{\hspace{3cm}}}$$

$$\varphi_B^\ominus/V \quad CrO_4^{2-} \xrightarrow{-0.12} Cr(OH)_3 \xrightarrow{-1.1} Cr(OH)_2 \xrightarrow{-1.4} Cr$$
$$\underset{-1.3}{\underline{\hspace{3cm}}}$$

由铬的电极电势可知：在酸性溶液中，氧化值为 +6 的铬（$Cr_2O_7^{2-}$）有较强的氧化性，可被还原为 Cr^{3+}；而 Cr^{2+} 有较强的还原性，可被氧化为 Cr^{3+}。因此，在酸性溶液中 Cr^{3+} 不易被氧化，也不易被还原。在碱性溶液中，氧化值为 +6 的铬（CrO_4^{2-}）氧化性很弱，相反，$Cr(III)$ 易被氧化为 $Cr(VI)$。

> **想一想**：在酸碱介质中 $Cr(III)$、$Cr(VI)$ 的存在形式是什么？如何实现 $Cr(III)$、$Cr(VI)$ 之间的转化？转化反应与酸碱介质的关系如何？

8.1.2 单质及其性质

铬具有银白色光泽，是最硬的金属，主要用于电镀和制造合金钢。在汽车、自行车和精密仪器等器件表面镀铬，可使器件表面光亮、耐磨、耐腐蚀。把铬加入钢中，能增强耐磨性、耐热性和耐腐蚀性，还能增强钢的硬度和弹性，故铬用于冶炼多种合金钢。含 Cr 在 12% 以上的钢称为不锈钢，是广泛使用的金属材料。

常温下，铬表面因生成致密的氧化物薄膜而呈钝态，在空气中或水中都相当稳定。去掉保护膜的铬可缓慢溶于稀盐酸或硫酸，形成蓝色 Cr^{2+}，Cr^{2+} 与空气接触，很快被氧化为绿色的 Cr^{3+}。

$$Cr + 2H^+ \longrightarrow Cr^{2+} + H_2\uparrow$$
$$4Cr^{2+} + 4H^+ + O_2 \longrightarrow 4Cr^{3+} + 2H_2O$$

铬还可与热的浓硫酸发生如下反应。

$$2Cr + 6H_2SO_4(热、浓) \longrightarrow Cr_2(SO_4)_3 + 3SO_2\uparrow + 6H_2O$$

但铬不溶于浓硝酸。

8.1.3 铬（III）的化合物

(1) 三氧化二铬和氢氧化铬

Cr_2O_3 为绿色晶体，不溶于水，具有两性，溶于酸形成 $Cr(III)$ 盐，溶于强碱形成亚铬酸盐（CrO_2^-）：

$$Cr_2O_3 + 3H_2SO_4 \longrightarrow Cr_2(SO_4)_3 + 3H_2O$$
$$Cr_2O_3 + 2NaOH \longrightarrow 2NaCrO_2 + H_2O$$

Cr_2O_3 可由重铬酸铵加热分解而制得：

$$(NH_4)_2Cr_2O_7 \xrightarrow{\triangle} Cr_2O_3 + N_2\uparrow + 4H_2O$$

Cr_2O_3 常用作媒染剂、有机合成的催化剂以及油漆的颜料"铬绿"，也是冶炼金属和制取铬盐的原料。

在 $Cr(III)$ 盐中加入氨水或氢氧化钠溶液，即有灰蓝色的 $Cr(OH)_3$ 胶状沉淀析出：

$$Cr_2(SO_4)_3 + 6NaOH \longrightarrow 2Cr(OH)_3\downarrow + 3Na_2SO_4$$

$Cr(OH)_3$ 具有明显的两性，在溶液中存在两种平衡：

$$\underset{紫色}{Cr^{3+} + 3OH^-} \rightleftharpoons \underset{灰蓝色}{Cr(OH)_3} \rightleftharpoons \underset{绿色}{H^+ + Cr(OH)_4^-} \quad (或写成 CrO_2^-)$$

向 Cr(OH)₃ 沉淀中无论加入酸或加碱沉淀都会溶解，反应式如下：

$$Cr(OH)_3 + 3HCl \longrightarrow CrCl_3 + 3H_2O$$

$$Cr(OH)_3 + NaOH \longrightarrow NaCr(OH)_4 \quad (或 NaCrO_2)$$

显然，Cr(OH)₃ 和 Al(OH)₃ 一样具有两性。

（2）铬（Ⅲ）盐

常见的铬（Ⅲ）盐有三氯化铬 $CrCl_3 \cdot 6H_2O$（紫色或绿色）、硫酸铬 $Cr_2(SO_4)_3 \cdot 18H_2O$（紫色）以及铬钾矾 $KCr(SO_4)_2 \cdot 12H_2O$（蓝紫色）。它们都易溶于水，水合离子 $[Cr(H_2O)_6]^{3+}$ 不仅存在于溶液中，也存在于上述化合物的晶体中。

（3）铬（Ⅲ）配合物

Cr(Ⅲ) 离子的外围电子构型为 $3d^34s^04p^0$，它有六个空轨道，容易形成配位数为 6 的配合物。最常见的 Cr(Ⅲ) 离子的配合物为 $[Cr(H_2O)_6]^{3+}$，它存在于水溶液中，也存在于许多盐的水合晶体中。Cr(Ⅲ) 还能与 Cl^-、$C_2O_4^{2-}$、OH^-、CN^-、SCN^-、NH_3 等形成单齿配合物，如 $[CrCl_6]^{3-}$、$[Cr(NH_3)_6]^{3+}$、$[Cr(CN)_6]^{3-}$ 等。此外，还能形成含有多种配位体的配合物，如 $[CrCl(H_2O)_5]^{2+}$、$[CrBrCl(NH_3)_4]^+$ 等。

8.1.4　铬（Ⅵ）的化合物

铬（Ⅵ）的主要化合物有 CrO_3、K_2CrO_4、Na_2CrO_4、$K_2Cr_2O_7$、$Na_2Cr_2O_7$ 等。

（1）三氧化铬

三氧化铬即铬酸酐，简称铬酐，遇水即生成铬酸：

$$CrO_3 + H_2O \longrightarrow H_2CrO_4$$

铬酸是二元强酸，只存在于溶液中（$K_{a_1}^{\ominus} = 4.1$，$K_{a_2}^{\ominus} = 3.2 \times 10^{-1}$）。

CrO_3 溶于碱生成铬酸盐：

$$CrO_3 + 2NaOH \longrightarrow Na_2CrO_4 + H_2O$$

三氧化铬为红色片状晶体，易潮解，有毒，超过熔点 468K 即分解而释放出 O_2。

$$4CrO_3 \xrightarrow{\triangle} 2Cr_2O_3 + 3O_2 \uparrow$$

CrO_3 为强氧化剂，遇有机物易燃烧和爆炸。如往少量 CrO_3 上滴加酒精，酒精立即燃烧。

三氧化铬可由固体重铬酸钠和浓硫酸经复分解制得：

$$Na_2Cr_2O_7 + 2H_2SO_4(浓) \xrightarrow{200℃} 2CrO_3 + 2NaHSO_4 + H_2O$$

（2）铬酸盐和重铬酸盐

由于铬（Ⅵ）的含氧酸无游离状态，因而常用其盐，钠、钾的铬酸盐和重铬酸盐是铬的最重要的盐。

K_2CrO_4 为黄色晶体，$K_2Cr_2O_7$ 为橙红色晶体（俗称红矾钾）。$K_2Cr_2O_7$ 在低温下的溶解度极小，又不含结晶水，易通过重结晶法提纯，而且 $K_2Cr_2O_7$ 不易潮解，故常用作分析中的基准试剂。

在铬酸盐溶液中存在以下平衡：

$$\underset{\text{黄色}}{2CrO_4^{2-} + 2H^+} \Longrightarrow 2HCrO_4^- \Longrightarrow \underset{\text{橙色}}{Cr_2O_7^{2-} + H_2O}$$

可见，溶液中往往同时存在 CrO_4^{2-}、$HCrO_4^-$ 和 CrO_7^{2-} 三种离子，它们互相间的转化显然受到溶液酸碱度的制约。若向黄色 CrO_4^{2-} 溶液中加酸，会生成橙色的 $Cr_2O_7^{2-}$；反之，若向橙色的 $Cr_2O_7^{2-}$ 溶液中加碱，又转变成黄色的 $Cr_2O_7^{2-}$。可以通过调节溶液酸碱度来控

制 CrO_4^{2-} 和 $Cr_2O_7^{2-}$ 的浓度，并有以下两方面的用途。

① 氧化性　根据元素电势图，在酸性下 $Cr_2O_7^{2-}$ 表现出强氧化性。所以，当采用氧化态为 +6 的铬盐为氧化剂时，需选用重铬酸盐，并使反应在酸性溶液中进行。例如：

$$Cr_2O_7^{2-}+6Fe^{2+}+14H^+ \longrightarrow 2Cr^{3+}+6Fe^{3+}+7H_2O$$
$$Cr_2O_7^{2-}+3SO_3^{2-}+8H^+ \longrightarrow 2Cr^{3+}+3SO_4^{2-}+4H_2O$$
$$Cr_2O_7^{2-}+6Cl^-+14H^+ \longrightarrow 2Cr^{3+}+3Cl_2\uparrow+7H_2O$$

分析化学中常用 $K_2Cr_2O_7$ 测定溶液中 Fe^{2+} 的含量。

实验室常用的铬酸洗液就是由重铬酸钾的饱和溶液和浓硫酸配制而成的。可用来洗涤化学玻璃仪器，以除去器壁上黏附的油脂。当洗液多次使用变为绿色时，$Cr(Ⅵ)$ 已还原成 $Cr(Ⅲ)$，说明已失效。近年来，为了防止 $Cr(Ⅵ)$ 的污染，洗液已逐渐被合成洗涤剂所代替。

② 溶解度　重铬酸盐大都溶于水，而铬酸盐中除 K^+、Na^+、NH_4^+ 盐外，一般都难溶于水。当向重铬酸盐中加入可溶性 Ba^{2+}、Pb^{2+} 或 Ag^+ 盐时，将促使 $Cr_2O_7^{2-}$ 向 CrO_4^{2-} 方向转化，而生成相应的铬酸盐沉淀：

$$Cr_2O_7^{2-}+2Ba^{2+}+H_2O \longrightarrow 2BaCrO_4\downarrow+2H^+$$
黄色（柠檬黄）

$$Cr_2O_7^{2-}+2Pb^{2+}+H_2O \longrightarrow 2PbCrO_4\downarrow+2H^+$$
黄色（铬黄）

$$Cr_2O_7^{2-}+4Ag^++H_2O \longrightarrow 2Ag_2CrO_4\downarrow+2H^+$$
砖红色

实验室常用 Ba^{2+}、Pb^{2+}、Ag^+ 来检验 CrO_4^{2-} 的存在。柠檬黄、铬黄作为颜料可用于制造油漆、油墨、水彩、油彩，还可用于纸、橡胶、塑料制品的着色。

8.1.5　含铬废水的处理

在铬的化合物中，以 $Cr(Ⅵ)$ 的毒性最大，$Cr(Ⅲ)$ 次之，$Cr(Ⅱ)$ 和金属铬的毒性最小。铬酸盐能降低生化过程的需氧量，从而引起窒息。它对胃、肠等有刺激作用，对鼻黏膜的损伤最大，长期吸入会引起鼻黏膜炎甚至鼻中隔穿孔，并有致癌作用。电镀和制革工业以及生产铬化合物的工厂是含铬废水的主要来源。$Cr(Ⅵ)$ 和 $Cr(Ⅲ)$ 对鱼类、农作物都有害。我国规定工业废水含 $Cr(Ⅵ)$ 的排放标准为 $0.1mg/L$。目前处理含铬废水的方法大体上可分为两种。

（1）还原法

用 $FeSO_4$、Na_2SO_3、$Na_2S_2O_3$、$NaHSO_3$、SO_2 等作为还原剂，将 $Cr(Ⅵ)$ 还原成 $Cr(Ⅲ)$，再使之沉淀为 $Cr(OH)_3$ 除去。

电解还原法是用金属铁作阳极，$Cr(Ⅵ)$ 在阴极上被还原成 $Cr(Ⅲ)$，阳极溶解下来的 Fe^{2+} 也可将 $Cr(Ⅵ)$ 还原成 $Cr(Ⅲ)$。

（2）离子交换法

$Cr(Ⅵ)$ 在废水中常以阴离子 CrO_4^{2-} 或 $Cr_2O_7^{2-}$ 形式存在，让废水流经阴离子交换树脂进行离子交换。交换后的树脂用 $NaOH$ 处理，再生后重复使用。交换和再生的反应式如下：

$$2R-N^+OH^-+CrO_4^{2-} \underset{\text{再生}}{\overset{\text{交换}}{\rightleftharpoons}} (R-N)_2CrO_4+2OH^-$$

洗脱下来的高浓度 CrO_4^{2-} 溶液，供回收利用。

> **查一查**：查阅资料，了解铬及其化合物的毒理，并谈一谈对铬污染有什么感想。

8.2 锰及其重要化合物

锰是周期表ⅦB族第一种元素，在地壳中的丰度为 0.1％，它主要以氧化物形式存在，如软锰矿 $MnO_2 \cdot nH_2$、黑锰矿 Mn_3O_4 和水锰矿 $MnO(OH)$。人们在深海海底也发现了大量的锰矿——锰结核。它是一种一层一层的铁锰氧化物层间夹有黏土层所构成的一个个同心圆状的团块，其中还含有铜、钴、镍等重要金属元素。我国南海有大量的锰结核资源。

8.2.1 锰的元素电势图

锰的电势图如下：

$$\varphi_A^{\ominus}/V \quad MnO_4^- \xrightarrow[\underset{1.695}{}]{0.564} MnO_4^{2-} \xrightarrow{2.67} MnO_2 \xrightarrow[\underset{1.23}{}]{0.95} Mn^{3+} \xrightarrow{1.488} Mn^{2+} \xrightarrow{-1.18} Mn$$

（上方跨线：1.51）

$$\varphi_B^{\ominus}/V \quad MnO_4^- \xrightarrow[\underset{0.588}{}]{0.564} MnO_4^{2-} \xrightarrow{0.60} MnO_2 \xrightarrow[\underset{-0.05}{}]{-0.20} Mn(OH)_3 \xrightarrow{0.10} Mn(OH)_2 \xrightarrow{-1.56} Mn$$

从锰的电势图可知，在酸性溶液中 Mn^{3+} 和 MnO_4^{2-} 均易发生歧化反应：

$$2Mn^{2+} + 2H_2O \longrightarrow Mn^{2+} + MnO_2 \downarrow + 4H^+$$

$$3MnO_4^{2-} + 4H^+ \longrightarrow 2MnO_4^- + MnO_2 \downarrow + 2H_2O$$

Mn^{2+} 很稳定，不易被氧化，也不易被还原。MnO_4^- 和 MnO_2 有强氧化性。在碱性溶液中，$Mn(OH)_2$ 不稳定，易被空气中的氧气氧化为 MnO_2；MnO_4^{2-} 也能发生歧化反应，但反应不如在酸性溶液中进行得完全。

> **想一想**：哪种氧化剂可以将 Mn^{2+} 氧化成 MnO_4^-？实验时为什么 Mn^{2+} 不能过量？

8.2.2 单质及其性质

金属锰外形似铁，粉末状为灰色。纯锰用途不大，但它的合金非常重要。含 Mn 12％～15％、Fe 83％～87％、C 2％的锰钢很坚硬，抗冲击，耐磨损，可用于制钢轨和钢甲、破碎机等；锰可代替镍制造不锈钢。

锰属于活泼金属，在空气中锰表面生成的氧化物膜，可以保护金属内部不受侵蚀。粉末状的锰能彻底被氧化，有时甚至能起火，它能分解冷水：

$$Mn + 2H_2O \longrightarrow Mn(OH)_2 \downarrow + H_2 \uparrow$$

锰和卤素、S、C、N、Si 等非金属能直接化合生成 MnX_2、Mn_3N_2、MnS 等。

锰溶于一般的无机酸，生成 Mn（Ⅱ）盐，与冷的浓硫酸作用缓慢。有氧化剂存在的情况下，金属锰又能与熔融碱作用生成锰酸盐，如

$$2Mn + 4KOH + 3O_2 \longrightarrow 2K_2MnO_4 + 2H_2O$$

锰原子的价电子层构型是 $3d^5 4s^2$，最高氧化数为 +7，还有 +6、+4、+3、+2 等价态，其中以 +2、+4、+7 三种氧化数的化合物最为重要。

8.2.3 锰（Ⅱ）的化合物

锰（Ⅱ）的化合物有氧化锰或氧化亚锰（MnO）、氢氧化锰及 Mn(Ⅱ) 盐，其中以 Mn(Ⅱ)

盐最常见，如 $MnCl_2$、$MnSO_4$、$Mn(NO_3)_2$、MnS 等。由于 Mn^{2+} 的价电子层构型为 $3d^5$，属于 d 能级半充满的稳定状态，故这类化合物是最稳定的。

Mn^{2+} 在酸性溶液中很稳定，欲使 Mn^{2+} 氧化，必须选用强氧化剂，如 $NaBiO_3$，PbO_2，$(NH_4)_2S_2O_8$ 等。例如：

$$2Mn^{2+}+5NaBiO_3+14H^+ \longrightarrow 2MnO_4^-+5Bi^{3+}+5Na^++7H_2O$$

反应产物 MnO_4^- 即使在很稀的溶液中，也能显示它特征的红色。因此，上述反应可用来鉴定溶液中 Mn^{2+} 的存在。

在 Mn(Ⅱ) 盐溶液中加入 NaOH 或氨水，都能生成白色 $Mn(OH)_2$ 沉淀：

$$Mn^{2+}+2OH^- \longrightarrow Mn(OH)_2\downarrow$$
$$Mn^{2+}+2NH_3 \cdot H_2O \longrightarrow Mn(OH)_2\downarrow+2NH_4^+$$

从锰的元素电势图得知，在碱性介质中，Mn(Ⅱ) 极易被氧化，故 $Mn(OH)_2$ 不能稳定存在，甚至溶解在水中的少量氧也能使它氧化，沉淀由白色逐渐变成褐色的水合二氧化锰：

$$2Mn(OH)_2+O_2 \longrightarrow 2MnO(OH)_2$$

这个反应在水中用于测定水中的溶解氧。反应原理是在经吸氧后的 $MnO(OH)_2$ 中加入适量硫酸使其酸化后，和过量的 KI 溶液作用，I^- 被氧化而析出 I_2，再用标准硫代硫酸钠 $Na_2S_2O_3$ 溶液滴定 I_2，经换算就得知水中的氧含量。

多数锰（Ⅱ）盐如卤化锰、硝酸锰、硫酸锰等强酸盐都易溶于水。在水溶液中，Mn^{2+} 常以淡红色的 $[Mn(H_2O)_6]^{2+}$ 水合离子存在。从溶液中结晶出的锰（Ⅱ）盐是带结晶水的粉红色的晶体。如 $MnCl_2 \cdot 4H_2O$、$Mn(NO_3)_2 \cdot 6H_2O$ 等。

8.2.4　锰（Ⅳ）的化合物

锰（Ⅳ）的化合物中最重要的是二氧化锰 MnO_2。它是一种很稳定的黑色粉末状物质，不溶于水。

二氧化锰在酸性下有强氧化性，和浓盐酸作用有氯气生成，和浓硫酸作用有氧气生成：

$$MnO_2+4HCl \longrightarrow MnCl_2+Cl_2\uparrow+2H_2O$$
$$2MnO_2+2H_2SO_4 \longrightarrow 2MnSO_4+O_2\uparrow+2H_2O$$

实验室制备少量氯气就可用二氧化锰与浓盐酸反应制备。

二氧化锰在碱性介质中，有氧化剂存在时，还能被氧化成锰酸盐。如 MnO_2 与 KOH 的混合物于空气中，或者与 $KClO_3$、KNO_3 等氧化剂一起加热熔融，可以得到绿色的锰酸钾 K_2MnO_4：

$$MnO_4+4KOH+O_2 \longrightarrow 2K_2MnO_4+2H_2O$$
$$3MnO_2+6KOH+KClO_3 \longrightarrow 3K_2MnO_4+KCl+3H_2O$$

MnO_2 用途很广，大量用于制造干电池以及玻璃、陶瓷、火柴、油漆等工业，也是制备其他锰化合物的主要原料。

8.2.5　锰（Ⅶ）的化合物

锰（Ⅶ）化合物中，最重要的是高锰酸钾 $KMnO_4$。它为暗紫色晶体，有光泽，是一种较稳定的化合物。

将固体 $KMnO_4$ 加热到 473K 以上，就分解放出氧气，是实验室制备氧气的一种简便方法。

$$2KMnO_4 \xrightarrow{\triangle} K_2MnO_4+MnO_2+O_2\uparrow$$

由于 $\varphi^{\ominus}$（MnO_4^-/MnO_2）$=1.679V$，大于 $\varphi^{\ominus}$（O_2/H_2O）$=1.229V$，故溶液中的 MnO_4^- 有可能把 H_2O 氧化为 O_2，反应式如下：

$$4MnO_4^- + 4H^+ \longrightarrow 4MnO_2 + 2H_2O + 3O_2$$

光对此反应有催化作用，故固体高锰酸钾及其溶液都需保存在棕色瓶中。

高锰酸钾是最重要的强氧化剂之一。随着介质酸碱性不同，其还原产物有以下三种：

在酸性溶液中，MnO_4^- 被还原成 Mn^{2+}。例如：

$$2MnO_4^- + 5SO_3^{2-} + 6H^+ \longrightarrow 2Mn^{2+} + 5SO_4^{2-} + 3H_2O$$

$$MnO_4^- + 5Fe^{2+} + 8H^+ \longrightarrow Mn^{2+} + 5Fe^{3+} + 4H_2O$$

如果 MnO_4^- 过量，将进一步和它自身的还原产物 Mn^{2+} 发生逆歧化反应而出现 MnO_2 沉淀，紫红色随即消失：

$$2MnO_4^- + 3Mn^{2+} + 2H_2O \longrightarrow 5MnO_2\downarrow + 4H^+$$

在中性或弱碱性溶液中，还原成 MnO_2。例如：

$$2MnO_4^- + 3SO_3^{2-} + H_2O \longrightarrow 2MnO_2\downarrow + 3SO_4^{2-} + 2OH^-$$

在强碱性溶液中，还原成锰酸根 MnO_4^{2-}，如：

$$2MnO_4^- + SO_3^{2-} + 2OH^- \longrightarrow 2MnO_4^{2-} + H_2O + SO_4^{2-}$$

溶液由紫色变成绿色，但上式中如果 MnO_4^- 的量不足，还原剂（如 SO_3^{2-}）过剩，则生成物中的锰酸根 MnO_4^{2-} 继续发挥氧化作用，最后产物也是 MnO_2：

$$MnO_4^{2-} + SO_3^{2-} + H_2O \longrightarrow MnO_2\downarrow + SO_4^{2-} + 2OH^-$$

工业上常以 MnO_2 为原料制取高锰酸钾。首先在强碱性溶液中将它氧化成锰酸钾，然后进行电解氧化。反应式如下：

$$2MnO_2 + 4KOH + O_2 \xrightarrow{\triangle} 2K_2MnO_4 + 2H_2O$$

$$2K_2MnO_4 + 2H_2O \xrightarrow{电解} 2KMnO_4 + 2KOH + H_2\uparrow$$
$$\qquad\qquad\qquad\qquad （阳极）\qquad\qquad\qquad（阴极）$$

高锰酸钾在化学品生产中，广泛用作为氧化剂，例如用作制糖精，维生素 C、异烟肼及安息香酸的氧化剂；在医药上用作防腐剂、消毒剂、除臭剂及解毒剂；在水质净化及废水处理中，作水处理剂，以氧化硫化氢、酚、铁、锰和有机、无机等多种污染物，控制臭味和脱色；在气体净化中，可除去痕量硫、砷、磷、硅烷、硼烷及硫化物；在采矿冶金方面，用作从铜中分离钼、从锌和镉中除杂以及化合物浮选的氧化剂；还用作特殊织物、蜡、油脂及树脂的漂白剂，防毒面具的吸附剂，木材及铜的着色剂等。

8.2.6 高锰酸钾的应用

利用 $KMnO_4$ 标准溶液作氧化剂，能够直接滴定许多还原性物质，如 Fe^{2+}、$As(III)$、$Sb(III)$、H_2O_2、$C_2O_4^{2-}$、NO_2^- 及具有还原性的有机物等。$KMnO_4$ 与另一还原剂相配合，可用返滴定法测定许多氧化性物质，如 $Cr_2O_7^{2-}$、ClO_3^-、BrO_3^-、PbO_2 及 MnO_2 等。某些不具氧化还原性的物质，若能与还原剂或氧化剂定量反应，也可用间接法加以测定。例如，钙盐的测定：将试样处理成溶液后，用 $C_2O_4^{2-}$ 将 Ca^{2+} 沉淀为 CaC_2O_4；以稀硫酸溶解沉淀；用 $KMnO_4$ 标准溶液滴定溶液中的 $C_2O_4^{2-}$，从而间接求出钙的含量。

高锰酸钾的优点是氧化能力强，应用范围广；但 $KMnO_4$ 能与许多还原性物质作用，干扰比较严重；且其溶液不够稳定。

> **查一查**：锰基新材料的特性与产业应用。

8.3　铁及其重要化合物

铁在地壳中的丰度居第四位，仅次于铝。在工农业、国防、军工以及人们生活中，钢铁制品无处不在。就某种意义而言，钢铁的产量可以代表一个国家的工业化水平。铁矿主要有磁铁矿（Fe_3O_4）、赤铁矿（Fe_2O_3）、褐铁矿（$Fe_2O_3 \cdot H_2O$）等。

8.3.1　铁的元素电势图

铁（Fe）位于周期表第Ⅷ族，其价层结构分别为 $3d^6 4s^2$。这部分元素电势图为：

$$\varphi_A^{\ominus}/V \qquad FeO_4^{2-} \xrightarrow{\ 2.20\ } Fe^{3+} \xrightarrow{\ 0.771\ } Fe^{2+} \xrightarrow{\ -0.44\ } Fe$$

$$\varphi_B^{\ominus}/V \quad FeO_4^{2-} \xrightarrow{\ 0.72\ } Fe(OH)_3 \xrightarrow{\ -0.56\ } Fe(OH)_2 \xrightarrow{\ -0.887\ } Fe$$

Fe 通常形成 +2、+3 两种氧化态的化合物，以 +3 氧化态化合物较稳定，这是由于 Fe^{2+} 的价电构型为 $3d^6$，容易再失去一个电子成为 $3d^5$（Fe^{3+}）半满的稳定结构。

8.3.2　单质及其性质

铁有生铁、熟铁之分，生铁含碳在 $1.7\%\sim4.5\%$ 之间，熟铁含碳在 0.1% 以下，而钢含碳量介于二者之间。钢铁的致命弱点就是耐腐蚀性差，全世界每年将近四分之一的钢铁制品由于锈蚀而报废。在钢中加入 Cr、Ni、Mn、Ti 等制成的合金钢、不锈钢，大大改善了普通钢的性质。

铁略带灰色，有很好的延展性，是优良的磁性材料。铁溶于盐酸、稀硫酸和硝酸，但冷而浓的硫酸、硝酸会使其钝化。

> **查一查**：我国铁矿资源开发利用现状及发展趋势。

8.3.3　铁的氧化物和氢氧化物

（1）氧化物

FeO 是黑色的碱性氧化物，易溶于强酸而不溶于碱。FeO 的纳米材料具有良好的热、电性能，可制成多种温度传感器。Fe_2O_3 是赤铁矿的主要成分。Fe_2O_3 是难溶于水的两性氧化物，但以碱性为主。当它与酸作用时，生成 Fe（Ⅲ）盐。例如：

$$Fe_2O_3 + 6\ HCl \longrightarrow 2FeCl_3 + 3H_2O$$

与 NaOH、Na_2CO_3 或 Na_2O 这类碱性物质共熔，即生成铁（Ⅲ）酸盐。例如：

$$Fe_2O_3 + Na_2CO_3 \xrightarrow{\text{熔融}} 2NaFeO_2 + CO_2 \uparrow$$

Fe_2O_3 俗称铁红，可作红色颜料、磨光剂和磁性材料。在工业上常由草酸亚铁经焙烧制得，反应过程如下：

$$FeC_2O_4 \xrightarrow{\triangle} FeO + CO_2 \uparrow + CO \uparrow$$

$$6FeO + O_2 \longrightarrow 2Fe_3O_4$$

$$4Fe_3O_4 + O_2 \xrightarrow{600℃} 6Fe_2O_3$$

（2）氢氧化物

$Fe(OH)_2$ 极不稳定，它在空气中易被氧化成红棕色的 $Fe_2O_3 \cdot xH_2O$，但习惯上仍将

其写作 $Fe(OH)_3$：

$$4Fe(OH)_2 + O_2 + 2H_2O \longrightarrow 4Fe(OH)_3$$

其原因是：

$$Fe(OH)_3 + e \longrightarrow Fe(OH)_2 + OH^- \qquad \varphi^\ominus = -0.56V$$

$$O_2 + 2H_2O + 4e \longrightarrow 4OH^- \qquad \varphi^\ominus = 0.401V$$

空气中的氧气就能将 $Fe(OH)_2$ 氧化。

新沉淀出来的 $Fe(OH)_3$ 有比较明显的两性，能溶于强碱：

$$Fe(OH)_3 + 3OH^- \longrightarrow [Fe(OH)_6]^{3-}$$

$Fe(OH)_3$ 与酸反应生成 $Fe(Ⅲ)$ 盐：

$$Fe(OH)_3 + 3H^+ \longrightarrow Fe^{3+} + 3H_2O$$

8.3.4 铁（Ⅱ）盐

硫酸亚铁 $FeSO_4 \cdot 7H_2O$ 是一种重要的亚铁盐，又名绿矾。将铁屑或铁板与硫酸作用，然后将溶液浓缩，冷却后就有绿色的 $FeSO_4 \cdot 7H_2O$ 晶体析出。

亚铁盐的显著性质是还原性。它的稳定性随溶液的酸碱性而不同。在酸性下 $Fe(Ⅱ)$ 比较稳定，而在碱性下则易氧化。因此，制备硫酸亚铁时应控制好操作条件：

（1）始终保持金属铁过量

为了防止溶液中出现 Fe^{3+} 需加入过量的铁。一旦出现 Fe^{3+}，金属铁立即将它还原为亚铁：

$$Fe^{3+} + Fe \longrightarrow 2Fe^{2+}$$

此外，铁是活泼金属，能从溶液中将 Cu、Pb 等重金属杂质（由原料铁带入）置换出来：

$$Cu^{2+} + Fe \longrightarrow Cu\downarrow + Fe^{2+}$$

$$Pb^{2+} + Fe \longrightarrow Pb\downarrow + Fe^{2+}$$

（2）始终保持溶液为酸性

铁元素的电势图告诉我们，溶液若为碱性，所析出的 $Fe(OH)_2$ 极不稳定，所以在反应过程中应始终保持溶液为酸性（注意随时加酸！）。甚至最后得到的硫酸亚铁结晶，也要经过酸化后的水淋洗，再用少量酒精洗，使之迅速干燥。干燥后的亚铁盐，就比较稳定了。实验室配制硫酸亚铁溶液时，不仅须加入足够的酸，还要加几颗铁钉，才能延长保存时间。

$FeSO_4$ 和鞣酸作用生成的鞣酸亚铁，在空气中被氧化成黑色鞣酸铁，常用来制作蓝黑墨水。此外，硫酸亚铁还用作媒染剂、鞣革剂、木材防腐剂等，在农业上还可作杀虫剂，用硫酸亚铁浸泡种子，对防治大麦的黑穗病和条纹病效果较好。

8.3.5 铁（Ⅲ）盐

铁（Ⅲ）盐又称高铁盐，如三氯化铁、硫酸铁、硝酸铁等。铁（Ⅲ）盐的主要性质之一是容易水解，其水解产物一般近似地认为是氢氧化铁：

$$Fe^{3+} + 3H_2O \rightleftharpoons Fe(OH)_3 + 3H^+$$

实际上，它的水解历程比较复杂，只有在强酸性（pH＝0）的条件下，$Fe(Ⅲ)$ 溶液才是清亮的。此时铁离子基本上以水合离子 $[Fe(H_2O)_6]^{3+}$ 的形式存在。当该离子的浓度为 $1mol \cdot L^{-1}$ 时，pH＝1.8 就开始水解；pH＝3.3 时，水解完全。$Fe(Ⅲ)$ 的水解历程比较复杂，它是逐级水解，而使溶液呈黄色或红棕色。

$$[Fe(H_2O)_6]^{3+} + H_2O \rightleftharpoons [Fe(H_2O)_5(OH)]^{2+} + H_3O^+$$

$$[Fe(H_2O)_5(OH)]^{2+} + H_2O \rightleftharpoons [Fe(H_2O)_4(OH)_2]^+ + H_3O^+$$

所产生的羟基离子还会进一步缩合为二聚离子：

$$2[Fe(H_2O)_5(OH)]^{2+} \longrightarrow [Fe(H_2O)_4(OH)_2 \cdot Fe(H_2O)_4]^{4+} + 2H_2O$$

当 pH 值增大时，将会发生进一步的缩聚反应而形成红棕色的胶体溶液。当 $pH = 4 \sim 5$ 时，即形成水合三氧化二铁沉淀。新沉淀的氢氧化铁易溶于酸，经放置后就难溶了。

三氯化铁是重要的铁(Ⅲ)盐，可由氯气和热的铁屑反应而制得。无水 $FeCl_3$ 为棕褐色的共价化合物，易升华，易溶于水和有机溶剂，其水溶液因 Fe^{3+} 的水解而呈酸性。从溶液中制得的三氯化铁一般为六水合物 $FeCl_3 \cdot 6H_2O$，其固体和水溶液中皆含有 $[FeCl_3(H_2O)_4]^+$ 而显红棕色。

三氯化铁常用作净水剂，就是利用它的水解性质。它的胶状水解产物与悬浮在水中的泥沙一起聚沉，浑浊的水即变清澈。

铁(Ⅲ)盐的另一性质是氧化性。尽管在铁系元素中它的氧化性比较弱，但在酸性溶液中仍属中强氧化剂，能氧化一些还原性较强的物质。例如：

$$2FeCl_3 + 2KI \longrightarrow 2FeCl_2 + I_2 + 2KCl$$
$$2FeCl_3 + H_2S \longrightarrow 2FeCl_2 + 2HCl$$

工业上常用浓的三氯化铁溶液的氧化性用作印刷电路、印花滚筒的刻蚀剂。例如在无线电工业中，利用 $FeCl_3$ 溶液来刻蚀铜板制造印刷电路，其反应为：

$$2FeCl_3 + Fe \longrightarrow 3FeCl_2$$
$$2FeCl_3 + Cu \longrightarrow 2FeCl_2 + CuCl_2$$

三氯化铁还可用作止血剂、有机合成的催化剂，还用作制取其他铁盐、颜料和墨水。

8.3.6　铁的配位化合物

铁大多发生 sp^3d^2 或 d^2sp^3 杂化，形成配位数为 6 的八面体配合物；也可发生 sp^3 或 dsp^2 杂化，形成配位数为 4 的四面体或平面正方形配合物。Fe^{2+} 和 Fe^{3+} 配合物的空间构型常为八面体；钴为四面体或八面体；镍有四面体、八面体及平面正方形等多种构型。下面介绍几种重要的配合物。

(1) 氰合物

Fe(Ⅱ)盐与 KCN 溶液作用，析出白色氰化亚铁 $Fe(CN)_2$ 沉淀，KCN 过量时 $Fe(CN)_2$ 溶解而形成六氰合铁(Ⅱ)酸钾 $K_4[Fe(CN)_6]$，简称亚铁氰化钾，俗名黄血盐，为柠檬黄色结晶：

$$Fe^{2+} + KCN \longrightarrow Fe(CN)_2 \downarrow$$
$$Fe(CN)_2 + KCN \longrightarrow K_4[Fe(CN)_6]$$

黄血盐主要用于制造颜料、油漆、油墨。$[Fe(CN)_6]^{4-}$ 在溶液中非常稳定，在其溶液中几乎检不出 Fe^{2+} 的存在。在黄血盐溶液中通入氯气或用 $KMnO_4$，可将 $[Fe(CN)_6]^{4-}$ 氧化成 $[Fe(CN)_6]^{3-}$：

$$2[Fe(CN)_6]^{4-} + Cl_2 \longrightarrow 2[Fe(CN)_6]^{3-} + 2Cl^-$$
$$3[Fe(CN)_6]^{4-} + MnO_4^- + 2H_2O \longrightarrow 3[Fe(CN)_6]^{3-} + MnO_2 + 4OH^-$$

由该溶液中析出的 $K_3[Fe(CN)_6]$ 晶体呈深红色，俗名赤血盐。它主要用于印刷制版、照片洗印及显影，也用于制晒蓝图纸等。

在含有 Fe^{2+} 的溶液中加入赤血盐，或在 Fe^{3+} 溶液中加入黄血盐，都有蓝色沉淀生成：

$$K^+ + Fe^{2+} + [Fe(CN)_6]^{3-} \longrightarrow KFe[Fe(CN)_6] \downarrow (蓝色)$$
$$K^+ + Fe^{3+} + [Fe(CN)_6]^{4-} \longrightarrow KFe[Fe(CN)_6] \downarrow (蓝色)$$

以上两个反应用来鉴定 Fe^{2+} 和 Fe^{3+} 的存在。结构研究表明，这两种蓝色沉淀的组成和结构相同，都是 $K[Fe^{II}(CN)_6Fe^{III}]$。该蓝色配合物广泛用于油墨和油漆制造。

（2）硫氰化物

Fe^{2+} 的硫氰化物 $[Fe(SCN)_6]^{4-}$ 不稳定，易被空气氧化。在含有 Fe^{3+} 的溶液中加入硫氰酸铵或硫氰酸钾即可生成血红色的硫氰合铁配离子 $[Fe(SCN)_n]^{3-n}$：

$$Fe^{3+} + nSCN^- \longrightarrow [Fe(SCN)_n]^{3-n} \quad (n=1\sim6)$$

n 值随溶液中的 SCN^- 浓度和酸度而定。常用于检验 Fe^{3+} 和比色法测定 Fe^{3+} 浓度的大小。

（3）羰基化合物

铁单质与一氧化碳配合，形成羰基化合物（简称羰合物），如 $[Fe(CO)_5]$。羰合物无论在结构、性质上都是比较特殊的一类配合物。羰合物不稳定，受热容易分解而析出单质。利用这一性质可以提纯金属。例如高纯铁粉的制备：

$$Fe + 5CO \xrightarrow{20MPa,200℃} [Fe(CO)_5] \xrightarrow{200\sim250℃} 5CO + Fe$$

8.3.7　重铬酸钾容量法测定铁矿石中的全铁

矿石全铁的测定，是指样品中铁的全量而言，包括铁的复杂硅酸盐在内。铁矿石的分解，在实际应用中，根据矿石项目的要求及干扰元素的分离等情况，通常选用酸分解和碱熔融的方法。样品分解时一般用过氧化钠熔融是最恰当的方法。对于不含复杂硅酸盐的铁矿也可以用磷酸溶矿法或盐酸法。而在酸分解试样中，可以利用二氯化锡和三氯化钛来对三价铁进行还原，全铁含量可以利用重铬酸钾滴定来进行测定。在利用重铬酸钾容量法测定铁矿石全铁含量的方法中，通常还会加入浓硝酸来对样品进行溶解，这样可以有效地加快溶解的温度，使之能够更完全地进行溶解，对其分析结果的精确度可以得到有效地提高，确保了测定结果的满意度。

> 想一想：如何验出和除去 $(NH_4)_2Fe(SO_4)_2$ 中的 Fe^{3+}？

8.4　锌族元素及其化合物

ⅡB 族包括锌、镉、汞三种元素，称为锌副族。它们的价层电子构型为 $(n-1)d^{10}ns^2$，其外层也只有 2 个电子，与ⅡA 族碱土金属相似，但因其次外层的电子排布不同，表现出的金属活泼性相差甚远。

8.4.1　锌族的元素电势图

锌族元素都能形成氧化数为 +2 的化合物，也能形成氧化数为 +1 的化合物，并以双聚离子存在，较稳定的是 Hg_2^{2+}。它们的电势图如下：

$$\varphi_A^{\ominus}/V \quad \begin{array}{l} Zn^{2+} \xrightarrow{-0.763} Zn \\ Cd^{2+} \xrightarrow{-0.403} Cd \end{array}$$

$$Hg^{2+} \xrightarrow{0.920} Hg_2^{2+} \xrightarrow{0.789} Hg$$

8.4.2　锌族元素单质

Zn、Cd、Hg 都是银白色金属，Zn 略带蓝色。它们的熔、沸点都比较低。

锌是活泼金属，能与许多非金属直接化合。它易溶于酸，也能溶于碱，是一种典型的两性金属。新制得的锌粉能与水作用，反应相当激烈，甚至能自燃。锌在潮湿空气中会氧化并在表面形成一层致密的碱式碳酸锌薄膜，像铝一样，也能保护内层不再被氧化。

$$4Zn+2O_2+3H_2O+CO_2 \longrightarrow 3Zn(OH)_2 \cdot ZnCO_3$$

镉的活泼性比锌差，镀镉材料比镀锌的更耐腐蚀和耐高温，故镉也是常用的电镀材料。镉的金属粉末常被用来制作镉镍蓄电池，它具有体积小、质量轻、寿命长等优点。

Hg 是常温下唯一的液态金属，它的流动性好，不润湿玻璃，并且在 273～473K 之间体积膨胀系数十分均匀，故用于制作温度计。汞的密度（13.6g/cm^3）是常温下液体中最大的，常用于血压计、气压表及真空封口中。

汞能溶解许多金属形成汞齐。汞齐在化工和冶金中都有重要用途。例如，钠汞齐与水反应，缓慢放出氢，是有机合成的还原剂。

> **查一查**：土壤中锌、汞、镉的污染治理和生态修复。

8.4.3　氧化物和氢氧化物

Zn、Cd、Hg 均能形成难溶于水的 MO 型氧化物，即 ZnO（白色）、CdO（黄色）、HgO（红或黄色）。它们都是共价型化合物，其热稳定性按 Zn、Cd、Hg 顺序递减。ZnO 和 CdO 高温下升华而不分解，而 HgO 在 673K 分解为汞和氧气。

$$2HgO \xrightarrow{673K} 2Hg+O_2$$

ZnO 呈两性，既可溶于酸生成锌盐，也可溶于碱生成 $[Zn(OH)_4]^{2-}$ 配离子。

$$ZnO+H_2SO_4 \longrightarrow ZnSO_4+H_2O$$
$$ZnO+2NaOH+H_2O \longrightarrow Na_2[Zn(OH)_4]$$

CdO 和 HgO 只显碱性。

ZnO 是不溶于水的白色粉末，可作白色颜料。若在 ZnO 中掺杂 0.02％～0.03％的金属锌，能得到呈黄色、绿色、棕色、红色等颜色的 ZnO，并能发出相应的荧光，故可用作荧光剂。ZnO 也能吸收紫外线，可配制防晒化妆品。CdO 难溶于水，常用作颜料。

Zn(OH)$_2$ 和 Cd(OH)$_2$ 均为难溶于水的白色沉淀，由可溶性锌盐和镉盐与适量的强碱作用得到。Zn(OH)$_2$ 显两性，溶于酸和过量的强碱中：

$$Zn(OH)_2+2H^+ \longrightarrow Zn^{2+}+2H_2O$$
$$Zn(OH)_2+2OH^- \longrightarrow [Zn(OH)_4]^{2-}$$

Cd(OH)$_2$ 也显两性，但酸性较弱，仅能缓慢溶于热而浓的强碱中，并结晶出 Na$_2$[Cd(OH)$_4$]。

Zn(OH)$_2$ 和 Cd(OH)$_2$ 均溶于氨水中，形成配合物：

$$Zn(OH)_2+4NH_3 \longrightarrow [Zn(NH_3)_4]^{2+}+2OH^-$$
$$Cd(OH)_2+4NH_3 \longrightarrow [Cd(NH_3)_4]^{2+}+2OH^-$$

当在汞盐溶液中加入 NaOH 时，析出的不是 Hg(OH)$_2$，而是黄色的 HgO 沉淀。

$$Hg^{2+}+2OH^- \longrightarrow HgO\downarrow+H_2O$$
黄色

8.4.4　盐类

锌族元素的盐主要有硫酸盐、氯化物和硝酸盐等。

（1）氯化物

① 氯化锌　工业上生产氯化锌常用金属 Zn、ZnO 或 $ZnCO_3$ 与盐酸作用，所得溶液经过浓缩、冷却，可得 $ZnCl_2 \cdot H_2O$ 白色晶体。晶体在加热时，不易脱水，而易形成碱式盐。

$$ZnCl_2 \cdot H_2O \Longleftrightarrow Zn(OH)Cl + HCl$$

若要制备无水 $ZnCl_2$，只有将 $ZnCl_2$ 溶液置于氯化氢的气流中加热脱水。

在浓的 $ZnCl_2$ 水溶液中，会生成如下的配合物。

$$ZnCl_2 \cdot H_2O \longrightarrow H[ZnCl_2(OH)]$$

这种配合物具有显著的酸性，能溶解金属氧化物。如

$$FeO + 2H[ZnCl_2(OH)] \longrightarrow Fe[ZnCl_2(OH)]_2 + H_2O$$

故在金属焊接时，常用 $ZnCl_2$ 的浓溶液作为焊药，它可清除金属表面的锈层，在热焊时，不损害金属表面，水分蒸发后，熔化的盐能牢固地覆盖在金属表面，使其不再氧化，能保证金属的直接接触。

$ZnCl_2$ 易潮解，吸水性很强，故在有机反应中，常用作脱水剂、催化剂，以及染料工业的媒染剂、丝光剂。因 $ZnCl_2 \cdot H_2O$ 的糊状物所生成的 $Zn(OH)Cl$ 能迅速硬化，故常用作牙科黏合剂。此外 $ZnCl_2$ 还用于干电池、电镀、医药、木材防腐和农药等。

② 氯化汞　$HgCl_2$ 为白色针状结晶或颗粒粉末，熔点低，易汽化，因此又称升汞，剧毒，内服 $0.2 \sim 0.4g$ 就能致命。但少量使用有消毒作用。例如 1∶1000 的稀溶液可用于消毒外科手术器械。

$HgCl_2$ 为共价型化合物，稍溶于水，水中离解度很小，在酸性溶液中是较强的氧化剂，可被 $SnCl_2$ 溶液还原为白色的 Hg_2Cl_2 沉淀，过量的 $SnCl_2$ 能将它进一步还原为黑色的金属汞沉淀，该反应在分析化学上用于鉴定 Hg^{2+} 或 Sn^{2+}。

$$2HgCl_2 + SnCl_2 \longrightarrow Hg_2Cl_2 \downarrow + SnCl_4$$
$$\text{白色}$$

$$Hg_2Cl_2 + SnCl_2 \longrightarrow 2Hg \downarrow + SnCl_4$$
$$\text{黑色}$$

在溶液中加入氨水，将发生氨解反应，生成氨基氯化汞沉淀。

$$HgCl_2 + NH_3 \longrightarrow Hg(NH_3)Cl \downarrow + HCl$$
$$\text{白色}$$

$HgCl_2$ 主要用于有机合成的催化剂，在干电池、染料、农药等方面也有应用。医药上用作防腐、杀菌剂。

③ 氯化亚汞　Hg_2Cl_2 是微溶于水的白色固体，无毒，因味略甜，故又称甘汞。

Hg_2Cl_2 可由 $HgCl_2$ 固体与汞研磨而得：

$$HgCl_2 + Hg \longrightarrow Hg_2Cl_2$$

Hg_2Cl_2 没有 $HgCl_2$ 稳定，见光易分解，故应保存在棕色瓶中。

与氨水反应可生成氨基氯化汞和汞，而使沉淀显灰色：

$$Hg_2Cl_2 + 2NH_3 \longrightarrow Hg(NH_3)Cl \downarrow + Hg \downarrow + NH_4Cl$$
$$\qquad\qquad\qquad \text{白色} \qquad\quad \text{黑色}$$

此反应可用来鉴定 Hg_2^{2+}。

Hg_2Cl_2 在医药上内服可作缓泻剂和利尿剂，也常用于制作甘汞电极。

（2）硝酸盐

在硝酸盐中较重要的是汞（Ⅰ）和汞（Ⅱ）的硝酸盐。$Hg(NO_3)_2$ 和 $Hg_2(NO_3)_2$ 都可由金属汞和 HNO_3 反应制得，主要区别在于两种原料的比例不同。使用 65% 的浓 HNO_3，并且过量，在加热下反应，得到 $Hg(NO_3)_2$：

$$Hg + 4HNO_3(浓) \xrightarrow{\triangle} Hg(NO_3)_2 + 2NO_2\uparrow + 2H_2O$$

用冷的稀 HNO_3 与过量 Hg 作用则得 $Hg_2(NO_3)_2$：

$$6Hg + 8HNO_3(稀) \longrightarrow 3Hg_2(NO_3)_2 + 2NO\uparrow + 4H_2O$$

从汞的电势图可以发现，Hg_2^{2+} 能稳定存在于溶液中，不发生歧化反应，而 Hg^{2+} 却能与 Hg 反应生成 Hg_2^{2+}：

$$Hg^{2+} + Hg \longrightarrow Hg_2^{2+}$$

将 $Hg(NO_3)_2$ 溶液与金属汞一起振荡即可得 $Hg_2(NO_3)_2$：

$$Hg(NO_3)_2 + Hg \longrightarrow Hg_2(NO_3)_2$$

> 想一想：若要使 Hg_2^{2+} 在溶液中发生歧化反应，可采取什么办法？

$Hg(NO_3)_2$ 易溶于水，是常用的化学试剂，也是制备其他含汞化合物的主要原料。

8.4.5　配合物

Zn^{2+}、Cd^{2+}、Hg^{2+} 能与许多负离子（如 Cl^-、Br^-、I^-、CN^- 等）和中性分子形成配合物，中心离子一般以 sp^3 杂化轨道成键，形成正四面体构型的配离子。其中以 CN^- 的配合物最稳定。Hg_2^{2+} 不能形成配合物。

在 Hg^{2+} 溶液中加入 KI 溶液时，生成橙红色 HgI_2 沉淀，若 KI 过量，则沉淀溶解生成无色的 $[HgI_4]^{2-}$ 溶液。

$$Hg^{2+} + 2I^- \longrightarrow HgI_2\downarrow$$
橙红色

$$HgI_2 + 2I^- \longrightarrow [HgI_4]^{2-}$$

$[HgI_4]^{2-}$ 的碱性溶液称为奈斯勒试剂，如果溶液中有微量的 NH_4^+ 存在，滴加奈斯勒试剂，会立即生成红棕色的沉淀：

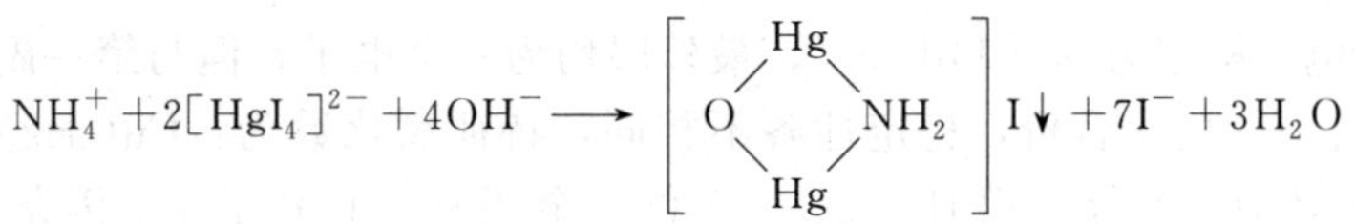

$$NH_4^+ + 2[HgI_4]^{2-} + 4OH^- \longrightarrow \left[O \begin{matrix} Hg \\ \\ Hg \end{matrix} NH_2 \right] I\downarrow + 7I^- + 3H_2O$$

红棕色

此反应常用来鉴定 NH_4^+。

Zn^{2+} 与二苯硫腙反应时，能形成粉红色的螯合物，反应不受其他离子干扰，这种螯合物能溶于 CCl_4 中。在强碱性介质中，常用于鉴定 Zn^{2+}。

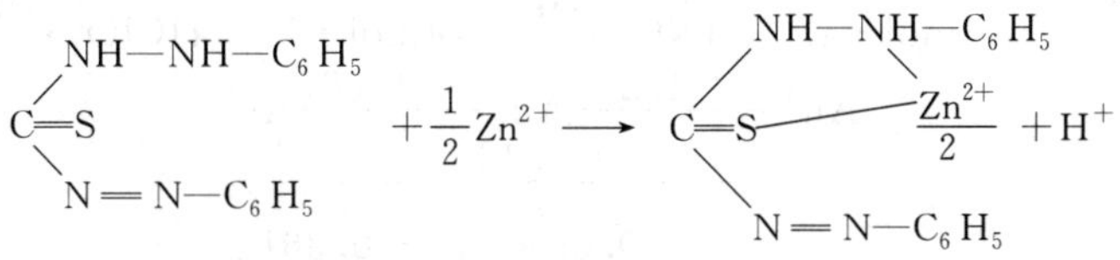

粉红色

8.4.6　化学沉淀法处理废水中的汞

化学沉淀法包括硫化沉淀法、凝聚沉淀法、金属还原法等。

（1）硫化沉淀法

硫化沉淀法是指含汞废水中加入硫化钠处理。由于 Hg 与 S 有强烈的亲和力，能生成溶度积小的硫化汞而从溶液中除去。所以硫化物沉淀法是最常用的一种沉淀处理法。但过量的硫化物不仅会带来硫的二次污染，且过量的硫离子还能和硫化汞继续反应，生成溶于水的汞络合离子而使废水的处理效果变差。此外，硫化沉淀法生成的硫化汞极细，不易沉淀或过滤去除，通常需加入絮凝剂进行絮凝沉淀。

（2）凝聚沉淀法

凝聚沉淀法是指用混凝法对多种废水进行脱汞处理。所用的混凝剂包括硫酸铝、明矾、铁盐及石灰。如在含汞废水中加入石灰，形成氢氧化钙，对汞离子进行凝聚吸附。在三价铁离子存在的情况下，对汞离子的凝聚吸附作用效果更好。

（3）金属还原法

根据电极电位理论，电极电位低的金属能将溶液中电极电位高的金属离子置换出来。因此，铁屑、铝屑、铜等都可使汞离子还原成金属而沉淀。金属还原法适用于处理成分单一的含汞废水，其反应速率较高，可直接回收金属汞，但脱汞不完全，需和其他方法结合使用。

化学沉淀法的应用技术容易实现，尤其是在处理重金属含量高的废水中表现出了良好的性能和优异的性价比。但化学沉淀法存在着易引起水质硬化、对含低浓度汞的废水处理不彻底、易导致二次污染以及难以应用于处理流动水体等缺憾。

8.5　铜族元素及其化合物

铜、银和金因其化学性质不活泼，所以它们在自然界中有游离的单质存在。

铜族元素除了以单质形式存在外，还以矿物形式存在。常见的矿物有辉铜矿（Cu_2S）、铜蓝矿（CuS）、黄铜矿（$CuFeS_2$）、赤铜矿（Cu_2O）、孔雀石[$Cu_2(OH)_2CO_3$]、辉银矿（Ag_2S）、碲金矿（$AuTe_2$）等。

8.5.1　铜族的元素电势图

铜族元素价电子构型为$(n-1)d^{10}ns^1$，最外层均为一个电子，但与第一副族不同的是，它能形成 +1、+2、+3 的化合价，稳定性各不相同，特征氧化数为：Cu(+2)、Ag(+1)、Au(+3)。此外，铜还有 +1 价，银有 +2、+3 价，金还有 +1 价存在。因条件不同，稳定性相差较大。

$$\varphi_A^\ominus/V$$

$$CuO^+ \xrightarrow{(1.8)} Cu^{2+} \xrightarrow[+0.342]{+0.158} Cu^+ \xrightarrow{+0.522} Cu$$

$$AgO^+ \xrightarrow[\text{(4 mol·L}^{-1}\text{ HNO}_3)]{\text{约}+2.1} Ag^{2+} \xrightarrow[\text{(4 mol·L}^{-1}\text{ HClO}_4)]{+1.987} Ag^+ \xrightarrow{+0.7996} Ag$$

$$Au^{3+} \xrightarrow[+1.42]{+1.29} Au^+ \xrightarrow{+1.68} Au$$

$$\varphi_B^\ominus/V$$

$$Cu(OH)_2 \xrightarrow{-0.09} Cu_2O \xrightarrow{-0.361} Cu$$

$$Ag_2O_3 \xrightarrow{+0.74} AgO \xrightarrow{+0.599} Ag_2O \xrightarrow{+0.342} Ag$$

$$Au(OH)_3 \xrightarrow{+1.45} Au$$

8.5.2　铜族元素单质

铜、银、金的熔点和沸点都不太高（比相应的碱金属高），它们的延展性、导电性和导热性比较突出（它们的导电和导热性在所有的金属中是最好的，银第一，铜第二，金第三），都是热和电的良导体，都是电子和电气工业的重要物资。铜、银、金很柔软，有极好的延展性和可塑性，金的延展性最好。铜、银、金有特征颜色，分别为：紫红、银白、金黄。铜和金是所有金属中呈现特殊颜色的两种金属，容易形成合金。常见的铜合金有黄铜（锌40％），青铜（锡 15％、锌 5％）和白铜（镍 13％～15％），分别用作仪器零件和刀具。

铜在生命系统中有重要作用，人体中有 30 多种蛋白质和酶含有铜。现已知铜最重要的生理功能是人血清中的铜蓝蛋白，有协同铁的功能。

铜族元素的化学活泼性远较碱金属低，并按 Cu、Ag、Au 的顺序递减，这主要表现在与空气中氧的反应及与酸的反应上，常温下它们不与非氧化性酸反应。铜、银、金都不能与稀盐酸或稀硫酸作用放出氢气，但有空气存在时铜可以缓慢溶解于稀酸中，铜还可溶于热的浓盐酸中；铜和银溶于硝酸或热的浓硫酸，而金只能溶于王水（硝酸作氧化剂、盐酸作配位剂）。

$$2Cu+2H_2SO_4+O_2 \longrightarrow 2CuSO_4+2H_2O$$
$$2Cu+8HCl(浓,热) \longrightarrow 2H_3[CuCl_4]+H_2\uparrow$$
$$Cu+2H_2SO_4(浓) \longrightarrow CuSO_4+2H_2O+SO_2\uparrow$$
$$3Ag+4HNO_3 \longrightarrow 3AgNO_3+2H_2O+NO\uparrow$$
$$Au+4HCl+HNO_3 \longrightarrow HAuCl_4+2H_2O+NO\uparrow$$

铜在干燥空气中稳定，在潮湿空气中它会变成棕色，形成一层很薄而牢固黏附于铜表面的氧化物或硫化物膜。长期放置能缓慢地被腐蚀，生成一层碱式碳酸铜的绿色膜层，称为"铜绿"。反应如下：

$$2Cu+O_2+H_2O+CO_2 \longrightarrow Cu_2(OH)_2CO_3$$

与非金属反应：铜、银、金都能与卤素反应。铜在常温下便能与卤素反应，加热的铜在氯气中燃烧生成 $CuCl_2$。银与卤素作用缓慢，金必须在加热时才能与干燥的卤素作用。铜与氟反应时，在铜表面生成一层氟化物薄膜，能防止铜进一步被腐蚀，所以铜可以作为电解法制备氟的电极材料。

铜、银在加热时能与硫直接化合生成 CuS 和 Ag_2S，金不能直接生成硫化物。

空气中若含有 H_2S 气体，与银接触后，银的表面很快会生成一层 Ag_2S 黑色薄膜而使银失去银白色光泽。这是由于 Ag^+ 是软酸，它与软碱结合特别稳定，所以银对 S 和 H_2S 很敏感。反应如下：

$$4Ag+2H_2S+O_2 \longrightarrow 2Ag_2S+2H_2O$$

铜在空气中加热时可与氧发生反应生成黑色氧化铜，而金、银加热也不与氧作用。反应如下：

$$2Cu+O_2 \xrightarrow{\triangle} 2CuO(黑色)$$
$$4CuO \xrightarrow{\triangle} 2Cu_2O(黄或红色)+O_2\uparrow$$

查一查：我国铜、银、金矿类型与分布。

8.5.3　氧化物

（1）Cu(Ⅰ)和 Cu(Ⅱ)的化合物

① 氧化亚铜　Cu_2O 对热十分稳定，在 1508K 时熔化而不分解。Cu_2O 不溶于水，具有

半导体性质，常用它和铜装成亚铜整流器。

Cu_2O 溶于稀硫酸，立即发生歧化反应，反应如下：

$$Cu_2O+H_2SO_4 \longrightarrow Cu_2SO_4+H_2O$$
$$Cu_2SO_4 \longrightarrow CuSO_4+Cu$$

含有酒石酸钾钠的硫酸钠碱性溶液或碱性铜酸盐 $Na_2Cu(OH)_4$ 溶液用葡萄糖还原，可以得到棕红色 Cu_2O 沉淀。反应如下：

$$2[Cu(OH)_4]^{2-}+C_6H_{12}O_6 \longrightarrow Cu_2O\downarrow+C_6H_{11}O_7{}^-+3OH^-+3H_2O$$
$$\text{（葡萄糖）}\qquad\text{棕红色}\qquad\text{（葡萄糖酸根）}$$

分析化学上利用这个反应测定醛，由于制备方法和条件的不同，Cu_2O 晶粒大小各异，而呈现多种颜色，如黄色、橘黄色、鲜红色或深棕色。

② 氧化铜　在 $CuSO_4$ 溶液中加入强碱，生成淡蓝色的 $Cu(OH)_2$ 沉淀，$Cu(OH)_2$ 的热稳定性比碱金属氢氧化物差得多，受热易分解，溶液加热至 353K，即脱水变为黑褐色的 CuO。CuO 对热是稳定的，加热到 1273K 时才开始分解为 Cu_2O 和 O_2。CuO 是碱性氧化物，加热时易被 H_2、C、CO、NH_3 等还原为铜。反应如下：

$$CuO+H_2 \longrightarrow Cu+H_2O$$
$$3CuO+2NH_3 \longrightarrow 3Cu+3H_2O+N_2$$

（2）氧化银

在银盐溶液中加入 NaOH 溶液，先析出白色 AgOH 沉淀，AgOH 立即脱水生成暗棕色的 Ag_2O。

$$AgNO_3+NaOH \longrightarrow AgOH\downarrow+NaNO_3$$
$$2AgOH \longrightarrow Ag_2O+H_2O$$

Ag_2O 微溶于水，溶液显微碱性。Ag_2O 生成热很小（31kJ/mol），不稳定，加热到 573K 时，就完全分解。Ag_2O 是强氧化剂，与有机物摩擦可引起燃烧，容易被 CO 或 H_2O_2 所还原：

$$Ag_2O+CO \longrightarrow 2Ag+CO_2\uparrow$$
$$Ag_2O+H_2O_2 \longrightarrow 2Ag+H_2O+O_2\uparrow$$

8.5.4　氢氧化物

$Cu(OH)_2$ 微显两性，既溶于酸，又可溶于过量的浓碱溶液中：

$$Cu(OH)_2+H_2SO_4 \longrightarrow CuSO_4+2H_2O$$
$$Cu(OH)_2+2NaOH \longrightarrow Na_2[Cu(OH)_4]$$

向 $CuSO_4$ 溶液中加入少量氨水，得到的不是氢氧化铜，而是浅蓝色的碱式硫酸铜沉淀：

$$2CuSO_4+2NH_3 \cdot H_2O \longrightarrow (NH_4)_2SO_4+Cu_2(OH)_2SO_4$$

若继续加入氨水，碱式硫酸铜沉淀就溶解，得到深蓝色的四氨合铜配离子：

$$Cu_2(OH)_2SO_4+8NH_3 \longrightarrow 2[Cu(NH_3)_4]^{2+}+SO_4^{2-}+2OH^-$$

8.5.5　盐类

（1）Cu（Ⅰ）的盐类

① 卤化亚铜　往硫酸铜溶液中逐滴加入 KI 溶液，可以看到生成白色的碘化亚铜沉淀和棕色的碘：

$$2Cu^{2+}+4I^- \longrightarrow 2CuI\downarrow+I_2\downarrow$$

由于 CuI 是沉淀，所以在碘离子存在时，Cu^{2+} 的氧化性大大增强，这时半电池反应式：

$$Cu^{2+} + I^- + e \longrightarrow CuI \qquad \varphi^{\ominus} = +0.86V$$
$$I_2 + 2e \longrightarrow 2I^- \qquad \varphi^{\ominus} = +0.536V$$

所以 Cu^{2+} 能氧化 I^-。由于这个反应能迅速定量进行，反应析出的碘能用 $Na_2S_2O_3$ 标准溶液滴定：

$$2Na_2S_2O_3 + I_2 \longrightarrow Na_2S_4O_6 + 2NaI$$

所以分析化学常用此反应定量测定铜。

在含有 $CuSO_4$ 及 KI 的热溶液中，通入 SO_2，由于溶液中棕色的碘与 SO_2 反应而褪色，白色 CuI 沉淀就看得更清楚，其反应为：

$$2Cu^{2+} + 4I^- \longrightarrow 2CuI + I_2$$
$$I_2 + SO_2 + 2H_2O \longrightarrow H_2SO_4 + 2HI$$

$CuCl_2$ 或 $CuBr_2$ 的热溶液与各种还原剂如 SO_2、$SnCl_2$ 等反应可以得到白色 CuCl 或 CuBr 沉淀：

$$2CuCl_2 + SO_2 + 2H_2O \longrightarrow 2CuCl + H_2SO_4 + 2HCl$$

在热、浓盐酸中，用 Cu 将 $CuCl_2$ 还原，也可以制得 CuCl：

$$Cu + CuCl_2 \longrightarrow 2CuCl$$

氯化亚铜在不同浓度的 KCl 溶液中，可以形成 $[CuCl_2]^-$、$[CuCl_3]^{2-}$ 及 $[CuCl_3]^{3-}$ 等配离子。

② 硫化亚铜 硫化亚铜是难溶的黑色物质，它可由过量的铜和硫加热制得：

$$2Cu + S \longrightarrow Cu_2S$$

在 $CuSO_4$ 溶液中，加入 $Na_2S_2O_3$ 溶液，加热，也能生成 Cu_2S 沉淀，分析化学中常用此反应除去铜：

$$2Cu^{2+} + 2S_2O_3^{2-} + 2H_2O \longrightarrow Cu_2S\downarrow + S\downarrow + 2SO_4^{2-} + 4H^+$$

(2) Cu(Ⅱ)的盐类

① 卤化铜 $CuCl_2$ 在很浓的溶液中显黄绿色，在浓溶液中显绿色，在稀溶液中显蓝色。黄色是由于 $[CuCl_4]^{2-}$ 配离子的存在，而蓝色是由于 $[Cu(H_2O)_4]^{2+}$ 配离子的存在，两者并存时显绿色。$CuCl_2$ 在空气中易潮解，它不但易溶于水，而且易溶于乙醇和丙酮。$CuCl_2$ 与碱金属氯化物反应，生成 $M[CuCl_3]$ 或 $M_2[CuCl_4]$ 型配盐，与盐酸反应生成 $H_2[CuCl_4]$ 配酸，由于 Cu^{2+} 卤配离子不够稳定，只能在存在过量卤离子时形成。

除碘化铜不存在外，其他卤化铜都可用 CuO 和氢卤酸反应来制备：

$$CuO + 2HCl \longrightarrow CuCl_2 + H_2O$$

$CuCl_2$ 吸收水分后变为含水盐 $CuCl_2 \cdot 2H_2O$，它受热时分解形成碱式盐：

$$2CuCl_2 \cdot 2H_2O \longrightarrow Cu(OH)_2 \cdot CuCl_2 + 2HCl + 2H_2O$$

所以制备无水 $CuCl_2$ 时，要将 $CuCl_2 \cdot 2H_2O$ 在 HCl 气流中，加热到 $413 \sim 423K$ 条件下进行。如果无水 $CuCl_2$ 进一步受热，加热到 773K 则按下式进行分解。

$$2CuCl_2 \longrightarrow CuCl + Cl_2\uparrow$$

② 硫酸铜 硫酸铜是制备其他铜化合物的重要原料。硫酸铜与石灰乳混合制成的"波尔多"液，可以用作果树的杀虫剂及杀菌剂。通常配方是：$CuSO_4 \cdot 5H_2O : CaO : H_2O = 1 : 1 : 100$。在储水池或游泳池中加入少量 $CuSO_4 \cdot 5H_2O$ 可以阻止藻类生长。五水硫酸铜俗名胆矾或蓝矾，是蓝色斜方晶体。它是用热浓硫酸溶解铜屑，或在氧气存在下，用热稀硫酸与铜屑作用而制得：

$$Cu + 2H_2SO_4(浓) \longrightarrow CuSO_4 + SO_2 + 2H_2O$$
$$2Cu + 2H_2SO_4(稀) + O_2 \longrightarrow 2CuSO_4 + 2H_2O$$

实验室中常用 CuO 与稀硫酸反应来制取硫酸铜，生成的粗硫酸铜经蒸发浓缩可得到五水硫酸铜。硫酸铜在不同温度下，可以逐步脱水发生下列变化：

$$CuSO_4 \cdot 5H_2O \xrightarrow{375K} CuSO_4 \cdot 3H_2O \xrightarrow{386K} CuSO_4 \cdot H_2O \xrightarrow{531K} CuSO_4 \xrightarrow{923K} CuO$$

无水硫酸铜为白色粉末，不溶于乙醇和乙醚，其吸水性很强，吸水后显出特征的蓝色。可利用这一性质来检验乙醇、乙醚等有机溶剂中的微量水分。也可以用作这些溶剂的脱水剂。无水硫酸铜加热到 923K 时，即分解为 CuO：

$$2CuSO_4 \longrightarrow 2CuO + 2SO_2\uparrow + O_2\uparrow$$

③ 硝酸铜　硝酸铜的水合物为 $Cu(NO_3)_2 \cdot nH_2O$，$n = 1,6,9$。将 $Cu(NO_3)_2 \cdot 3H_2O$ 加热到 443K 时，得到碱式盐 $Cu(NO_3)_2 \cdot Cu(OH)_2$，进一步加热到 473K 则分解为 CuO。

制备 $Cu(NO_3)_2$ 是将铜溶于乙酸乙酯的 N_2O_4 溶液中，从溶液中结晶出 $Cu(NO_3)_2N_2O_4$。将它加热到 363K，得到蓝色的 $Cu(NO_3)_2$，$Cu(NO_3)_2$ 在真空中加热到 473K，升华但不分解。

④ 硫化铜　向硫酸铜溶液中通入 H_2S，即有黑色 CuS 沉淀析出。CuS 不溶于水（$K_{sp} = 6.3 \times 10^{-36}$），也不溶于稀酸，但溶于热的稀 HNO_3 中：

$$3CuS + 8HNO_3 \longrightarrow 3Cu(NO_3)_2 + 2NO\uparrow + 3S\downarrow + 4H_2O$$

CuS 溶于 KCN 溶液中，生成 $[Cu(CN)_4]^{3-}$，在这一反应中 CN^- 既是配位剂又是还原剂。反应如下：

$$2CuS + 10CN^- \longrightarrow 2[Cu(CN)_4]^{3-} + (CN)_2\uparrow + 2S^{2-}$$

> **查一查**：铜盐在工业、农业和医药等领域中的应用。

（3）银的盐类

① 硝酸银　硝酸银为无色透明晶体，是一种很重要的可溶性银盐，不仅因为它在感光材料、制镜、保温瓶、电镀、医药、电子等工业中用途广泛，还因为它容易制得，而且是制备其他银化合物的原料。硝酸银有一定毒性，用作消毒剂和腐蚀剂。

$AgNO_3$ 在干燥空气中比较稳定，潮湿状态下见光容易分解，并因析出单质银而变黑：

$$2AgNO_3 \xrightarrow{\text{光}} 2Ag + 2NO_2\uparrow + O_2\uparrow$$

因此其水溶液常被保存在棕色试剂瓶中。若遇到 Cl^-、Br^-、I^- 等，会发生反应生成不溶于水、不溶于硝酸的 AgCl 白色沉淀、AgBr 淡黄色沉淀、AgI 黄色沉淀等。

$AgNO_3$ 的氨溶液能被醛和糖还原，用于制备银镜：

$$Ag^+ + NH_3 \cdot H_2O \longrightarrow AgOH\downarrow + NH_4^+$$
$$AgOH + 2NH_3 \cdot H_2O \longrightarrow Ag(NH_3)_2OH + 2H_2O$$
$$CH_3CHO + 2Ag(NH_3)_2OH \longrightarrow CH_3COONH_4 + 2Ag\downarrow + 3NH_3 + H_2O$$

将银溶于硝酸中，可制得 $AgNO_3$：

$$Ag + 2HNO_3(浓) \longrightarrow AgNO_3 + NO_2\uparrow + H_2O$$
$$3Ag + 4HNO_3(稀) \longrightarrow 3AgNO_3 + NO\uparrow + 2H_2O$$

② 卤化银　在 $AgNO_3$ 溶液中加入卤化物，可以生成卤化银 AgX。AgX 中只有 AgF 易溶于水，在湿空气中潮解，其余均微溶于水，其溶解度依 AgCl、AgBr、AgI 的顺序降低，颜色也依此顺序而加深：AgF（白色）、AgCl（白色）、AgBr（淡黄色）、AgI（黄色）。

> **查一查**：银盐在摄影和医疗影像等领域中的应用。

（4）金的盐类

氯化金（Ⅲ）是最常见的无机金化合物，名称中的罗马数字表明金的化合价为 +3，这是它众多化合物中最为稳定的价态。金亦会形成另一种氯化物——氯化亚金（AuCl），它没有 $AuCl_3$ 稳定。另外，把金溶于王水中便会产生氯金酸（$HAuCl_4$）。

氯化金（Ⅲ）吸湿性很强，极易溶于水及乙醇。温度高于 160℃ 或光照时会分解，并产生多种有大量配体的配合物。

Au 在 473K 下同 Cl_2 作用，可得到红褐色晶体 $AuCl_3$。在固态和气态时，该化合物均为二聚体，具有氯桥基结构。用有机物，如草酸、甲醛、葡萄糖等，可将其还原为胶态金溶液。在金的化合物中，+3 氧化态是最稳定的。金（Ⅰ）很容易转化为金（Ⅲ）氧化态。

$$3Au^+ \longrightarrow Au^{3+} + 2Au$$

最常用的制备氯化金（Ⅲ）的方法，是直接在高温中氯化该金属：

$$2Au + 3Cl_2 \longrightarrow 2AuCl_3$$

用王水与金反应可得到氯化金：

$$Au + HNO_3 + 3HCl \longrightarrow AuCl_3 + NO\uparrow + 2H_2O$$

氯化金（Ⅲ）化学性质极不稳定，加热极易分解。常温下水溶液呈无色。能与可溶性碱反应，而一般不能与酸反应。

$$AuCl_3 + 3NaOH \longrightarrow Au(OH)_3\downarrow + 3NaCl$$
$$AuCl_3 + 3KOH \longrightarrow Au(OH)_3\downarrow + 3KCl$$

查一查：金盐在电子、催化和医药等领域中的应用。

8.5.6　配合物

（1）Cu（Ⅱ）的配合物

当 Cu^{2+} 盐溶解在过量的水中时，会形成蓝色的水合离子 $[Cu(H_2O)_4]^{2+}$。在 $[Cu(H_2O)_4]^{2+}$ 中加入氨水，易生成深蓝色的 $[Cu(NH_3)_4]^{2+}$。

Cu^{2+} 还能与卤素、羟基、焦磷酸根离子形成稳定程度不同的配离子。Cu^{2+} 与卤素离子都能形成 $[MX_4]^{2-}$ 型的配合物，但它们在水溶液中稳定性较差。

Cu^{2+} 与 CN^- 形成的配合物在常温下是不稳定的。室温时，在铜盐溶液中加入 CN^-，得到氰化铜的棕黄色沉淀。此物分解生成白色 CuCN 并放出氰气。

$$2Cu^{2+} + 4CN^- \longrightarrow 2CuCN + (CN)_2\uparrow$$

继续加入过量的 CN^-，CuCN 溶解：

$$CuCN + 3CN^- \longrightarrow [Cu(CN)_4]^{3-}$$

Cu^+ 也能形成许多配合物，其配体数可以为 2、3、4。

（2）Ag^+ 的配合物

Ag^+ 的重要特征是容易形成配离子，可与 NH_3、$S_2O_3^{2-}$、CN^- 等形成稳定程度不同的配离子，例如：

$$Ag^+ + 2Cl^- \rightleftharpoons [AgCl_2]^- \qquad K_{稳}^{\ominus} = 1.1\times10^5$$
$$Ag^+ + 2NH_3 \rightleftharpoons [Ag(NH_3)_2]^+ \qquad K_{稳}^{\ominus} = 1.12\times10^7$$
$$Ag^+ + 2S_2O_3^{2-} \rightleftharpoons [Ag(S_2O_3)_2]^{3-} \qquad K_{稳}^{\ominus} = 2.9\times10^{13}$$
$$Ag^+ + 2CN^- \rightleftharpoons [Ag(CN)_2]^- \qquad K_{稳}^{\ominus} = 1.29\times10^{21}$$

对于下列反应：

$$Ag^+ + Cl^- \longrightarrow AgCl \qquad K_{sp}^{\ominus} = 1.56\times10^{-10}$$
$$Ag^+ + 2Cl^- \longrightarrow [AgCl_2]^- \qquad K_{稳}^{\ominus} = 4.5\times10^5$$

将 $[AgCl_2]^-$ 配离子的配位平衡式与 AgCl 的沉淀平衡关系相乘,可以得到下列反应的平衡常数 $K = K_{sp}K_{稳}$:

$$AgCl(s) + Cl^- \rightleftharpoons [AgCl_2]^- \qquad K^{\ominus} = 7.0 \times 10^{-5}$$

银氨配离子与 AgX 按相同方法处理,得到下列反应的平衡常数 K:

$$AgCl(s) + 2NH_3 \rightleftharpoons [Ag(NH_3)_2]^+ + Cl^- \qquad K^{\ominus} = 2.7 \times 10^{-3}$$

$$AgBr(s) + 2NH_3 \rightleftharpoons [Ag(NH_3)_2]^+ + Br^- \qquad K^{\ominus} = 1.3 \times 10^{-5}$$

$$AgI(s) + 2NH_3 \rightleftharpoons [Ag(NH_3)_2]^+ + I^- \qquad K^{\ominus} = 2.6 \times 10^{-9}$$

从上述平衡常数的大小可以看出:AgCl 能较好地溶于浓氨水,而 AgBr 和 AgI 却难溶于氨水中。同理可说明 AgBr 易溶于 $Na_2S_2O_3$ 溶液中,而 AgI 易溶于 KCN 溶液中。

8.5.7　从废液中回收银

银废液中银以单质银、氧化银和银离子形式存在,回收银的方法一般主要有沉淀法、电解法、还原取代法、离子交换法和吸附法。各种方法各有它的优点。其中沉淀法是一种传统的方法,沿用至今,仍保留着自己独特的优点。沉淀法回收,即在含银废液中,加入可溶性硫化物或氯化物,提供一定温度、酸度等条件,银以沉淀形式与其他物质分开,经过滤处理,可得纯净的银沉淀,进而高温还原得到纯净的银单质。

> **查一查**:铜基金属有机框架(Cu-MOF)和银基金属有机框架(Ag-MOF)新材料的特性与应用。

学习指导 ◎────────────────────────

实训 7 ◎────────────────────────
硫酸亚铁铵的制备和产品质量检测

 素质阅读

致力土壤污染修复,为国家土壤环境保护贡献智慧力量

重金属污染农田和工矿场地的土壤绿色修复及安全利用,一直是世界性难题。欧美国家的主流土壤修复技术往往存在技术与材料瓶颈,且成本高昂。如何探索适合我国国情的绿色修复与安全利用解决方案?华南农业大学副校长、中山大学教授仇荣亮带领团队为这一问题提供了方案。

在华南矿区扎根 20 余年探索攻关,仇荣亮团队创新构建了重度—中度—轻度污染土壤植物联合修复技术体系,并在全国 20 多个省份推广应用。2024 年,仇荣亮主持的"重金属污染土壤绿色修复与安全利用技术及工程应用"项目获得了 2023 年度国家科学技术进步奖二等奖。

　　仇荣亮团队是国内最早开展重金属污染土壤植物修复的研究团队之一。农田重金属污染程度迥异，同一区域多存在轻、中、重度污染田块，单一技术难以系统解决，如何治理？他们提出了"分类治理"新思路。一方面，团队探索了植物提取的方法，种植对重金属吸收量超过一般植物 100 倍以上的超富集植物，将中度污染土壤中的重金属吸收出来，实现土壤重金属的去除甚至回收利用。但对于那些污染较轻仍然正常种植农作物的农田，这样的方式会直接影响农民收入，并不是最优解。为此，团队创新提出植物阻隔的方法，通过技术手段将重金属"困"在土壤中，减少农作物重金属吸收，使重金属无法进入农作物如水稻的籽粒中。对于那些重金属重度污染的农田，则通过施加土壤重金属钝化材料并种植麻类等重金属耐性经济作物，降低重金属进入食物链中的风险，同时收获经济作物获得经济效益。"这一技术体系充分满足了我国人多地少、粮食生产压力大的国情需要，也为国内外重金属污染农田的治理、修复及利用提供了参考。"仇荣亮说。农田重金属污染找到了解题之法，但污染的源头——重金属矿业废弃地的污染该如何解决？针对金属矿山土壤植被复垦率低、重金属易扩散的难题，团队创新构建了"地貌重塑—土壤重构—生态重建"的源头防控技术体系。这一方式是通过废弃污泥制成的生物炭等污染土壤改良剂，来吸附固定重金属，再种植麻风树等修复植物，实现矿山废弃地的快速生态修复，使源头污染扩散显著降低。这一技术体系被自然资源部确定为全国山水林田湖草试点工程核心技术，在广东、广西、湖南等国家土壤污染防治先行区开展应用推广。

　　"土壤研究工作是寂寞的"，仇荣亮说，自己"坐了十年的冷板凳"。谈起环境保护，人们总是会想到大气和水治理，土壤问题较少被讨论。因为大气和水污染更容易被发现，而土壤污染具有滞后性和隐蔽性。2001 年起，土壤重金属污染问题开始受到国家的关注。当时仇荣亮刚回国不久，经常带着学生长途跋涉、起早摸黑深入多个矿区进行野外调查。历经 20 多年联合攻关，如今仇荣亮团队的"土"研究已然成熟，实现了重金属污染农田一边生产一边减量修复的效果，农产品 100% 达标。

　　仇荣亮介绍，项目研究成果已在全国 20 多个省份推广应用，包括国家农产品产地重金属污染修复示范项目、全国山水林田湖草生态保护修复试点工程项目、湖南常德先行区石门雄黄矿砷污染土壤修复工程等。该项目成果也先后入选国家"十二五""十三五"科技创新成就展、广东省"十三五"农业科技十大标志性成果。项目成员还参与了国家《土壤污染防治法》和《土壤污染防治行动计划》的起草，用技术支撑国家土壤污染防治政策法规的制订，推动了重金属污染土壤绿色修复与安全利用的系统化、产业化、标准化。仇荣亮不仅是科研工作者，也是大学管理者。在他看来，土壤学科的人才培养也至关重要。"我一直期盼学生能够'顶天立地'，顶天就是面向国际学术前沿，立地则是面向国家重大需求。"

　　"土壤修复工作者要有家国情怀，对发生在身边的环境问题感同身受，并致力于为老百姓做一些实实在在的事情。如果只是为名为利，很难做出成绩。"仇荣亮说。

 思考与练习

一、选择题

　　1. 中国科学院化学所研制的晶体材料——纳米四氧化三铁，在核磁共振造影及医药上有广泛用途，其生产过程的部分流程如下所示。

$$FeCl_3 \cdot 6H_2O \xrightarrow[①]{环丙胺} FeOOH \xrightarrow[②]{CO} 纳米四氧化三铁$$

下列有关叙述不合理的是（　　）。

A. 纳米四氧化三铁具有磁性，可作为药物载体用于治疗疾病

B. 纳米四氧化三铁可分散在水中，它与 $FeCl_3$ 溶液的分散质直径大小相等

C. 在反应①中，环丙胺的作用可能是促进氯化铁水解

D. 反应②的化学方程式是 $6FeOOH + CO \longrightarrow 2Fe_3O_4 + 3H_2O + CO_2$

2. 粗制的 $CuSO_4 \cdot 5H_2O$ 晶体中含有 Fe^{2+}。提纯时，为了除去 Fe^{2+}，常加入少量 H_2O_2，然后再加入少量碱至溶液 pH=4，即可以除去 Fe^{3+} 而不损失硫酸铜。下列说法不正确的是（　　）。

A. 溶解 $CuSO_4 \cdot 5H_2O$ 晶体时要加入少量稀 H_2SO_4

B. 加入 H_2O_2 除去 Fe^{2+} 的离子方程式为 $2Fe^{2+} + H_2O_2 + 4OH^- \longrightarrow 2Fe(OH)_3\downarrow$

C. 由于 $CuSO_4$ 的催化作用，会使部分 H_2O_2 分解而损失

D. 调溶液 pH=4 的依据是当 pH=4 时 Fe^{3+} 沉淀完全，而 Cu^{2+} 还未开始沉淀

3. 我国清代《本草纲目拾遗》中叙述了"铁线粉"："粤中洋行有舶上铁丝……日久起销，用刀刮其销……所刮下之销末，名铁线粉"。下列关于"铁线粉"的说法错误的是（　　）。

A. 铁线粉的主要成分为 $Fe_2O_3 \cdot xH_2O$

B. "用刀刮其销……所刮下之销末"指质地疏松

C. "铁线粉"易溶于水

D. "铁线粉"的形成是因为吸氧腐蚀

4. 食品容易被空气氧化而变质，故在装有月饼的袋子里常放有干燥剂及铁粉，这是利用了铁粉的（　　）。

A. 酸性　　　　　　B. 碱性　　　　　　C. 氧化性　　　　　　D. 还原性

5. 下列物质中不能用金属单质和非金属单质直接化合制得的是（　　）。

A. CuO　　　　　　B. $FeCl_3$　　　　　　C. CuS　　　　　　D. FeS

6. 下列有关铁及其化合物的说法中正确的是（　　）。

A. 赤铁矿的主要成分是 Fe_3O_4

B. 铁与水蒸气在高温下的反应产物为 Fe_2O_3 和 H_2

C. 除去 $FeCl_2$ 溶液中的 $FeCl_3$ 杂质可以向溶液中加入铁粉，然后过滤

D. Fe^{3+} 与 KSCN 反应产生血红色沉淀

7. 下列关于铜的化合物的说法中正确的是（　　）。

A. 蓝色硫酸铜晶体受热转化为白色硫酸铜粉末是化学变化

B. 常温下将铜丝伸入盛满氯气的集气瓶中，有棕黄色的烟生成

C. 用稀盐酸除去铜锈的离子方程式为 $CuO + 2H^+ \longrightarrow Cu^{2+} + H_2O$

D. 向 $CuSO_4$ 溶液中滴入过量 NaOH 溶液充分反应后，将混合物倒入蒸发皿加热煮沸一会儿，然后冷却、过滤，滤纸上的物质为"蓝色固体"

8. 下列离子的检验方法合理的是（　　）。

A. 向某溶液中滴入 KSCN 溶液呈红色，说明不含 Fe^{2+}

B. 向某溶液中通入 Cl_2，然后再加入 KSCN 溶液变红色，说明原溶液中含有 Fe^{2+}

C. 向某溶液中加入 NaOH 溶液，得红褐色沉淀，说明溶液中含有 Fe^{3+}

D. 向某溶液中加入 NaOH 溶液得白色沉淀，又观察到颜色逐渐变为红褐色，说明该溶

液中只含有 Fe^{2+}，不含有 Mg^{2+}

二、根据实验现象，写出相应的化学反应方程式

1. 在硫酸铬溶液中，逐渐加入氢氧化钠溶液，开始生成灰蓝色沉淀，继续加碱，沉淀又溶解，再向所得溶液中滴加溴水，直到溶液的绿色转化为黄色。

2. 酸性介质中，用锌还原 $Cr_2O_7^{2-}$ 时，溶液的颜色变化是：橙色→绿色→蓝色，反应完成后又变为绿色。

3. 往用硫酸酸化了的重铬酸钾溶液中通入硫化氢时，溶液由橙红色变为绿色，同时有浅黄色沉淀析出。

4. 往 KCr_2O_7 溶液中加入 $BaCl_2$ 溶液时有黄色沉淀产生，将该沉淀溶解在浓盐酸溶液中得到一种绿色溶液。

5. 重铬酸钾与硫一起加热得到绿色固体。

6. 铜器在潮湿空气中慢慢生成一层绿色的铜锈。

7. 金溶于王水。

8. 在 $CuCl_2$ 浓溶液中逐渐加水稀释时，溶液颜色由黄棕经绿色而变为蓝色。

9. 当 SO_2 通入 $CuSO_4$ 与 NaCl 浓溶液中时析出白色沉淀。

10. 往 $AgNO_3$ 溶液中滴加 KCN 溶液时，先生成白色沉淀后溶解，再加入 NaCl 溶液时并无 AgCl 沉淀生成，但加入少许 Na_2S 溶液时却析出黑色 Ag_2S 沉淀。

三、推断题

1. 铬的某化合物 A 是橙红色溶于水的固体，将 A 用浓盐酸处理产生黄绿色刺激性气体 B 和生成暗绿色溶液 C。在 C 中加入 KOH 溶液先生成蓝色沉淀 D，继续加入过量 KOH 溶液则沉淀消失，变成绿色溶液 E。在 E 中加入 H_2O_2 加热则生成黄色溶液 F，F 用稀酸酸化，又变为原来的化合物 A 的溶液。问 A、B、C、D、E、F 各是什么物质，写出每步变化的反应方程式。

2. 有一含锰的化合物，它是不溶于水且很稳定的黑色粉末状物质 A，该物质与浓硫酸反应得到淡红色溶液 B，且有无色气体 C 放出。向 B 溶液中加入强碱得到白色沉淀 D，此沉淀易被空气氧化成棕色 E。若将 A 与 KOH、$KClO_3$ 一起混合熔融可得一绿色物质 F，将 F 溶于水并通入 CO_2，则溶液变成紫色 G，且又析出 A。试问 A、B、C、D、E、F、G 各为何物，并写出相应的方程式。

3. 向一含有三种阴离子的混合溶液中滴加 $AgNO_3$ 溶液至不再有沉淀生成为止。过滤，当用稀硝酸处理沉淀时，砖红色沉淀溶解得到橙红色溶液，但仍有白色沉淀。滤液呈紫色，用硫酸酸化后，加入 Na_2SO_3，则紫色逐渐消失。指出上述溶液中含哪三种阴离子，并写出有关反应方程式。

4. 有一黑色固体化合物 A，它不溶于水、稀醋酸和氢氧化钠，却易溶于热盐酸中，生成一种绿色溶液 B，如溶液 B 与铜丝一起煮沸，逐渐变棕黑得到溶液 C。溶液 C 若用大量水稀释，生成白色沉淀 D。D 可溶于氨溶液中，生成无色溶液 E。若暴露于空气中，则迅速变成蓝色溶液 F。往溶液 F 中加入 KCN 时，蓝色消失，生成溶液 G。往溶液 G 中加入锌粉，则生成红棕色沉淀 H。H 不溶于稀的酸和碱，可溶于热硝酸生成蓝色溶液 I。往溶液 I 中慢慢加入 NaOH 溶液生成蓝色胶冻沉淀 J。将 J 过滤、取出。然后加热，又生成原来化合物 A。试判断上述各字母所代表的物质，并写出相应的化学反应方程式。

四、用反应方程式说明下列实验现象

1. 绝对无氧条件下，向含有 Fe^{2+} 的溶液中加入 NaOH 溶液后，生成白色沉淀，随后逐渐成红棕色。

2. 过滤后的沉淀溶于盐酸得到黄色溶液。

3. 向黄色溶液中加几滴 KSCN 溶液，立即变血红色，再通入 SO_2，则红色消失。

4. 向红色消失的溶液中滴加 $KMnO_4$ 溶液，其紫色会褪去。

5. 最后加入黄血盐溶液时，生成蓝色沉淀。

五、以重铬酸钾为原料，制备以下物质：

1. 铬酸钾

2. 三氧化二铬

3. 三氧化铬

4. 三氯化铬

分别写出反应方程式。

六、鉴别题

1. 列举出鉴别 Fe^{3+}、Fe^{2+}、Co^{2+} 和 Ni^{2+} 的常用方法。

2. $CuCl_2$、$AgCl$、Hg_2Cl_2 都是难溶于水的白色粉末，试区分这三种金属氯化物。

第四模块

有机化合物

第9章
认识有机化合物

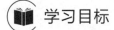 学习目标

知识目标

1. 了解不同种类有机化合物的同分异构现象、通式、分类和结构特点；

2. 掌握有机化合物的命名方法。

能力目标

1. 能指出所给有机物的官能团和类型，会命名有机化合物；

2. 能写出有机化合物的结构式。

素质目标

1. 了解化学与生活，坚定职业信念；

2. 加强环保意识，践行绿色可持续发展理论。

有机化合物又称有机物，原意是来自生物体的物质，因为早期发现的有机物都是从生物体内分离出来的。随着有机合成的发展，许多有机物在实验室可由无机物合成得到。"有机物"这一词已失去了原来的含义。

有机化合物是指含碳化合物。从化学组成来看，有机化合物主要含碳、氢两种元素，还常含有 O、N、S、P、X（卤素）等元素。按照现代的观点，有机化合物是指碳氢化合物及其衍生物。组成有机化合物的元素并不多，但是有机化合物的数量却多得惊人，目前数目已达几千万种。碳本身和一些简单的碳化合物，如一氧化碳、二氧化碳、碳酸盐、碳化钙、氢氰酸、硫氰酸和它们的盐，仍被看作无机化合物。通常，我们把研究有机化合物的组成、结构、性质及其变化规律的学科称为有机化学。

有机物是生命产生的物质基础，所有的生命体都含有机化合物，如脂肪、氨基酸、蛋白质、糖、血红素、叶绿素、酶、激素等。生物体内的新陈代谢和生物的遗传现象，都涉及有机化合物的转变。此外，许多与人类生活密切相关的物质，如石油、天然气、棉花、染料、化纤、塑料、有机玻璃、天然和合成药物等，均与有机化合物有着密切联系。

9.1 烃的结构与命名

只含碳和氢两种元素的有机化合物叫作碳氢化合物，简称烃。烃是有机化合物的母体，有机化合物可以看作是烃分子中的氢原子被其他原子或原子团取代后得到的衍生物。

根据烃的结构与性质的不同，烃可分为脂肪烃和环烃。根据烃分子中碳原子的连接方式，开链的烃类简称链烃或脂肪烃；环状的烃类简称环烃。脂肪烃可分为饱和烃和不饱和

烃。脂肪烃中碳碳间、碳氢间均以单键相连的烃称为饱和烃，如烷烃。而在分子中含有碳碳双键或碳碳三键的烃称为不饱和烃，如烯烃、二烯烃、炔烃。环烃又分为脂环烃和芳香烃。

> **想一想**：你最熟悉的烷烃是什么？烷烃为我们的生活带来哪些便利？举例说明。

9.1.1　烷烃结构与命名

（1）烷烃的通式、同系列和同分异构

① 烷烃的通式和同系列　烷烃中最简单的是甲烷（CH_4），甲烷以后依次是乙烷（C_2H_6）、丙烷（C_3H_8）、丁烷（C_4H_{10}）、戊烷（C_5H_{12}）等。从甲烷开始，每增加一个碳原子，就相应增加两个氢原子。因此烷烃的通式为 C_nH_{2n+2}。

这些结构相似，组成上相差 n 个 CH_2，并具有同一个通式的一系列化合物叫**同系列**。同系列中的各个化合物互为同系物。CH_2 称为同系列的系差。同一系列中的同系物应具有相类似的化学性质，因此只要掌握了同系列中某几个典型的、有代表性的化合物的化学性质，就可以推知其他同系物的一般化学性质。

② 烷烃的同分异构　在烷烃的同系列中，甲烷、乙烷、丙烷只有一种化合物，没有同分异构现象。从丁烷开始出现异构体，丁烷（C_4H_{10}）有两种异构体：

$$CH_3CH_2CH_2CH_3 \qquad CH_3\underset{\underset{\displaystyle CH_3}{|}}{C}HCH_3$$

正丁烷（沸点 $-0.5\,^\circ\!C$）　　　　异丁烷（沸点 $-10.5\,^\circ\!C$）

正丁烷和异丁烷具有同一个分子式 C_4H_{10}，但分子中各原子的连接顺序不同，正丁烷中碳碳连接成链状，而异丁烷则带有支链。它们的构造不同，物理常数如沸点也不同，因而是两种不同的化合物。

分子式相同而构造不同的化合物称为**构造异构体**，正丁烷和异丁烷互为构造异构体，构造异构体是有机化合物存在多种形式的同分异构现象的一种。

烷烃分子中随着碳原子数的增加，构造异构体的数目也随之增多。例如戊烷（C_5H_{12}）有三种构造异构体，庚烷（C_7H_{16}）有 9 种构造异构体，辛烷（C_8H_{18}）有 18 种构造异构体。

③ 碳原子的类型　烷烃的构造式中，碳原子在分子中所处的位置是不完全相同的。按照它们所连接的碳原子数目不同，分为四类。

与一个碳原子相连的碳原子称为**伯碳原子**（或称一级碳原子），常以 1° 表示；与两个碳原子相连的碳原子称为**仲碳原子**（或称二级碳原子），常以 2° 表示；与三个碳原子相连的碳原子称为**叔碳原子**（或称三级碳原子），常以 3° 表示；与四个碳原子相连的碳原子称为**季碳原子**（或称四级碳原子），常以 4° 表示。

$$\overset{1^\circ}{CH_3}-\overset{2^\circ}{CH_2}-\overset{3^\circ}{\underset{\underset{\displaystyle CH_3}{|}}{C}H}-\overset{\overset{\displaystyle CH_3}{|}}{\underset{\underset{\displaystyle CH_3}{|}}{\overset{4^\circ}{C}}}-CH_3$$

与伯、仲、叔碳原子相连的氢原子分别称为伯、仲、叔氢原子。

（2）烷烃的结构

烷烃分子中含有 C—C 键和 C—H 键，其结构以甲烷为例进行讨论。

① 甲烷的结构　现代物理方法测得甲烷分子为正四面体结构，碳原子位于正

甲烷分子
的形成

四面体中心，和碳原子相连的四个氢原子位于正四面体的顶点上，四个碳氢键键长都为 0.110nm，所有 H—C—H 的键角均为 109.5°。甲烷分子中的 C 原子是以 sp^3 杂化轨道与 H 原子成键的。

图 9-1 甲烷的楔形透视式

具有一定构造的分子，其原子在空间的排列状况称为构型。甲烷的正四面体构型常用楔形透视式表示，如图 9-1 所示。实线所表示的键在纸平面上，虚线表示键在纸平面后面，楔形键表示在纸平面前面。

② 其他烷烃的结构　碳原子的 sp^3 杂化轨道与另一碳原子的 sp^3 杂化轨道重叠形成 σ 键是构成烷烃碳链的基础，除乙烷外，烷烃分子的碳链并不排布在一条直线上，而是曲折地排布在空间，这是由 sp^3 杂化轨道保持键角 109.5°所决定的。但一般在书写构造式时，仍写成直链的形成，现在也常用键线式来书写分子结构，键线型只要写出锯齿型碳架，用锯齿形线的角（120°）及端点代表碳原子，不必写出每个碳原子上所连的氢原子。例如：正庚烷的几种书写方式：

乙烷分子的形成

丙烷分子的形成

乙烷的分子构型

$$CH_3CH_2CH_2CH_2CH_2CH_2CH_3$$

球棍模型　　　键线式　　　结构简式（缩写式）　　　结构式（价键式）

③ 乙烷的构象　由于 σ 键旋转而使分子中的原子或基团在空间产生不同的排列方式叫构象。

取一个乙烷的球棒模型，使乙烷分子的下端（即甲基）固定，另一端甲基沿着 C—C 键旋转，这时乙烷分子中六个氢原子在空间的相对位置在不断变化，在理论上有无数个不同的空间排列方式，即存在无数个乙烷分子的构象。重叠式和交叉式是其中两种极限的典型构象，如图 9-2 所示，常用透视式和纽曼（Newman）投影式表示构象。

透视式

纽曼投影式

(a) 重叠式　　　　(b) 交叉式

图 9-2　乙烷的两种极限构象

纽曼投影式是沿 C—C 键向垂直于键轴的纸面投影，用一圆圈代表后面的一个碳原子，从圆圈向外伸出的线表示后一个碳原子上的键，用圆心代表离眼睛较近的碳原子，与这个圆心相连的线表示该碳原子上的键。

构象不同，分子的能量就不同，稳定性也不同。重叠式中三对氢原子的距离最近，相互之间排斥力最大，能量最高，最不稳定；而在交叉式中三对氢原子的距离最远，相互之间排斥力最小，能量最低，最稳定。所以在通常情况下，乙烷分子主要以交叉式的构象存在。

（3）烷烃的命名

① 普通命名法　简单的烷烃常用普通命名法。普通命名法又叫习惯命名法，根据分子

中碳原子数目而称为"某烷"，碳原子数目从一到十用天干名称甲、乙、丙、丁、戊、己、庚、辛、壬、癸表示。十个碳原子以上以十一、十二、十三……来表示。为了区分异构体，通常把直链烷烃（即不带支链的）称"正"某烷；把链端第二位碳原子上连有一个甲基支链的烷烃称"异"某烷；把链端第二位碳原子上连有两个甲基支链的烷烃称"新"某烷。"某"是指烷烃中碳原子的数目，例如：

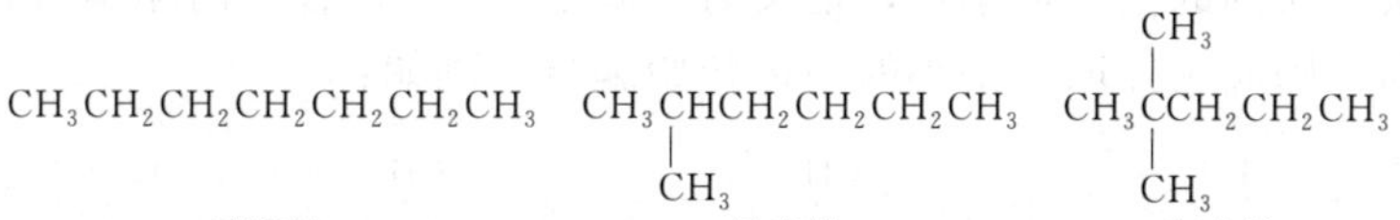

$$CH_3CH_2CH_2CH_2CH_2CH_2CH_3 \qquad CH_3CHCH_2CH_2CH_2CH_3 \qquad \begin{array}{c}CH_3\\|\\CH_3CCH_2CH_2CH_3\\|\\CH_3\end{array}$$
$$\underset{CH_3}{|}$$

正庚烷 　　　　　异庚烷 　　　　　新庚烷

普通命名法简单而方便，但难以命名结构比较复杂的烷烃。

> **查一查**：天干的由来和意义。

烷烃分子去掉一个氢原子而剩下的基团叫作烷基，通式为 C_nH_{2n+1}—，通常用 R— 表示。表 9-1 列出了常用烷基的名称和符号。

表 9-1　常用烷基的名称和符号

烷基	名称	英文名称	常用符号
CH_3—	甲基	Methyl	Me
CH_3CH_2—	乙基	Ethyl	Et
$CH_3CH_2CH_2$—	正丙基	n-Propyl	n-Pr
CH_3—CH—$\underset{CH_3}{\|}$	异丙基	iso- Propyl	i-Pr
$CH_3CH_2CH_2CH_2$—	正丁基	n-Butyl	n-Bu
CH_3—CH—CH_2—$\underset{CH_3}{\|}$	异丁基	iso-Butyl	i-Bu
CH_3—CH_2—CH—$\underset{CH_3}{\|}$	仲丁基	sec-Butyl	s-Bu
CH_3—C—$\overset{CH_3}{\underset{CH_3}{\|}}$	叔丁基	tert-Butyl	t-Bu

② **系统命名法**　系统命名法是一种国际通用的命名法，我国现在所用的系统命名法是根据 IUPAC（International Union Of Pure and Applied Chemistry，国际纯粹与应用化学协会）命名原则，结合我国文字特点而制定的。烷烃的系统命名法规则如下。

a. 选择最长碳链作为主链。根据主链所含碳原子数，称为"某烷"。把支链烷基看作主链上的取代基。如果构造式中含有几个相等的最长碳链可供选择时，则选择带有支链最多的碳链作为主链。例如：

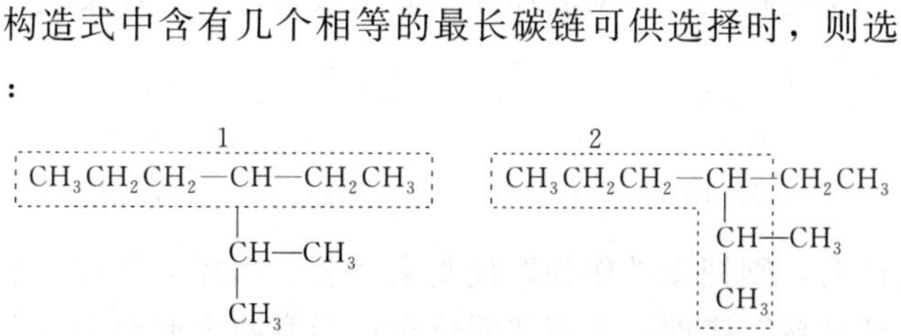

$$\overset{1}{CH_3CH_2CH_2-CH-CH_2CH_3} \qquad \overset{2}{CH_3CH_2CH_2-CH-CH_2CH_3}$$

正确的选择是 2，不是 1

b. 主链编号。把主链上的碳原子从靠近支链的一端开始依次用阿拉伯数字1、2、3……编号。支链所在的位次由它所连接的主链碳原子的号数来表示。

当主链上连有几个不同的取代基，且满足从靠近支链一端编号原则时应当选定使取代基具有最低系列的方法编号。

所谓"最低系列"是指以不同方向将碳链编号，得到不同编号的系列时，应逐项比较各系列的不同位次，遇到的位次最小者，定义为"最低系列"。若从两端编号，不同取代基所在位置数字相同，则应选择取代基小的一边开始编号。例如：

$$
\begin{array}{ccccccccc}
& & CH_3 & & & & CH_3 & & \\
1 & 2 & |3 & 4 & 5 & 6 & |7 & 8 & \\
CH_3{-}CH{-}C{-}CH_2{-}CH_2{-}CH_2{-}CH{-}CH_3 & \\
8 & 7 & |6 & 5 & 4 & 3 & 2| & 1 & \\
& & CH_3\ CH_3 & & & & CH_3 &
\end{array}
$$

编号（2，3，3，7，7）　不正确

编号（2，2，6，6，7 符合最低系列）正确

c. 写出全称。把取代基的位次、相同取代基的数目、取代基的名称，依次写在母体之前，如果含有几个不同的取代基，简单的写在前，复杂的写在后；相同的取代基合并写，用中文一、二、三、四等数字来表示相同取代基的数目，其位次必须逐个标明。位次的数字之间要用"，"隔开，位次和取代基名称之间要用短横"-"连接。例如：

$$
\begin{array}{cccccccc}
1 & 2 & 3 & 4 & 5 & 6 & 7 & 8 \\
CH_3CH & CHCH_2 & CH & CHCH_2CH_3 \\
& CH_3CH_3 & & CH_2CH_3 \\
& & & CH_3 &
\end{array}
$$

2，3，6-三甲基-5-乙基辛烷

练一练：写出下列化合物的名称。

（1）

$$
\begin{array}{c}
\overset{H}{\underset{\underset{CH_3}{|}}{\underset{|}{CH_3CH_2CH_2{-}C{-}CH_2CH_3}}} \\
HC{-}CH_3
\end{array}
$$

（2）

$$
\begin{array}{c}
\overset{H}{\underset{\underset{CH_3\ CH_3}{|\ |}}{H_3C{-}C{-}C{-}CH_2CH_2CH_2{-}C{-}CH_3}} \\
\end{array}
$$

（4）单环烷烃的命名

具有碳环结构，而性质上与开链脂肪烃相似的碳氢化合物，叫作脂环烃。

根据分子内环的数目，脂环烃分为单环、双环和多环脂环烃。根据环上是否含有不饱和键，脂环烃又分为饱和脂环烃和不饱和脂环烃。饱和脂环烃叫环烷烃，而不饱和脂环烃又分为环烯烃和环炔烃。

环烷烃的命名与烷烃相似。根据成环的碳原子数目称为"环某烷"。例如：

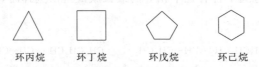

环丙烷　　　环丁烷　　　环戊烷　　　环己烷

当环上连有支链时，则把支链作为取代基来命名。当环上只有一个取代基时，只需将取代基的名称写在"环某烷"之前，不需注明位次；当有两个或两个以上取代基时，从连有最小取代基的碳原子开始，依次给环上的碳原子编号，并使取代基的位次尽可能小。

甲基环丁烷　　　1,2-二甲基环丙烷　　　1,1-二甲基环丁烷　　　1-甲基-2-乙基环戊烷

9.1.2 烯烃结构与命名

分子中含有碳碳双键 $\left(\begin{array}{c}\diagdown\\C=C\\\diagup\end{array}\right)$ 的不饱和烃叫烯烃。根据分子中所含双键的数目，烯烃可分为单烯烃、二烯烃和多烯烃。单烯烃的通式为 C_nH_{2n}，碳碳双键是烯烃的官能团，最简单的烯烃是乙烯。

（1）乙烯分子的结构

乙烯的分子式为 C_2H_4，构造式为 $CH_2=CH_2$，碳碳双键由一个 σ 键和一个 π 键构成。$C=C$ 键的键能为 $610kJ\cdot mol^{-1}$，而 $C-C$ 键的键能为 $345kJ\cdot mol^{-1}$，显然碳碳双键的键能小于两个碳碳单键的键能之和。这个事实间接地证明了碳碳双键不是由两个单键所构成的。近代物理方法证明：乙烯分子中的六个原子都在一个平面上，每个碳原子分别和两个氢原子相连接，相邻键之间的夹角接近 $120°$，碳碳双键键长是 $0.134nm$，碳氢键的键长是 $0.1097nm$。

在乙烯分子中，双键碳原子采用 sp^2 杂化，两个碳原子各以一个 sp^2 轨道重叠，形成一个 $C-C\sigma$ 键，又各以两个 sp^2 轨道和四个氢原子的 1s 轨道重叠，形成四个 $C-H\sigma$ 键，这样形成的五个 σ 键都在同一个平面上，乙烯分子的结构见图 9-3。

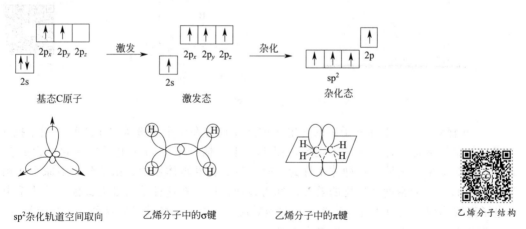

图 9-3　乙烯分子的结构

每个碳原子还剩下一个未参与杂化的 2p 轨道，它们的对称轴与五个 σ 键所在的平面相垂直，且 2p 轨道互相平行，"肩并肩"侧面重叠成 π 键。π 键电子云分布在分子平面的上下方，垂直于由 σ 键所形成的平面。

烯烃中所有碳碳双键都是由一个 σ 键和一个 π 键组成的。在烯烃的构造式中，双键一般用两条短线来表示。

（2）共轭二烯烃的结构和共轭效应

分子中含有两个碳碳双键的不饱和烃，叫作二烯烃。

① 二烯烃的分类　根据分子中两个双键的相对位置不同，二烯烃可分为三类：

a. 累积二烯烃。两个双键连接在同一个碳原子上，例如：

$$CH_2 = C = CH_2 \quad 丙二烯$$

b. 共轭二烯烃。两个双键之间，有一个单键相隔，例如：

$$H_2C = CH - CH = CH_2 \quad 1,3\text{-丁二烯}$$

c. 孤立二烯烃。两个双键之间，有两个或两个以上的单键相隔，例如：

$$H_2C = CH - CH_2 - CH = CH_2 \quad 1,4\text{-戊二烯}$$

② 1,3-丁二烯的结构　最简单的共轭二烯烃是 1,3-丁二烯，现代物理方法表明：1,3-丁二烯分子中的四个碳原子和六个氢原子都处在同一个平面上，其键长和键角数据如下：

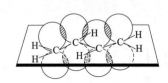

1,3-丁二烯分子的结构

从以上的数据可以看到 1,3-丁二烯的碳碳单键明显比乙烷的单键（154pm）短，这种现象称为键长的平均化。键长平均化是共轭烯烃的共性。

杂化轨道理论认为：1,3-丁二烯分子中四个碳原子都是 sp^2 杂化，相邻碳原子之间均以 sp^2 杂化轨道沿轴向重叠形成 C—Cσ 键，其余的 sp^2 杂化轨道分别与氢原子的 1s 轨道形成 C—Hσ 键，所有的 σ 键（三个 C—Cσ 键和六个 C—Hσ 键）都在同一个平面上。每个碳原子上还剩下一个没有参加杂化的 p 轨道，这些 p 轨道均垂直于 σ 键所在的平面，彼此间相互平行重叠，形成包括四个碳原子的大 π 键（离域的 π 键），如图 9-4 所示。

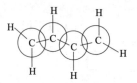

1,3-丁二烯的大 π 键

图 9-4　1,3-丁二烯大 π 键

③ 共轭效应　1-丁烯分子中的 π 电子的运动局限在两个双键碳原子之间，通常把这种 π 电子在局部区域运动称为 π 电子定域，而 1,3-丁二烯分子中的 π 电子扩展到更大的范围内运动，称为 π 电子离域，这种体系称为共轭体系。在共轭体系中，由于分子中原子间相互作用，而引起电子云密度平均化的效应，称为共轭效应。在这种单双键交替排列的体系中，由 π 电子离域体现的共轭效应，称为 π-π 共轭效应。1,3-丁二烯就具有这种 π-π 共轭效应。

发生共轭效应的分子，一般具有下列特点：

a. 共平面。组成共轭体系的 sp^2 杂化的碳原子必须在同一平面上，这样 p 轨道对称轴才有可能互相平行，进行侧面重叠。

b. 键长趋于平均化。由于电子的离域，使共轭体系中单、双键的键长趋于平均化，共轭链越长，平均化程度越大。

c. 极性交替，相互传递。当共轭体系受到外界试剂例如 A$^+$ 进攻，π 电子云转移时，链上会出现正、负极性交替现象，共轭效应沿共轭链传递，并不因链的增长而减弱。例如：

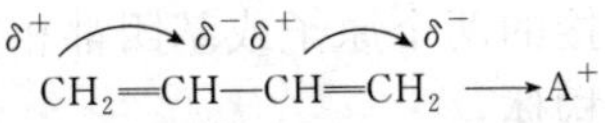

$$\overset{\delta^+}{CH_2}\overset{\delta^-}{=}\overset{\delta^+}{CH}\overset{\delta^-}{-}\overset{}{CH}\overset{}{=}CH_2 \longrightarrow A^+$$

d. 共轭体系能量较低，分子较稳定。例如：

$$H_3C-HC=CH-CH=CH_2+H_2 \longrightarrow CH_3CH_2CH_2CH_2CH_3+226.9kJ/mol$$

$$H_2C=CH-CH_2-CH=CH_2+H_2 \longrightarrow CH_3CH_2CH_2CH_2CH_3+254.4kJ/mol$$

以上述反应可以看出 1,3-戊二烯的氢化热比 1,4-戊二烯少 27.54kJ/mol，这证明了共轭二烯烃比非共轭二烯烃更稳定。27.5kJ/mol 是 1,3-戊二烯的共轭能或离域能。

查一查：乙烯、异戊二烯的应用，了解烯烃对我们生活的重要性。

（3）烯烃的同分异构现象

① 构造异构　含相同碳原子的烯烃除了碳架异构以外，还会由于双键位置不同引起位置异构，因此异构体的数目比相应的烷烃要多。乙烯、丙烯都只有一种构型，而丁烯则有三种异构体。

$$CH_3CH_2CH=CH_2 \qquad CH_3CH=CHCH_3 \qquad (CH_3)_2C=CH_2$$
$$\text{1-丁烯} \qquad\qquad \text{2-丁烯} \qquad\qquad \text{2-甲基丙烯}$$

1-丁烯和 2-丁烯是位置异构体，1-丁烯与 2-甲基丙烯是碳链异构。这些异构体都是由于分子中原子的排列顺序和结合方式不同而引起的，都是构造异构体。

② 顺反异构　烯烃除了构造异构以外，还有另一种异构现象。由于双键不能自由旋转，当双键两端碳原子都连有两个不同的原子或基团时，就会有两种不同的空间排列方式。例如：

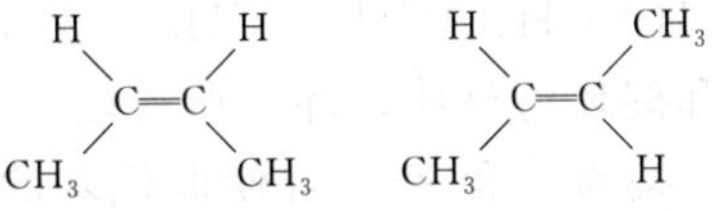

	顺-2-丁烯	反-2-丁烯
沸点：	3.5℃	0.9℃

这两个异构体的分子式相同，构造式相同，前者相同的基团——两个氢原子或两个甲基，排列在双键的同侧，叫顺式异构体；而后者中这两个相同的原子或基团则排在双键的异侧，叫反式异构体。这种构造相同，但是分子中原子或基团在空间上的排列不同而引起的异构现象，叫顺反异构。这种相同构造化合物的不同空间排列方式又称构型异构，顺反异构体就是构型不同的化合物。

想一想：被誉为"21世纪抗老化圣品"的白藜芦醇结构式如下，它是顺式还是反式异构体？

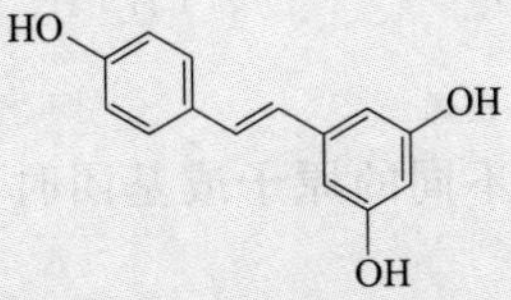

分子产生顺反异构现象，在结构上必须具备两个条件：

a. 分子中有限制自由旋转的因素，如碳碳双键；

b. 双键两端碳原子必须和两个不同的原子或基团相连。

如上所述，当双键的任一个碳原子所连接的两个原子或基团都相同时，就没有顺反异构体，例如：下列模式的化合物就没有顺反异构体：

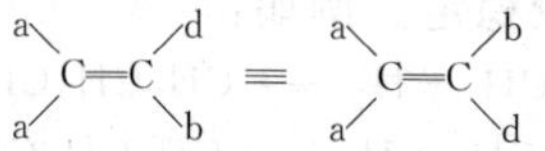

$$\begin{matrix} a \\ a \end{matrix} C=C \begin{matrix} d \\ b \end{matrix} \equiv \begin{matrix} a \\ a \end{matrix} C=C \begin{matrix} b \\ d \end{matrix}$$

（4）烯烃的命名

① 烯基的命名　烯烃失去一个氢剩下的原子团称为"某烯基"，给烯基命名时，只要在相应烯的母体后面加一个"基"字即可，如：

$H_2C=CH-$　乙烯基　　$CH_3CH=CH-$　丙烯基
$CH_2=CH-CH_2-$　烯丙基　　$CH_3-\underset{}{C}=CH_2$　异丙烯基

② 烯烃的系统命名法　烯烃的系统命名法基本上和烷烃相似。要点如下：

a. 选择含有双键的最长碳链作为主链，按主链碳原子数命名为"某烯"。

b. 从靠近双键一端开始编号。

c. 双键位次必须标明，只写出双键两个碳原子中位次较小的一个，放在烯烃名称前面。

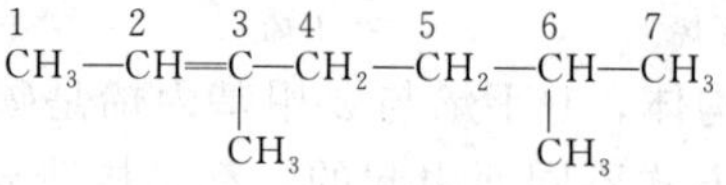

$$\overset{1}{C}H_3-\overset{2}{C}H=\overset{3}{C}H-\overset{4}{C}H_2-\overset{5}{C}H_2-\overset{6}{C}H-\overset{7}{C}H_3$$
$$\qquad\quad\ \ \underset{CH_3}{|}\qquad\qquad\qquad\quad\underset{CH_3}{|}$$

3,6-二甲基-2-庚烯

d. 二烯烃的命名。选择含有两个双键的最长碳链作为主链，称为"某二烯"。由距双键最近的一端依次编号，并用阿拉伯数字分别标明两个双键的位置。例如：

$$H_2C=CH-CH_2-CH=CH_2 \qquad 1,4-戊二烯$$

e. 环烯烃的命名。以不饱和碳环为母体，环上所连的支链作为取代基。给碳环编号时，从双键开始（将两个双键碳原子编为 1 和 2），且使取代基的位次尽可能小，对于只有一个不饱和键的脂环烃，则不饱和键的位置可以不表示出来。例如：

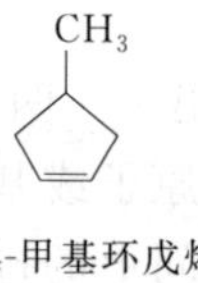

4-甲基环戊烯 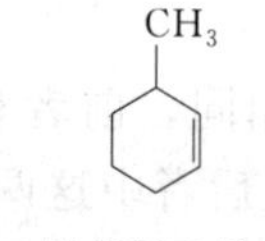　　　　3-甲基环己烯 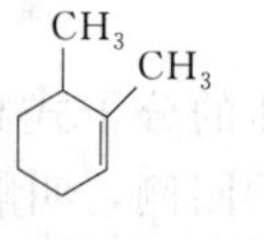　　　　1,6-二甲基环己烯

③ 顺反异构体的命名　根据其构型在系统命名的名称前面加上"顺"字或"反"字。如：

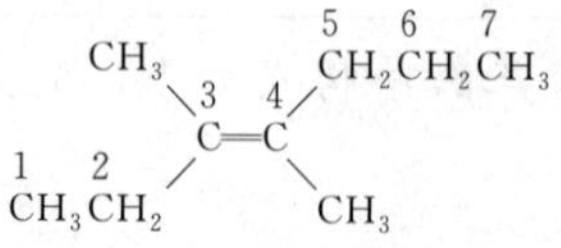

反-3,4-二甲基-3-庚烯 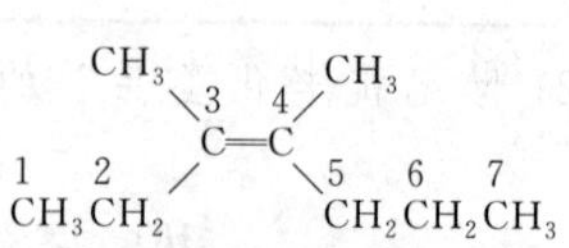　　　　顺-3,4-二甲基-3-庚烯

但当双键碳原子上连接着四个不同的原子或基团时，很难用顺反命名法确定它们的构型。如：

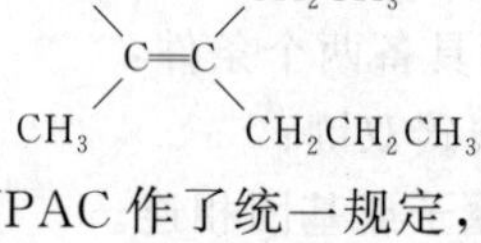

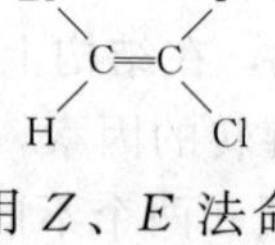

为了解决这个问题，IUPAC 作了统一规定，即用 Z、E 法命名，标记顺反异构体的构

型，*Z*、*E* 标记法如下：

a. 将双键碳原子上所连的原子或基团，按"次序规则"排列。"次序规则"的要点如下：

（a）原子或基团按原子序数的大小排列，原子序数大的应（优先）排在前面，原子序数小的排在后面，常见的几种原子的原子序数为：

$$I>Br>Cl>S>P>O>N>C>H$$

如果原子序数相同（同位素）时，则按原子量大小次序排列。

（b）连接双键碳原子的基团如果第一个原子相同时，依次比较与其相连的第二个、第三个……原子的原子序数，直至比较得出原子团大小的顺序。简单烷基的优先次序为：

$$(CH_3)_3C->(CH_3)_2CH->CH_3CH_2->CH_3-$$

（c）当基团不饱和时，其中双键或三键所连接的原子，应看作是单键和多个原子的重复，所以 $-C\equiv CH$ 优先于$-CH=CH_2$。因此有以下次序：

$$-C\equiv N>-C\equiv CH>-CH=CH_2$$

b. 分别比较双键两端碳原子上连接的两个原子或基团的次序，如果两个次序优先的原子或基团在双键的同侧就叫 *Z* 构型，在异侧就叫 *E* 构型。例如：

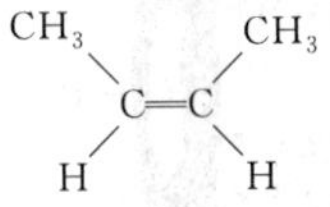

Z-2-丁烯 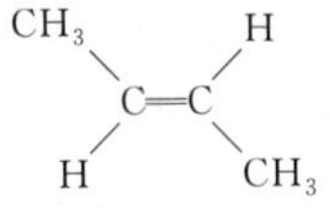　　　　*E*-2-丁烯

必须指出，*Z*/*E* 构型和顺/反构型没有必然的因果关系，有时 *Z* 构型是顺式，*E* 构型是反式，有时则相反。例如：

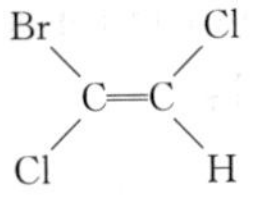

Z-1,2-二氯-1-溴乙烯（反-1,2-二氯-1-溴乙烯）

练一练：用 *Z*/*E* 标记法或顺反命名法命名下列物质。

（1） 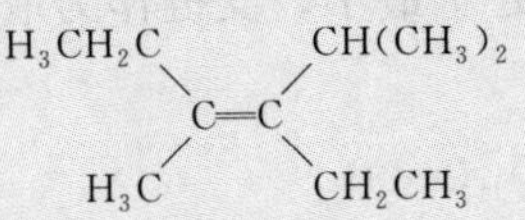　（2）

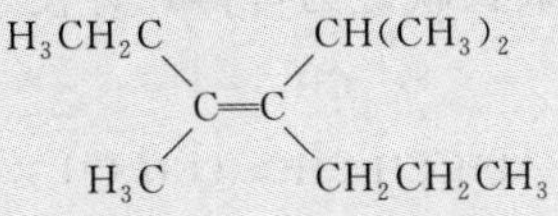

9.1.3　炔烃的结构与命名

分子中含有碳碳三键（$-C\equiv C-$）的烃叫炔烃。炔烃的通式为 C_nH_{2n-2}，碳碳三键是炔烃的官能团。最简单的炔是乙炔。

（1）乙炔的结构

乙炔分子式为 C_2H_2，构造式为 $H-C\equiv C-H$。在乙炔分子中四个原子处在一条直线上，键角为 $180°$，键长为 $0.120nm$，碳碳三键的键能为 $835kJ/mol$，比双键键能大，比三倍的单键键能又小得多，这说明碳碳三键的三个键不是等同的。

乙炔分子中的每个碳原子分别与一个碳原子和一个氢原子相连，碳原子用一个 2s 轨道和一个 2p 轨道杂化，以 sp 杂化形式形成两个相同 sp 轨道。这两个 sp 杂化轨道的对称轴同处在一条直线上，彼此成180°角。余下的两个 2p 轨道没有参与杂化。如图 9-5 所示。

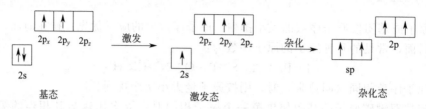

图 9-5　碳原子轨道的 sp 杂化

在乙炔分子中有三个 σ 键，两个 π 键。其中两个 C—H σ 键是由碳原子的 sp 杂化轨道和氢原子的 s 轨道重叠形成，1 个 C—C σ 键是由碳原子的 sp 杂化轨道与另一个碳原子的 sp 杂化轨道重叠形成。每个碳上两个相互垂直的未经杂化的 p 轨道，两两对应，从侧面重叠形成两个相互垂直的 π 键。这两个 π 键的电子云在 C—C σ 键的上下和前后对称分布，成圆筒状，如图 9-6 所示。

图 9-6　乙炔分子的 π 电子云

乙炔分子的结构

（2）炔烃的命名

① 衍生命名法　比较简单的炔烃也可用衍生命名法命名，即以乙炔为母体，而把其他的炔烃看作乙炔的烃基衍生物命名。例如：

$HC\equiv CCH_2CH_2CH_3$　　　$CH_3C\equiv CCH_2CH_3$　　　$(CH_3)_2CHC\equiv CH$

丙基乙炔　　　　　　甲基乙基乙炔　　　　　　异丙基乙炔

② 系统命名法　炔烃的系统命名法与烯烃相似，命名原则如下：

a. 选择包含三键的最长碳链为母体，并使三键的位次处于最小，支链作为取代基。

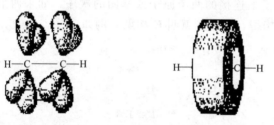

5-甲基-3-庚炔　　　　　　1-十四碳炔

b. 当分子中同时含有碳碳双键和碳碳三键时，应选择含有双键和三键的最长碳链为主链，编号时应使不饱和键的位次尽可能小；当母体链中双键和三键处于同等编号位次时，应使双键的位次尽可能小。

$HC\equiv CCH_2CH=CH_2$　　　　　$CH_3CH=CHC\equiv CH$

1-戊烯-4-炔　　　　　　3-戊烯-1-炔

c. 书写时同烯烃。含有碳碳双键和碳碳三键的化合物，书写时以某烯炔表示。

9.1.4　芳烃的结构与命名

含有苯环的烃叫芳香烃，简称芳烃。通常把苯及其衍生物总称为芳香族化合物。

芳烃可根据分子中含苯环的数目和连接方式分为三类。

单环芳烃：分子中含有一个苯环的芳烃。例如：

苯 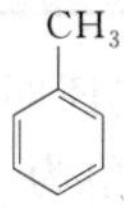　　　甲苯 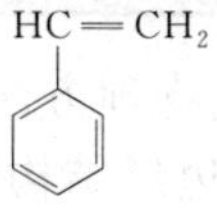　　苯乙烯 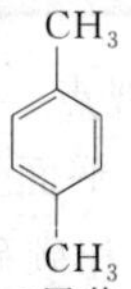　　对二甲苯

多环芳烃：分子中含有两个或两个以上独立苯环的芳烃。例如：

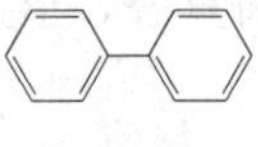

联苯 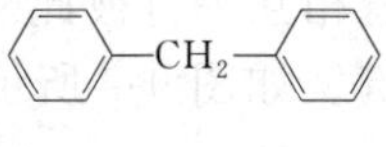　　　　　二苯甲烷 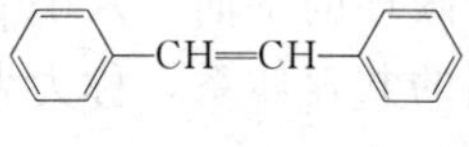　　　　　二苯乙烯

稠环芳烃是分子中含有两个或多个苯环彼此间通过共用两个相邻碳原子稠合而成的芳烃。例如：

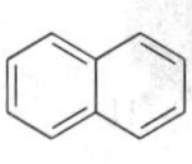

萘 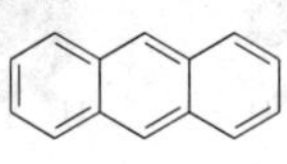　　　　　　蒽 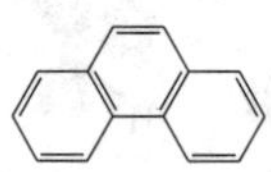　　　　　　菲

（1）苯的结构

苯是芳烃中最简单、最重要的化合物，要了解芳烃的性质，首先要了解苯的结构。

① 凯库勒式　苯的分子式为 C_6H_6，按此推测苯应具有高度的不饱和性。事实上苯环却有特殊的稳定性，易进行取代反应，而不易进行加成和氧化反应。这些性质与一般的脂肪族不饱和化合物有明显的不同，这是由苯的特殊结构造成的。

1865 年德国化学家凯库勒从苯的分子式出发，根据苯的一元取代物只有一种的事实，提出了苯分子的环状结构。为了满足碳原子的四价，提出了下列碳碳双键与碳碳单键间隔排列的结构。

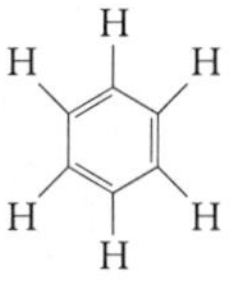

这个式子称为苯的凯库勒构造式，简称苯的凯库勒式。凯库勒首先提出苯的环状结构，在有机化学的发展史上起了重要的作用，但凯库勒式不能说明苯的全部性质，例如：

a. 根据凯库勒构造式，苯分子中含有三个双键，但苯却很难发生加成反应。

b. 根据凯库勒构造式，苯的邻位二元取代物应有两种异构体，但实际上只有一种。

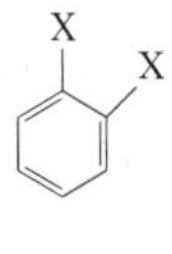

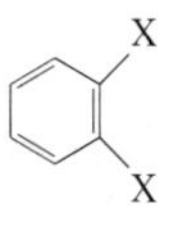

c. 根据凯库勒构造式，苯分子中有三个 C = C 双键和三个 C—C 单键，由于它们的键长不同，苯环就不可能是一个正六边形。但实践证明，苯是一个正六边形分子，环中的碳碳键键长完全相等。

因此凯库勒式不能很好地反映苯分子的真实结构，随着近代化学键理论的发展，才有了比较符合客观事实的解释。

查一查：苯环结构的诞生，是有机化学发展史上的一块里程碑，凯库勒苯环之梦，这个传说是真还是假？

② 苯分子结构的近代观点　近代物理方法研究证明，苯环上的六个碳原子和六个氢原子都在同一平面上，苯具有平面正六边形结构，键角为120°，碳碳键的键长均为0.139nm，介于碳碳单键（0.154nm）和碳碳双键（0.134nm）的键长之间。

根据杂化轨道理论，苯分子中的六个碳原子都是 sp^2 杂化，每个碳原子都以三个 sp^2 杂化轨道分别与一个氢原子和两个碳原子形成三个 σ 键，键角都是120°。每个碳上的未经杂化的 p 轨道都垂直于碳环的平面，六个 p 轨道相互平行彼此从侧面重叠，形成了一个封闭的共轭体系，这个封闭的共轭体系，称为大 π 键。如图9-7所示。

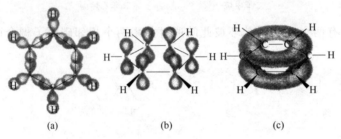

(a)　　　　　　　(b)　　　　　　　(c)

图9-7　苯环结构

苯分子的结构

大 π 键的电子云形状，好像两个"救生圈"对称地分布于六碳环平面的上下两侧，共轭体系的能量降低，使苯具有稳定性。由于共轭效应，使 π 电子高度离域，电子云完全平均化，键长完全平均化，使苯分子中没有单双键之分。

(2) 单环芳烃的同分异构和命名

① 单环芳烃的同分异构　苯及烷基苯的通式为 C_nH_{2n-6}，其中 $n \geqslant 6$。简单的一元烷基苯没有同分异构体，例如：

甲苯　　　　　乙苯

但当烷基中含有三个或三个以上碳原子时，可发生侧链上的碳链异构现象。例如：

正丙苯　　　　　　　异丙苯

二元烷基苯，由于烷基在环上的位置不同可产生三种同分异构体。例如：

邻二甲苯　　　　　间二甲苯　　　　　对二甲苯

（1,2-二甲苯）　　（1,3-二甲苯）　　（1,4-二甲苯）

三个烷基相同的三元烷基苯也有三种同分异构体，分别用"连""偏""均"来表示三个烷基的相对位置。例如：

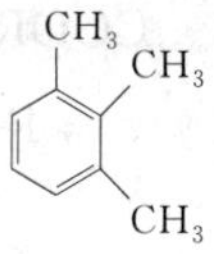

连三甲苯　　　　　偏三甲苯　　　　　均三甲苯
（1，2，3-三甲苯）　（1，2，4-三甲苯）　（1，3，5-三甲苯）

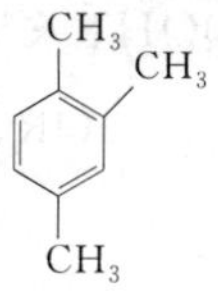

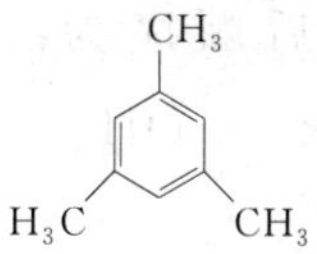

综上所述，单环芳烃的同分异构现象是由侧链在环上的位置不同以及侧链发生异构化产生的。

② 单环芳烃的命名

a. 烷基苯的命名以苯环为母体，烷基作为取代基，称为某烷基苯。当苯环上连有不同的烷基时，烷基名称的排列应从简单到复杂，其位次的编号应将最简单的烷基定为 1 号位，并以最低系列原则来命名。例如：

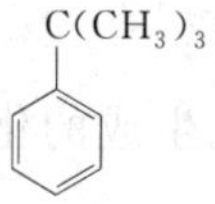

叔丁苯 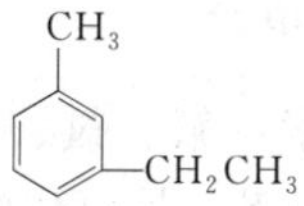　　　　　　1-甲基-3-乙基苯 或 间甲乙苯

b. 对于侧链结构复杂的烷基苯，或苯环上连有不饱和基团时，则侧链作为母体，苯环作为取代基来命名。例如：

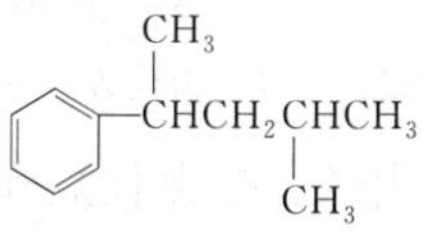

2-甲基-4-苯基戊烷 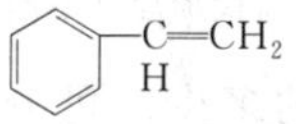　　　　　苯乙烯 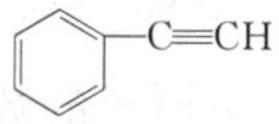　　　　　苯乙炔

芳烃分子去掉一个氢原子后剩下的原子团称为芳基，可用 Ar-表示。例如：

苯基　　　　邻甲苯基　　　　对甲苯基　　　　苯甲基（苄基）

c. 单环芳烃其他衍生物的命名分为两类。一类是芳环上连有硝基、卤原子的衍生物，它们的命名与烷基苯的命名相似，以芳环为母体，硝基、卤原子作为取代基。例如：

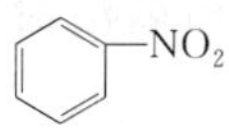

硝基苯 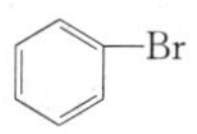　　　　　　　　溴苯

另一类是芳环上连有其他基团的衍生物，它们的命名则是以芳环上所连的基团作为母体，芳环作为取代基。例如：

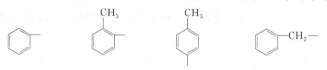

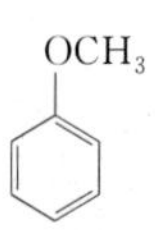

苯甲醚 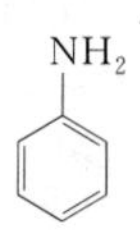　　　　苯胺 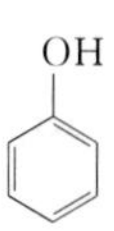　　　　苯酚 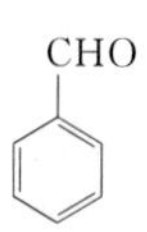　　　　苯甲醛 　　　　苯甲酸 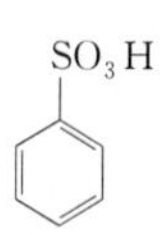　　　　苯磺酸

d. 当芳环上连有两个以上不同官能团取代基时，应根据取代基排列先后的优先顺序选择母体，母体确定后再按照最低系列的原则标明其他取代基的相对位置。

取代基排列的先后顺序为：—COOH、$—SO_3H$、—COOR、—COX、$—CONH_2$、—CN、—CHO、—COR、—OH、$—NH_2$、—OR、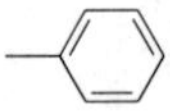、—R、—X、$—NO_2$。

例如：

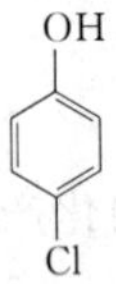
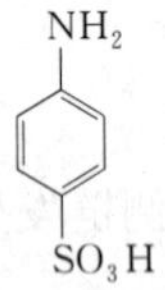
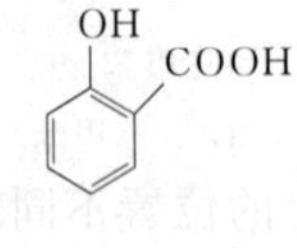
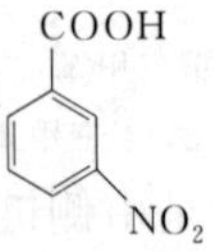
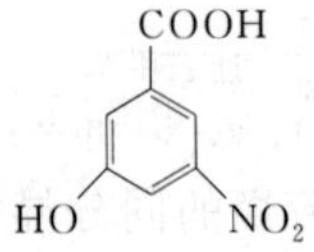
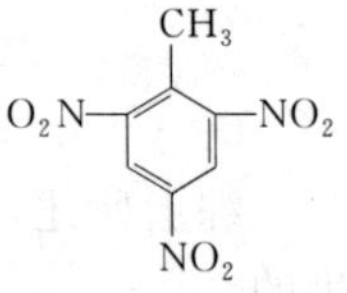

对氯苯酚　对氨基苯磺酸　邻羟基苯甲酸　间硝基苯甲酸　3-硝基-5-羟基苯甲酸　2,4,6-三硝基甲苯

想一想：被称为“炸药之王”的 TNT 是什么物质？

9.1.5 卤代烃的结构与命名

烃分子中的氢原子被卤素（氟、氯、溴、碘）取代生成的化合物称为卤代烃。它的通式为 R—X 或 Ar—X，卤素（—X）是卤代烃的官能团。

（1）卤代烃的分类

① 按烃基结构的不同，可分为卤代烷烃、卤代烯烃和卤代芳烃。例如：

$R—CH_2—X$　　R—CH═CH—X　　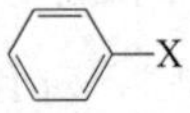

卤代烷烃（饱和卤代烃）　卤代烯烃（不饱和卤代烃）　卤代芳烃（芳香族卤代烃）

② 按分子中所含卤原子的数目的多少，可分一卤代烃、二卤代烃和多卤代烃。例如：

$R—CH_2—X$　　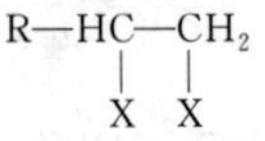　　CHX_3

一卤代烃　二卤代烃　三卤代烃

③ 按卤原子所连的碳原子的种类不同，可分为伯卤代烃、仲卤代烃和叔卤代烃。例如：

$R—CH_2—X$　　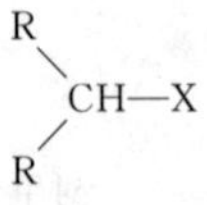　　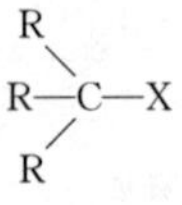

伯卤代烃（一级卤代烃）　仲卤代烃（二级卤代烃）　叔卤代烃（三级卤代烃）

（2）卤代烃的命名

① 普通命名法　结构简单的一卤代烃可用普通命名法命名。它是根据卤原子相连的烃基名称命名，称为“某烃基卤”。例如：

$CH_3CH_2CH_2CH_2Cl$　　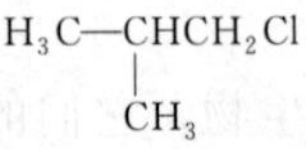　　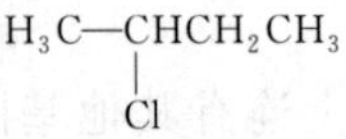

（正）丁基氯　异丁基氯　仲丁基氯

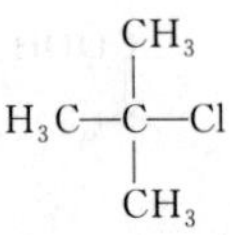　　$H_2C═CH—CH_2Cl$　　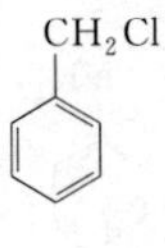

叔丁基氯　烯丙基氯　苄氯

某些多卤代烃常使用俗名，例如：

$$CHCl_3 \qquad CHBr_3 \qquad CHI_3 \qquad CCl_4$$

氯仿　　　　　溴仿　　　　　碘仿　　　　四氯化碳

② 系统命名法

a. 选择连有卤原子的最长碳链作为主链，把烃基作为母体，卤原子作为取代基。

b. 从靠近支链或取代基的一端开始给主链上的碳原子编号。当卤素和烃基支链有相同的编号时，则使烃基的编号较小。卤代烃的书写格式为：烷基取代基-卤原子-某烃。其中，若为多卤化合物书写时应按氟、氯、溴、碘的顺序依次列出。例如：

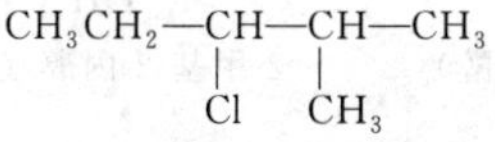

2-甲基-3-氯戊烷 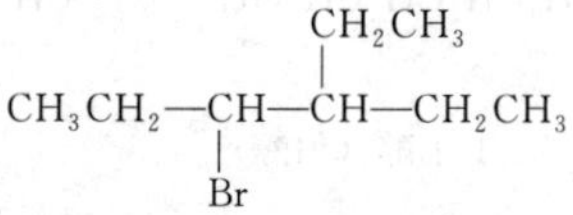　　　　　　　　　3-乙基-4-溴己烷

c. 不饱和卤代烃的命名，则将含有卤原子和不饱和键的最长碳链作为母体，卤原子作为取代基，并尽量使不饱和键的位次最小。例如：

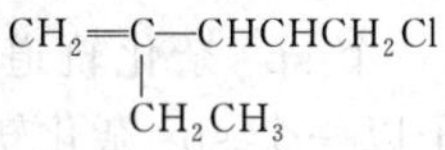

2-乙基-5-氯-1-戊烯 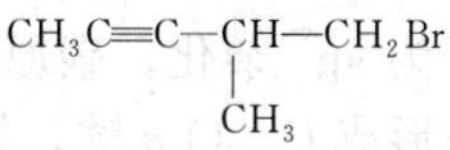　　　　　　4-甲基-5-溴-2-戊炔

d. 对于卤代环烃，卤原子连在环的侧链上，则以侧链为母体，环和卤原子作为取代基来命名。例如：

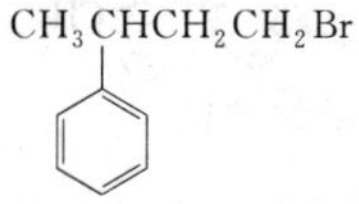

3-苯基-1-溴丁烷 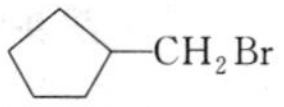　　　　　　　　环戊基溴甲烷

查一查：目前在家用空调和热泵中广泛应用的制冷剂是氟利昂 R22，它是什么物质？有什么危害？可以用哪些物质替代？

9.2　含氧有机化合物的结构与命名

在日常生活中，我们经常接触到许多含氧有机化合物，例如乙醇（俗称酒精），不同度数的饮用酒中其含量不同；醋酸是食醋的主要成分；乙醚是医药上常用的麻醉剂；油漆和涂料中含有甲醛，因此新家具、新装修的房屋要经过一段时间的通风后才能使用和入住。许多含氧有机化合物都是良好的溶剂和重要的有机化工原料。

含氧化合物主要包括醇、酚、醚、醛、酮、羧酸及其衍生物等。这些化合物分子中均含有氧原子，其表示形式如下表所示。

名称	醇	酚	醚	醛	酮	羧酸	羧酸衍生物
构造式	$R-OH$	$Ar-OH$	$R-O-R'$	$R-\overset{O}{\overset{\|\|}{C}}-H$	$R-\overset{O}{\overset{\|\|}{C}}-R'$	$R-\overset{O}{\overset{\|\|}{C}}-OH$	$R-\overset{O}{\overset{\|\|}{C}}-X$

9.2.1 醇的结构与命名

（1）醇的分类

① 根据醇分子中羟基的数目可分为一元醇、二元醇及多元醇。

② 根据烃基中是否含有不饱和键分为饱和醇与不饱和醇。

③ 根据与羟基相连的碳原子种类不同分为伯醇、仲醇、叔醇。例如：

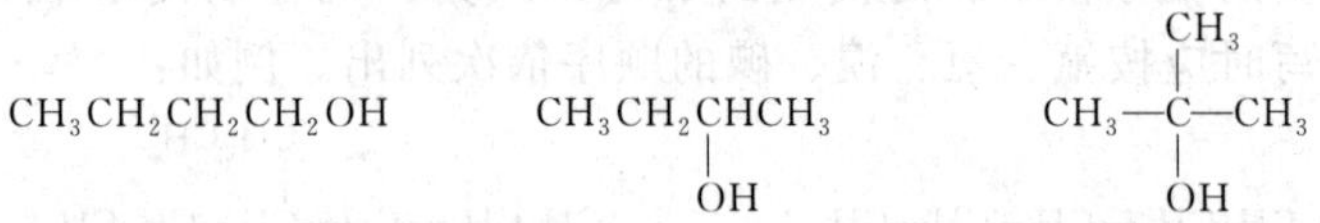

$$
\begin{array}{ccc}
CH_3CH_2CH_2CH_2OH & CH_3CH_2\underset{\underset{OH}{|}}{C}HCH_3 & CH_3\underset{\underset{OH}{|}}{\overset{\overset{CH_3}{|}}{C}}CH_3 \\
\text{1-丁醇（伯醇）} & \text{2-丁醇（仲醇）} & \text{2-甲基-2-丙醇（叔醇）}
\end{array}
$$

④ 根据烃基种类不同可分为脂肪醇、芳香醇。

（2）醇的结构

醇分子中的官能团是羟基（—OH）。醇也可以看作是烃分子中的氢原子被羟基取代后的产物。饱和一元醇的通式是 $C_nH_{2n+1}OH$，或简写为 ROH。

乙醇分子
的结构

在醇分子中，氧原子为 sp^3 杂化。碳原子的一个 sp^3 杂化轨道与氧原子的一个 sp^3 杂化轨道相互重叠形成 C—O σ 键，氧原子以一个 sp^3 杂化轨道与氢原子的 1s 轨道相互重叠形成 O—H σ 键。氧原子还有两对未共用电子对分别占据其他两个 sp^3 杂化轨道。甲醇分子的结构见图 9-8。

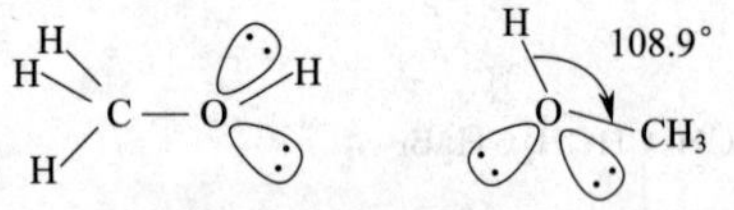

图 9-8　甲醇的结构

> **查一查**：根据最新《中华人民共和国道路交通安全法》，什么是饮酒驾车？什么是醉酒驾车？对酒后驾车和醉酒驾车的处罚分别是什么？

（3）命名

① 习惯命名法　此法适用于低级一元醇。根据醇分子中的烃基进行命名，把与羟基相连的烃基名称放在"醇"字前即可。例如：

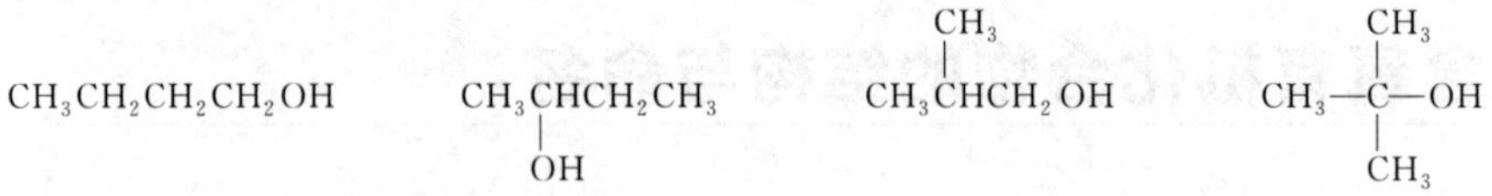

$$
\begin{array}{cccc}
CH_3CH_2CH_2CH_2OH & CH_3CH_2\underset{\underset{OH}{|}}{C}HCH_3 & CH_3\underset{\underset{OH}{|}}{\overset{\overset{CH_3}{|}}{C}}HCH_2OH & CH_3\underset{\underset{CH_3}{|}}{\overset{\overset{CH_3}{|}}{C}}OH \\
\text{正丁醇} & \text{仲丁醇} & \text{异丁醇} & \text{叔丁醇}
\end{array}
$$

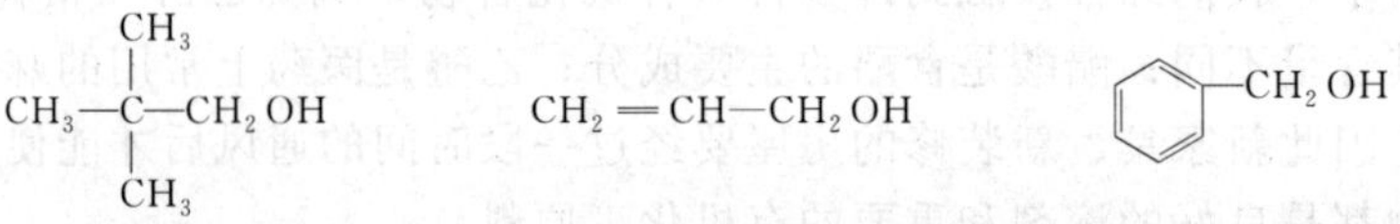

$$
\begin{array}{ccc}
CH_3\underset{\underset{CH_3}{|}}{\overset{\overset{CH_3}{|}}{C}}CH_2OH & CH_2=CH-CH_2OH & \\
\text{新戊醇} & \text{烯丙醇} & \text{苯甲醇（苄醇）}
\end{array}
$$

② 系统命名法　系统命名法要点为：

a. 选择含有羟基的最长碳链作为主链，按主链中碳原子数目称为"某醇"，脂环醇则按环上碳原子数称为"环某醇"，支链作为取代基。

b. 当分子中含有碳碳不饱和键时，则选择同时含羟基和不饱和键的最长碳链为主链。

c. 从靠近羟基的一端给主链编号。脂环醇则从连有—OH 的碳原子开始编号，"1"有时可省略不写。

　　d. 将支链的位次、名称及羟基的位次写在母体之前。例如：

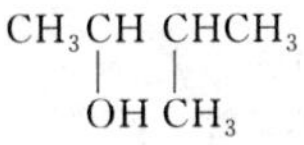

    CH₃CH CHCH₃
        | |
       OH CH₃

3-甲基-2-丁醇

$$CH_3CH CHCH_3$$
$$\underset{OH \ CH_3}{|\ \ \ \ |}$$

3-甲基-2-丁醇 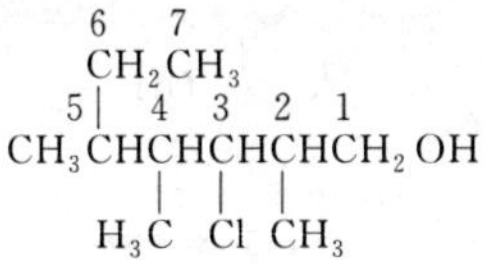　　　　2,4,5-三甲基-3-氯-1-庚醇 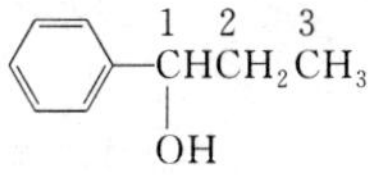　　　　1-苯基-1-丙醇

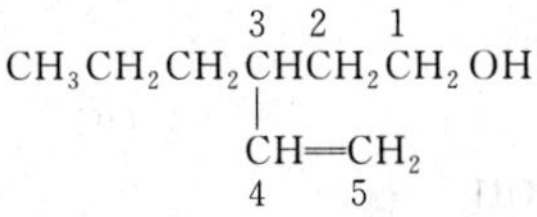

3-丙基-4-戊烯-1-醇 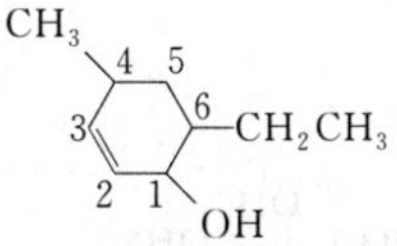　　　　　4-甲基-6-乙基-2-环己烯-1-醇

　　e. 多元醇的命名与一元醇相似，要选择含有多个羟基的最长碳链作为主链，从靠近羟基的一端给主链编号，羟基的位次、数目、名称应写在母体之前。例如：

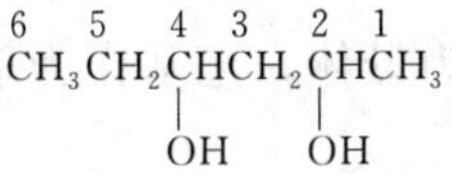

2,4-己二醇 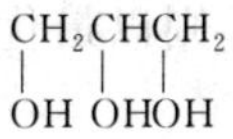　　　　　丙三醇（甘油） 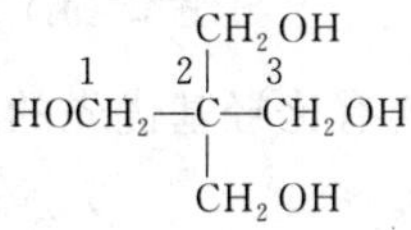　　　　2,2-二羟甲基-1,3-丙二醇
　　　　　　　　　　　　　　　　　　　　　　　　　（季戊四醇）

9.2.2　酚的结构与命名

　　羟基直接和芳环相连的化合物称为酚。通式为：ArOH。

　　（1）苯酚的结构

　　在苯酚中，羟基氧原子采取了 sp^2 杂化，因此氧原子上有一个未参与杂化的 p 轨道，该 p 轨道里有一对未共用电子对，与苯环上的 π 轨道相互平行，从侧面进行肩并肩重叠，产生了 p-π 共轭效应，使得氧上的一对电子向苯环方向转移，如图 9-9 所示。

苯酚分子
的结构

图 9-9　苯酚中 p-π 共轭效应

　　（2）酚的命名

　　酚可根据分子中所含羟基的数目分为一元酚、二元酚和多元酚。

　　酚的命名一般是以苯酚为母体，苯环上连接的其他基团作为取代基。多元酚只需在"酚"字前面用二、三等数字表明酚羟基的数目，并用 1、2、3 等表明酚羟基的位次。例如：

　　一元酚：

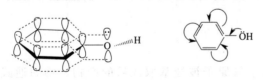

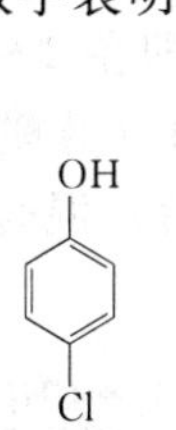

4-氯苯酚　　　　　2-甲基苯酚　　　　　3-硝基苯酚
（对氯苯酚）　　　（邻甲基苯酚）　　　（间硝基苯酚）

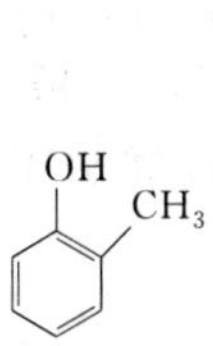

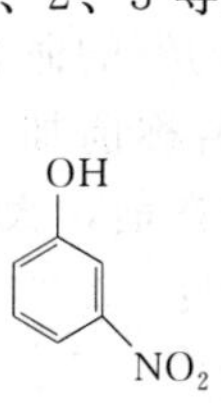

二元酚：

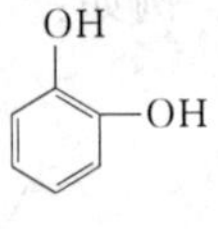

1,2-苯二酚　　　　　　　1,3-苯二酚　　　　　　　1,4-苯二酚
（邻苯二酚）　　　　　　（间苯二酚）　　　　　　（对苯二酚）

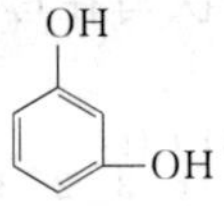

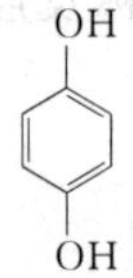

三元酚：

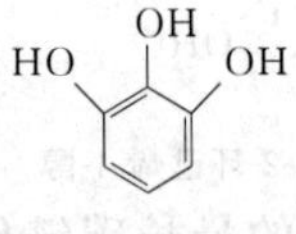

1,2,3-苯三酚　　　　　　1,2,4-苯三酚　　　　　　1,3,5-苯三酚
（连苯三酚）　　　　　　（偏苯三酚）　　　　　　（均苯三酚）

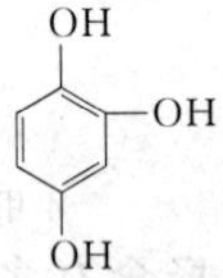

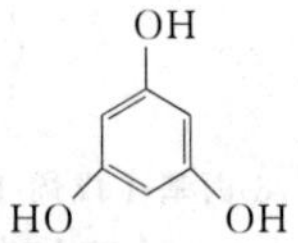

当芳环上连有比羟基优先的基团时，则以最优先基团为母体，羟基作为取代基来命名。例如：

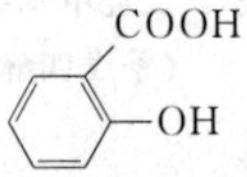

2-羟基苯甲酸　　　　　　4-羟基苯甲醛　　　　　　4-羟基苯磺酸
（邻羟基苯甲酸）　　　　（对羟基苯甲醛）　　　　（对羟基苯磺酸）

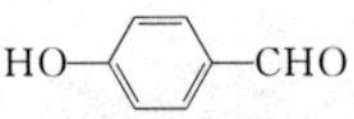

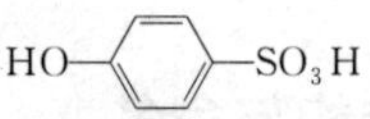

除了上述命名方法外，酚还可用俗名。例如：邻羟基苯甲酸又叫水杨酸；邻苯二酚又叫儿茶酚；对苯二酚又叫氢醌。

查一查：苯酚的用途及危害。

9.2.3　醚的结构与命名

（1）醚的结构

醚可以看作是水分子中的两个氢原子被烃基取代后的产物。醚的通式为 R—O—R'、Ar—O—R 或 Ar—O—Ar，分子中的"—O—"称为醚键。由于醚的氧原子与两个烃基相连，C—O—C 键的极性较小，它的化学性质比醇和酚稳定。与氧相连的两个烃基相同称为单醚；两个烃基不同的叫作混合醚；含有芳香基的称为芳香醚。相同碳原子数的饱和醇和饱和醚互为官能团异构，通式为 $C_nH_{2n+2}O$。

（2）醚的命名

① 习惯命名法　简单的醚的命名一般用习惯命名法，即在"醚"字前冠以两烃基的名称。单醚在烃基名称前加"二"字，一般可省略（芳醚及不饱和醚除外）；混醚则是小基团名称在前，大基团（较优基团）在后；混合芳醚则是芳基名称在前，烃基在后。例如：

乙醚分子
的结构

CH_3OCH_3　　　　　　$C_2H_5OC_2H_5$　　　　　　$CH_2=CHOCH=CH_2$
甲醚　　　　　　　　　　乙醚　　　　　　　　　　二乙烯基醚

$$CH_3OCH_2CH_3 \qquad CH_3CH_2{-}O{-}CHCH_2CH_3 \qquad \text{(苯环)}{-}OCH_3$$
$$\qquad\qquad\qquad\qquad\qquad |$$
$$\qquad\qquad\qquad\qquad\qquad CH_3$$

甲乙醚　　　　　　　乙仲丁醚 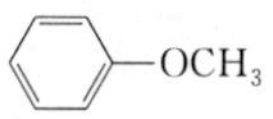　　　　　　　苯甲醚

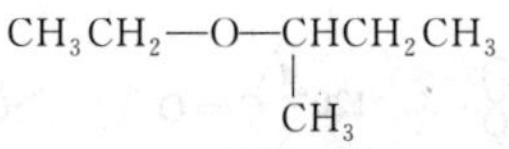

② 系统命名法　结构复杂的醚用系统命名法命名。将较复杂烃基作为母体，烷氧基作为取代基，称为某烷氧基某烷。例如：

$$CH_3O{-} \quad CH_3CH_2O{-} \quad (CH_3)_3CO{-} \quad CH_3CHO{-} \quad CH_3CH_2CHO{-}$$
$$\qquad\qquad\qquad\qquad\qquad\qquad\qquad | \qquad\qquad |$$
$$\qquad\qquad\qquad\qquad\qquad\qquad\qquad CH_3 \qquad\quad CH_3$$

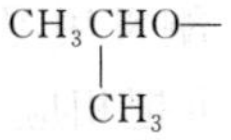

甲氧基　　　乙氧基　　　叔丁氧基　　　异丙氧基 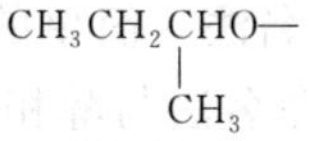　　　仲丁氧基

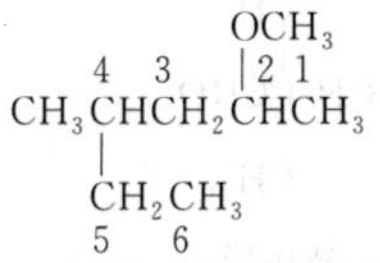

$$\overset{4}{C}H_3\overset{3}{C}H\overset{OCH_3}{\overset{|}{\overset{2}{C}H_2}}\overset{1}{C}HCH_3$$
$$\qquad |$$
$$\qquad CH_2CH_3$$

4-甲基-2-甲氧基己烷 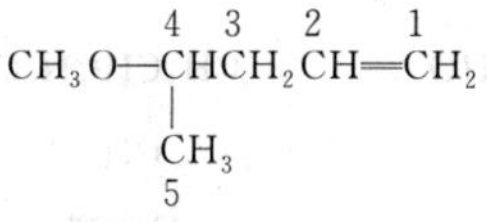　　　4-甲氧基-1-戊烯 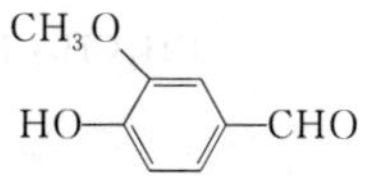　　　4-羟基-3-甲氧基苯甲醛

$$\overset{4}{C}H_3O{-}\overset{3}{C}H\overset{2}{C}H_2\overset{1}{C}H{=}CH_2$$

环醚一般称为环氧某烷或按杂环化合物命名。例如：

环氧乙烷（氧化乙烯） 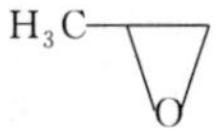　　1,2-环氧丙烷 　　1,4-环氧丁烷（四氢呋喃）

9.2.4　醛和酮的结构与命名

醛和酮的分子中都含有羰基（ $C{=}O$ ）官能团，故统称为羰基化合物。

在醛分子中，羰基处于链端，分别和一个烃基、一个氢原子相连（甲醛除外），即 RCHO 或 ArCHO。醛的官能团为醛基，简写为—CHO。

在酮分子中，羰基碳分别与两个相同或不相同的烃基相连，即 RCOR 或 ArCOAr、ArCOR。酮分子中的羰基也叫酮基。

碳原子数相同的醛和酮互为同分异构体，饱和一元醛和酮的通式为 $C_nH_{2n}O$。例如 CH_3COCH_3 和 CH_3CH_2CHO，其分子式都是 C_3H_6O。

（1）醛、酮的分类

① 根据羰基所连接的烃基不同，分为脂肪醛、酮和芳香醛、酮。

② 根据烃基是否饱和分为饱和醛、酮和不饱和醛、酮。

③ 根据分子中含有羰基的数目，分为一元醛、酮，二元醛、酮和多元醛、酮。

一元酮又可分为单酮和混酮：单酮是指羰基连接两个相同烃基；混酮是指羰基连接两个不同烃基。

（2）醛、酮的结构

羰基的碳氧双键与烯烃的碳碳双键一样，它是由一个 σ 键和一个 π 键所组成。羰基中的碳原子为 sp^2 杂化，它的三个 sp^2 杂化轨道分别与一个氧原子和其他两个原子（C 或 H）形成三个 σ 键，这三个 σ 键在同一平面上，碳原子未参与杂化的一个 p 轨道与氧原子的 p 轨道相互交盖形成 π 键，并垂直于三个 σ 键所在的平面。由于羰基中氧原子电负性大于碳，从而使碳氧双键的电子云向氧原子方向偏移，故羰基是强极性基团，醛和酮是极性较强的分子。如图 9-10 所示。

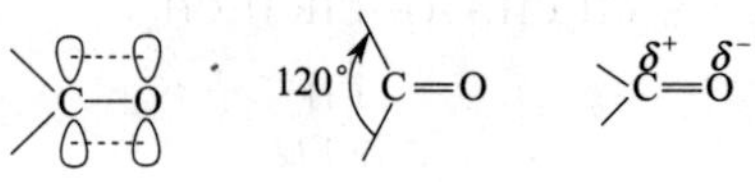

图 9-10 羰基的结构

(3) 醛、酮的命名

① 习惯命名法 简单的醛、酮常用习惯命名法命名。

醛的习惯命名法与醇相似，可把相应"醇"字改为"醛"字。例如：

$$CH_3CH_2CH_2CH_2CHO \qquad CH_3CHCH_2CHO \qquad CH_3CCHO$$

正戊醛　　　　　　　　异戊醛 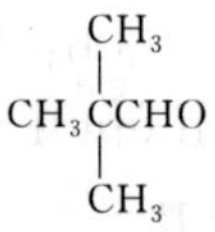　　　　　　　　新戊醛

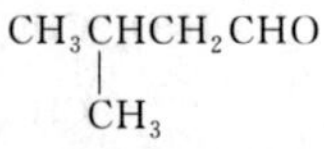

酮的习惯命名法与醚相似，根据羰基所连的两个烃基进行命名，把烃基作为取代基，羰基作为母体。混酮命名时将"次序规则"中较优的烃基写在后，如有芳基则要将芳基写在前。例如：

$$CH_3COCH_3 \qquad CH_3COCH = CH_2 \qquad \text{(甲基环己基酮)}$$

二甲基甲酮
（二甲酮）　　　　　甲基乙烯基酮　　　　　甲基环己基酮
（甲环己酮）

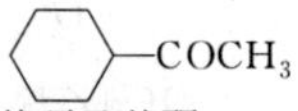

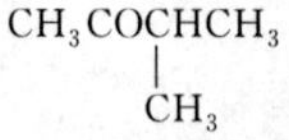

$$CH_3COCHCH_3$$

甲基异丙基甲酮
（甲异丙酮）　　　　　　　　苯基甲基甲酮
（苯甲酮）

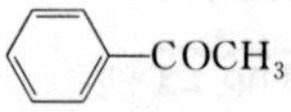

② 系统命名法 醛、酮的系统命名法原则为：

a. 选择含有羰基的最长碳链为主链，根据主链上所含的碳原子称为某醛或某酮。从靠近羰基的一端给主链编号，醛基编为 1 号，酮羰基和支链的位次可用阿拉伯数字或希腊字母表示。例如：

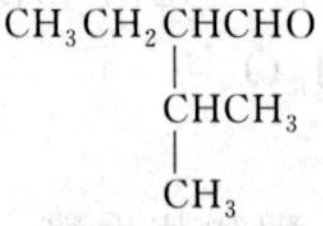

$$CH_3CH_2CHCHO \qquad CH_2COCH_2CHCH_3$$

3-甲基-2-乙基丁醛 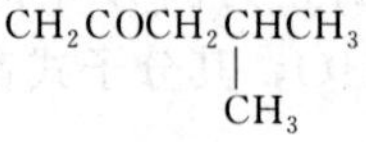　　　　　　　　4-甲基-2-戊酮

b. 芳香族醛、酮的命名是以脂肪链作为母体，芳基作为取代基。例如：

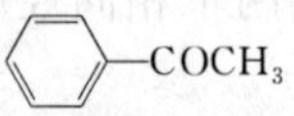

苯乙酮 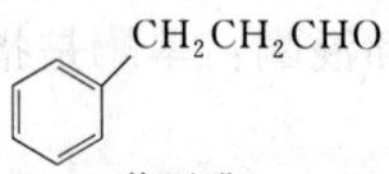　　　　　　　　3-苯丙醛

c. 醛、酮分子中含有不饱和键时，应选择同时含有不饱和键和羰基在内的最长碳链为主链，编号从靠近羰基一端开始，称为某烯醛（或酮），同时要标明不饱和键及酮羰基的位次。例如：

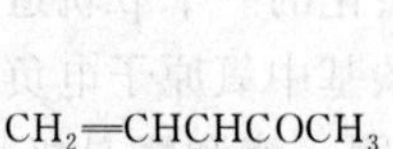

$$CH_2 = CHCHCOCH_3$$

3-甲基-4-戊烯-2-酮　　　　　　　3-苯基-2-丙烯醛（肉桂醛）

9.2.5　羧酸及其衍生物的结构与命名

（1）羧酸及其衍生物的结构

① 羧酸的结构　含有羧基（—COOH）官能团的化合物称为羧酸，一元羧酸的通式为 RCOOH，其中 R 为氢或烃基。

羧基中的碳原子是 sp^2 杂化，它用三个 sp^2 杂化轨道分别与羟基氧、羰基氧和烃基的碳原子（或氢原子）以 σ 键相结合，这三个 σ 键在同一平面上。羧基碳原子上未经杂化的 p 轨道与两个氧原子的 p 轨道相互平行，从侧面重叠使电子云密度发生了平均化（p-π 共轭效应），使得羟基氧上的电子云密度向羰基方向转移，而氧氢键之间的电子云密度降低，因而羧酸具有酸性，如图 9-11 所示。

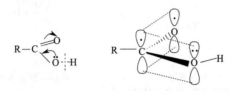

图 9-11　羧酸的结构

> **想一想**：比较甲酸和乙酸的酸性强弱，并解释原因。

② 羧酸衍生物的结构　羧酸分子中的羟基分别被卤素、酰氧基、烷氧基、氨基取代的产物，如酰卤、酸酐、酯、酰胺都是羧酸的衍生物。

$$\underset{\text{酰卤}}{\text{R—C(=O)—Cl}} \qquad \underset{\text{酸酐}}{\text{R—C(=O)—O—C(=O)—R}} \qquad \underset{\text{酯}}{\text{R—C(=O)—OR}} \qquad \underset{\text{酰胺}}{\text{R—C(=O)—NH}_2}$$

羧酸衍生物分子中都含有酰基$\left(\underset{\text{R—C}}{\overset{\text{O}}{\|}}\right)$，因此它们有相似的化学性质。

（2）羧酸的命名

根据分子中所含羧基的数目可把羧酸分为一元羧酸、二元羧酸和多元羧酸；根据与羧基所连的烃基不同，可把羧酸分为脂肪族羧酸、脂环族羧酸、芳香族羧酸；根据烃基是否饱和，可把羧酸分为饱和羧酸、不饱和羧酸。

羧酸常用系统命名法进行命名。有些羧酸也可用俗名命名，例如：甲酸叫蚁酸，乙酸叫醋酸。

系统命名法的原则是：

① 选择含有羧基的最长碳链为主链，根据主链上所连的碳原子数目称某酸。

② 编号从羧基开始，用阿拉伯数字或用希腊字母标明取代基的位置。

③ 取代基的位次、数目、名称写于某酸名称之前。

④ 不饱和酸则选取同时含有不饱和键和羧基的最长碳链作为主链，根据主链上所连的碳原子数目称某烯酸或某炔酸，不饱和键的位置应标明。羧酸的命名与醛的命名原则相似。例如：

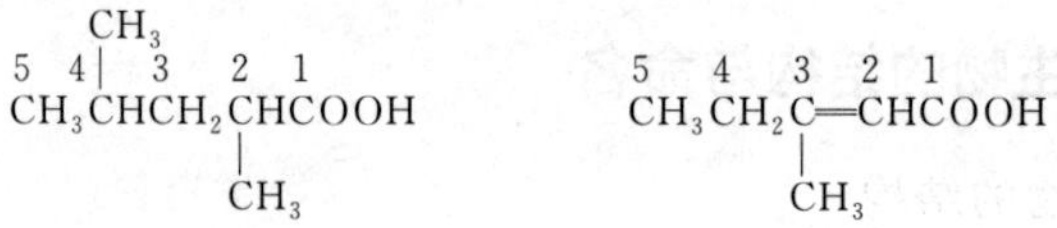

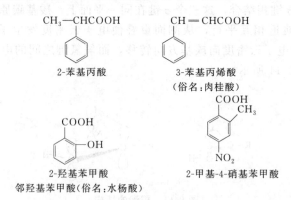

⑤ 芳酸则以脂肪基为母体，芳基作为取代基来命名。若羧基直接和芳环相连，则以羧基作为母体基团，其他原子或基团作为取代基来命名。例如：

2-苯基丙酸　　　　3-苯基丙烯酸
　　　　　　　　　　（俗名：肉桂酸）

2-羟基苯甲酸　　　　2-甲基-4-硝基苯甲酸
邻羟基苯甲酸(俗名：水杨酸)

⑥ 二元羧酸的命名，选择含两个羧基的最长碳链为主链称作"某二酸"。芳香族二元羧酸的命名，是将两个羧基都作为母体基团来命名。例如：

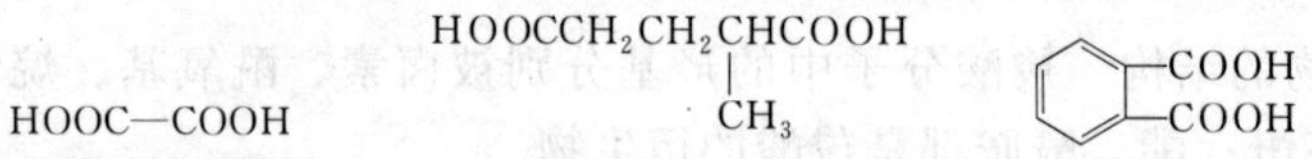

HOOCCH₂CH₂CHCOOH
　　　　　　　　CH₃

HOOC—COOH　　　　　　2-甲基戊二酸　　　　　邻苯二甲酸
乙二酸(俗名：草酸)

（3）羧酸衍生物的命名

羧酸分子中的羧基去掉羟基后的基团（RCO—、ArCO—）称为酰基。例如：

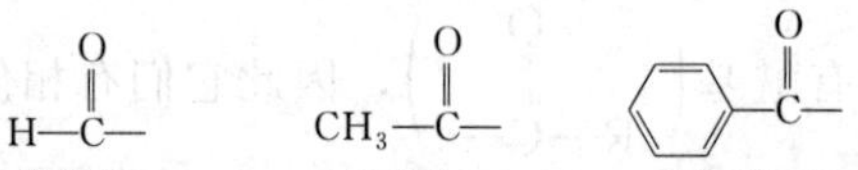

甲酰基　　　乙酰基　　　苯甲酰基

① 酰卤和酰胺的命名　酰卤和酰胺是根据它们所含的酰基命名。例如：

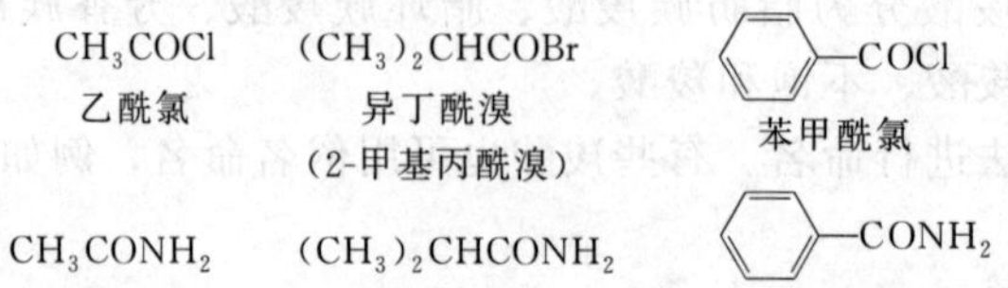

CH_3COCl　　$(CH_3)_2CHCOBr$　　　　　苯甲酰氯
乙酰氯　　　异丁酰溴　　　　　苯甲酰氯
　　　　　（2-甲基丙酰溴）

CH_3CONH_2　　$(CH_3)_2CHCONH_2$　　　　苯甲酰胺
乙酰胺　　　异丁酰胺

酰胺分子中氮原子上的氢原子被烃基取代后所生成的取代酰胺，称为 *N*-烃基某酰胺。例如：

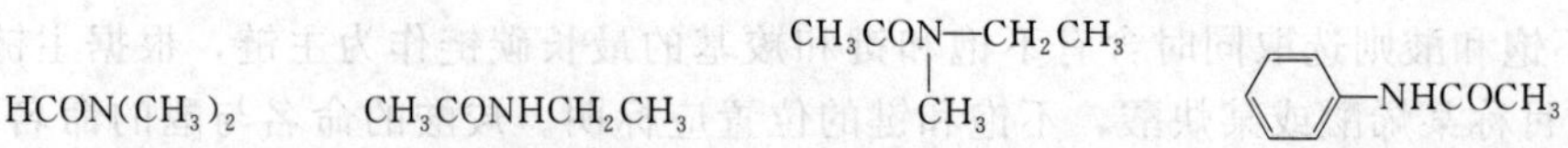

CH_3CON—CH_2CH_3
　　　　　CH_3

$HCON(CH_3)_2$　　$CH_3CONHCH_2CH_3$　　　　　　　　　　—NHCOCH₃
N,*N*-二甲基甲酰胺　　*N*-乙基乙酰胺　　*N*-甲基-*N*-乙基乙酰胺　　*N*-苯基乙酰胺
　　（DMF）　　　　　　　　　　　　　　　　　　　　　　　（乙酰苯胺）

若酰胺基在环内的环状酰胺称为内酰胺。例如：

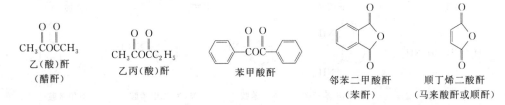

ε-己内酰胺

② 酸酐的命名　酸酐是根据其水解后生成的相应的酸命名。例如：

CH₃COCCH₃	CH₃COCC₂H₅			

$$CH_3COCCH_3$$
乙（酸）酐
（醋酐）

$$CH_3COCC_2H_5$$
乙丙（酸）酐

苯甲酸酐

邻苯二甲酸酐
（苯酐）

顺丁烯二酸酐
（马来酸酐或顺酐）

③ 酯的命名　酯根据水解得到的酸和醇命名，称为某酸某酯。多元醇的酯是醇名在前，酸名在后。例如：

$CH_3COOC_2H_5$
乙酸乙酯

$CH_3COOCH{=}CH_2$
醋酸乙烯酯

$\text{C}_6\text{H}_5{-}COOCH_3$
苯甲酸甲酯

$HCOOCHCH_3$
　　　$|$
　　　CH_3
甲酸异丙酯

$COOCH_2CH_3$
$COOCH_2CH_3$
乙二酸二乙酯

CH_2OCOCH_3
CH_2OCOCH_3
乙二醇二乙酸酯

> **查一查**："地沟油"是什么物质？主要成分是什么？如果食用会带来哪些危害？

9.3　含氮及杂环有机化合物的结构与命名

9.3.1　胺的结构与命名

氨分子中的一个氢原子或多个氢原子被烃基取代后的化合物，称为胺。胺类化合物广泛存在于生物界，具有重要的生理作用。绝大多数药物都含有—NH_2，蛋白质、核酸、激素、抗生素和生物碱都含有氨基，是胺的复杂衍生物。

根据所连烃基的结构，胺可以分为脂肪胺和芳香胺；根据氮上所连烃基的数目不同，分为伯胺（RNH_2）、仲胺（R_2NH）、叔胺（R_3N）和季铵（R_4N^+）。

> **想一想**：① 氨、胺、铵的区别；
> ② 伯、仲、叔胺与伯、仲、叔醇之间的区别。

（1）胺的结构

胺的结构与氨相似，胺分子中，N 原子是以不等性 sp^3 杂化成键的，三个 sp^3 杂化轨道用于成键，一个杂化轨道中含有孤对电子，形成棱锥形结构。氨、三甲胺和苯胺的结构如下：

甲氨分子结构

氨　　　三甲胺　　　苯胺

0.147nm　108°

（2）胺的命名

① 简单的胺　可用它所含的烃基命名，以胺为母体；所连烃基不同的胺，把简单的写在前面；当 N 原子上同时连有烷基和芳基时，以芳胺为母体，命名时烷基名称前加英文字母"N"，表示烷基连在 N 原子上。例如：

CH_3NH_2　　　　　$(CH_3)_2CHNH_2$　　　　　$(CH_3)_2NH$　　　　　$CH_3NHCH_2CH_3$
甲胺　　　　　　　　异丙胺　　　　　　　　二甲胺　　　　　　　　甲乙胺

$H_2NCH_2CH_2NH_2$

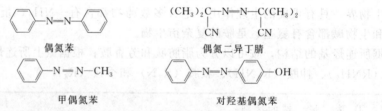

乙二胺　　　　　1,2,3-苯三胺 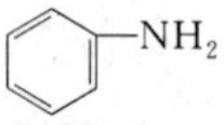　　　　　苯胺 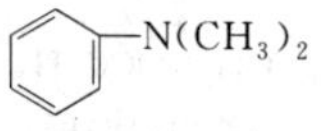　　　　　N,N-二甲苯胺 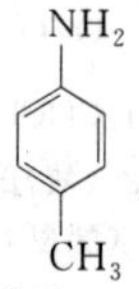　　　　　对甲苯胺

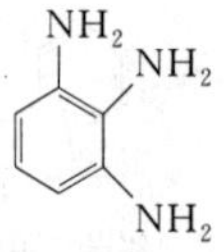

② 复杂的胺　氨基作为取代基，烃基作为母体，按系统命名法命名。

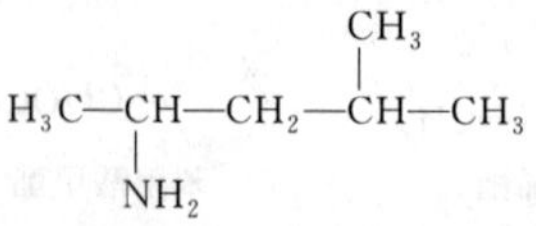

$$H_3C-CH-CH_2-\underset{CH_3}{\overset{}{CH}}-CH_3$$
$$\underset{NH_2}{}$$

2-甲基-4-氨基戊烷

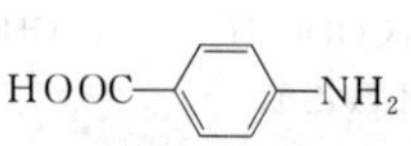

HOOC—〈　〉—NH₂
对氨基苯甲酸

③ 季铵类　与卤化铵和氢氧化铵的命名相似。命名时需将 4 个烃基名称写在"铵"字之前；烃基不同时，简单的烃基先前。例如：

季铵碱：$(CH_3)_4N^+OH^-$　　氢氧化四甲铵

季铵盐：$[(CH_3)_3N(CH_2CH_3)]^+Cl^-$　　氯化三甲基乙基铵　　$(CH_3)_2N^+H_2I^-$ 碘化二甲铵

9.3.2　偶氮及重氮化合物的结构与命名

重氮和偶氮化合物分子中都含有—N=N—官能团。

（1）偶氮化合物的结构与命名

—N=N—原子团的两端都与烃基直接相连的化合物称为偶氮化合物，其通式为 R—N=N—R′、Ar—N=N—R 或 Ar—N=N—Ar。例如：

$(CH_3)_2\underset{CN}{\overset{}{C}}-N=N-\underset{CN}{\overset{}{C}}(CH_3)_2$
偶氮二异丁腈

偶氮苯

甲偶氮苯　　　　　　　　　　　　　对羟基偶氮苯

（2）重氮化合物的结构与命名

当—N=N—基团一端与烃基相连，另一端与非碳原子相连时，称为重氮化合物，其中重氮盐尤为重要。如：

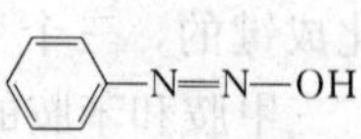

氢氧化重氮苯 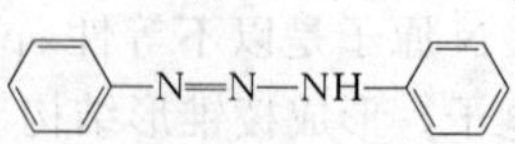　　　　　　　苯氨基重氮苯 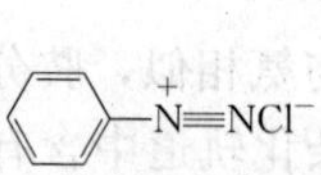　　　　　　　氯化重氮苯

9.3.3　杂环有机化合物的结构与命名

环状有机化合物中，构成环的原子除了碳原子外还有其他原子，这类化合物称为杂环化合物。组成杂环的其他原子称为杂原子，最常见的杂原子有氧、硫、氮等。常见的杂环化合物的分类和名称见表 9-2。

表 9-2 常见杂环化合物的分类和名称

分类	含一个杂原子			含两个以上杂原子		
五元杂环	 呋喃 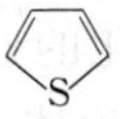	噻吩 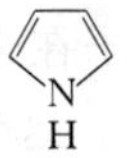	吡咯	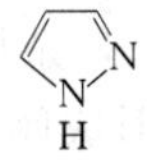 吡唑 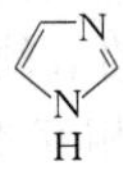	咪唑 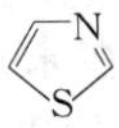	噻唑
六元杂环	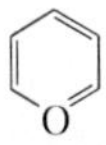 吡喃 	吡啶		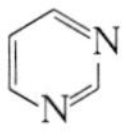 嘧啶 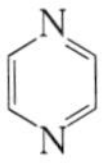	吡嗪	
稠杂环	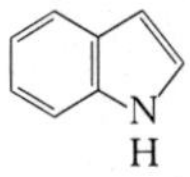 吲哚 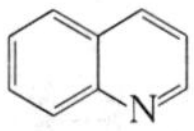	喹啉		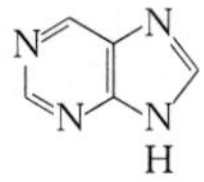 嘌呤		

(1) 杂环化合物的命名

杂环化合物的命名多采用音译法，选择带 "口" 字旁的同音汉字来命名。例如：

呋喃　　　　噻吩　　　　吡咯　　　　吡啶　　　　喹啉

环上有取代基的杂环化合物，若取代基是硝基、卤素、烃基、氨基、烷氧基、酰基、羟基，以杂环为母体；若取代基是磺酸基、醛基、羧基等，则把杂环当取代基。杂环编号的原则从杂原子开始，顺着环编号，使取代基所在位置的号数尽量小；当环上有几个相同的杂原子时，从连有氢或取代基的那个杂原子开始编号，并使这些杂原子所在位置的数字最小；如含有几个不相同的杂原子时，则按 O、S、N 的顺序编号。例如：

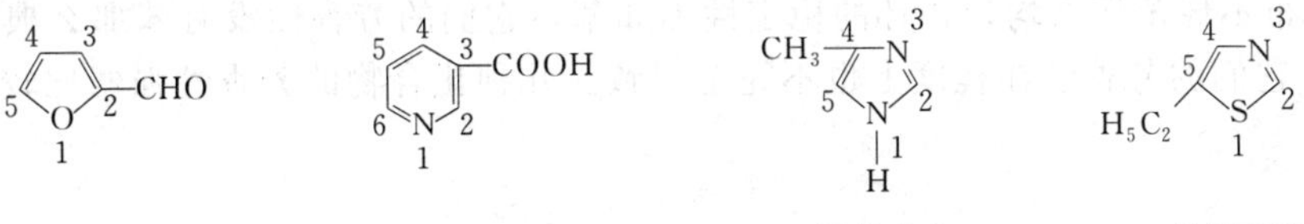

2-呋喃甲醛　　　3-吡啶甲酸　　　4-甲基咪唑　　　5-乙基噻唑

另外，环上只有一个杂原子时，有时以希腊字母编号，与杂原子相连的碳原子为 α 位，依次为 β 位、γ 位。例如：

α-氨基噻吩　　　α,α'-二甲基呋喃　　　γ-甲基吡啶

对于稠杂环，一般都有其特定的编号次序。例如：

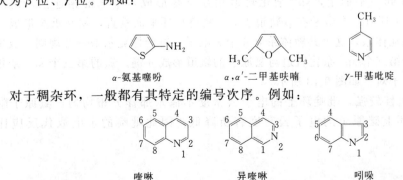

喹啉　　　　　异喹啉　　　　　吲哚

（2）杂环化合物的结构和芳香性

① 五元单杂环　五元杂环化合物如呋喃、噻吩和吡咯在结构上有共同点：即五元杂环的五个原子都位于同一平面上，彼此都以 sp^2 杂化轨道相互重叠形成 σ 键；每个碳原子还有 1 个电子在未杂化的 p 轨道上，杂原子有两个电子在未杂化的 p 轨道上，这五个 p 轨道垂直于环所在的平面，相互重叠形成闭合的共轭体系。这个共轭体系是由 5 个原子上的 6 个 π 电子组成的，其 π 电子数符合休克尔 $4n+2$ 规则，因此具有芳香性。如图 9-12 所示。

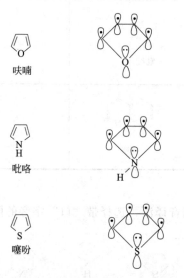

图 9-12　呋喃、噻吩、吡咯的原子轨道示意图
注：圆点表示参加共轭的电子，其轨道与环平面垂直

由于呋喃、噻吩、吡咯环上的杂原子 O、S、N 的未共用电子对参与了环的共轭体系，使环上云密度增大，因此它们都比苯活泼，较苯容易进行亲电取代反应，且通常发生在 α 位上。

由于杂原子的电负性（O 为 3.5，N 为 3.0，S 为 2.5）及原子结构的关系，使杂环上的 π 电子云分布不像苯那么均匀，环的稳定性不如苯，它们的芳香性没有苯那么典型。由于杂原子不同，它们的芳香性在程度上也不完全一致。几种化合物的芳香性强弱比较如下：

② 六元单杂环　以吡啶为例，吡啶环与苯环很相似，碳原子和氮原子均是 sp^2 杂化，氮原子与碳原子处在同一平面上，sp^2 杂化轨道相互重叠形成六个 σ 键相连接，键角为 120°。环上每一个原子还有一个电子在 p 轨道上，p 轨道与环平面垂直，相互重叠形成一个与苯环相似的闭合共轭体系，这个共轭体系有 6 个 π 电子，符合休克尔 $4n+2$ 规则，故也有芳香性。每个碳原子第三个 sp^2 杂化轨道与氢原子的轨道形成 σ 键。氮的第三个 sp^2 杂化轨道上有一对未共用电子对。如图 9-13 所示。

但由于 N 的电负性较强，吡啶环上的电子云密度不像苯那样分布均匀，氮原子附近电子云密度较高，环上碳原子的电子云密度有所降低，因此吡啶的亲电取代反应比苯困难。

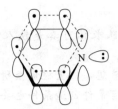

图 9-13　吡啶分子的原子轨道示意图

学习指导

 素质阅读

王进喜：新中国石油战线的"铁人"

王进喜，是中国第一批石油钻探工人，全国著名的劳动模范。1959 年，他作为石油战线的劳动模范到北京参加群英会，看到大街上的公共汽车，车顶上背个大气包，他奇怪地问别人："背那家伙干啥？"人们告诉他："因为没有汽油，烧的煤气。"这话像锥子一样刺痛了他。王进喜后来说："北京汽车上的煤气包，把我压醒了，真真切切地感到国家的压力、民族的压力，呼地一下子都落到了自己肩上。"他曾多次向工友们说："一个人没有血液，心脏就停止跳动。工业没有石油，天上飞的，地上跑的，海上行的，都要瘫痪。没有石油，国家有压力，我们要自觉地替国家承担这个压力，这是我们石油工人的责任啊！"

1960 年春，我国石油战线传来喜讯——发现大庆油田，一场规模空前的石油大会战随即展开。王进喜从西北的玉门油田率领 1205 钻井队赶来，呈现在他面前的是许多难以想象的困难：没有公路，车辆不足，吃和住都成问题。但王进喜和他的同事下定决心：有天大的困难也要高速度、高水平地拿下大庆油田。钻机到了，吊车不够用，几十吨的设备怎么从车上卸下来？王进喜说："咱们一刻也不能等，就是人拉肩扛也要把钻机运到井场。有条件要上，没有条件创造条件也要上。"他们用滚杠加撬杠，靠双手和肩膀，奋战 3 天 3 夜，38 米高、22 吨重的井架迎着寒风矗立荒原。这就是会战史上著名的"人拉肩扛运钻机"。要开钻了，可水管还没有接通。王进喜振臂一呼，带领工人到附近水泡子里破冰取水，硬是用脸盆水桶，一盆盆、一桶桶地往井场端了 50 吨水。经过艰苦奋战，仅用 5 天零 4 小时就钻完了大庆油田的第一口生产井。

在重重困难面前，王进喜带领全队以"宁可少活二十年，拼命也要拿下大油田"的顽强意志和冲天干劲，苦干 5 天 5 夜，打出了大庆第一口喷油井。在随后的 10 个月里，王进喜率领 1205 钻井队和 1202 钻井队，在极端困苦的情况下，克服重重困难，双双达到了年进尺 10 万米的奇迹。在那些日子里，王进喜身患重病也顾不上去医院；几百斤重的钻杆砸伤了他的腿，他挂着双拐继续指挥；一天，突然出现井喷，当时没有压井用的重晶粉，王进喜当即决定用水泥代替。成袋的水泥倒入泥浆池却搅拌不开，王进喜就甩掉拐杖，奋不顾身跳进齐腰深的泥浆池，用身体搅拌，井喷终于被制服，可是王进喜累得站不起来了。房东大娘心疼地说："王队长你可真是铁人啊！""铁人"的名字就是这样传开的。

王进喜干工作处处从国家利益着想，他重视调查研究，依靠群众加速油田建设，艰苦奋斗，勤俭办企业，有条件上，没有条件创造条件也要上，建立责任制，认真负责，严把油田质量关。他留下的"铁人精神"和"大庆经验"，成为我国进行社会主义建设的宝贵财富。1964 年，毛主席向全国发出"工业学大庆"的号召。

王进喜身上体现出来的"铁人精神"，激励了一代代的石油工人。"铁人"不仅是工人阶级的先锋战士、共产党人的楷模，更是个为国家分忧解难、为民族争光争气、顶天立地的民族英雄。

✏ 思考与练习

一、写出化合物的名称

1. 用系统命名法命名下列烷烃

(1) 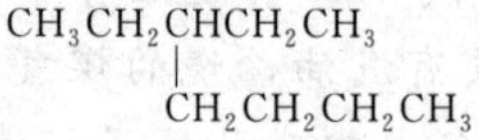 $CH_3CH_2CHCH_2CH_3$
　　　　　$|$
　　　　　$CH_2CH_2CH_2CH_3$

(2) $(C_2H_5)_2CHCH(C_2H_5)CH_2CH(CH_3)_2$

(3) $CH_3CH_2CH-CHCH_2CH_3$
　　　　$|$　　$|$
　　　H_3C-C　　CH_2
　　　　$|$　　$|$
　　　CH_3　CH_3

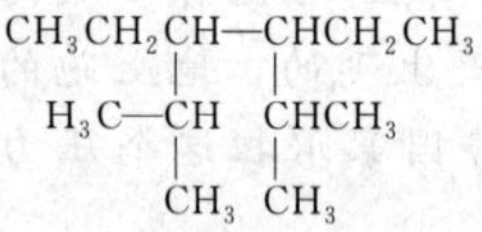

(4)

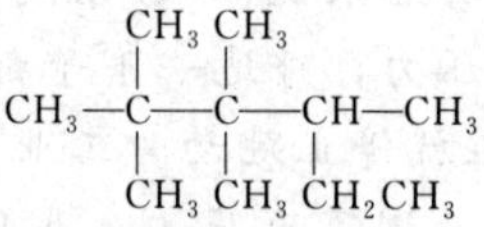

(5)

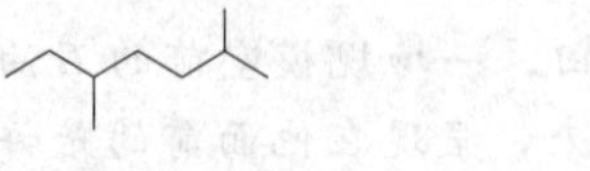

(6)

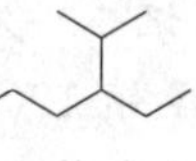

2. 命名下列脂环烃

(1)

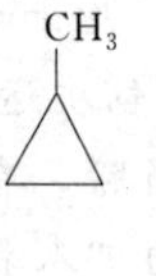

(2)

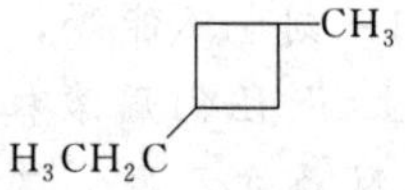

(3)

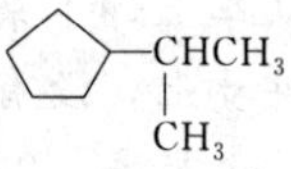

(4)

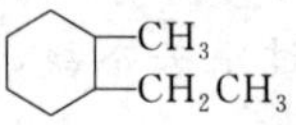

(5)

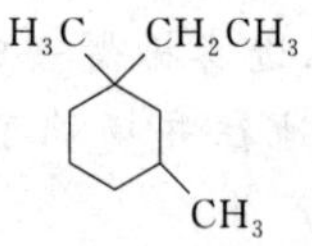

(6)

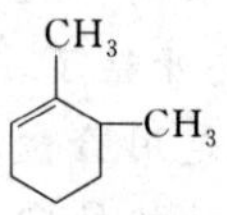

3. 用系统命名法命名下列烯烃

(1) 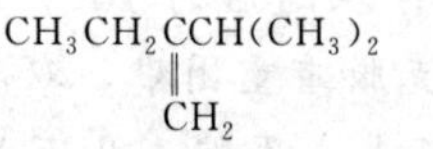 $CH_3CH_2CCH(CH_3)_2$
　　　　　$\|$
　　　　　CH_2

(2) $CH_3CH_2CH_2CH_2C=CH_2$
　　　　　　　　　$|$
　　　　　　　　　CH_3

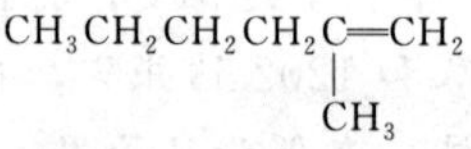

(3) $CH_3CH_2CH=CHCH(CH_3)_2$

(4) 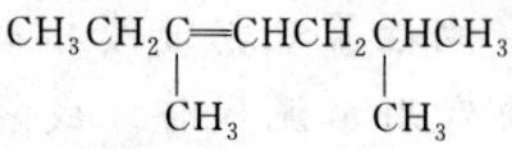 $CH_3CH_2C=CHCH_2CHCH_3$
　　　　　$|$　　　　　$|$
　　　　　CH_3　　　　CH_3

(5) 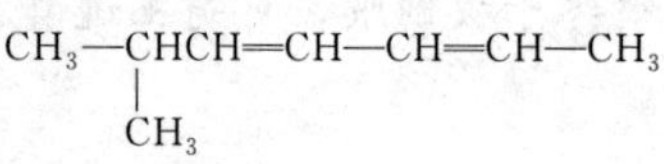 $CH_3-CHCH=CH-CH=CH-CH_3$
　　　　　$|$
　　　　　CH_3

(6) 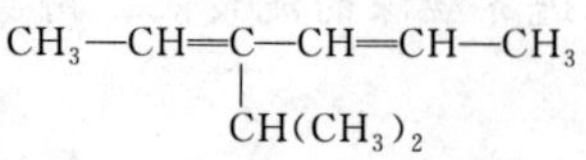 $CH_3-CH=C-CH=CH-CH_3$
　　　　　　　　$|$
　　　　　　　$CH(CH_3)_2$

4. 用系统命名法命名下列化合物

(1) 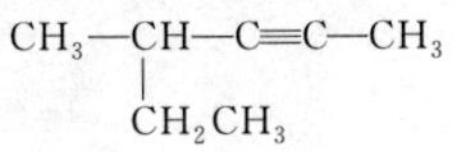 $CH_3-CH-C\equiv C-CH_3$
        $|$
       CH_2CH_3

(2) $(CH_3)_3C-C\equiv C-C(CH_3)_3$

(3) $CH_2=CH-C\equiv CH$

(4) 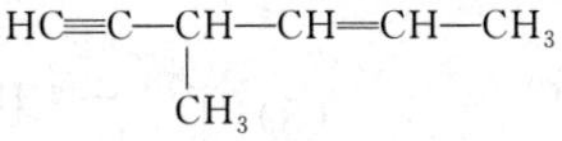 $HC\equiv C-CH-CH=CH-CH_3$
            $|$
          CH_3

5. 命名下列芳香族化合物

(1) 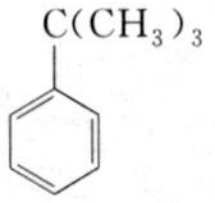 苯环上 $C(CH_3)_3$

(2) 苯环上 C_2H_5, CH_3, $CH(CH_3)_2$

(3) 苯环上 $COOH$, OH

(4) 苯环上 $C_{12}H_{25}$, SO_3Na

(5) 苯环上 CH_2Br, Br

(6) 苯环上 CH_3, $CH=CH-CH_3$

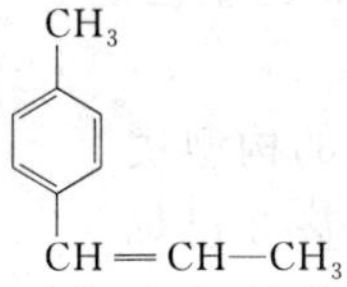

6. 命名下列化合物

(1) 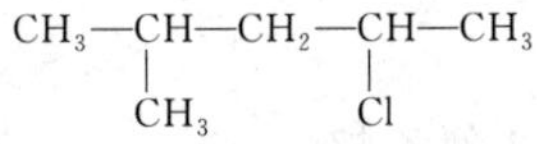 $CH_3-CH-CH_2-CH-CH_3$
       $|$ $|$
      CH_3 Cl

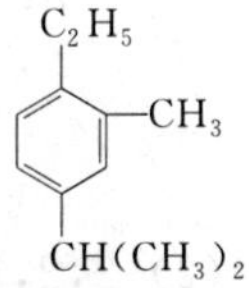

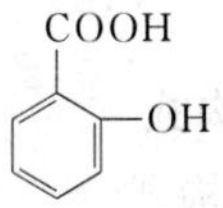

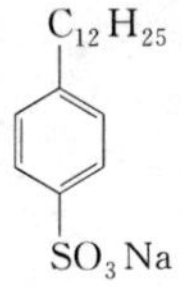

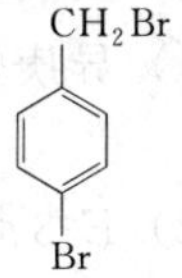

(2) $CH_3CH_2CH_2$ 、 $CH(CH_3)_2$ 、 $C=C$ 、 Cl 、 Cl

(3) $CH_3-CH-CH-CH=CH_3$
         $|$
       Br

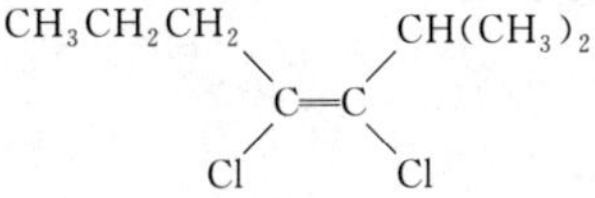

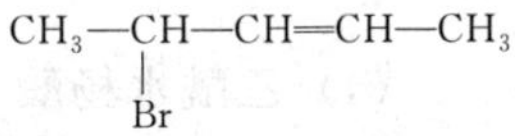

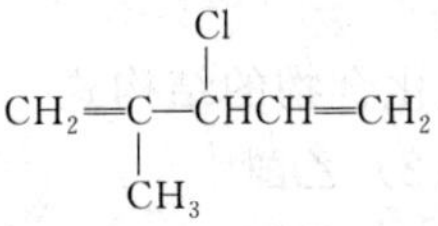

(4) $CH_2=C-CHCH=CH_2$
       $|$ Cl
     CH_3

(5) 环己烯上 Cl

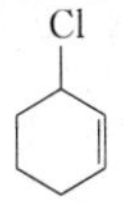

7. 命名下列含氧有机化合物

(1) 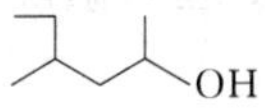 结构含 OH

(2) $(CH_3)_3C-O-CH_3$

(3) 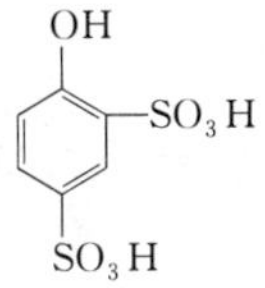 苯环上 OH, SO_3H, SO_3H

(4) $(CH_3)_2CHCH_2CH_2CHO$

(5) 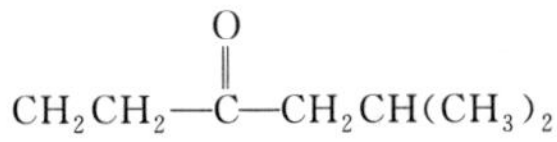 $CH_3CH_2-C-CH_2CH(CH_3)_2$ (含 O)

(6) 苯环上 $CH=CHCHO$

(7) H_3C-苯环-$CHCH_2COOH$, CH_3

(8) H_3C, H_3C $-C-$ Br (含 O)

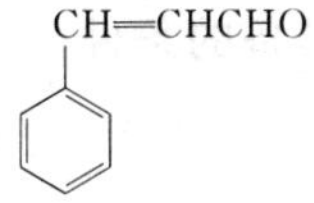

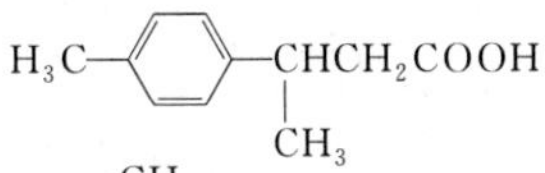

(9) H_3C CH_2 $-C$ $O-CH_3$ (含 O)

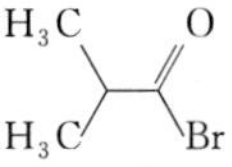

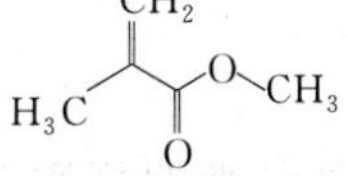

(10) H_3C-C O O $-$ CH_3, CH_3

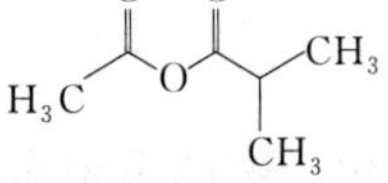

8. 命名下列杂环或含氮有机化合物

(1) 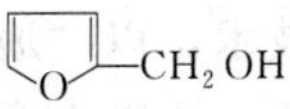 呋喃环 $-CH_2OH$

(2) 噻吩环 S $-Cl$

(3) 吡咯环 N H $-CH_3$

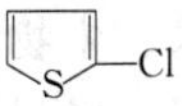

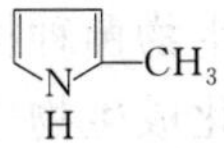

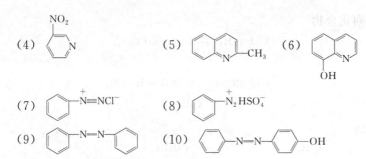

(4) (5) (6)

(7) (8)

(9) (10)

二、根据名称写出结构式

1. 写出下列烷烃的结构式

(1) 2,2-二甲基-3-乙基己烷 　　　　(2) 2,2,3-三甲基己烷

(3) 新己烷 　　　　(4) 异庚烷

2. 写出下列烯烃的构型式

(1) 反-3,4-二甲基-3-己烯 　　　　(2) E-3-甲基-3-庚烯

3. 写出下列化合物的结构式

(1) 3-甲基-1-溴丁烷 　　　　(2) 2-甲基-3-氯-1-戊烯

(3) 叔丁基溴 　　　　(4) 乙腈

(5) 碘仿 　　　　(6) 苄溴

(7) 聚氯乙烯 　　　　(8) 1-苯基-2-氯乙烷

4. 写出下列含氧有机化合物的结构式

(1) 乙醇　　　(2) 乙醚　　　(3) 苯酚　　　(4) 乙酰水杨酸

(5) 甲醛　　　(6) 丙酮　　　(7) 乙酸　　　(8) 乙酰氯

(9) 乙酸酐　　　(10) 乙酸乙酯　　　(11) 丙酰胺　　　(12) 苯胺

5. 写出下列杂环化合物的结构式

(1) 四氢呋喃　　　(2) γ-吡啶甲酸　　　(3) β-叔丁基吡啶　　　(4) α-噻吩磺酸

三、名词解释

1. 伯碳原子和季碳原子

2. 伯、仲、叔氢原子

3. "最低系列"

4. 共轭体系和共轭效应

5. 顺反异构现象及其必须具备的条件

6. Z 构型和 E 构型

7. 单醚和混醚

8. 羰基化合物和酰基

9. 胺

10. 烷基

四、简答题

1. 根据本章各类有机化合物的系统命名法，总结一下系统命名法的普遍规则。

2. 2024 年 6 月 14 日，在国内首家采用生物酶法大规模生产生物柴油的企业——朗坤集团广州资源再生中心，通过生物菌种构建基因技术、生物酶高效催化技术，以"地沟油"等城市餐厨废弃油脂为原料转化成生物柴油。据了解，经过进一步深加工，还能生产出更高附加值的生物航空燃油。"地沟油"回流餐桌是一件令人伤透脑筋的事情，最好的解决办法就是进行循环利用，变废为宝。除了上述方面，我国还有哪些方面的研究利用？

3. 在实验圈有这样一个辈辈相传的说法："男不用吡啶，女不用呋喃"。这句话不知出处，也没有实验数据支撑，却被信为"真理"，口口相传。这背后的原因究竟是什么？

 技能拓展

化学软件 ChemOffice 的应用
（物质结构、反应方程式、反应装置的绘制）

美国剑桥（Cambridge Soft）公司开发的 ChemOffice 是世界上优秀的桌面化学软件，集强大的应用功能于一身，为化学从业人员提供了优秀的化学辅助系统，使研究工作达到一个新的高度。可以将化合物名称直接转为结构图，省去绘图的麻烦；也可以对已知结构的化合物命名，给出正确的化合物名称。在 ChemOffice 包含：ChemDraw 化学结构绘图、Chem3D 分子模型及仿真、ChemFinder 化学信息搜寻整合系统等一系列完整的软件。其中 ChemDraw 组件运用最为频繁，下面简单介绍下 ChemDraw 的主要用途和用法。ChemDraw 打开的界面见图 9-14。

图 9-14　ChemDraw 打开的界面

一、结构式绘制

ChemDraw 能够绘制复杂抽象的物质结构图形。以间硝基苯甲酸结构式为例。

① 选择图标 ，在编辑窗口内点击一下，便可出现苯环。

② 选择单键图标 ，将鼠标移到苯环的一个碳的位置上，出现 时，单击鼠标左键，出现单键，显示 。

③ 选择图标 **A**，将鼠标移至编辑窗口单键预编辑的一端碳上，显示 时，单击鼠标左键，出现光标，直接输入 COOH，显示 。

④ 选择单键图标 ，将鼠标移到 的间位碳上，显示 时，单击鼠标左键，显示 。

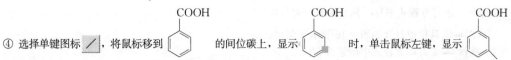

⑤ 选择图标 **A**，将鼠标移至编辑窗口单键预编辑的一端碳上，显示 [苯环结构，带COOH] 时，单击鼠标左键，

出现光标，直接输入 NO_2，显示 [苯环结构，带COOH和NO_2]，完成间硝基苯甲酸的结构编辑。

⑥ 选择图标 [光标图标]，选中结构式，可以调节结构式的大小，也可以移动结构式的位置，还可以编辑字体和字号等。

二、反应式的绘制

ChemDraw 反应式的绘制过程十分简单，轻松 4 步就可以完成。例如 ChemDraw 绘制重铬酸铵反应（见图 9-15）。

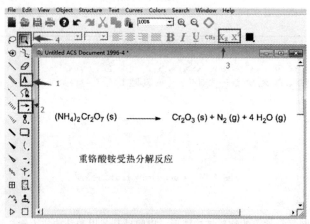

图 9-15 重铬酸铵受热分解反应示意图

① 使用文本工具（标识"1"）绘制反应符号，在 ChemDraw 工作区域单击即可生成本文框，通过键盘输入每个化学符号即可，"＋"号也可通过键盘输入，需注意大小写。

② 选择上图的箭头符号（标识"2"），绘制重铬酸铵受热分解反应方向，在工作区域单击拖拉即可生成。

③ 重铬酸铵受热分解反应式中涉及上下标，在选中上下标数字之后，选择上图的快捷按钮（标识"3"）即可快速变成上下标格式。

④ 选择选择工具（标识"4"），选中反应式进行移动和拖拉，使反应式更加美观。

再如，以下图有机反应方程式为例，讲解 ChemDraw 绘制简单的方程式的具体步骤。

$$H_2C-CH-CH_2 \xrightarrow{\text{浓 } H_2SO_4} H_2C=CH-CHO \xrightarrow{C_6H_5NH_2} \text{[结构式]} \rightleftharpoons \text{[结构式]}$$

化学反应方程式示例

具体步骤如下：

① 观察上图给出的所需书写的方程式，依次选择工具栏当中的 ＼（单键）＼（双键）**A**（文本）⬡（苯环）进行方程式书写，并且调整方向与大小。

② 在 ⟶ 工具栏中打开如图 9-16 所示子菜单。

③ 选择 ⟶ 工具画方程式中的箭头。

④ 经过组合书写方程式。

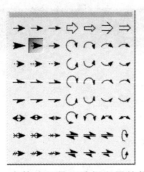

图 9-16　在箭头工具下选择所需的箭头样式　　　　　图 9-17　ChemDraw 中绘制装置图

三、反应装置的绘制

绘制的装置图如图 9-17 所示，在 ChemDraw 中绘制装置图的具体步骤：

① 打开 ChemDraw 的界面。

② 选择工具栏中的"刻章"按钮，出现如图 9-18(a)所示的子菜单。

③ 选择"Clipware，part 1"选项，出现如图 9-18(b)所示的子菜单，选择所需要组件。

④ 选择"Clipware，part 2"选项，出现如图 9-18(c)所示的子菜单，选择所需要组件。

⑤ 通过选中组件进行大小和位置的调整组成装置图。

(a) 刻章按钮　　　　　　(b) Clipware,part1组件　　　　　(c) Clipware,part 2组件

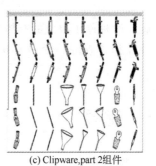

图 9-18　装置图子菜单及组件

第 10 章
烃

知识目标

1. 掌握烷烃、环烷烃、烯烃、二烯烃、炔烃的化学性质，了解有机反应的反应机理；
2. 熟悉各类烃的物理性质、应用、来源和制备方法。

能力目标

1. 能由给定脂肪烃的结构推测其在给定条件下发生的化学变化；
2. 会利用各类烃的性质对其进行鉴别、合成及结构推导。

素质目标

1. 培养职业素养和社会责任感；
2. 加强安全、环境保护和食品安全意识。

由碳氢两种原子组成的有机化合物称为烃。根据烃的结构与性质的不同，烃可分为脂肪烃、脂环烃和芳香烃。烃是有机化合物的母体，学习好烃的有关知识是学好有机化学的基础。

10.1 烷烃

10.1.1 物性概述

一般情况下，同系列的有机物的物理性质随着相对分子质量的增减而有规律地变化。一些直链烷烃的物理常数见表 10-1。

表 10-1 一些直链烷烃的物理常数

名称	构造式	沸点/℃	熔点/℃	相对密度(d_4^{20})
甲烷	CH_4	−161.5	−182.5	0.424
乙烷	CH_3CH_3	−88.6	−183.3	0.456
丙烷	$CH_3CH_2CH_3$	−42.1	−187.7	0.501
丁烷	$CH_3(CH_2)_2CH_3$	−0.5	−138.3	0.579
戊烷	$CH_3(CH_2)_3CH_3$	36.1	−129.7	0.626

（1）物态

在室温下，$C_1 \sim C_4$ 的直链烷烃是气体，$C_5 \sim C_{16}$ 的直链烷烃是液体，十六个碳原子以上的直链烷烃是固体。

（2）沸点

直链烷烃的沸点随相对分子质量的增加而升高，因为沸点的高低与分子间的作用力有关。直链烷烃的沸点曲线图见图 10-1。

如表 10-2 的例子所示，在同分异构体中，含支链越多的烷烃，相应的沸点越低，因为支链越多时，空间阻碍增大，分子间距离较远，分子间作用力小，沸点就比较低了。

（3）熔点

直链烷烃熔点也是随着相对分子质量的增加而增高。但在晶体中，分子间作用力不仅取决于分子的大小，而且也取决于分子在晶格中的排列情况，分子对称性高，排列比较整齐紧密，熔点就高。一般含偶数碳原子烷烃具有较高的对称性，其熔点比奇数碳原子的烷烃的熔点升高多一些，构成两条熔点曲线，偶数在上，奇数在下，如图 10-2 所示。

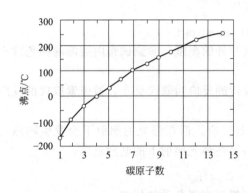

图 10-1　直链烷烃的沸点曲线图　　　　图 10-2　直链烷烃的熔点曲线图

在同分异构体中，一般带支链的烷烃熔点低于直链烷烃。但在戊烷的异构体中，新戊烷的熔点最高（见表 10-2）。这是新戊烷分子的对称性高，在晶格中能紧密排列的缘故。

表 10-2　戊烷三种异构体的沸点和熔点

名称	构造式	沸点/℃	熔点/℃
正戊烷	$CH_3CH_2CH_2CH_2CH_3$	36.1	−129.7
异戊烷	$CH_3CHCH_2CH_3$ 　　| 　　CH_3	27.9	−159.9
新戊烷	CH_3 　　| $H_3C—C—CH_3$ 　　| 　　CH_3	9.5	−16.6

（4）相对密度

烷烃的相对密度也随相对分子质量的增大而增大，最后接近 0.8 左右，这也与分子间作用力大小有关。分子间作用力增大，分子间距离相应减小，相对密度也增大。

（5）溶解度

烷烃几乎不溶于水，易溶于四氯化碳、乙醇、乙醚等有机溶剂。因为烷烃是非极性分子，根据相似相溶原理，烷烃可溶于非极性溶剂，不溶于极性溶剂。

查一查：1. 天然气的主要成分是什么？如何正确使用天然气？

2. 根据《中华人民共和国道路交通安全法》的规定，加油站内打电话是违法的，为什么？

10.1.2 烷烃的取代反应和应用

（1）取代反应

【演示实验 10-1】 在两支干燥的试管中，各加入 20mL 正庚烷及 5mL 5% Br_2 的 CCl_4 溶液。其中一支迅速用黑纸包裹，另一支试管置于紫外光中或用一只 100W 的白炽灯照射，经一段时间观察现象。

经 20min 后，光照的试管内溴的红色褪去。用一橡皮球向试管内吹气，逸出的 HBr 气体使湿润的蓝色石蕊试纸变红，证明有下列反应发生：

$$nC_7H_{16}+Br_2 \xrightarrow{h\nu} nC_7H_{15}Br+HBr\uparrow$$

另一支试管会有什么情况发生呢？打开裹在试管外的黑纸，看到试管内溶液的颜色没有任何变化。

烷烃分子中的氢原子被其他原子或原子团所取代的反应叫取代反应，被卤素取代的反应称为卤代反应，也称卤化反应。

① 甲烷的卤代反应　甲烷与卤素在黑暗中不起反应，但在强光的照射下会发生剧烈反应，甚至发生爆炸，生成氯化氢和碳。例如甲烷与氯在强光照射下的剧烈反应：

$$CH_4+2Cl_2 \xrightarrow{\text{强烈光照}} C+4HCl$$

甲烷在紫外光或热（250～400℃）作用下，与氯反应得各种氯代烷：

$$CH_4+Cl_2 \xrightarrow{h\nu} CH_3Cl+HCl$$

$$CH_3Cl+Cl_2 \xrightarrow{h\nu} CH_2Cl_2+HCl$$

$$CH_2Cl_2+Cl_2 \xrightarrow{h\nu} CHCl_3+HCl$$

$$CHCl_3+Cl_2 \xrightarrow{h\nu} CCl_4+HCl$$

所得产物是四种氯甲烷的混合物。通过控制反应物甲烷和氯气的物料比，可以使某种产物为主，这是工业上生产这些氯化物的方法之一。

溴代与氯代相似，但反应比较缓慢；烷烃直接氟代反应剧烈，难以控制；烷烃与碘通常不起反应，所以通常卤代反应是指氯化和溴化。卤素对烷烃进行卤代反应的相对活泼性为：

$$F_2>Cl_2>Br_2>I_2$$

② 其他烷烃的卤代反应　其他烷烃氯代或溴代时，反应可以在分子中不同的碳原子上进行，取代不同的氢，得到各种卤代产物。例如，乙烷的一氯代产物只有一种，二氯代产物有两种：

$$CH_3CH_3+Cl_2 \xrightarrow[25℃]{h\nu} CH_3CH_2Cl+HCl$$

$$CH_3CH_2Cl+Cl_2 \xrightarrow[25℃]{h\nu} \underset{\underset{Cl}{|}}{CH_2}-\underset{\underset{Cl}{|}}{CH_2}+CH_3\underset{\underset{Cl}{|}}{CH}Cl+HCl$$

$$CH_3CH_2CH_3+Cl_2 \xrightarrow[25℃]{h\nu} \underset{43\%}{CH_3CH_2CH_2Cl}+\underset{57\%}{CH_3\underset{\underset{Cl}{|}}{CH}CH_3}$$

丙烷分子中可被氯代的伯氢原子有六个，仲氢原子有两个，按两种氢原子的比例为

6∶2＝3∶1。但实际上这两种产物得率之比却为 43∶57。这说明伯、仲氢原子被氯取代的反应活性不同。设伯氢的活泼性为 1，仲氢的相对活泼性为 x，可以通过氯代产物的数量比 $\dfrac{3\times 1}{x}=\dfrac{43}{57}$ 来求得 x 的值为 4，即仲氢原子与伯氢原子的相对活泼性为 4∶1。

$$\underset{\underset{CH_3}{|}}{\overset{\overset{H}{|}}{H_3C-C-CH_3}} + Cl_2 \xrightarrow[25℃]{h\nu} \underset{\underset{CH_2Cl}{|}}{\overset{\overset{H}{|}}{H_3C-C-CH_3}} + \underset{\underset{CH_3}{|}}{\overset{\overset{CH_3}{|}}{H_3C-C-Cl}}$$
$$\qquad\qquad\qquad\qquad\qquad\qquad\qquad 64\% \qquad\qquad 36\%$$

异丁烷分子中，伯氢原子和叔氢原子被氯代的概率之比为 9∶1，实际氯代产物之比却为 64∶36，显然叔氢的活泼性比伯氢要大。设 x 为叔氢原子相对活泼性，伯氢的活泼性为 1，可以通过氯代产物的数量比来求得 x 的值为 5.06，即叔氢原子与伯氢原子的相对活泼性为 5∶1。由此得出烷烃中氢原子的反应活泼性次序：

叔氢＞仲氢＞伯氢

（2）甲烷氯代的反应机理

反应历程是指化学反应所经历的途径或过程，也叫反应机理。了解反应历程可以使我们认清反应本质，掌握反应规律，从而达到控制和利用反应的目的。

实验证明，甲烷和氯反应是一个典型的自由基取代反应，自由基（或游离基）反应一般要在光、热或自由基引发剂存在下发生，反应分为链引发、链增长、链终止三个阶段。反应历程如下：

① 链引发　氯分子在光照或高温下吸收能量，分解成两个活泼的氯原子。

$$Cl : Cl \xrightarrow{\text{光}} 2Cl\cdot$$

② 链增长　生成的氯原子很活泼，因它的最外层只有七个电子，为了构成最外层八个电子的稳定结构，这个氯原子从甲烷分子中夺取一个氢原子，结果生成氯化氢和产生一个新的甲基自由基（或甲基游离基）。

甲烷氯代
反应历程

$$Cl\cdot + CH_4 \longrightarrow CH_3\cdot + HCl$$

甲基自由基与氯原子一样，它的碳原子为了趋于稳定的结构，从氯分子中夺取一个氯原子，结果生成氯甲烷和另一个新的氯原子。

$$CH_3\cdot + Cl_2 \longrightarrow CH_3Cl + Cl\cdot$$

反应可重复进行，理论上可把无数甲烷分子中的氢全部夺去，这种现象称为连锁反应。

$$Cl\cdot + CH_3Cl \longrightarrow \cdot CH_2Cl + HCl$$
$$\qquad\qquad\qquad \llcorner \xrightarrow{Cl_2} CH_2Cl_2 + Cl\cdot$$
$$Cl\cdot + CH_2Cl_2 \longrightarrow \cdot CHCl_2 + HCl$$
$$\qquad\qquad\qquad \llcorner \xrightarrow{Cl_2} CHCl_3 + Cl\cdot$$
$$Cl\cdot + CHCl_3 \longrightarrow \cdot CCl_3 + HCl$$
$$\qquad\qquad\qquad \llcorner \xrightarrow{Cl_2} CCl_4 + Cl\cdot$$

③ 链终止　当自由基相互碰撞，活性质点被消耗，反应就将终止。

$$Cl\cdot + Cl\cdot \longrightarrow Cl_2 \quad (Cl : Cl)$$
$$CH_3\cdot + Cl\cdot \longrightarrow CH_3Cl \quad (CH_3 : Cl)$$
$$CH_3\cdot + CH_3\cdot \longrightarrow CH_3CH_3 \quad (CH_3 : CH_3)$$

烷烃的反应大多按自由基反应进行，这是因为分子中的 C—C 键是非极性键和 C—H 键是极性极小的 σ 键，异裂成正、负两个离子比较困难。

形成烷基自由基的稳定性次序是：

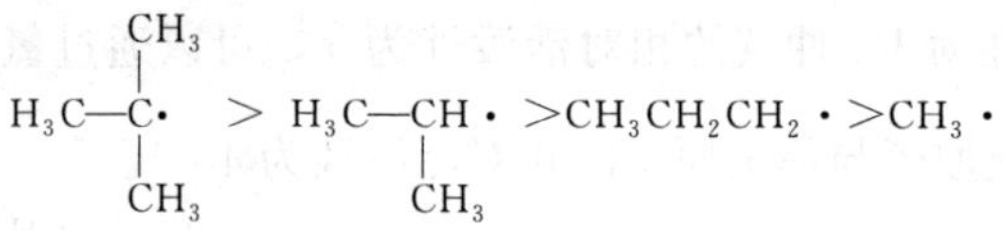

$$\underset{\underset{CH_3}{|}}{\overset{\overset{CH_3}{|}}{H_3C-C\cdot}} > \underset{\underset{CH_3}{|}}{H_3C-CH\cdot} > CH_3CH_2CH_2\cdot > CH_3\cdot$$

推广至一般形式：

$$3°C\cdot > 2°C\cdot > 1°C\cdot > CH_3\cdot$$

这个次序和伯、仲、叔氢原子的被夺取的容易程度（即活泼性 $3°H > 2°H > 1°H$）是一致的，因为 $3°H$ 越活泼，越容易被取代，其相应生成的 $3°C\cdot$ 自由基也越容易生成。

10.1.3　烷烃的来源和制备

（1）烷烃的来源

烷烃的天然来源主要是石油和天然气。石油是蕴藏于地球表面以下的可燃性液态矿物质。从油田开采出来未经加工的石油称为原油，原油一般为红褐色至黑色的黏稠液体，具有特殊气味，相对密度小于 1.0，不溶于水。原油的成分比较复杂，其组成也因地而异，但主要成分是烃类，可按沸点的不同，分馏成不同的馏分，如表 10-3 所示。

表 10-3　石油馏分

馏分	组分	分馏区间	用途
石油气	$C_1 \sim C_4$	40℃以下	燃料，化工原料
石油醚	C_5、C_6	40～60℃	溶剂
汽油	$C_7 \sim C_9$	60～200℃	溶剂，内燃机燃料
煤油	$C_{10} \sim C_{16}$	170～275℃	飞机燃料
燃料油，柴油	$C_{15} \sim C_{20}$	250～400℃	柴油机燃料
润滑油	$C_{18} \sim C_{22}$	300℃以上	机械润滑
沥青	C_{20} 以上	不挥发	防腐绝缘材料，铺路

天然气是蕴藏在地层内的可燃气体，其主要成分是低级烷烃的混合物。我国天然气资源丰富，四川、甘肃等地有丰富的储藏量。根据甲烷含量不同，天然气可分为两种：一种称为干天然气，含甲烷 86%～99%（体积分数）；另一种称为湿天然气，除含甲烷 60%～70%外，还有一定量的乙烷、丙烷、丁烷等干气体。天然气是很好的气体燃料，也是重要的化工原料。

> 想一想：什么是碳达峰？什么是碳中和？中国的"双碳"目标是什么？实现"双碳"目标有什么意义？

（2）烷烃的制备

烷烃存在于石油中，戊烷以下的低级烷烃因沸点相差较大可通过精馏石油气制得，这是工业上获得低级烷烃的主要方法。其他指定结构的烷烃需要通过合成的方法制得。

① 武慈（Wurtz）反应　用伯卤代烷（常用溴代烷和碘代烷）的乙醚溶液与金属钠反应生成烷烃。

$$2RX + 2Na \xrightarrow{\text{乙醚}} R-R + 2NaX$$

$$2CH_3CH_2CH_2CH_2CH_2Br + 2Na \xrightarrow{\text{乙醚}} CH_3(CH_2)_8CH_3 + 2NaBr$$

武慈反应是增长碳键的方法之一，用这个方法可以制备高级烷烃。

② 催化加氢 烯烃还原得烷烃，通常在催化剂存在下烯烃与氢气加成而得烷烃。

$$CH_3CH_2CH\!=\!\!=\!\!CH_2 + H_2 \xrightarrow{Ni} CH_3CH_2CH_2CH_3$$

10.1.4 环烷烃的结构与性质

(1) 环烷烃的结构与稳定性

环烷烃与烷烃相似，碳原子采取 sp^3 杂化。测定环丙烷分子中三个碳原子呈正三角形分布，C—C 键角为 105.5°，C—H 键角为 114°。但是正常的两个 sp^3 杂化轨道之间夹角应该是 109°28′，可见，相邻碳原子的 sp^3 杂化轨道为形成三元环必须将正常的键压缩至 105.5°，这就使分子本身产生一种恢复正常键角的张力，称为**角张力**。角张力的存在是环丙烷不稳定的主要原因。此外，从轨道重叠程度越大形成的键越牢固的观点来分析，显然在形成 105.5°的键角时，其轨道的重叠不如正常的 109°28′大，所以环丙烷中的 C—C 键键能较小（230kJ/mol）。环丙烷 C—C 键键长为 0.1524nm，比烷烃中 C—C 键键长 0.154nm 短，说明环丙烷中的 C—C 键呈弯曲状，人们称之为弯曲键或香蕉键，如图 10-3 所示。

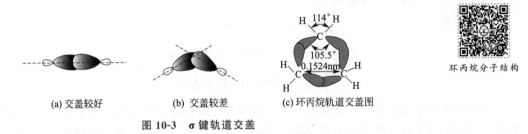

(a) 交盖较好　　(b) 交盖较差　　(c) 环丙烷轨道交盖图

环丙烷分子结构

图 10-3　σ 键轨道交盖

由于环丙烷的三个碳原子共平面，相邻碳原子的 C—H 键处于重叠式构象，这也是引起环丙烷不稳定的原因。这种由于重叠式构象而产生的张力，称**扭转张力**。

环丁烷的四个成环原子并不共平面，角张力和扭转张力均比环丙烷小。环戊烷的碳碳键已接近 109°28′，因而较稳定，但仍有一定的扭转张力。图 10-4 为环丁烷 (a) 和环戊烷 (b) 的构象。

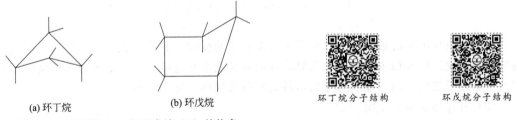

(a) 环丁烷　　　　(b) 环戊烷

环丁烷分子结构　　环戊烷分子结构

图 10-4　环丁烷 (a) 和环戊烷 (b) 的构象

环己烷分子中既无角张力，也无扭转张力，是个无张力的环。环己烷的六个碳原子不共平面，碳碳键键角为 109°28′，是稳定的环烷烃。通过 σ 键的旋转，环己烷会产生无穷多个构象，其中有两个典型的极限构象：椅式和船式，见图 10-5。在两种构象中，椅式比船式稳定，在常温下几乎全为椅式构象，占动态平衡的 99.9%。

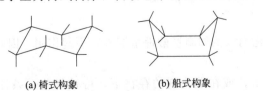

(a) 椅式构象　　　　(b) 船式构象

环己烷分子结构

图 10-5　环己烷的构象

（2）环烷烃的化学性质

环烷烃的性质与开链烷烃相似，但含三元环和四元环这种小环的环烷烃由于存在角张力和扭转张力，有一些特殊的化学性质，它们容易开环生成开链化合物。

① 小环的开环加成反应

a. 催化加氢。在 Ni、Pt 等催化剂作用下，环丙烷、环丁烷、环戊烷与氢气加成，生成开链烷烃。

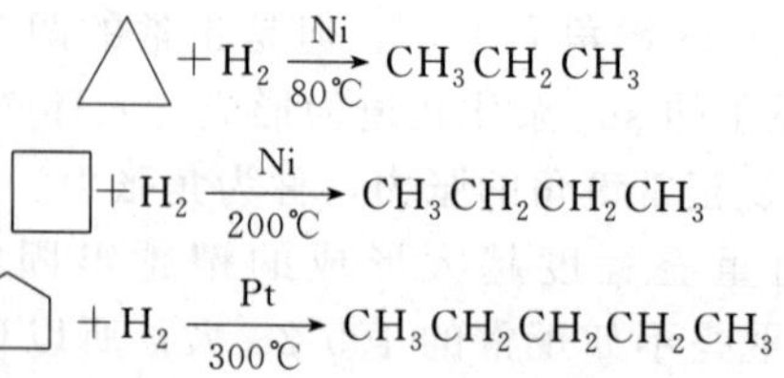

$$\triangle + H_2 \xrightarrow[80℃]{Ni} CH_3CH_2CH_3$$

$$\square + H_2 \xrightarrow[200℃]{Ni} CH_3CH_2CH_2CH_3$$

$$\pentagon + H_2 \xrightarrow[300℃]{Pt} CH_3CH_2CH_2CH_2CH_3$$

从上面的反应可以看出，环烷烃的加氢反应是随着环的增大，反应越来越困难。环戊烷以上的环烷烃，一般不能催化加氢。

b. 加卤素。

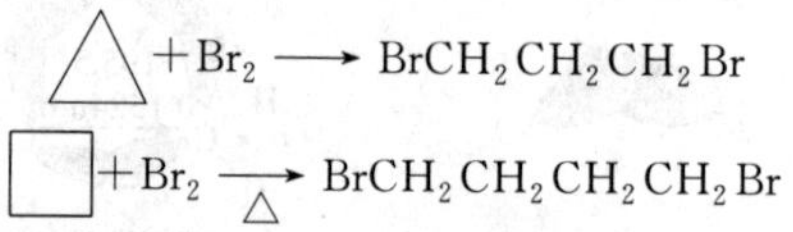

$$\triangle + Br_2 \longrightarrow BrCH_2CH_2CH_2Br$$

$$\square + Br_2 \xrightarrow{\triangle} BrCH_2CH_2CH_2CH_2Br$$

环丙烷及其烷基衍生物，在常温下即可与卤素加成。环丁烷要在加热下进行，环戊烷及更高的环烷烃与溴溶液不发生加成反应。因此环丙烷和环丁烷可使溴溶液褪色，这与烷烃的性质不同。

② 加卤化氢

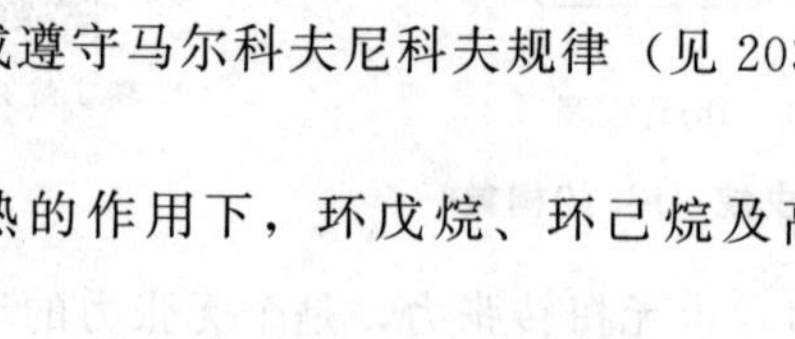

$$\triangle + HI \xrightarrow{常温} CH_3CH_2CH_2I$$

$$\triangle\!-CH_3 + HBr \longrightarrow CH_3CH_2\underset{\underset{Br}{|}}{C}HCH_3$$

环丙烷及环丙烷的烷基衍生物可发生加卤化氢的反应，其他环烷烃不发生这类反应。环丙烷及环丙烷的烷基衍生物加卤化氢时，键的断裂发生在连接氢原子最多和连接氢原子最少的两个碳原子之间，而且加成遵守马尔科夫尼科夫规律（见 203 页）。

（3）普通环的取代反应

与烷烃相似，在光或者热的作用下，环戊烷、环己烷及高级环烷烃与卤素发生取代反应。

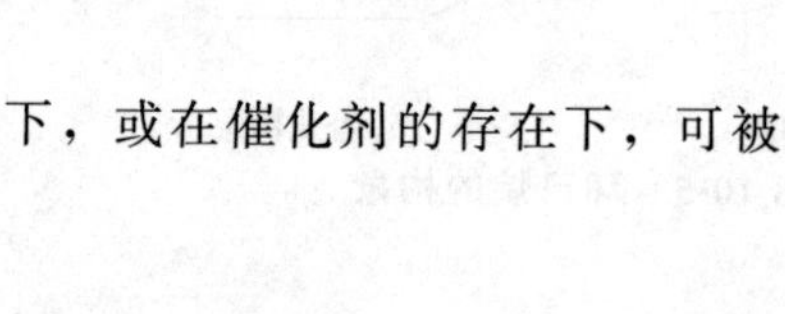

$$\pentagon + Br_2 \xrightarrow[或加热]{紫外光} \pentagon\!-Br + HBr$$

$$\hexagon + Cl_2 \xrightarrow[或加热]{紫外光} \hexagon\!-Cl + HCl$$

（4）氧化反应

室温下，环烷烃与一般氧化剂（例如高锰酸钾水溶液）不起作用。因此可用高锰酸钾水溶液来区分烯烃和环烷烃。

环烷烃在强烈的氧化条件下，或在催化剂的存在下，可被氧化，条件不同，产物也不同。例如：

$$\text{（环己烷）} + O_2 \xrightarrow[90\sim120℃]{60\%HNO_3} \begin{array}{c} CH_2\text{-}CH_2\text{-}COOH \\ | \\ CH_2\text{-}CH_2\text{-}COOH \end{array}$$

$$\text{（环己烷）} + O_2 \xrightarrow[140\sim180℃]{\text{脂肪酸钴}} \text{（环己醇）} + \text{（环己酮）}$$

己二酸是合成尼龙-66 的重要原料。环己醇和环己酮都是重要的化工原料。

综上所述，环丙烷、环丁烷易发生加成反应，而环戊烷、环己烷及高级环烷烃易发生取代反应。它们的化学性质可概括为："小环"似烯，"大环"似烷。

10.2　烯烃

10.2.1　物性概述

烯烃的物理性质与烷烃相似，也是随着碳原子数的增加而递变。在常温下，$C_2 \sim C_4$ 的烯烃为气体，$C_5 \sim C_{16}$ 的为液体，C_{17} 以上为固体。沸点、熔点和密度都随相对分子质量的增加而上升，相对密度也都小于 1，都是无色物质，不溶于水，易溶于有机溶剂中。乙烯稍带甜味，液态烯烃有汽油的气味。烯烃的物理常数见表 10-4。

表 10-4　一些常见烯烃的物理常数

名称	构造式	沸点/℃	熔点/℃	相对密度(d_4^{20})
乙烯	$H_2C{=}CH_2$	−103.7	−169.5	0.570
丙烯	$CH_3CH{=}CH_2$	−47.4	−185.2	0.610
1-丁烯	$CH_3CH_2CH{=}CH_2$	−6.5	−185	0.625
顺-2-丁烯	$\begin{array}{c} H \quad\quad H \\ \backslash \quad / \\ C{=}C \\ / \quad \backslash \\ H_3C \quad CH_3 \end{array}$	4	−139.3	0.621
反-2-丁烯	$\begin{array}{c} H \quad\quad CH_3 \\ \backslash \quad / \\ C{=}C \\ / \quad \backslash \\ H_3C \quad H \end{array}$	1	−105.5	0.604
异丁烯	$(CH_3)_2C{=}CH_2$	−7	−139	0.627
1-戊烯	$CH_3(CH_2)_2CH{=}CH_2$	30	−138	0.643

10.2.2　烯烃的加成反应和应用

烯烃的化学性质与烷烃不同，它很活泼，能与许多试剂作用，主要原因是分子中含有碳碳双键，它是烯烃的官能团。烯烃的化学性质主要发生在烯烃的碳碳双键上，能发生加成、氧化、聚合等反应。

加成反应是烯烃最典型的反应。在加成反应中，π 键发生断裂，试剂中的两个一价的原子或原子团分别加到双键两端碳原子上，形成两个 σ 键，生成饱和化合物，这个反应叫作加成反应。加成反应可用下式表示：

$$\begin{array}{c} \diagdown \quad\quad \diagup \\ C{=}C \\ \diagup \quad\quad \diagdown \end{array} + X{-}Y \longrightarrow \begin{array}{c} | \quad | \\ X{-}C{-}C{-}Y \\ | \quad | \end{array}$$

（1）催化加氢

常温常压下，烯烃与氢气通常不起反应，但在 Ni、Pd、Pt 等金属催化剂存在下，烯烃与氢气生成烷烃。雷尼镍是用氢氧化钠处理铝镍合金，把铝溶去，得到具有高催化活性的镍粉，用它作催化剂，加氢反应可在室温下进行。

$$CH_2\!=\!CH_2 + H_2 \xrightarrow{\text{催化剂}} CH_3\!-\!CH_3$$

$$R\!-\!CH\!=\!CH_2 + H_2 \xrightarrow{\text{催化剂}} R\!-\!CH_2\!-\!CH_3$$

反应后，产物比反应物增加了氢原子，故氢化反应是还原反应的一种形式。

催化加氢在工业上和科学研究中都有重要意义：①油脂氢化可制硬化油、人造奶油等；②汽油中常含有少量烯烃，由于烯烃易发生氧化、聚合等反应产生杂质，经过催化加氢，把汽油中所含的烯烃变为烷烃，提高了汽油的质量；③催化加氢反应是定量进行的，根据吸收氢气的体积可以计算出不饱和化合物中双键的数目，或者混合物中不饱和化合物的含量。

> **查一查**：在蛋糕店中经常会看到有的蛋糕上会标注动物奶油，什么是动物奶油？植物奶油又是什么？

（2）加卤素

烯烃易与卤素发生加成反应，生成邻二卤代物。在常温下，不需要催化剂或光照射，该反应就能迅速进行。

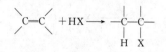

烯烃与溴的亲电加成反应机理

【演示实验 10-2】　在一试管中装 2mL 95% 乙醇，边摇动边缓慢加入 6mL 浓硫酸。装上温度计，控制温度在 160～170℃ 之间，生成的乙烯气体通过 10% 氢氧化钠洗涤后，通入装有溴的四氯化碳溶液，观察溴的四氯化碳溶液的颜色变化。

烯烃与溴的四氯化碳溶液（或饱和溴水）作用，溴的红棕色能很快消失。此反应常用于检验烯烃。

$$CH_2\!=\!CH_2 + Br_2 \xrightarrow{CCl_4} \underset{\underset{Br}{|}}{CH_2}\!-\!\underset{\underset{Br}{|}}{CH_2}$$

乙烯与溴加成反应

氟与烯烃反应剧烈，难以检测；烯烃与碘的加成比较困难。卤素的活泼性次序为：

$$F_2 > Cl_2 > Br_2 > I_2$$

工业上制备 1,2-二氯乙烷以三氯化铁作催化剂，使反应缓缓进行，不至于太猛烈。

$$CH_2\!=\!CH_2 + Cl_2 \xrightarrow[40℃,0.2MPa]{FeCl_3} \underset{\underset{Cl}{|}}{CH_2}\!-\!\underset{\underset{Cl}{|}}{CH_2}$$

1,2-二氯乙烷是制备乙炔的原料，也可用作脂肪、橡胶的溶剂，谷物的消毒杀虫剂。

（3）加卤化氢

烯烃与卤化氢气体或浓的氢卤酸起加成反应，生成卤代烷烃。

$$\underset{\diagup}{\diagdown}C\!=\!C\underset{\diagdown}{\diagup} + HX \longrightarrow \underset{\underset{H}{|}}{-\overset{|}{C}}\!-\!\underset{\underset{X}{|}}{\overset{|}{C}}-$$

1,2-加成

工业上制备氯乙烷，用乙烯和氯化氢在三氯化铝催化下，通过加成反应实现的。

$$CH_2{=}CH_2 + HCl \xrightarrow[130\sim150℃]{AlCl_3} \underset{\underset{H}{|}}{CH_2}{-}\underset{\underset{Cl}{|}}{CH_2}$$

不同卤化氢的活泼性次序：$HI > HBr > HCl$，HF 一般不与烯烃加成。

乙烯分子是对称分子，不论氯离子或氢离子加到哪个碳原子上，得到的产物都是氯乙烷。但是丙烯等不对称烯烃与卤化氢反应时，可以得到两种产物。例如：

$$CH_3CH{=}CH_2 + HCl \longrightarrow \begin{cases} CH_3\underset{\underset{Cl}{|}}{CH}CH_3 \\ CH_3CH_2CH_2Cl \end{cases}$$

实验证明，2-氯丙烷是主要产物。

俄国化学家马尔科夫尼科夫（Markovnikov）在总结许多实验结果基础上，提出不对称烯烃加成的规则：不对称烯烃与卤化氢加成时，氢原子总是加到含氢较多的双键碳原子上，而卤原子则加到含氢较少的双键碳上。这个经验规律就是马尔科夫尼科夫规则，简称马氏规则。利用这个规则可以预测不对称烯烃的加成产物。例如：

$$CH_3CH_2CH{=}CH_2 + HBr \xrightarrow{醋酸} CH_3CH_2\underset{\underset{Br}{|}}{CH}{-}CH_3$$

$$(CH_3)_2C{=}CH_2 + HBr \xrightarrow{醋酸} (CH_3)_2\underset{\underset{Br}{|}}{C}{-}CH_3$$

在有过氧化物（如 H_2O_2、$R{-}O{-}O{-}R$）存在下，不对称烯烃和溴化氢的加成产物是反马氏规则的。例如：

$$CH_3CH{=}CH_2 + HBr \xrightarrow{过氧化物} CH_3CH_2CH_2Br$$

这种现象称为过氧化物效应。不对称烯烃与 HCl 和 HI 的加成反应不存在过氧化物效应。

（4）加硫酸

烯烃和冷的浓硫酸起加成反应，生成硫酸氢烷基酯。该酯水解会生成醇和硫酸，例如：

$$CH_2{=}CH_2 + H{-}O{-}SO_2OH \xrightarrow{0\sim15℃} CH_3{-}CH_2{-}OSO_2OH$$

$$CH_3{-}CH_2{-}OSO_2OH \xrightarrow[\triangle]{H_2O} CH_3CH_2OH + H_2SO_4$$

不对称烯烃与硫酸加成时，符合马氏规则，即硫酸分子中的一个氢加到含氢较多的碳原子上，其余部分中的氧加到了含氢较少的双键碳原子上。例如：

$$CH_3CH{=}CH_2 \xrightarrow{80\%H_2SO_4} CH_3\underset{\underset{OSO_2OH}{|}}{CH}CH_3 \xrightarrow[\triangle]{H_2O} CH_3\underset{\underset{OH}{|}}{CH}CH_3$$

$$CH_3{-}\underset{\underset{CH_3}{|}}{\overset{\overset{CH_3}{|}}{C}}{=}CH_2 \xrightarrow{64\%H_2SO_4} CH_3{-}\underset{\underset{OSO_2OH}{|}}{\overset{\overset{CH_3}{|}}{C}}{-}CH_3 \xrightarrow{H_2O} CH_3{-}\underset{\underset{OH}{|}}{\overset{\overset{CH_3}{|}}{C}}{-}CH_3$$

硫酸氢酯水解生成相应的醇，从反应的最终结果看，相当于 $C{=}C$ 上加成了一分子水，故这种方法称之为烯烃的间接水合法。

利用气态或液态的烯烃与浓硫酸的加成反应可提纯烷烃和烯烃。气态或液态的烯烃与浓硫酸加成，产物硫酸氢烷基酯溶于硫酸，而烷烃不与硫酸作用，不溶于硫酸。根据两者相对密度大小加以分离。

（5）加水

在酸（硫酸或磷酸）催化下，烯烃可与水直接加成生成醇。不对称烯烃与水的加成反应也遵从马氏规则。例如：

$$CH_3CH\!=\!CH_2 + H_2O \xrightarrow[195℃,2MPa]{H_3PO_4} CH_3\!-\!\underset{\underset{OH}{|}}{CH}\!-\!CH_3$$

此反应称之为烯烃的直接水合法，工业上用此法制备醇。

（6）加次卤酸

烯烃与次卤酸反应，生成卤代醇。次氯酸也是酸，但由于氧原子的电负性比氯原子大，乙烯与次氯酸进行加成反应，O—Cl 键断裂，生成氯乙醇：

$$CH_2\!=\!CH_2 + HO\!-\!Cl \longrightarrow \underset{\underset{Cl}{|}}{CH_2}\!-\!\underset{\underset{OH}{|}}{CH_2}$$

由于次氯酸不稳定，在实际生产中用氯气和水代替次氯酸。不对称烯烃与次卤酸的加成仍遵从马氏规则。

$$H_3C\!-\!\underset{\underset{}{\overset{\overset{H}{|}}{C}}}{}\!=\!CH_2 + Cl_2 + H_2O \longrightarrow H_3C\!-\!\underset{\underset{OH}{|}}{\overset{\overset{H}{|}}{C}}\!-\!\underset{\underset{Cl}{|}}{CH_2} + HCl$$

（7）烯烃的亲电加成反应历程

大量实验证明，烯烃与卤素、卤化氢、硫酸、水和次卤酸加成反应是分步加成的亲电加成反应。

① 亲电加成反应历程　烯烃与卤化氢、硫酸、水的加成反应历程分两步进行。以烯烃与卤化氢反应为例，第一步烯烃先与 H^+ 作用生成碳正离子；第二步碳正离子再与卤负离子结合，生成卤代烃：

$$\underset{}{\overset{}{C}}\!=\!\underset{}{\overset{}{C}} + H^+ \xrightarrow{慢} -\!\underset{}{\overset{}{\underset{}{C}}}\!-\!\underset{\underset{H}{|}}{\overset{+}{C}}\!-$$

$$-\!\underset{}{\overset{}{\underset{}{C}}}\!-\!\underset{\underset{H}{|}}{\overset{+}{C}}\!- + X^- \xrightarrow{快} -\!\underset{\underset{X}{|}}{\overset{}{C}}\!-\!\underset{\underset{H}{|}}{\overset{}{C}}\!-$$

多步反应是由反应最慢的一步来决定化学反应速率的。上述反应中第一步慢，决定反应速率，该反应是由亲电试剂 H^+ 进攻 π 键而引起的加成反应，这样的反应称作亲电加成反应。

碳正离子是其外层只有 6 个电子，属于缺电子基团。根据物理学上的规律，一个带电体系的稳定性取决于所带电荷的分布情况，电荷越分散体系越稳定。碳正离子的稳定性也遵守这样的规律。

碳正离子的稳定性次序：

$$CH_3\!\!\overset{\overset{CH_3}{|}}{\underset{\underset{CH_3}{|}}{\overset{}{C^+}}} > CH_3\!\!\overset{\overset{CH_3}{|}}{\underset{\underset{H}{|}}{\overset{}{C^+}}} > CH_3\!\!\overset{\overset{H}{|}}{\underset{\underset{H}{|}}{\overset{}{C^+}}} > H\!\!\overset{\overset{H}{|}}{\underset{\underset{H}{|}}{\overset{}{C^+}}}$$

碳正离子的稳定性，推广至一般：

$$3°R^+ > 2°R^+ > 1°R^+ > \overset{+}{C}H_3$$

② 马氏规则的理论解释 马氏规则可用碳正离子的稳定性来解释。在不对称烯烃丙烯与 HX 进行加成反应的第一步中，可能产生两种碳正离子：

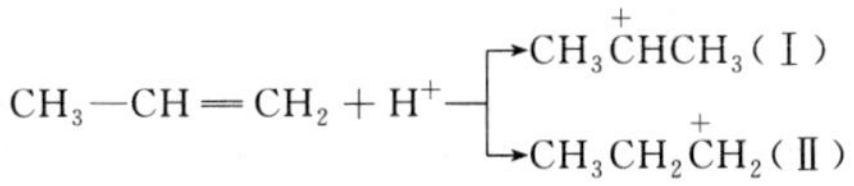

$$CH_3-CH=CH_2 + H^+ \begin{cases} CH_3\overset{+}{C}HCH_3（Ⅰ）\\ CH_3CH_2\overset{+}{C}H_2（Ⅱ） \end{cases}$$

（Ⅰ）是二级碳正离子，（Ⅱ）是一级碳正离子，二级碳正离子稳定性大于一级碳正离子，越是稳定的碳正离子越容易生成。

第二步反应中，主要生成了 2-卤丙烷：

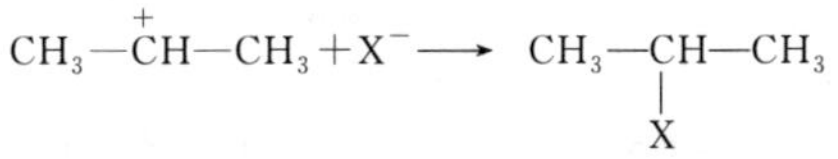

$$CH_3-\overset{+}{C}H-CH_3 + X^- \longrightarrow CH_3-\underset{\underset{X}{|}}{CH}-CH_3$$

一般来说，不对称烯烃与 HX 等极性试剂加成都遵循马氏规则。但是，不对称烯烃在少量过氧化物存在下，与溴化氢的加成反应是违反马氏规则的。因为有过氧化物存在的加成反应历程是按自由基历程进行的。

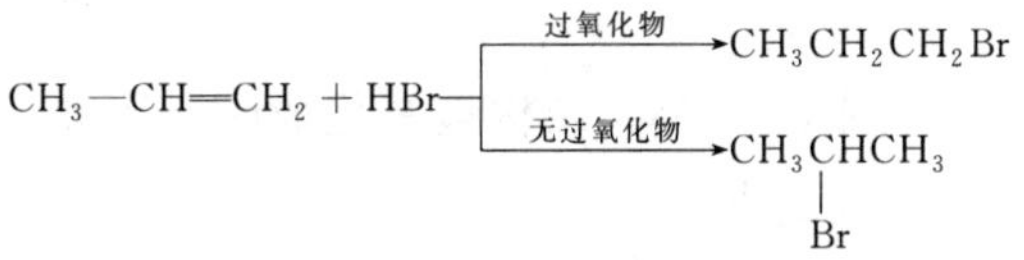

$$CH_3-CH=CH_2 + HBr \begin{cases} \xrightarrow{\text{过氧化物}} CH_3CH_2CH_2Br \\ \xrightarrow{\text{无过氧化物}} CH_3\underset{\underset{Br}{|}}{CH}CH_3 \end{cases}$$

> **想一想**：假如乙烯的溴化是在氯化钠的水溶液中进行的，那么除了生成 1,2-二溴乙烷，还会有什么产物生成？

10.2.3 烯烃的取代反应和应用

碳碳双键是烯烃的官能团，通常把与官能团直接相连的碳叫作 α-碳原子，与 α-碳原子相连的氢原子叫作 α-氢原子。烯烃的 α-氢原子受 π 键的影响比较活泼，容易发生取代反应。

有 α-氢原子的烯烃在高温下或光照下和氯作用，发生 α-氢原子氯代反应。

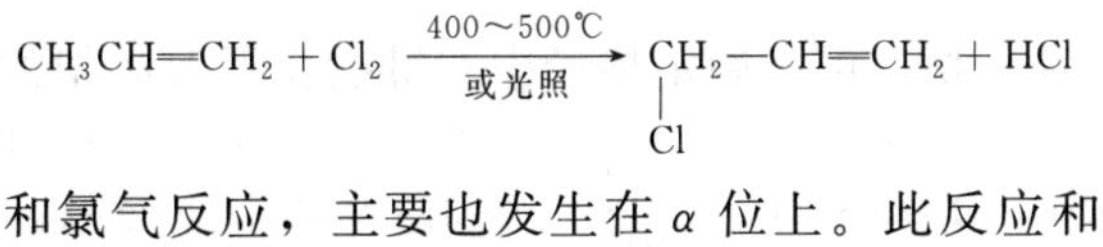

$$CH_3CH=CH_2 + Cl_2 \xrightarrow[\text{或光照}]{400\sim500℃} CH_2-CH=CH_2 + HCl \atop \underset{Cl}{|}$$

其他烯烃在高温下和氯气反应，主要也发生在 α 位上。此反应和烷烃的氯代反应相同，也是自由基取代反应，在高温或光照下，有利于氯自由基的生成。

10.2.4 烯烃的氧化反应与应用

烯烃很容易被氧化，氧化反应一般发生在双键上，在不同氧化剂和不同反应条件下，所得氧化产物不同。

（1）空气催化氧化

工业上以银为催化剂，乙烯可被空气催化氧化为环氧化物——环氧乙烷。

$$2CH_2=CH_2 + O_2 \xrightarrow[250℃]{Ag} 2\underset{O}{CH_2-CH_2}$$

（2）高锰酸钾氧化

【演示实验 10-3】　将制取的乙烯气体，通入两支分别装有 0.5mL 5％高锰酸钾溶液、0.5mL 5％酸性高锰酸钾溶液，观察现象。

烯烃与冷的碱性溶液或中性高锰酸钾溶液反应，在双键碳原子上各引入一个羟基，生成邻二醇。反应中，高锰酸钾的紫色褪去，生成黑色的二氧化锰沉淀，可用来检验烯烃。

乙烯的氧化反应

$$3RCH=CH_2+2KMnO_4+4H_2O \longrightarrow 3RCH-CH_2+2MnO_2\downarrow+2KOH$$
$$\qquad\qquad\qquad\qquad\qquad\qquad\quad |\qquad |$$
$$\qquad\qquad\qquad\qquad\qquad\qquad\ OH\ \ OH$$

若用酸性高锰酸钾溶液氧化烯烃，反应更快，得到碳碳双键断裂的氧化产物。

$$RCH=CH_2 \xrightarrow[H^+]{KMnO_4} RCOOH+CO_2+H_2O$$

$$\begin{array}{c}R\\ \\ R'\end{array}\!\!C=CHR'' \xrightarrow[H^+]{KMnO_4} \begin{array}{c}R\\ \\ R'\end{array}\!\!C=O + R''COOH$$
羧酸
酮　羧酸

不同结构的烯烃，用酸性高锰酸钾氧化所得产物不同。 $\begin{array}{c}H\\ \\ H\end{array}\!\!C=$ 结构被氧化成 CO_2 和 H_2O， $\begin{array}{c}R\\ \\ H\end{array}\!\!C=$ 结构被氧化成羧酸， $\begin{array}{c}R\\ \\ R'\end{array}\!\!C=$ 结构被氧化成酮。因此，根据氧化所得到的产物，可以推断烯烃的结构。

（3）臭氧化

将含有 6％～8％的臭氧气流通入液态烯烃或烯烃的四氯化碳溶液时，臭氧分子迅速而足量地与烯烃作用，生成不稳定的臭氧化物。臭氧化物在溶液中遇水分解生成醛、酮和过氧化氢，由于过氧化氢能够将醛氧化成羧酸，为了防止醛被氧化，水解时通常加入锌粉作还原剂，这样就可以得到醛。这个反应叫**臭氧化还原水解反应**。

$$RCH=CHR'+O_3 \longrightarrow \begin{array}{c}R\ \ \ \overset{O}{\overbrace{\ \ \ \ \ }}\ \ R'\\ C\qquad C\\ H\ \ \underset{O-O}{\ }\ \ H\end{array} \xrightarrow{H_2O} \begin{array}{c}R\\ \\ H\end{array}\!\!C=O + O=C\!\!\begin{array}{c}R'\\ \\ H\end{array} +H_2O_2$$

根据臭氧化物的水解产物，可以确定烯烃中双键的位置和碳架的构造。例如：

$$CH_3CH_2CH=CH_2 \xrightarrow[(2)Zn,H_2O]{(1)O_3} CH_3CH_2\overset{O}{\underset{H}{C}} + O=C\!\!\begin{array}{c}H\\ \\ H\end{array}$$

$$CH_3C=CH_2 \xrightarrow[(2)Zn,H_2O]{(1)O_3} \begin{array}{c}H_3C\\ \\ H_3C\end{array}\!\!C=O + O=C\!\!\begin{array}{c}H\\ \\ H\end{array}$$
$$\ \ |$$
$$CH_3$$

从上述例子中可以看到：烯烃分子中 $CH_2=$ 基臭氧化水解产物为甲醛；有 $RCH=$ 基时得到醛；有 $\begin{array}{c}R\\ \\ R'\end{array}\!\!C=$ 得到酮。由于产物醛或酮的结构容易测定，臭氧化反应可定量进行，故常被用来研究烯烃的结构。

练一练：推测经臭氧化，加锌水解后生成下列产物的烯烃的构造式。
(1) $CH_3CH_2CHO+HCHO$
(2) $CH_3CH_2COCH_3+(CH_3)_2CO$
(3) 只有$(CH_3)_2CO$

10.2.5 双烯合成反应

在光和热的作用下，共轭二烯烃可以和具有 C=C 双键、C≡C 三键的不饱和
化合物进行 1,4-加成反应，生成环状化合物，此反应称为**双烯合成反应**或**狄尔斯-
阿尔德（Diels-Alder）反应**。例如：

1,4-加成

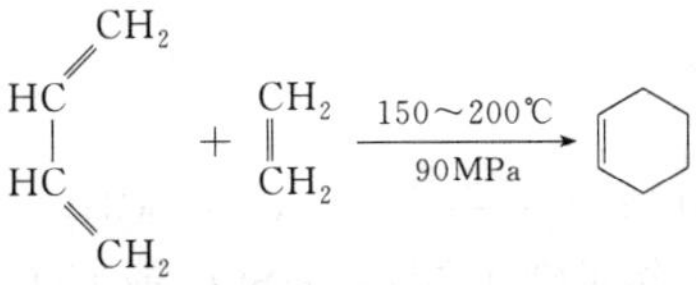

通常把进行双烯合成的共轭二烯烃称作双烯体，与其进行反应的不饱和化合物称为亲双
烯体，当亲双烯体的不饱和键的碳原子上连有吸电子基（—CHO、—COOR、—CN、
—NO$_2$）时，反应容易进行。例如：

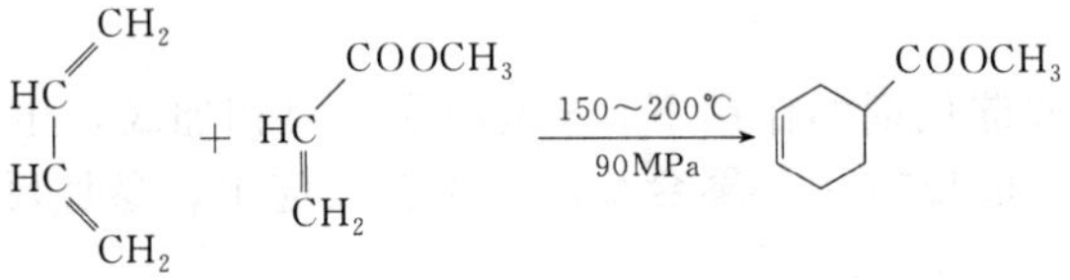

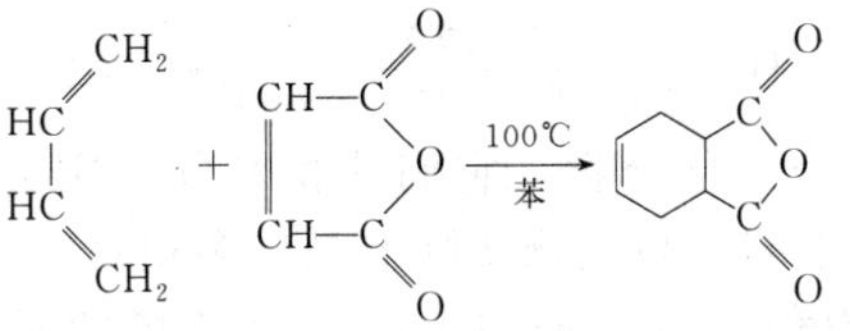

共轭二烯烃与顺丁烯二酸酐经双烯合成，产物为一固体，因此常利用此反应来鉴别共轭
二烯烃。

双烯合成反应是可逆的，加热到较高温度时生成的环状化合物又可分解为原来的共轭二
烯烃的亲双烯体，因此又可分离、提纯共轭二烯烃。

练一练：用双烯体和亲双烯体合成下列化合物，写出反应过程。
(1) 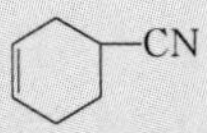 ⬡—CN　　(2)

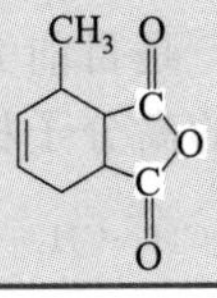

10.2.6 烯烃的制备

工业上的大量烯烃主要来自石油的热裂解后产物的深度加工——裂解。这种方法得到的
烯烃主要是乙烯，其次是丙烯、丁烯和异丁烯。乙烯被誉为"石化工业之母"，是衡量一个
国家石油化工发展水平的重要标志。2021 年 11 月"轻质原油裂解制乙烯技术开发及工业应

用"项目在中国石化天津石化工业试验成功，可直接将原油转化为乙烯、丙烯等化学品（即"油转化"），实现了原油蒸气裂解技术的国内首次工业化应用，大幅缩短生产流程、降低生产成本、减排二氧化碳，使我国成为世界原油催化裂解技术领跑者。

指定结构的烯烃需通过合成的方法来获得，合成方法如下：

① 脱卤化氢

$$CH_3CH_2CH_2CH_2Br + KOH \xrightarrow[\triangle]{乙醇} CH_3CH_2CH=CH_2 + KBr + H_2O$$

② 脱水

$$CH_3CH_2OH \xrightarrow{浓\ H_2SO_4,170℃} CH_2=CH_2 + H_2O$$

③ 脱卤素

$$\underset{\underset{Br\ \ Br}{|\ \ \ |}}{CH_3CHCHCH_3} \xrightarrow{Zn} CH_3-CH=CH-CH_3 + ZnBr$$

④ 炔烃的还原

$$HC≡CH + H_2 \xrightarrow{Pd-醋酸铅} CH_2=CH_2$$

使用林德拉（Lindlar）催化剂（金属钯沉淀在 $BaSO_4$ 或 $CaCO_3$ 上，再加喹啉或醋酸铅使钯部分中毒，降低其催化活性），可使炔烃催化加氢反应选择性地停留在烯烃阶段。

10.2.7　烯烃的聚合物

（1）合成塑料

烯烃可以在引发剂或催化剂的作用下，π 键断裂，自相加成，生成高相对分子质量的化合物（聚合物或高聚物）的反应——聚合反应。聚合反应中，参加反应的低相对分子质量化合物叫作单体。

$$nCH_2=CH_2 \xrightarrow[100\sim250℃,150\sim300MPa]{少量引发剂} \left[\kern-0.15em\left[CH_2-CH_2 \right]\kern-0.15em\right]_n$$

在聚合反应中生成的高分子化合物，它们的相对分子质量并不完全相同，反应条件不同，高聚物相对分子质量亦不同。高聚物实际上是许多相对质量不同的聚合物的混合物，高聚物的相对分子质量是平均相对分子质量。高压聚乙烯的平均相对分子质量为 $25000\sim50000$，密度较低（约 $0.92g/cm^3$），比较柔软。高压聚乙烯也叫低密度聚乙烯或软聚乙烯。

高压聚合对反应设备要求苛刻。工业上通过齐格勒-纳塔 $[TiCl_4\text{-}Al(CH_2CH_3)_3]$ 催化剂，在低压下进行聚合：

$$nCH_2=CH_2 \xrightarrow[0.1\sim1MPa,60\sim65℃]{TiCl_4\text{-}Al(CH_2CH_3)_3} \left[\kern-0.15em\left[CH_2-CH_2 \right]\kern-0.15em\right]_n$$

由低压法得到的聚乙烯叫低压聚乙烯，平均相对分子质量在 $10000\sim30000$ 之间，密度较高（约 $0.94g\cdot cm^{-3}$），较坚硬，所以又叫高密度聚乙烯或硬聚乙烯。

聚乙烯耐酸碱、抗腐蚀，具有优良的电绝缘性能，是目前大量生产的优良高分子材料。

由低压生产法生产的聚丙烯也是工业上应用广泛的高分子材料。

$$\underset{\underset{CH_3}{|}}{nCH=CH_2} \xrightarrow[1MPa,50℃]{TiCl_4\text{-}Al(C_2H_5)_3} \underset{\underset{CH_3}{|}}{\left[\kern-0.15em\left[CH-CH_2 \right]\kern-0.15em\right]_n}$$

由不同的单体进行的聚合反应，称为共聚反应。乙烯和丙烯两种单体用齐格勒-纳塔催化剂，得到具有橡胶性质的聚合物，叫作乙丙橡胶。

$$nCH_2=CH_2 + \underset{\underset{CH_3}{|}}{nCH=CH_2} \xrightarrow{TiCl_4\text{-}Al(CH_2CH_3)_3} \underset{\underset{CH_3}{|}}{\left[\kern-0.15em\left[CH_2-CH_2-CH-CH_2 \right]\kern-0.15em\right]_n}$$

（2）合成橡胶

橡胶是工农业生产、交通运输、国防建设和日常生活不可缺少的物质。由橡胶树得到的白色胶乳，经脱水加工、凝结成块状的生橡胶，这就是工业上橡胶制品的原料——天然橡胶。天然橡胶在隔绝空气的条件下加热，分解成异戊二烯。而异戊二烯在一定条件下可以聚合成与天然橡胶性质相似的聚合物。因此可以认为，天然橡胶就是异戊二烯的聚合物。

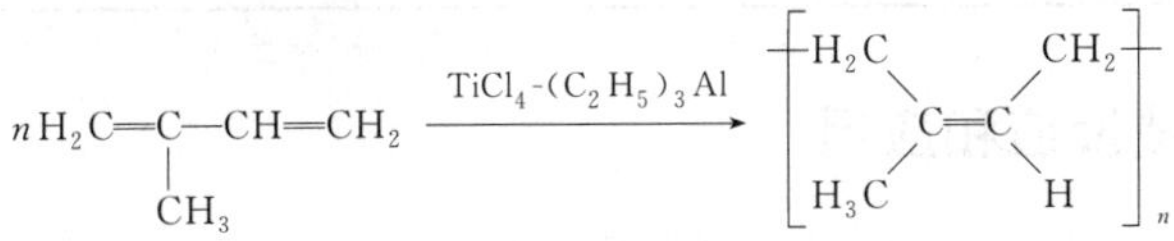

$$n\,H_2C{=}C{-}CH{=}CH_2 \xrightarrow{TiCl_4\text{-}(C_2H_5)_3Al} \left[\begin{array}{c} H_2C \quad\quad CH_2 \\ \backslash \quad\quad / \\ C{=}C \\ / \quad\quad \backslash \\ H_3C \quad\quad H \end{array}\right]_n$$

$$\underset{CH_3}{|}$$

天然橡胶因受自然条件的限制，不但产量有限，而且其性能也难以满足多方面的要求。合成橡胶的出现，不仅弥补了天然橡胶数量上的不足，而且品种多，性能优于天然橡胶，并具有多种不同的用途。例如，丁苯橡胶就是由 1,3-丁二烯与苯乙烯共聚而成。

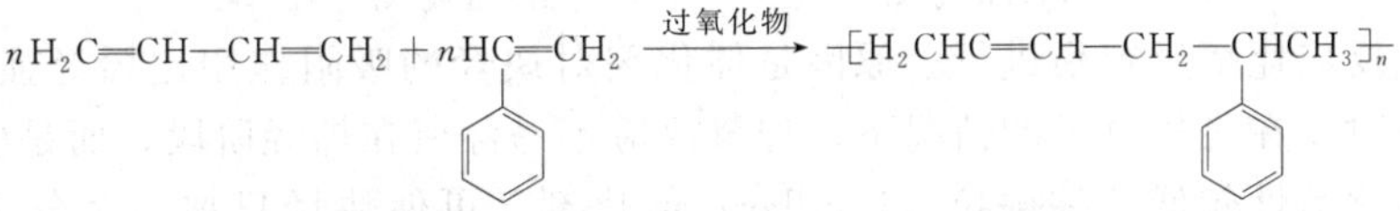

$$n\,H_2C{=}CH{-}CH{=}CH_2 + n\,HC{=}CH_2 \xrightarrow{\text{过氧化物}} \left[H_2CHC{=}CH{-}CH_2{-}CHCH_3\right]_n$$

丁苯橡胶具有良好的耐老化性、耐油性、耐热性和耐磨性等，主要用于制备轮胎和其他工业制品，是目前世界上产量最大的合成橡胶。

1,3-丁二烯在齐格勒-纳塔催化剂的催化下，得到的主要为顺式构型的聚合物顺-1,4-聚丁二烯，简称顺丁橡胶。

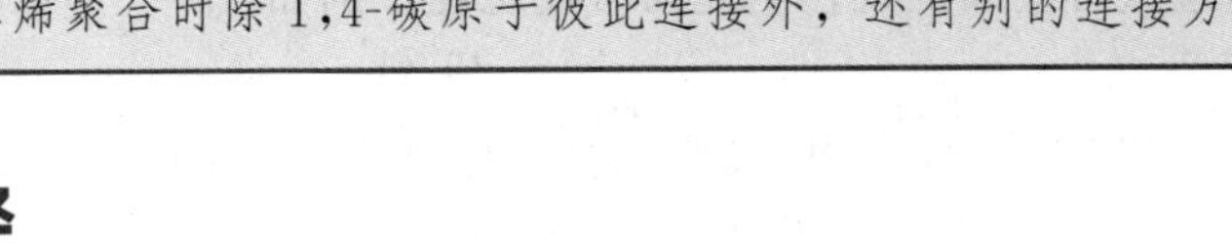

$$n\,H_2C{=}CH{-}CH{=}CH_2 \xrightarrow[60\sim80℃]{TiCl_4\text{-}Al(CH_2CH_3)_3} \left[\begin{array}{c} H_2C \quad\quad CH_2 \\ \backslash \quad\quad / \\ C{=}C \\ / \quad\quad \backslash \\ H \quad\quad H \end{array}\right]_n$$

顺丁橡胶具有较好性能，如弹性高、耐磨性和耐寒性好，但加工性能差，主要用于制造轮胎。

10.3　炔烃

10.3.1　物性概述

炔烃的物理性质与烷烃、烯烃相似。在常温常压下，$C_2 \sim C_4$ 的炔烃为气体，$C_5 \sim C_{15}$ 的炔烃为液体，C_{15} 以上为固体。

直链炔烃的沸点、熔点、密度都随碳原子数的增加而增加，一般比相同的碳原子的烷烃、烯烃略高，这是因为炔烃分子较短小，在液态和固态时，分子彼此靠得较近，分子间范德华力较强。

炔烃易溶于石油醚、乙醚、丙酮、苯和四氯化碳等有机溶剂，难溶于水。低级的炔烃在水中的溶解度较对应的烷烃、烯烃略有增加，因为炔烃是低极性化合物。一些常见炔烃的物理常数见表 10-5。

表 10-5　一些常见炔烃的物理常数

名称	熔点/℃	沸点/℃	相对密度(d_4^{20})
乙炔	−80.8	−84.0	0.618
丙炔	−101.5	−23.2	0.671
1-丁炔	−112.5	8.1	0.668
1-戊炔	−90.0	40.2	0.691
1-己炔	−124.0	71.4	0.716
1-庚炔	−81.0	99.7	0.733
1-辛炔	−79.3	125.2	0.747
1-壬炔	−50.0	150.8	0.760

10.3.2　炔烃的加成反应和应用

（1）催化加氢

炔烃在金属铂、钯、镍催化剂的作用下加氢，先生成烯烃，继续反应可生成烷烃。

$$RC\equiv CR' \xrightarrow[\text{Pt,Pd 或 Ni}]{H_2} RHC\!=\!CHR' \xrightarrow[\text{Pt,Pd 或 Ni}]{H_2} RCH_2CH_2R'$$

炔烃加氢反应比烯烃容易进行，原因是催化剂对炔烃的吸附作用比烯烃强，当使用铂、钯、镍催化剂时，在氢气过量的情况下，加氢反应不易停留在烯烃阶段，而是生成烷烃。

若选用催化活性较低的林德拉（Lindlar）催化剂，可使炔烃只加一个分子氢，反应停留在生成烯烃的阶段。例如：

$$HC\equiv CH + H_2 \xrightarrow{\text{Pd-Pb(COOCH}_3)_2} H_2C\!=\!CH_2$$

$$C_2H_5\!-\!C\equiv C\!-\!C_2H_5 + H_2 \xrightarrow{\text{Pd-Pb(COOCH}_3)_2} \underset{H\quad\quad H}{\overset{C_2H_5\quad C_2H_5}{C\!=\!C}}$$

工业上常利用这种方法，使石油裂解气中微量的乙炔转变为乙烯，以提高裂解气中乙烯的含量。

（2）加卤素

与烯烃相似，炔烃可以和卤素（主要是氯和溴）发生亲电加成反应，先生成二卤代烯烃，若卤素过量可继续加成，生成四卤代烷烃。例如：

$$HC\equiv CH \xrightarrow[Cl_2]{FeCl_3} \underset{Cl\ \ Cl}{HC\!=\!CH} \xrightarrow[Cl_2]{FeCl_3} \underset{Cl\ Cl}{\overset{Cl\ Cl}{HC\!-\!CH}}$$

这是工业上制备四氯乙烷的方法。

与烯烃一样，也可根据溴的褪色来检验三键的存在。

和炔烃相比较，烯烃与卤素的加成更易进行，因此当分子中兼有双键和三键时，首先在双键上发生加成反应。例如，在低温、缓慢地加入溴的条件下，如下式所示，三键可以不参与反应。这种加成叫选择性加成。

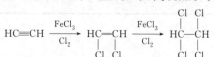

$$H_2C\!=\!CHCH_2\!-\!C\equiv CH + Br_2 \xrightarrow{-20℃} \underset{Br\ Br}{H_2C\!-\!CHCH_2C\equiv CH}$$

（3）加卤化氢

炔烃可以和卤化氢加成，但也不如烯烃那样容易进行，如乙炔和氯化氢的加成要在氯化汞催化下才能顺利进行。不对称炔烃的加成反应也遵守马尔科夫尼科夫规律。

$$R-C\equiv C-H + HX \longrightarrow R-C=CH_2 \xrightarrow{HX} R-C-CH_3$$

$$HC\equiv CH + HCl \xrightarrow[130\sim160℃]{HgCl_2} H_2C=CH-Cl$$

$$H_2C=CH-Cl + HCl \xrightarrow[220℃]{HgCl_2} CH_3CHCl_2$$

和烯烃的情况相似，在过氧化物存在下，炔烃和 HBr 的加成，也是自由基加成反应，得到的是反马尔科夫尼科夫规律的产物。

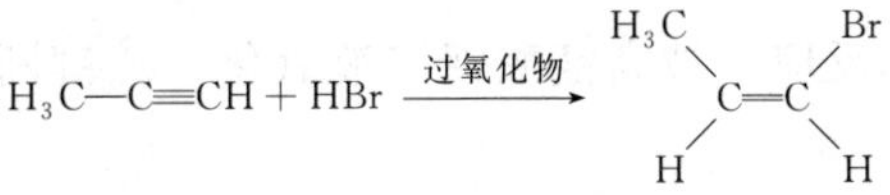

$$H_3C-C\equiv CH + HBr \xrightarrow{过氧化物} \begin{array}{c} H_3C \\ \\ H \end{array} C=C \begin{array}{c} Br \\ \\ H \end{array}$$

（4）加水

炔烃和水的加成也不如烯烃容易进行，必须在催化剂硫酸汞和稀硫酸的存在下才发生加成。例如：

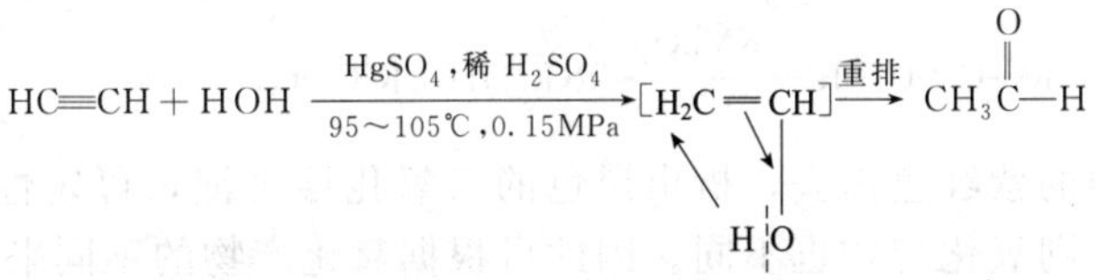

$$HC\equiv CH + HOH \xrightarrow[95\sim105℃,0.15MPa]{HgSO_4,稀 H_2SO_4} [H_2C=CH] \xrightarrow{重排} CH_3C-H$$
$$\qquad\qquad\qquad HO$$

反应中先生成烯醇，烯醇不稳定，立刻发生分子内重排，羟基上的氢原子转移到相邻的双键碳上，原来的碳碳双键转变为碳氧双键，形成醛或酮。

不对称炔烃加水时，反应也是按马尔科夫尼科夫规律进行的。除乙炔外，其他炔烃加水，最终的产物都是酮。例如：

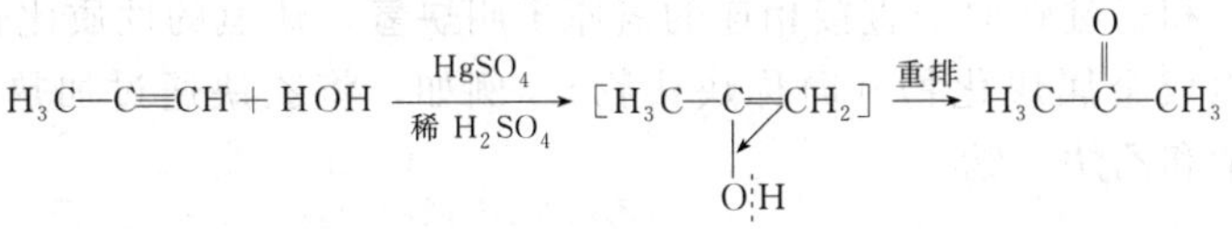

$$H_3C-C\equiv CH + HOH \xrightarrow[稀 H_2SO_4]{HgSO_4} [H_3C-C=CH_2] \xrightarrow{重排} H_3C-C-CH_3$$
$$\qquad\qquad\qquad OH$$

上述反应是工业上合成乙醛和丙酮的重要方法之一，称为**炔烃的直接水合法**。

（5）加氢氰酸

乙炔在催化剂 CuCl 的作用下，于 80～90℃可与氢氰酸进行加成反应，生成丙烯腈。

$$HC\equiv CH + HCN \xrightarrow[30\sim90℃,0.7MPa]{CuCl} H_2C=CH-CN$$

这是工业上早期生产丙烯腈的方法之一，目前已被丙烯的氨氧化法取代。丙烯腈是合成人造羊毛腈纶和丁腈橡胶的单体。

（6）加醇

在碱的存在下，乙炔与醇反应生成乙烯基醚。例如：

$$HC\equiv CH + CH_3OH \xrightarrow[160℃,2\sim2.2MPa]{20\%KOH} H_2C=CH-O-CH_3$$

甲基乙烯基醚是一个重要的单体，经加聚反应可生成高分子化合物。可用作塑料、增塑剂、黏合剂等。

（7）加羧酸

将乙炔在醋酸锌的存在下，通入醋酸中，则生成醋酸乙烯酯：

$$HC\equiv CH + HO-\underset{\underset{O}{\|}}{C}-CH_3 \xrightarrow[170\sim230℃]{Zn(Ac)_2} H_2C=CH-O-\underset{\underset{O}{\|}}{C}-CH_3$$

这是工业上生产醋酸乙烯酯的方法之一。醋酸乙烯酯是一种重要的有机化工原料，在涂料、浆料、薄膜、皮革加工、合成纤维等方面应用广泛。

> **查一查**：目前，醋酸乙烯的工业生产方法主要有乙炔法和乙烯法，其中乙烯法由于工艺性、经济性好而占据主导的地位。我国醋酸乙烯工业生产方法以什么为主？原因是什么？

10.3.3　炔烃的氧化反应和应用

炔烃非常容易发生氧化反应，被高锰酸钾溶液氧化，三键断裂，生成羧酸或二氧化碳。例如：

乙炔的氧化反应

$$R-C\equiv CH \xrightarrow[H_2O]{KMnO_4} RCOOH+CO_2$$

$$R-C\equiv C-R \xrightarrow[H_2O]{KMnO_4} 2RCOOH$$

$$R-C\equiv C-R' \xrightarrow[H_2O]{KMnO_4} RCOOH+R'COOH$$

反应后高锰酸钾的紫红色褪去，析出黑色的二氧化锰沉淀，可定性地检验三键的存在。若炔烃的结构不同，则氧化产物也不同。因此可根据氧化产物的不同来判断炔烃中三键的位置从而确定炔烃的结构。

10.3.4　端基炔烃的反应与应用

（1）金属炔化物的生成及应用

炔烃分子中，和三键碳原子直接相连的氢原子叫**炔氢**，炔氢的性质比较活泼，容易被某些金属原子取代生成金属炔化物（简称炔化物）。例如，将乙炔通过加热熔融的金属钠时，就可以得到乙炔钠和乙炔二钠。

$$2HC\equiv CH + 2Na \xrightarrow{110℃} 2HC\equiv CNa + H_2$$

$$HC\equiv CH + 2Na \xrightarrow{190\sim220℃} NaC\equiv CNa + H_2$$

此反应在液氨中更容易进行，乙炔及 $RC\equiv CH$ 型炔烃在液态氨中与氨基钠作用，生成炔化钠。

$$R-C\equiv CH + NaNH_2 \xrightarrow{液氨} R-C\equiv CNa + NH_3$$

炔化钠和伯卤代烷作用，可在炔烃分子中引入烷基，制得高级炔烃。例如：

$$C_2H_5-C\equiv CNa + BrC_2H_5 \xrightarrow{液氨} C_2H_5-C\equiv C-C_2H_5 + NaBr$$

> **练一练**：以乙炔和其他无机试剂为原料，制备 $CH_3CH_2CH_2CH_2Br$。

（2）端位炔烃的检验

将乙炔通入硝酸银或氯化亚铜的氨溶液，则分别生成白色的炔化银沉淀和红色的炔化亚铜沉淀，反应迅速，现象明显。

　　【演示实验 10-4】 将实验室制得的乙炔气体，通入配制好的硝酸银溶液和氯化亚铜氨溶液中，观察现象。可以分别观察到有白色的乙炔银和砖红色的乙炔亚铜沉淀生成。

炔氢原子反应

$$HC \equiv CH + 2[Ag(NH_3)_2]NO_3 \longrightarrow AgC \equiv CAg\downarrow + 2NH_4NO_3 + 2NH_3$$

$$HC \equiv CH + 2[Cu(NH_3)_2]Cl \longrightarrow CuC \equiv CCu\downarrow + 2NH_4Cl + 2NH_3$$

　　$RC \equiv CR$ 型的炔烃由于没有炔氢（活泼氢）而不能进行上述反应。因此利用上述反应可鉴定乙炔和 $RC \equiv CH$ 型的炔烃。金属炔化物潮湿时比较稳定，干燥时遇热或受到撞击易发生爆炸。为避免危险，实验完毕，必须将反应生成的金属炔化物用盐酸或硝酸处理。

$$AgC \equiv CAg + 2HCl \longrightarrow HC \equiv CH + 2AgCl$$

　　利用金属炔化物遇酸易分解而形成原来炔烃的这一性质，可以将乙炔及 $R-C \equiv CH$ 型的炔烃从其他混合物中提纯或分离出来。

10.3.5　炔烃的制备

　　乙炔是最重要的炔烃。乙炔是重要有机合成原料，主要用于制备塑料如聚氯乙烯，合成纤维如聚丙烯腈、聚乙烯醇，合成橡胶如氯丁橡胶，另外还可制备溶剂、农药、杀虫剂、增塑剂、涂料等。乙炔在纯氧中燃烧时生成的氧炔焰能达到 3000℃ 以上的高温，工业上广泛用来切割和焊接金属。因此，下面讨论乙炔的工业制法。

　　(1) 乙炔的生产

　　① 碳化钙法（电石法）　碳化钙俗称电石，将生石灰（氧化钙）和焦炭放在高温电炉中熔融，就得到碳化钙。碳化钙遇水，立即放出乙炔：

$$CaO + 3C \xrightarrow{\quad 2200\sim2500℃ \quad} CaC_2 + CO$$

$$CaC_2 + 2H_2O \longrightarrow HC \equiv CH + Ca(OH)_2$$

此法可直接得到 99% 的乙炔，但耗电量大，成本较高。

　　② 甲烷部分氧化裂解法　天然气的主要成分是甲烷，将天然气的一部分用富氧空气燃烧，利用其产生的高温将剩余的甲烷裂解，则得到乙炔。

$$2CH_4 \xrightarrow{\quad 1300℃ \quad} HC \equiv CH + 3H_2$$

此法的优点是原料廉价，天然气丰富的国家采用此法生产乙炔经济实惠。

　　查一查：乙炔的危害与防护知识。

　　(2) 其他炔烃的制备

　　① 二卤代烷脱卤化氢　二卤代烷脱卤化氢，生成含碳碳三键的炔烃。两个卤原子可以在同一个碳原子上，也可以在相邻的两个碳原子上，它脱去两分子卤化氢生成炔烃：

$$\begin{array}{c} \overset{\displaystyle H\ \ H}{\underset{\displaystyle X\ \ X}{-C-C-}} \end{array} \xrightarrow[\triangle]{强碱} -C \equiv C- \ + 2HX$$

$$\begin{array}{c} \overset{\displaystyle H\ \ X}{\underset{\displaystyle H\ \ X}{-C-C-}} \end{array} \xrightarrow[\triangle]{强碱} -C \equiv C- \ + 2HX$$

$$(CH_3)_3C-\overset{\displaystyle H\ \ H}{\underset{\displaystyle X\ \ X}{C-C}}-H \xrightarrow[\triangle]{强碱} (CH_3)_3C-C \equiv CH + 2HX$$

② 炔烃烷基化 炔钠和伯卤代烷反应，在乙炔和端位炔烃分子中引入烷基，得到高级炔烃。例如：

$$R-C\equiv CH + NaNH_2 \xrightarrow{\text{液氨}} R-C\equiv CNa \xrightarrow[\text{液氨}]{R'Br} R-C\equiv C-R'$$

这个反应在有机合成中也用于增长碳链。

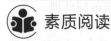 学习指导

素质阅读

塑料制品及性能

塑料制品是以塑料为主要原料加工而成的生活用品、工业用品的统称，它采用具有可塑性的合成高分子材料制成。塑料与合成橡胶、合成纤维组成了日常生活不可缺少的三大合成材料。许多塑料制品可直接应用于日常生活，但大部分塑料制品还是用作各行各业的材料。

1. 分类

塑料制品尚无统一的科学分类准则。按塑料品种划分为聚烯烃制品、聚氯乙烯制品等；按加工方法分为注塑制品、挤塑制品、压延制品及涂布制品等。

但习惯上多按其应用领域来划分，分为包装用品、建筑用品、农业用品、工业用品、医疗文体用品和日用品。

2. 性能特点

（1）质量轻 塑料是较轻的材料，相对密度分布在 0.90～2.2 之间。特别是发泡塑料，因内有微孔，质地更轻，相对密度仅为 0.01。这种特性使得塑料可用于要求减轻自重的产品生产中。

（2）优良的化学稳定性 绝大多数的塑料对酸、碱等化学物质都具有良好的抗腐蚀能力。特别是俗称为塑料王的聚四氟乙烯（F4），它的化学稳定性甚至胜过黄金，放在"王水"中煮十几个小时也不会变质。F4 可以作为输送腐蚀性和黏性液体管道的材料。

（3）优异的电绝缘性 普通塑料都是电的不良导体。因此，塑料在电子工业和机械工业上有着广泛的应用，如塑料绝缘控制电缆。

（4）具隔热消声、减震作用 一般来讲，塑料的导热性是比较低的，泡沫塑料的微孔中含有气体，其隔热、隔音、防震性更好。将塑料窗体与中空玻璃结合起来后，在住宅、写字楼、病房、宾馆中使用，冬天节省暖气，夏季节约空调开支，好处十分明显。

（5）机械强度分布广和较高的比强度 有的塑料坚硬如石头、钢材，有的塑料柔软如纸张、皮革；从塑料的硬度、抗张强度、延伸率和抗冲击强度等力学性能看，分布范围广，有很大的使用选择余地。因塑料的密度小、强度大，因而具有较高的比强度。

3. 底部数字含义

每个塑料容器都有一个小身份证——三角形的符号，一般就在塑料容器的底部。三角形里边有 1～7 数字，每个编号代表一种塑料容器，它们的制作材料不同，使用禁忌上也存在不同。这套标识由美国塑料行业相关机构制定，是塑料制品回收标识，让民众无需费心去学习各类塑料材质的异同，就可以简单地加入回收工作的行列。

第1号　PET（聚乙烯对苯二甲酸酯），这种材料制作的容器，就是常见的矿泉水瓶、碳酸饮料瓶等。耐热至70℃易变形，有对人体有害的物质溶出。1号塑料品用了10个月后，可能释放出致癌物DEHP。不能放在汽车内晒太阳，不要装酒、油等物质。

第2号　HDPE（高密度聚乙烯），常见白色药瓶、清洁用品、沐浴产品的容器多以HDPE制造。容器多半不透明，手感似蜡。不可用来作为水杯，或者用来作储物容器装其他物品。清洁不彻底，不要循环使用。

第3号　PVC（聚氯乙烯），多用以制造水管、雨衣、书包、建材、塑料膜、塑料盒等器物。可塑性优良，价钱便宜，故使用很普遍，只能耐热81℃。高温时容易产生不好的物质，很少被用于食品包装。难清洗易残留，不要循环使用。若装饮品不要购买。

第4号　LDPE（低密度聚乙烯），随处可见的塑料袋、常见保鲜膜、塑料膜等多以LDPE制造。高温时有有害物质产生，有毒物随食物进入人体后，可能引起乳腺癌、新生儿先天缺陷等疾病。保鲜膜别放进微波炉。

第5号　PP（聚丙烯），多用以制造水桶、垃圾桶、箩筐、篮子和微波炉用食物容器等。常见制品有豆浆瓶、优酪乳瓶、果汁饮料瓶、微波炉餐盒。熔点高达167℃，是唯一可以放进微波炉的塑料盒，可在小心清洁后重复使用。需要注意，有些微波炉餐盒，盒体以5号PP制造，但盒盖却以1号PE制造，由于PE不能耐高温，故不能与盒体一并放进微波炉。

第6号　PS（聚苯乙烯），由于吸水性低，多用于制造建材、玩具、文具、滚轮，还有速食店盛饮料的杯盒或一次性餐具。常见制品有碗装泡面盒、快餐盒。不能放进微波炉中，以免因温度过高而释出化学物。装酸（如柳橙汁）、碱性物质后，会分解出致癌物质。避免用快餐盒打包滚烫的食物。别用微波炉煮碗装方便面。

第7号　其他，常见水壶、太空杯、奶瓶。百货公司常用这样材质的水杯当赠品。很容易释放出有毒的物质双酚A，对人体有害。使用时不要加热，不要在阳光下直晒。

4. 发展趋势

塑料制品的发展方向可概括为两方面。一是提高性能，即以各种方法对现有品种进行改性，使其综合性能得到提高；二是发展功能，即发展具有光、电、磁等物理功能的高分子材料，使塑料能够具有光电效应、热电效应、压电效应等。

在世界塑料工业中，用量最大的当数包装塑料，国际塑料包装材料发展展望：

（1）高阻隔、多功能性塑料包装材料成为许多国家热点开发的包装材料。这类材料包括高阻渗性、多功能保鲜性、选择透气性、耐热性、无菌（抗菌）性以及防锈、除臭、形状记忆、可再封、易开封性等塑料包装材料，其中以高阻碍渗性多功能保鲜、无菌包装材料的发展最为迅速，将成为21世纪初发展的重点。

（2）节能、环保、易回收利用成为技术开发的出发点。21世纪是环保世纪，塑料包装材料将迎来新的机遇，也将经受严峻的挑战，为适应新时代的要求，塑料包装材料除要求能满足市场包装质量和效益等日益提高的要求外，还需进一步节省能源和注意回收利用。

（3）开发防静电、导电的软塑包装材料，具有广阔的发展前景。塑料共混物、塑料合金、无机材料填充增强的复合材料（ABC）将成为明日塑料之星。

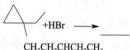

思考与练习

一、选择题

1. 下列反应的产物 X 为（　　　）。

（结构式）$\xrightarrow{Br_2}$ X

A. （结构式）　　B. （结构式）　　C. （结构式）　　D. （结构式）

2. 下列反应的产物为（　　　）。

（结构式）+HBr $\longrightarrow$

A. $CH_3CH_2CHCH_2CH_3$（Br）

B. $CH_2CH_2CHCH_2CH_3$（Br Br Br）

C. $CH_3CH_2CCH_2CH_3$（Br CH_3）

D. $CH_2CH_2CHCH_2CH_3$（Br CH_3）

3. 常温条件下，不能使溴水褪色的化合物是（　　　）。

A. 乙烯　　　　B. 乙炔　　　　C. 环丙烷　　　　D. 环己烷

4. 不能使 $KMnO_4$ 溶液褪色的化合物是（　　　）。

A. 甲苯　　　　B. 乙烯　　　　C. 环丙烷　　　　D. 乙炔

5. 下列化合物能使溴水褪色，但不能使酸性高锰酸钾溶液褪色的是（　　　）。

A. （五元环）　　B. （六元环）　　C. $CH\equiv CCH_2CH_3$　　D. （环丙基）CH_3

6. 下列化合物中具有顺反异构的是（　　　）。

A. $FCH=CH_2$

B. $CH_3(Br)C=C(CH_3)_2$

C. $CH_3CH=C(CH_3)_2$

D. $CH_3CH_2CH=CHCH_3$

7. 下列卤代烯烃具有顺反异构现象的是（　　　）。

A. $CH_2CH_2CH=CH_2$（Cl）　　B. $CH_3CHCH=CH_2$（Cl）　　C. （H_3C）（H_3C）$C=CHCl$　　D. $CH_3CH_2CH=CH$（Cl）

8. 下列反应中，产物违反马氏规则的是（　　　）。

A. $CH_3CH=CH_2+HI\xrightarrow{过氧化物}$

B. $(CH_3)_2C=CH_2+HBr\longrightarrow$

C. $CH_3C\equiv CH+HBr\xrightarrow{过氧化物}$

D. $CH_3C\equiv CH+HCl\xrightarrow{过氧化物}$

9. 能溶于浓硫酸的化合物是（　　　）。

A. $CH_3CH_2CH_2CH_3$

B. $CH_3CH_2CH=CH_2$

C. $CH_2CH_2CH_2CH_3$（Br）

D. （六元环）

10. 能将化合物 2-甲基-2-戊烯氧化为丙醛和丙酮的条件为（　　　）。

A. $KMnO_4$/酸

B. $K_2Cr_2O_7$/酸

C. MnO_2/水

D. ①O_3/②Zn，NaOH，水

11. 某化合物能使溴的四氯化碳溶液褪色，不能与硝酸银的氨溶液反应，氧化该化合物得到草酸、丙酸、二氧化碳和水，该化合物为（　　　）。

A. $CH_3CH=CHCH_2CH=CH_2$

B. $CH_3CH_2CH=CHCH=CH_2$

C. $CH_2=CHCH_2CH_2CH_2CH_3$

D. $CH_3CH=CHCH_2CH_2CH_3$

12. 下列化合物中合成异戊橡胶的单体是 （　　　）。

A. $CH_2=C-CH=CH_2$ 　 $\overset{|}{CH_2}$

B. $CH_3-\overset{\overset{\displaystyle}{|}}{\underset{CH_3}{C}}=C=CH_2$

C. $CH_2=CH-CH_2-CH=CH_2$

D. $CH_3CHCH=CH_2$ 　 $\overset{|}{CH_3}$

13. 下列化合物中能与顺丁烯二酸酐发生双烯合成反应生成结晶的是 （　　　）。

A. $CH_2=C-CH=CH_2$ 　 $\overset{|}{CH_3}$

B. $CH_3-\overset{\overset{\displaystyle}{|}}{\underset{CH_3}{C}}=C=CH_2$

C. $CH_2=CH-CH_2-CH=CH_2$

D. $CH_3CHCH=CH_2$ 　 $\overset{|}{CH_3}$

14. 能与异戊二烯发生 Diels-Alder 反应的化合物为 （　　　）。

A. 甲烷 　　　　　 B. 乙烷 　　　　　 C. 丙烷 　　　　　 D. 丙烯

15. 下列化合物不能发生双烯合成反应的是 （　　　）。

A. ⬡　　　　B. 环己烷（=CH₂ =CH₂）　　　　C. 甲苯（CH₃）　　　　D. 带两个CH₃的二烯

16. 将乙炔通入 （　　　） 溶液中可以产生白色沉淀。

A. Br_2/CCl_4 　　　 B. 氨水 　　　 C. 硝酸银氨 　　　 D. 氯化亚铜的氨

17. 除去 2-戊炔中的微量 1-戊炔可以选用的试剂是 （　　　）。

A. 氯化亚铜氨溶液 　　　　　　 B. 高锰酸钾酸性水溶液

C. 溴的四氯化碳溶液 　　　　　 D. 醋酸水溶液

18. 下列化合物加入 $Ag(NH_3)_2NO_3$ 溶液，有白色沉淀的是 （　　　）。

A. $CH_3C\equiv CCH_3$ 　　　　　 B. $CH_2=CH-CH=CH_2$

C. ⬡ 　　　　　 D. $CH_3-\overset{|}{\underset{CH_3}{CH}}-C\equiv CH$

二、完成下列反应

1. ⬡—CH₃ $+$ HBr $\longrightarrow$ ＿＿＿

2. △—CH=CHCH₃ $\xrightarrow[H^+]{KMnO_4}$ ＿＿＿ $+$ ＿＿＿

3. ▱—CH₂—▷ $+$ H₂ $\xrightarrow[80℃]{Ni}$ ＿＿＿

4. $CH_3CH_2CH_2C=CH_3$ 　 $\overset{|}{CH_3}$ $\xrightarrow{HBr}$ ＿＿＿

5. $CH_3CH_2CH_2C=CH_2$ 　 $\overset{|}{CH_3}$ $\xrightarrow[H_2O_2]{HBr}$ ＿＿＿ $\xrightarrow[Et_2O]{Mg}$ ＿＿＿

6. $CH_3CH_2CH_2C=CH_2$ 　 $\overset{|}{CH_3}$ $\xrightarrow{KMnO_4}$ ＿＿＿ $+$ ＿＿＿

7. $CH_3CH_2CH_2C=CH_2$ 　 $\overset{|}{CH_3}$ $\xrightarrow{Cl_2+H_2O}$ ＿＿＿

8. $CH_3CH_2CH_2C=CH_2$ (CH_3) $\xrightarrow{H_2SO_4}$ _____ $\xrightarrow{H_2O}$ _____

9. ◁ + ⌯^{CN} $\longrightarrow$ _____

10. $CH_3CHC\equiv CH$ (CH_3) $+ H_2$ $\xrightarrow[\text{喹啉}]{\text{Pd-BaSO}_4}$ _____ $\xrightarrow{HBr}$ _____

11. $HC\equiv CCHCH_3$ (CH_3) $\xrightarrow[\text{Lindlar}]{H_2}$ _____ $\xrightarrow[\text{过氧化物}]{HBr}$ _____

12. $CH_3CH_2C\equiv CH$ $\xrightarrow{Na}$ _____ $\xrightarrow{C_2H_5Br}$ _____ $\xrightarrow[\text{Pd-BaSO}_4]{H_2}$ _____

13. $CH_3CHC\equiv CH$ (CH_3) $+ H_2O$ $\xrightarrow[\text{稀H}_2\text{SO}_4]{\text{HgSO}_4}$ _____ $\xrightarrow{\text{分子重排}}$ _____

三、用简便的化学方法区分下列各组化合物

1. 丙烷、环丙烷、丙烯、丙炔
2. 1-己炔、2-己炔、2-甲基戊烷
3. 正庚烷、1,4-庚二烯、1-庚炔

四、由指定原料，合成下列化合物

1. $CH_3-CH=CH_2 \longrightarrow CH_2-CH-CH_2$ (Cl Cl Cl)

2. $CH\equiv CH \longrightarrow CH_3CH_2\overset{O}{\overset{\|}{C}}-CH_3$

五、推断题

1. 有 A、B 两种烯烃，经催化加氢都得到相同烷烃 C。A 经酸性高锰酸钾氧化得到 CH_3COOH 和 $(CH_3)_2CHCOOH$；B 在同样条件下得到 $(CH_3)_2CO$ 和 CH_3CH_2COOH。试写出 A、B、C 的结构式。

2. 有 A、B 两个化合物，其分子式都是 C_6H_{12}，A 经臭氧氧化并与 Zn 粉和水反应后得乙醛和甲乙酮，B 经 $KMnO_4$ 氧化只得丙酸，推测 A 和 B 的结构式。

3. 化合物 A 的分子式为 C_4H_8，它能使溴水褪色，但不能使酸性高锰酸钾溶液褪色。A 与 HBr 反应生成 B，B 也可以从 A 的同分异构体 C 与 HBr 反应得到。C 能使溴的四氯化碳溶液褪色，也能使酸性高锰酸钾溶液褪色。推测 A、B、C 的结构式，并写出各步反应式。

4. 化合物 A 的分子式为 C_5H_8，与金属钠作用后再与 1-溴丙烷作用，生成分子式为 C_8H_{14} 的化合物 B。用 $KMnO_4$ 氧化 B 得到两种分子式均为 $C_4H_8O_2$ 的酸（C、D），C、D 互为同分异构体。A 在 $HgSO_4$ 的存在下与稀 H_2SO_4 作用时可得到酮 E。试写出化合物 A、B、C、D、E 的结构式。

六、名词解释

1. 取代反应
2. 角张力
3. 马氏规则
4. 过氧化物效应
5. α-碳原子和 α-氢原子

6. Diels-Alder 反应

7. 亲电试剂和亲电加成反应

8. Lindlar 催化剂

七、简答题

1. 推测下列烷烃沸点的高低顺序，并说明原因。

（1）异庚烷　　　（2）正戊烷　　　（3）异辛烷　　　（4）2,3-二甲基戊烷

（5）正庚烷　　　（6）壬烷

2. 试将下列烃基自由基按稳定性大小排列成序，并说明原因。

（1） 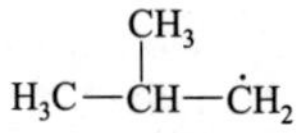
$$H_3C-CH-\overset{\displaystyle CH_3}{\overset{|}{}}\dot{C}H_2$$

（2）$CH_3CH_2\dot{C}HCH_3$

（3）
$$H_3C-\underset{\displaystyle CH_3}{\overset{|}{\dot{C}}}-CH_3$$

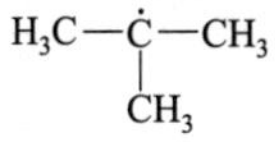

（4）$\dot{C}H_3$

3. 2020 年 9 月 22 日，国家主席习近平在第七十五届联合国大会上宣布，中国力争 2030 年前二氧化碳排放达到峰值，努力争取 2060 年前实现碳中和。面对这一目标，作为未来的化工人我们应该怎么做？请展开说说。

4. 什么是白色污染？面对白色污染，我们能做什么呢？

第 11 章
芳烃

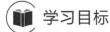 学习目标

知识目标

1. 掌握芳香烃亲电取代反应及其定位规律；
2. 了解芳香烃亲电取代反应历程和取代反应在有机合成上的应用。

能力目标

1. 会利用芳烃的性质和定位规律合成芳香族化合物；
2. 能正确、安全地应用和鉴别芳香烃化合物。

素质目标

1. 培养安全和职业健康意识及严谨规范的职业素养；
2. 培养正确看待和处理问题的能力，树立正确的学科价值观。

含有苯环的烃叫芳香烃，简称芳烃。最初发现的芳香族化合物是从天然树脂和香精油中获得的具有香味的物质，后来发现许多具有苯环的化合物，非但不香，有的甚至具有臭味，因此"芳香族化合物"这个名词虽然沿用至今，但已失去了原来的含义。许多实验证明，芳香族化合物大多具有苯环结构，并具有独特的化学性质：容易发生取代反应，难以发生加成反应和氧化反应，这种特殊的化学性质称为"芳香性"。通常把苯及其衍生物总称为芳香族化合物。芳烃则是指分子中含有苯环结构的碳氢化合物。

芳烃根据分子中含苯环的数目和连接方式分为三类：单环芳烃、多环芳烃、稠环芳烃。苯及其衍生物在化学合成、医药、塑料和橡胶工业、染料和油漆制造业等领域有着广泛的应用，但同时也需要注意其可能带来的健康风险。许多芳香烃都是环境中的有害物，尤其是多环芳烃具有致突变性、致癌性，已引起全世界的重视。

本章主要讨论单环芳烃的性质。

11.1 物性概述

单环芳烃一般为无色液体，具有特殊气味，有毒（尤其是苯的毒性较大）。不溶于水，易溶于有机溶剂。环丁砜、二甘醇、N,N-二甲基甲酰胺等溶剂对芳烃有高度的选择性溶解能力，常用来萃取芳烃。

单环芳烃的密度一般在 $0.86 \sim 0.9 \mathrm{g/cm^3}$ 之间。苯环上取代基位置不同的同分异构体沸点相差不大。例如邻二甲苯、间二甲苯、对二甲苯的沸点分别为 $144.4 ℃$、$139.1 ℃$、$138.2 ℃$，用高效分馏塔只能把邻二甲苯分出。而熔点的高低与分子的对称性有关，对称性

高的异构体具有较高的熔点。例如，对二甲苯的熔点为 13.3℃，间二甲苯的熔点 −47.9℃，因此可以用冷冻结晶的方法把对二甲苯分离出来。常见单环芳烃的物理常数见表 11-1。

表 11-1 单环芳烃的物理性质

名称	熔点/℃	沸点/℃	相对密度(d_4^{20})
苯	5.5	80.1	0.8786
甲苯	−95.0	110.6	0.8669
乙苯	−95.0	136.2	0.8670
丙苯	−99.5	159.2	0.8620
异丙苯	−96.0	152.4	0.8618
丁苯	−88.0	183.0	0.8601
仲丁苯	−75.0	173.0	0.8621
叔丁苯	−57.8	169.0	0.8665
邻二甲苯	−25.5	144.4	0.8802
间二甲苯	−47.9	139.1	0.8642
对二甲苯	13.3	138.2	0.8611

查一查：室内装修会产生苯污染，苯污染主要来自哪里？会产生什么危害？如何避免？

11.2 芳烃的化学反应和应用

苯的结构特征决定了苯及其衍生物易进行取代反应，不易进行加成和氧化反应的特殊性质。

11.2.1 苯环上的取代反应

（1）卤代反应

在催化剂铁粉或三卤化铁的作用下，苯与卤素反应，苯环上的氢原子被卤原子取代，生成卤苯，称为卤代反应。例如：

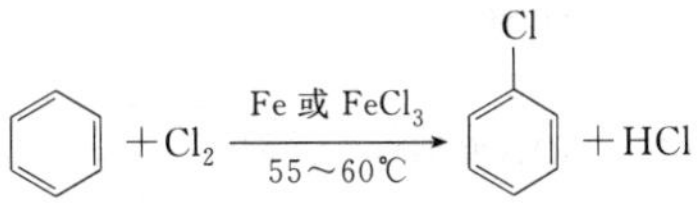

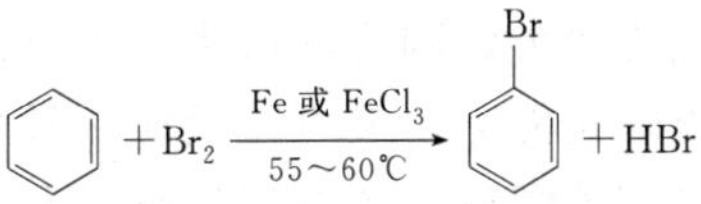

反应温度升高，一卤苯可继续卤代，生成二卤苯，得到的主要是邻位和对位产物。

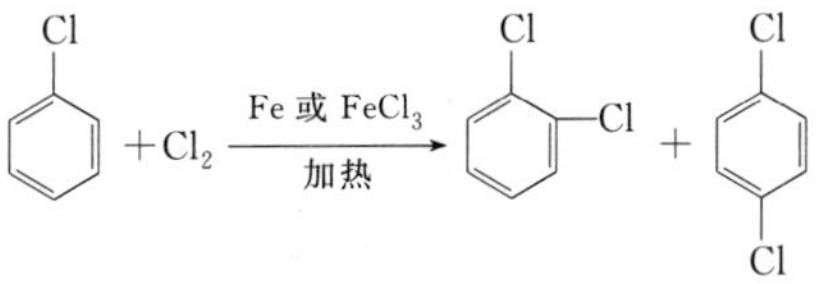

氯苯可作溶剂和有机合成原料，也是某些药物和染料中间体的原料，对二氯苯广泛地用作去臭剂和熏蒸剂。

烷基苯在三卤化铁或铁粉的作用下，比苯更容易发生卤代反应，主要生成邻位和对位产物。

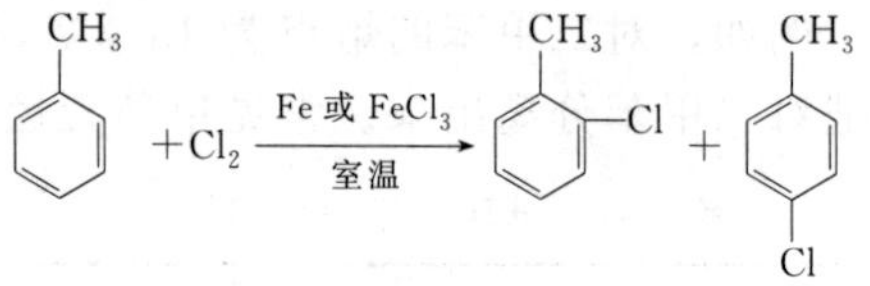

（2）硝化反应

苯与浓硝酸和浓硫酸的混合物（称为混酸）作用，苯环上的氢原子被硝基（—NO_2）取代，生成硝基苯，称为**硝化反应**。

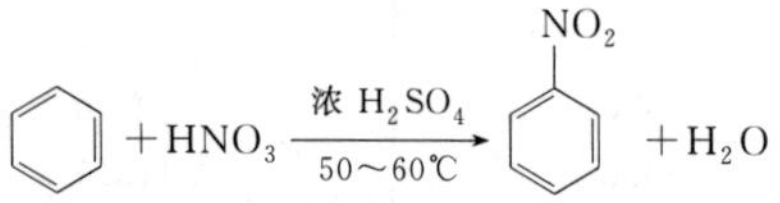

硝基苯继续硝化比较困难，必须在较高的温度下，用发烟硝酸和浓硫酸混合，主要生成间二硝基苯。

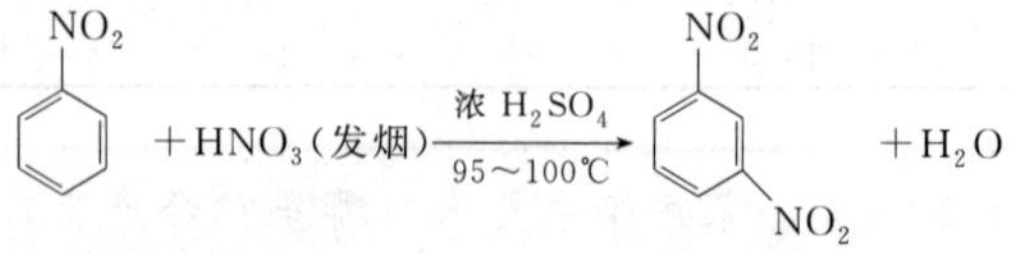

烷基苯的硝化反应比苯容易，主要生成邻位和对位产物。

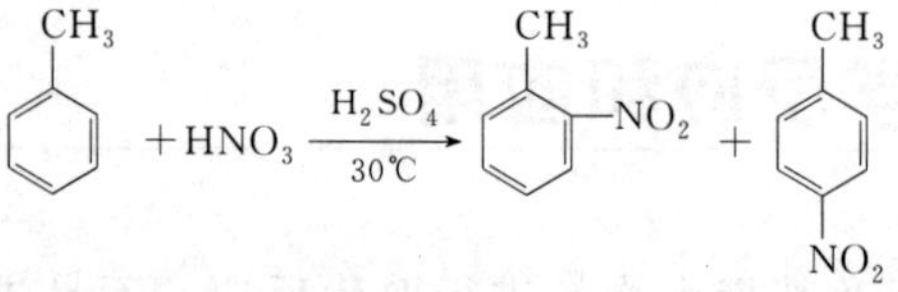

查一查：江苏响水"3·21特别重大爆炸事故"的主要原因，该事故的教训有哪些？

（3）磺化反应

苯与浓硫酸或发烟硫酸作用，苯环上的氢原子被磺酸基（—SO_3H）取代，生成苯磺酸，称为**磺化反应**。磺化反应与卤代、硝化反应不同，它是一个可逆反应。

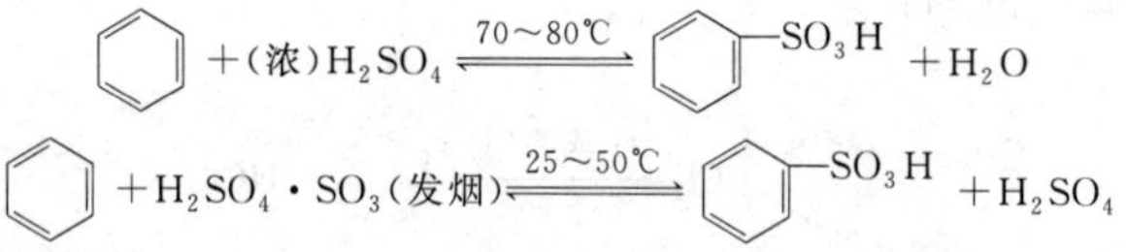

使用发烟硫酸作磺化剂，优势较大，因为既可利用发烟硫酸中的三氧化硫除去反应中生成的水，并同时产生硫酸，增强磺化能力，又可使反应在较低的温度下进行。

常用的磺化剂除浓硫酸、发烟硫酸外，还有三氧化硫和氯磺酸（$ClSO_3H$）等。例如：

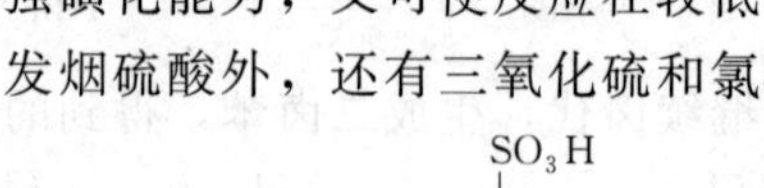

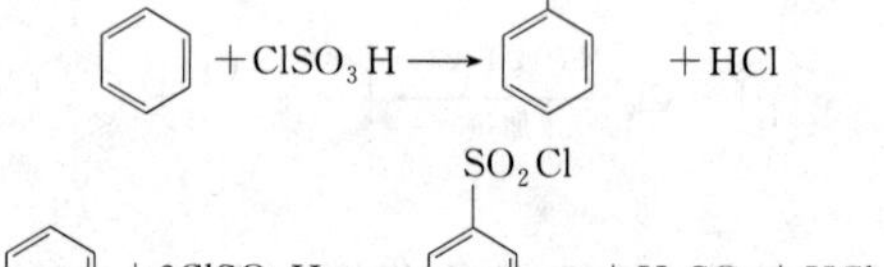

该反应是在苯环上引入一个氯磺酸基（—SO_2Cl），因此叫作**氯磺化反应**。氯磺酰基非常活泼，通过它可以制取芳磺酰胺 $ArSO_2NH_2$、芳磺酸酯 $ArSO_2OR$ 等一系列的磺酰衍生物，在制备染料、农药和医药上具有广泛的用途。

苯磺酸在更高的温度下继续磺化，可生成间苯二磺酸。

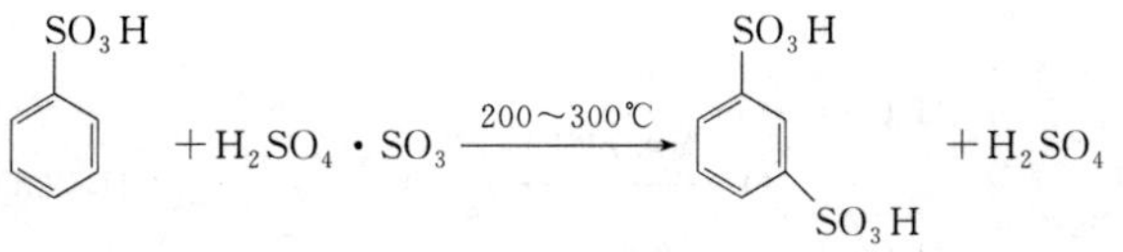

$$\text{（苯）} + H_2SO_4 \cdot SO_3 \xrightarrow{200\sim300℃} \text{（间二苯磺酸）} + H_2SO_4$$

烷基苯比苯较易磺化,主要生成邻位和对位产物。一般低温有利于邻位产物的生成,高温有利于对位产物的生成。邻位和对位产物的比例随温度不同而不同。

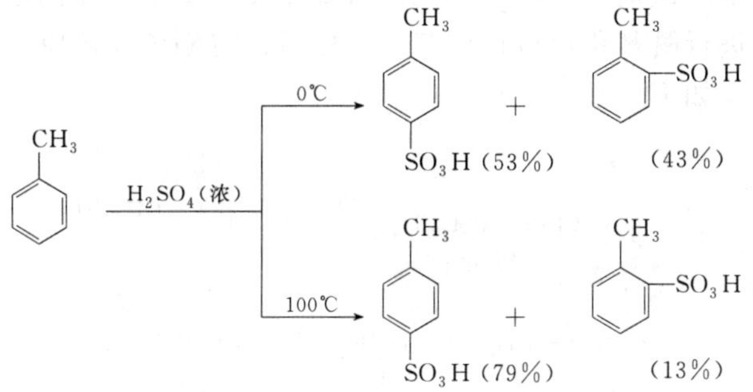

$$\text{（甲苯）} \xrightarrow{H_2SO_4(浓)} \begin{cases} 0℃ : \text{（对）} SO_3H (53\%) + \text{（邻）} SO_3H (43\%) \\ 100℃ : \text{（对）} SO_3H (79\%) + \text{（邻）} SO_3H (13\%) \end{cases}$$

磺化反应的逆反应叫水解。如果将苯磺酸和稀硫酸或盐酸在压力下加热,苯磺酸水解又生成苯。

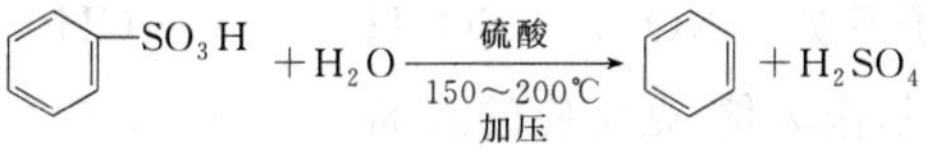

$$\text{（苯磺酸）} SO_3H + H_2O \xrightarrow[\substack{加压}]{\substack{硫酸 \\ 150\sim200℃}} \text{（苯）} + H_2SO_4$$

在有机合成上,由于磺酸基容易除去,所以可利用磺酸基暂时占据环上的某些位置,使这个位置不再被其他基团取代,或利用磺酸基的存在,影响其水溶性等,待其他反应完毕后,再经水解而将磺酸基脱去。该性质被广泛地用于有机合成及有机化合物的分离和提纯。

（4）傅列德尔-克拉夫茨反应

芳烃在 Lewis 酸(无水氯化铝、三氯化铁、氯化锌、三氟化硼和硫酸等)存在下的酰化和烃化反应称为傅列德尔-克拉夫茨(Friedel-Crafts)反应,简称**傅-克反应**。它的应用范围很广,是有机合成中最有用的反应之一。

① 烷基化反应　芳烃在无水氯化铝催化下与卤代烷作用,苯环上的氢原子被烷基取代生成烷基苯,称为**烷基化反应**。例如:

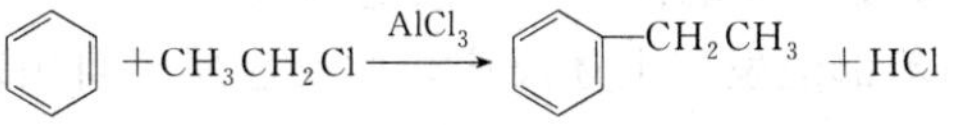

$$\text{（苯）} + CH_3CH_2Cl \xrightarrow{AlCl_3} \text{（乙苯）} CH_2CH_3 + HCl$$

凡在反应中能提供烷基的试剂,称为**烷基化试剂**,卤代烷、烯烃和醇都是烷基化试剂。当烷基化试剂含有三个或三个以上碳原子时,烷基往往发生异构化。例如:

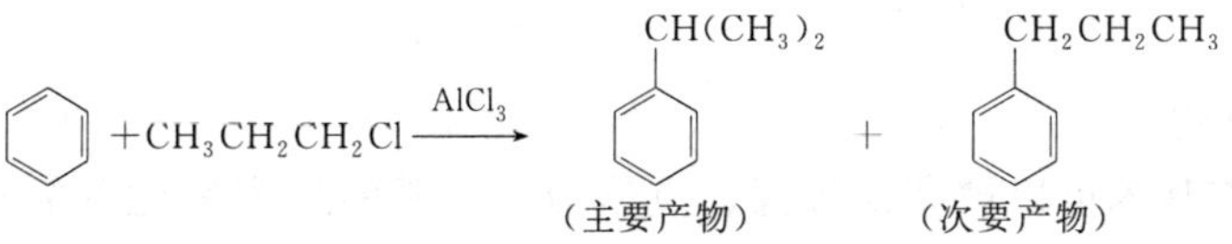

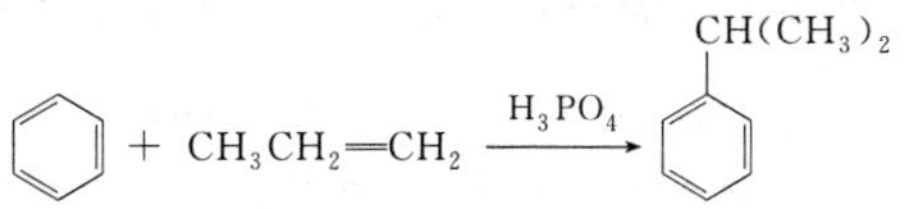

$$\text{（苯）} + CH_3CH_2CH_2Cl \xrightarrow{AlCl_3} \text{（异丙苯）} CH(CH_3)_2 \text{（主要产物）} + \text{（正丙苯）} CH_2CH_2CH_3 \text{（次要产物）}$$

$$\text{（苯）} + CH_3CH=CH_2 \xrightarrow{H_3PO_4} \text{（异丙苯）} CH(CH_3)_2$$

② 酰基化反应　在无水氯化铝作用下,苯与酰卤或酸酐作用,苯环上的氢原子被酰基取代生成芳基酮,称为**酰基化反应**。这是合成芳基酮的重要方法。例如:

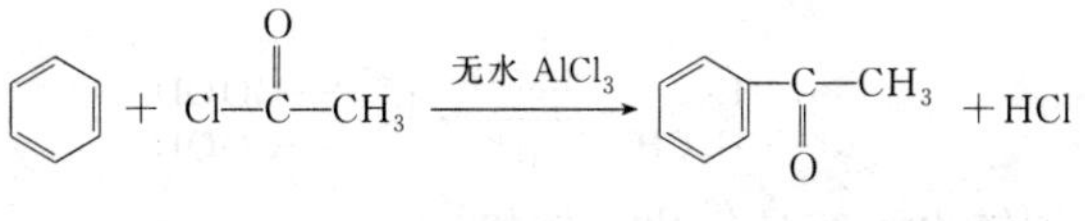

$$\text{（苯）} + Cl-\overset{O}{\underset{\|}{C}}-CH_3 \xrightarrow{无水\ AlCl_3} \text{（苯乙酮）} \overset{}{\underset{O}{C}}-CH_3 + HCl$$

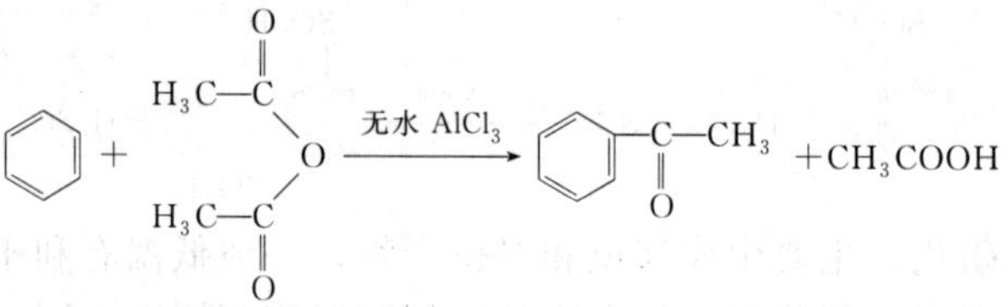

反应中能提供酰基的试剂称酰基化试剂。酰基化反应不发生异构化，因此要制备长直链烷基苯，可以通过先进行酰基化反应得到芳酮，然后再将酮羰基还原为亚甲基。例如，由苯合成正丙苯，反应步骤如下：

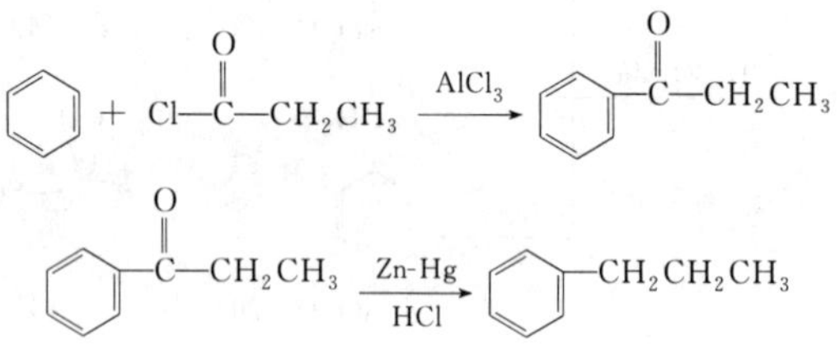

当苯环上连有强吸电子基如 —NO_2、—SO_3H、 —$\overset{O}{\overset{\|}{C}}$—$CH_3$ 、—CN 等基团时，不发生傅-克反应。所以常用硝基苯作为傅-克反应的溶剂。

11.2.2　苯环侧链上的反应

（1）侧链的卤代

在高温和光照下，烷基苯和卤素作用，发生侧链上的 α-H 取代。甲苯在光照下与氯反应，生成苄氯，苄氯可以继续氯化，生成苯基二氯甲烷和苯基三氯甲烷。

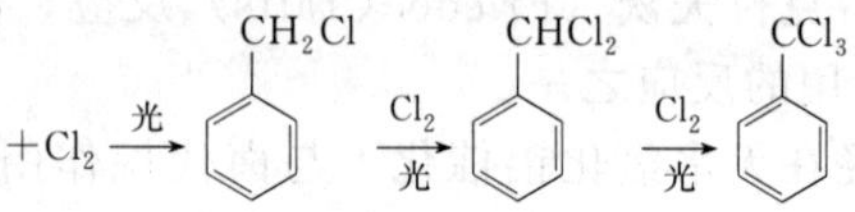

控制氯气的用量可以使反应停留在生成苄氯的阶段。

其他具有 α-H 的烷基苯都能发生上述反应，此反应属于自由基取代反应。例如：

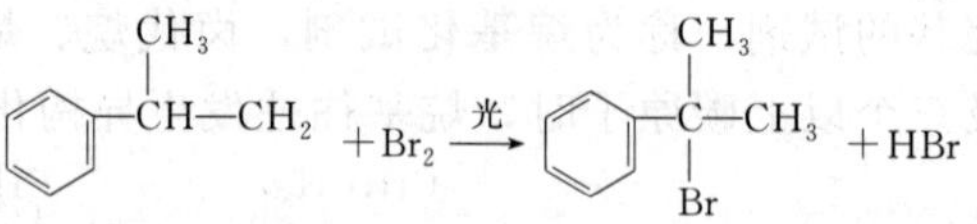

（2）侧链的氧化

具有 α-H 的烷基苯可以被高锰酸钾、重铬酸钠、硝酸等强氧化剂氧化，也可以被空气中的氧催化氧化，并且不论烃基碳链的长短，都被氧化成甲酸基团。例如：

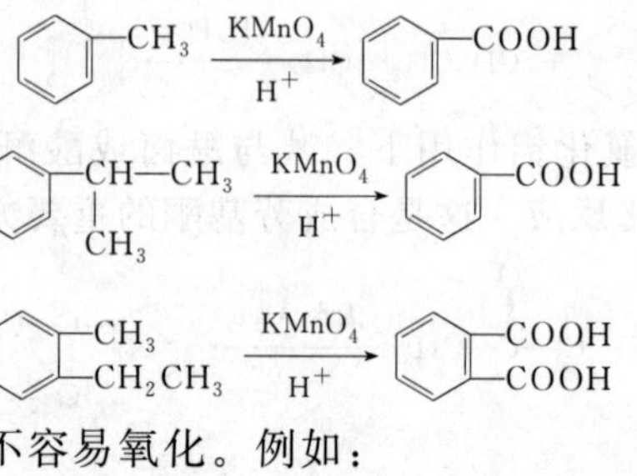

若侧链上无 α-H，侧链也不容易氧化。例如：

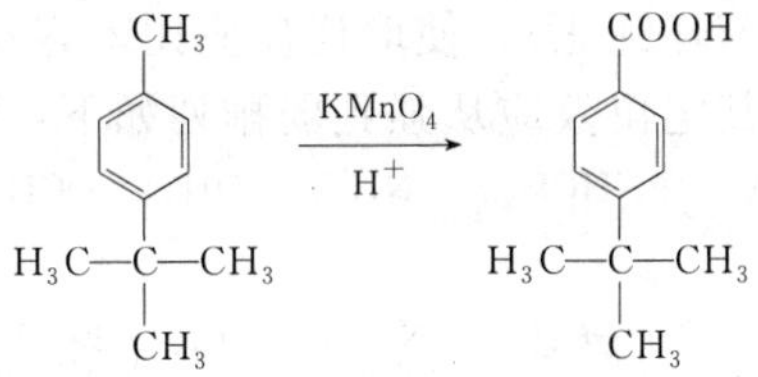

通过烷基苯的侧链氧化反应可制备芳酸，也可鉴别烷基苯。

> **查一查**：有的食品标签上会有"苯甲酸钠"四个字，它的作用是什么？怎么制备？对人体有害吗？

11.2.3 苯环上亲电取代反应的历程

苯环上的卤化、硝化、磺化、傅-克反应都属于亲电取代反应，即由带正电荷的离子或基团 E^+（如—X^+、R^+ 等）首先进攻苯环而引起的取代反应。反应历程如下：

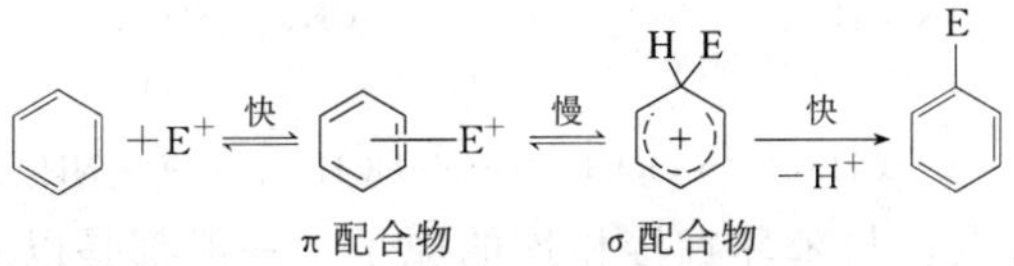

例如，苯与氯气在三氯化铁的催化下生成氯苯的反应，三氯化铁的作用是促进卤素分子极化、离解，生成 Cl^+ 亲电试剂，然后 Cl^+ 进攻苯环，形成 σ 配合物，最后 σ 配合物很快消除一个质子生成氯苯。

$$Cl_2 + FeCl_3 \longrightarrow Cl^+ + FeCl_4^-$$

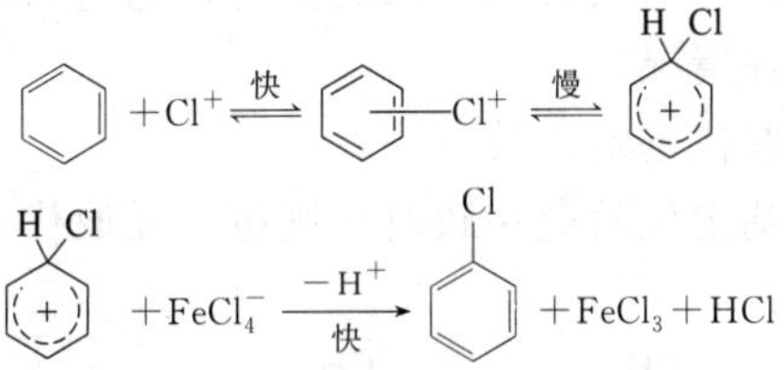

苯环的硝化、磺化、傅-克反应历程都与氯代反应类似。

> **想一想**：下列反应的反应历程。
>

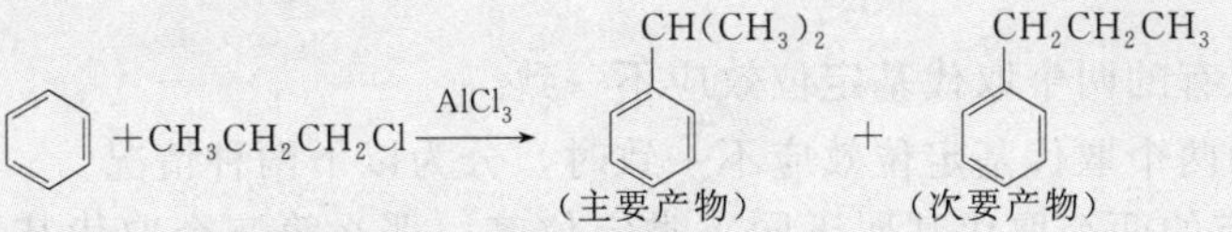

11.3 芳烃的定位规律和应用

11.3.1 两类定位基

苯环上已有一个取代基，再引进第二个取代基时，第二个取代基进入苯环的位置及取代反应的难易受苯环上原有取代基的影响。我们把苯环上原有的取代基称为定位基。根据大量的事实，可把苯环上的定位基分为两类。

（1）邻、对位定位基

这类定位基能使新引进的基团主要进入邻位和对位（邻位体＋对位体＞60%），同时使苯环活化（卤素除外，卤素使苯环钝化），使取代反应比苯容易进行。

常见的邻、对位定位基按其定位效应从强到弱排列如下：

$$-O^-、-N(CH_3)_2、-NHCH_3、-NH_2、-OH、-OCH_3、-NHCOCH_3、$$

$$-R、 -O-\overset{O}{\overset{\|}{C}}R 、-CH=CH_2、-X(-F、-Cl、-Br、-I)、-CH_2COOH$$

上述邻、对位定位基在结构上的特点是：与苯环直接相连的原子一般都是以单键与其他原子相连（但也有例外的，如—CH=CH$_2$），这些基团多数具有未共用电子对或带负电荷，大多数具有供电子的性能，是供电子基。

（2）间位定位基

这类定位基能使新引入的基团主要进入它的间位（间位体＞40％），同时使苯环钝化，使亲电取代反应比苯难进行。

常见的间位定位基按定位效应从强到弱排列如下：

$$-\overset{+}{N}H_3、-\overset{+}{N}(CH_3)_3、-NO_2、-CCl_3、-CN、-SO_3H、 -\overset{O}{\overset{\|}{C}}-H 、$$

$$-\overset{O}{\overset{\|}{C}}-CH_3 、-COOH、 -\overset{O}{\overset{\|}{C}}-OCH_3 、 -\overset{O}{\overset{\|}{C}}-NH_2$$

这类定位基的结构特点：与苯环直接相连的原子，一般都是以双键或三键与其他的原子相连或带正电荷（也有例外如—CCl$_3$等），它们都具有很强的吸电子性能，是吸电子基。

11.3.2 二取代苯的定位规律

苯环上已有两个取代基，当引入第三个取代基时，它进入苯环的位置由苯环上原有的两个取代基来决定，有以下几种情况。

（1）苯环上原有的两个取代基定位效应一致

苯环上原有的两个取代基定位效应一致时，则按一元取代苯的定位规律来决定第三个取代基进入苯环的位置。例如：

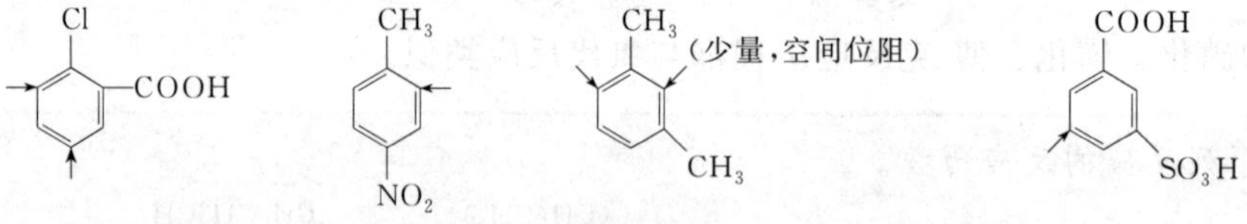

（2）苯环上原有的两个取代基定位效应不一致

苯环上原有的两个取代基定位效应不一致时，分为以下两种情况。

① 苯环上原有的两个取代基属于同一类定位基，那么第三个取代基进入苯环的位置主要由强的定位基来决定。例如：

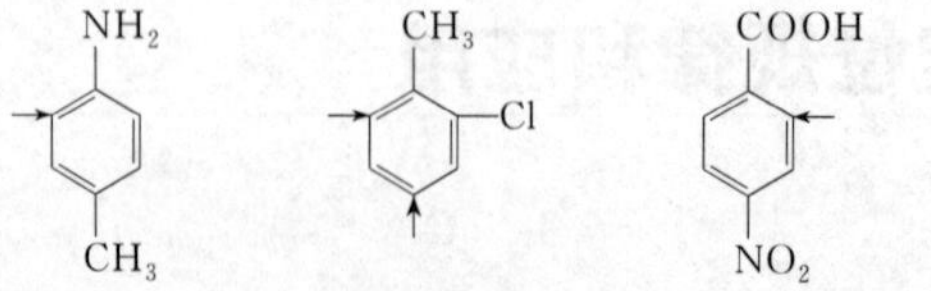

② 苯环上原有的两个取代基不属于同一类定位基，那么第三个取代基进入苯环的位置应由邻、对位定位基来决定。因为邻对位定位基使苯环活化，使亲电取代反应容易进行。例如：

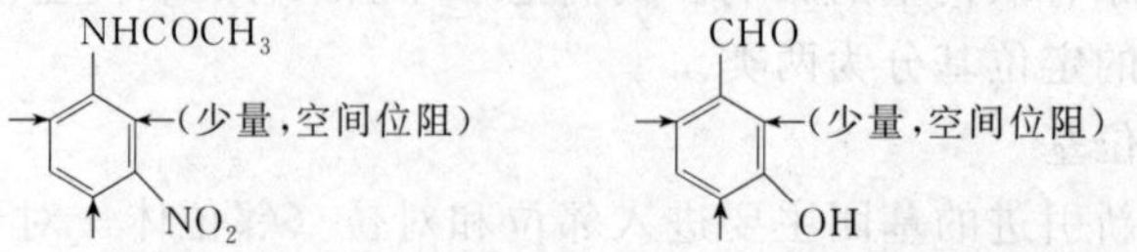

11.3.3 定位规律的应用

苯环上亲电取代反应的定位规律，可用于合成多取代苯，预测反应的主要产物和设计合理的合成路线。

（1）预测反应产物

例如硝基苯的溴代，硝基是间位定位基，因而主要产物是间硝基溴苯：

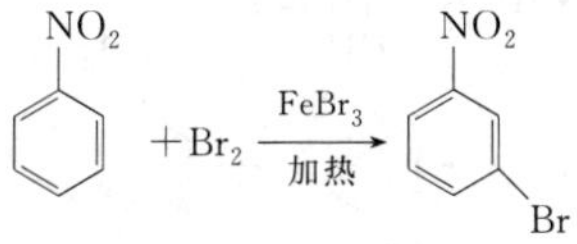

$$\text{NO}_2\text{-苯} + \text{Br}_2 \xrightarrow[\text{加热}]{\text{FeBr}_3} \text{间硝基溴苯}$$

（2）设计合理的合成路线

在有机合成中，当一种化合物有几种不同的合成路线时，应选择反应步骤少、操作简便、产品纯度高以及产率高的合成路线。利用定位规律可设计合理的合成路线。

例如，以苯合成间硝基苯乙酮，应先进行酰基化反应再硝化，不能先硝化再酰基化反应得到苯乙酮。因为—NO_2是间位定位基，是一个强的钝化基，苯环上连有强吸电子基将阻止傅-克反应的进行，所以合理的合成路线如下：

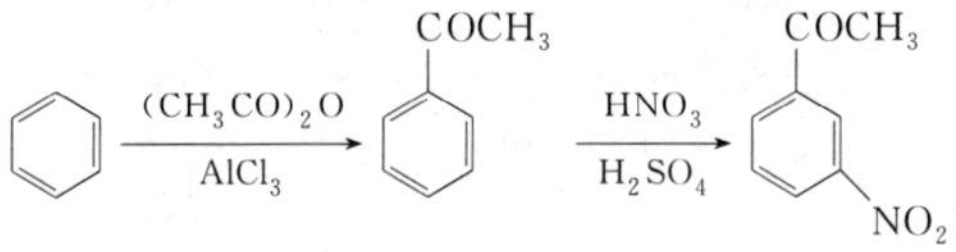

$$\text{苯} \xrightarrow[\text{AlCl}_3]{(\text{CH}_3\text{CO})_2\text{O}} \text{COCH}_3\text{-苯} \xrightarrow[\text{H}_2\text{SO}_4]{\text{HNO}_3} \text{间硝基苯乙酮}$$

再如，由苯合成 3-硝基-4-羧基苯磺酸。

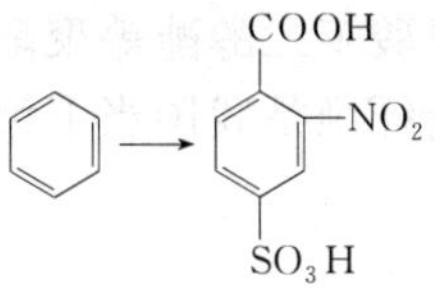

$$\text{苯} \longrightarrow \text{COOH, NO}_2, \text{SO}_3\text{H 取代苯}\quad (\text{3-硝基-4-羧基苯磺酸})$$

产物中含有—COOH、—NO_2、—SO_3H 三个取代基，因此必须经过烷基化、磺化、硝化、氧化四步反应。因为—COOH 是通过—R 的氧化得到的，而—R 是邻对位定位基，它可把—NO_2、—SO_3H 分别引入它的邻位和对位，因此第一步应先进行烷基化反应。第二步应为磺化反应，因为烷基苯的磺化反应在较高温度进行时，反应产物以对位为主。然后再硝化，最后进行氧化反应。这样既保证了产品的质量又提高了产率，具体合成路线如下：

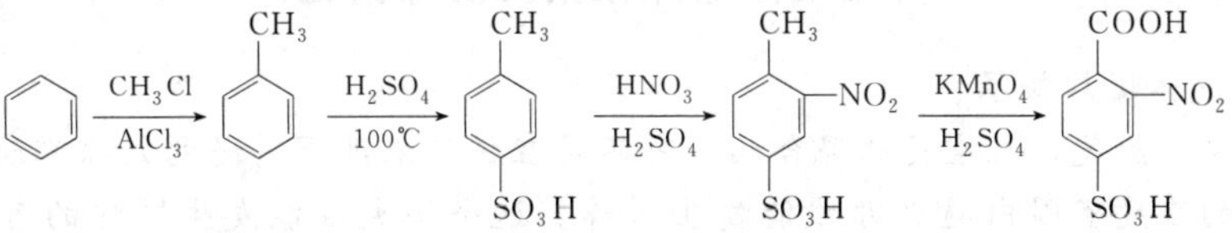

$$\text{苯} \xrightarrow[\text{AlCl}_3]{\text{CH}_3\text{Cl}} \text{CH}_3\text{-苯} \xrightarrow[100℃]{\text{H}_2\text{SO}_4} \text{CH}_3\text{-SO}_3\text{H-苯} \xrightarrow[\text{H}_2\text{SO}_4]{\text{HNO}_3} \text{CH}_3\text{-NO}_2\text{-SO}_3\text{H-苯} \xrightarrow[\text{H}_2\text{SO}_4]{\text{KMnO}_4} \text{COOH-NO}_2\text{-SO}_3\text{H-苯}$$

> **练一练**：写出由苯合成 3-硝基-4-溴苯甲酸的具体合成路线。

11.4 对二甲苯的制备与应用

对二甲苯是生产涤纶的原料，工业上生产对二甲苯又以甲苯为原料。甲苯一部分来自煤焦油，大部分从石油的铂重整获得。

石油中含 6～8 个碳原子的烃类（烷烃、环烷烃），在铂催化剂的作用下，于高温

（450℃）和一定的压力（2.5MPa）下进行脱氢、异构化、环化等一系列复杂的化学反应而转变为芳烃。此工艺过程称为铂重整。甲苯的生产主要涉及下列反应。

① 环烷烃催化脱氢生成甲苯　例如：

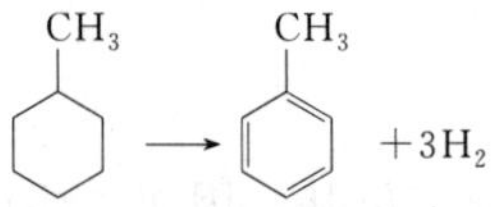

② 烷烃脱氢环化、再脱氢生成甲苯　例如：

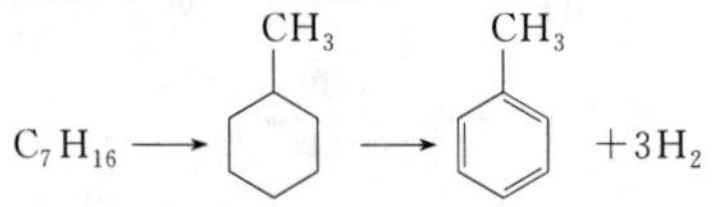

$C_7H_{16} \longrightarrow$

③ 环烷烃异构化和脱氢生成甲苯　例如：

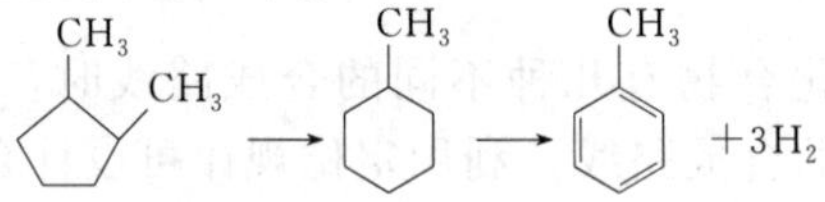

甲苯在催化剂（如钼、铬、铂等）及加温、加压条件下，能发生歧化反应，生成苯和二甲苯，反应如下：

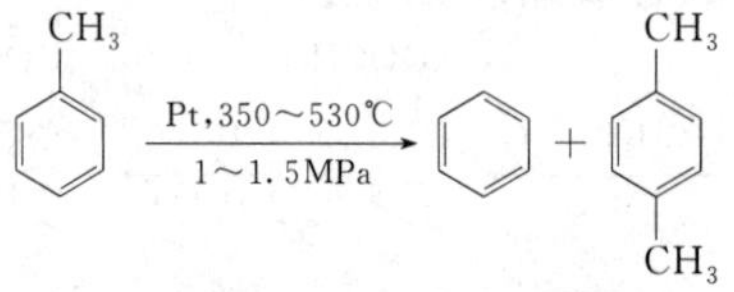

选用适当的工艺条件，可以使产物中的对二甲苯含量提高。对二甲苯用于生产对苯二甲酸，进而生产对苯二甲酸乙二醇酯、对苯二甲酸丁二醇酯等聚酯树脂。聚酯树脂是生产涤纶纤维、聚酯薄片、聚酯中空容器的原料。涤纶纤维是我国当下第一大合成纤维。

学习指导

素质阅读

可燃气体爆炸极限及防爆措施

1. 可燃气体爆炸极限

可燃气体（蒸气）与空气的混合物，并不是在任何浓度下，遇到火源都能爆炸，而必须是在一定的浓度范围内遇火源才能发生爆炸。这个遇火源能发生爆炸的可燃气浓度范围，称为可燃气的爆炸极限（包括爆炸下限和爆炸上限）。不同可燃气（蒸气）的爆炸极限是不同的，常见气体爆炸极限见表11-2。

表 11-2　常见气体爆炸极限

气体名称	在空气中的爆炸极限　（体积分数）	
	下限	上限
氢气	4.0	75
一氧化碳	12.5	74
硫化氢	4.3	45

气体名称	在空气中的爆炸极限　（体积分数）	
	下限	上限
甲烷	5.0	15
乙烷	3.0	15.5
乙烯	2.8	32
乙炔	1.5	100
甲苯	1.2	7
丙酮	2.3	13

如氢气的爆炸极限是 4.0%～75%（体积分数），意思是如果氢气在空气中的体积分数在 4.0%～75% 之间时，遇火源就会爆炸，而当氢气浓度小于 4.0% 或大于 75% 时，即使遇到火源，也不会爆炸。爆炸极限是一个很重要的概念，在防火防爆工作中有很大的实际意义。

① 它可以用来评定可燃气体（蒸气、粉尘）燃爆危险性的大小，作为可燃气体分级和确定其火灾危险性类别的依据。我国目前把爆炸下限小于 10% 的可燃气体划为一级可燃气体，其火灾危险性列为甲类。

② 它可以作为设计的依据。例如确定建筑物的耐火等级，设计厂房通风系统等，都需要知道该场所存在的可燃气体（蒸气、粉尘）的爆炸极限数值。

③ 它可以作为制定安全生产操作规程的依据。在生产、使用和贮存可燃气体（蒸气、粉尘）的场所，为避免发生火灾和爆炸事故，应严格将可燃气体（蒸气、粉尘）的浓度控制在爆炸下限以下。

2. 防爆措施

防止爆炸的一般原则是：一是控制混合气体的组分处在爆炸极限以外；二是使用惰性气体取代空气；三是使氧气浓度处于其极限值以下。为此，应防止可燃气向空气中泄漏，或防止空气进入可燃气体中；控制、监测混合气体组分浓度；装设气体组分接近危险范围的报警装置。防止爆炸的具体措施主要有以下几点：

（1）惰性介质保护　由于爆炸的形成需要有可燃物质和氧气，以及一定的点火能量。利用惰性气体取代空气中的氧气，就消除了引发爆炸的一大因素，从而使爆炸过程无法完成。在化工生产中，采用的惰性气体主要有氮气、二氧化碳、水蒸气、烟道气等。

（2）系统密闭和负压操作　为防止易燃气体、蒸气或可燃性粉尘与空气形成爆炸性混合物，应设法使设备密闭。为了保证设备的密闭性，对危险设备及系统应尽量少用法兰连接，但要保证安全检修的方便。为防止有毒或爆炸性危险气体向器外逸散，可以采用负压操作系统。对于在负压操作下生产的设备，应防止空气吸入。

（3）通风置换　通过通风可以有效防止易燃易爆气体积存并达到爆炸极限。在有燃烧爆炸危险粉尘的排风系统，应采用不产生火花的除尘器。

（4）阻止容器或室内爆炸的安全措施　对已知的爆炸结果所作的系统评定表明，在符合一定结构要求的前提下，即使容器和设备没有附加防护措施，也能承受一定的爆炸压力。如果选择这种结构形式的设备在剧烈爆炸情况下没有被炸碎，而只产生部分变形，那么设备的操作人员就可以安然无恙，这也就达到了最重要的防护目的。

（5）爆炸遏制　爆炸遏制系统由能检测初始爆炸的传感器和压力式的灭火剂罐组成。灭火剂罐通过传感装置动作，在尽可能短的时间里，把灭火剂均匀地喷射到应保护的容器里，于是爆炸燃烧被扑灭，控制住爆炸的发生。爆炸遏制系统对爆炸燃烧能自行进行检测，并在停电后的一定时间里仍能继续工作。

正确认识爆炸极限对防爆工作非常重要。在易燃易爆场所的作业工人及安全工作者必须对其数据的由来及影响因素有一个全面正确的认识，从而准确把握，特别是在一些特殊情况下能够预见到超乎常规的危险，并对其做出正确的行动。在严格规范管理的同时，要跟踪科学技术的发展，运用最先进的技术手段，来有效防范爆炸事故的发生。

思考与练习

一、选择题

1. 下述反应的产物 Y 为下列四种化合物中的（　　）。

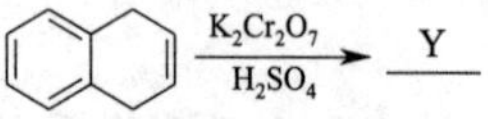

A. 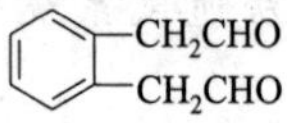 邻苯二乙醛

B. 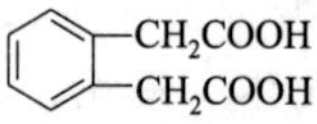 邻苯二乙酸

C. 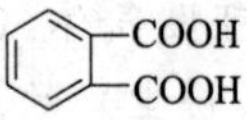 邻苯二甲酸

D. 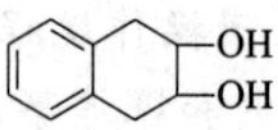 2,3-二羟基四氢萘

2. $H_3C-\text{C}_6H_4-NO_2+Cl_2 \xrightarrow{FeCl_3}$ ____（　　）。

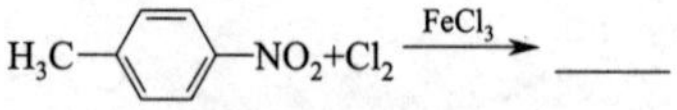

A.

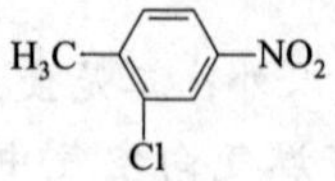

B.

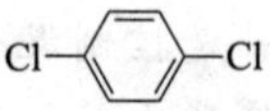

C.

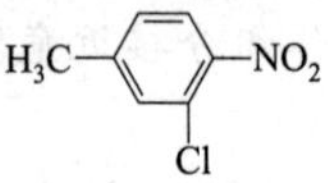

D.

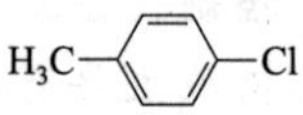

3. 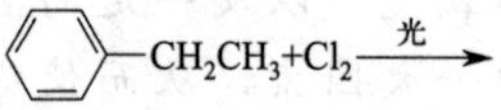 $\text{C}_6H_5-CH_2CH_3+Cl_2 \xrightarrow{光}$（　　）。

A.

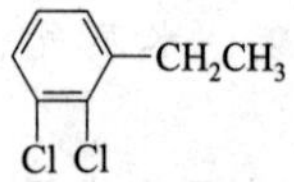

B.

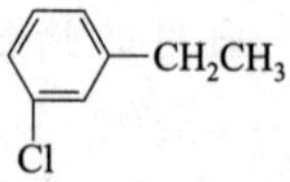

C.

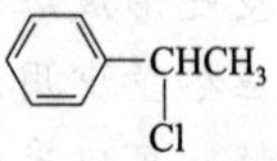

D.

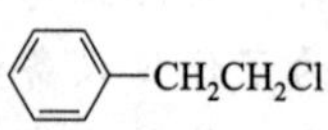

4. 能将化合物乙苯氧化为苯甲酸的试剂为（　　）。

A. $K_2Cr_2O_7$/酸　　B. MnO_2/水
C. ①O_3/②Zn, $NaOH$, 水　　D. H_2O_2

5. 室温下，下列化合物中既能使 $KMnO_4$ 溶液褪色，又能使溴的 CCl_4 溶液褪色的是（　　）。

A.

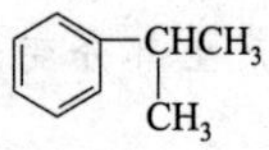

B.

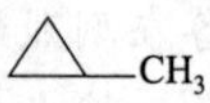

C.

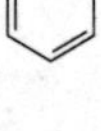

D.

二、完成下列反应

1. 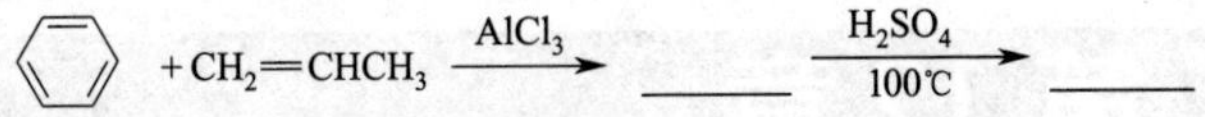 $\bigcirc$ + CH$_2$=CHCH$_3$ $\xrightarrow{AlCl_3}$ _____ $\xrightarrow[100℃]{H_2SO_4}$

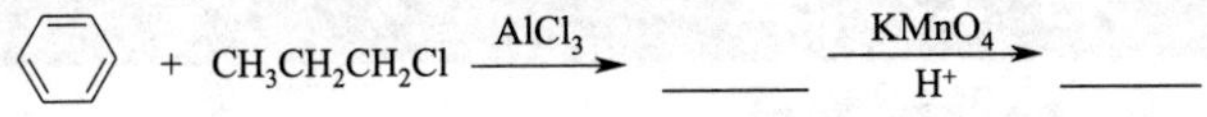

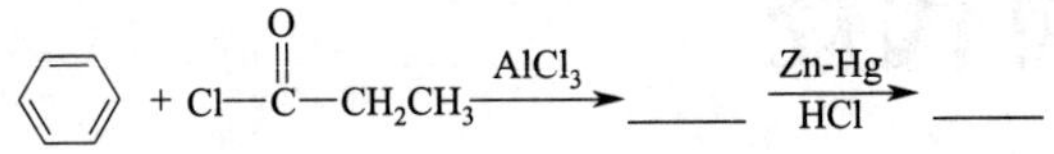

2. $\bigcirc$ + CH$_3$CH$_2$CH$_2$Cl $\xrightarrow{AlCl_3}$ _____ $\xrightarrow[H^+]{KMnO_4}$

3. $\bigcirc$ + Cl—$\overset{\overset{O}{\|}}{C}$—CH$_2CH_3$ $\xrightarrow{AlCl_3}$ _____ $\xrightarrow[HCl]{Zn-Hg}$

4. $\bigcirc$ $\xrightarrow[H_2SO_4]{HNO_3}$ _____ $\xrightarrow{Fe+HCl}$

5. 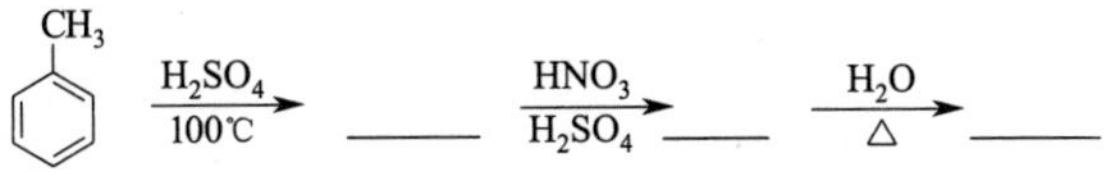 $\bigcirc$-CH$_3$ $\xrightarrow[100℃]{H_2SO_4}$ _____ $\xrightarrow[H_2SO_4]{HNO_3}$ _____ $\xrightarrow[\triangle]{H_2O}$

6.  $\bigcirc$-CH$_3$ $\xrightarrow[光]{Cl_2}$ _____ $\xrightarrow[AlCl_3]{\bigcirc}$ _____

三、用简便的化学方法区分下列各组化合物

1. 1,3-环己二烯、苯和 1-己炔

2. 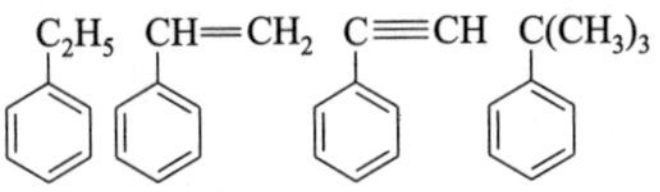 $\bigcirc$-C$_2$H$_5$ $\bigcirc$-CH=CH$_2$ $\bigcirc$-C≡CH $\bigcirc$-C(CH$_3$)$_3$

四、写出由苯合成下列化合物的具体合成路线

1. 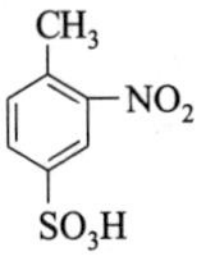 邻甲基间硝基对磺酸苯 (CH$_3$, NO$_2$, SO$_3$H)

2. 邻硝基甲苯 (CH$_3$, NO$_2$)

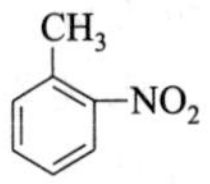

3. 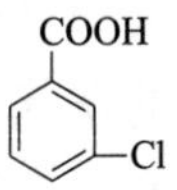 间氯苯甲酸 (COOH, Cl)

五、推断题

1. 有 A、B、C 三种芳烃，它们的分子式都是 C$_9$H$_{12}$，分别氧化后，A 生成一元羧酸，B 生成二元羧酸，而 C 能生成三元羧酸。但经一硝化时，A 能生成三种硝基化合物，B 和 C 分别生成两种和一种硝基化合物。试写出 A、B、C 三种芳烃的可能结构式，并写出各步反应式。

2. 某烃 A，分子式为 C$_9$H$_8$，它能和硝酸银的氨溶液反应生成白色沉淀。化合物 A 进行催化加氢得到 B（C$_9$H$_{12}$）。将化合物 B 用酸性重铬酸钾氧化得到酸性化合物 C（C$_8$H$_6$O$_4$），将 C 加热得到 D（C$_8$H$_4$O$_3$）。试写出 A、B、C、D 的结构式及各步反应方程式。

六、简答题

1. 什么是傅-克反应？该反应分为几类？

2. 傅-克烷基化反应、傅-克酰基化反应的特点分别是什么？

3. 邻、对位定位基和间位定位基的结构特点分别是什么？

4. 简述苯在工业上的应用（不少于 5 种），以及苯污染的治理方法。

第 12 章
卤代烃

 学习目标

知识目标

1. 掌握卤代烃的分类；
2. 掌握卤代烃的化学性质，熟悉格利雅试剂的制法；
3. 熟悉乙烯基型、烯丙基型、苯基型、苄基型卤代烃性质。

能力目标

1. 能理解双键的位置对卤原子活性的影响；
2. 能写出常见卤代烃的制备方法。

素质目标

1. 树立文化自信，激发爱国主义情怀，强化责任担当意识和民族使命感；
2. 端正科学态度，树立正确的科学价值观，使科学技术更好地服务于人类；
3. 培养低碳、绿色、环保、安全的化工责任意识，激发创新思维。

　　烃分子中的氢原子被卤素（氟、氯、溴、碘）取代生成的化合物称之为卤代烃。它的通式为 R—X 或 Ar—X，卤素（—X）是卤代烃的官能团。卤代烃在自然界存在极少，大多数是人工合成的，但由于它在工农业及日常生活中应用广泛，例如可以用作溶剂、冷冻剂、农药、灭火剂及麻醉剂等。需要指出的是，一些作为杀虫剂的卤代烃在自然条件下难以降解或转化，如一些环境中高残留的有机氯农药（六六六、滴滴涕 DDT、六氯环戊二烯类农药），即使在停用 30 多年以后，在美国仍有残留的六六六检出，其对人类环境造成了极大的负面影响，因此必须限制使用。由于碳卤键（C—X）是极性的，卤代烃的性质比较活泼，能发生多种化学反应生成各种重要的有机化合物，因此在有机合成中占有重要位置。

　　在卤代烃中，由于氟代烃的制法和性质比较特殊，碘代烃的制备费用比较昂贵，因此工业上常见的卤代烃是氯代烃和溴代烃。由于 C—Br 键的活性比 C—Cl 键大，因此为使反应较易进行，实验室中常用溴代烃来合成有机化合物。本章主要讨论氯代烃和溴代烃。

查一查：1962 年出版美国科普作家蕾切尔·卡逊创作的《寂静的春天》的主要内容及社会价值。

12.1 卤代烃的分类和物性概述

12.1.1 卤代烃的分类

（1）根据分子中烃基的不同分类

根据卤代烃分子中烃基结构的不同，可分为以下三类。

① 饱和卤代烃（即卤代烷），例如：

$$CH_2BrCH_2Br \qquad (CH_3)_3CCl \qquad$$

② 不饱和卤代烃（主要指卤代烯烃），例如：

$$CH_2=CHCl \qquad CH_2=CHCH_2Br \qquad CHCl=CHCl$$

③ 芳香族卤代烃（即卤代芳烃），例如：

（2）根据分子中与卤原子直接相连的碳原子（即 α-C）的种类不同分类

一元卤代烃分子中与官能团卤原子直接相连的 α-C 有三类，故可把卤代烃分类如下。

① 伯（一级，1°）卤代烃，例如：$CH_3CH_2CH_2Cl$。

② 仲（二级，2°）卤代烃，例如：$(CH_3)_2CHBr$。

③ 叔（三级，3°）卤代烃，例如：$(CH_3)_3CCl$。

（3）根据分子中所含卤原子的数目不同分类

根据分子中所含卤原子的数目分为一卤代烃和多卤代烃。

① 一卤代烃，例如：RCH_2X、C_6H_5X。

② 多卤代烃，例如：XCH_2CH_2X、$RCHX_2$、CHX_3。

> **查一查**：六六六和滴滴涕的结构式，按照不同的分类方式，分别属于哪一类？

12.1.2 卤代烃的物理性质

一些常见卤代烃的物理常数见表 12-1。

表 12-1 常见卤代烃的物理常数

名称	构造式	熔点/℃	沸点/℃	相对密度(d_4^{20})
氯甲烷	CH_3Cl	-97.73	-24.2	0.920
溴甲烷	CH_3Br	-93.6	4.0	1.732
碘甲烷	CH_3I	-66.45	42.5	2.279
二氯甲烷	CH_2Cl_2	-96.0	40.0	1.326
三氯甲烷	$CHCl_3$	-64.0	61.3	1.489
四氯化碳	CCl_4	-22.9	77.0	1.594
氯乙烷	CH_3CH_2Cl	-136.4	12.27	0.898
溴乙烷	CH_3CH_2Br	-118.6	38.4	1.460
碘乙烷	CH_3CH_2I	-108.0	72.3	1.936
1-氯丙烷	$CH_3CH_2CH_2Cl$	-122.8	46.6	0.890
2-氯丙烷	$CH_3CHClCH_3$	-117.2	35.74	0.862
氯乙烯	$CH_2=CHCl$	-159.8	-13.4	0.9107

名称	构造式	熔点/℃	沸点/℃	相对密度(d_4^{20})
氯苯	C_6H_5Cl	−45.2	132.2	1.105
溴苯	C_6H_5Br	−30.8	156.2	1.495
碘苯	C_6H_5I	−29.0	188.3	1.62

（1）物态

在常温常压下，只有少数低级卤代烃是气体，例如氯甲烷、溴甲烷、氯乙烷、氯乙烯。其余常见的卤代烃大多是液体，C_{15}以上的为固体。

纯净的卤代烷多数是无色的。溴代烷和碘代烷对光较敏感，见光容易分解产生游离的卤素而分别呈棕黄色和紫色，因此储存时需用棕色瓶盛装。

一卤代烷具有不愉快的气味，其蒸气有毒，应避免吸入体内。

（2）沸点

卤代烃的沸点随相对分子质量的增加而升高。烃基相同而卤原子不同的卤代烃中，沸点的次序为：碘代烃＞溴代烃＞氯代烃＞氟代烃。直链卤代烃的沸点高于含相同碳原子数的支链卤代烃。

> **想一想**：为什么直链卤代烃的沸点高于含相同碳原子数的支链卤代烃？

（3）相对密度

一氟代烃和一氯代烃的相对密度小于1，一溴代烷、一碘代烷及多氯代烷和卤代芳烃的相对密度都大于1。在同系列中，卤代烷的相对密度随碳原子数的增加而降低，这是由于卤原子在分子中质量分数逐渐减少。此物理性质常用于卤代烃的分离、提纯。

（4）溶解性

卤代烷不溶于水，但是，它们彼此可以相互溶解，也能溶于醇、醚、烃类等有机溶剂中。某些卤代烷（如 $CHCl_3$、CCl_4、CH_2Cl_2 等）本身就是优良的有机溶剂。多氯代烷和多氯代烯可用作干洗剂。

（5）可燃性

在有机分子中引入氯原子或溴原子可以减弱其可燃性，增强其不燃性。某些含氯、含溴的有机化合物是很好的灭火剂和阻燃剂。例如，二氟二溴甲烷、三氟一溴甲烷可用作灭火剂，它们比四氯化碳安全。氯化石蜡（$C_{10}\sim C_{30}$ 直链烷烃氯代衍生物的统称，一般产品氯含量为 40%～70%）是树脂和橡胶的阻燃剂。六溴苯、十溴二苯醚等是高分子材料的阻燃剂。卤代烃有毒，可能有致癌作用，使用时注意安全。

> **查一查**：氯化石蜡阻燃的原理以及它的危害。

12.2　卤代烷的化学反应及应用

卤代烷的化学反应主要发生在官能团卤原子以及受卤原子影响而比较活泼的 β-氢原子上：

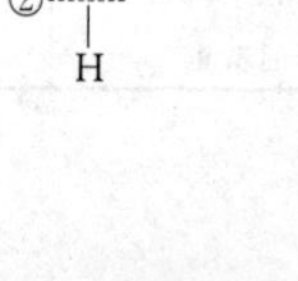

$$R-\overset{|}{\underset{|}{C}}-\overset{\textcircled{1}}{\underset{\textcircled{2}}{\overset{|}{\underset{|}{C}}}}-X$$

①C—X 键断裂 { 卤原子被取代。
与金属镁反应形成 C—Mg 键和 Mg—X 键。

②C—X 键及 β-C—H 键断裂，形成碳碳双键。

在卤代烷中由于卤原子的电负性大于碳原子，因此 C—X 键为极性共价键，电子云分布为 $\overset{\delta^+}{C}—\overset{\delta^-}{X}$。C—X 键的极性次序为：C—F＞C—Cl＞C—Br＞C—I。

C—X 键的离解能次序为：C—F＞C—Cl＞C—Br＞C—I。键能越高，碳卤键热稳定性越高。

在化学反应中，卤代烷在试剂电场影响下，碳卤键周围的电子云会发生变形，电负性大的卤素对周围电子云束缚力较强，因此，极性大的碳卤键极化度小。C—X 键的极化度次序为：C—I＞C—Br＞C—Cl＞C—F。

键能越小，极化度越大的共价键越易通过电子云变形而发生键的断裂，这就决定了卤代烷的多数反应发生在碳卤键上，且其反应活性次序为：RI＞RBr＞RCl＞RF。

由此说明决定碳卤键的反应活性大小的主要因素不是键的极性大小，而是键的解离能大小。

12.2.1　取代反应

在一定条件下卤代烷分子中的卤原子可被其他原子或基团所取代，这是卤代烷最基本、最重要的一类反应。

（1）被羟基取代——水解（生成醇）

卤代烷不溶或微溶于水，水解很慢，为了加速水解反应，通常采用强碱水溶液。例如，伯卤代烷与稀氢氧化钠水溶液反应时，主要发生取代反应生成醇。

$$CH_3CH_2CH_2CH_2—\boxed{Br + H}—OH \underset{}{\overset{NaOH}{\rightleftharpoons}} CH_3CH_2CH_2CH_2—OH + NaBr + H_2O$$

卤代烃的水解是可逆反应，加碱是为了中和生成的氢卤酸，使反应向正向进行。

通常卤代烃是由相应的醇制得，因此该反应只适用于制备少数结构较复杂的醇。

（2）被烷氧基取代——醇解（生成醚）

卤代烷与醇钠在相应的醇中反应，卤原子被烷氧基（RO—）取代生成醚，此反应称为威廉森（Williamson）合成法，是制备混醚（R—O—R′）的最好方法。例如：

$$CH_3—\boxed{Br + Na}—O—\overset{\overset{CH_3}{|}}{\underset{\underset{CH_3}{|}}{C}}—CH_3 \overset{\triangle}{\longrightarrow} CH_3—O—\overset{\overset{CH_3}{|}}{\underset{\underset{CH_3}{|}}{C}}—CH_3 + NaBr$$
叔丁醇钠　　　　　　　　　甲基叔丁基醚

注：制备混醚时一般采用伯卤代烷为原料，因为仲卤烷、叔卤烷尤其是叔卤烷，在碱性条件下易发生消除反应。因此，上述反应选择溴甲烷为反应物，叔丁氧基（CH_3）$_3CO^-$ 为亲核试剂。

若用 CH_3ONa 和（CH_3）$_3C$—Cl 反应，主要产物是烯烃。

$$CH_3—\overset{\overset{CH_3}{|}}{\underset{\underset{CH_3}{|}}{C}}—Cl + CH_3—O^-\ Na^+ \overset{消除反应}{\longrightarrow} CH_3—\overset{\overset{CH_2}{\|}}{C} + CH_3OH + NaCl$$

（3）被氰基取代——氰解（生成腈）

卤代烷与氰化钠或氰化钾的醇溶液共热，卤原子被氰基（—CN）取代生成腈。例如：

$$CH_3CH_2—\boxed{Br + K}—CN \overset{乙醇}{\underset{\triangle}{\longrightarrow}} CH_3CH_2CN + KBr$$
丙腈

　　这是制备腈的方法之一，当卤代烷转变为腈时，分子中增加一个碳原子，因此它也是有机合成中增长碳链的方法之一。—CN 可进一步转化为—COOH、—CH_2NH_2、—$CONH_2$ 等，因此可通过此法从伯卤代烷制备羧酸 RCOOH、胺 RCH_2NH_2、酰胺 $RCONH_2$ 等。但氰化钠剧毒，故操作时应按规定要求做。

> **查一查**：氰化钠是一种剧毒物品，只要 0.1g 就能让一个成年人立刻丧失生命，法律规定未经许可任何人不可随便买卖，但它又是电镀行业不可或缺的工业原料，市场需求庞大。请查阅氰化钠的安全技术说明书（MSDS），进一步了解氰化钠如何进行管理和处置。

　　（4）被氨基取代——氨解（生成胺）

　　卤代烷与氨（胺）的水溶液或醇溶液作用，卤原子被氨基（—NH_2）取代生成胺，此反应称为卤代烷的氨（胺）解。伯卤代烃与过量的氨反应生成伯胺。例如：

$$CH_3CH_2CH_2CH_2{-}Br + 2NH_3 \longrightarrow CH_3CH_2CH_2CH_2{-}NH_2 + NH_4Br$$
（过量）　　　　　　正丁胺（伯胺）

工业上用这个反应制备伯胺。

　　如果卤代烷过量，则由于产物具有亲核性，反应很难停留在一取代阶段，产物就是各种取代的胺以及季铵盐。

$$RNH_2 \xrightarrow[ROH]{RX} R_2NH \xrightarrow[ROH]{RX} R_3N \xrightarrow[ROH]{RX} R_4N^+X^-$$

　　上面反应如果不是伯卤代烷，而是叔卤代烷分别与上述试剂 NaOH、RONa、NaCN、NH_3 反应，发生的主要反应则不是取代，而是消除——消除一分子卤化氢生成烯烃。例如：

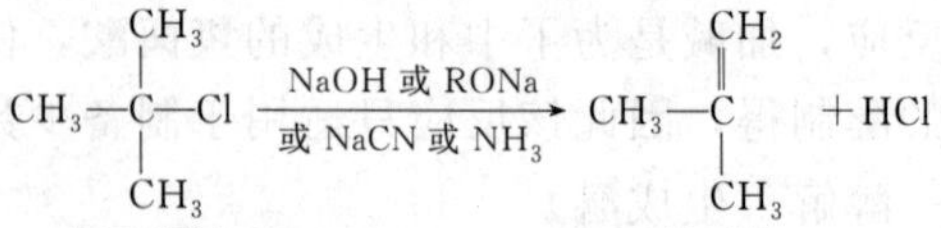

叔丁基氯　　　　　　　　　　　　　　异丁烯

　　如果是仲卤代烷，一般也生成较多的消除产物烯烃。

　　且上述取代反应中卤代烷的反应活性顺序是：伯卤代烷＞仲卤代烷＞叔卤代烷

　　（5）与硝酸银-乙醇溶液反应（检验卤代烷）

　　卤代烷与硝酸银-乙醇溶液作用，生成硝酸酯和卤化银沉淀。

$$R{-}X + Ag{-}O{-}NO_2 \xrightarrow{乙醇} R{-}O{-}NO_2 + AgX\downarrow \quad （X=Cl、Br 或 I）$$
硝基烷基酯

　　此反应中卤代烷的反应活性顺序是

叔卤代烷＞仲卤代烷＞伯卤代烷

RI＞RBr＞RCl

　　在常温下叔卤代烷反应很快，立刻生成卤化银沉淀，仲卤代烷反应较慢，伯卤代烷最慢，需加热才能产生卤化银沉淀。这个反应在有机分析上常用来检验卤代烷。

> **想一想**：卤代烷与硝酸银-乙醇溶液反应的反应活性顺序为什么和水解、醇解、氰解和氨解的顺序不一样？

　　【演示实验 12-1】 在三支试管中，分别加入 5 滴正丁基氯、5 滴仲丁基氯、5 滴叔丁基氯。然后在每支试管中分别加入 1mL 1‰硝酸银的乙醇溶液。约 5min 后，再把没有出现沉淀的试管放在水浴里加热至沸腾，并记录出现沉淀的时间。

在卤代烷的取代反应中，有一个共同的特点：反应都由试剂中的负离子部分（如 OH^-、RO^-、CN^-、NO_3^- 等）或具有未共用电子对的分子（$\ddot{N}H_3$、$\ddot{N}H_2R$、$\ddot{N}HR_2$、$\ddot{N}R_3$ 等），去进攻卤代烷分子中电子云密度较低的碳原子（$\overset{\delta^+}{C}-\overset{\delta^-}{X}$），它们供给一对电子与卤代烷分子中的碳原子生成共价键，卤原子则带着碳卤键上的一对电子生成负离子（X^-）离去。这些具有亲核性质的试剂，如 $NaOH(OH^-)$、$NaOR(RO^-)$、$NaCN(CN^-)$、NH_3 等叫作**亲核试剂**，常用 Nu:（Nucleophilic 的首字母）代表亲核试剂。由亲核试剂进攻而引起的取代反应叫作**亲核取代反应**，常用 S_N 表示［是取代（Substitution）和亲核（Nucleophilic）两字的首字母］。可用通式表示如下：

单分子亲核取代反应

双分子亲核取代反应

$$:Nu^- \ + \ \overset{\delta^+}{R}-\overset{\delta^-}{X} \longrightarrow R-Nu \ + \ X^-$$

亲核试剂   卤代烷   取代产物   离去基团

12.2.2 消除反应

在一定条件下，从有机分子中相邻的两个碳原子上脱去卤化氢或水等小分子，生成不饱和化合物的反应叫作**消除反应**。

伯卤代烷与强碱的稀水溶液（常用氢氧化钠稀水溶液）共热时，主要发生取代反应生成醇（如前所述）。

而与浓的强碱醇溶液（常用浓氢氧化钾的乙醇溶液，氢氧化钠在乙醇中的溶解度较小）共热时，则主要发生消除反应，分子中的 C—X 键及 β-C—H 键发生断裂，脱去一分子卤化氢而生成烯烃。例如：

$$R-\overset{\beta}{C}H-\overset{\alpha}{C}H_2 \ + \ KOH \ \xrightarrow[(浓乙醇溶液)]{\triangle} \ RCH{=}CH_2 + KX + H_2O$$

（H、X 方框标注）

这是制备烯烃的一种方法。

此反应中卤代烷的反应活性顺序是

叔卤代烷＞仲卤代烷＞伯卤代烷

卤代烷脱 HX 的难易与烃基的结构有关。一般叔卤烷最容易，仲卤烷次之，伯卤烷脱 HX 最难。仲卤烷和叔卤烷消除 HX 的反应可以在碳链的两个不同方向进行，从而得到两种不同的产物。例如：

$$CH_3-CH-CH-CH_2 \xrightarrow[\triangle]{KOH,乙醇} CH_3-CH{=}CH-CH_3 \ + \ CH_3-CH_2-CH{=}CH_2$$

（H、Br、H 方框标注）   2- 丁烯(81%)   1- 丁烯(19%)

$$CH_3-CH-\overset{\overset{\displaystyle CH_3}{|}}{C}-CH_2 \xrightarrow[\triangle]{KOH,乙醇} CH_3-CH{=}\overset{\overset{\displaystyle CH_3}{|}}{C}-CH_3 \ + \ CH_3-CH_2-\overset{\overset{\displaystyle CH_3}{|}}{C}{=}CH_2$$

（H、Br、H 方框标注）   2- 甲基 -2- 丁烯(71%)   2- 甲基 -1- 丁烯(29%)

大量实验事实证明，卤代烷消除卤化氢时，主要是从含氢较少的 β-C 原子上消除氢原子形成烯烃，也就是生成双键碳原子上连接较多烃基的烯烃。这一经验规律称为**查依采夫（Saytzeff）规则**。

实际上，卤代烷的消除与取代是同时进行的竞争反应。究竟哪一种反应占优势，取决于卤代烷的结构和反应条件。一般说来，叔卤代烷易发生消除反应，伯卤代烷易发生取代反应，而仲卤代烷则介于二者之间。试剂的亲核性强（如 CN^-）有利于取代反应，试剂的碱性强而亲核性弱（如叔丁醇钾）有利于消除反应。溶剂的极性强有利于取代反应，反应的温度升高有利于消除反应。

从这里也可看出，有机化学反应是比较复杂的，受许多因素的影响。在进行某种类型的反应时，往往还伴随有其他反应发生。在得到一种主要产物的同时，还有副产物生成。为了使主要反应顺利进行，以得到高产率的主要产物，应当仔细地分析反应的特点及各种因素对反应的影响，严格控制反应条件。

12.2.3 与金属镁反应——格氏试剂的生成

卤代烷可以与某些金属（例如锂、镁等）反应，生成金属原子与碳原子直接相连的一类化合物，称为有机金属化合物。

在绝对乙醚（无水、无醇的乙醚，又称干醚）或绝对四氢呋喃中，卤代烷与金属镁反应生成有机镁化合物——烷基卤化镁，通常称为**格利雅（Grignard）试剂**，简称格氏试剂，一般用 RMgX 表示。

$$R{-}X + Mg \xrightarrow[\text{回流}]{\text{干醚}} \underset{\text{烷基卤化镁}}{R{-}Mg{-}X}$$

制备格氏试剂时，卤代烷的活性顺序是：碘代烷＞溴代烷＞氯代烷。碘代烷太贵，氯代烷的活性较小，所以实验室中一般是用溴代烷来制备格氏试剂。得到的格氏试剂不用分离即可用于各种合成反应。

在格氏试剂中 C—Mg 键是强极性共价键，因此非常活泼，能与许多含活泼氢化合物（水、醇、酸、氨等）反应生成相应的烷烃，易被空气中的氧气氧化，因此，制备格氏试剂时必须用干醚和干燥的反应器，最好在氮气保护下进行。例如：

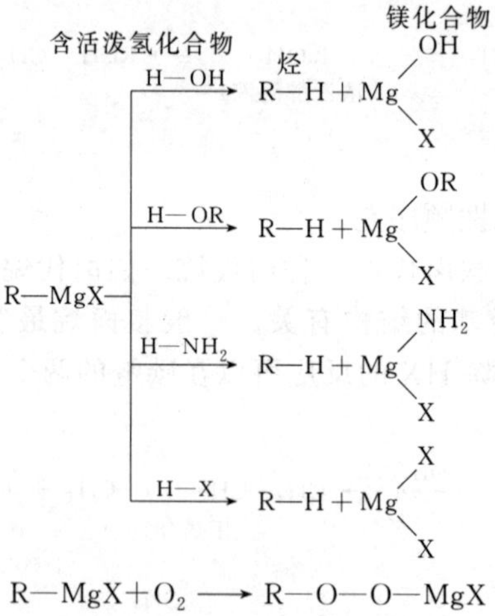

$$R{-}MgX + O_2 \longrightarrow R{-}O{-}O{-}MgX$$
$$R{-}O{-}O{-}MgX + R{-}MgX \longrightarrow 2R{-}O{-}MgX$$
$$R{-}O{-}MgX + H_2O \longrightarrow R{-}OH + Mg(OH)X$$

格氏试剂是有机合成中应用很广的试剂，可用来合成烷烃、醇、醛、酮、羧酸等各类化合物，这将在以后的章节中讨论。

查一查：格氏试剂是有机合成中应用最为广泛的试剂之一，它是 1901 年由法国化学家维克多·格林尼亚（Victor Grignard）发现的，他也因此在 41 岁时获得 1912 年诺贝尔化学奖。请查阅资料，了解化学家维克多·格林尼亚的励志故事以及格氏试剂的应用。

12.3 卤代烯烃和卤代芳烃

烯烃分子中的氢原子被卤原子取代后生成的产物叫卤代烯烃。芳烃分子中的氢原子被卤原子取代后生成的产物叫卤代芳烃。

12.3.1 卤代烯烃与卤代芳烃的分类

根据分子中卤原子与双键碳原子或芳环的相对位置不同，可将卤代烯烃和卤代芳烃分为三类。

（1）乙烯基型和苯基型卤代烃

卤原子直接连在双键碳原子上或芳环上的卤代烃，属于乙烯基型或苯基型卤代烃。例如：

$$CH_2{=}CH{-}Cl$$

氯乙烯或乙烯基氯　　　　　氯苯或苯基氯

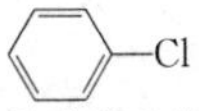

（2）烯丙基型和苄基型卤代烃

卤原子与碳碳双键（或芳环）相隔一个饱和碳原子的卤代烃属于烯丙基型和苄基型卤代烃。例如：

$$CH_2{=}CH{-}CH_2{-}Cl$$

3-氯-1-丙烯（烯丙基氯）　　　苯溴甲烷（苄基溴）

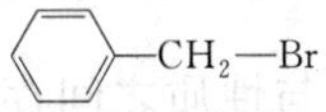

（3）孤立型卤代烃（隔离型卤代烃）

卤原子与双键碳原子（或芳环）相隔两个或两个以上饱和碳原子的卤代烃叫作孤立型卤代烃。例如：

$$CH_2{=}CH{-}CH_2CH_2Cl$$

4-氯-1-丁烯　　　　　　1-苯-2-溴乙烷

12.3.2 不同结构的卤代烯烃和卤代芳烃反应活性的差异

不同类型的卤代烃由于卤原子与双键或芳环的相对位置不同，相互影响也不同，因此化学反应活性有很大差异。

（1）乙烯基型和苯基型卤代烃很不活泼

乙烯基型和苯基型卤代烃化学性质很不活泼。例如，氯乙烯、氯苯即使在加热甚至煮沸时，也不与硝酸银的醇溶液反应。利用这一性质可区分卤代烷和乙烯基型（或苯基型）卤代烃。

又如，氯苯只有在相当剧烈的条件下，才能发生水解反应。

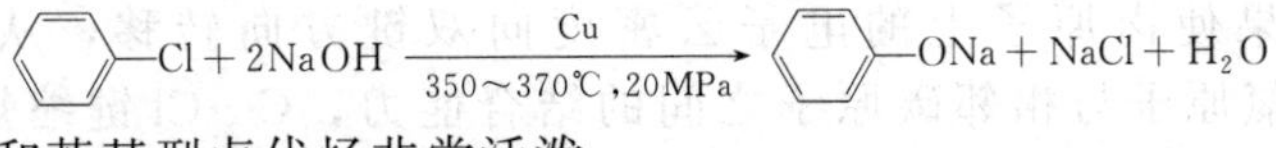

$$\text{—Cl} + 2NaOH \xrightarrow[350\sim370℃,20MPa]{Cu} \text{—ONa} + NaCl + H_2O$$

（2）烯丙基型和苄基型卤代烃非常活泼

与乙烯基型和苯基型卤代烃不同，烯丙基型和苄基型卤代烃的化学性质非常活泼。例如，烯丙基氯、苯氯甲烷在常温下，可迅速与硝酸银的醇溶液反应，产生氯化银沉淀。

$$CH_2{=}CH{-}CH_2{-}Cl + Ag{-}ONO_2 \xrightarrow{醇} CH_2{=}CH{-}CH_2ONO_2 + AgCl\downarrow$$

硝酸烯丙基酯

$$\text{C}_6\text{H}_5\text{—CH}_2\text{Cl} + \text{AgNO}_3 \xrightarrow[\text{室温}]{\text{乙醇}} \text{C}_6\text{H}_5\text{—CH}_2\text{ONO}_2 + \text{AgCl}\downarrow$$

苄基硝酸酯

烯丙基型和苄基型卤代烃也非常容易发生水解、醇解、氨解。例如：

$$\text{CH}_2\text{=CHCH}_2\text{Cl} + \text{NaOH} \xrightarrow[\text{共沸}]{\text{水解}} \text{CH}_2\text{=CHCH}_2\text{OH} + \text{NaCl}$$

烯丙醇

$$\text{C}_6\text{H}_5\text{—CH}_2\text{Cl} + \text{NaOH} \xrightarrow[\text{共沸}]{\text{水解}} \text{C}_6\text{H}_5\text{—CH}_2\text{OH} + \text{NaCl}$$

苯甲醇

（3）孤立型卤代烃的活性与卤代烷相似

孤立型卤代烃中的卤原子和双键或苯环相隔较远，相互影响很小，因而卤原子的活性基本上和卤代烷中的卤原子相似。

综上所述，卤原子相同、烃基不同的各类卤代烃的活性次序归纳如下：

R—CH=CH—CH₂X，C₆H₅—CH₂X（烯丙基型或苄基型卤代烃）＞ RX，R′—CH=CH—(CH₂)ₙ—X（n＞2）（孤立型卤代烃）＞ R—CH=CH—X，C₆H₅—X（乙烯基型或苯基型卤代烃）

相同烃基卤代烃的反应活性次序是：

$$\text{RI} > \text{RBr} > \text{RCl}$$

12.3.3 双键位置对卤原子活泼性影响的理论解释

有机化合物分子中结构与性质之间存在相互关系，双键位置对卤素活性的影响可分别解释如下。

（1）乙烯基型和苯基型卤代烃

乙烯基型和苯基型卤代烃中的卤原子直接和 sp² 杂化的双键碳相连。例如，在氯乙烯分子中，C=C 双键的键长为 0.138nm，比乙烯中的 C=C 双键的键长 0.134nm 长，而 C—Cl 单键的键长为 0.172nm，比氯乙烷中的 C—Cl 的键长 0.177nm 短，键长发生了平均化，使单键缩短，双键加长。这显然是由于 C=C 双键和 C—Cl 键相互影响的结果。

在氯乙烯分子中，氯原子的未共用电子对的 p 轨道和 C=C 双键中的 π 轨道形成了 p-π 共轭体系，如图 12-1 所示。

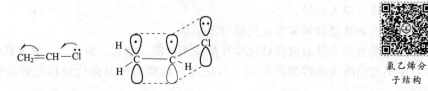

氯乙烯分子结构

图 12-1 氯乙烯 p-π 共轭示意图

p-π 共轭的结果使卤原子上的电子云密度向双键方向转移，从而增强了 CH₂=CH—Cl 分子中的氯原子与相邻碳原子之间的结合能力，C—Cl 键缩短，键能增加。因而乙烯型卤代烃中的卤原子比较稳定，在一般条件下不发生亲核取代反应，即它的反应活性比较小。

在氯苯分子中，由于氯原子直接与苯环上的 sp² 杂化碳原子相连。因此，它也是不活泼的。这是因为氯原子的 p 轨道和苯环的 π 轨道形成了 p-π 共轭，使 C—Cl 键之间的电子云密度增加，C—Cl 键的键能增强，如图 12-2 所示。因而苯基型卤代烃中的卤原子比较稳定，在一般条件下不发生亲核取代反应，即它的反应活性比较小。

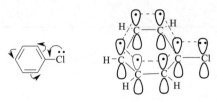

图 12-2　氯苯 p-π 共轭示意图

（2）烯丙基型和苄基型卤代烃

烯丙基型和苄基型卤代烃则相反，在烯丙基型和苄基型卤代烃中，由于卤原子和双键之间相隔了一个饱和碳原子，因此卤原子的 p 轨道和双键中的 π 轨道不能形成 p-π 共轭。由于卤素强的吸电子诱导效应使 C—X 键上的电子云密度偏向于卤素原子。即卤素带部分负电荷，而碳带部分的正电荷。这样就有利于烯丙基型和苄基型卤代烃中氯原子的解离。在烯丙基氯分子中，氯原子解离后可生成稳定的烯丙基碳正离子，如图 12-3 所示。

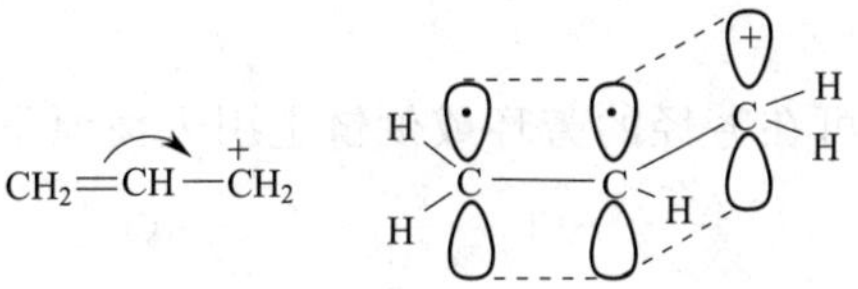

$$CH_2{=}CH{-}\overset{+}{C}H_2$$

图 12-3　烯丙基碳正离子 p-π 共轭示意图

该正离子中带正电荷的碳原子是 sp^2 杂化，它的一个空 p 轨道和 C=C 双键的 π 轨道发生交盖，形成缺电子的共轭体系，使得正电荷不再集中在原来与氯相连的碳原子上，而是得到共轭体系的分散，从而降低了烯丙基碳正离子的内能，稳定性增强，越稳定的碳正离子越容易生成，这是烯丙基型卤代烃中氯原子比较活泼的原因。

同样，对于一般碳正离子而言，中心碳上所连的烷基越多，碳正离子就越稳定。常见碳正离子的稳定次序为：

$$CH_3{-}\underset{CH_3}{\overset{CH_3}{\underset{|}{\overset{|}{C^+}}}} > CH_3{-}\underset{CH_3}{\overset{+}{C}H} > CH_3\overset{+}{C}H_2 > \overset{+}{C}H_3$$

苯氯甲烷（苄基氯）与烯丙基氯相似，氯原子有较大的活泼性。由于碳正离子的空 p 轨道和苯环上的 π 轨道形成了 p-π 共轭，使正电荷在苯环上得以分散，从而降低了苄基碳正离子的内能，使苄基碳正离子稳定性增强。如图 12-4 所示。

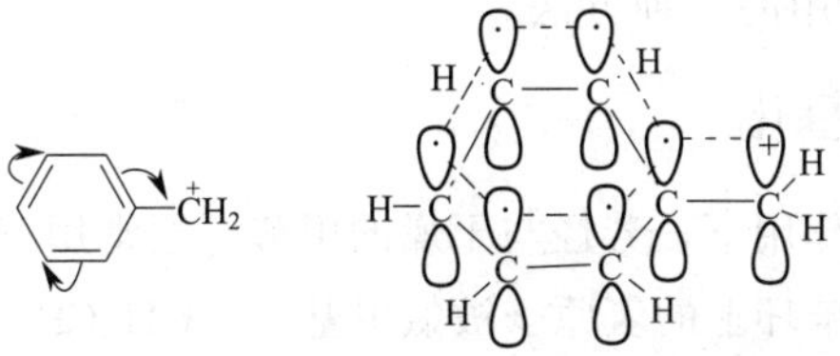

图 12-4　苄基碳正离子 p-π 共轭示意图

12.4 卤代烃的制备

12.4.1 烃类的卤代

（1）烷烃的卤代

在光照或加热条件下，烷烃可以和卤素（Cl_2 或 Br_2）发生取代反应，生成卤代烷。例如：

$$CH_4 + Cl_2 \xrightarrow{光} CH_3Cl \xrightarrow{Cl_2}{光} CH_2Cl_2 \xrightarrow{Cl_2}{光} CHCl_3 \xrightarrow{Cl_2}{光} CCl_4$$

（2）烯烃的 α-H 被卤原子取代

烯丙基型的化合物，在高温下可发生 α-H 的卤代反应，是制备不饱和卤代烃的重要方法。例如：

$$CH_2{=}CH{-}CH_3 + Cl_2 \xrightarrow[\text{或 } 500℃]{光} CH_2{=}CH{-}CH_2Cl$$

（3）芳烃的卤代

在不同的反应条件下，可在芳烃的芳环或侧链上引入卤原子。例如：

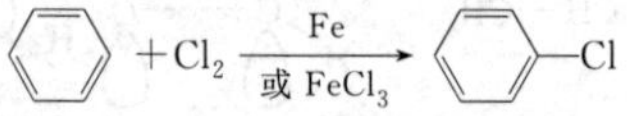

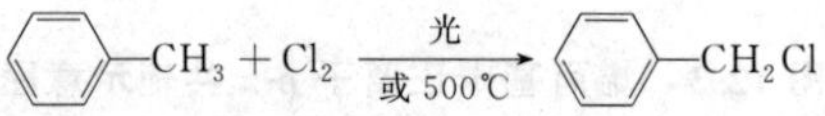

$$\text{苯} + Cl_2 \xrightarrow[\text{或 } FeCl_3]{Fe} \text{苯}{-}Cl$$

$$\text{苯}{-}CH_3 + Cl_2 \xrightarrow[\text{或 } 500℃]{光} \text{苯}{-}CH_2Cl$$

12.4.2 不饱和烃与卤素或卤化氢的加成

烯烃或炔烃与卤素或卤化氢加成，可以制得一卤代烃或多卤代烃。例如：

$$CH_2{=}CH_2 + Cl_2 \longrightarrow \underset{Cl}{CH_2}{-}\underset{Cl}{CH_2}$$

$$CH_2{=}CH_2 + HCl \longrightarrow CH_3{-}CH_2Cl$$

$$CH{\equiv}CH + HCl \xrightarrow[150\sim160℃]{HgCl_2} \underset{Cl}{CH_2}{=}CH$$

12.4.3 由醇制备

$$ROH + HX \rightleftharpoons RX + H_2O$$

这是一个可逆反应，增加反应物的浓度并除去生成的水，可提高卤代烃的产率，与醇反应的试剂除了氢卤酸外，还可为三卤化磷、五卤化磷、亚硫酰卤等卤化剂（详见第13章）。这是实验室中制备卤代烃常用的一种方法。

12.4.4 芳环上的氯甲基化

在催化剂无水氯化锌的作用下，芳烃与干燥的甲醛［通常用三聚甲醛（$CH_2O)_3$ 代替］和干燥的氯化氢反应，结果是苯环上的氢原子被氯甲基（—CH_2Cl）取代——氯甲基化。例如：

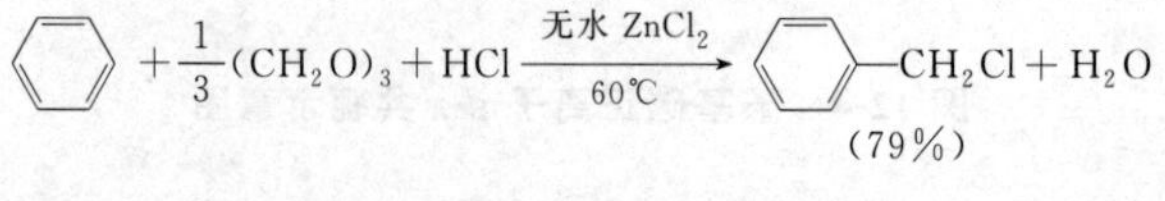

$$\text{苯} + \frac{1}{3}(CH_2O)_3 + HCl \xrightarrow[60℃]{\text{无水 } ZnCl_2} \text{苯}{-}CH_2Cl + H_2O$$
$$(79\%)$$

这个反应与傅-克烷基化反应相似，也是苯环上的亲电取代。

苯、甲苯、乙苯、二甲苯等都发生这个反应。但是，当苯环上带有强的钝化苯环的取代基（例如硝基）时，则不能发生氯甲基化反应。

芳烃的氯甲基化对于在苯环侧链 α-碳原子上引入官能团具有重要的意义。

学习指导

实训 8
1-溴丁烷的制备

 素质阅读

中国有机硅起源与"三杨一傅"

有机硅有"工业味精"和"工业维生素"之称，我国有机硅行业走过了 73 个春秋，也是国内化工行业中真正依靠自主创新发展起来的、拥有自主知识产权的行业，无论是在技术上还是在规模上都取得了令人瞩目的成就，成为世界有机硅行业中一支不可忽视的重要力量。

20 世纪 50 年代初，我国为解决朝鲜战场通信器材设备防潮问题，重工业部北京化工试验所组建有机硅课题组开始有机硅材料研发，开创了我国有机硅工业及应用研究的先河。

杨冬麟、杨大海、杨立德和傅积赉先生，人称"三杨一傅"，是公认的我国有机硅奠基人。杨冬麟先生带领课题组从单体开始，按照道康宁 1945 年发明的"格氏法"苯基路径进行研发，做出了第一套中国有机硅装置，并生产出四氯化硅产品和"苯基硅树脂绝缘漆"，应用于哈尔滨大电机厂的"电动机"绝缘层，大大降低了电动机体积和质量。1956 年产出的硅橡胶、生胶当时的价格每公斤 800 元，并很快用于三机部航空战斗机（歼 6）。有着日本留学背景的杨大海先生，成功研发了"直接法"生产有机硅单体，开启了直接法生产硅单体的历史。"第三杨"杨立德先生一直在 208 有机硅中试车间，从事工程化技术工作，在建立有机硅工段时他为安排设备制造、安装、采购原材料等方面做出贡献。1954 年后，傅积赉先生与杨大海、杨冬麟等早期有机硅科学家共同开发成功了甲基氯硅烷等关键单体合成技术和部分国家急需的高聚物，有力保障了国防军工及航空航天工业的急迫需要。

站在中国成为世界有机硅大国的历史节点上，回望那段艰苦的创业史、创业路，我们看到了一座座有机硅历史的丰碑，那里边有"三杨一傅"，有许多大家知道名字的前辈，还有更多大家并不知道名字的科学家，也许永远也不知道了。但他们就矗立在中国有机硅的历史上，不管你知或者不知，你看得见或看不见，他们都在那里！

思考与练习

一、命名或根据名称写出结构式

(1) CHI_3　　　　(2) $CHCl_3$　　　　(3) CCl_4　　　　(4) CH_3Br

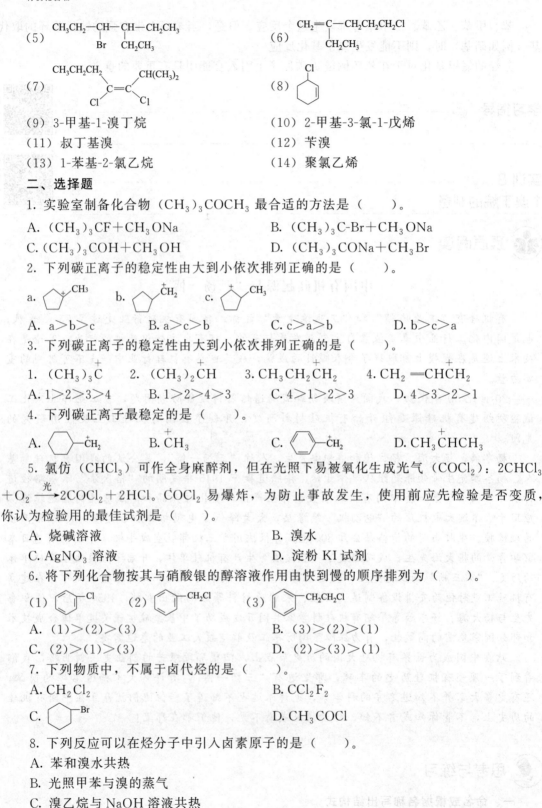

（5）CH₃CH₂—CH—CH—CH₂CH₃
　　　　　　　　│　　│
　　　　　　　　Br　CH₂CH₃

（6）CH₂=C—CH₂CH₂CH₂Cl
　　　　　│
　　　　　CH₂CH₃

（7）
$$\underset{CH_3CH_2}{\overset{}{}}C=\underset{Cl}{\overset{CH(CH_3)_2}{}}$$

（8）

（9）3-甲基-1-溴丁烷　　　　　　（10）2-甲基-3-氯-1-戊烯

（11）叔丁基溴　　　　　　　　　（12）苄溴

（13）1-苯基-2-氯乙烷　　　　　 （14）聚氯乙烯

二、选择题

1. 实验室制备化合物（CH₃）₃COCH₃最合适的方法是（　　　）。

A.（CH₃）₃CF＋CH₃ONa　　　　　　　B.（CH₃）₃C-Br＋CH₃ONa

C.（CH₃）₃COH＋CH₃OH　　　　　　 D.（CH₃）₃CONa＋CH₃Br

2. 下列碳正离子的稳定性由大到小依次排列正确的是（　　　）。

a.　　　　b.　　　　c.

A. a＞b＞c　　　　B. a＞c＞b　　　　C. c＞a＞b　　　　D. b＞c＞a

3. 下列碳正离子的稳定性由大到小依次排列正确的是（　　　）。

1.（CH₃）₃C⁺　　2.（CH₃）₂CH⁺　　3. CH₃CH₂CH₂⁺　　4. CH₂=CHCH₂⁺

A. 1＞2＞3＞4　　B. 1＞2＞4＞3　　C. 4＞1＞2＞3　　D. 4＞3＞2＞1

4. 下列碳正离子最稳定的是（　　　）。

A.　　　　　　B. CH₃⁺　　　　C.　　　　　D. CH₃⁺CHCH₃

5. 氯仿（CHCl₃）可作全身麻醉剂，但在光照下易被氧化生成光气（COCl₂）：2CHCl₃＋O₂ $\xrightarrow{光}$ 2COCl₂＋2HCl。COCl₂易爆炸，为防止事故发生，使用前应先检验是否变质，你认为检验用的最佳试剂是（　　　）。

A. 烧碱溶液　　　　　　　　　　　　B. 溴水

C. AgNO₃溶液　　　　　　　　　　　D. 淀粉 KI 试剂

6. 将下列化合物按其与硝酸银的醇溶液作用由快到慢的顺序排列为（　　　）。

（1）　　　　　（2）　　　　　（3）

A.（1）＞（2）＞（3）　　　　　　　　B.（3）＞（2）＞（1）

C.（2）＞（1）＞（3）　　　　　　　　D.（2）＞（3）＞（1）

7. 下列物质中，不属于卤代烃的是（　　　）。

A. CH₂Cl₂　　　　　　　　　　　　　B. CCl₂F₂

C.　　　　　　　　　　　　　　　　D. CH₃COCl

8. 下列反应可以在烃分子中引入卤素原子的是（　　　）。

A. 苯和溴水共热

B. 光照甲苯与溴的蒸气

C. 溴乙烷与 NaOH 溶液共热

D. 溴乙烷与 NaOH 的醇溶液共热

9. 下表为部分一氯代烷的结构简式和一些数据：

序号	结构简式	沸点/℃	相对密度
①	CH_3Cl	−24.2	0.9159
②	CH_3CH_2Cl	12.3	0.8978
③	$CH_3CH_2CH_2Cl$	46.6	0.8909
④	$CH_3CHClCH_3$	35.7	0.8617
⑤	$CH_3CH_2CH_2CH_2Cl$	78.44	0.8862
⑥	$CH_3CH_2CHClCH_3$	68.2	0.8732
⑦	$(CH_3)_3CCl$	52	0.8420

下列对表中物质与数据的分析归纳错误的是（　　　）。

A. 物质①②③⑤互为同系物

B. 一氯代烷同分异构体的沸点随着支链的增多而升高

C. 一氯代烷的沸点随着碳原子数的增多而趋于升高

D. 一氯代烷的相对密度随着碳原子数的增多而趋于减小

10. 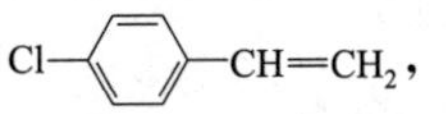 $Cl-$〇$-CH=CH_2$，该有机物能发生（　　　）。

①水解反应；②加成反应；③消去反应；④使溴水褪色；⑤使酸性 $KMnO_4$ 溶液褪色；⑥与 $AgNO_3$ 溶液生成白色沉淀。

A. 只有③⑥不能发生　　　　　　　B. 只有⑥不能发生

C. 只有①不能发生　　　　　　　　D. 以上反应均可发生

三、填空题

1. $CH_3CHCH_2Cl \xrightarrow{NaCN}$ ＿＿＿ $\xrightarrow[\text{H}_2\text{SO}_4]{\text{H}_2\text{O}}$ ＿＿＿
（下方带 CH_3 支链）

2. $CH_3CH_2CH_2Br \xrightarrow[\text{乙醇}]{\text{KOH}}$ ＿＿＿ $\xrightarrow[\text{高温}]{\text{Cl}_2}$ ＿＿＿ $\xrightarrow{\text{Br}_2}$ ＿＿＿

3. $CH_3CH_2OH \xrightarrow{Na}$ ＿＿＿ $\xrightarrow{BrCH_3}$ ＿＿＿

4. 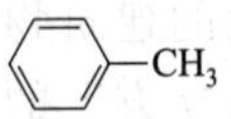 〇$-CH_3 \xrightarrow[\text{光}]{\text{Cl}_2}$ ＿＿＿ $\xrightarrow[\text{无水乙醚}]{\text{Mg}}$ ＿＿＿ $\xrightarrow{\text{H}_2\text{O}}$ ＿＿＿

5. $CH_3CH_2CH=CH_2 \xrightarrow[\text{ROOR}']{\text{HBr}}$ ＿＿＿ $\xrightarrow[\text{H}_2\text{O}]{\text{NaOH}}$ ＿＿＿

6. $CH_3CHCH_2CH=CH_2 \xrightarrow{HBr}$ ＿＿＿ $\xrightarrow{KOH-C_2H_5OH}$ ＿＿＿
（上方带 CH_3 支链）

7. $(CH_3)_3CONa+CH_3CH_2Br \longrightarrow$ ＿＿＿

8. $CH_3CH_2CH=CH_2 \xrightarrow[\text{ROOR}]{\text{HBr}}$ ＿＿＿ $\xrightarrow{\text{Mg/Et}_2\text{O}}$ ＿＿＿

9. $CH_3CHCHCH_2CH_3 \xrightarrow[\text{CH}_3\text{CH}_2\text{OH}]{\text{KOH}}$ ＿＿＿
（上方带 CH_3 支链，下方带 Br）

10. 根据下面的反应路线及所给信息填空：

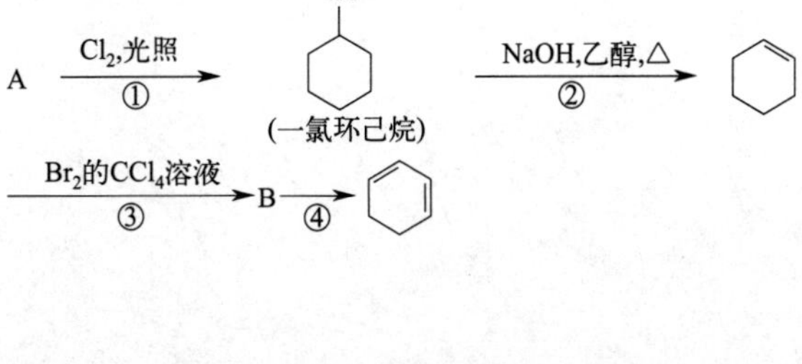

$A \xrightarrow[①]{\text{Cl}_2,\text{光照}}$ 〇（带 Cl）（一氯环己烷）$\xrightarrow[②]{\text{NaOH,乙醇,}\triangle}$ 〇

$\xrightarrow[③]{\text{Br}_2\text{的CCl}_4\text{溶液}} B \xrightarrow{④}$ 〇

（1）A 的结构简式是_____，名称是_____。

（2）①的反应类型是_____，③的反应类型是_____。

（3）反应④的化学方程式是_____。

四、判断题

1. 溴乙烷和氢氧化钠溶液混合共热发生消除反应。 （   ）

2. 1-溴丁烷与氢氧化钾的乙醇溶液混合共热发生消除反应。 （   ）

3. 2-溴丙烷能发生消除反应，且生成物中存在同分异构体。 （   ）

4. CH_3CH_2COCl 属于卤代烃。 （   ）

5. 溴乙烷不溶于水，能溶于大多数有机溶剂。 （   ）

6. 在溴乙烷中滴入 $AgNO_3$，溶液立即有淡黄色沉淀生成。 （   ）

7. 卤代烃在碱性醇溶液中能发生消除反应。 （   ）

8. 格氏反应可以用水当溶剂。 （   ）

9. 叔卤代烷与 NH_3 发生的主反应是取代反应。 （   ）

10. 氯乙烯分子是 p-π 共轭体系。 （   ）

五、名词解释

1. 查依采夫规则

2. 威廉森制醚法

3. 卤代烃的消除反应

4. 卤代烃的取代反应

六、用简便的化学方法区分下列各组化合物

1. $CH_3CH_2CH \!=\! CHBr$　　$CH_3CH_2CH_2CH_2Br$　　$CH_3CH \!=\! CHCH_2Br$

$CH_2 \!=\! CHCH_2CH_2Br$

2.

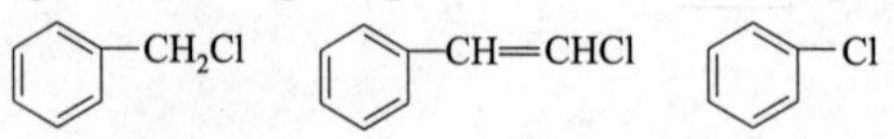

七、简答题

1. "水立方"是 2008 年北京奥运会的标志性建筑之一，这个充满创意的建筑物以其独特的外观和可持续性设计而闻名于世，也是当代建筑工程的杰出代表。"水立方"的外立面是具有"塑料王"之称的聚四氟乙烯（PTFE）高分子材料，这种材料具有优异的耐候性和透光性，使得"水立方"在夜晚能够呈现出璀璨的灯光效果。同时，PTFE 材料还具有自清洁功能，能够有效抵抗污染物的附着，保持建筑外观清洁。合成聚四氟乙烯的单体是什么？试解释聚四氟乙烯称为"塑料王"的原因。

2. 分子式为 C_3H_7Br 的化合物 A，与 KOH 的乙醇溶液反应得到 B，B 与浓 $KMnO_4$ 溶液反应得到 CH_3COOH 和 CO_2，B 与 HBr 作用得到 A 的异构体 C，写出 A、B、C 的结构式和各步反应式。

3. 某烃 A 分子式为 C_5H_{10}，它与溴水不发生反应，在紫外光照射下与溴作用只得到一种产物 B（C_5H_9Br）。将化合物 B 与 KOH 的醇溶液作用得到 C（C_5H_8），化合物 C 经臭氧化并在锌粉的存在下水解得到戊二醛。写出化合物 A 的结构式及各步反应。

第 13 章
醇、酚、醚

 学习目标

知识目标

1. 了解醇、酚、醚的分类；

2. 了解醇、酚、醚的物理性质及其变化规律，理解氢键对醇、酚的沸点和溶解性的影响；

3. 理解醇羟基和酚羟基的区别，掌握醇、酚、醚的化学反应及应用。

能力目标

1. 熟悉性质实验的操作方法；

2. 掌握醇、酚、醚的鉴别方法。

素质目标

1. 培养逻辑思维能力和知识迁移的能力，做到活学活用、学以致用；

2. 培养爱国主义情感和工匠精神，强化安全意识、规范意识和责任意识。

醇酚醚是烃的含氧衍生物，它们可被看作是水分子中的氢原子被取代后的生成物，水分子中的一个氢原子被脂肪烃基取代的是醇（R—OH）；水分子中的一个氢原子被芳香烃基取代的是酚（Ar—OH）；水分子中的两个氢原子被烃基取代的是醚（R—O—R、R—O—Ar、Ar—O—Ar）。

13.1 醇酚醚的分类和物性概述

13.1.1 醇的分类

醇是脂肪烃分子中一个或几个氢原子被羟基（—OH）取代的生成物，一元醇也可看作是水分子中一个氢原子被脂肪烃基取代的生成物。羟基（—OH）是醇的官能团。

（1）根据羟基所连烃基的结构分类

根据羟基所连烃基的结构，可把醇分为脂肪醇、脂环醇、芳香醇（羟基连在芳烃侧链上的醇）。

① 脂肪醇

$$CH_3CH_2OH \qquad CH_2{=}CH{-}CH_2OH$$
乙醇 　　　　2-丙烯醇（烯丙醇）

② 脂环醇

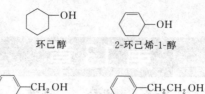

环己醇　　　　2-环己烯-1-醇

③ 芳香醇

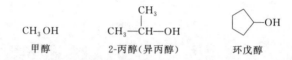

苯甲醇（或苄醇）　　　　2-苯乙醇

（2）根据羟基所连烃基的饱和程度分类

根据羟基所连烃基的饱和程度，可把醇分为饱和醇和不饱和醇。

① 饱和醇

$$CH_3OH \qquad \underset{甲醇}{} \qquad \underset{2-丙醇（异丙醇）}{CH_3-\overset{\displaystyle CH_3}{\underset{}{CH}}-OH} \qquad \underset{环戊醇}{\bigcirc\!-OH}$$

甲醇　　　　　2-丙醇（异丙醇）　　　　环戊醇

> **查一查**：世界卫生组织推荐的免洗洗手消毒剂主要成分是哪两种？消毒原理是什么？

② 不饱和醇

$$CH_2=CH-CH_2OH \qquad\qquad CH\equiv C-CH_2OH$$

2-丙烯醇（烯丙醇）　　　　　2-丙炔醇（炔丙醇）

（3）根据羟基所连碳原子的类型分类

根据羟基所连碳原子的类型，可把醇分为伯醇（一级醇）、仲醇（二级醇）和叔醇（三级醇）。

$$CH_3CH_2CH_2CH_2OH \qquad CH_3CH_2\underset{\underset{OH}{|}}{CH}CH_3 \qquad CH_3-\underset{\underset{OH}{|}}{\overset{\overset{CH_3}{|}}{C}}-CH_3$$

正丁醇（伯醇）　　　　2-丁醇（仲醇）　　　　2-甲基-2-丙醇（叔醇）

（4）根据醇分子中羟基的数目分类

根据醇分子中羟基的数目，可把醇分为一元醇、二元醇及多元醇。

$$CH_3-CH_2-OH \quad \underset{\underset{OH}{|}}{CH_2}-\underset{\underset{OH}{|}}{CH_2} \quad \underset{\underset{OH}{|}}{CH_2}-\underset{\underset{OH}{|}}{CH}-\underset{\underset{OH}{|}}{CH_2} \quad HOCH_2-\underset{\underset{CH_2OH}{|}}{\overset{\overset{CH_2OH}{|}}{C}}-CH_2OH$$

乙醇　　　　乙二醇（甘醇）　　　丙三醇（甘油）　　　季戊四醇

13.1.2　醇的物性概述

一些醇的物理常数见表 13-1。

表 13-1　一些醇的物理常数

名称	构造式	熔点/℃	沸点/℃	溶解度/（g/100g）
甲醇	CH_3OH	-97.8	65	混溶
乙醇	C_2H_5OH	-114.7	78.5	混溶
正丙醇	$n\text{-}C_3H_7OH$	-126.5	97.4	混溶
异丙醇	Me_2CHOH	-89.5	82.4	混溶
正丁醇	$n\text{-}C_4H_9OH$	-89.5	117.3	8.0
仲丁醇	$C_2H_5CH(OH)CH_3$	-114.7	99.5	12.5
异丁醇	Me_2CHCH_2OH	—	107.9	11.1
叔丁醇	Me_3COH	25.5	82.2	混溶

续表

名称	构造式	熔点/℃	沸点/℃	溶解度/(g/100g)
正戊醇	$n\text{-}C_5H_{11}OH$	-79	138	2.2
新戊醇	Me_3CCH_2OH	53	114	混溶
正己醇	$n\text{-}C_6H_{13}OH$	-46.7	158	0.7

醇分子间氢
键的形成

（1）物态

直链饱和一元醇中，C_4 以下的醇是具有酒精气味的液体，$C_5 \sim C_{11}$ 的醇为具有不愉快气味的油状液体，C_{12} 以上的醇为无臭、无味的蜡状固体。二元醇和多元醇具有甜味。

（2）沸点

从表 13-1 可见，直链饱和一元醇的沸点随着碳原子数的增加而上升。同分异构体的醇，支链越多者，沸点越低（如正丁醇沸点为 117.3℃，异丁醇沸点为 107.9℃，仲丁醇沸点为 99.5℃，叔丁醇沸点为 82.2℃）。低级醇的沸点比相对分子质量相近的烷烃要高得多。例如：

化合物	相对分子质量	沸点
甲醇	32	65℃
乙烷	30	$-88.6℃$
乙醇	46	78.5℃
丙烷	44	$-42.2℃$

醇为什么有这样高的沸点，这是因为醇分子间可以形成氢键，液态醇汽化时不仅要破坏分子间的范德华力，而且要破坏氢键，这就是醇具有高沸点的原因。随着碳链的增长，醇与烷烃的沸点差逐渐缩小（如正十二醇与正十三烷的沸点仅差 25℃），原因是随着碳链的增长，碳链不仅起屏蔽作用阻碍氢键的形成，而且羟基在分子中所占的比例降低，所以高级醇的沸点随着碳链的增长而与相对分子质量相近的烷烃的沸点差变小。

（3）溶解度

醇与水分子氢
键的形成

低级（C_4 以下）醇可与水无限混溶，随相对分子质量增大溶解度逐渐降低，C_{10} 以上的醇难溶于水，这是因为低级醇可和水分子形成氢键。随相对分子质量增大，R 增大，醇羟基与水形成氢键的能力减小，因而醇在水中的溶解度也随着降低。

> **想一想**：甘油是一种有效的护肤成分，具有良好的吸湿性和保湿效果，能够为肌肤提供必要的水分和滋润，为什么甘油会有吸湿和保湿的效果？

（4）形成结晶醇

低级醇可以与一些无机盐（如 $MgCl_2$、$CaCl_2$、$CuSO_4$ 等）形成结晶状的分子化合物，称为**醇化物**（或结晶醇）。例如：$MgCl_2 \cdot 6CH_3OH$、$CaCl_2 \cdot 4CH_3CH_2OH$ 等。结晶醇易溶于水，难溶于有机溶剂。在工业上常利用这一性质将醇和其他化合物分开，或者从反应混合物中把醇除去。如乙醚中所含的少量乙醇就是用这种方法除去的。因此实验室不能用无水 $CaCl_2$ 来干燥乙醚。

13.1.3 酚的分类

羟基直接和芳环相连的化合物称为**酚**，通式为：$Ar—OH$。$Ar—CH_2OH$ 是醇而不是酚。

① 根据羟基所连芳环的不同，酚类可分为苯酚、萘酚、蒽酚等。

② 根据分子中所含羟基的数目分为一元酚、二元酚、多元酚。

（1）一元酚

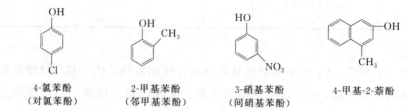

4-氯苯酚
（对氯苯酚）

2-甲基苯酚
（邻甲基苯酚）

3-硝基苯酚
（间硝基苯酚）

4-甲基-2-萘酚

（2）二元酚

1,2-苯二酚
（邻苯二酚）

1,3-苯二酚
（间苯二酚）

1,4-苯二酚
（对苯二酚）

（3）三元酚

1,2,3-苯三酚
（连苯三酚）

1,2,4-苯三酚
（偏苯三酚）

1,3,5-苯三酚
（均苯三酚）

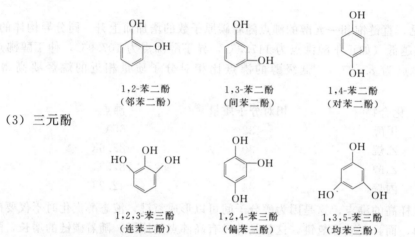

13.1.4 酚的物性概述

一些酚的物理常数见表 13-2。

表 13-2 某些酚的物理常数

名称	熔点/℃	沸点/℃	溶解度/(g/100g 水)
苯酚	40.8	181.8	8.0(热水)
邻甲苯酚	30.5	191.0	2.5
间甲苯酚	11.9	202.2	2.6
对甲苯酚	34.5	201.8	2.3
邻硝基苯酚	44.5	214.5	0.2
间硝基苯酚	96.0	197.0	2.2
对硝基苯酚	114.0	279.0	1.3
α-萘酚	94.0	279.0	—
β-萘酚	123.0	286.0	0.1

（1）物态

常温下，除少数烷基酚（如间甲酚）是高沸点的液体外，大多数都是无色结晶固体，由于酚极易被空气中的氧气氧化，因而往往呈现粉红色或褐色。

（2）沸点

由于酚分子间可以形成氢键，所以酚的沸点都比较高。

（3）熔点

酚的熔点与分子的对称性有关。一般说来，对称性较大的酚，其熔点较高，对称性较小的酚，熔点较低。

（4）溶解性

酚分子含有羟基，可和水分子形成氢键，但因芳基在分子中占有较大的比例，所以苯酚及其低级酚仅微溶于水。随着分子中羟基数目的增加，多元酚在水中的溶解度增大。酚类化合物易溶于乙醇、乙醚、苯等有机溶剂中。

从表 13-2 可见，在硝基苯酚的三个异构体中，邻位异构体的熔点、沸点和在水中的溶解度比对位异构体低得多。这是因为对位异构体分子间可形成氢键而缔合，故沸点较高。同样，它也可与水形成氢键，因而在水中的溶解度也较大。而在邻位异构体中，由于羟基和硝基之间相距较近，它们可以通过分子内氢键形成螯环化合物，使其熔点、沸点及在水中的溶解度较低。邻位异构体可随水蒸气蒸馏出来，这样就可把邻位和对位异构体分开。

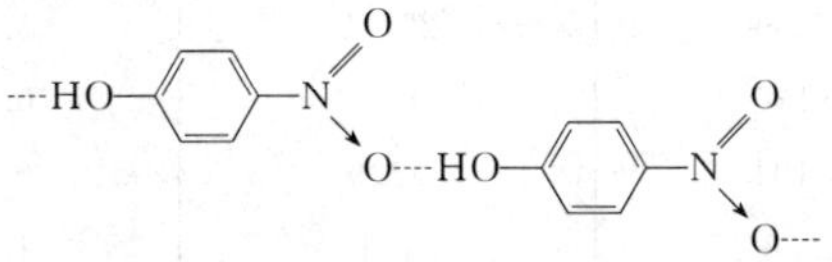

对硝基苯酚的分子间氢键

对硝基苯酚和水分子形成氢键 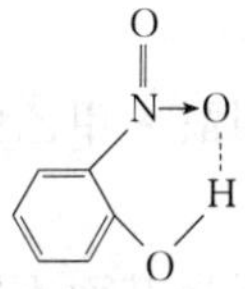　　　　　　邻硝基苯酚的分子内氢键

查一查：水蒸气蒸馏的原理及应用。

13.1.5　醚的分类

醚是两个烃基通过氧原子相连而成的化合物，可用通式表示为：R—O—R′、R—O—Ar、Ar—O—Ar′，其中 C—O—C 称为醚键，是醚的官能团。它可以看作是水分子中两个氢原子被烃基取代而生成的化合物。饱和一元醚和饱和一元醇互为官能团异构体，具有相同的通式：$C_nH_{2n+2}O$。醚有以下几种分类。

① 根据氧原子所连的烃基是否相同分为单醚和混醚。两个烃基相同的称为单醚；两个烃基不同的叫作混醚。

② 根据醚分子中烃基的不同分为饱和醚、不饱和醚、芳醚、环醚。两个烃基都饱和的称为饱和醚，两个烃基中有一个是不饱和的称为不饱和醚。含有芳烃基的称为芳香醚。醚键是环状结构的一部分时，称为**环醚**。

饱和醚　　┌简单醚　　$CH_3CH_2OCH_2CH_3$
　　　　　└混合醚　　$CH_3OCH_2CH_3$

不饱和醚　　$CH_3OCH_2CH=CH_2$　　　$CH_2=CHOCH=CH_2$

芳香醚 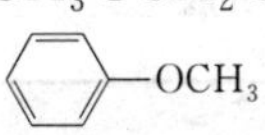 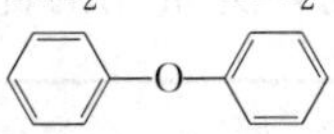　　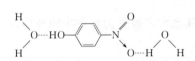

环醚　　

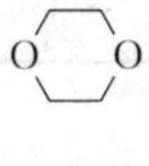

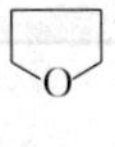

13.1.6 醚的物性概述

一些醚的物理常数列于表 13-3。

表 13-3 一些醚的物理常数

名称	熔点/℃	沸点/℃	相对密度	n_D^{20}
甲醚	−141.5	−24.9	0.661	—
乙醚	−116.2	34.5	0.7137	1.3526
丙醚	−112.0	90.5	0.736	1.3809
异丙醚	−85.9	68.7	0.7241	1.3679
丁醚	−95.3	142.4	0.7689	1.3992
二乙烯基醚	−101.0	28	0.773	1.3989
苯甲醚	−37.5	155	0.9961	1.5179
二苯醚	26.8	257.9	1.0748	1.5787
环氧乙烷	−110	10.73	0.8824	1.3597
1,2-环氧丙烷	−104	33.9	0.8590	1.3057
1,4-二氧六烷	11.8	101	1.0337	1.4224

（1）物态

在常温下除甲醚、甲乙醚、环氧乙烷为气体外，其余大多数醚为有香味的液体。

（2）沸点

醚分子中因无羟基而不能在分子间生成氢键，因此醚的沸点比相应的醇低得多，与相对分子质量相近的烷烃相当。如甲醚和乙醇的沸点分别为−24.9℃和78.5℃。

乙醚的沸点为34.5℃，在常温下很易挥发，其蒸气密度大于空气。乙醚易燃，不能接近明火，使用时必须注意安全。乙醚在空气中的爆炸极限为2.34%～36.15%（体积分数）。实验时反应中逸出的乙醚要及时排出户外。

（3）溶解性

甲醚、1,4-二氧六环、四氢呋喃等都可与水互溶，乙醚在水中的溶解度为每100g水溶解约8g，其他低相对分子质量的醚微溶于水，大多数醚不溶于水。

醚分子中的碳氧键是极性键，氧原子采用 sp^3 杂化，其上有两对未共用电子对，两个碳氧键之间形成一定角度，故醚的偶极矩不为零，易于与水形成氢键，所以醚在水中的溶解度与相对分子质量相同的醇相近，如乙醚与正丁醇在水中溶解度都为每100g水溶解约8g。

$$\begin{matrix} R & & & & R \\ & O\cdots H & & H\cdots O & \\ R' & & & & R' \end{matrix}$$

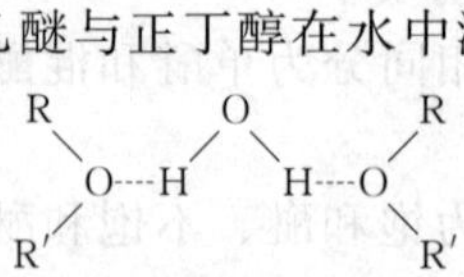

醚和水分子间氢键

1,4-二氧六环分子中四个碳原子连有两个醚键氧原子，与水生成的氢键足以使它与水混溶。四氢呋喃分子中，虽然四个碳原子仅连有一个醚键氧原子，但因氧原子在环上，使氧原子上未共用电子对暴露在外，更容易与水作用形成氢键，故也可与水混溶。环醚的水溶液既能溶解离子化合物，又能溶解非离子化合物，为常用的优良溶剂。

查一查：世界麻醉日的由来。

13.2 醇的化学反应及应用

醇的化学性质主要取决于官能团羟基（—OH）。在醇中 C—O 键和 O—H 键都是极性键，易发生键的断裂，α-H、β-H 由于受羟基的影响也具有一定的活泼性。因此醇可以发生下列反应。

$$\begin{array}{c}\beta \mid \alpha \mid ②\ ① \\ R-C-C \rightarrow O \dashv H \\ ③\mid\ \mid \\ H\ H\end{array}$$

① O—H 键的断裂，氢原子被取代。
② C—O 键的断裂，羟基被取代。
③ α-H 的氧化反应，β-H 的消除反应。

在反应中，反应的部位取决于所用的试剂和反应的条件，反应活性则取决于烃基的结构。

13.2.1 醇与活泼金属的反应——醇的酸性

与水相似，醇羟基上的氢与活泼金属如 Na、K、Mg、Al 等反应放出氢气，表现出一定的酸性，但比水要缓和得多。

$$2H_2O+2Na \longrightarrow 2NaOH+H_2\uparrow（反应激烈）$$
$$2CH_3CH_2OH+2Na \longrightarrow 2C_2H_5ONa+H_2\uparrow（反应缓和）$$
$$\text{乙醇钠}$$
$$6(CH_3)_2CHOH+2Al \longrightarrow 2[(CH_3)_2CHO]_3Al+3H_2\uparrow$$
$$\text{异丙醇铝}$$
$$2CH_3CH_2CH_2OH+Mg \longrightarrow (CH_3CH_2CH_2O)_2Mg+H_2\uparrow$$
$$\text{丙醇镁}$$

金属钠与水和乙醇反应

O—H 键越易断裂，醇的酸性就越强，与金属钠反应就越容易。醇的酸性强弱与 α 碳上所连的烷基（R—）供电子的诱导效应有关，R— 越多，R— 越大，供电子的诱导效应越强，氧原子上的电子云密度增加越多，氢原子与氧原子结合就越紧密而不易断裂，酸性越弱，与金属钠反应越困难。所以各类醇的相对酸性强度次序（或称活性次序）为：$H_2O>CH_3OH>$伯醇＞仲醇＞叔醇。

醇与金属钠的反应比水与金属钠的反应要缓和得多，放出的热量也不足以使生成的氢气燃烧，故可利用这个反应销毁某些反应中残余的金属钠，而不致发生燃烧和爆炸。

由于醇的酸性比水弱，其共轭碱烷氧基（RO—）的碱性就比 OH— 强，所以醇盐遇水会分解为醇和金属氢氧化物：

$$RCH_2ONa+H_2O \rightleftharpoons RCH_2OH+NaOH$$

醇与金属钠反应

醇钠的水解是一个可逆反应，平衡偏向于生成醇的一边。工业上生产醇钠时，为了避免使用昂贵的金属钠，在氢氧化钠和醇的反应过程中，加苯进行共沸蒸馏，使苯、醇和水的三元共沸物不断蒸出，除去混合物中的水分，以破坏平衡而使反应有利于生成醇钠。

醇钠是白色固体，溶于醇中。在有机反应中，烷氧基既可作为碱性催化剂，也可作为亲核试剂进行亲核加成反应或亲核取代反应。

练一练：写出乙醇钠与氯乙烷的反应方程式，并说出该反应类型。

13.2.2 羟基被卤原子取代的反应

（1）醇与氢卤酸（HX）的反应

醇与 HX 反应是实验室中制备卤代烃的方法之一。

$$ROH+HX \Longleftrightarrow RX+H_2O$$

反应是可逆的，可使某一种反应物过量或移去生成物使平衡反应向右进行，从而提高卤代烃的产量。

醇与氢卤酸（HX）的反应速率与氢卤酸（HX）的性质和醇的结构有关。

氢卤酸（HX）的反应活性次序是：HI＞HBr＞HCl（HF 一般不起反应）。

醇的反应活性顺序是：苄醇、烯丙醇＞叔醇＞仲醇＞伯醇。

加热醇与浓氢碘酸就可生成碘代烷。溴代烷则要用浓 $HBr + H_2SO_4$（或 $NaBr + H_2SO_4$）加热制得。

一般来说，醇与盐酸的反应较困难，只有活泼的醇才能起反应。例如叔丁醇与过量浓盐酸，室温下在分液漏斗中振摇，即可得到高产率（94%）的叔丁基氯。当与溶有无水氯化锌的浓盐酸加热时，活性较低的伯醇也能反应，生成相应的氯代烷。

浓盐酸与无水氯化锌（$ZnCl_2$）配成的溶液称为**卢卡斯（Lucas）试剂**。常温下，烯丙醇、叔醇与卢卡斯试剂反应最快，室温下反应 1min 即产生浑浊分层现象；仲醇 10min 产生浑浊分层现象；伯醇（烯丙型醇除外）反应最慢，在常温下不反应，加热时，可生成相应的氯代烷。

$$(CH_3)_3COH+HCl \xrightarrow[20℃]{ZnCl_2} (CH_3)_3CCl+H_2O$$

（1min 内变浑浊，随后分层）

醇与卢卡斯试剂反应

$$CH_3CH(OH)CH_2CH_3 + HCl \xrightarrow[20℃]{ZnCl_2} CH_3CH(Cl)CH_2CH_3 + H_2O$$

（10min 内变浑浊，随后分层）

$$CH_3CH_2CH_2CH_2OH + HCl \xrightarrow[\triangle]{ZnCl_2} CH_3CH_2CH_2CH_2Cl + H_2O$$

（加热后变浑浊，随后分层）

由于反应生成的卤代烷不溶于水，而出现混浊或分层现象。因此可利用卢卡斯（Lucas）试剂与不同醇反应的快慢来鉴别伯、仲、叔醇。值得注意的是，此试验只适用于溶于 Lucas 试剂的低级一元醇（C_6 以下）和几乎所有的多元醇。

> **想一想**：为什么只有低级一元醇（C_6 以下）和几乎所有的多元醇才能溶于 Lucas 试剂？

（2）醇与无机酰卤的反应

某些醇与氢卤酸反应易发生重排，若选用 PX_3、PX_5 或亚硫酰氯（即二氯亚砜）$SOCl_2$ 与醇作用，可得相应的卤代烃并且无重排反应发生。在实际操作中，常用赤磷与溴或碘代替三卤化磷。

$$3ROH+PI_3 \longrightarrow 3RI+H_3PO_3$$

（$P+I_2$ 或 Br_2）

$$ROH+PCl_5 \longrightarrow RCl+POCl_3+HCl$$

$$ROH+SOCl_2 \longrightarrow RCl+SO_2 \uparrow + HCl \uparrow$$

醇与亚硫酰氯作用生成氯代烷，此反应有两个优点：首先 $SOCl_2$ 是一种沸点相当低的液体

（沸点 79℃），通过蒸馏容易除去过量的 $SOCl_2$。其次生成的 SO_2 与 HCl 均为气体，在反应过程中逸出，有利于反应向生成物方向进行。此反应不仅速率大，产量高，而且产品较纯。

$$CH_3CH_2CH_2CH_2CH_2OH + SOCl_2 \xrightarrow[\text{回流}]{\text{吡啶}} CH_3CH_2CH_2CH_2CH_2Cl + SO_2\uparrow + HCl$$
$$\text{80\%} \qquad\qquad \text{与吡啶成盐}$$

此法是由伯醇、仲醇制备相应氯代烷的比较好的方法，但不适用于制备与 $SOCl_2$ 沸点相近的氯代烷。

13.2.3 酯化反应

醇与含氧无机酸或有机酸反应，发生分子间脱水生成酯。

（1）硫酸酯的生成

$$R{+}OH + H{+}OSO_2OH \rightleftharpoons R{-}OSO_2OH + H_2O$$

反应是可逆的，生成的酸性硫酸氢酯，用碱中和后，得到烷基硫酸钠 $ROSO_2ONa$。当 R 为 $C_{12}\sim C_{16}$ 时，烷基硫酸钠常用作洗涤剂、乳化剂。这类表面活性剂的缺点是高温易水解。

酸性硫酸酯经减压蒸馏可得到中性硫酸酯。

$$\begin{matrix} ROSO_2{+}OH \\ RO{+}SO_2OH \end{matrix} \xrightarrow{\text{减压蒸馏}} ROSO_2OR + H_2SO_4$$

最重要的中性硫酸酯是硫酸二甲酯 $(CH_3O)_2SO_2$、硫酸二乙酯 $(CH_3CH_2O)_2SO_2$。它们是重要的甲基化和乙基化试剂，可用于工业上和实验室中，它们能把有机化合物中的羟基（—OH）转化成烷氧基（RO—）。因有剧毒，使用时应注意。

（2）硝酸酯的生成

醇与硝酸作用生成硝酸酯。多元醇的硝酸酯是烈性炸药。

$$CH_3{+}OH + H{+}ONO_2 \longrightarrow CH_3ONO_2 + H_2O$$
$$\text{硝酸甲酯}$$

$$\begin{matrix} CH_2{+}OH \\ CH{+}OH \\ CH_2{+}OH \end{matrix} + 3H{+}ONO_2 \xrightarrow{H_2SO_4} \begin{matrix} CH_2ONO_2 \\ CHONO_2 \\ CH_2ONO_2 \end{matrix} + 3H_2O$$
$$\text{甘油三硝酸酯(硝化甘油)}$$

甘油三硝酸酯（也叫作硝化甘油或硝酸甘油）受热或撞击立即引起爆炸。将它与木屑、硅藻土混合制成甘油炸药，对震动较稳定，只有在起爆剂引发下才会爆炸，是一种爆破力非常猛烈的炸药，主要用于爆破工程和国防建设。同时它也具有扩张冠状动脉的作用，医药上用于治疗心绞痛。

（3）磷酸酯的生成

醇也可以和磷酸形成磷酸酯。

$$3C_4H_9OH + \begin{matrix} HO \\ HO{-}P{=}O \\ HO \end{matrix} \rightleftharpoons (C_4H_9O)_3PO + 3H_2O$$
$$\text{磷酸三丁酯}$$

一些脂肪醇的磷酸三酯常用作织物阻燃剂、塑料增塑剂。磷酸酯在生命活动中具有十分重要的作用，例如，DNA 和 RNA 就是多聚的磷酸二酯。

磷酸的酸性较硫酸、硝酸弱，一般不易直接与醇酯化。磷酸酯大多是由醇与磷酰氯反应制得：

$$3ROH+POCl_3 \longrightarrow (RO)_3P{=}O+3HCl$$

（4）羧酸酯的生成

醇与有机酸（或酰氯、酸酐）反应生成羧酸酯。这个反应将在羧酸一章中进一步讨论。

$$RO{\vdots}H+HO{\vdots}\overset{O}{\underset{}{C}}{-}R_1 \underset{}{\overset{H^+}{\rightleftharpoons}} RO{-}\overset{O}{\underset{}{C}}{-}R_1+H_2O$$

> **想一想**：酯化反应是可逆反应，实验室用乙酸和乙醇为原料制备乙酸乙酯，可以采用什么方法提高转化率？

13.2.4 脱氢和氧化

在醇分子中，由于受到羟基吸电子诱导效应的影响，α-H 的活性增大，容易被氧化或脱氢生成醛或酮。由于伯醇的 α-C 含两个 H，仲醇的 α-C 含一个 H，叔醇的 α-C 不含 H，所以它们被氧化或脱氢的难易也不相同，生成的产物也有所区别。

（1）脱氢反应

伯醇、仲醇的蒸气在高温下通过活性铜（或银）催化剂发生脱氢反应，分别生成醛和酮。

伯醇 $RCH_2{-}OH \xrightleftharpoons{Cu,300℃} R{-}\overset{O}{\underset{}{C}}{-}H+H_2$

仲醇 $\underset{R'}{\overset{R}{CH}}{-}OH \xrightleftharpoons{Cu,300℃} \underset{R'}{\overset{R}{C}}{=}O+H_2$

若同时通入空气，则氢气被氧化成水，反应可进行完全，例如：

$$CH_3CH_2OH+\frac{1}{2}O_2 \xrightarrow[550℃]{Cu,Ag} CH_3CHO+H_2O$$

叔醇无 α-H，不能脱氢，因而不发生脱氢反应。将其蒸气于 300℃ 下通过铜，只能脱水生成烯烃。

> **想一想**：贵州苗族的银饰样式精美、结构繁复，造型夸张而生动，其锻造技艺被列入首批国家级非物质文化遗产目录，成了"中国文化瑰宝"。在贵州苗银制作过程中，焊接时灼热发黑的银器迅速插入酒精中后，银器便会光亮如新，你知道这是什么原理吗？

（2）氧化反应

伯醇氧化首先生成醛，醛很容易被氧化生成羧酸。

$$RCH_2OH \xrightarrow{[O]} \underset{醛}{R{-}\overset{O}{\underset{}{C}}{-}H} \xrightarrow{[O]} \underset{羧酸}{R{-}\overset{O}{\underset{}{C}}{-}OH}$$

常用的氧化剂有 K_2CrO_7-稀 H_2SO_4、CrO_3-冰 HOAc、CrO_3-H_2O、$KMnO_4$-H_2O、$KMnO_4$-OH^-、CrO_3-吡啶配合物等。

由伯醇制备醛时，要将生成的醛及时从混合物中蒸出，或使用特殊氧化剂三氧化铬-吡啶氧化，可使伯醇氧化停留在醛阶段。

$$\text{C}_6\text{H}_5\text{—CH}=\text{CH—CH}_2\text{OH} \xrightarrow[\text{CH}_2\text{Cl}_2,25℃]{\text{三氧化铬-吡啶配合物}} \text{C}_6\text{H}_5\text{—CH}=\text{CH—CHO}$$
$$81\%$$

这类氧化剂对碳碳双键、三键也无影响。

仲醇氧化生成酮。

$$\underset{\text{OH}}{\text{CH}_3\overset{|}{\text{CH}}\text{CH}_2\text{CH}_3} \xrightarrow[\text{H}_2\text{SO}_4]{\text{K}_2\text{CrO}_7} \underset{\text{O}}{\text{CH}_3\overset{\|}{\text{C}}\text{CH}_2\text{CH}_3}$$

叔醇不含 α-H，不发生上述反应。

检查司机是否酒后驾车的呼吸分析仪就是利用乙醇与重铬酸钠的氧化反应。在 100mL 血液中如含有超过 80mg 乙醇（最大允许量），这时呼出的气体中所含乙醇量即可使呼吸分析仪中的溶液颜色由橙红色变为绿色。

$$3\text{CH}_3\text{CH}_2\text{OH}+2\text{Na}_2\text{Cr}_2\text{O}_7+8\text{H}_2\text{SO}_4 \longrightarrow 3\text{CH}_3\text{COOH}+2\text{Na}_2\text{SO}_4+2\text{Cr}_2(\text{SO}_4)_3+11\text{H}_2\text{O}$$
橙红色　　　　　　　　　　　　　　　　　　　　　　　绿色

> **小资料**：机动车驾驶员在驾车中，如血液或呼气中检出酒精即为违法。每百毫升血液酒精含量大于或者等于 80mg 的为"醉酒驾车"；低于 80mg（有的地方规定下限为高于 20mg），为"酒后驾车"。

13.2.5　脱水反应

醇在酸性催化剂作用下，加热容易脱水，一种是在较高温度下分子内脱水则生成烯烃，另一种是在较低温度下分子间脱水生成醚。

（1）分子内脱水

醇在较高温度下加热，发生分子内的脱水反应，产物是烯烃。常用的催化剂是 H_2SO_4、H_3PO_4 等质子酸，脱水所需的温度和酸的浓度与醇的构造有关。例如：

$$\text{CH}_3\text{CH}_2\text{CH}_2\text{CH}_2\text{OH} \xrightarrow[160℃]{70\% \text{ H}_2\text{SO}_4} \text{CH}_3\text{CH}_2\text{CH}=\text{CH}_2 + \text{CH}_3\text{CH}=\text{CHCH}_3$$
（主要）

$$\text{CH}_3\text{CH}_2\text{CH(OH)CH}_3 \xrightarrow[95℃]{60\% \text{ H}_2\text{SO}_4} \text{CH}_3\text{CH}_2\text{CH}=\text{CH}_2 + \text{CH}_3\text{CH}=\text{CHCH}_3$$
（主要）

$$\underset{\text{OH}}{\text{CH}_3\text{CH}_2\overset{\overset{\text{CH}_3}{|}}{\underset{|}{\text{C}}}\text{CH}_3} \xrightarrow[90\sim95℃]{46\% \text{ H}_2\text{SO}_4} \text{CH}_3\text{CH}_2\overset{\overset{\text{CH}_3}{|}}{\text{C}}=\text{CH}_2 + \text{CH}_3\text{CH}=\overset{\overset{\text{CH}_3}{|}}{\text{C}}\text{CH}_3$$
（主要）

某些醇的脱水产物取决于它们反应过程中所生成的碳正离子的稳定性，如果生成较不稳定的碳正离子，则可重排成更稳定的碳正离子，然后再按查依采夫规律消除 β-H。

$$\underset{}{\text{CH}_3\text{CH}_2\overset{\overset{\text{CH}_3}{|}}{\text{CH}}\text{CH}_2\text{OH}} \xrightarrow{\text{H}^+} \underset{\text{伯碳正离子}}{\text{CH}_3\text{CH}_2\overset{\overset{\text{CH}_3}{|}}{\text{CH}}\overset{+}{\text{CH}}_2} \xrightarrow{\text{氢重排}} \underset{\text{叔碳正离子}}{\text{CH}_3\text{CH}_2\overset{\overset{\text{CH}_3}{|}}{\underset{}{\overset{+}{\text{C}}}}\text{CH}_3}$$

$$\downarrow -\text{H}^+ \qquad\qquad \downarrow -\text{H}^+$$

$$\underset{}{\text{CH}_3\text{CH}_2\overset{\overset{\text{CH}_3}{|}}{\text{C}}=\text{CH}_2} \qquad\qquad \underset{\text{主要产物}}{\text{CH}_3\text{CH}=\overset{\overset{\text{CH}_3}{|}}{\text{C}}\text{CH}_3}$$

　　醇的分子内脱水属于消除反应，与卤代烃脱卤化氢的反应相同，产物遵循查依采夫（Saytzeff）规律，主要生成较稳定的烯烃，反应总是向生成多支链的烯烃方向进行。

　　想一想：卤代烃和醇分子内脱水的消除反应的区别。

　　不同结构的醇分子内脱水的反应活性大小为：叔醇＞仲醇＞伯醇。

　　用路易斯（Lewis）酸如 Al_2O_3 做催化剂时，气相醇脱水反应温度要求较高（约360℃），反应过程中很少有重排现象发生，催化剂经再生可以重复使用。

$$CH_3CH_2CH_2CH_2OH \xrightarrow[300\sim400℃]{Al_2O_3} CH_3CH_2CH=CH_2$$
纯

　　实验室常利用醇脱水反应制取少量的烯烃。

　　（2）分子间脱水

　　醇在较低温度下加热，常发生分子间的脱水反应，产物为醚。

$$R{\dashv}OH+H{\vdash}OR \xrightarrow[\triangle]{H_2SO_4} R-O-R+H_2O$$

　　一般而言，高温、强酸有利于分子内脱水生成烯烃，醇过量、低温有利于分子间脱水生成醚。例如：

$$CH_3CH_2OH \begin{cases} \xrightarrow[170℃]{浓\ H_2SO_4} CH_2=CH_2+H_2O & \text{（消除反应）} \\ \xrightarrow[140℃]{浓\ H_2SO_4} CH_3CH_2OCH_2CH_3+H_2O & \text{（取代反应）} \end{cases}$$

　　醇的分子内和分子间脱水是两个竞争反应，按何种方式脱水与醇的结构和反应条件有关。仲醇易发生分子内脱水，产物以烯烃为主；叔醇只发生分子内脱水生成烯烃；相对分子质量较低的伯醇容易得醚。例如，工业上乙醚是由乙醇与浓硫酸共热制得，也可以由乙醇与氧化铝高温气相催化脱水制得。

　　想一想：乙醇分子内脱水适合用来制备哪种类型的醚？你还能说出哪些制醚的方法？

13.3　酚的化学反应及应用

　　酚与醇分子中都有极性的 C—O 键和 O—H 键，它们具有相似的化学性质。但是由于酚羟基氧原子上的 p 电子云与芳环的 π 电子云形成 p-π 共轭体系（见图 13-1），而使氧原子上的电子云密度向芳环转移，使 C—O 键加强，O—H 键间的电子云密度降低，从而有利于氢以质子的形式离去；同时生成的苯氧负离子也由于共轭效应，氧原子上的负电荷能够分散到整个共轭体系中而更稳定，因而酚一方面酸性比醇强；另一方面较难发生羟基被取代的反应。由于羟基的存在使芳环上的电子云密度增加，酚易发生环上的亲电取代反应。

13.3.1　酚羟基的反应

　　（1）酚的酸性

苯酚的弱酸性

　　酚具有酸性，其酸性（例如苯酚的酸性 $pK_a^\ominus=10$）比醇（$pK_a^\ominus=18$）、水（$pK_a^\ominus=15.7$）强，但比碳酸（$pK_a^\ominus=6.38$）弱。故酚能与强碱溶液作用生成盐。例如酚能

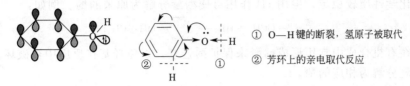

① O—H 键的断裂，氢原子被取代

② 芳环上的亲电取代反应

图 13-1　苯酚中 p-π 共轭示意图

溶于 NaOH 水溶液生成可溶于水的酚钠，但不能与 Na_2CO_3、$NaHCO_3$ 溶液作用放出 CO_2。相反，将 CO_2 通入或加入其他无机酸到酚钠水溶液中，酚即游离出来。

$$\text{C}_6\text{H}_5\text{—OH} + \text{NaOH} \longrightarrow \text{C}_6\text{H}_5\text{—ONa} + \text{H}_2\text{O}$$

$$\text{C}_6\text{H}_5\text{—ONa} + \text{CO}_2 + \text{H}_2\text{O} \longrightarrow \text{C}_6\text{H}_5\text{—OH} + \text{NaHCO}_3$$

　　根据酚能溶解于碱，而又可用酸将它从碱溶液中游离出来的性质，工业上上述反应常被用来回收和处理含酚的污水。

> **练一练**：用简便方法分离苯酚和苯甲醇混合溶液。

　　取代酚的酸性强弱与取代基的性质有关。当苯酚环上连有供电子基时，因不利于负电荷分散，苯氧负离子稳定性降低，酸性减弱。当苯酚环上连有吸电子基时，因有利于负电荷离域，取代苯氧负离子稳定性更高，因而酸性增强。酚环上连的吸电子基越多，酸性越强；供电子基越多，酸性越弱。

(o-甲酚)	(苯酚)	(间硝基苯酚)	(邻硝基苯酚)	(对硝基苯酚)	(2,4-二硝基苯酚)	(2,4,6-三硝基苯酚)

$pK_a^{\ominus}$　　10.2　　9.89　　8.40　　7.23　　7.15　　4.0　　0.71

取代基的位置不同，对酚的酸性也有影响，这是分子中存在共轭效应和诱导效应的结果。例如：硝基苯酚中由于硝基的吸电子效应，使羟基氧上的负电荷离域到硝基上，从而使硝基苯氧负离子更稳定，所以其酸性比苯酚强。由于苯酚羟基是邻对位基，硝基在邻对位对降低苯环的电子云密度有利，在间位，相对降低苯环的电子云密度要少些，故邻、对位硝基苯酚的酸性比间位硝基苯酚的酸性强些，邻、对位硝基越多，酸性越强。上述酚的酸性是从左向右逐渐增强。

　　（2）酚醚的生成

　　与醇相似，酚也可生成醚，但酚不能发生分子间脱水生成醚，这是因为酚的结构所造成的。烷基芳基醚可用 **Williamson 合成法**合成。它是通过芳氧负离子与卤代烷或硫酸酯发生反应制得的。

$$\text{C}_6\text{H}_5\text{—O}^- \text{Na}^+ + \text{CH}_3\text{CH}_2\text{CH}_2\text{Br} \longrightarrow \text{C}_6\text{H}_5\text{—OCH}_2\text{CH}_2\text{CH}_3 + \text{NaBr}$$

$$\text{CH}_3\text{—C}_6\text{H}_4\text{—O}^- \text{Na}^+ + \underset{\text{硫酸二甲酯}}{\text{CH}_3\text{OSO}_2\text{OCH}_3} \longrightarrow \text{CH}_3\text{—C}_6\text{H}_4\text{—OCH}_3 + \text{CH}_3\text{OSO}_2\text{ONa}$$

二芳基醚可用酚钠与卤代芳烃制得，因芳环上卤原子不活泼，故要加热及催化剂作用下才可发生反应。

$$\text{C}_6\text{H}_5\text{—ONa} + \text{CH}_3\text{—C}_6\text{H}_4\text{—Br} \xrightarrow[210℃]{\text{Cu}} \text{CH}_3\text{—C}_6\text{H}_4\text{—O—C}_6\text{H}_5 + \text{NaBr}$$

酚醚的化学性质较稳定，但用 HI 作用可使酚醚分解为原来的酚。例如：

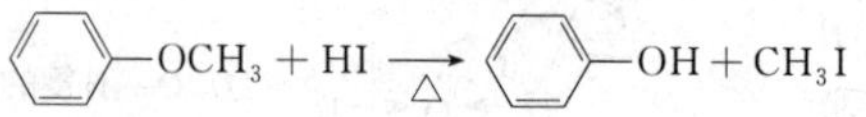

$$\text{C}_6\text{H}_5\text{—OCH}_3 + \text{HI} \xrightarrow{\triangle} \text{C}_6\text{H}_5\text{—OH} + \text{CH}_3\text{I}$$

该反应在有机合成中常用形成酚醚来保护酚羟基，以免羟基在反应中被破坏，待反应终了后再将酚醚分解为相应的酚。

（3）酚酯的生成

酚与醇相似，也能形成酯，但酚与羧酸直接酯化比较困难，因为这是个轻微的吸热反应，对平衡不利，一般采用酸酐或酰氯与酚作用才能生成酯。例如：

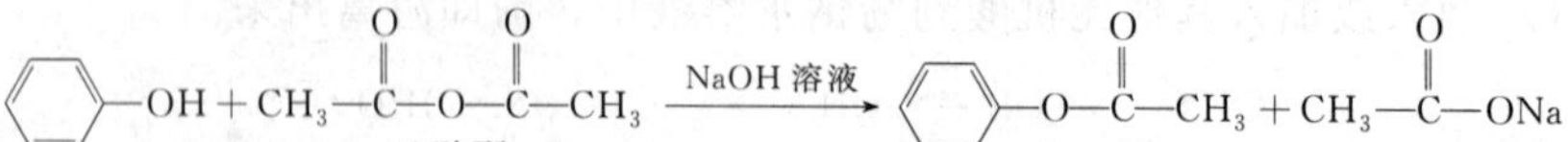

乙酸酐

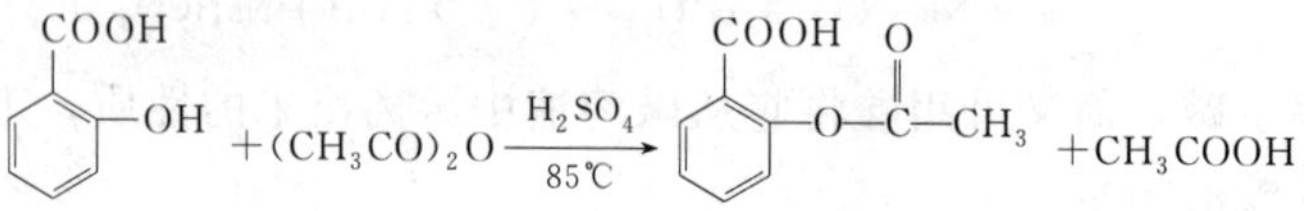

乙酸酐　　　　　　　乙酰水杨酸（阿司匹林）

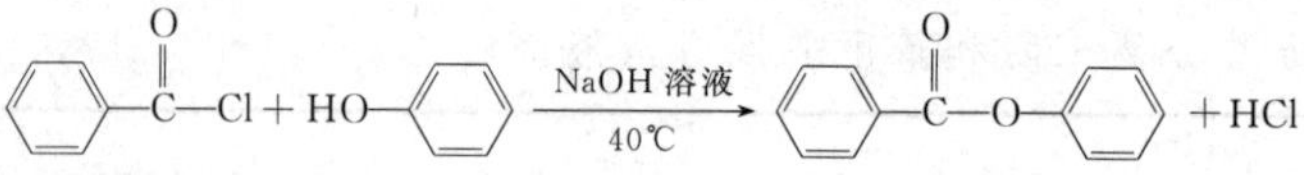

苯甲酰氯　　　　　　　　　苯甲酸苯酯

乙酰水杨酸又叫阿司匹林，为白色的针状晶体。它是一种解热镇痛药，用于治疗风湿病和关节炎等，近年来也用其预防手术后的血栓形成和预防心肌梗死。

> **查一查**：阿司匹林与青霉素、安定（地西泮）并称"世界医学史三大经典药物"，了解阿司匹林的丰功伟绩及发展史。

苯甲酸苯酯为白色晶体，主要用于制备甾体激素类药物。

（4）与 $FeCl_3$ 的显色反应

大多数酚可与氯化铁溶液作用生成有色配离子。

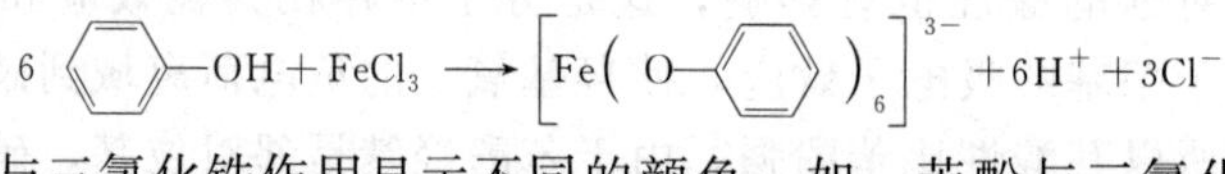

酚与三氯化
铁显色反应

$$6\,\text{C}_6\text{H}_5\text{—OH} + \text{FeCl}_3 \longrightarrow \left[\text{Fe}\left(\text{O—C}_6\text{H}_5\right)_6\right]^{3-} + 6\text{H}^+ + 3\text{Cl}^-$$

不同的酚与三氯化铁作用显示不同的颜色，如：苯酚与三氯化铁反应呈蓝紫色；邻苯二酚呈绿色；对甲苯酚呈蓝色等。可利用此显色反应鉴别酚羟基和烯醇式化合物（烯醇显红褐色和红紫色）。

13.3.2　芳环上的取代反应

羟基是强的邻对位定位基，它的存在使芳环上的电子云密度大大增加，所以酚比苯更容易发生环上的亲电取代反应。

（1）卤代反应

酚与卤素发生亲电取代反应时不需要用路易斯酸作催化剂，但需要仔细地选择反应条件，以便得到一、二或三卤代产物。

苯酚的溴化反应若在低极性溶剂或非极性溶剂，如 $CHCl_3$、CS_2 或 CCl_4 中进行，可得以对位为主的一卤代酚。

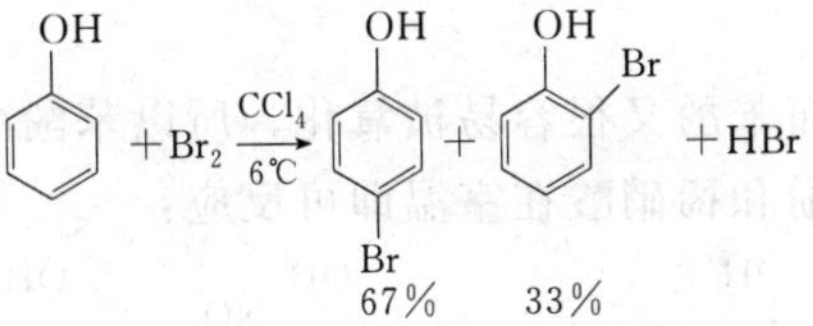

$$\text{PhOH} + Br_2 \xrightarrow[6\text{℃}]{CCl_4} \underset{Br}{\text{(OH对位Br)}} 67\% + \underset{Br}{\text{(OH邻位Br)}} 33\% + HBr$$

苯酚的溴化反应若在酸性溶液中进行，可以停留在2,4-二溴苯酚阶段。

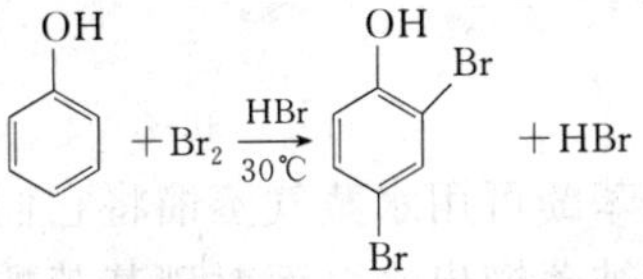

$$\text{PhOH} + Br_2 \xrightarrow[30\text{℃}]{HBr} \text{(2,4,二溴苯酚)} + HBr$$

【演示实验13-1】 在1mL 2%的苯酚水溶液中滴加几滴饱和溴水，观察现象。

苯酚在室温下与溴水可迅速反应生成2,4,6-三溴苯酚的白色沉淀。

苯酚与溴水反应

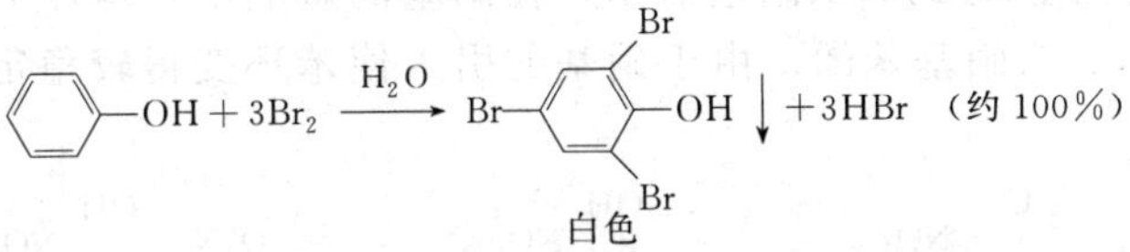

$$\text{PhOH} + 3Br_2 \xrightarrow{H_2O} \underset{\text{白色}}{\text{(2,4,6-三溴苯酚)}} \downarrow + 3HBr \quad (约100\%)$$

利用这个性质可定性、定量地鉴定苯酚，此反应非常灵敏，可检验出含量为$10\mu g/L$的酚。

在水溶液中，特别pH=10时，即使不到3mol氯，也能得到2,4,6-三氯苯酚。

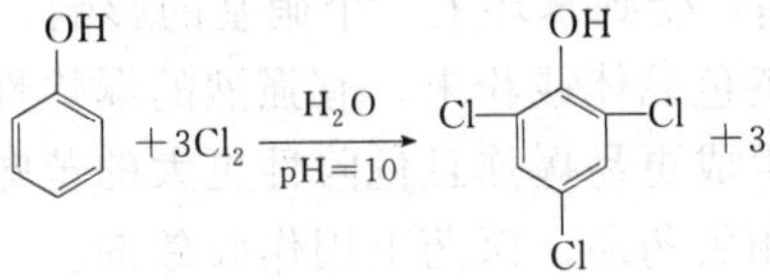

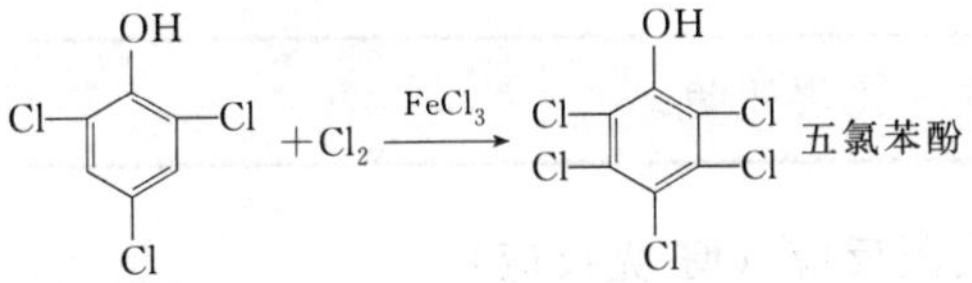

$$\text{PhOH} + 3Cl_2 \xrightarrow[pH=10]{H_2O} \underset{Cl}{\overset{Cl}{\text{(2,4,6-三氯苯酚)}}} + 3HCl$$

$$\text{(三氯苯酚)} + Cl_2 \xrightarrow{FeCl_3} \text{(五氯苯酚)} \quad 五氯苯酚$$

五氯苯酚是一种橡胶制品的杀菌剂，也是一种灭钉螺（防血吸虫病）的药物。

（2）磺化反应

浓硫酸易使苯酚磺化。如果反应在室温下进行，生成几乎等量的邻位和对位取代产物；如果反应在较高温度下进行，则对位异构体为主要产物，如果进一步磺化可得到苯二磺酸。

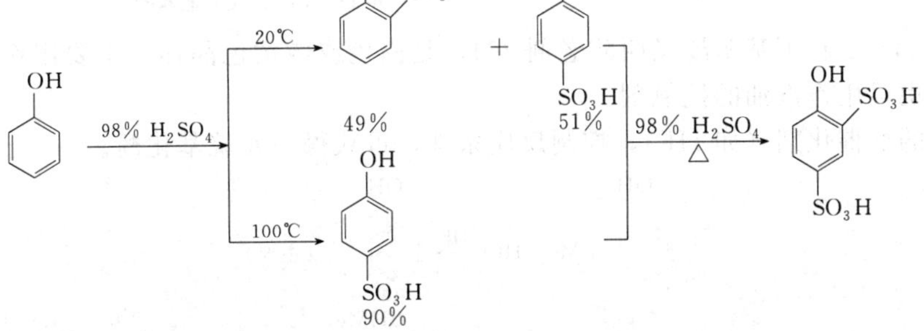

$$\text{PhOH} \xrightarrow{98\% \ H_2SO_4} \begin{cases} \xrightarrow{20\text{℃}} \underset{49\%}{\text{(邻位SO}_3\text{H)}} \\ \xrightarrow{100\text{℃}} \underset{90\%}{\text{(对位SO}_3\text{H)}} \end{cases} + \underset{51\%}{\text{(对位SO}_3\text{H)}} \xrightarrow[\triangle]{98\% \ H_2SO_4} \text{(苯二磺酸)}$$

磺化是一个可逆反应。

（3）硝化反应

由于硝酸具有氧化性，而苯酚又很容易被氧化，所以苯酚的硝化产率很低，不宜用浓硝酸与苯酚发生硝化反应。苯酚和稀硝酸在室温即可反应：

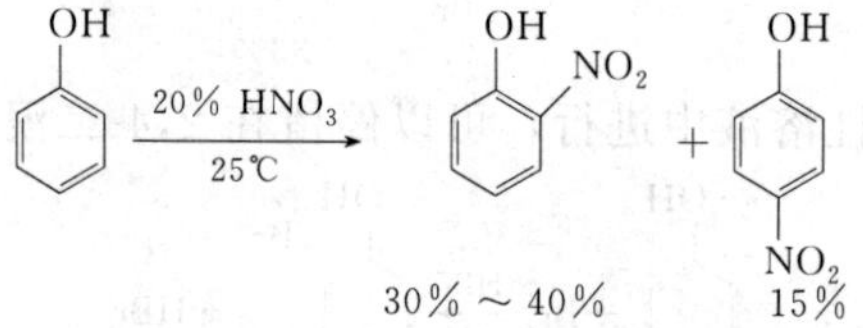

30%～40%　　15%

生成的邻硝基苯酚和对硝基苯酚可用水蒸气蒸馏将它们分离开，邻硝基苯酚通过分子内氢键形成螯环，能随水蒸气一起被蒸馏出来，而对硝基苯酚因形成分子间氢键，不易挥发而留下。实验室可用上述方法制备少量的邻、对硝基苯酚。间硝基苯酚可用间接法制得。

对于多硝基苯酚的制备一般不直接用硝化法。例如：2,4,6-三硝基苯酚通常是由氯苯为原料进行制备，氯苯先硝化生成2,4-二硝基氯苯，在硝基的影响下，苯环上的氯原子被活化而容易被水解，生成2,4-二硝基苯酚。由于硝基的引入使苯环变得较稳定，进一步硝化时就不易被氧化。

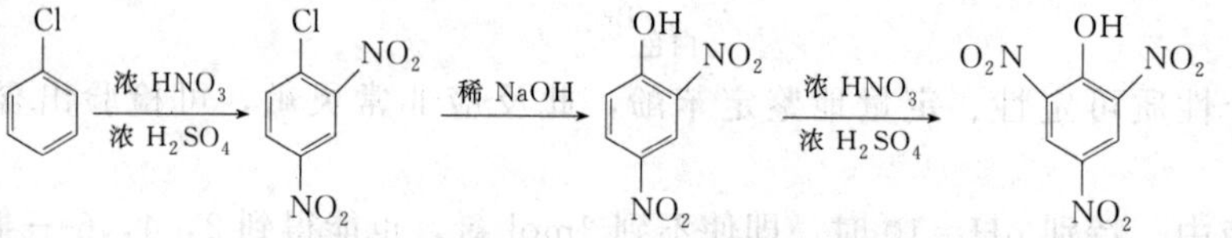

2,4,6-三硝基苯酚中的羟基，受到苯环上三个硝基的影响，其水溶液的酸性很强，味又苦，俗称苦味酸。苦味酸为淡黄色晶体或粉末，有强烈的爆炸性，是军事上最早使用的一种烈性炸药。易与多种金属作用生成更易爆炸且危险性更大的苦味酸盐。它本身是一种酸性染料，也可用于制备其他染料和相关药品。医药上用作收敛剂。

查一查：苦味酸的结构式及主要用途。

（4）傅瑞德尔-克拉夫茨反应（傅-克反应）

① 傅-克烷基化　酚的傅-克烷基化反应比较容易进行，常用的烷基化试剂是烯烃和醇，浓硫酸、磷酸、酸性阳离子交换树脂等作为催化剂，反应可生成多元烷基酚。例如：

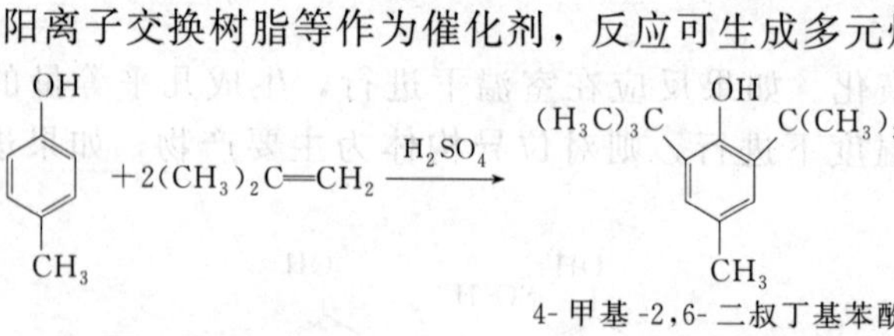

4-甲基-2,6-二叔丁基苯酚

4-甲基-2,6-二叔丁基苯酚又叫防老剂264，是白色或微黄色晶体。主要用作橡胶和塑料的抗老剂，也可用作汽油的抗氧剂。

若用弱的酸催化剂（如HF），控制反应条件，可获得一元烷基化酚。

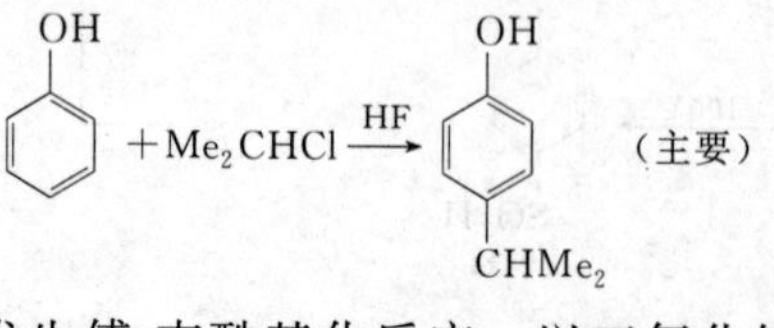

② 傅-克酰基化　酚可以发生傅-克酰基化反应。以三氯化铝为催化剂，用酰氯或酸酐为酰化试剂，苯酚可以被酰化，但是催化剂用量较多。因为三氯化铝可与酚作用生成不溶于有

机溶剂的酚氯化铝盐。

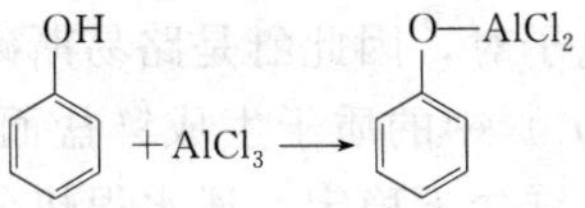

由于氯化铝盐的生成，使芳环亲电取代反应的活性降低，又由于羟基上酯化反应的竞争性，使酚类的傅-克酰基化反应产率不高。但也有产率很高的傅-克酰基化反应的例子，例如：

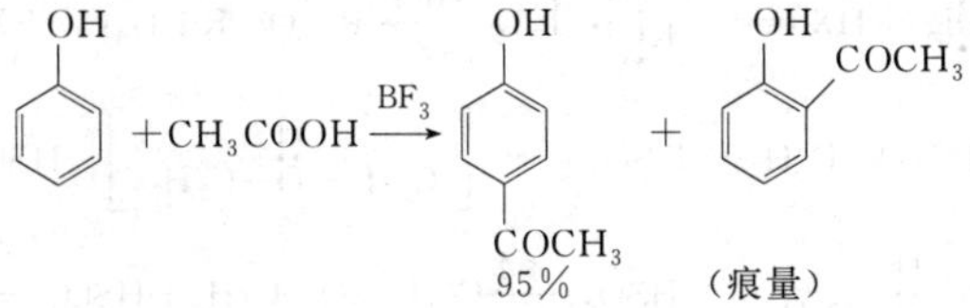

13.3.3 氧化和加氢反应

（1）氧化反应

酚比醇更易被氧化，空气中的氧就能使酚氧化，氧化物的颜色随着氧化程度的加深而逐渐加深，由无色至粉红色、红色至深褐色。这就是苯酚与空气接触变红的原因。酚的氧化产物是醌。例如：

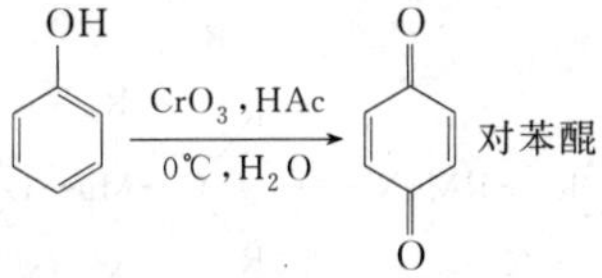

二元酚更易被氧化。例如，邻或对苯二酚在室温时即可被弱的氧化剂如溴化银、氧化银或氯化铁氧化为邻或对苯醌，而溴化银则被还原成金属银。这一反应应用于照相的显影过程，对苯二酚是常用的显影剂。

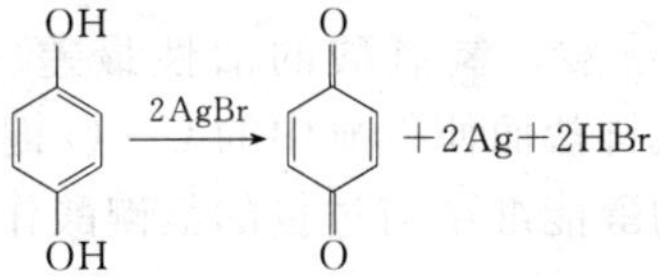

酚的氧化具有许多实际用途。例如，对苯二酚等可用作自由基链反应的抑制剂；4-甲基-2,6-二叔丁基苯酚（BHT）可作为食物的防腐剂。

（2）加氢反应

酚可通过催化氢化还原为环烷基醇，如在工业上制备环己醇。

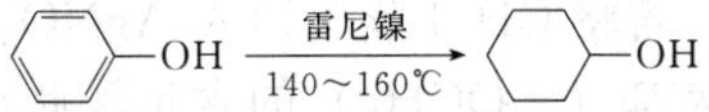

环己醇是制备聚酰胺类合成纤维的重要原料。

13.4 醚的化学反应及应用

醚分子中的氧原子是 sp^3 杂化，键角接近于 $109.5°$，例如甲醚的键角为 $110°$。由于醚的氧原子与两个烷基相连，因而分子的极性很小，化学性质不活泼。除了某些环醚以外，醚是一类很稳定的化合物，其化学稳定性仅次于烷烃。对碱、氧化剂、还原剂都十分稳定。醚常作为许多反应的溶剂。醚在常温下不与金属钠起反应，故可用钠来除去醚中的水。但是在一定的条件下，醚可以发生特有的反应。

（1）锌盐的生成

醚分子中的氧原子有未共用电子对，因此醚是路易斯碱，具有一定的弱碱性，在常温下能接受强酸（如浓 HX 或浓 H_2SO_4）中的质子生成锌盐而溶于浓的强酸中。锌盐是一种强酸弱碱盐，存在于低温和浓酸中。锌盐不稳定，遇水很快分解为原来的醚。在此过程中，若冷却程度不够，则部分醚可水解生成醇。利用这一性质可区分和分离醚与烷烃或卤代烃。

$$R\ddot{O}R + HX \rightleftharpoons \left[\overset{H}{R\ddot{O}R}\right]^+ X^- \xrightarrow{\text{冰水}} R-O-R + H_3O^+ + X^-$$

$$C_2H_5-O-C_2H_5 + H_2SO_4 \rightleftharpoons \left[C_2H_5-\overset{H}{\underset{\cdot\cdot}{O}}-C_2H_5\right]^+ HSO_4^-$$

$$\left[C_2H_5-\overset{H}{\underset{\cdot\cdot}{O}}-C_2H_5\right]^+ HSO_4^- \xrightarrow{\text{冰水}} C_2H_5-O-C_2H_5 + HSO_4^- + H_3O^+$$

醚还可以与缺电子试剂（如 BF_3、$AlCl_3$、RMgX 试剂等）形成配合物。例如：

$$R\ddot{O}R + BF_3 \longrightarrow \underset{R}{\overset{R}{O}}\rightarrow BF_3$$

$$R\ddot{O}R + AlCl_3 \longrightarrow \underset{R}{\overset{R}{O}}\rightarrow AlCl_3$$

$$R\ddot{O}R + RMgX \longrightarrow \underset{R}{\overset{R}{O}}\rightarrow Mg \leftarrow \underset{R}{\overset{R}{O}}$$

四氢呋喃的配合能力很强，一些难制备的格氏试剂（如 PhMgCl）常用它作为溶剂。

（2）醚键的断裂与应用

醚是路易斯碱，因此对碱稳定。在较高温度下，强酸能使醚键断裂，使醚键断裂最有效的试剂是浓氢碘酸，其次是氢溴酸，氢氯酸的活性最差（HX 的反应活性：HI＞HBr＞HCl）。醚与浓 HI 反应首先生成锌盐而使得醚中的 C—O 键变弱，进一步加热时醚键易发生断裂，生成醇和碘代烷，生成的醇能继续与过量的氢碘酸作用生成另一分子碘代烷。

$$C_2H_5-O-C_2H_5 + HI(\text{浓}) \xrightarrow{\triangle} C_2H_5OH + CH_3CH_2I$$
$$\xrightarrow{\text{HI(过量)}} CH_3CH_2I + H_2O$$

混醚（R—O—R′）中的两个烷基不相同，当混醚发生上述反应时，往往是含碳原子较少的烷基先断裂下来与 X 结合生成卤代烷，而且反应是定量进行的。例如含甲氧基的醚与 HI 反应，可定量地生成 CH_3I。若将 CH_3I 蒸气通入 $AgNO_3$ 的乙醇溶液，可根据生成 AgI 的量，计算出原来醚分子中甲氧基（—OCH_3）的含量。此法叫蔡塞尔（Zeisel）甲氧基测定法。

$$C_2H_5-O \vdots CH_3 + HI(\text{浓}) \xrightarrow{\triangle} C_2H_5OH + CH_3I$$

脂肪烃基芳香基的混合醚与 HX 作用时，只有 R—O 键断开，而 Ar—O 键则不断。

$$\text{〔苯环〕}-O \vdots R + HX(\text{浓}) \xrightarrow{\triangle} \text{〔苯环〕}-O-H + RX$$

二芳基醚则不与 HX 发生反应。

$$ArOAr_1 + HX \longrightarrow \text{不反应}$$

（3）醚的过氧化物生成

醚对氧化剂较稳定，但如长期暴露在空气中，可被空气氧化为过氧化物，氧化反应通常发生在 αC—H 键上，生成具有—O—OH 键的过氧化氢醚。

$$CH_3CH_2OCH_2CH_3 \xrightarrow{O_2} CH_3CH_2OCHOOH$$
$$\underset{CH_3}{|}$$

由于过氧化物不稳定，受热易爆炸，沸点又比醚高，故蒸馏醚时切勿蒸干。在蒸馏醚之前，必须检验有无过氧化物存在，以防意外。检验方法如下。

① 用 KI-淀粉试纸检验，如有过氧化物存在，KI 被氧化成 I_2 而使淀粉试纸变蓝。

② 加入 $FeSO_4$ 和 KSCN 溶液，如有红色的 $[Fe(SCN)_6]^{3-}$ 配离子生成，则证明有过氧化物存在。

除去过氧化物的方法是向醚中加入还原剂（如 $FeSO_4$-H_2SO_4 水溶液或 Na_2SO_3）摇荡，这样可破坏所生成的过氧化物。处理后方能蒸馏。

学习指导

 素质阅读

一种相转移剂——冠醚

20 世纪 60 年代末，人们合成了一系列多氧大环醚——冠醚。它们的结构特征是分子中具有"$(OCH_2CH_2)_n$"重复单位。由于它们的形状似皇冠，故统称冠醚。

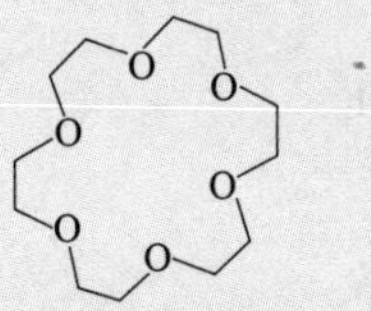

18-冠-6

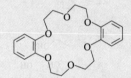

二苯基-18-冠-6

这类化合物具有特有的简化命名法，即 x-冠-y，x-冠-y 中的 x 代表环上原子的总数，y 代表氧原子总数。

冠醚的一个重要特点是大环结构中有空穴，而且氧原子上有孤对电子，因此可随空穴大小不同而与离子半径不同的金属正离子配合，即只有与空穴大小相当的金属离子才能进入空穴与之配合。例如，12-冠-4 的空穴直径为 0.12nm，可与离子半径为 0.06nm 的 Li^+ 配合，而 18-冠-6 的空穴直径为 0.26～0.32nm，它只能与离子半径为 0.133nm 的 K^+ 配合。这类配合物都有一定的熔点，可用于分离金属正离子。

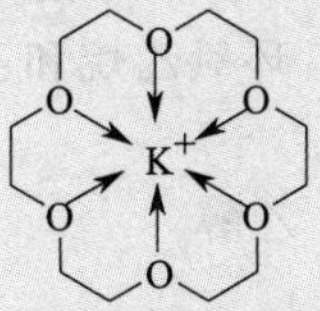

18-冠-6-K^+配合物

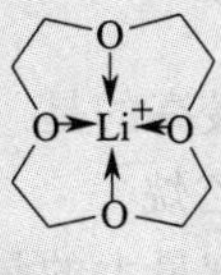

12-冠-4-Li^+配合物

由于这类配离子的外部具有烃的性质，致使配离子能溶于非极性的有机溶剂中，可用作相转移剂，以加速非均相有机反应的速率。例如在某些用高锰酸钾作氧化剂的有机化学反应中，由于高锰酸钾与有机物互不相溶，接触不充分，既影响反应速率，又影响产率。

如果加入冠醚，把 K^+ 配合在分子中央，形成一个外层被非极性基团包围着的配离子，这个配离子可以带着 MnO_4^- 负离子很容易地接近有机物，进入有机相，便于反应顺利进行。例如环己烯用高锰酸钾氧化的反应。

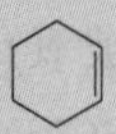

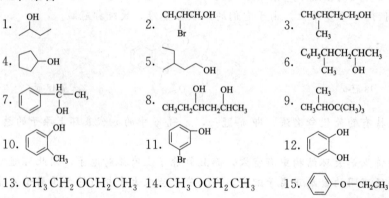

这是由于该醚能与 K^+ 配合，使高锰酸钾能以配合物形式溶于环己烯中，使氧化剂能很好地和反应物接触。因而氧化反应速率大大加快，产率也大为提高。在这个反应中冠醚实际上是促使氧化剂由水转移到有机相，是相转移剂。所以冠醚被称为相转移催化剂。

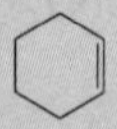

$$KMNO_4 + 18\text{-}冠\text{-}6 \rightleftharpoons \textcircled{K^+}MnO_4^- \quad 溶于有机相$$

固相或水相

冠醚毒性大，价格高。

思考与练习

一、命名

1. <chem structure: CH₃CH(OH)CH₂CH₃ drawn>
2. CH_3CHCH_2OH （Br 取代）
3. $CH_3CHCH_2CH_2OH$ （CH₃ 取代）
4. 环戊醇—OH
5. （异戊醇结构）—OH
6. $C_6H_5CHCH_2CHCH_3$ （CH₃、OH）
7. 苯—CH(CH₃)(OH)
8. $CH_3CH_2CHCHCH_3$ （OH、OH）
9. $CH_3CHOC(CH_3)_3$ （CH₃）
10. 邻甲基苯酚（OH，CH₃）
11. 间溴苯酚（OH，Br）
12. 邻苯二酚（OH，OH）
13. $CH_3CH_2OCH_2CH_3$　14. $CH_3OCH_2CH_3$　15. 苯—O—CH_2CH_3

二、选择题

1. 下列各组化合物中属于同分异构体的是（　　）。

A. 苯甲醇和苯甲醚　　　　　　　　B. 甲醇和甲醚

C. 苯甲醇和苯酚　　　　　　　　　D. 环氧乙烷和乙醇

2. 下列各组化合物中沸点最高的是（　　）。

A. 乙醚　　　　　B. 溴乙烷　　　　　C. 乙醇　　　　　D. 丙烷

3. 下列化合物在水中溶解度最大的是（　　）。

A. CH_2CHCH_3 （OH OH）

B. $CH_3CH_2CH_2OH$

C. $CH_3OCH_2CH_3$

D. CH_2CHCH_2 （OH OH OH）

4. 下列化合物中，最易发生分子内脱水的是（　　）。

A. $(CH_3)_2CCH_2CH_3$ （OH）

B. $(CH_3)_2CHCHCH_3$ （OH）

C. $(CH_3)_2CHCH_2CH_2OH$

D. CH_3CH_2OH

5. 下列化合物中，苦味酸的结构式是（   ）。

A.

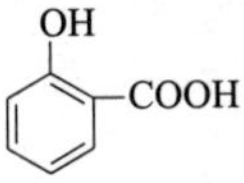

B.

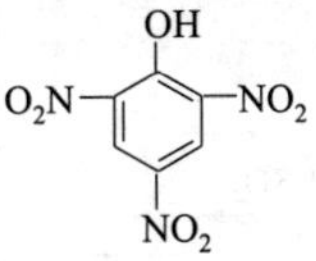

C.

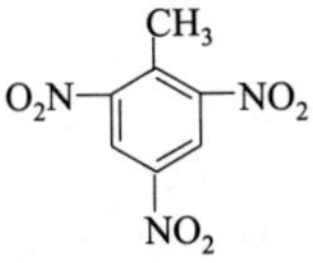

D.

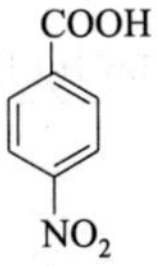

6. 下列化合物中，能与 $FeCl_3$ 发生显色反应的是（   ）。

A.

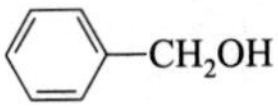

B.

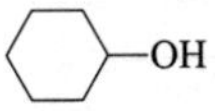

C.

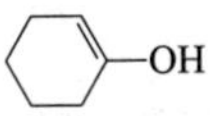

D.

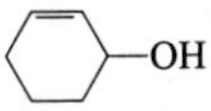

7. 在下述各组化合物中，（   ）组能通过水蒸气蒸馏方法来分离。

A.

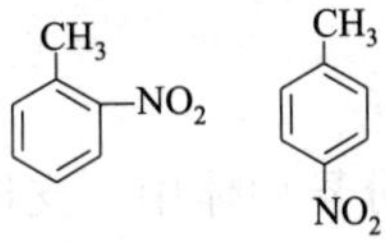

B.

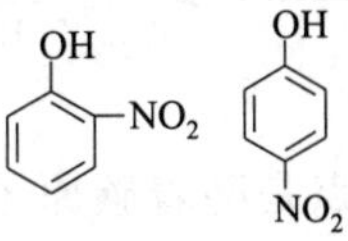

C.

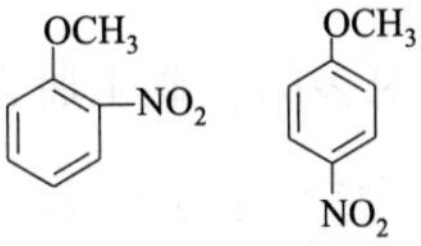

D.

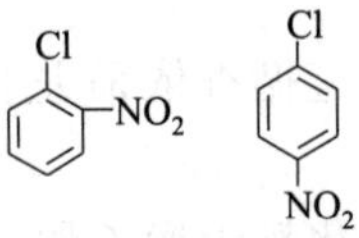

8. 制备混醚时，常选用（   ）。

A. 醇分子间脱水

B. 格氏试剂合成法

C. 磺化碱熔法

D. 威廉森合成法

9. 用于制备解热镇痛药"阿司匹林"的主要原料是（   ）。

A. 水杨酸

B. 碳酸

C. 苦味酸

D. 安息香酸

10. 除去乙醚中少量的乙醇，可加（   ）。

A. 浓硫酸

B. 氯化钙

C. 盐酸

D. 氢氧化钠

三、填空题

1. 乙醇，俗称_____，在医药上通常作_____剂。丙三醇俗称_____，与浓硝酸反应生成的硝酸甘油在医药上常用来治疗_____。

2. 工业上以乙烯为原料制备乙醇的方法有_____、_____。

3. 醚的沸点比同数碳原子数的醇的沸点低，是因为_____，比分子量相近的烷烃沸点高是因为_____。

4. 乙醚为无色液体，相对密度比水_____，其蒸气比空气_____，在医药上可用作_____剂。

5. 水杨酸的系统名称为_____，它具有双重性质，既具有_____性质，又具有_____性质，与_____反应放出 CO_2 气体，与_____反应显色。

6.

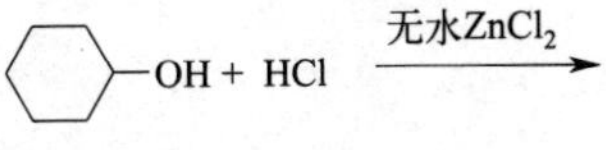

7. (环戊醇) $\xrightarrow{(\quad)}$ (环戊酮)

8. (1-甲基环己醇) $\xrightarrow[\triangle]{H_2SO_4}$ _____

9. $\underset{OH}{C_6H_5-CH_2CHCH_2CH_3}$ $\xrightarrow[\triangle]{H_2SO_4}$ _____

10. $HO-\!\!\!\!\bigcirc\!\!\!\!-CH_2OH$ $\xrightarrow{NaOH}$ _____ $\xrightarrow{BrCH_2CH_3}$ _____

11. $HO-\!\!\!\!\bigcirc\!\!\!\!-CH_3 + Br_2$ $\longrightarrow$ _____

12. (邻羟基苯甲酸) + $(CH_3CO)_2O$ $\longrightarrow$ _____

13. $H_3C-\!\!\!\!\bigcirc\!\!\!\!-OCH_2CH_3 + HI$ $\longrightarrow$ _____ + _____

14. (环氧乙烷) + $\bigcirc\!\!\!\!-CH_2MgBr$ $\xrightarrow{无水乙醚}$ _____ $\xrightarrow[H^+]{H_2O}$ _____

四、判断题

1. 直链饱和一元醇的沸点是随着碳原子数的增加而升高。在同分异构体中，支链越多，沸点越高。　　　　　　　　　　　　　　　　　　　　　　　　　　　　（　　）

2. 仲醇和叔醇脱水时应遵循查依采夫规则，即氢原子主要从含氢多的 β-碳上脱去。
　　　　　　　　　　　　　　　　　　　　　　　　　　　　　　　　（　　）

3. 实验室里常用无水氯化钙干燥乙醇。　　　　　　　　　　　　　　（　　）

4. 脂肪烃基芳香基的混合醚，断裂发生在 Ar—O 键之间。　　　　（　　）

5. 利用威廉森法合成甲基叔丁基醚时，可选择叔丁醇钠和氯甲烷作为原料制备。
　　　　　　　　　　　　　　　　　　　　　　　　　　　　　　　　（　　）

6. 合成苯甲醚时，应选择卤代苯和甲醇钠为原料制备。　　　　　　（　　）

7. 苯酚的酸性大于碳酸的酸性。　　　　　　　　　　　　　　　　　（　　）

8. 叔醇可以发生脱氢和氧化反应。　　　　　　　　　　　　　　　　（　　）

9. 苦味酸近似于强无机酸，它的酸性比碳酸强。它能与碳酸钠反应，放出 CO_2 气体。
　　　　　　　　　　　　　　　　　　　　　　　　　　　　　　　　（　　）

10. 酚和醇的结构不同，酚中的氧原子进行了 sp^2 杂化，形成 p-π 共轭体系。（　　）

五、名词解释

1. 卢卡斯试剂

2. 伯、仲、叔醇

3. 锌盐

4. 结晶醇

六、用简便的化学方法区分下列各组化合物

1. $CH_2\!=\!CHCH_2OH$　$CH_3CH_2CH_2CH_2OH$　$\underset{OH}{CH_3CHCH_2CH_3}$　$(CH_3)_3COH$

2. $\bigcirc\!\!\!\!-OH$　$\bigcirc\!\!\!\!-OH$　$\bigcirc\!\!\!\!-OH$　$\bigcirc\!\!\!\!-OH$

3. $\underset{OH}{CH_3CHCH_2CH_3}$　$CH_3CH_2-O-CH_2CH_3$　$CH_3CH_2CH_2CH_2CH_3$

七、用指定的原料合成下列化合物

1. $CH_3CH_2CH_2CH_2OH \longrightarrow CH_3CH_2\overset{\overset{\displaystyle OH}{|}}{C}HCH_3$

2. $CH_3CH_2CH=CH_2 \longrightarrow CH_3CH_2CH_2CH_2OH$

3. $CH_3CH=CH_2 \longrightarrow CH_3CH_2CH_2\overset{\overset{\displaystyle CH_3}{|}}{\underset{\underset{\displaystyle OH}{|}}{C}}CH_3$

4. $CH_2=CH_2$、$CH_2=\overset{\overset{\displaystyle CH_3}{|}}{C}-CH_3 \longrightarrow CH_3CH_2-O-\overset{\overset{\displaystyle CH_3}{|}}{\underset{\underset{\displaystyle CH_3}{|}}{C}}-CH_3$

八、简答题

1. 醚长期暴露在空气中所产生的过氧化物不稳定，受热易爆炸，因过氧化物发生爆炸的安全事故屡见不鲜，因此需要加强安全意识，安全规范使用乙醚，请简要回答：如何检验和去除乙醚中的过氧化物？此外应该怎样存储和使用乙醚？

2. 化合物 A、B、C 分子式均为 C_7H_8O。A 溶于 NaOH 水溶液，但不溶于 $NaHCO_3$ 水溶液，A 与 Br_2/H_2O 作用可立即生成化合物 D（$C_7H_5OBr_3$ 白色固体），A 与 $FeCl_3$ 溶液作用有显色反应；B 不溶于 NaOH 溶液，但可以与 $HCl/ZnCl_2$（Lucas 试剂）迅速作用生成化合物 E（C_7H_7Cl）；化合物 C 不溶于 NaOH 溶液，对碱十分稳定，不与金属钠反应。试推出 A、B、C、D、E 的结构。

3. 分子式为 C_7H_8O 的芳香族化合物 A，与金属钠无反应，在浓氢碘酸作用下得到 B 及 C。B 能溶于氢氧化钠，并与三氯化铁作用产生紫色。C 与硝酸银乙醇溶液作用产生黄色沉淀，推测 A、B、C 的结构，并写出各步反应。

4. 消毒药物尚未诞生的年代，截肢和复合性骨折等手术的条件又极其恶劣，很多病人往往死于手术后的感染和随之而来的败血症。1867 年，李斯特将苯酚（石碳酸）作为杀菌剂使用后，使手术后病人感染死亡率大大降低，拯救了无数生命。"苯酚消毒法"被誉为 19 世纪医学史上的一次革命，李斯特也获得了"外科消毒之父"的美称。请查阅资料，了解李斯特和苯酚消毒法之间的故事，以及苯酚的应用。

5. 2019 年 3 月 21 日 14 时 48 分许，江苏响水天嘉宜化工有限公司发生爆炸事故，共造成 78 人死亡、76 人重伤、640 人住院治疗，直接经济损失 19.86 亿元，这就是"3·21"响水化工企业特别重大爆炸事故。事故原因是企业旧固废库内长期违法贮存的二硝基二酚、三硝基一酚、间二硝基苯等硝化废料，持续积热升温导致自燃，燃烧引发爆炸。工业安全事故是我们不能忽视的问题，需要每个人都高度重视起来，安全警钟长鸣。请查阅相关资料，总结安全事故带来的警示。

第 14 章
醛和酮

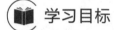 学习目标

知识目标

1. 掌握醛酮的化学性质，理解亲核加成反应历程；
2. 熟悉醛酮的化学反应及在合成中的应用。

能力目标

1. 能鉴别醛、酮；
2. 能利用与格氏试剂反应制备伯仲叔醇；
3. 能利用羟醛缩合反应进行有机合成。

素质目标

1. 培养实事求是的科学素养、尊重客观规律；
2. 培养爱国主义情怀以及社会责任意识；
3. 培养耐心细致、精益求精的工匠精神。

醛和酮的分子中都含有羰基（C＝O）官能团，故统称为**羰基化合物**。在醛分子中，羰基位于碳链的一端，羰基碳分别与一个烃基和一个氢原子相连（甲醛除外），即 RCHO 或 ArCHO。醛的官能团为醛基，简写为：—CHO。在酮分子中，羰基碳分别与两个相同或不相同的烃基相连，即 RCOR 或 ArCOAr、ArCOR。酮分子中的羰基也叫酮基。碳原子数相同的醛和酮互为同分异构体。饱和一元醛和酮的通式为：$C_nH_{2n}O$，如：CH_3COCH_3 和 CH_3CH_2CHO，其分子式都是 C_3H_6O。

> **查一查**：室内装修空气检测有哪些项目？

14.1 物性概述

在常温下，除甲醛是气体外，C_{12} 以下的醛、酮为液体，高级的醛、酮为固体。低级醛具有强烈的刺激气味，$C_{8\sim13}$ 醛具有果香味，中级酮具有花香味，因此常用于香料工业。

醛、酮的沸点比相对分子质量相近的醇低，但比相对分子质量相近的醚和烷烃高，这是因为醛、酮分子间不能形成氢键，没有缔合现象，因而沸点比相应醇低。但由于醛、酮分子的极性较大，分子间的静电引力比烷烃和醚大，因而沸点又比相应的烷烃和醚高。

低级醛、酮易溶于水，例如甲醛、乙醛、丙酮都能与水混溶，这是因为羰基氧原子能和

水分子形成较强的氢键。随着碳原子数的增加，水溶性降低，C_6 以上的醛、酮基本上不溶于水，易溶于有机溶剂。

一些常见醛、酮的物理常数见表 14-1。

表 14-1　一些常见醛、酮的物理常数

化合物名称	构造式	熔点/℃	沸点/℃	相对密度	溶解度/(g/100g 水)
甲醛	HCHO	−92	−19.5	0.815	55
乙醛	CH_3CHO	−123	21	0.781	混溶
丙醛	CH_3CH_2CHO	−80	48.8	0.807	20
丁醛	$CH_3CH_2CH_2CHO$	−97	74.4	0.817	4
苯甲醛	PhCHO	−26	179	1.046	0.33
丙酮	CH_3COCH_3	−95	56	0.792	混溶
丁酮	$CH_3COCH_2CH_3$	−86	79.6	0.805	35.3
2-戊酮	$CH_3COCH_2CH_2CH_3$	−77.8	102	0.812	微溶
3-戊酮	$CH_3CH_2COCH_2CH_3$	−42	102	0.814	4.7
苯乙酮	$PhCOCH_3$	19.7	202	1.026	微溶

醛、酮主要发生羰基上的亲核加成反应、α-氢原子的反应、氧化还原反应。

醛酮中的羰基由于 π 键的极化，使得氧原子上带部分负电荷，碳原子上带部分正电荷。氧原子可以形成比较稳定的氧负离子，它比带正电荷的碳原子要稳定得多，因此反应中心是羰基中带正电荷的碳。所以羰基易与亲核试剂进行加成反应（亲核加成反应）。醛、酮分子中都含有羰基，因而它们的化学性质相似，但由于结构上的差异，醛和酮的性质又有所不同，一般醛比酮活泼。

受羰基的影响，与羰基直接相连的 α-碳原子上的氢原子（α-H）较活泼，容易发生 α-氢原子的反应。

醛、酮的反应与结构关系如下：

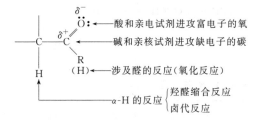

想一想：正丁醇和正丁醛的分子量相近，而沸点相差很大，为什么？

14.2　羰基的加成反应和应用

羰基上的加成反应示意如下：

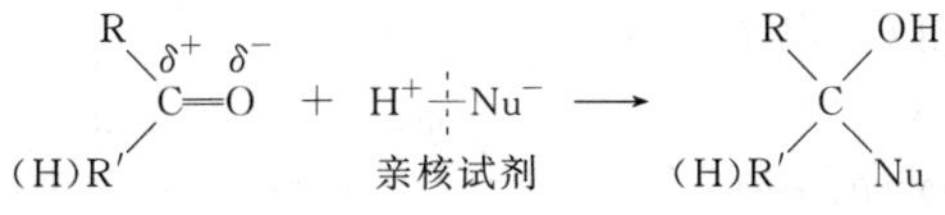

简单的亲核
加成反应机理

$$Nu^- : =CH^-、HSO_3^-、R^-、OR^-、NHY^-$$

结构不同的醛、酮进行亲核加成反应的难易程度也不相同，其难易的次序如下：

$$HCHO>RCHO>ArCHO>CH_3COCH_3>CH_3COR>RCOR$$

14.2.1 与氢氰酸（HCN）的加成

在碱的催化下，醛或酮与 HCN 反应生成 α-羟基腈（也可叫 α-氰醇）。

$$\underset{(CH_3)}{\overset{R}{\underset{H}{C}}}=O \xrightarrow[OH^-]{HCN} \underset{(CH_3)}{\overset{R\quad OH}{\underset{CN}{C}}}$$
α-羟基腈

醛、脂肪族甲基酮和 C_8 以下的环酮才可与 HCN 发生亲核加成反应。

由于 α-羟基腈比原来醛或酮增加了一个碳原子，所以这个反应是增长碳链的反应，生成的 α-羟基腈可以转化为 α-羟基酸和 α,β-不饱和酸，在有机合成上有重要用途。α-羟基腈是重要的中间体，它可转变为多种化合物，例如：

$$(CH_3)_2\underset{OH}{\overset{\quad}{C}}CN$$

$$\xrightarrow{-H_2O} CH_2=\overset{CH_3}{\underset{}{C}}-CN \xrightarrow[H^+]{CH_3OH} CH_2=\overset{CH_3}{\underset{}{C}}-COOCH_3$$

$$\xrightarrow{H_2O/H^+} (CH_3)_2\underset{OH}{\overset{\quad}{C}}COOH$$

$$\xrightarrow{[H]} (CH_3)_2\underset{OH}{\overset{\quad}{C}}CH_2NH_2$$

丙酮与 HCN 作用生成的 α-羟基氰在硫酸存在下与甲醇作用，生成 α-甲基丙烯酸甲酯。它是合成有机玻璃的单体。

$$CH_3COCH_3 \xrightarrow[OH^-]{HCN} \underset{CH_3}{\overset{CH_3\quad OH}{\underset{CN}{C}}} \xrightarrow[\triangle]{\overset{H_2SO_4}{CH_3OH}} CH_2=\overset{CH_3}{\underset{}{C}}COOCH_3$$
α-甲基丙烯酸甲酯

$$nCH_2=\overset{CH_3}{\underset{}{C}}COOCH_3 \xrightarrow{聚合} \underset{COOCH_3}{\overset{CH_3}{[CH_2-\underset{}{C}]_n}}$$
有机玻璃

练一练：以丙醛为原料，制备 2-羟基丁酸。

14.2.2 与 NaHSO$_3$ 的加成

醛、脂肪族甲基酮、C_8 以下的环酮与 NaHSO$_3$ 饱和溶液作用可生成 α-羟基磺酸钠。产物 α-羟基磺酸钠是白色晶体，具有无机盐的性质，能溶于水，不溶于饱和亚硫酸氢钠溶液中，在饱和 NaHSO$_3$ 的溶液中能析出晶体。

（1）反应的范围　醛、脂肪族甲基酮、C_8 以下的环酮可发生与 NaHSO$_3$ 的加成反应。

（2）反应的应用

① 鉴别醛、脂肪族甲基酮和 C_8 以下的环酮。

$$\underset{(H)CH_3}{\overset{R}{C}}=O + NaO\overset{+-}{S}OH \rightleftharpoons \underset{(H)CH_3}{\overset{R\quad ONa}{\underset{SO_3H}{C}}} \rightleftharpoons \underset{(H)CH_3}{\overset{R\quad OH}{\underset{SO_3Na}{C}}} \downarrow$$

② 分离和提纯醛、脂肪族甲基酮、C_8 以下环酮。α-羟基磺酸钠与稀酸作用可重新分解为原来的醛、酮，因此可以分离和提纯醛、脂肪族甲基酮、C_8 以下环酮。

$$R\underset{\underset{SO_3Na}{|}}{\overset{\overset{OH}{|}}{\underset{|}{C}}}(H)CH_3 \rightleftharpoons R\overset{|}{\underset{|}{C}}(H)CH_3=O+NaHSO_3 \quad \overset{Na_2CO_3}{\longrightarrow} Na_2SO_3+CO_2\uparrow+H_2O$$

$$\overset{HCl}{\longrightarrow} NaCl+SO_2\uparrow+H_2O$$

③ 制备羟基腈。工业上常用 α-羟基磺酸钠与氰化钠反应来制取 α-羟基腈,以避免使用易挥发的氢氰酸,并且产率比较高。例如:

$$\text{〇}-CHO+NaHSO_3 \longrightarrow \text{〇}-CH(OH)SO_3Na \overset{NaCN}{\longrightarrow} \text{〇}-CH(OH)CN$$
（饱和）

14.2.3 与格利雅试剂的加成

所有的醛、酮都可与格利雅试剂（简称格氏试剂）发生亲核加成反应,生成的加成产物水解可以得不同种类的醇,这是工业上合成伯、仲、叔醇的主要方法。格氏试剂与 HCHO 作用生成伯醇;与其他醛作用生成仲醇;与酮作用生成叔醇。例如:

$$RMgX+\underset{}{\overset{}{C}}=O \overset{无水乙醚}{\longrightarrow} R-\overset{|}{\underset{|}{C}}-OMgX \overset{H_3O^+}{\longrightarrow} R-\overset{|}{\underset{|}{C}}-OH$$

$$HCHO+RMgX \overset{无水乙醚}{\longrightarrow} RCH_2OMgX \overset{H_3O^+}{\longrightarrow} RCH_2OH$$
伯醇

$$RCHO+RMgX \overset{无水乙醚}{\longrightarrow} RCH\underset{\underset{R}{|}}{OMgX} \overset{H_3O^+}{\longrightarrow} RCH\underset{\underset{R}{|}}{OH}$$
仲醇

$$RCOR+RMgX \overset{无水乙醚}{\longrightarrow} RC\overset{\overset{R}{|}}{\underset{\underset{R}{|}}{OMgX}} \overset{H_3O^+}{\longrightarrow} RC\overset{\overset{R}{|}}{\underset{\underset{R}{|}}{OH}}$$
叔醇

【例 14-1】 用格氏试剂合成法合成下列化合物:

① $CH_3\underset{\underset{OH}{|}}{CH}CH_2CH_3$

② $CH_3-\overset{\overset{CH_3}{|}}{\underset{\underset{OH}{|}}{C}}-CH_2CH_3$

解: ① 2-丁醇为仲醇,根据产物的结构,可选择醛和格氏试剂来制备:

$$CH_3CH_2MgBr+CH_3CHO \overset{无水乙醚}{\longrightarrow} CH_3CH_2\underset{\underset{OMgBr}{|}}{CH}CH_3 \overset{H_3O^+}{\longrightarrow} CH_3CH_2\underset{\underset{OH}{|}}{CH}CH_3$$

$$CH_3MgBr+CH_3CH_2CHO \overset{无水乙醚}{\longrightarrow} CH_3CH_2\underset{\underset{OMgBr}{|}}{CH}CH_3 \overset{H_3O^+}{\longrightarrow} CH_3CH_2\underset{\underset{OH}{|}}{CH}CH_3$$

② 这是个叔醇,根据其结构,可选择酮和格氏试剂来制备:

$$CH_3COCH_3+CH_3CH_2MgBr \overset{无水乙醚}{\longrightarrow} CH_3-\overset{\overset{CH_3}{|}}{\underset{\underset{OMgBr}{|}}{C}}-CH_2CH_3 \overset{H_3O^+}{\longrightarrow} CH_3-\overset{\overset{CH_3}{|}}{\underset{\underset{OH}{|}}{C}}-CH_2CH_3$$

$$CH_3COCH_2CH_3+CH_3MgBr \overset{无水乙醚}{\longrightarrow} CH_3-\overset{\overset{CH_3}{|}}{\underset{\underset{OMgBr}{|}}{C}}-CH_2CH_3 \overset{H_3O^+}{\longrightarrow} CH_3-\overset{\overset{CH_3}{|}}{\underset{\underset{OH}{|}}{C}}-CH_2CH_3$$

想一想：如何用格利雅试剂制备伯醇、仲醇和叔醇？

14.2.4 与醇的加成

在干燥氯化氢或浓硫酸的作用下，醛或酮与一分子醇发生加成反应分别生成半缩醛或半缩酮。

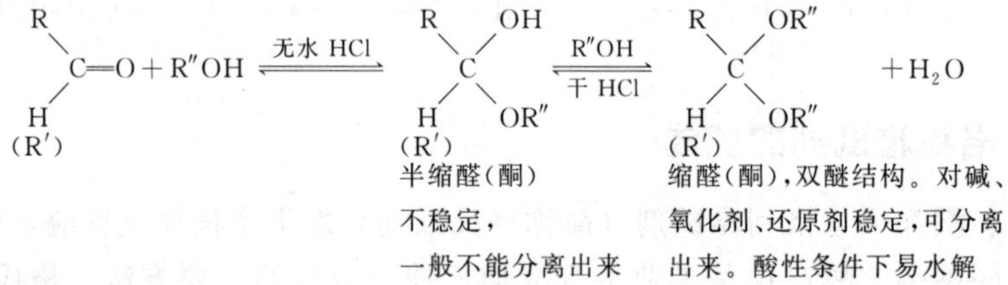
无水 HCl
R″OH
干 HCl
半缩醛(酮)
不稳定，
一般不能分离出来
缩醛(酮)，双醚结构。对碱、
氧化剂、还原剂稳定，可分离
出来。酸性条件下易水解

还可以在分子内形成缩醛：

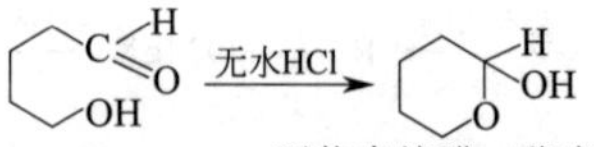

环状半缩醛（稳定），在糖类化合物中多见

半缩醛不稳定，继续与醇反应，失去一分子水而生成稳定的缩醛。与醛相比，酮形成半缩酮和缩酮要困难些。在少量酸催化下，酮与过量的二元醇（如乙二醇）反应，生成环状缩酮。

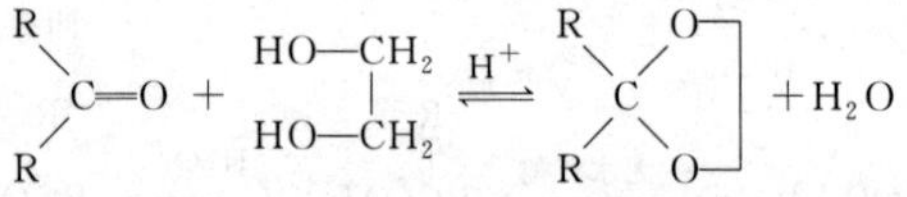

环状缩酮

缩醛与环状缩酮在稀酸中都能水解生成原来的醛或酮；但在碱性溶液中，对氧化剂和还原剂都很稳定。因此在有机合成中，可利用上述性质来保护活泼的醛基和酮羰基。

【例 14-2】

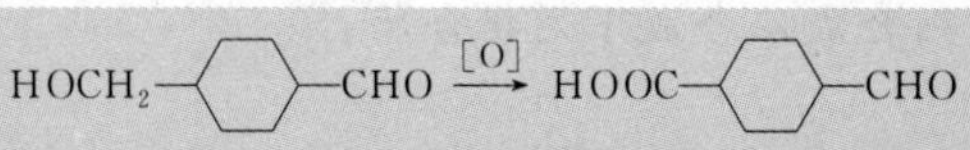

解：要先把醛基保护起来后再氧化：

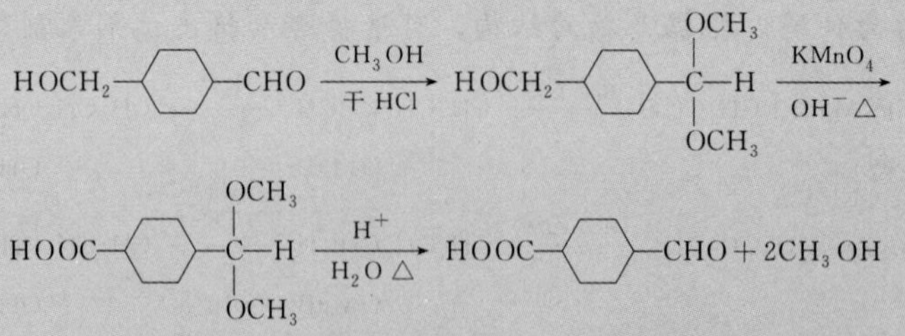

【例 14-3】 $CH_3CH{=}CHCHO \longrightarrow CH_3CH_2CH_2CHO$（完成转化）

解：要先把醛基保护起来后再还原：

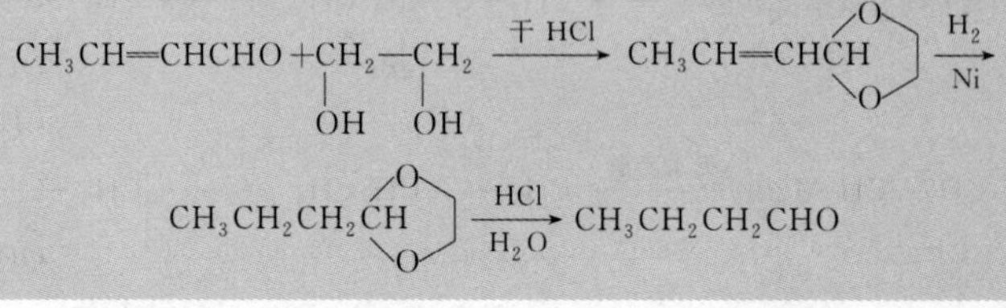

14.2.5　与氨的衍生物加成

醛、酮可以和胺（RNH_2）、羟胺（H_2NOH）、肼（H_2NNH_2）、苯肼（$PhNHNH_2$）等氨的衍生物反应生成一系列的化合物。这些反应是在弱酸性条件下进行的，调节溶液的 pH，使醛、酮的羰基氧质子化，从而增加羰基碳的正电性，有利于亲核加成；如在强酸性条件下，氨的衍生物与酸形成铵盐，丧失了亲核性，导致反应不能进行。

通式：
$$\backslash C=O + H_2N\text{-}Y \longrightarrow \left[\overset{|}{\underset{OH}{C}}\overset{|}{\underset{H}{N}}\text{-}Y \right] \overset{-H_2O}{\longrightarrow} \backslash C=N\text{-}Y$$

$Y=$ —R、—OH、—NH_2、—NH——⬡、—$NHCONH_2$ 等

（1）与胺的加成

醛或酮与伯胺反应生成的产物叫作席夫碱。

$$\underset{H(R)}{\overset{R}{C}}=O + H_2N\text{-}R' \longrightarrow \underset{H(R)}{\overset{R}{\underset{NHR'}{C}}}OH \overset{-H_2O}{\longrightarrow} \underset{H(R)}{\overset{R}{C}}=NR' \text{ 席夫碱}$$

脂肪醛形成的席夫碱不够稳定，易聚合成复杂的化合物。芳香醛形成的席夫碱较稳定。

⬡—CHO + H_2N—⬡ ⟶ ⬡—CH=N—⬡ + H_2O
苯亚甲基苯胺（84% ~ 87%）

某些芳香族席夫碱可以用作金属钝化剂。它与金属形成一层配合物膜，可防止储存油品的金属容器对油品的氧化起催化作用。席夫碱还原可得仲胺，有机合成上常利用芳醛与伯胺作用生成的席夫碱，加以还原以制备仲胺。

醛、酮可与有 α-H 的仲胺反应生成烯胺，烯胺在有机合成上是重要的中间体。

$$\underset{RCH_2}{\overset{}{C}}=O + NHR_2 \text{(仲胺)} \longrightarrow RCH\overset{}{\underset{H}{\cdot}}\overset{}{\underset{OH}{C}}\text{-}NR_2 \overset{-H_2O}{\longrightarrow} RCH=\overset{}{C}\text{-}NR_2 \text{ 烯胺}$$

（2）与羟胺的加成

醛、酮与羟胺反应生成肟。

$$\underset{(R')H}{\overset{R}{C}}=O + H_2NOH \longrightarrow \underset{(R')H}{\overset{R}{C}}=NOH\downarrow + H_2O \text{ 肟}$$

$CH_3CHO + H_2NOH \longrightarrow CH_3CH=NOH + H_2O$
乙醛肟

⬡=O + H_2NOH ⟶ ⬡=NOH + H_2O
环己酮肟

环己酮肟经贝克曼重排，得到己内酰胺。己内酰胺是合成纤维尼龙-6（或称锦纶、卡普隆）的原料。

（3）与肼的加成

醛酮可与肼、苯肼、2,4-二硝基苯肼等羰基试剂反应，分别生成腙、苯腙和 2,4-二硝基苯腙等。

$$\underset{(R')H}{\overset{R}{C}}=O + H_2NNH_2 \longrightarrow \underset{(R')H}{\overset{R}{C}}=NNH_2\downarrow + H_2O \text{ 腙}$$

$$CH_3CH_2CHO + H_2NNH_2 \longrightarrow CH_3CH_2CH=NNH_2 + H_2O$$
丙醛腙

$$CH_3COCH_3 + H_2NHN\!\!-\!\!\left\langle \begin{array}{c} NO_2 \\ \\ NO_2 \end{array} \right\rangle \longrightarrow (CH_3)_2C=NHN\!\!-\!\!\left\langle \begin{array}{c} NO_2 \\ \\ NO_2 \end{array} \right\rangle + H_2O$$
丙酮-2,4-二硝基苯腙(黄色固体)

上述的加成产物都是结晶固体，具有固定的熔点，可通过测定熔点来鉴别醛、酮。2,4-二硝基苯肼与醛酮加成反应的现象非常明显，加成产物 2,4-二硝基苯腙是黄色结晶，因而常用来鉴别醛和酮，称为羰基试剂。另外，这些加成产物在稀酸存在下可水解为原来的醛、酮，故又可用来分离和提纯醛、酮。

14.3 醛、酮的 α-H 原子反应和应用

醛、酮分子中由于羰基的吸电子效应（诱导效应、σ-π 超共轭效应），α-H 变得活泼，在碱的作用下，α-氢原子能以质子（H^+）的形式解离下来，而具有一定的酸性。一般简单醛、酮的 $pK_a^\ominus$ 值为 $19\sim20$，比乙炔的酸性（$pK_a^\ominus = 25$）大。

带有 α-H 的醛、酮具有一些特殊的化学性质。

14.3.1 卤代与卤仿反应

【演示实验 14-1】 取 5 支试管分别加入 5 滴 5% 的甲醛、乙醛、丙酮、异丙醇和 95% 的乙醇，再各加 1mL 碘溶液，然后各加 5% 的 NaOH 溶液至红色消失，观察有无沉淀产生，可把试管浸入 50～60℃ 水中温热数分钟，再观察现象。

碘仿反应

在酸或碱催化下，醛、酮的 α-H 容易被卤素取代生成 α-卤代醛、α-卤代酮。在酸催化下卤代反应速率较慢，反应易控制在主要生成一卤代物、二卤代物或三卤代物阶段。

$$\underset{\text{CH}_3\text{CCH}_3}{\overset{O}{\parallel}} + Br_2 \xrightarrow[65℃]{CH_3COOH} \underset{\text{CH}_3\text{CCH}_2\text{Br}}{\overset{O}{\parallel}} + HBr$$

在碱催化下的卤代反应速率很快，较难控制。如含有三个 α-H 的乙醛和甲基酮，易生成三卤代物，三卤代物在碱的作用下分解为卤仿和羧酸盐，此反应又叫卤仿反应。

$$\underset{(\text{H})}{R\!\!-\!\!\overset{O}{\overset{\parallel}{C}}\!\!-\!\!CH_3} + NaOH + X_2 \longrightarrow \underset{(\text{H})}{R\!\!-\!\!\overset{O}{\overset{\parallel}{C}}\!\!-\!\!CX_3} \xrightarrow{OH^-} CHX_3 + RCOONa$$
(NaOX)　　　　　　　　　　卤仿

若含有三个 α-H 的乙醛和甲基酮与碘的氢氧化钠溶液（次碘酸钠溶液）反应，则生成碘仿，称其为碘仿反应。碘仿为浅黄色晶体，现象明显，碘仿反应常用来鉴定乙醛和甲基酮，以及具有 $CH_3\overset{OH}{\underset{|}{C}}\!\!-\!\!H(R)$ 结构的醇。因次碘酸钠溶液是一种氧化剂，能将 α-甲基醇氧化为乙醛和甲基酮。

$$CH_3CHO \xrightarrow[NaOH]{I_2} HCOONa + CHI_3 \downarrow$$
黄色

$$CH_3\underset{|}{\underset{OH}{CH}}CH_2CH_3 \xrightarrow[NaOH]{I_2} CH_3COCH_2CH_3 \xrightarrow[NaOH]{I_2} CH_3CH_2COONa + CHI_3 \downarrow$$

卤仿反应是缩短碳链的反应之一，可利用此反应合成减少一个碳原子的羧酸。

$$(CH_3)_3CCOCH_3 \xrightarrow[NaOH]{Cl_2} (CH_3)_3CCOONa + CHCl_3$$

$$(CH_3)_3CCOONa \xrightarrow{H^+} (CH_3)_3CCOOH$$

14.3.2 羟醛缩合反应

在稀碱作用下，两分子含有 α-氢原子的醛可以相互结合生成 β-羟基醛的反应叫羟醛缩合反应。由于 β-羟基醛分子中既含有醛基又含有羟基，故这类化合物称为羟醛。β-羟基醛加热易脱水生成 α、β-不饱和醛。

$$CH_3\overset{O}{\overset{\|}{C}}H + H\overset{O}{\underset{}{|}}CH_2\overset{O}{\overset{\|}{C}}H \underset{}{\overset{稀\ NaOH}{\rightleftharpoons}} CH_3\overset{OH}{\underset{}{|}}CHCH_2CHO$$
3- 羟基丁醛

$$CH_3\overset{OH}{\underset{}{|}}CHCH_2CHO \xrightarrow[\triangle]{-H_2O} CH_3CH=CHCHO$$
2- 丁烯醛

α、β-不饱和醛分子中存在共轭双键结构，比较稳定，易于生成。

羟醛缩合反应是增长碳链的反应之一，可通过羟醛缩合反应制备碳原子增长一倍的饱和或不饱和的醇、醛、羧酸。

含有 α-H 的酮在碱催化下也可发生羟酮缩合反应，但反应比醛难，产率也很低。

$$CH_3\overset{O}{\overset{\|}{C}}CH_3 + H\overset{O}{\underset{}{|}}CH_2\overset{O}{\overset{\|}{C}}CH_3 \underset{}{\overset{OH^-}{\rightleftharpoons}} CH_3\overset{OH}{\underset{CH_3}{|}}C\overset{}{\underset{}{}}CH_2\overset{O}{\overset{\|}{C}}CH_3$$
β- 羟基酮

【例 14-4】 以丙醛为原料合成 2-甲基-1-戊醇。

解：
$$CH_3CH_2CHO + H\overset{}{\underset{CH_3}{|}}CHCHO \xrightarrow{稀\ NaOH} CH_3CH_2\overset{CH_3}{\underset{OH}{|}}CHCHCHO \xrightarrow[\triangle]{-H_2O}$$

$$CH_3CH_2CH=\overset{CH_3}{\underset{}{|}}CCHO \xrightarrow[Ni]{H_2} CH_3CH_2CH_2\overset{CH_3}{\underset{}{|}}CHCH_2OH$$

β-羟基酮脱水比 β-羟基醛困难，须在碘的催化下进行蒸馏，并把生成的水蒸去，反应才可完成。

$$CH_3\overset{OH}{\underset{CH_3}{|}}CCH_2\overset{O}{\overset{\|}{C}}CH_3 \xrightarrow[蒸馏]{I_2} CH_3\overset{}{\underset{CH_3}{|}}C=CH\overset{O}{\overset{\|}{C}}CH_3 + H_2O$$

若用两种不同的含有 α-H 的醛进行羟醛缩合，则可能发生交错缩合，生成四种产物：

$$CH_3CHO + CH_3CH_2CHO \xrightarrow{稀\ OH^-} \begin{cases} CH_3\overset{}{\underset{OH}{|}}CHCH_2CHO \\ CH_3CH_2\overset{}{\underset{OHCH_3}{|}}CHCHCHO \\ CH_3\overset{}{\underset{OH}{|}}CH-\overset{}{\underset{CH_3}{|}}CHCHO \\ CH_3CH_2\overset{}{\underset{OH}{|}}CHCH_2CHO \end{cases} \begin{matrix} 产物复杂 \\ 无合成价值 \end{matrix}$$

若用不含有 α-H 的醛与含有 α-H 的醛发生交叉羟醛缩合反应，如果使不含 α-H 的醛过量，就能得到收率较高的单一产物，在有机合成上具有实际应用价值。

$$\underset{\text{HCH}}{\overset{\text{O}}{\|}} + \underset{CH_3}{CH_3CHCHO} \xrightarrow{OH^-} \underset{\underset{CH_2OH}{|}}{CH_3} \underset{\underset{CH_3}{|}}{CCHO}$$

2,2-二甲基-3-羟基丙醛

$$\bigcirc\!\!-CHO + CH_3CHO \xrightarrow[10℃]{OH^-} \bigcirc\!\!-CH=CHCHO$$

3-苯基丙烯醛(肉桂醛)

14.4　醛、酮的氧化还原反应和应用

14.4.1　氧化反应

醛比酮容易被氧化。若醛放置在空气中时间较长，空气中的氧可将醛氧化为相应的羧酸。强氧化剂如 $KMnO_4$、$K_2Cr_2O_7$ 等可使醛迅速氧化成羧酸；弱氧化剂如 Ag_2O、H_2O_2、CH_3COOOH（过氧乙酸）、托伦（Tollen）试剂和斐林（Fehling）试剂也能将醛氧化成羧酸。而酮在相同的条件下不起反应，因此可用托伦试剂和斐林试剂区别醛和酮。

托伦试剂是硝酸银滴加过量氨水而形成的溶液，也叫银氨溶液。

银氨溶液中的银氨配离子 $\left[Ag(NH_3)_2^+\right]$ 作为氧化剂把醛氧化为羧酸，本身被还原为金属银。如果反应器壁干净，生成的银可附着在器壁上形成光亮银镜，这一反应又称银镜反应。酮不与托伦试剂作用，所以利用银镜反应可区分醛和酮。

$$RCHO + 2Ag(NH_3)_2OH \longrightarrow \underset{\text{白色}}{RCOONH_4} + 2Ag\downarrow + 3NH_3 + H_2O$$

斐林试剂是硫酸铜与酒石酸钾钠、氢氧化钠的混合液。酒石酸钾钠与 Cu^{2+} 形成配离子，从而避免形成 $Cu(OH)_2$ 沉淀。斐林试剂也是弱氧化剂，它只氧化脂肪醛而不氧化芳香醛及酮，Cu^{2+} 在反应时被还原为砖红色的氧化亚铜沉淀。利用斐林试剂同样可以区分脂肪醛与酮、脂肪醛与芳香醛。

$$RCHO + 2Cu^{2+} + OH^- + H_2O \longrightarrow RCOO^- + \underset{\text{红色}}{Cu_2O\downarrow} + 4H^+$$

【演示实验 14-2】　在 4 支洁净的试管中各加入 2mL 新配制的托伦试剂，再分别加入 5 滴甲醛、乙醛、丙酮和苯甲醛，置于 60～70℃ 水浴中加热 2min 后，观察现象。

托伦试剂和斐林试剂不能氧化醇羟基、碳碳双键和碳碳三键，因而它们是良好的选择性氧化剂。例如：

$$CH_3CH=CHCHO \xrightarrow[\text{或 Fehling 试剂}]{\text{Tollen 试剂}} CH_3CH=CHCOOH$$

酮不易被氧化，在强氧化剂作用下可被氧化生成几种羧酸的混合物。例如：

$$CH_3COCH_2CH_3 \xrightarrow[\triangle]{HNO_3} CH_3CH_2COOH + CH_3COOH + HCOOH$$
$$\underset{\;|}{\;} \xrightarrow{[O]} CO_2 + H_2O$$

所以酮的氧化反应实际应用意义不大。但环己酮在强氧化剂作用下生成己二酸是工业上制备己二酸重要的方法之一。

甲酸的银
镜反应

醛和酮与斐
林试剂反应

醛和酮与托伦
试剂反应

$$\text{（六元环）}=O + HNO_3 \xrightarrow[\triangle]{V_2O_5} HOOC(CH_2)_4COOH$$

己二酸是生产合成纤维尼龙-66 的原料。

> **练一练**：用简单的化学方法鉴别戊醛、苯甲醛和 2-戊酮。

14.4.2　还原反应

（1）催化加氢

醛和酮都可以发生还原反应，所用的还原剂不同产物不同。在铂、钯、镍催化下加氢，醛还原为伯醇，酮还原为仲醇。催化加氢产率高，后处理简单，但催化剂较贵。如醛、酮分子中同时还含有碳碳双键、碳碳三键、硝基、氰基等不饱和基团时，可同时被还原。

$$\begin{array}{c} R \\ | \\ C=O \\ | \\ H \\ (R') \end{array} + H_2 \xrightarrow[\text{热,加压}]{Ni} \begin{array}{c} R \\ | \\ CH-OH \\ | \\ H \\ (R') \end{array}$$

$$\text{（环己酮）}=O + H_2 \xrightarrow[50℃,6.5MPa]{Ni} \text{（环己醇）}-OH$$

$$CH_3CH=CHCH_2CHO + 2H_2 \xrightarrow[250℃加压]{Ni} CH_3CH_2CH_2CH_2CH_2OH$$
$$(C=C,C=O \text{ 均被还原})$$

（2）用还原剂（金属氢化物）的还原

醛和酮在金属氢化物还原剂的作用下被还原为伯醇和仲醇。常用的还原剂有氢化铝锂（$LiAlH_4$）、硼氢化钠（$NaBH_4$）等。

$$RCHO \xrightarrow[\text{或 } NaBH_4]{LiAlH_4} RCH_2OH$$

$$RCOR \xrightarrow[\text{或 } NaBH_4]{LiAlH_4} \begin{array}{c} RCHR \\ | \\ OH \end{array}$$

$$CH_3CH_2CHO \xrightarrow[(2)H_3O^+]{(1)LiAlH_4,\text{无水乙醚}} CH_3CH_2CH_2OH$$

$LiAlH_4$ 还原能力比较强，除可以还原醛、酮外，还能还原羧酸和酯的羰基，以及 —NO_2、—CN 等不饱和基团，但不还原碳碳双键和碳碳三键。同时 $LiAlH_4$ 遇水剧烈反应，通常只能在无水醚或四氢呋喃（THF）中使用。例如：

$$\begin{array}{c} CH_3 \\ | \\ CH_3CH_2CH-CCHO \end{array} \xrightarrow[(2)H_3O^+]{(1)LiAlH_4,\text{无水乙醚}} \begin{array}{c} CH_3 \\ | \\ CH_3CH_2CH-CCH_2OH \end{array}$$

$NaBH_4$ 的反应活性不如 $LiAlH_4$，但其反应的选择性强，只能还原醛、酮、酰卤中的羰基，不还原其他不饱和基团。在水和醇中较为稳定，可在水或醇溶液中进行反应。例如：

$$CH_3CH=CHCH_2CHO \xrightarrow[(2)H_3O^+]{(1)NaBH_4} CH_3CH=CHCH_2CH_2OH$$
$$(\text{只还原 C}=O)$$

除上述还原剂外，异丙醇铝-异丙醇也是一种选择性很高的还原剂，它只还原醛和酮中的羰基，不还原其他不饱和基团。

$$\begin{array}{c} R \\ | \\ C=O \\ | \\ H \\ (R) \end{array} + CH_3-CH-CH_3 \underset{}{\overset{(i\text{-}Pr-O-)_3Al}{\rightleftharpoons}} \begin{array}{c} R \\ | \\ CH-OH \\ | \\ H \\ (R) \end{array} + CH_3-C-CH_3$$

（3）克莱门森还原法

在酸性条件下，醛、酮与锌汞齐作用，使羰基直接还原为亚甲基转变为烃的反应叫克莱门森（Clemmensen）还原法。

$$\underset{\underset{(R')}{H}}{\overset{R}{\diagdown}}C=O \xrightarrow[\triangle]{Zn\text{-}Hg,浓\ HCl} \underset{\underset{(R')}{H}}{\overset{R}{\diagdown}}CH_2$$

克莱门森还原法适用于还原芳香酮，是间接在芳环上引入直链烃基的方法：

$$\underset{}{\bigcirc} + CH_3CH_2CH_2\overset{O}{\overset{\|}{C}}H \xrightarrow{AlCl_3} \underset{}{\bigcirc}\overset{O}{\overset{\|}{C}}-CH_2CH_2CH_3$$

$$\xrightarrow{Zn\text{-}Hg/HCl} \underset{80\%}{\bigcirc}CH_2CH_2CH_2CH_3$$

克莱门森还原法只适用于对酸稳定的醛、酮。若醛、酮分子中同时含有对酸敏感的基团如醇羟基、碳碳双键等，就不能用上述方法还原。

（4）沃尔夫-开息纳尔（Wolff-Kishner）-黄鸣龙还原法

沃尔夫-开息钠尔还原法是指把醛或酮与无水肼反应生成腙，然后将腙在乙醇钠或氢氧化钾中，于高压下加热，使之分解，放出氮气，使羰基还原为亚甲基的反应。

$$\underset{(H)R'}{\overset{R}{\diagdown}}C=O \xrightarrow{H_2NNH_2} \underset{(H)R'}{\overset{R}{\diagdown}}C=NNH_2 \xrightarrow[加压]{KOH,200℃} \underset{(H)R'}{\overset{R}{\diagdown}}CH_2 + N_2\uparrow$$

但这个反应有些不足之处：反应条件要求无水、高压，且反应时间长（回流 100h 以上），产率又不高等。我国化学家黄鸣龙教授在 1946 年通过实验改进了这个方法，从而产生了沃尔夫-开息纳尔-黄鸣龙还原法。改进了的还原法是把醛或酮与氢氧化钠或氢氧化钾、85％的水合肼（也可用 50％的水合肼）以及高沸点的水溶性溶剂（如二甘醇或三甘醇）一起回流加热生成腙，然后蒸出水和过量的肼，继续在 200℃下加热回流，使腙分解放出氮气，羰基变为亚甲基的一种还原方法。例如：

$$H_3C-\underset{}{\bigcirc}-\overset{O}{\overset{\|}{C}}CH_2CH_3 \xrightarrow{\substack{H_2NNH_2,NaOH \\ (HOCH_2CH_2)_2O,\triangle}} H_3C-\underset{}{\bigcirc}-CH_2CH_2CH_3$$

此法适用于对碱稳定的醛、酮，因此它和克莱门森还原法可相互补充。

14.4.3　歧化反应　［康尼查罗（Cannizzaro)反应］

不含 α-氢的醛在浓碱作用下，发生自身氧化还原反应，一分子醛被还原，另一分子醛被氧化，生成等摩尔的醇和酸的反应称为歧化反应（康尼查罗反应）。例如：

$$2CHOH \xrightarrow{浓\ NaOH} CH_3OH + HCOONa$$

$$2\ \underset{}{\bigcirc}-CHO \xrightarrow{浓\ NaOH} \underset{}{\bigcirc}-CH_2OH + \underset{}{\bigcirc}-COONa$$

两种不同无 α-H 的醛分子间进行的歧化反应较为复杂，称为交叉歧化反应。如果两种醛中有甲醛参与反应，由于甲醛具有较强的还原性，因此总是被氧化为甲酸，而另一种醛则被还原为醇。这类反应是制备 $ArCH_2OH$ 型醇的有效手段。例如：

$$HCHO + \underset{}{\bigcirc}-CHO \xrightarrow[\triangle]{浓\ NaOH} HCOONa + \underset{}{\bigcirc}-CH_2OH$$

又如工业上制备季戊四醇，首先发生交叉羟醛缩合反应，然后再发生交叉歧化反应。

$$3HCHO+CH_3CHO \xrightarrow[55℃]{Ca(OH)_2} HOH_2C-\overset{\overset{\displaystyle CH_2OH}{|}}{\underset{\underset{\displaystyle CH_2OH}{|}}{C}}-CHO$$

三羟甲基乙醛

$$HOH_2C-\overset{\overset{\displaystyle CH_2OH}{|}}{\underset{\underset{\displaystyle CH_2OH}{|}}{C}}-CHO + HCHO \xrightarrow[55℃]{Ca(OH)_2} HOH_2C-\overset{\overset{\displaystyle CH_2OH}{|}}{\underset{\underset{\displaystyle CH_2OH}{|}}{C}}-CH_2OH + (HCOO)_2Ca$$

季戊四醇

学习指导

实训 9
环己酮的制备

 素质阅读

家装中甲醛的污染与预防

　　家装中如何预防甲醛的污染，甲醛是如今很多朋友比较关注的，本文针对家装中甲醛的污染与预防为大家做个介绍。装修过的房间总飘散着刺鼻气味，停留的时间稍长，人就会出现头昏、刺眼、喉痛、胸闷等不良反应，这多半是甲醛危害的直观表现。据全国各地的室内空气检测数据分析，装修后的室内空气都存在不同程度的污染，其中以甲醛污染最为严重。

　　甲醛是一种无色、具有刺激性且易溶于水的气体。甲醛为较高毒性的物质，长期接触低剂量甲醛可引起慢性呼吸道疾病、女性月经紊乱、妊娠综合征，引起新生儿体质降低、染色体异常，甚至引起鼻咽癌。高浓度甲醛对神经系统、免疫系统、肝脏等都有毒害。甲醛还有致畸、致癌作用。长期接触甲醛，可能引起鼻腔、口腔、鼻咽、咽喉、皮肤和消化道的癌症。

　　房子装修完，很多人都选择半年后入住，让有害气体特别是甲醛挥发完。然而甲醛挥发期为 3 年到 15 年，市场上说一次去甲醛基本上是不可信的，因为它在不停地挥发。如果装修不当，装修完再怎么挥发也难保甲醛不超标。那么，该如何防范室内甲醛污染呢？

　　一、控制污染源

　　要预防家装过程中的室内空气污染，首先要从源头上加以控制。采用符合国家标准的、污染少的装修材料，是降低室内有毒有害气体含量的有效措施。

　　家装应以实用、简约为主，过度装修容易导致污染的叠加效应。有些家庭喜欢在墙上贴上各色墙布、墙纸，以使居室更加亮丽，但其实也容易造成甲醛超标。因为贴墙布、墙纸需要大量的胶水，不仅不利于涂料、油漆中有毒有害气体的挥发，反而会吸附一些有毒有害气体。

二、装修后甲醛的清除

1. 通风加湿：有效吸附室内甲醛

加强通风换气，用室外的新鲜空气来稀释室内的空气污染物，使有毒有害气体浓度降低，改善室内空气质量，有利于室内家具材料甲醛的散发和排出。可以买一台加湿器放在家中，提高室内空气湿度，也能吸附甲醛。或多放几盆水在家里也可以吸附甲醛，但过几个小时就要换次水，不然水中甲醛浓度过高就不会再吸附新的甲醛。刚装修完后，还可以撒些熟石灰在地上，或是买些活性炭放家里，也能很好地吸附甲醛。

2. 植物吸收甲醛和活性炭吸附：植物能够通过光合作用吸收部分有害物质；活性炭孔隙具有吸附势，孔径越小，吸附势越强。

3. 光催化剂去除甲醛

催化剂在光的照射下，会产生类似光合作用的光催化反应，产生出氧化能力极强的自由氢氧基和活性氧，具有很强的光氧化还原功能。

 思考与练习

一、选择题

1. 黄鸣龙是我国著名的有机化学家，他的贡献是（　　）。

A. 完成了青霉素的合成　　　　　　　B. 在有机半导体方面做了大量工作

C. 改进了用肼还原羰基的反应　　　　D. 在元素有机方面做了大量工作

2. 下列物质不能发生碘仿反应的是（　　）。

A. 乙醇　　　　　B. 乙醛　　　　　C. 异丙醇　　　　D. 丙醇

3. 下列能发生碘仿反应的化合物是（　　）。

A. 异丙醇　　　　B. 戊醛　　　　　C. 3-戊酮　　　　D. 2-苯基乙醇

4. 下列能进行 Cannizzaro（康尼查罗）反应的化合物是（　　）。

A. 丙醛　　　　　B. 乙醛　　　　　C. 甲醛　　　　　D. 丙酮

5. 化合物：A. $HCHO$、B. CH_3CHO、C. CH_3COCH_3、D. $C_6H_5COC_6H_5$ 相对稳定性次序为（　　）。

A. A＞B＞C＞D　　　　　　　　　　B. A＞C＞D＞B

C. D＞C＞B＞A　　　　　　　　　　D. D＞A＞B＞C

6. 下列羰基化合物发生亲核加成反应的速度次序是（　　）。

i. $HCHO$；　ii. CH_3COCH_3；　iii. CH_3CHO；　iv. $C_6H_5COC_6H_5$

A. i＞ii＞iii＞iv　　　　　　　　　　B. iv＞iii＞ii＞i

C. iv＞ii＞iii＞i　　　　　　　　　　D. i＞iii＞ii＞iv

7. 能够将羰基还原为亚甲基的试剂为（　　）。

A. $Al(i\text{-}PrO)_3$，$i\text{-}PrOH$　　　　　　B. H_2/Ni

C. H_2NNH_2，$NaOH$，$(HOCH_2CH_2)_2O$，$\triangle$

D. $NaBH_4$

8. 下列反应能增长碳链的是（　　）。

A. 碘仿反应　　　B. 羟醛缩合反应　　C. 康尼查罗反应　　D. 银镜反应

9. 保护醛基常用的反应是（　　）。

A. 氧化反应　　　　　B. 羟醛缩合　　　　　C. 缩醛的生成　　　　D. 还原反应

10. 下列化合物最易形成水合物的是（　　　）。

A. CH_3CHO　　　　　B. CH_3COCH_3　　　　　C. Cl_3CCHO　　　　　D. $ClCH_2CHO$

二、填空题

1. 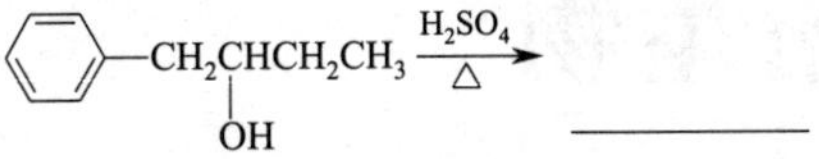 $\xrightarrow[\triangle]{H_2SO_4}$ ＿＿＿＿＿

2. $C_6H_5CHO + HOCH_2CH_2OH \longrightarrow$ ＿＿＿＿＿＿

3. $HCHO + (CH_3)_3CCHO \xrightarrow{浓\ NaOH}$ ＿＿＿＿ ＋ ＿＿＿＿

4.

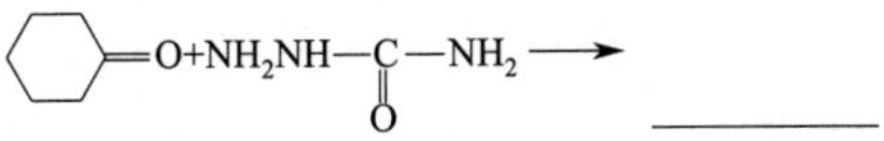

5. 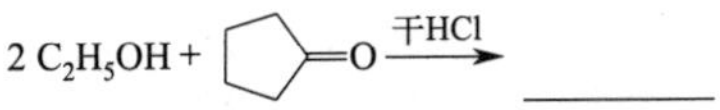 $2\,C_2H_5OH +$ $\xrightarrow{干\ HCl}$ ＿＿＿＿＿

6. $HOCH_2CH_2CH_2CH_2CHO \xrightarrow{干\ HCl}$ ＿＿＿＿＿

三、鉴别题

用简单化学方法鉴别下列化合物：甲醛，乙醛，戊醛，2-戊酮，2-戊醇

四、合成题 （从指定的有机物开始合成）

1. 由 2-丁烯醛合成丁醛

2. 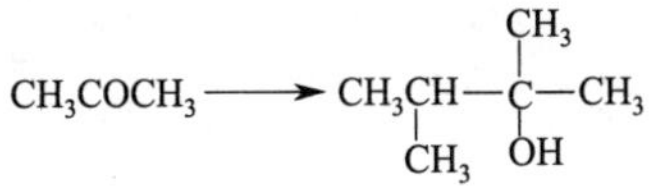 $CH_3COCH_3 \longrightarrow$

3. 以丙醛为原料合成 2-甲基-1-戊醇

4.

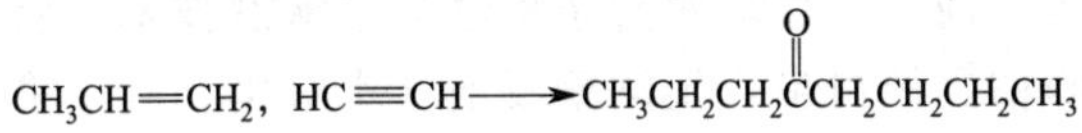

五、推导题

1. 有一化合物 A，分子式为 $C_6H_{12}O$，能与羟氨作用，但不起银镜反应，在铂的催化下加氢，得到一种醇 B，B 经加热脱水，臭氧氧化，水解等反应后，得到两种液体 C 和 D，C 能起银镜反应，但不起碘仿反应；D 能发生碘仿反应，但不能使斐林试剂还原，试推测 A、B、C、D 的结构。

2. 某化合物 A，分子式为 $C_9H_{10}O_2$，能溶于 NaOH 溶液，易与溴水、羟氨反应，不能与托伦试剂反应。A 经 $LiAlH_4$ 还原后得化合物 B，分子式为 $C_9H_{12}O_2$。A、B 都能发生碘仿反应。A 用 Zn-Hg 在浓盐酸中还原得化合物 C，分子式为 $C_9H_{12}O$，C 与 NaOH 反应再用碘甲烷煮沸得化合物 D，分子式为 $C_{10}H_{14}O$，D 用高锰酸钾溶液氧化后得对甲氧基苯甲酸，试推测 A、B、C、D 的结构，并写出有关反应式。

第 15 章
羧酸及其衍生物

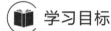 学习目标

知识目标

1. 熟悉羧酸及其衍生物的结构、化学性质和应用；
2. 掌握诱导效应和共轭效应对羧酸酸性的影响；
3. 掌握羧酸及其衍生物的制备方法。

能力目标

1. 能制备出酯、酸酐、酰卤、酰胺；
2. 能利用酰胺的霍夫曼降解制备伯胺。

素质目标

1. 培养安全、环保、节约意识；
2. 培养吃苦耐劳、追求创新的精神；
3. 培养沟通能力以及团队合作精神。

传说古代山西省有个酿酒高手叫杜康。他儿子黑塔跟父亲也学会了酿酒技术。后来，他们从山西迁到镇江。黑塔觉得酿酒后把酒糟扔掉可惜，把酒糟浸泡在水缸里。到了第二十一日的酉时，一开缸，一股浓郁的香气扑鼻而来。黑塔忍不住尝了一口，酸酸的，味道很美。烧菜时放了一些，味道特别鲜美，便贮藏着作为"调味酱"。这种"调味酱"叫什么名字呢？黑塔用二十一日加"酉"字来命名这种调料叫"醋"。食醋含乙酸 3%～5%，乙酸俗称醋酸，由甲基和羧基（—COOH）相连而成。像乙酸一样，分子结构由烃基（或氢原子）与羧基相连构成的有机化合物，叫作羧酸，可用通式 RCOOH 或 ArCOOH 表示。羧酸是许多有机物氧化的最终产物，在工业、农业、医药和人们的日常生活中有着广泛的应用。

15.1　物性概述

常温下，C_4 以下羧酸是具有酸味的刺激性液体，$C_4 \sim C_9$ 羧酸为有腐败气味的油状液体，C_{10} 以上的羧酸为无气味的蜡状固体，芳香酸和二元酸是结晶固体。

甲酸、乙酸、芳香酸和二元酸的相对密度均大于 1，其他饱和一元脂肪酸的相对密度都小于 1。

羧酸的熔点有一定规律，随着分子中碳原子数目的增加呈锯齿状的变化。乙酸熔点 16.6℃，当室温低于此温度时，立即凝成冰状结晶，故纯乙酸又称为冰

羧酸分子中
二聚体的形成

醋酸。

羧酸的沸点是随着相对分子质量的增加而升高，这是因为羧酸分子间能形成较强的氢键，如图 15-1(a) 所示。

羧酸分子间的氢键比醇分子间的氢键更稳定，通过氢键可缔合形成二聚体。在固态和液态时，羧酸主要以二聚体形式存在。低级羧酸，如甲酸、乙酸，即使在气相也可以二聚体形式存在。分子间的氢键缔合使它们的沸点比相对分子质量相当的醇还要高。

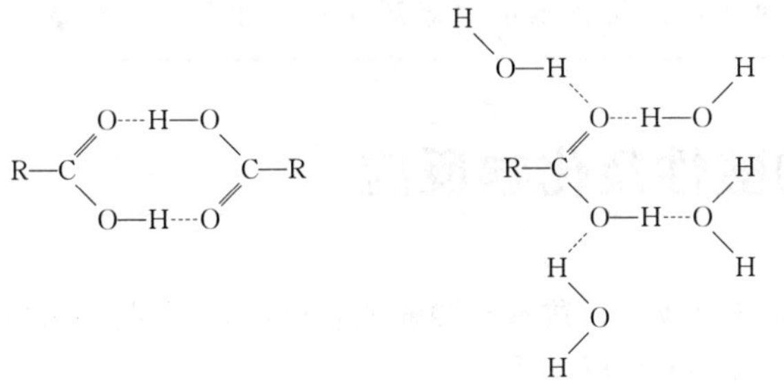

(a) 羧酸分子间的氢键　　　　(b) 羧酸与水形成的氢键

图 15-1　羧酸形成氢键示意图

羧基是一种亲水基团，它能与水形成较强的氢键，因此羧酸在水中的溶解度比相应的醇大。$C_1 \sim C_4$ 羧酸能与水混溶，从戊酸开始，随碳链增长水溶性降低。C_{10} 以上的羧酸不溶于水。低级二元酸溶于水而不溶于醚，其水溶性也随碳链增长而降低。一些常见羧酸的物理常数如表 15-1 所示。

表 15-1　常见羧酸的物理常数

名称	熔点/℃	沸点/℃	溶解度(25℃)/(g/100g 水)	pK_a 或 pK_{a_1}	pK_{a_2}
甲酸	8	100.5	—	3.76	—
乙酸	16.6	118	—	4.76	—
丙酸	−21	141	—	4.87	—
丁酸	−6	164	—	4.81	—
戊酸	−34	187	4.97	4.82	—
苯甲酸	122	250	0.34	4.19	—
乙二酸	184(分解)	—	10.2	1.23	4.19
丙二酸	136	—	138	2.85	5.70
顺丁烯二酸	131	—	78.8	1.85	6.07
反丁烯二酸	287	—	0.70	3.03	4.44
邻苯二甲酸	213	—	0.70	2.89	5.41
间苯二甲酸	349	—	0.01	3.54	4.60
对苯二甲酸	300(升华)	—	0.003	3.51	4.82

低级的酰氯和酸酐是具有刺激性气味的液体，低级酯是具有香味的液体，例如乙酸异戊酯具有香蕉味，正戊酸异戊酯具有苹果香味等，它们可用于香料工业。大多数酰胺和 N-取代酰胺为结晶固体。

酰胺由于分子间形成的氢键比羧酸强，故沸点比相应的羧酸高，而酰卤、酸酐和酯因分子间不能形成氢键，因而它们的沸点比相对分子质量相近的羧酸低得多。例如：

分子式	CH_3CONH_2	CH_3COOH	CH_3COCl
b. p. /℃	222	118	52

低级酰卤、酸酐极易被水分解，C_4 以下的酯有一定的水溶性，但随碳原子数增加而大大降低。酰胺能与水分子形成氢键，因而低级酰胺能溶于水，如甲酰胺、N-甲基甲酰胺、N,N-二甲基甲酰胺（DMF）能与水互溶。

> **想一想**：为什么羧酸的沸点以及在水中的溶解度较分子量相近的其他有机物高？

15.2　羧酸的酸性及化学反应

羧酸是由羟基和羰基组成的，羧基是羧酸的官能团，要讨论羧酸的性质，必须先剖析羧基的结构，羧基的结构为 p-π 共轭体系。

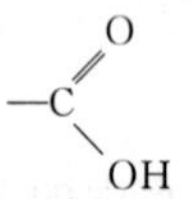

$$\underset{OH}{\overset{O}{-C}}$$　形式上看羧基是由一个 $\overset{O}{-C-}$ 和一个 OH 组成，
实质上并非两者的简单组合。

由于共轭作用，羧基不是羰基和羟基的简单加和，所以羧基中既不存在典型的羰基，也不存在典型的羟基，而是两者互相影响的统一体。羧酸的性质可从结构上预测，有以下几类：

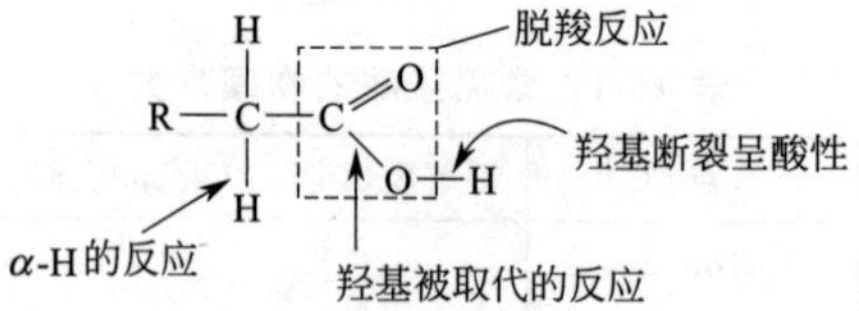

15.2.1　羧酸的酸性

【演示实验 15-1】　在两支试管中分别加入 2mL 10% 碳酸钠溶液，再加入 5 滴甲酸、乙酸，振摇试管，观察现象。

羧酸呈明显的弱酸性，在羧酸的水溶液中存在着下列解离平衡：

$$RCOOH + H_2O \rightleftharpoons RCOO^- + H^+$$

$$K_a^\ominus = \frac{[RCOO^-][H^+]}{[RCOOH]} \qquad pK_a^\ominus = -\lg K_a$$

羧酸与碳酸钠反应

$K_a^\ominus$ 或 $pK_a^\ominus$ 的大小反映了羧酸酸性的强弱，$K_a^\ominus$ 越大或 $pK_a^\ominus$ 越小，酸性越强。一般饱和一元羧酸的 $K_a^\ominus$ 在 $10^{-5} \sim 10^{-4}$ 之间（$pK_a^\ominus$ 在 4.76~5 之间）。甲酸的酸性较强，其 $K_a^\ominus$ 为 2.1×10^{-4}（$pK_a^\ominus$ 为 3.77）。羧酸的酸性比碳酸（$pK_a^\ominus$ 为 6.5）和酚（$pK_a^\ominus$ 为 10）强，但比盐酸、硫酸等强无机酸的酸性弱。羧酸可溶解在氢氧化钠或碳酸氢钠溶液中形成盐，羧酸钠盐具有盐的一般性质，不易挥发，在水中能完全解离为离子，加入强酸又可以使盐重新变为羧酸游离出来。

$$RCOOH + NaOH \longrightarrow RCOONa + H_2O$$

$$RCOOH + Na_2CO_3 \longrightarrow RCOONa + CO_2 \uparrow + H_2O$$

$$NaHCO_3 \overset{H^+}{\underset{}{\big|}} \quad 用于区分酸和其他化合物$$
$$\longrightarrow RCOOH$$

此性质可用于醇、酚、羧酸的鉴别和分离，羧酸既溶于 NaOH 也溶于 $NaHCO_3$，酚能溶于 NaOH，不溶于 $NaHCO_3$，醇既不溶于 NaOH 也不溶于 $NaHCO_3$。

【例 15-1】 分离苯甲酸、苯酚、苯甲醇的混合液。

解：

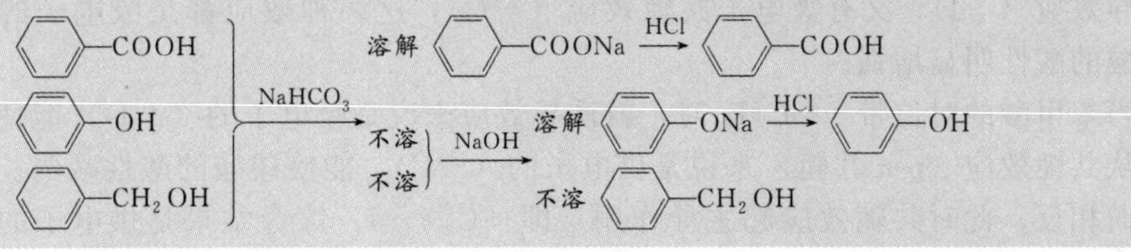

羧酸盐具有一定的用途。例如，高级脂肪酸的钠盐、钾盐是肥皂的主要成分，高级脂肪酸铵是雪花膏的主要成分。某些羧酸盐有抑制细菌生长的作用，往往在食品加工中作为防腐剂，常用的食品防腐剂有苯甲酸钠、乙酸钙和山梨酸钾（$CH_3CH{=}CHCH{=}CHCOOK$）等。由于羧酸钠和钾盐的水溶性，制药工业常把含有羧基的药物变成盐，使不溶于水的药物变成水溶性的。例如青霉素 G 分子中含有羧基，一般将它制成钠盐或钾盐供临床注射。

影响羧酸酸性的因素很多，主要有电子效应（共轭效应和诱导效应）、空间位阻效应、溶剂化效应等。总之，任何使羧基负离子趋向更稳定的因素都使酸性增强，使羧基负离子趋向不稳定的因素都使酸性减弱。

（1）诱导效应

受电负性不同的原子或基团的影响，整个分子中成键电子云密度按原子或基团的电负性所决定方向而偏移的效应称为诱导效应。

① 吸电子诱导效应（$-I$）使酸性增强。在卤代酸中存在吸电子诱导效应，卤原子的吸电子诱导效应越强，则酸性越强。

卤原子的电负性：$F{>}Cl{>}Br{>}I$

酸性：　　　　　$FCH_2COOH{>}ClCH_2COOH{>}BrCH_2COOH{>}ICH_2COOH{>}CH_3COOH$

pK_a 值分别是：　2.66　　　　2.86　　　　2.89　　　　3.16　　　4.76

② 供电子诱导效应使酸性减弱。

酸性：　　　　　$CH_3COOH{>}CH_3CH_2COOH{>}(CH_3)_3CCOOH$

pK_a 值分别是：　　4.76　　　　4.87　　　　5.05

③ 烃基上所连的吸电子基越多，酸性越强。

酸性：　　　　　$Cl_3CCOOH{>}Cl_2CHCOOH{>}ClCH_2COOH$

pK_a 值分别是：　　0.65　　　1.29　　　2.86

④ 诱导效应是随着距离增加而减弱。取代基的位置距羧基越远，对羧基的酸性影响就越小。

酸性：　$\underset{\underset{Cl}{|}}{CH_3CH_2CHCO_2H}{>}\underset{\underset{Cl}{|}}{CH_3CHCH_2CO_2H}{>}\underset{\underset{Cl}{|}}{CH_2CH_2CH_2CO_2H}{>}\underset{\underset{H}{|}}{CH_2CH_2CH_2CO_2H}$

pK_a 值分别是：　2.86　　　　　　4.41　　　　　　4.70　　　　　　4.82

（2）共轭效应

当共轭体系上的取代基如 $-NO_2$、$-CN$、$-COOH$、$-CHO$、$-COR$ 等时，取代基能降低共轭体系的电子云密度，称为吸电子共轭效应（$-C$）；当共轭体系上的取代基为 $-NH_2$、$-NHR$、$-OH$、$-OR$、$-OCOR$、$-Cl$、$-Br$ 等时，由于存在 p-π 共轭，p 电子向共轭体系转移，从而增加共轭体系的电子云密度，称为供电子共轭效应（$+C$）。

芳环是共轭体系，分子一端所受的作用可以沿着共轭体系交替地传递到另一端。另外，芳环上取代基对芳酸酸性的影响，除了取代基的结构因素外，还会随取代基与羧基的相对位置不同而异。例如：取代苯甲酸的酸性与取代基的位置、共轭效应与诱导效应等都有关。

① 对位取代基对苯甲酸酸性的影响　苯甲酸对位上带有硝基时，硝基在苯环上有吸电子诱导效应（−I），又有吸电子共轭效应（−C），这两种效应都是吸电子的，所以使取代苯甲酸的酸性明显增强。

当苯甲酸的对位带$-OCH_3$时，就诱导效应来说是吸电子的（−I），能使羧酸的酸性增强，从共轭效应（p-π 共轭）来说是供电子的（+C），能使羧酸的酸性减弱。两种效应的影响方向相反，此时共轭效应起主导作用，即+C>−I，综合结果是供电子的，使取代的苯甲酸酸性减弱。

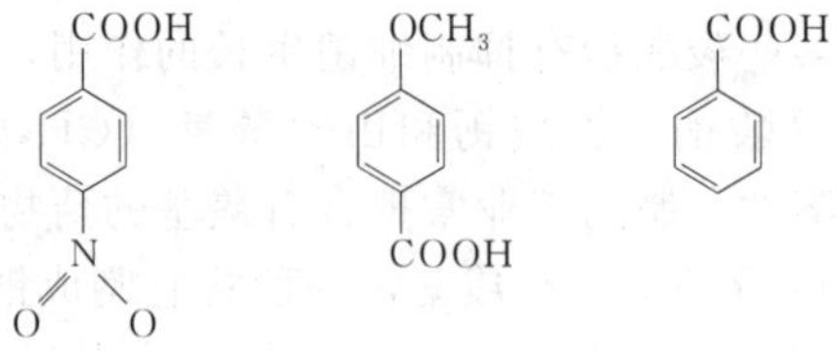

pK_a　3.40　　4.47　　4.17

② 间位取代基对苯甲酸酸性的影响　当取代基在间位时，共轭效应受到阻碍，诱导效应起主导作用，但因与羧基相隔三个碳原子，影响大大减弱。例如硝基有吸电子诱导效应，使间硝基苯甲酸的酸性比苯甲酸的酸性强，但比对硝基苯甲酸的酸性稍弱。位于羧基间位的甲氧基也表现为吸电子诱导效应，但其吸电子强度比硝基弱，所以间甲氧基苯甲酸的酸性比苯甲酸的酸性稍强，但比间硝基苯甲酸的酸性弱。

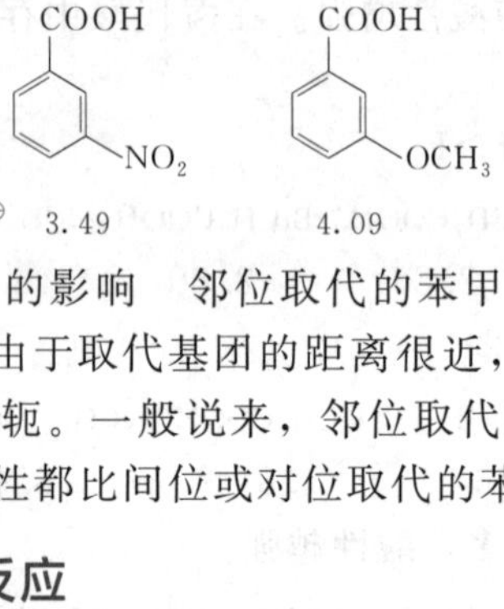

$pK_a^\ominus$　3.49　　4.09

③ 邻位取代基对苯甲酸酸性的影响　邻位取代的苯甲酸情况比较复杂，共轭效应和诱导效应都要发挥作用，此外，还由于取代基团的距离很近，从而还要考虑空间效应的影响，位阻作用破坏了羧基与苯环的共轭。一般说来，邻位取代的苯甲酸，除氨基外，不管是甲基、卤素、羟基或硝基等，其酸性都比间位或对位取代的苯甲酸强。

15.2.2 羧酸的 α-H 卤代反应

在碘、硫或红磷等催化剂存在或光照下，羧酸中的α-H 可被卤原子取代生成卤代酸。例如：

$$R-CH_2-\overset{O}{\overset{\|}{C}}-OH \xrightarrow[\text{P或光}]{X_2} R-\underset{X}{\underset{|}{CH}}-\overset{O}{\overset{\|}{C}}-OH \xrightarrow[\text{P或光}]{X_2} P-\underset{X}{\underset{|}{\overset{X}{\overset{|}{C}}}}-\overset{O}{\overset{\|}{C}}-OH$$

$$CH_3COOH \xrightarrow[P]{Cl_2} ClCH_2COOH \xrightarrow[P]{Cl_2} Cl_2CHCOOH \xrightarrow[P]{Cl_2} Cl_3COOH$$

如果控制好反应条件，可使反应停留在一卤代酸或二卤代酸阶段，氯乙酸是制备农药乐果、生长刺激素 2,4-D 和 4-碘苯氧基醋酸（增产灵）的原料。三氯乙酸可用于印染工业或作为合成原料。

α-卤代酸既具有羧酸的性质又具有卤代烃的性质，它可发生水解、氨解、氰解等反应，转变为α-羟基酸、α-氨基酸、α-氰基酸等，也可发生消除反应得到α、β 不饱和酸。

$$R-\underset{\underset{X}{|}}{CH}-\overset{\overset{O}{\|}}{C}-OH \begin{cases} \xrightarrow{NaOH} & R-\underset{\underset{OH}{|}}{CH}-\overset{\overset{O}{\|}}{C}-ONa \xrightarrow[H_2O]{H^+} R-\underset{\underset{OH}{|}}{CH}-\overset{\overset{O}{\|}}{C}-OH \\ \\ \xrightarrow{NH_3} & R-\underset{\underset{NH_2}{|}}{CH}-\overset{\overset{O}{\|}}{C}-ONH_4 \xrightarrow[H_2O]{H^+} R-\underset{\underset{NH_2}{|}}{CH}-\overset{\overset{O}{\|}}{C}-OH \\ \\ \xrightarrow{NaCN} & R-\underset{\underset{CN}{|}}{CH}-\overset{\overset{O}{\|}}{C}-ONa \xrightarrow[H_2O]{H^+} R-\underset{\underset{CN}{|}}{CH}-\overset{\overset{O}{\|}}{C}-OH \end{cases}$$

> **想一想**：如果不用红磷或三卤化磷作催化剂，可以采用什么方法使羧酸的 α-卤代反应顺利进行？说明理由。

15.2.3 脱羧反应

羧酸失去羧基放出二氧化碳的反应称为**脱羧反应**。

一元羧酸的碱金属盐与碱石灰共热，放出二氧化碳，生成比原羧酸少一个碳原子的烃。羧酸在一定条件下受热可发生脱羧反应。无水醋酸钠和碱石灰混合后产生强热生成甲烷，是实验室制取甲烷的方法。

$$RCH_2COONa + NaOH \xrightarrow[\triangle]{CaO} RCH_3 + Na_2CO_3$$

$$CH_3COONa + NaOH \xrightarrow[\triangle]{CaO} CH_4\uparrow + Na_2CO_3$$

α-碳上连有强吸电子基的羧酸，脱羧反应就很容易进行。

$$CH_3COCH_2COOH \xrightarrow{100℃} CH_3COCH_3 + CO_2\uparrow$$

二元羧酸受热易脱羧，生成的产物取决于两个羧基的相对位置。

$$HOOC—COOH \xrightarrow{150℃} HCOOH + CO_2\uparrow$$

$$HOOCCH_2COOH \xrightarrow{120\sim140℃} CH_3COOH + CO_2\uparrow$$

洪塞迪克尔（Hunsdiecker）反应，羧酸的银盐在溴或氯存在下脱羧生成卤代烷的反应，这个反应可以用来合成比羧酸少一个碳的卤代烃。

$$RCOOAg + Br_2 \xrightarrow[\triangle]{CCl_4} RBr + CO_2 + AgBr$$

$$CH_3CH_2CH_2COOAg + Br_2 \xrightarrow[\triangle]{CCl_4} CH_3CH_2CH_2Br + CO_2 + AgBr$$

15.2.4 还原反应

羧基一般不易被还原，但在高温、高压下进行催化氢化或用强还原剂氢化锂铝，可将羧酸还原为伯醇。

$$RCOOH \xrightarrow[(2)H_3O^+]{(1)LiAlH_4} RCH_2OH$$

$$(CH_3)_3CCOOH + LiAlH_4 \xrightarrow[(2)H_3O^+]{(1)无水乙醚} (CH_3)_3CCH_2OH(93\%)$$

查一查：“酒香不怕巷子深”，酒香的形成过程是什么？酒香的主要化学成分是什么？

15.3　羧酸衍生物的制备

羧基中的羟基可被卤素（—X）、酰氧基（RCO—O—）、烷氧基（RO—）及氨基（—NH$_2$）取代生成酰卤、酸酐、酯和酰胺等羧酸衍生物。

$$\underset{\text{酰卤}}{R-\overset{O}{\overset{\|}{C}}-X} \qquad \underset{\text{酸酐}}{R-\overset{O}{\overset{\|}{C}}-O-\overset{O}{\overset{\|}{C}}-R'} \qquad \underset{\text{酯}}{R-\overset{O}{\overset{\|}{C}}-OR'} \qquad \underset{\text{酰胺}}{R-\overset{O}{\overset{\|}{C}}-NH_2}$$

羧酸分子中消去羟基后的剩下的基团（RCO—）称为酰基。

15.3.1　酰卤的生成

羧酸与三卤化磷、五卤化磷、亚硫酰卤反应都可生成酰卤。

酰氯很活泼，易水解，通常用蒸馏法将产物分离。三氯化磷适用于制备低沸点酰氯，五氯化磷适宜制备高沸点的酰氯，一般使用亚硫酰氯比较方便，因为产物中除酰氯外都是气体，易于分离。

$$R-\overset{O}{\overset{\|}{C}}-OH +PCl_3 \longrightarrow R-\overset{O}{\overset{\|}{C}}-Cl +H_3PO_3$$

$$R-\overset{O}{\overset{\|}{C}}-OH +PCl_5 \longrightarrow R-\overset{O}{\overset{\|}{C}}-Cl +POCl_3+HCl$$

$$R-\overset{O}{\overset{\|}{C}}-OH +SOCl_2 \longrightarrow R-\overset{O}{\overset{\|}{C}}-Cl +SO_2\uparrow+HCl\uparrow$$

亚硫酰氯是实验室制备酰氯最常用的试剂，但采用亚硫酰氯作试剂时需过量，故要考虑产物的沸点同亚硫酰氯的沸点有较大的差别，以利于分离。

乙酰氯和苯甲酰氯是常用的酰基化试剂。

15.3.2　酸酐的生成

两分子羧酸在脱水剂作用下脱水生成酸酐。常用的脱水剂为五氧化二磷、乙酸酐等。

$$R-\overset{O}{\overset{\|}{C}}\underset{OH}{} + R-\overset{O}{\overset{\|}{C}}\underset{OH}{} \overset{\triangle}{\longrightarrow} R-\overset{O}{\overset{\|}{C}}-O-\overset{O}{\overset{\|}{C}}-R +H_2O$$

$$2\,\text{⬡}-COOH + (CH_3CO)_2O \overset{\triangle}{\longrightarrow} (\text{⬡}-CO)_2O+2CH_3COOH$$

乙酸酐（脱水剂）

乙酸酐能较迅速地与水反应，且价格便宜，生成的乙酸容易除去，因此，常用乙酐作为制备酸酐的脱水剂。二元羧酸不需要脱水剂，在加热的条件下脱水生成五元或六元环的酸酐。例如：

$$\overset{\text{(顺丁烯二酸酐)}}{\underset{150℃}{\longrightarrow}} \quad +H_2O$$

顺丁烯二酸酐 95%

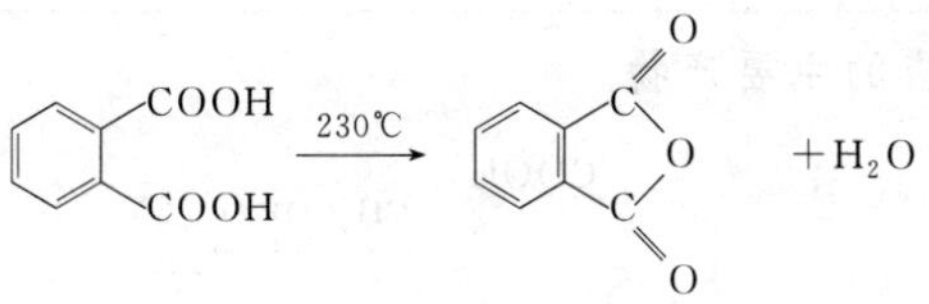

$$邻苯二甲酸 \xrightarrow{230℃} 邻苯二甲酸酐 +H_2O$$

邻苯二甲酸酐约 100%

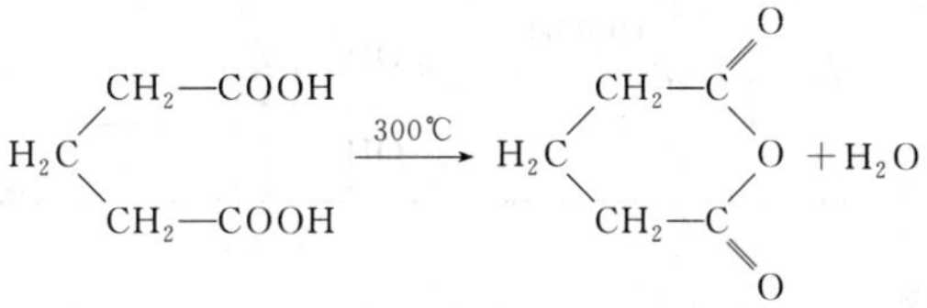

$$戊二酸 \xrightarrow{300℃} 戊二酸酐 +H_2O$$

戊二酸酐

苯酐为白色针状晶体，广泛用于制备染料、药物、聚酯树脂、醇酸树脂、塑料、增塑剂、涤纶等。马来酸酐为无色结晶固体，它可用于生产聚酯树脂、醇酸树脂，用于制造各种涂料和塑料等。

酰卤和无水羧酸盐在加热的情况下，可脱去氯化钠生成酸酐，利用此法可制备混酐。例如：

$$RCOCl+R'COONa \xrightarrow{\triangle} RC\!-\!O\!-\!CR' +NaCl$$

$$CH_3COCl+CH_3CH_2COONa \xrightarrow{\triangle} CH_3C\!-\!O\!-\!CCH_2CH_3 +NaCl$$

15.3.3　酯的生成

在强酸（如无水 HCl、浓 H_2SO_4、$PhSO_3H$）的催化下，羧酸与醇作用生成酯的反应叫酯化反应。

$$R\!-\!C\!-\!O\!-\!H + H\!-\!O^{18}R' \rightleftharpoons R\!-\!C\!-\!O^{18}R' +H_2O$$

乙醇和醋酸的酯化反应

H_2O 中无 O^{18}，说明反应为酰氧断裂。

$$R\!-\!C\!-\!OH + H\!-\!OR' \rightleftharpoons R\!-\!C\!-\!OR' +H_2O$$

酯化反应是可逆反应，提高酯化率的方法，可增加反应物的浓度（一般是加过量的醇）或不断蒸出低沸点的酯和水，使平衡向右移动。例如：

$$CH_3CO\!-\!OH + H\!-\!OCH_2CH_2CHCH_3 \overset{H^+}{\rightleftharpoons} CH_3COOCH_2CH_2CHCH_3 +H_2O$$

乙酸异戊酯

乙酸异戊酯为无色透明液体，具有香蕉味，又称为香蕉水。常用作溶剂、萃取剂、香料和化妆品的添加剂，也是一种昆虫信息素。

空间阻碍对酯化速率有较大影响，在酸或醇分子中，α-碳上的烃基增大或增多时，则空间位阻效应增大，酯化反应速率降低。例如：叔醇的酯化反应极慢，主要发生消除反应。因而酯化反应只适宜制备以伯醇、仲醇为原料的酯。制备叔醇酯常采用酰氯或酸酐的醇解反应。

酯化反应活性：

$$CH_3OH>RCH_2OH>R_2CHOH>R_3COH$$
$$HCOOH>CH_3COOH>RCH_2COOH>R_2CHCOOH>R_3CCOOH$$

练一练：写出下列反应的主要产物。

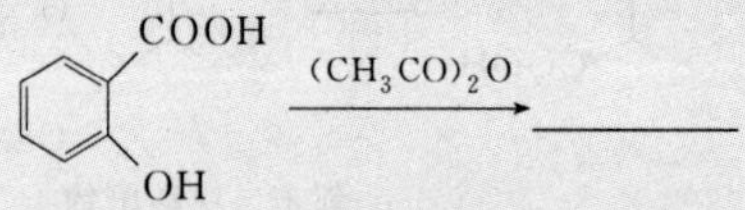

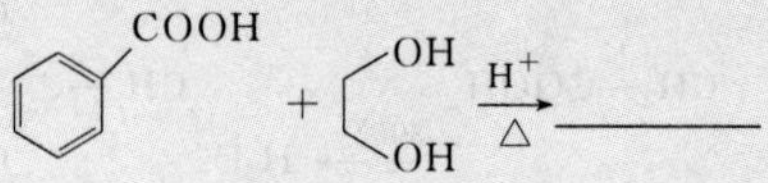

$$\text{邻羟基苯甲酸} \xrightarrow{(CH_3CO)_2O}$$

$$\text{苯甲酸} + \overset{OH}{\underset{OH}{|}} \xrightarrow[\triangle]{H^+}$$

15.3.4　酰胺的生成

羧酸与氨或胺反应，首先生成胺盐，这是一个可逆反应。然后在高温下脱水得到酰胺。

$$R-\overset{\overset{O}{\|}}{C}-OH + NH_3 \rightleftharpoons R-\overset{\overset{O}{\|}}{C}-ONH_4 \xrightarrow{\triangle} R-\overset{\overset{O}{\|}}{C}-NH_2 + H_2O$$

$$CH_3CH_2CH_2COOH + NH_3 \rightleftharpoons CH_3CH_2CH_2-\overset{\overset{O}{\|}}{C}-ONH_4 \xrightarrow{>150℃} CH_3CH_2CH_2-\overset{\overset{O}{\|}}{C}-NH_2 + H_2O$$

工业上利用上述反应合成聚酰胺纤维。例如：

$$HOC(CH_2)_4COH + nH_2N(CH_2)_6NH_2 \xrightarrow{ROH溶液} n\ ^-OC(CH_2)_4C-\overset{}{O}\cdot H_3\overset{+}{N}(CH_2)_6\overset{+}{N}H_3$$

$$\xrightarrow[N_2]{200\sim250℃} HO-\overset{\overset{O}{\|}}{C}-(CH_2)_4-\overset{\overset{O}{\|}}{C}-NH-(CH_2)_6-NH\!\!\!\!-_n H + (n-1)H_2O$$

尼龙-66

聚己二酰己二胺树脂经熔化抽丝制成聚酰胺-66纤维（或称尼龙-66）。尼龙-66适宜制轮胎帘子线、衣物、渔网等，具有耐磨、耐碱、耐有机溶剂的特点。聚己二酰己二胺树脂定向抽成的丝强度极大，可制成尼龙防弹衣。

练一练：鉴别下列各组化合物。
（1）甲酸　乙酸　乙二酸　乙醛
（2）苯酚　水杨酸　苯甲酸　苯甲醛

15.4　羧酸衍生物的性质和应用

四种羧酸衍生物分子中都含有酰基，与酰基碳直接相连的原子都有未共用电子对。

$$R-\overset{\overset{O}{\|}}{C}-L \qquad L=-\ddot{X},\ -\ddot{O}\,COR,\ -\ddot{O}\,R,\ -\ddot{N}\,H_2$$

由于它们的结构相似，因而它们具有类似的化学性质。

15.4.1　水解

四种羧酸衍生物都能发生水解反应生成羧酸。

$$\left.\begin{array}{l}RCOCl\\ROCOCOR\\RCOOR'\\RCONH_2\end{array}\right\}\ H_2O\ \left\{\begin{array}{l}\xrightarrow{}RCOOH+HCl\\\xrightarrow{\triangle}2RCOOH\\\xrightarrow[\triangle]{H^+\ 或\ OH^-}RCOOH+R'OH\\\xrightarrow[\triangle]{H^+\ 或\ OH^-}RCOOH+NH_3\end{array}\right.$$

羧酸衍生物水解反应的活性：酰氯＞酸酐＞酯＞酰胺

　　酰氯、酸酐易水解。酯和酰胺水解需酸或碱作为催化剂，另外还需加热。酯在酸催化下水解是酯化反应的逆反应，水解不完全。酯在碱性溶液中的水解反应可以进行到底，此反应又称为**皂化反应**，因为肥皂是高级脂肪酸甘油酯的碱性水解产物。

$$\begin{array}{l}CH_2OOCC_{17}H_{33}\\|\\CHOOCC_{15}H_{31}\\|\\CH_2OOCC_{17}H_{35}\end{array}+3NaOH\xrightarrow{\triangle}\begin{array}{l}CH_2OH\\|\\CHOH\\|\\CH_2OH\end{array}+\begin{array}{l}C_{17}H_{33}COONa\\C_{15}H_{31}COONa\\C_{17}H_{35}COONa\end{array}$$
$$\qquad\quad 油脂\qquad\qquad\qquad\quad 甘油\qquad\quad 肥皂$$

　　酰胺在酸性溶液中水解得到羧酸和胺盐，在碱作用下水解得到羧酸盐并放出氨气。利用酰胺的碱性水解可鉴别酰胺。

$$RCONH_2+H_2O\left\{\begin{array}{l}\xrightarrow{HCl}RCOOH+NH_4Cl\\\xrightarrow{NaOH}RCOONa+NH_3\uparrow（鉴别酰胺）\end{array}\right.$$

15.4.2　醇解

　　四种羧酸衍生物都能发生醇解反应生成酯。

$$\left.\begin{array}{l}RCOCl\\(RCO)_2O\\RCOOR\\RCONH_2\end{array}\right\}+HOR'\longrightarrow RCOOR'+\left\{\begin{array}{l}HCl\\RCOOH\\ROH\\NH_3\end{array}\right.$$

　　酯在酸或碱的催化下醇解称为**酯交换反应**，可生成另一种醇和另一种酯。利用此反应可从廉价易得的低级醇制取高级醇。酯交换反应是可逆反应。例如：

$$CH_3CH_2COOCH_3+CH_3(CH_2)_3OH\xrightleftharpoons{H_2SO_4}CH_3CH_2COOCH_2(CH_2)_2CH_3+CH_3OH$$

工业上生产涤纶的原料对苯二甲酸乙二醇酯也是用酯交换的方法合成的。

$$H_3COOC-\!\!\!\bigcirc\!\!\!-COOCH_3+2HOCH_2CH_2OH\xrightarrow[180\sim190℃]{醋酸锌}HOH_2CH_2COOC-\!\!\!\bigcirc\!\!\!-COOCH_2CH_2OH+2CH_3OH$$

聚乙烯醇也是从聚乙酸乙烯酯通过酯交换反应制得的。

15.4.3　氨解

　　酰氯、酸酐、酯都能发生氨解反应生成酰胺。

$$\left.\begin{array}{l}RCOCl\\(RCO)_2O\\RCOOR\end{array}\right\}+NH_3\longrightarrow RCONH_2+\left\{\begin{array}{l}NH_4Cl\\RCOONH_4\\ROH\end{array}\right.$$

酰胺与胺的反应是可逆反应，只有胺过量才可得到 N-烷基酰胺或 N,N-二烷基酰胺。

$$RCONH_2+R'NH_2\xrightleftharpoons{}RCONHR'+NH_3$$
$$\text{（过量）}$$

酰氯与氨或胺在室温下反应是实验室制备酰胺或 N-取代酰胺的方法。例如：

$$CH_3CH_2COCl \xrightarrow{NH_3 \cdot H_2O} CH_3CH_2CONH_2 + NH_4Cl$$

工业上用对苯二甲酰氯与对苯二胺进行缩聚生成的聚对苯二甲酰对苯二胺树脂，经抽丝等工艺可制成高强度、高耐热性以及具优良阻燃性的芳香族聚酰胺纤维。

$$n\ Cl-\overset{O}{\underset{}{C}}-\underset{}{\bigcirc}-\overset{O}{\underset{}{C}}-Cl + n\ H_2N-\underset{}{\bigcirc}-NH_2 \xrightarrow{缩聚} \underbrace{\left[HN-\underset{}{\bigcirc}-HNC-\underset{}{\bigcirc}-\overset{O}{\underset{}{C}} \right]}_{n}$$

酸酐也能发生氨解反应。这类反应在工业上有广泛用途。例如药物非那西汀的合成。

$$(CH_3CO)_2O + H_2N-\underset{}{\bigcirc}-OCH_2CH_3 \longrightarrow CH_3CONH-\underset{}{\bigcirc}-OCH_2CH_3 + CH_3COOH$$
非那西汀

15.4.4 还原反应

羧酸衍生物比羧酸易还原。其中酰氯、酯较容易被还原，如用活性较小的 Lindlar 催化剂，可使酰氯还原为相应的醛。此方法称为罗森孟德（Rosenmund）还原法。这是由羧酸通过酰氯制备醛的一个好方法。

$$RCOCl + H_2 \xrightarrow[\text{硫-喹啉}]{Pd-BaSO_4} RCHO + HCl$$

若用活性高的催化剂 $LiAlH_4$，可把酰氯还原为伯醇。例如：

$$\underset{}{\bigcirc}\!\!\overset{COCl}{} \xrightarrow[(2)H_3O^+]{(1)LiAlH_4} \underset{}{\bigcirc}\!\!\overset{CH_2OH}{}$$

酯常用 $Na + CH_3CH_2OH$（或 $LiAlH_4$）为还原剂，产物是两种醇的混合物。例如：

$$CH_3CH_2COOCH_2CH_3 \xrightarrow{Na + CH_3CH_2OH} CH_3CH_2CH_2OH + CH_3CH_2OH$$

酸酐可被 $LiAlH_4$ 还原为相应的伯醇。酰胺可被 $LiAlH_4$ 还原成相应的胺。

$$CH_3(CH_2)_3CONHCH_3 \xrightarrow[(2)H_2O]{(1)LiAlH_4} CH_3(CH_2)_3CH_2NHCH_3$$

15.4.5 酰胺的特殊反应

（1）酰胺的霍夫曼（Hofmann）降解反应

酰胺与次氯酸钠或次溴酸钠的碱溶液作用脱去羰基生成伯胺的反应称为霍夫曼（Hofmann）降解反应（或称重排反应）。

$$RCONH_2 + Br_2 + 4NaOH \xrightarrow{H_2O} RNH_2 + 2NaBr + Na_2CO_3 + 2H_2O$$

此反应过程虽然复杂，但可得到产物较纯产率较高的伯胺。例如：

$$CH_3(CH_2)_7CONH_2 \xrightarrow{Cl_2}_{NaOH} CH_3(CH_2)_6CH_2NH_2$$
94%

$$\underset{Br}{\underset{}{\bigcirc}}\!\!\overset{CONH_2}{} \xrightarrow{Br_2, KOH} \underset{Br}{\underset{}{\bigcirc}}\!\!\overset{NH_2}{}$$
87%

C_8 以上的脂肪族酰胺发生上述反应，产率不高。

想一想：请判断下述霍夫曼重排反应能否实现，为什么？

$$RCONHCH_3 \xrightarrow{Br_2, OH^-} RNHCH_3$$

（2）酰胺的脱水反应

酰胺与脱水剂（P_2O_5、$SOCl$ 等）共热则脱水生成腈。这是实验室制备腈的一个方法。

$$RCONH_2 \xrightarrow[\triangle]{P_2O_5} RCN + H_2O$$

利用此法可制备一些难以用卤代烃和氰化钠反应而得到的腈。例如：

$$(CH_3)_3CCONH_2 \xrightarrow[\triangle]{P_2O_5} (CH_3)_3CCN + H_2O$$

15.5　乙酰乙酸乙酯、丙二酸二乙酯合成法和应用

15.5.1　乙酰乙酸乙酯合成法和应用

（1）乙酰乙酸乙酯合成法

两分子乙酸乙酯（含有 α-H 酯），在强碱乙醇钠作用下，脱去一分子的乙醇，生成乙酰乙酸乙酯（β-丁酮酸酯），该反应称为**克莱森（Claisen）酯缩合反应**。凡是含有 α-H 的酯都能发生上述反应。

$$2CH_3COOC_2H_5 \xrightarrow[C_2H_5OH,\triangle]{C_2H_5ONa} CH_3COCH_2COOC_2H_5 + C_2H_5OH$$

（2）乙酰乙酸乙酯性质

① 酮式和烯醇式的互变　乙酰乙酸乙酯为无色具有水果香味的液体，沸点180.4℃，微溶于水，可溶于多种有机溶剂。

乙酰乙酸乙酯可与羟氨和苯肼生成相应的肟和苯腙；可与氰氢酸及饱和亚硫酸氢钠等亲核试剂加成；在稀的碱溶液中加热可以水解；与金属钠作用放出氢气；能使溴的四氯化碳溶液褪色；遇 $FeCl_3$ 溶液显紫红色。从上述性质可以判断出分子中可能含有羰基、酯基、羟基、碳碳双键及烯醇式结构。实验证明，乙酰乙酸乙酯在常温下实际是酮式和烯醇式的平衡混合物，酮式约为 92.5%，烯醇式约为 7.5%。这种酮式和烯醇式异构体之间的相互转化的动态平衡叫互变异构现象，互变异构现象广泛存在于生物体组织分子中。

$$\underset{\text{酮式 92.5\%}}{CH_3\overset{O}{\overset{\|}{C}}CH_2\overset{O}{\overset{\|}{C}}-OC_2H_5} \rightleftharpoons \underset{\text{烯醇式 7.5\%}}{CH_3\overset{OH}{\overset{|}{C}}=CHC\overset{O}{\overset{\|}{}}OC_2H_5}$$

② 受热分解　乙酰乙酸乙酯在稀碱溶液中加热水解成丁酮酸钠，丁酮酸钠酸化后加热脱羧生成丙酮，此性质称为乙酰乙酸乙酯的酮式分解。

$$CH_3COCH_2COOC_2H_5 \xrightarrow[(2)H_3O^+]{(1)5\%NaOH} CH_3COCH_2COOH \xrightarrow{\triangle} CH_3COCH_3 + CO_2$$

乙酰乙酸乙酯在浓碱溶液中加热水解,生成乙酸钠和乙醇,乙酸钠酸化生成乙酸,此性质称为乙酰乙酸乙酯的酸式分解。

$$CH_3COCH_2COOC_2H_5 \xrightarrow[(2)H_3O^+,\triangle]{(1)40\%NaOH} 2CH_3COOH + C_2H_5OH$$

乙酰乙酸乙酯的亚甲基受到相邻的两个羰基吸电子效应（诱导和共轭效应）的影响而显一定的酸性，在强碱作用下生成乙酰乙酸乙酯钠盐。

$$CH_3COCH_2COOC_2H_5 \xrightarrow{C_2H_5ONa} (CH_3COCHCOOC_2H_5)^- Na^+$$

（3）乙酰乙酸乙酯在有机合成中的应用

乙酰乙酸乙酯钠盐中的负离子为亲核试剂，与卤代烃反应生成取代的乙酰乙酸乙酯，再进行酮式或酸式分解，就可得到一取代的丙酮或乙酸。这是制备甲基酮、二元酮、一元羧酸、二元羧酸的方法，尤其是制备酮的方法。在有机合成中把这种制备方法称为乙酰乙酸乙酯合成法。

$$[CH_3COCHCOOC_2H_5]^- Na^+ \xrightarrow{RX} CH_3COCHCOOC_2H_5$$
$$\qquad\qquad\qquad\qquad\qquad\qquad\qquad |$$
$$\qquad\qquad\qquad\qquad\qquad\qquad\qquad R$$

$$CH_3COCHCOOC_2H_5 \begin{cases} \xrightarrow{5\%NaOH} CH_3COCH_2R \\ \xrightarrow{40\%NaOH} RCH_2COOH \end{cases}$$
$$\qquad\quad |$$
$$\qquad\quad R$$

生成的一取代乙酰乙酸乙酯中亚甲基上还有一个活泼氢，可继续和强碱乙醇钠反应生成钠盐。重复上述反应可得到二取代乙酰乙酸乙酯，通过酮式和酸式分解可得到二取代丙酮或乙酸。

$$CH_3COCHCOOC_2H_5 \xrightarrow{C_2H_5ONa} [CH_3COCCOOC_2H_5]^- Na^+ \xrightarrow{R'X}$$

$$CH_3COCCOOC_2H_5 \begin{cases} \xrightarrow{5\%NaOH} CH_3COCHR' \\ \xrightarrow{40\%NaOH} RCHCOOH \end{cases}$$

【例15-2】 用乙酰乙酸乙酯合成法合成下列化合物。

① 合成 $CH_3COCH_2CH_2CH_3$　② 合成 $CH_3COCHCH_2-\bigcirc$ 其中 CH_3

解：① $CH_3COCH_2COOC_2H_5 \xrightarrow[C_2H_5OH]{C_2H_5ONa} (CH_3COCHCOOC_2H_5)^- Na^+ \xrightarrow{BrCH_2CH_2CH_3}$

$CH_3COCHCOOC_2H_5 \xrightarrow{5\%NaOH} CH_3COCHCOONa \xrightarrow[(2)\triangle,-CO_2]{(1)H^+} CH_3COCH_2CH_2CH_3$

在合成羧酸时常用丙二酸酯法，而乙酰乙酸乙酯合成羧酸有副反应（酮式分解）的发生，使反应的产率降低。

② $CH_3COCH_2COOC_2H_5 \xrightarrow[(2)BrCH_3]{(1)C_2H_5ONa} CH_3COCHCOOC_2H_5 \xrightarrow[(2)BrCH_2]{(1)C_2H_5ONa} CH_3COCCOOC_2H_5$

$\xrightarrow{5\%NaOH} CH_3COCCOONa \xrightarrow[(2)\triangle-CO_2]{(1)H^+} CH_3COCH$

15.5.2　丙二酸二乙酯合成法和应用

（1）丙二酸二乙酯合成法

丙二酸二乙酯由氯乙酸制成氰基乙酸钠，然后进行水解和酯化制得。

$$ClCH_2COOH \xrightarrow[NaCN]{OH^-} CH_2COONa \xrightarrow[H_2SO_4]{C_2H_5OH} CH_2(COOC_2H_5)_2$$
$$\qquad\qquad\qquad\quad |$$
$$\qquad\qquad\qquad CN$$

（2）丙二酸二乙酯性质

丙二酸二乙酯为具有香味的无色液体，微溶于水，易溶于醇、醚等有机溶剂。熔点为 $-52℃$，沸点为 $198.9℃$。

丙二酸二乙酯含有两个彼此处于 β 位上的羰基，两个羰基的吸电子诱导和共轭效应的影响，使 α-H 具有较强的酸性。当丙二酸二乙酯与强碱乙醇钠作用，生成丙二酸二乙酯钠盐。

$$CH_2(COOC_2H_5)_2 \xrightarrow[C_2H_5OH]{C_2H_5ONa} [HC(COOC_2H_5)_2]^- Na^+$$

生成的碳负离子可作为亲核试剂与卤代烃进行反应，在丙二酸二乙酯的 α-C 上引入烃基，生成一取代丙二酸二乙酯。

$$[CH(COOC_2H_5)_2]^- Na^+ \xrightarrow{RX} RCH(COOC_2H_5)_2$$

$$RCH(COOC_2H_5)_2 \xrightarrow[C_2H_5OH]{C_2H_5ONa} [RC(COOC_2H_5)_2]^- Na^+ \xrightarrow{R'X} \underset{\underset{R'}{|}}{R-C(COOC_2H_5)_2}$$

由于一取代丙二酸二乙酯还有一个活泼氢，如重复上述反应，可生成二取代丙二酸二乙酯。取代的丙二酸二乙酯在碱性溶液中进行水解后，用酸酸化成相应的酸，加热脱去 CO_2 生成取代乙酸。

以丙二酸二乙酯为原料的合成方法称为丙二酸二乙酯合成法。通过丙二酸二乙酯合成法可合成一元、二元羧酸。

$$RCH(COOC_2H_5)_2 \xrightarrow[\text{(2)}H_3O^+]{\text{(1)}OH^-,\,H_2O} RCH(COOH)_2 \xrightarrow[\triangle]{-CO_2} RCH_2COOH$$

$$\underset{\underset{R'}{|}}{R-C(COOC_2H_5)_2} \xrightarrow[\text{(2)}H_3O^+]{\text{(1)}OH^-,\,H_2O} \underset{\underset{R'}{|}}{R-C(COOH)_2} \xrightarrow[\triangle]{-CO_2} \underset{\underset{R'}{|}}{R-CHCOOH}$$

（3）丙二酸二乙酯在有机合成上的应用

【例 15-3】　用丙二酸二乙酯法合成下列化合物

① 合成 $CH_3CH_2CH_2CH_2COOH$　② 合成 $\underset{\underset{CH_2CH_3}{|}}{CH_3CHCOOH}$　③ 合成 $HOOC(CH_2)_4COOH$

解：① 合成 $CH_3CH_2CH_2CH_2COOH$

$$CH_2(COOC_2H_5)_2 \xrightarrow[C_2H_5OH]{C_2H_5ONa} [HC(COOC_2H_5)_2]^- Na^+ \xrightarrow{CH_3CH_2CH_2Cl}$$

$$CH_3CH_2CH_2CH(COOC_2H_5)_2 \xrightarrow[\text{②}H_3O^+]{\text{①}H_2O\;\;OH^-} CH_3CH_2CH_2CH(COOH)_2 \xrightarrow[\triangle]{-CO_2} CH_3CH_2CH_2CH_2COOH$$

② 合成 $\underset{\underset{CH_2CH_3}{|}}{CH_3CHCOOH}$

$$CH_2(COOC_2H_5)_2 \xrightarrow[C_2H_5OH]{C_2H_5ONa} \xrightarrow{CH_3Br} CH_3CH(COOC_2H_5)_2$$

$$\xrightarrow[C_2H_5OH]{C_2H_5ONa} \xrightarrow{CH_3CH_2Br} \underset{\underset{CH_2CH_3}{|}}{CH_3C(COOC_2H_5)_2} \xrightarrow[\text{②}H_3O^+]{\text{①}OH^-\;H_2O} \xrightarrow[\triangle]{-CO_2} \underset{\underset{CH_2CH_3}{|}}{CH_3CHCOOH}$$

③ 合成 $HOOC(CH_2)_4COOH$

$$2CH_2(COOC_2H_5)_2 + 2C_2H_5ONa \xrightarrow{C_2H_5OH} 2[HC(COOC_2H_5)_2]^- Na^+$$

$$\xrightarrow{BrCH_2CH_2Br} \begin{array}{c} CH(COOC_2H_5)_2 \\ | \\ (CH_2)_2 \\ | \\ CH(COOC_2H_5)_2 \end{array} \xrightarrow[②H_3O^+]{①H_2O\ \ OH^-} \xrightarrow[\triangle]{-CO_2} HOOC(CH_2)_4COOH$$

小知识：有机化合物的四大合成法为：格氏试剂制备醇，利用重氮反应合成芳香族化合物，丙二酸二乙酯合成法，乙酰乙酸乙酯合成法。

学习指导 ◎

实训 10 ◎
乙酸乙酯的制备

实训 11 ◎
肥皂的制备

 素质阅读

水溶性高分子化合物

　　水溶性高分子按照来源分为天然高分子和合成高分子，合成水溶性高分子主要利用水溶性单体进行聚合后获得。水溶性单体以丙烯酰胺单体和阳离子单体为主，阳离子单体包括丙烯酰氧乙基三甲基氯化铵、甲基丙烯酰氧乙基三甲基氯化铵、丙烯酰氧乙基二甲基苄基氯化铵、甲基丙烯酰氧乙基二甲基苄基氯化铵、二甲基二烯丙基氯化铵、丙烯酰胺基丙基三甲基氯化铵等。

　　水溶性高分子属于强亲水性功能高分子，通过高分子骨架结构以及亲水性官能团的组合，在水中能够溶解，其分子量跨度宽，组成配比可灵活调整，能够形成多种规格、多种应用的一大类高分子，可实现絮凝与混凝、增稠与减阻、分散与乳化、电荷键合与离子交换等作用。水溶性高分子应用领域主要为以水为媒介的工业过程，应用领域非常广泛，主要包含如下：

　　① 造纸 在造纸领域，水溶性高分子主要作为助留助滤剂使用，可以减少纤维损失，提高造纸过程纤维利用率，减少原料消耗；可以加速纸页滤水，降低纸张干燥时蒸汽消耗。同时水溶性高分子可以提高纤维间作用力，从而提高成纸强度。

　　② 水处理 在水处理领域，水溶性高分子可以利用表面电荷，降低污水悬浮物表面电荷，利用长链高分子缠绕作用，使水中悬浮物絮聚，形成大絮团后加速沉降，实现污水中固液分离。同时在污泥处理时，增加滤水速度，降低污泥干度。

　　③ 纺织印染 在纺织印染过程，水溶性高分子能够提高染料与面料结合力，提升染料利用效率，降低剩余染料对水的污染。同时还可以增加印染过程色牢度，避免面料在后期水洗时颜料脱落。

④ 油气田 在油气田领域，钻井过程中，水溶性高分子能够提高地底黏土层稳定性，避免钻井液流失，提升钻井液稳定性，减少钻头磨损。在压裂过程中，提高压裂液黏度，提高波及面积，增大压裂效果。在驱油过程中，水溶性高分子提高驱油液黏度，能够有效提高原油采收率。

可以说水溶性高分子物质是当今社会最重要的聚合物之一，无论在生产还是应用上都处在迅速发展阶段，如现代的食品工业依赖于纤维素产品、亲水胶、改性食用淀粉和果胶等相互配套的水溶性高分子，它的应用范围几乎涉及人们生产生活的所有领域。

思考与练习

一、选择题

1. 三氯乙酸的酸性大于乙酸，主要是由于氯的（　　　）的影响。
A. 共轭效应　　　　　B. 吸电子诱导效应　C. 给电子诱导效应　D. 空间效应

2. 下列化合物中，能发生银镜反应的是（　　　）。
A. 甲酸　　　　　　　B. 乙酸　　　　　　　C. 乙酸甲酯　　　　　D. 乙酸乙酯

3. 下列化合物中，酸性最强的是（　　　）。
A. 甲酸　　　　　　　B. 乙酸　　　　　　　C. 乙酸甲酯　　　　　D. 乙酸乙酯

4. RMgX 与（　　　）用来制备 RCOOH。
A. CH_2O　　　　　　B. CH_3OH　　　　　C. CO_2　　　　　　　D. HCOOH

5. 脂肪酸 α-卤代反应的催化剂是（　　　）。
A. 无水 $AlCl_3$　　　　B. Zn-Hg　　　　　　C. Ni　　　　　　　　D. P

6. 在羧酸的下列四种衍生物中，水解反应速率最慢的是（　　　）。
A. 乙酰胺　　　　　　B. 乙酸乙酯　　　　　C. 乙酰氯　　　　　　D. 乙酸酐

7. 通式为 $RCONH_2$ 的化合物属于（　　　）。
A. 胺　　　　　　　　B. 酰胺　　　　　　　C. 酮　　　　　　　　D. 酯

8. 下列还原剂中，能将酰胺还原成伯胺的是（　　　）。
A. $LiAlH_4$　　　　　　B. $NaBH_4$　　　　　　C. Zn + HCl　　　　　D. H_2 + Pt

9. 下列化合物中水解最快的是（　　　）。
A. CH_3COCl　　　　　B. CH_3CONH_2　　　　C. CH_3COOCH_3　　　D. 乙酐

10. 下列化合物中（　　　）是丁酸的同分异构体，但不属同系物。
A. 丁酰溴　　　　　　B. 丙酰胺　　　　　　C. 甲酸丙酯　　　　　D. 丁酰胺

二、填空题

1. $CH_3COOH + HOCH_2CH_3 \longrightarrow$ _____

2. ![萘] $\xrightarrow[\text{H}_2\text{SO}_4]{\text{K}_2\text{Cr}_2\text{O}_7}$ _____ $\xrightarrow{\triangle}$ _____

3. ![苯基]—$CH_2CHCOOH$ + NH_3 $\longrightarrow$ _____ $\xrightarrow{\triangle}$ _____
　　　　　　|
　　　　　　CH_3

4. ![环丁烷二甲酸]$\xrightarrow{\triangle}$ _____

5. CH_2=![环己基]—$COOH$ $\xrightarrow{LiAlH_4}$ _____

三、合成题（从指定的有机物开始合成）

1. 由甲苯合成苯乙酸

2. 由苯、乙烯合成 2-甲基苯乙酸

3. 用乙酰乙酸乙酯合成 $CH_3COCH_2CH_2CH_2CH_3$

四、综合题

1. 分离苯甲酸、苯酚、苯甲醇的混合液。

2. 按酸性强弱排列下列化合物。

（1）苯乙酸　　　α-溴代苯乙酸　　　对甲基苯乙酸　　　对溴苯乙酸

（2）间硝基苯甲酸　　对甲基苯甲酸　　苯甲酸　　　对硝基苯甲酸

3. 如何鉴别甲酸、乙酸和乙醛？

4. 如何鉴别苯酚、水杨酸、苯甲酸和肉桂酸？

五、推导题

1. 有一化合物 A，A 可以很快使溴水褪色，可以和苯肼发生反应，但与硝酸银氨溶液无变化。A 氧化后得到一分子丙酮和另一化合物 B。B 有酸性，和次碘酸钠反应生成碘仿和丁二酸，试写出 A、B 的结构式。

2. 化合物 A、B、C 的分子式均为 $C_3H_6O_2$，A 与碳酸氢钠作用放出二氧化碳，B 与 C 都不能，但在氢氧化钠溶液中加热后可水解，B 的水解液蒸馏出来的液体有碘仿反应，试推测 A、B、C 的结构式。

第 16 章
含氮及杂环有机化合物

 学习目标

知识目标

1. 掌握胺的命名、结构和性质；
2. 学会芳香族重氮化反应及其重氮盐的性质。

能力目标

1. 熟悉胺的制备及应用；
2. 掌握芳香族重氮化反应及重氮盐在有机合成上的应用。

素质目标

1. 培养绿色化学和环保意识；
2. 培养热爱科学、实事求是的作风。

本章要讨论的是氮与碳相连形成的有机含氮化合物。醇、酚、醚可看作是水的衍生物，许多含氮的有机物也可看作是某些无机含氮化合物的衍生物，无机含氮化合物和相应的含氮有机化合物如表 16-1 所示。

表 16-1　无机含氮化合物和相应的含氮有机化合物

无机含氮化合物		相应的含氮有机化合物	
名称	结构式	名称	结构式
氨	NH_3	胺	$RNH_2, ArNH_2$ $R_2NH, (Ar_2NH)$ $R_3N, (Ar_3N)$
氢氧化铵	NH_4OH	季铵碱	$R_4N^+OH^-$
铵盐	NH_4Cl	季铵盐	$R_4N^+Cl^-$
联胺(肼)	$H_2N—NH_2$	肼	$R—NH—NH_2$ $Ar—NHNH_2$
硝酸	$HO—NO_2$	硝基化合物	$R—NO_2, Ar—NO_2$
亚硝酸	$HO—NO$	亚硝基化合物	$R—NO, Ar—NO$

除以上化合物之外，还有许多其他含氮的有机物，如偶氮化合物（$Ar—N=N—Ar$）、重氮化合物（$Ar—N_2^+Cl^-$）、叠氮化合物（RN_3）、亚胺（$RCH=NH$）、腈（$RC≡N$）、异氰酸酯（$R—N=C=O$）等。本章主要讨论胺、重氮和偶氮化合物、腈。

查一查：什么是三聚氰胺？三聚氰胺的性质有哪些？三聚氰胺奶粉的危害有哪些？

16.1 胺类化合物

【演示实验 16-1】 取 3 支试管中分别加入 3 滴苯胺、N-甲基苯胺、N,N-二甲基苯胺及 1%NaOH 5mL，充分混合，再各加 6 滴苯磺酰氯，振荡，观察现象。

一切生物体中，都含有许多含氮的有机化合物，这些物质对于生命是十分重要的。尤其是含有氨基的有机化合物——胺，胺是最重要的一类含氮有机化合物。

16.1.1 胺的性质及应用

（1）物理性质

低级脂肪胺是气体或易挥发的液体，易溶于水；高级脂肪胺是固体，不溶于水；芳香胺是高沸点的液体或低熔点的固体。

伯胺和仲胺由于能形成分子间氢键，它们的沸点比相近分子量的烷烃沸点要高；叔胺由于氮原子上没有氢原子，不能形成氢键，其沸点与相近分子量的烷烃沸点相近。

胺有不愉快的或是很难闻的臭味，特别是低级脂肪胺，有臭鱼一样的气味，腌鱼的臭味就是由某些脂肪胺引起的。某些二元胺有恶臭而且剧毒，如丁二胺（腐胺）、戊二胺（尸胺）等。芳香胺有特殊的气味，不像脂肪胺这样大，但芳香胺极毒，而且容易渗入皮肤，因此无论吸入它们的蒸气或皮肤与之接触，都能引起严重中毒。某些芳香胺有致癌作用，如联苯胺等。

> **想一想**：比较正丙醇、正丙胺、甲乙胺、三甲胺和正丁烷的沸点高低。

（2）化学性质

① 碱性　胺和氨相似，分子中氮原子上具有未共用的电子对，能接受一个质子形成铵离子，故胺具有碱性，能与大多数酸作用成盐。

$$R\overset{..}{-}NH_2 + HCl \longrightarrow R\overset{+}{-}NH_3Cl^-$$

$$R\overset{..}{-}NH_2 + HOSO_3H \longrightarrow R\overset{+}{-}NH_3^- OSO_3H$$

胺的碱性较弱，其盐与氢氧化钠溶液作用时，释放出游离胺。

$$R\overset{+}{-}NH_3Cl^- + NaOH \longrightarrow RNH_2 + NaCl + H_2O$$

胺的碱性强弱，可用 K_b 或 pK_b 表示：

$$R\overset{..}{-}NH_2 + H_2O \overset{K_b}{\rightleftharpoons} R\overset{+}{-}NH_3 + OH^-$$

$$K_b = \frac{[R\overset{+}{-}NH_3][OH^-]}{[RNH_2]} \qquad pK_b = -\lg K_b$$

胺的 K_b 值越大或 pK_b 越小，则此胺的碱性越强。胺的碱性强度往往可用它的共轭酸 RNH_3^+ 的强度来表示。胺的碱性越强，它的共轭酸越弱，K_a 越小，pK_a 越大。

碱性：脂肪胺＞氨＞芳香胺

脂肪胺：在气态时和在溶液中所显示的酸碱性不同。

在气态时碱性为：$(CH_3)_3N > (CH_3)_2NH > CH_3NH_2 > NH_3$

在水溶液中碱性为：$(CH_3)_2NH > CH_3NH_2 > (CH_3)_3N > NH_3$

气态时，仅有烷基的供电子效应，烷基越多，供电子效应越大，碱性越强。

在水溶液中，酸碱性是电子效应与溶剂化共同影响的结果。从伯胺到仲胺，增加了一个甲基，由于电子效应，使碱性增加。但三甲胺的碱性反而比甲胺弱，这是因为一种胺在水中的碱度不仅要看取代基的电子效应，还要看它接受质子后形成正离子的溶剂化程度。氮原子上连有氢越多（体积也越小），它与水通过氢键溶剂化的可能性就越大，胺的碱性越强。在伯胺到叔胺之间，溶剂化效应占主导地位，使叔胺碱性比仲胺还弱。

② 酸性　伯胺和仲胺的氮原子上还有氢，能失去一个质子而显酸性。若碱金属的烷基氨基化合物，其烷基是叔烷基或仲烷基，如 N,N-二异丙氨基锂，氮原子的空间位阻大，它只能与质子作用但不能发生其他的亲核反应，这种能夺取活泼氢而又不起亲核反应的强碱性试剂，称为不亲核碱。这种试剂在有机合成上特别有用。

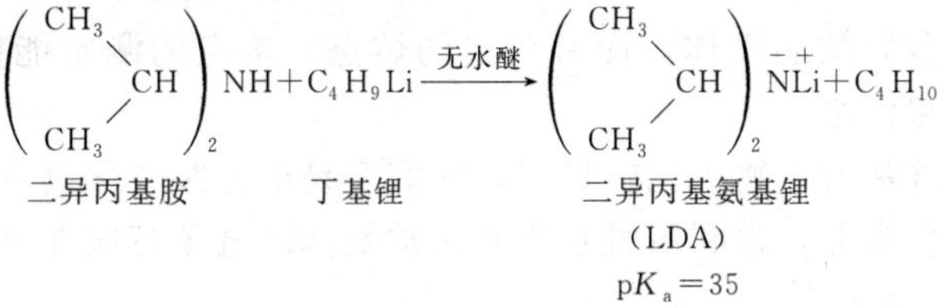

$$\left(\begin{matrix}CH_3 \\ CH \\ CH_3\end{matrix}\right)_2 NH + C_4H_9Li \xrightarrow{\text{无水醚}} \left(\begin{matrix}CH_3 \\ CH \\ CH_3\end{matrix}\right)_2 \overset{-}{N}\overset{+}{Li} + C_4H_{10}$$

二异丙基胺　　　　丁基锂　　　　　二异丙基氨基锂
（LDA）
$pK_a = 35$

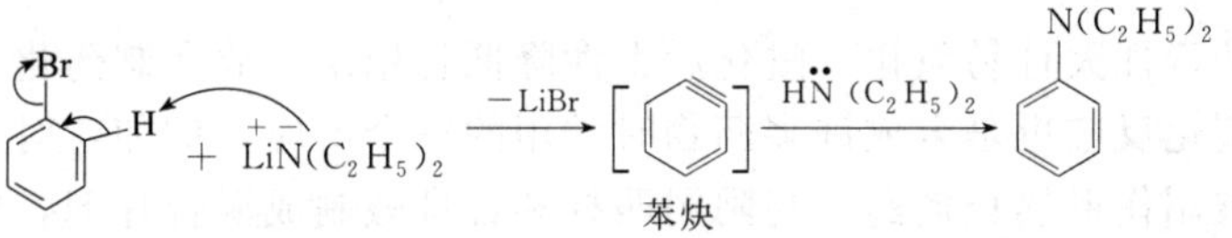

苯炔

③ 烷基化　和氨一样，胺与卤代烷、醇、硫酸酯、芳磺酸酯等试剂反应，氨基上的氢被烷基取代，这种反应称为胺的烷基化反应。此反应常用于仲胺、叔胺和季铵盐的制备。如：

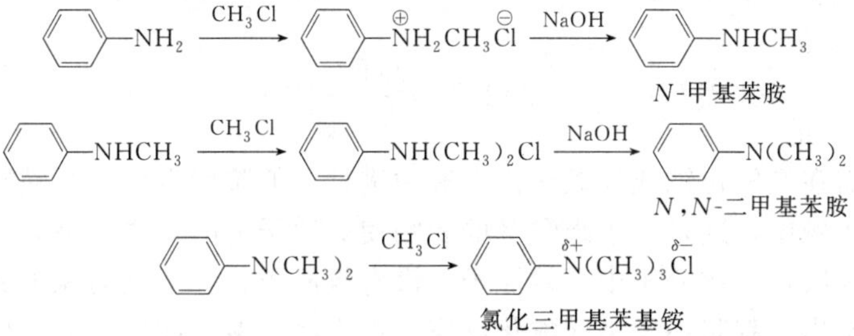

N-甲基苯胺

N,N-二甲基苯胺

氯化三甲基苯基铵

伯胺与卤代烷反应，生成仲胺、叔胺和季铵盐的混合物，控制反应物的配比和反应条件，可得到以某仲胺为主的产物。

练一练：用化学方法鉴别下列各组化合物。

（1）乙醇、乙醛、乙酸和乙胺

（2）丙胺、甲乙胺、三甲胺

---

④ 酰基化　伯胺、仲胺与酰基化剂（酰卤、酸酐、羧酸）等反应，氨基上的氢会被酰基取代，生成 N-取代酰胺，这类反应称为胺的酰基化反应，简称酰化。由于叔胺的氮原子上没有可以被取代的氢原子，所以它不起酰基化反应。

芳胺也容易与酸酐（或酰氯）作用，生成芳胺的酰基衍生物。

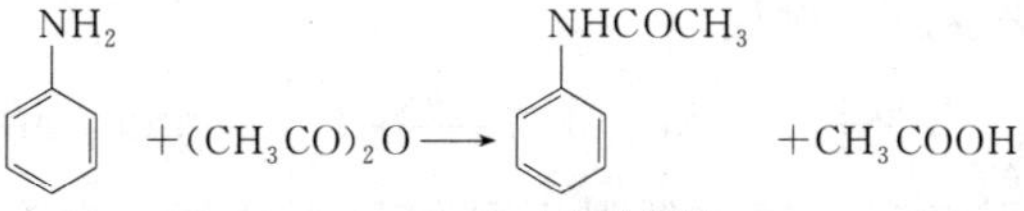

乙酰苯胺

$$\text{NHCH}_3\text{（苯环）} + (\text{CH}_3\text{CO})_2\text{O} \longrightarrow \begin{array}{c}\text{CH}_3 \quad \text{COCH}_3\\ \text{N}\\ \text{（苯环）}\end{array} + \text{CH}_3\text{COOH}$$

N-甲基乙酰苯胺

N-烷基（代）酰胺呈中性，不能与酸生成盐，因此在醚溶液中，伯、仲、叔胺的混合物经乙酸酐酰化后，再加稀盐酸，则只有叔胺仍能与盐酸作用生成盐，利用这个性质可以使叔胺从混合物中分离出来，而伯、仲胺的酰化产物经水解后又可得到原来的胺。

$$\text{CH}_3\text{CONHR} + \text{H}_2\text{O} \xrightarrow{\text{H}^+ \text{或 OH}^-} \text{RNH}_2 + \text{CH}_3\text{COOH}$$

$$\text{CH}_3\text{CONR}_2 + \text{H}_2\text{O} \xrightarrow{\text{H}^+ \text{或 OH}^-} \text{R}_2\text{NH} + \text{CH}_3\text{COOH}$$

胺的酰基衍生物多为结晶固体，而有一定的熔点，熔点的测定能推测出原来是哪一个胺，故而可鉴定伯胺和仲胺。

芳胺易氧化，其酰基衍生物则比较稳定，它们容易由芳胺酰化制得，又容易水解再转变成芳胺，所以在有机合成上，常利用酰基化来保护氨基以避免芳胺在进行某些反应（如硝化等）时被破坏。

由于游离的胺毒性大且易氧化，酰化后毒性降低且稳定，故在制药化学中这个过程很有意义。芳胺的酰基化反应也是合成许多药物时常用的一个反应。例如，对乙氧基乙酰苯胺又叫非那西丁，曾被用作退热止痛药，与阿司匹林和咖啡碱制成混合片剂，作为解热镇痛药。

⑤ 磺酰化　胺类与芳香族磺酰氯反应时，氨基上的氢原子被磺酰基取代，生成相应的芳磺酰胺，这个反应称为胺的磺酰化反应，这也是一种酰化反应。

$$\text{RNH}_2 + \text{（苯环）}-\text{SO}_2\text{Cl} \xrightarrow{-\text{HCl}} \text{RNHSO}_2-\text{（苯环）}$$

$$\begin{array}{c}\text{R}\\ \text{NH}\\ \text{R}\end{array} + \text{CH}_3-\text{（苯环）}-\text{SO}_2\text{Cl} \xrightarrow{-\text{HCl}} \begin{array}{c}\text{R}\\ \text{NSO}_2\\ \text{R}\end{array}-\text{（苯环）}-\text{CH}_3$$

磺酰化反应需在氢氧化钠或氢氧化钾溶液中进行。伯胺所生成的芳磺酰胺衍生物可与碱作用生成盐而溶于碱中，这是由于磺酰基的影响使氮原子上的氢原子呈酸性，所以能与碱作用。仲胺的芳磺酰胺衍生物分子中，氮原子上没有氢原子，它不能与碱生成盐，也就不溶于碱中，而呈固体析出。叔胺不发生磺酰化反应，也不溶于碱。如果使伯、仲、叔胺的混合物与磺酰化剂在碱溶液中反应，析出的固体为仲胺的磺酰胺，而叔胺可以蒸馏分离。余液酸化后，可得到伯胺的磺酰胺。伯胺和仲胺的磺酰胺在酸的作用下都可水解而分别得到原来的胺。这个方法称为兴斯堡（Hinsberg）试验法，可用来鉴别和分离伯胺、仲胺、叔胺。

⑥ 与 HNO_2 反应　各类胺与亚硝酸反应时，可生成不同的产物。由于亚硝酸不稳定，一般用亚硝酸钠与盐酸（或硫酸）代替亚硝酸。

脂肪族伯胺与亚硝酸反应的产物常是醇与烯烃等的混合物，没有合成上的价值。但由于放出的氮气是定量的，因此可用作氨基（$-\text{NH}_2$）的定量测定。

$$\text{RNH}_2 + \text{HNO}_2 \xrightarrow{0℃} \text{ROH} + \text{N}_2 \uparrow + \text{H}_2\text{O}$$

芳香族伯胺与亚硝酸在低温（一般在 5℃ 以下）及强酸水溶液中反应，生成芳基重氮盐，这个反应称为重氮化反应。例如：

$$\text{（苯环）}-\text{NH}_2 + \text{HNO}_2 + \text{HCl} \xrightarrow{<5℃} \text{（苯环）}-\text{N}_2\text{Cl} + 2\text{H}_2\text{O}$$

芳基重氮盐虽然也不稳定，但在低温下可保持不分解，在有机合成上是很有用的化合物。

脂肪族和芳香族仲胺与亚硝酸作用都生成 N-亚硝基胺。例如：

$$R_2NH + HNO_2 \longrightarrow R_2N—N{=}O + H_2O$$
N-亚硝基胺

N-亚硝基胺都是黄色物质，与稀酸共热分解为原来的胺，因此可利用这个反应分离或提纯仲胺。N-亚硝基胺是可以引起癌变的物质。在罐头食品及腌肉时常加硝酸钠及亚硝酸钠作防腐剂并保持肉的鲜红颜色。近年来认为亚硝酸盐是能引起癌变的物质，这可能是由于亚硝酸钠在胃酸的作用下可以产生亚硝酸，从而可能引起机体内氨基的亚硝化反应产生亚硝胺所致。

脂肪叔胺与亚硝酸只能形成不稳定的盐。

$$R_3N + HNO_2 \longrightarrow [R_3NH]^+ NO_2^-$$

芳香叔胺与亚硝酸反应，可以在芳香环上导入亚硝基。如：

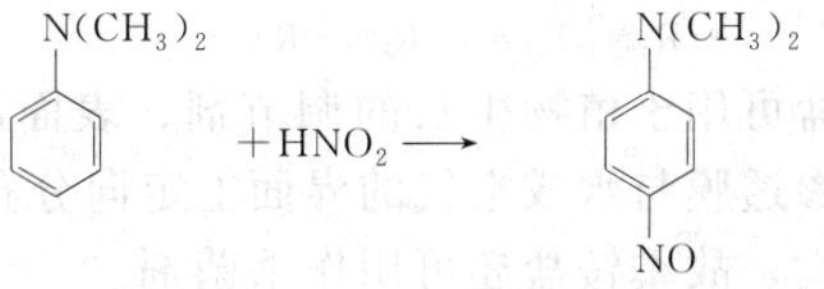

对亚硝基-N,N-二甲苯胺
绿色固体，熔点 86℃

因此可以利用胺与亚硝酸作用所得不同的产物，来鉴别伯、仲、叔胺及芳香族和脂肪族伯胺和仲胺，具体如下：

a. 在 0℃有氮气放出的为脂肪族伯胺。

b. 在 0℃无氮气放出，而在室温时有 N_2 放出的为芳香族伯胺。

c. 有油状的黄色液体从水层分离而出的为脂肪族仲胺；生成黄色油状液体或固体的为芳香族仲胺。

d. 看不出反应现象的为脂肪族叔胺。

e. 生成绿色固体的为芳香族叔胺。

⑦ 胺的氧化　胺极易氧化，有两种氧化方式：

a. 加氧。

$$CH_3CH_2NH_2 \xrightarrow{H_2O_2} CH_3CH{=}N—OH$$

$$(CH_3CH_2)_2NH \xrightarrow{H_2O_2} (CH_3CH_2)_2N—OH$$

$$(CH_3CH_2)_3N \xrightarrow{H_2O_2} (CH_3CH_2)_3N^+—O^-$$

b. 脱氢。具有 β-H 的氧化胺，加热时发生消除反应，产生烯烃（称为科普消除反应）。

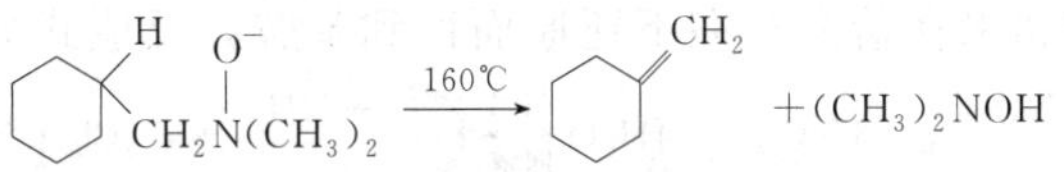

$$\xrightarrow{160℃} + (CH_3)_2NOH$$
98%

胺都易被氧化，芳胺则更易被氧化。例如，苯胺在放置时就会被空气氧化而颜色变深。苯胺被漂白粉氧化，会产生明显的紫色，这可用于检验苯胺，这是制备苯胺紫染料的基本反应。用适当的氧化剂氧化苯胺，还能得到苯胺黑染料。在酸性条件下，苯胺用二氧化锰氧化，生成对苯醌：

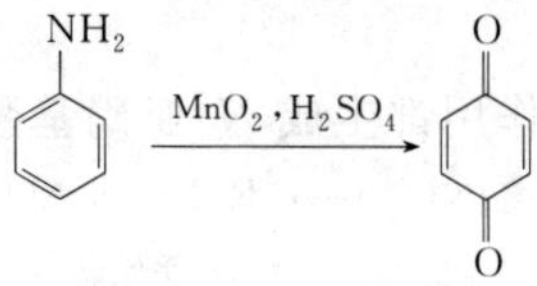

$$\underset{NH_2}{\bigcirc} \xrightarrow{MnO_2,H_2SO_4} \underset{O}{\overset{O}{\bigcirc}}$$

对苯醌还原后得到对苯二酚，这是以苯胺为原料合成对苯二酚的一种方法。

> **想一想**：如何用化学方法分离苯酚、苯胺和对氨基苯甲酸？

16.1.2　季铵盐和季铵碱及应用

（1）季铵盐

叔胺与卤代烷反应，生成季铵盐。

季铵盐是白色晶体，可溶于水，不溶于非极性有机溶剂，加热分解成叔胺和卤代烷。

$$R_4N^+X^- \rightleftharpoons R_3N + RX$$

季铵盐有很多用途。季铵盐可用于植物生长的调节剂、表面活性剂、相转移催化剂等。此外，季铵盐还可以在细菌半渗透膜与水或空气的界面上定向分布，阻碍细菌的呼吸或切断其营养物质的来源，使细菌死亡，故季铵盐还可用作杀菌剂。

（2）季铵碱

季铵碱具有强碱性，其碱性与氢氧化钠相近。季铵碱加热易分解，其加热分解有一定的规律性：无 β-H 的加热分解产物是醇，是取代反应；有 β-H 的加热分解产物是烯，是消除反应。

$$(CH_3)_4\overset{+}{N}OH^- \xrightarrow{\triangle} CH_3OH + (CH_3)_3N$$

$$CH_3CH_2\overset{+}{\underset{(CH_3)_3}{N}}OH^- \xrightarrow{\triangle} CH_2{=}CH_2 + (CH_3)_3N + H_2O$$

16.1.3　重要的胺

（1）苯胺

苯胺是无色油状液体，具有特殊臭味。熔点 $-6℃$，沸点 $184℃$，微溶于水，易溶于乙醇、汽油、苯等有机溶剂。它置于空气中易被氧化，颜色逐渐加深，若遇漂白粉溶液变成紫色，可用来检验苯胺。苯胺能透过皮肤或吸入而使人中毒。如空气中苯胺的浓度达到百万分之一，几小时后人就会出现中毒症状，使人头晕、皮肤苍白和全身无力，原因是苯胺能使血红蛋白变质。

苯胺是重要的有机合成原料，可用于制备染料、医药和橡胶的硫化促进剂等。

工业上制备苯胺可由硝基苯还原、氯苯和苯酚的氨解。

① 硝基苯还原法　在酸性介质中，用铁、锌或锡还原硝基苯，可以得到苯胺。工业上一般是将硝基苯与铁粉和水在盐酸存在下还原而得到苯胺，反应式如下：

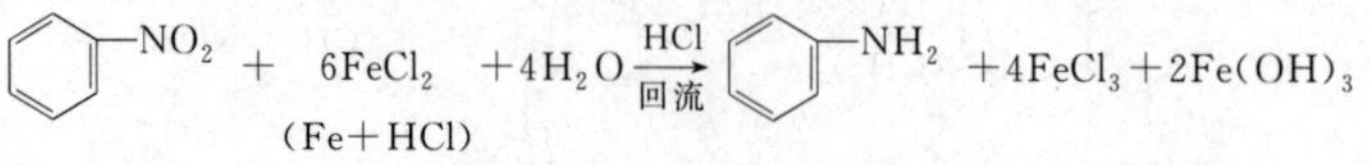

$$\underset{(Fe+HCl)}{\bigcirc\!\!-\!NO_2} + 6FeCl_2 + 4H_2O \xrightarrow[回流]{HCl} \bigcirc\!\!-\!NH_2 + 4FeCl_3 + 2Fe(OH)_3$$

盐酸在此反应中仅起催化作用，用于产生 Fe^{2+}，并维持一定的 pH 值，故其用量仅为铁的四十分之一左右。直接的还原剂是 Fe^{2+}，而铁仅作为间接还原剂，水作为质子的来源体。此法生产苯胺，优点是铁屑便宜，盐酸用量少，副反应少，但其缺点是反应生成大量有毒性的铁泥，没有什么使用价值，且不好处理。

近年来逐渐采用催化加氢的方法生产苯胺：

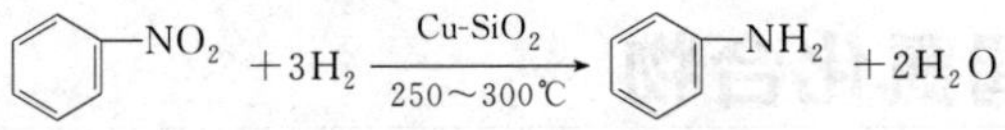

如用铂和雷尼镍作催化剂，反应可在常温下进行。此法的优点是产率高，达到理论量的98%～99%，不存在大量的废水废渣，适用于大规模连续生产。因此，用铁屑还原法制备苯胺将逐渐被氢气还原法所代替。

② 氯苯氨解法　高温高压和氧化亚铜存在的条件下，氯苯氨解成苯胺。

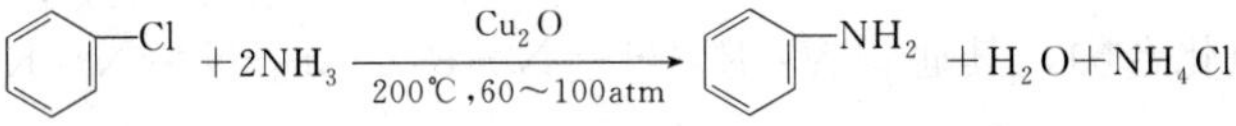

③ 苯酚的氨解

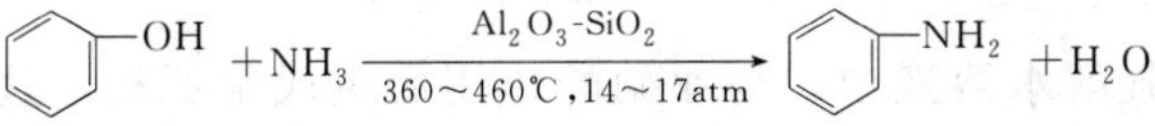

(2) 己二胺

己二胺(1,6-己二胺)是重要的二元胺，是无色片状结晶，有吡啶气味，熔点 42℃，沸点 204℃。微溶于水，易溶于乙醇、乙醚、苯。它会吸收空气中的二氧化碳和水分，有刺激性。

己二胺是合成聚酰胺高分子材料尼龙-66 的重要单体。己二胺与己二酸发生缩聚反应，生成聚酰胺，商品名称为尼龙-66 或锦纶。其结构式为：

$$\left[NH-(CH_2)_6-NH-\underset{\underset{O}{\|}}{C}-(CH_2)_4-\underset{\underset{O}{\|}}{C} \right]_n$$

尼龙-66 具有耐磨、耐碱、抗有机溶剂的特点，常用于制造轮胎帘子线、渔网等。

己二胺的工业上的重要制法有以下三种：

① 以己二酸为原料　己二酸与氨反应生成铵盐，该铵盐加热失水生成己二腈，后者催化氢化得己二胺。

$$HOOC(CH_2)_4COOH + 2NH_3 \longrightarrow H_4NOOC(CH_2)_4COONH_4$$

$$\xrightarrow[\triangle]{-4H_2O} NC(CH_2)_4CN \xrightarrow{\text{雷尼镍},H_2} H_2NCH_2(CH_2)_4CH_2NH_2$$

② 以 1,3 丁二烯为原料　1,3-丁二烯与氯气发生 1,4-加成，生成 1,4-二氯-2-丁烯，后者与氰化钠反应后，再催化氢化生成己二胺。

$$CH_2{=}CH-CH{=}CH_2 + Cl_2 \longrightarrow ClCH_2CH{=}CHCH_2Cl \xrightarrow{NaCN}$$

$$NCCH_2CH{=}CHCH_2CN \xrightarrow{\text{雷尼镍},H_2} H_2NCH_2(CH_2)_4CH_2NH_2$$

③ 以丙烯腈为原料　丙烯腈在适当的条件下电解，在阴极产生己二腈，后者催化氢化得到己二胺。

$$CH_2{=}CHCN \xrightarrow{\text{电解}} NC(CH_2)_4CN \xrightarrow{\text{雷尼镍},H_2} H_2NCH_2(CH_2)_4CH_2NH_2$$

练一练：在合成吗啡时有下列重要的一步，试写出此步反应。

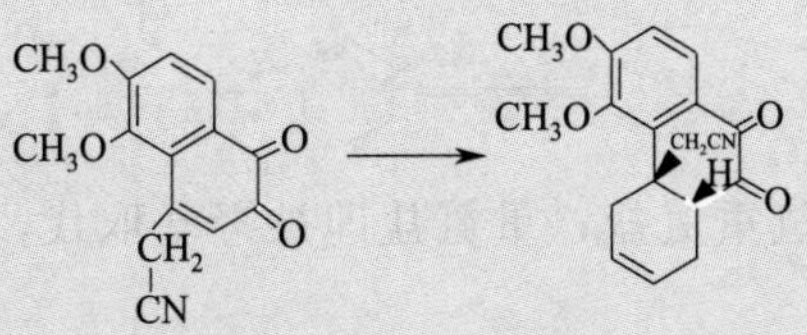

16.2　重氮和偶氮化合物

重氮和偶氮化合物分子中都含有—N＝N—官能团。

当—N＝N—原子团只有一个氮原子与烃基直接相连时，这类化合物称为**重氮化合物**，其通式为：R—N＝N—X 或 Ar—N＝N—X。当—N＝N—原子团的两端都与烃基直接相连时，这类化合物称为**偶氮化合物**，其通式为：R—N＝N—R′、Ar—N＝N—R 或 Ar—N＝N—Ar。

16.2.1　重氮化合物的制备

芳伯胺在低温及强酸水溶液中，与亚硝酸作用而生成重氮盐，这个反应称为**重氮化反应**。如：

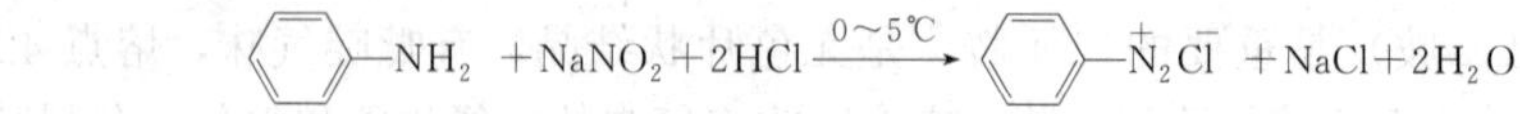

$$\text{C}_6\text{H}_5-\text{NH}_2 + \text{NaNO}_2 + 2\text{HCl} \xrightarrow{0\sim5\,℃} \text{C}_6\text{H}_5-\overset{+}{\text{N}}_2\overset{-}{\text{Cl}} + \text{NaCl} + 2\text{H}_2\text{O}$$

重氮化反应通常用的酸是盐酸或硫酸，温度一般为 $0\sim5\,℃$，超过 $5\,℃$ 会引起重氮盐分解。

重氮化反应的操作一般是先将伯芳胺溶于盐酸或硫酸中，在冰冷却下逐渐加入亚硝酸钠溶液。反应时，酸的用量要过量，以避免生成的重氮盐与未起反应的芳胺发生偶合反应，还可以增加重氮盐的稳定性。亚硝酸不能过量太多，因为会促进重氮盐本身的分解，可用淀粉碘化钾试纸检验亚硝酸，当试纸显蓝色时，表示重氮化反应已经达到终点。过量的亚硝酸可以加入尿素除去。

16.2.2　重氮盐的性质及其在有机合成上的应用

（1）重氮盐的性质

重氮盐具有盐的性质，它溶于水不溶于有机溶剂，在水溶液中能离解成正离子 ArN_2^+ 和负离子 X^-，故其水溶液能导电。许多无机重氮盐是无色固体。干燥的重氮盐一般极不稳定，受热和震动时，容易发生爆炸。所以重氮盐一般不制成固体，而制成溶液或湿料。重氮盐溶液一般也都是随用随制，不作长期贮存。但重氮盐与某些金属离子（如锌离子等）能形成比较稳定的配合物。氟硼酸的重氮盐比较稳定，其固体在室温下也不分解。

（2）重氮盐在有机合成上的应用

重氮盐的化学性质非常活泼，其化学反应归纳成两大类：放出氮的反应——重氮基被其他原子或官能团取代的反应；保留氮的反应——重氮基保留在分子中，发生还原反应和偶合反应。

① 放出氮的反应——重氮基被其他原子或官能团取代的反应

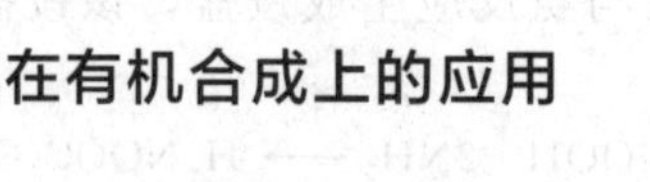

a. 羟基取代。加热硫酸氢重氮盐，重氮盐即被羟基取代，生成酚。这个反应又叫作重氮盐的水解反应。

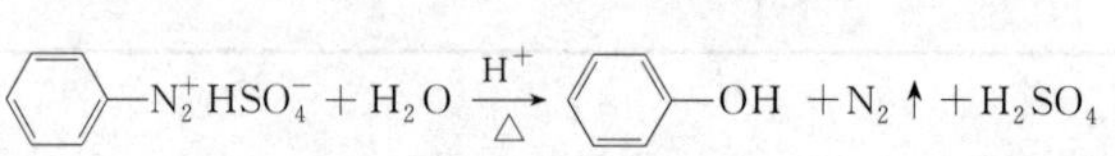

这是合成酚的方法之一。此反应一般是在 $40\%\sim50\%$ 的硫酸溶液中进行，这样可以避

免反应生成的酚与未反应的重氮盐发生偶合反应。重氮盐酸盐不适用于这个反应。因为会有氯的衍生物等副产物生成。

有机合成上常通过重氮盐的途径而使氨基转变成羟基，从而制备一些不能由芳磺酸盐碱熔而制得的酚类。例如，间溴苯酚不宜用间苯磺酸钠碱熔，因为溴原子也会在碱熔时水解。因此，在有机合成上可用间溴苯胺经重氮化、水解而制得间溴苯酚。

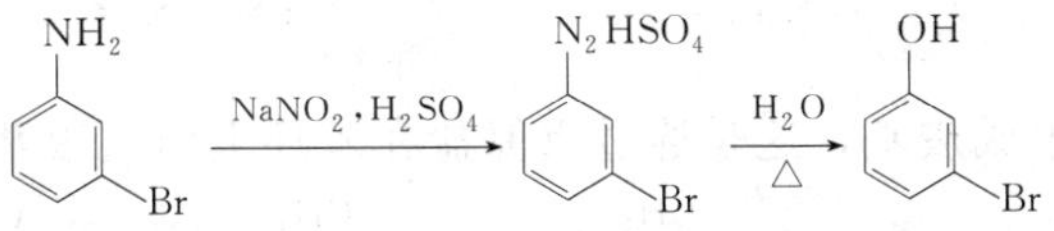

b. 氢原子取代。重氮盐与次磷酸（H_3PO_2）或乙醇等试剂反应，重氮基能被氢原子取代。

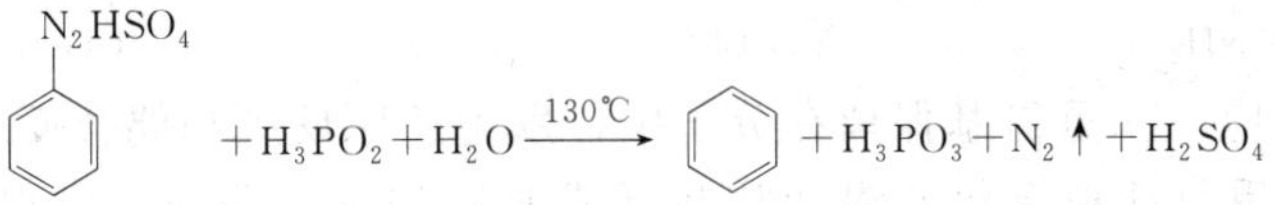

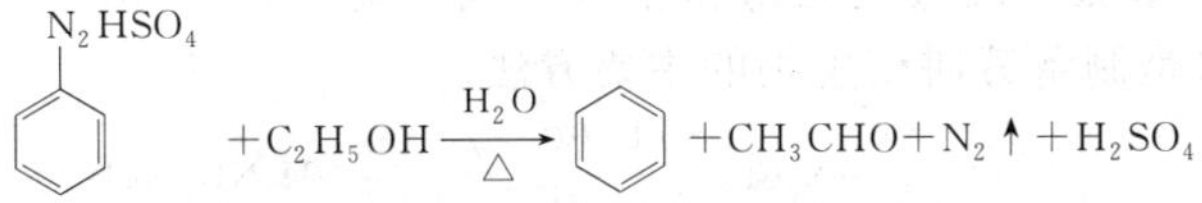

利用这个反应在有机合成中可以合成一些用常规方法难以制得的化合物。例如，以甲苯为原料合成间硝基甲苯。

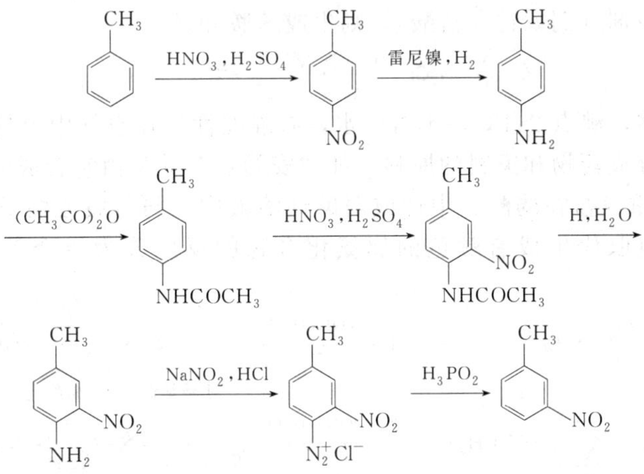

c. 卤原子取代。重氮盐与氯化亚铜或溴化亚铜作用，重氮基被氯原子或溴原子取代，这个反应称为桑德迈尔（Sandmeyer）反应。如改用铜粉为催化剂，这个反应称为伽特曼（Gattermann）反应。例如：

$$ArN_2Cl \xrightarrow{Cu_2Cl_2 \text{ 或 } Cu} ArCl + N_2 \uparrow$$

$$ArN_2Br \xrightarrow{Cu_2Br_2 \text{ 或 } Cu} ArBr + N_2 \uparrow$$

用桑德迈尔反应制卤代芳烃，产物较纯，而用直接卤化法则可能产生异构体，产物不够纯。本反应所用的亚铜盐催化剂必须是新鲜配制的，若储存时间太长，催化活性会大为降低。

氮盐转化为碘代芳烃的反应不需要催化剂，只要将碘化钾与重氮盐溶液共热，放出氮气，便可完成。在有机合成上，利用重氮基被卤素取代的反应，可制备某些不易得到的卤素衍生物。

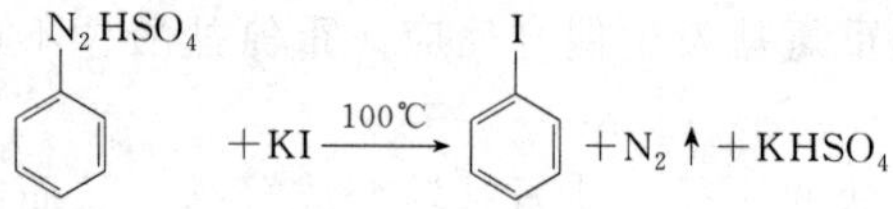

$$\text{(苯环-}N_2HSO_4) + KI \xrightarrow{100℃} \text{(苯环-}I) + N_2\uparrow + KHSO_4$$

d. 氰基取代。重氮盐与氯化亚铜的氰化钾水溶液作用，则重氮基可以被氰基取代。

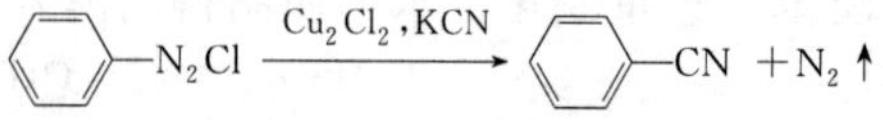

$$\text{(苯环-}N_2Cl) \xrightarrow{Cu_2Cl_2,KCN} \text{(苯环-}CN) + N_2\uparrow$$

氰基可以通过水解生成羧基，这是通过重氮盐在苯环上引入羧基的一个途径。例如：

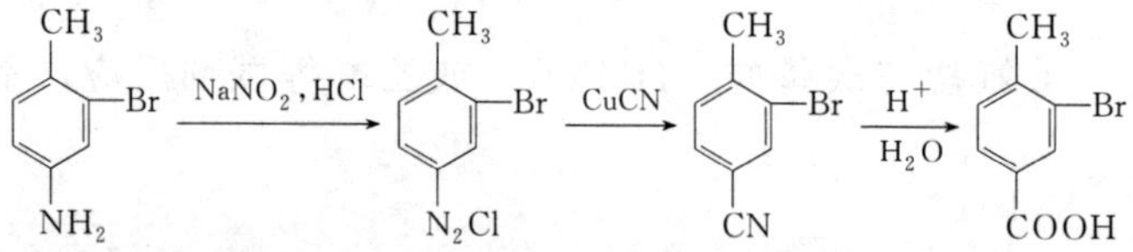

$$\text{(苯环 CH}_3, Br, NH_2) \xrightarrow{NaNO_2,HCl} \text{(苯环 CH}_3, Br, N_2Cl) \xrightarrow{CuCN} \text{(苯环 CH}_3, Br, CN) \xrightarrow[H_2O]{H^+} \text{(苯环 CH}_3, Br, COOH)$$

② 保留氮的反应——重氮基保留在分子中，发生还原反应和偶合反应

a. 还原反应。重氮盐被氯化亚锡和盐酸（或亚硫酸钠）还原，可得到苯肼盐酸盐，再加碱即得苯肼。这是制备芳肼衍生物的主要方法。

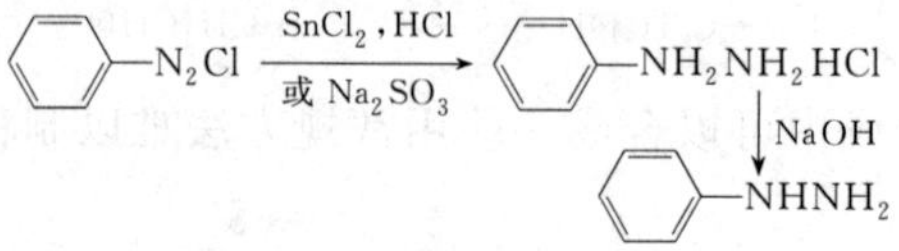

$$\text{(苯环-}N_2Cl) \xrightarrow[\text{或 Na}_2SO_3]{SnCl_2,HCl} \text{(苯环-}NH_2NH_2HCl) \xrightarrow{NaOH} \text{(苯环-}NHNH_2)$$

如用较强的还原剂（例如锌和盐酸），则生成苯胺和氨。

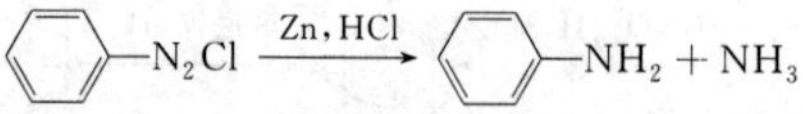

$$\text{(苯环-}N_2Cl) \xrightarrow{Zn,HCl} \text{(苯环-}NH_2) + NH_3$$

苯肼为无色液体，沸点241℃，不溶于水，有强碱性，在空气中容易变黑。苯肼是常用的羰基试剂，也是合成药物和染料的原料，如"安乃近"就是由它合成的。

b. 偶合反应。重氮盐在弱酸、中性或弱碱性溶液中，与芳胺或酚类（活泼的芳香族化合物）进行芳香亲电取代生成有颜色的偶氮化合物的反应称为偶合反应（或偶联反应）。例如：

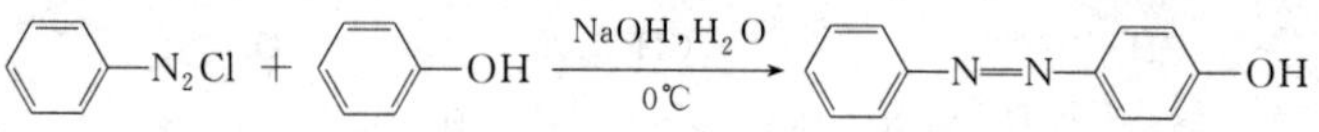

$$\text{(苯环-}N_2Cl) + \text{(苯环-}OH) \xrightarrow[0℃]{NaOH,H_2O} \text{(苯环-}N=N\text{-苯环-}OH)$$
对羟基偶氮苯(橘红色)

$$\text{(苯环-}N_2Cl) + \text{(苯环-}N(CH_3)_2) \xrightarrow{CH_3COONa,H_2O} \text{(苯环-}N=N\text{-苯环-}N(CH_3)_2)$$
对-(N,N-二甲胺基)偶氮苯(黄色)

偶氮反应一般发生在羟基的对位上，若对位被占据，则发生在邻位上。如：

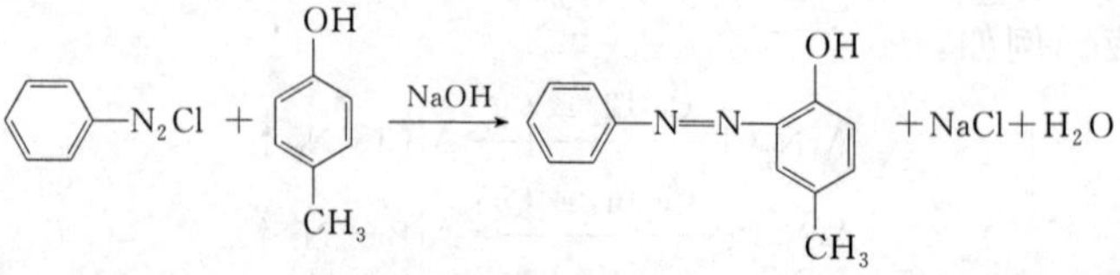

$$\text{(苯环-}N_2Cl) + \text{(苯环 OH, CH}_3) \xrightarrow{NaOH} \text{(苯环-}N=N\text{-苯环 OH, CH}_3) + NaCl + H_2O$$

偶合反应在染料合成中有广泛的用途。

练一练：完成下列转化。

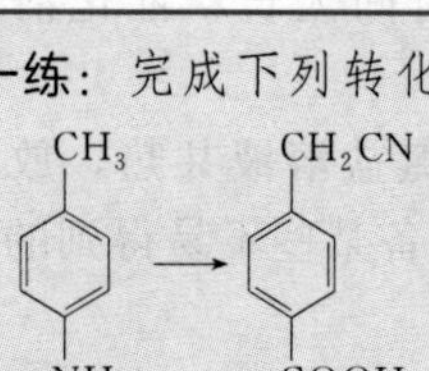

$$\text{(苯环 CH}_3, NH_2) \longrightarrow \text{(苯环 CH}_2CN, COOH)$$

16.3　五元杂环化合物

五元杂环包括含一个杂原子的五元杂环和含两个或多个杂原子的五元杂环；其中杂原子主要是氮、氧和硫。

16.3.1　含一个杂原子的五元杂环

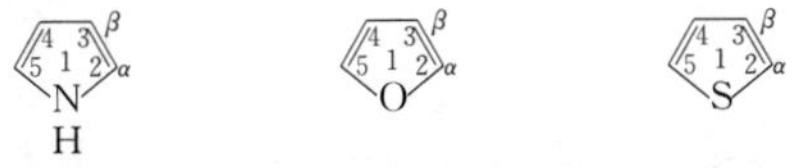

$$\text{吡咯}\qquad\text{呋喃}\qquad\text{噻吩}$$

在这三个五元杂环中，组成的大 π 键不同于苯和吡啶，由于 5 个 p 轨道中分布着 6 个电子，因此杂环上碳原子的电子云密度比苯环上碳原子的电子云密度高，所以又称这类杂环为"多 π"（富电子）芳杂环。多 π 杂环的芳香稳定性不如苯环，它们与"缺 π"的六元杂环在性质上有显著差别。可以预测，它们进行亲电取代反应将比苯容易得多。

（1）酸碱性

吡咯分子中虽有仲胺结构，但并没有碱性，原因是氮原子上的一对电子都已参与形成大 π 键，不再具有给出电子对的能力，与质子难以结合。氮上的氢原子却显示出弱酸性，其 $pK_a^{\ominus}$ 为 17.5，因此吡咯能与强碱共热成盐。

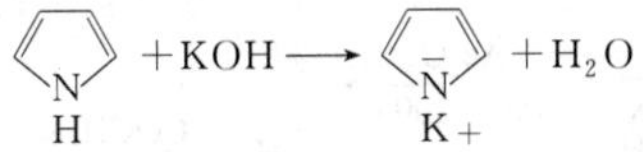

呋喃中的氧原子也因参与形成大 π 键而失去了醚的弱碱性，不易生成锌盐。噻吩中的硫原子不能与质子结合，因此也不显碱性。

（2）亲电取代反应

三个五元杂环都属于多 π 杂环，碳原子上的电子云密度都比苯高，亲电取代反应容易发生，活性顺序为：吡咯＞呋喃＞噻吩≫苯。亲电取代反应需在较弱的亲电试剂和温和的条件下进行。在强酸性条件下，吡咯和呋喃会因发生质子化而破坏芳香性，会发生水解、聚合等副反应。亲电取代反应主要发生在 α 位上，β 位产物较少。这可用其反应中间体的相对稳定性来解释。α 位取代时，中间体的正电荷离域程度高，能量低，比较稳定，所以亲电取代反应产物以 α 位取代产物为主。

$$\beta\text{ 位取代的中间体}\qquad\alpha\text{ 位取代的中间体}$$

① 卤代反应

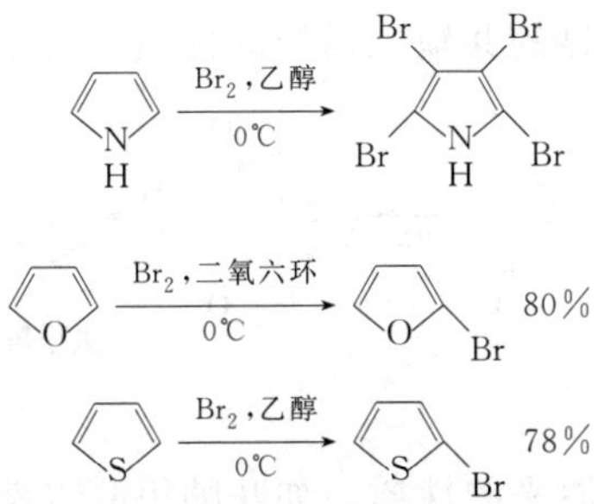

② 硝化反应

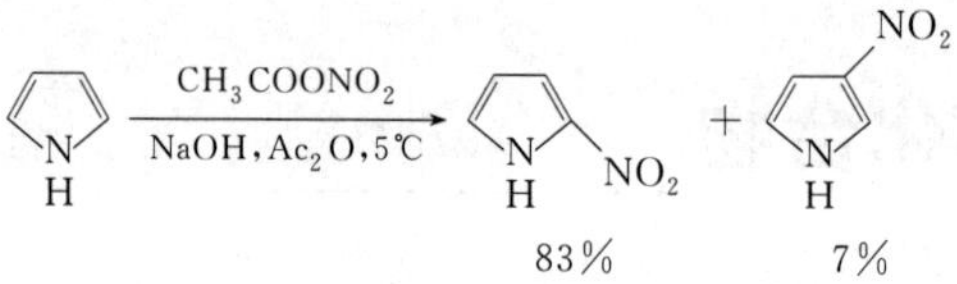

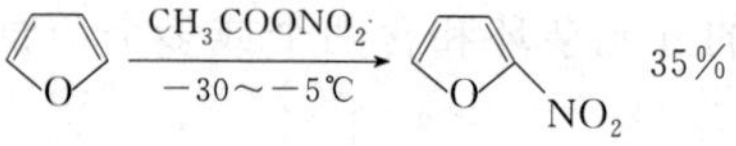

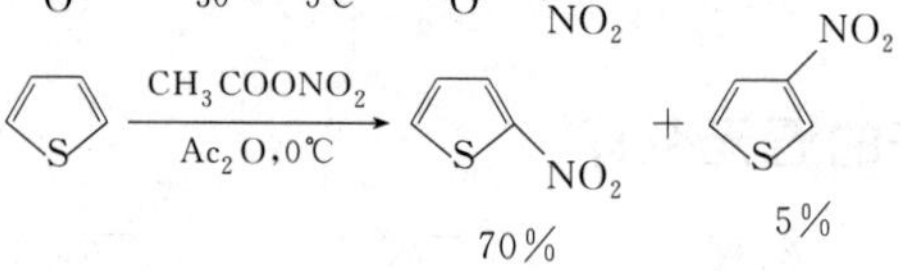

吡咯 $\xrightarrow[\text{NaOH, Ac}_2\text{O, 5℃}]{\text{CH}_3\text{COONO}_2}$ 2-硝基吡咯（83%）＋ 3-硝基吡咯（7%）

呋喃 $\xrightarrow[-30\sim-5℃]{\text{CH}_3\text{COONO}_2}$ 2-硝基呋喃（35%）

噻吩 $\xrightarrow[\text{Ac}_2\text{O, 0℃}]{\text{CH}_3\text{COONO}_2}$ 2-硝基噻吩（70%）＋ 3-硝基噻吩（5%）

③ 磺化反应

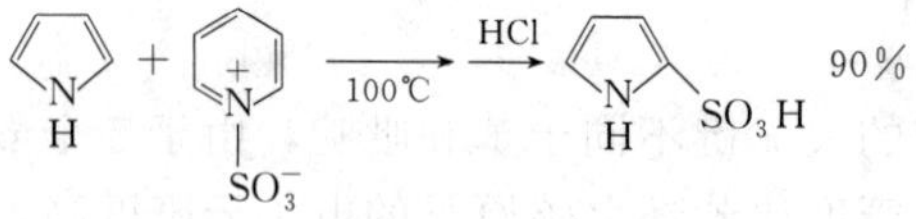

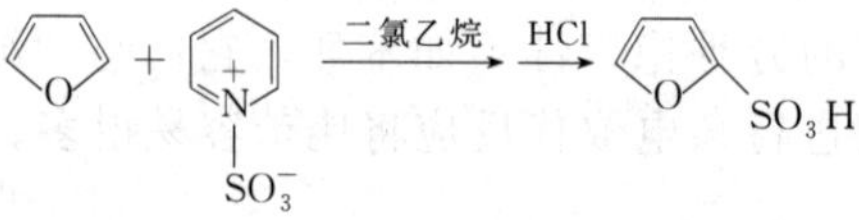

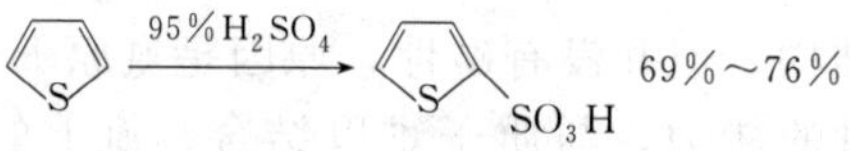

吡咯 ＋ 吡啶-SO_3^- $\xrightarrow[100℃]{}$ $\xrightarrow{\text{HCl}}$ 吡咯-2-SO_3H（90%）

呋喃 ＋ 吡啶-SO_3^- $\xrightarrow[\text{二氯乙烷}]{}$ $\xrightarrow{\text{HCl}}$ 呋喃-2-SO_3H

噻吩 $\xrightarrow{95\%\text{H}_2\text{SO}_4}$ 噻吩-2-SO_3H（69%～76%）

④ 傅-克酰基化

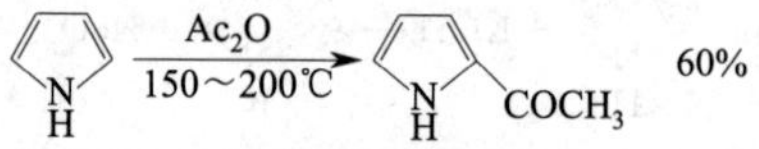

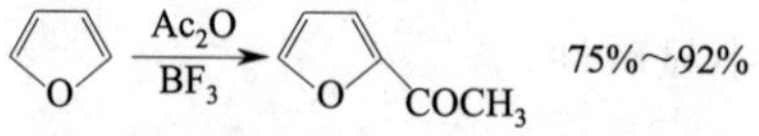

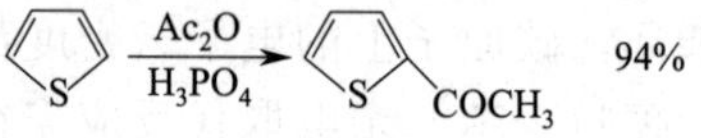

吡咯 $\xrightarrow[150\sim200℃]{\text{Ac}_2\text{O}}$ 2-$COCH_3$-吡咯（60%）

呋喃 $\xrightarrow[\text{BF}_3]{\text{Ac}_2\text{O}}$ 2-$COCH_3$-呋喃（75%～92%）

噻吩 $\xrightarrow[\text{H}_3\text{PO}_4]{\text{Ac}_2\text{O}}$ 2-$COCH_3$-噻吩（94%）

（3）加成反应

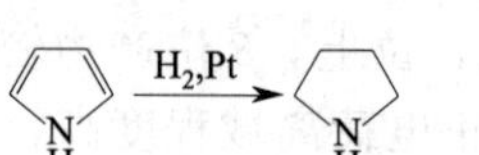

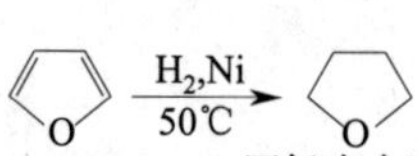

吡咯 $\xrightarrow{\text{H}_2,\text{Pt}}$ 四氢吡咯

呋喃 $\xrightarrow[50℃]{\text{H}_2,\text{Ni}}$ 四氢呋喃(THF)

噻吩 $\xrightarrow{\text{H}_2,\text{MoS}_2}$ 四氢噻吩

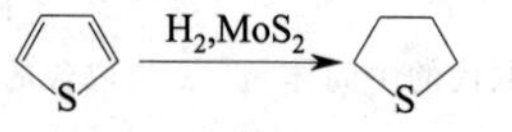

呋喃的离域能较小，具有明显的共轭二烯烃的性质，可以发生 Diels-Alder 反应：

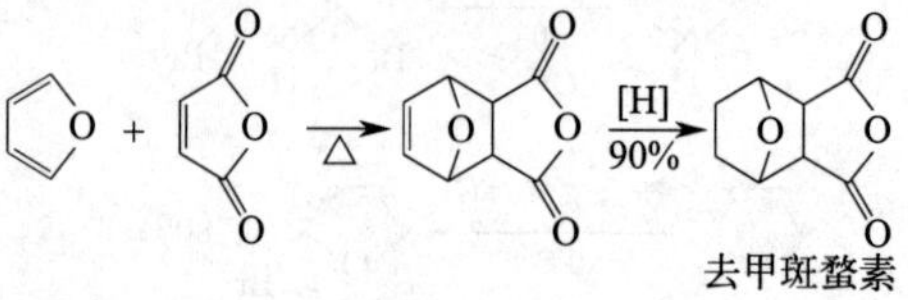

呋喃 ＋ 顺丁烯二酸酐 $\xrightarrow{\triangle}$ 加成产物 $\xrightarrow[90\%]{\text{[H]}}$ 去甲斑蝥素

（4）环上取代基的反应

杂环上的取代基一般都保持原来的性质，如呋喃甲醛（糠醛）就具有芳香醛的性质。

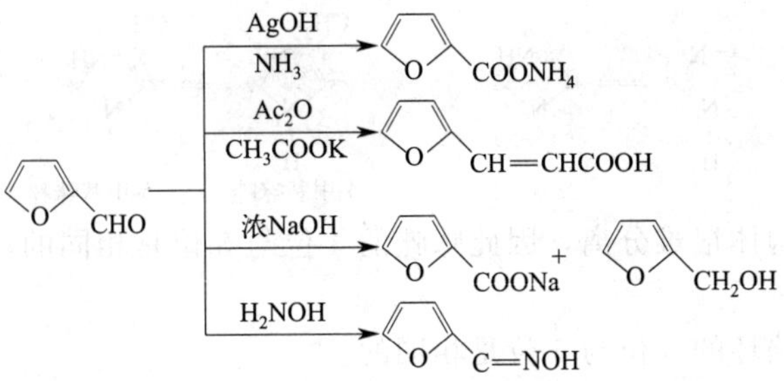

练一练：用噻吩和四个碳以下的有机化合物制备下列化合物：

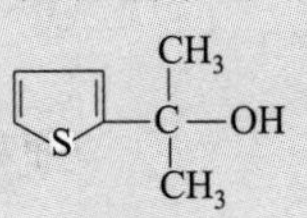

16.3.2 含两个杂原子的五元杂环化合物

含有两个或两个以上杂原子的五元杂环化合物至少都含有一个氮原子，其余的杂原子可以是氧原子或硫原子。这类化合物统称为唑（azole）类。

含两个杂原子的五元杂环可以看成是吡咯、呋喃和噻吩的氮取代物。

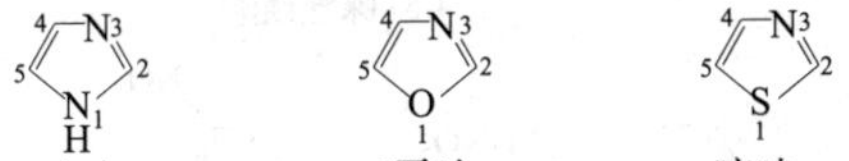

咪唑　　噁唑　　噻唑

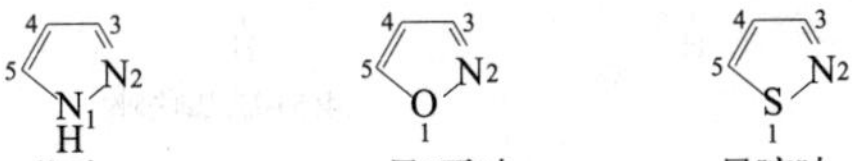

吡唑　　异噁唑　　异噻唑

五种唑类化合物虽然分子量相近，沸点却有较大差别，其中咪唑和吡唑具有较高的沸点。这是因为咪唑可形成分子间的氢键，吡唑可通过氢键形成二聚体而使沸点升高。

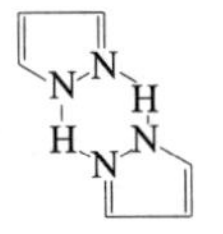

吡唑二聚体

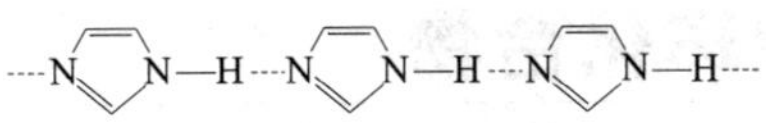

咪唑线型多聚体

（1）酸碱性

唑类的碱性都比吡咯强，但除咪唑外，碱性都比吡啶弱。咪唑碱性最强，比吡啶和苯胺都强，原因是咪唑与质子结合后的正离子稳定，它有两种能量相等的共振极限式，使其共轭酸能量低，稳定性高。

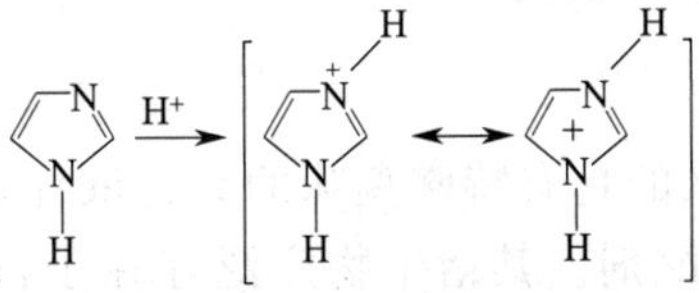

吡唑分子中有两个氮原子直接相连，吸电子的诱导效应更显著，碱性被削弱了，还有异噁唑也属于这种情况。

（2）吡唑和咪唑环的互变异构

吡唑和咪唑环都有互变异构体，当环上无取代基时，这一现象不易辨别，当环上有取代基时则很明显。

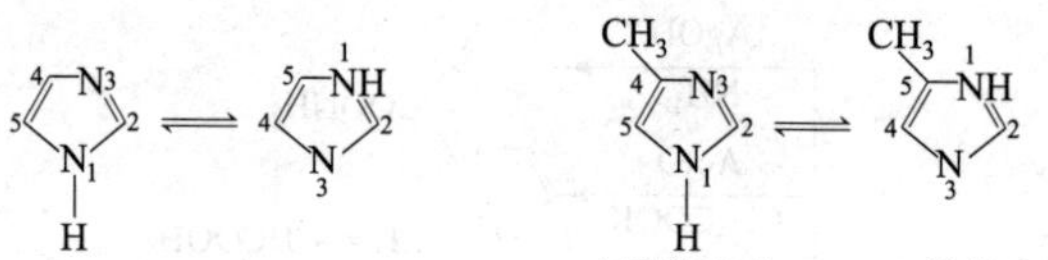

4-甲基咪唑　　5-甲基咪唑

由于两个互变异构体很难分离，因此咪唑的 4 位与 5 位是相同的，上例中的化合物可命名为 4(5)-甲基咪唑。

与咪唑相似，吡唑环的 3 位与 5 位是相同的。

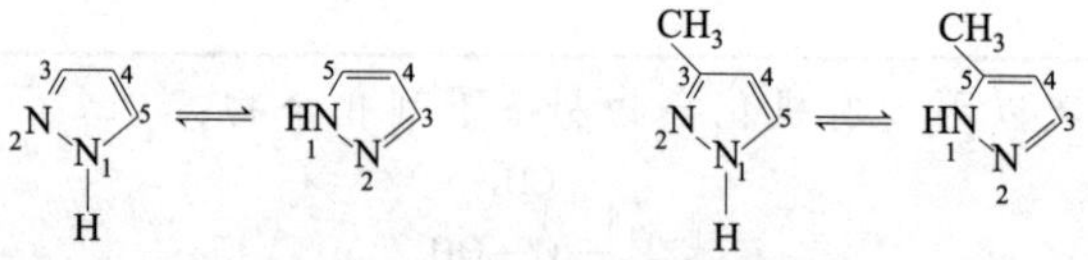

3-甲基吡唑　　　5-甲基吡唑

（3）亲电取代反应

唑类化合物因分子中增加了一个吸电性的氮原子（类似于苯环上的硝基），其亲电取代反应活性明显降低，对氧化剂、强酸都不敏感。例如：

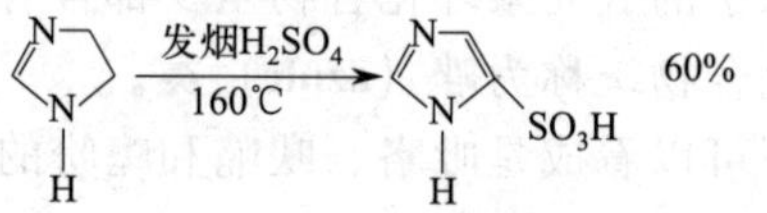

4(5)-咪唑磺酸

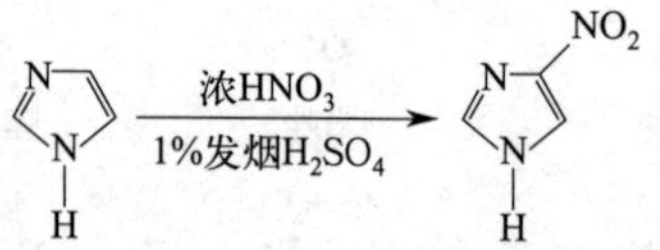

4(5)-硝基咪唑

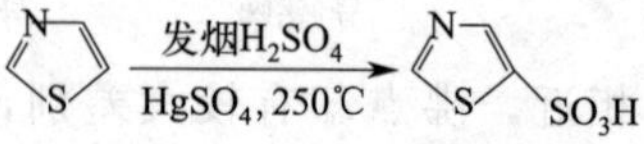

噻唑-5-磺酸

16.4　六元杂环化合物

六元杂环化合物是杂环类化合物最重要的部分，尤其是含氮的六元杂环化合物，如吡啶、嘧啶等，他们的衍生物广泛存在于自然界，很多合成药物也含有吡啶环和嘧啶环。六元杂环化合物包括含一个杂原子的六元杂环，含两个杂原子的六元杂环，以及六元稠杂环等。

16.4.1　含一个杂原子的六元杂环

（1）吡啶

吡啶是从煤焦油中分离出来的具有特殊臭味的无色液体，沸点为 115.3℃，相对密度为 0.982，是性能良好的溶剂和脱酸剂。其衍生物广泛存在于自然界中，是许多天然药物、染料和生物碱的基本组成部分。

在吡啶分子中，氮原子的作用类似于硝基苯的硝基，使其邻、对位上的电子云密度比苯环降低，间位则与苯环相近，这样，环上碳原子的电子云密度远远小于苯，因此像吡啶这类芳杂环又被称为"缺 π"杂环。这类杂环表现在化学性质上是亲电取代反应变难，亲核取代反应变易，氧化反应变难，还原反应变易。

① 碱性和成盐　吡啶氮原子上的未共用电子对可接受质子而显碱性。吡啶的 $pK_a^{\ominus}$ 为 5.19，比氨（$pK_a^{\ominus}$ 9.24）和脂肪胺（$pK_a^{\ominus}$ 10～11）都弱。原因是吡啶中氮原子上的未共用电子对处于 sp^2 杂化轨道中，其 s 轨道成分较 sp^3 杂化轨道多，离原子核近，电子受核的束缚较强，给出电子的倾向较小，因而与质子结合较难，碱性较弱。但吡啶与芳胺（如苯胺，$pK_a^{\ominus}$ 4.6）相比，碱性稍强一些。

吡啶与强酸可以形成稳定的盐，某些结晶型盐可以用于分离、鉴定及精制工作中。吡啶的碱性使其在许多化学反应中用作催化剂脱酸剂，由于吡啶在水中和有机溶剂中的良好溶解性，所以它的催化作用常常是一些无机碱无法达到的。

吡啶还具有叔胺的某些性质，可与卤代烃反应生成季铵盐，也可与酰卤反应成盐。例如：

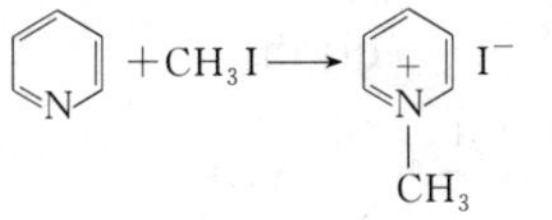

碘化 N-甲基吡啶

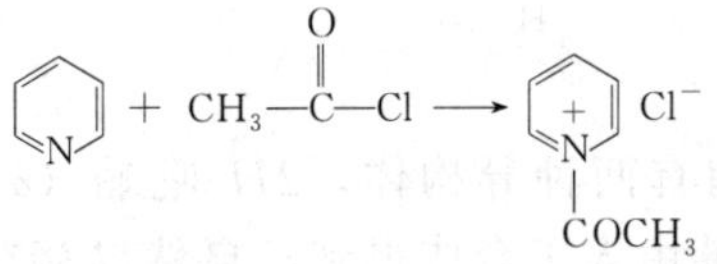

氯化 N-乙酰基吡啶

吡啶与酰卤生成的 *N*-酰基吡啶盐是良好的酰化试剂。

② 亲电取代反应　吡啶是“缺 π”杂环，环上电子云密度比苯低，因此其亲电取代反应的活性也比苯低，与硝基苯相当。环上氮原子的钝化作用，使亲电取代反应的条件比较苛刻，且产率较低，取代基主要进入 3(β) 位。例如：

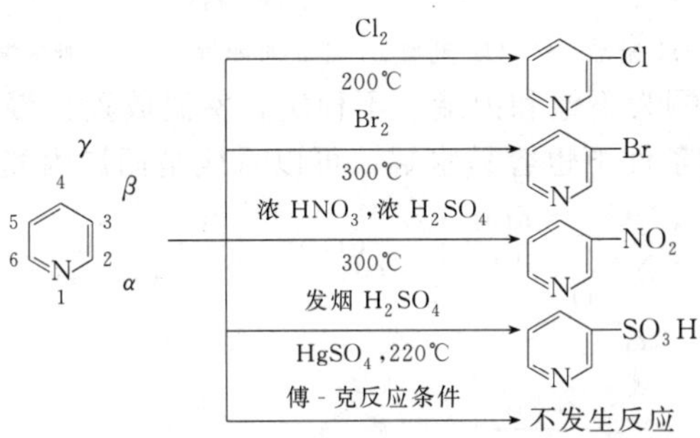

③ 亲核取代反应　由于吡啶环上氮原子的吸电子作用，环上碳原子的电子云密度降低，尤其在 2 位和 4 位上的电子云密度更低，因而环上的亲核取代反应容易发生，取代反应主要发生在 2 位和 4 位上。例如：

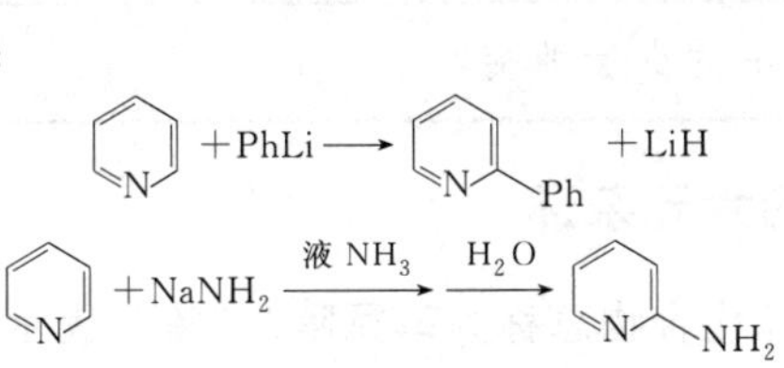

④ 氧化还原反应　由于吡啶环上的电子云密度低，一般不易被氧化，尤其在酸性条件下，吡啶成盐后氮原子上带有正电荷，吸电子的诱导效应加强，使环上电子云密度更低，更增加了对氧化剂的稳定性。当吡啶环带有侧链时，则发生侧链的氧化反应。例如：

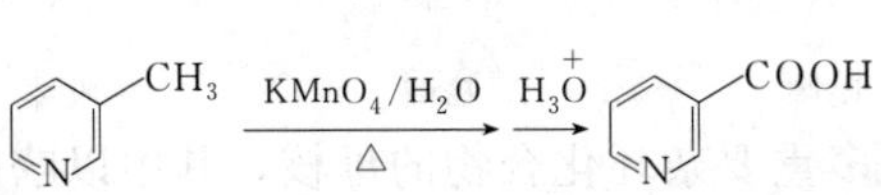

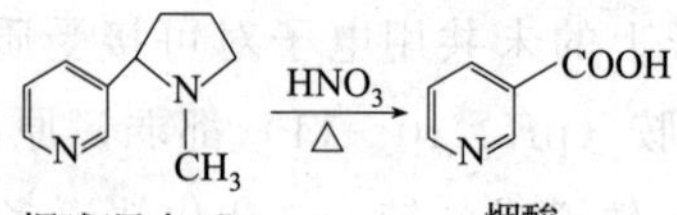

烟碱(尼古丁)　　烟酸

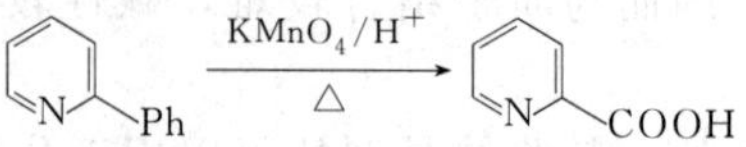

与氧化反应相反，吡啶环比苯环容易发生加氢还原反应，用催化加氢和化学试剂都可以还原。例如：

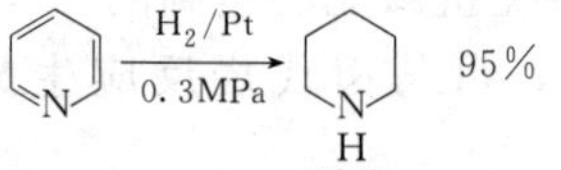

哌啶

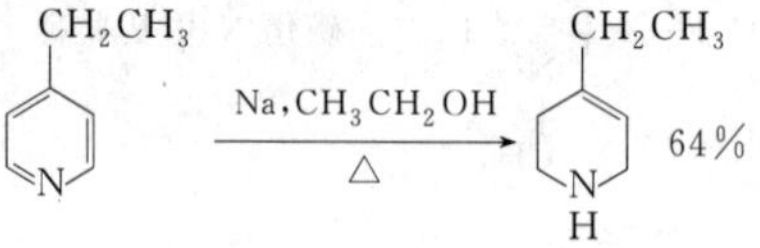

(2) 吡喃

最简单的含氧六元杂环是吡喃。吡喃有两种异构体，2*H*-吡喃（α-吡喃）和 4*H*-吡喃（γ-吡喃）。吡喃在自然界不存在，4*H*-吡喃由人工合成得到。自然界存在的是吡喃羰基衍生物，称为吡喃酮。吡喃酮的苯稠合物是许多天然药物的结构成分。

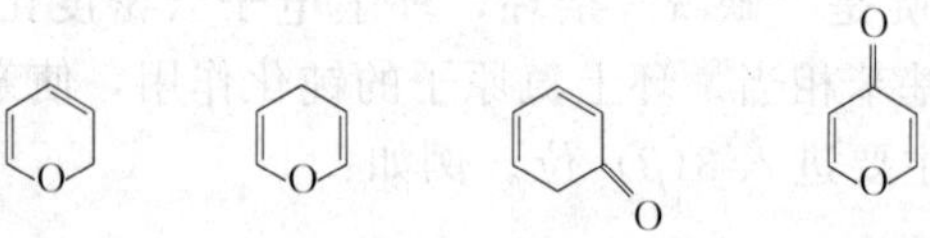

2*H*-吡喃　4*H*-吡喃　α-吡喃酮　γ-吡喃酮

从结构上看，α-吡喃酮为不饱和内酯，不稳定，室温放置会慢慢聚合。γ-吡喃酮是稳定的晶形化合物，但在碱性条件下也容易水解，可以看成是插烯内酯。

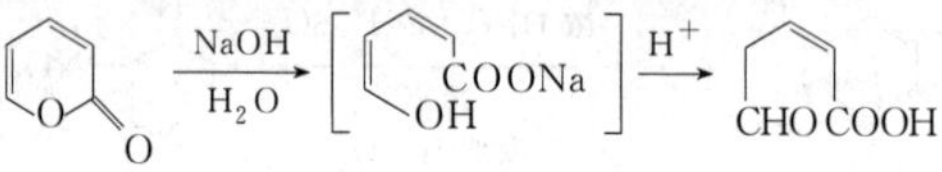

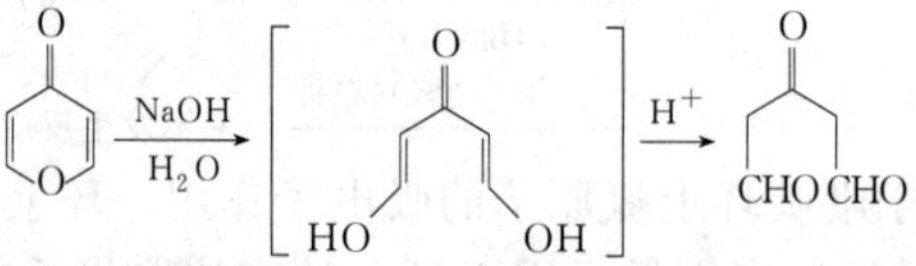

想一想：如何除去混在甲苯中的少量吡啶？

16.4.2 含两个杂原子的六元杂环

含两个氮原子的六元杂环化合物总称为二氮嗪。“嗪”表示含有多于一个氮原子的六元杂环。二氮嗪共有三种异构体，其结构和名称如下：

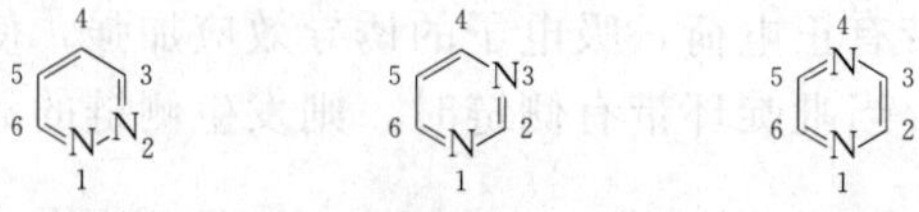

哒嗪　嘧啶　吡嗪

哒嗪、嘧啶和吡嗪是许多重要杂环化合物的母核，其中以嘧啶环系最为重要，广泛存在于动植物中，并在动植物的新陈代谢中起重要作用。如核酸中的碱基有三种含嘧啶衍生物，某些维生素及合成药物（如磺胺药物及巴比妥药物等）都含有嘧啶环系。

二氮嗪类化合物由于氮原子上含有未共用电子对，可以与水形成氢键，所以哒嗪和嘧啶与水互溶，而吡嗪由于分子对称，极性小，水溶解度降低。

（1）碱性

二氮嗪的碱性均比吡啶弱。这是由于两个氮原子的吸电作用相互影响，使其电子云密度都降低，减弱了与质子的结合能力。二氮嗪类化合物虽然含有两个氮原子，但它们都是一元碱，当一个氮原子成盐变成正离子后，它的吸电子能力大大增强，致使另一个氮原子上的电子云密度大大降低，很难再与质子结合，不再显碱性，故为一元碱。

（2）亲电取代反应

二氮嗪类化合物由于两个氮原子的强吸电作用使环上电子云密度更低，亲电取代反应更难发生。以嘧啶为例，其硝化、磺化反应很难进行，但可以发生卤代反应，卤素进入电子云密度相对较高的 5 位上。

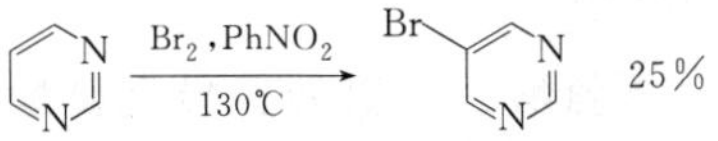

（3）亲核取代反应

二氮嗪可以与亲核试剂反应，如嘧啶的 2、4、6 位分别处于两个氮原子的邻位或对位，受双重吸电子的影响，电子云密度低，是亲核试剂进入的主要位置。例如：

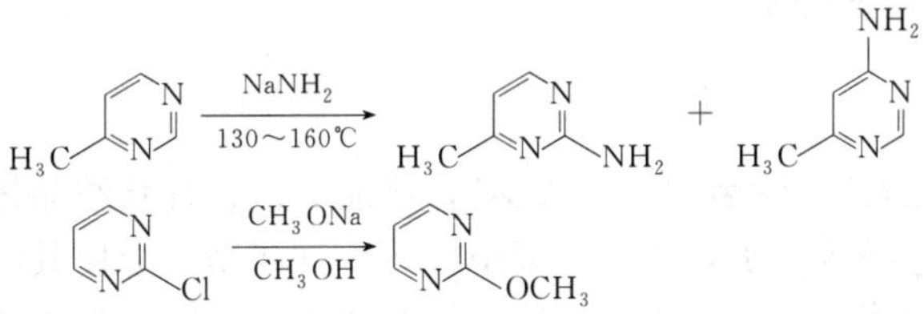

（4）氧化反应

二氮嗪母核不易被氧化，当有侧链及苯并二氮嗪氧化时，侧链及苯环可氧化成羧酸及二羧酸。

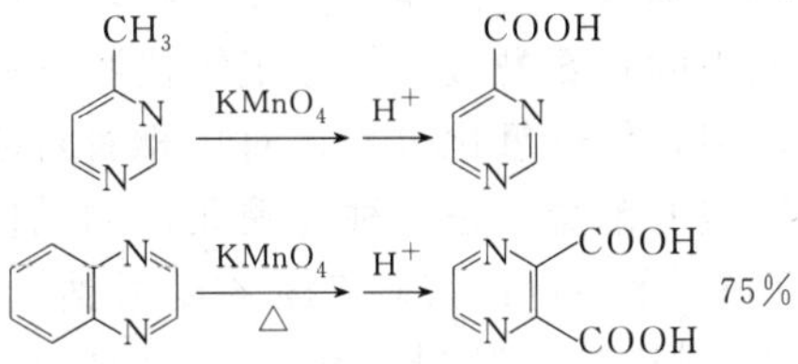

16.5　氨基酸与味精

16.5.1　氨基酸

氨基酸是既含有一个碱性氨基又含有一个酸性羧基的有机化合物，是构成蛋白质的基本单元，也是合成机体抗体、激素和酶的原料，在人体内有特殊的生理功能，是维持生命现象的重要物质。迄今，氨基酸及其衍生物的品种超过 100 种，广泛地应用于食品、饲料、化工、农业及医药等方面。

构成天然蛋白质的氨基酸具有其特定的结构特点，即其氨基直接连接在 α-碳原子上，这种氨基酸被称为 α-氨基酸。生物体内的各种蛋白质是由 20 种基本氨基酸构成的。20 种蛋白质氨基酸在结构上的差别取决于侧链基团 R 的不同。通常根据 R 基团的化学结构或性质将 20 种氨基酸进行分类。

（1）根据侧链基团的极性

① 非极性氨基酸（疏水氨基酸）　非极性氨基酸（疏水氨基酸）：8 种。丙氨酸（Ala）、缬氨酸（Val）、亮氨酸（Leu）、异亮氨酸（Ile）、脯氨酸（Pro）、苯丙氨酸（Phe）、色氨酸（Trp）、蛋氨酸（Met）。

② 极性氨基酸（亲水氨基酸）

a. 极性不带电荷：7 种。甘氨酸（Gly）、丝氨酸（Ser）、苏氨酸（Thr）、半胱氨酸（Cys）、酪氨酸（Tyr）、天冬酰胺（Asn）、谷氨酰胺（Gln）。

b. 极性带正电荷的氨基酸（碱性氨基酸）3 种。赖氨酸（Lys）、精氨酸（Arg）、组氨酸（His）。

c. 极性带负电荷的氨基酸（酸性氨基酸）：2 种。天冬氨酸（Asp）、谷氨酸（Glu）。

（2）根据氨基酸分子的化学结构

a. 脂肪族氨基酸。丙氨酸、缬氨酸、亮氨酸、异亮氨酸、蛋氨酸、天冬氨酸、谷氨酸、赖氨酸、精氨酸、甘氨酸、丝氨酸、苏氨酸、半胱氨酸、天冬酰胺、谷氨酰胺。

b. 芳香族氨基酸：苯丙氨酸、酪氨酸。

c. 杂环族氨基酸：组氨酸、色氨酸。

d. 杂环亚氨基酸：脯氨酸。

16.5.2　味精

味精，又名"味之素"，学名"谷氨酸钠"，成品为白色柱状结晶体或结晶性粉末。味精是一种很好的调味品，易溶于水，在汤、菜中放入少许味精，会使其味道更鲜美，提高人体对其他各种食物的吸收能力，对人体有一定的滋补作用。有时，味精还能恢复食物在调制过程中丧失的香味。

味精的主要成分谷氨酸钠进入肠胃以后，很快分解出谷氨酸。谷氨酸是由蛋白质分解的产物，是人体所需要的一种氨基酸，96％能被人体吸收，形成人体组织中的蛋白质。它还能与血氨结合，形成对机体无害的谷氨酰胺，解除组织代谢过程中所产生的氨的毒性作用，又能参与脑蛋白质代谢和糖代谢，促进氧化过程，对中枢神经系统的正常活动起良好的作用。谷氨酸钠是一种氨基酸谷氨酸的钠盐。是一种无嗅无色的晶体，在 232℃时解体熔化。谷氨酸钠的水溶性很好，在 100mL 水中可以溶解 74g 谷氨酸钠。

味精是一种广泛应用的调味品，其摄入体内后可分解成谷氨酸、酪氨酸，对人体健康有益。谷氨酸钠在 100℃时就会被分解破坏，因此，做汤、烧菜时放味精，能够使味精分解，大部分谷氨酸钠变成焦谷氨酸钠。这样不但丧失了味精的鲜味，而且所分解出的焦谷氨酸钠还有一定的毒性。所以不要将味精与汤、菜放在一起长时间煎煮，必须在汤、菜做好之后再放。碱性食品不宜使用味精，因为碱会使味精发生化学变化，产生一种具有不良气味的谷氨酸二钠，失去调味作用。过多地食用味精会出现一些不良反应，如头昏眼花，眼球突出，上肢麻木，下颌发抖，心慌气喘，晕眩无力等表现。因此，在烹制食品时，放入味精宜适量。

味精的主要成分是谷氨酸钠，现在市场上的味精一般是由玉米深加工得来，玉米→淀粉→葡萄糖→谷氨酸→谷氨酸钠，经过这个过程出来的。

味精生产过程可划分为四个工艺阶段：①原料的预处理及淀粉水解糖的制备；②种子扩大培养及谷氨酸钠发酵；③谷氨酸钠的提取；④谷氨酸钠制取味精及味精成品加工。

学习指导

实训 12
乙酰苯胺的制备

 素质阅读

屠呦呦与青蒿素

　　20 世纪 60 年代，由于氯喹抗疟失效，人类饱受疟疾之害。1967 年 5 月 23 日，国家科委和解放军原总后勤部在北京召开"疟疾防治药物研究工作协作会议"，代号为"523"项目的大规模药物筛选、研究在全国 7 省市展开。1969 年 1 月 21 日，屠呦呦被派任中药抗疟组组长。她的团队历经数百次失败后，屠呦呦目光锁定中药青蒿，她们发现青蒿对小鼠疟疾的抑制率曾达到 68%，但效果不稳定。1972 年 11 月，屠呦呦和她的同事在青蒿中提取到了一种分子式为 $C_{15}H_{22}O_5$ 的无色结晶体，一种熔点为 156℃～157℃ 的活性成分，他们将这种无色的结晶体物质命名为青蒿素。青蒿素为具有"高效、速效、低毒"优点的新结构类型抗疟药，对各型疟疾特别是抗性疟有特效。这个结果在"523"内部会议上报告，既带动了全国对青蒿提取物的抗疟研究，也开创了中药抗疟药物发现之先河。青蒿素的发现，标志着人类抗疟历史步入新纪元。1973 年 9 月，为确证青蒿素结构中的羰基，屠呦呦在一次实验中合成了双氢青蒿素，经构效关系研究，明确在青蒿素结构中过氧基团是主要抗疟活性基团，在保留过氧基团的前提下，羰基还原为羟基可以增效，为国内外开展青蒿素衍生物研究打开局面，实验证明，使用较低剂量的双氢青蒿素足以达到与青蒿素相同的疗效。2015 年，屠呦呦凭借青蒿素获得 2015 年诺贝尔生理学或医学奖，这是中国科学家因为在中国本土进行的科学研究而首次获诺贝尔科学奖。

　　青蒿素（Artemisinin）也称黄花蒿素，是一种有机化合物，分子式为 $C_{15}H_{22}O_5$，具有特殊的化学结构，青蒿素的分子结构中包含三个六元环，并且具有过氧键和 δ 内酯环，青蒿素分子中还包括 7 个手性中心，这些结构特征使其在自然界中十分罕见。青蒿素为无色针状结晶，易溶于氯仿、丙酮、乙酸乙酯和苯，可溶于乙醇、乙醚，微溶于冷石油醚，几乎不溶于水。因其具有特殊的过氧基团，它对热不稳定，易受湿、热和还原性物质的影响而分解。青蒿素是治疗疟疾耐药性效果最好的药物之一，以青蒿素类药物为主的联合疗法，是当下治疗疟疾的最有效、最重要手段。近年来，随着研究的不断深入，青蒿素的其他作用也被发现，如抗肿瘤、治疗肺动脉高压、抗糖尿病、抗胚胎毒性、抗真菌、免疫调节、抗病毒、抗炎、抗肺纤维化、抗菌、心血管作用等多种药理作用。

 思考与练习

一、选择题

1. 碱性最强的是（　　　）。

A. $(CH_3)_2NH$ 　　　　　　B. $CH_3CONHCH_3$ 　　　　　C. $PhNHCH_3$ 　　　　　D. CH_3NH_2

2. 下列化合物中碱性最强的是（　　）。

A. 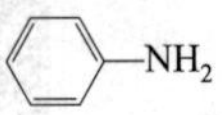 　　　　B. 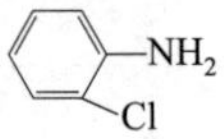 　　　　C. 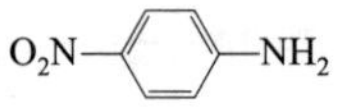 O_2N——NH_2　　　D. $CH_3CH_2NH_2$

3. 下列化合物中碱性最强的是（　　）。

A. 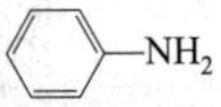 —NH_2　　B. 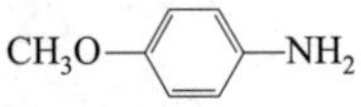 CH_3O——NH_2　　C. 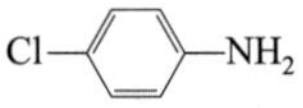 Cl——NH_2　　D. 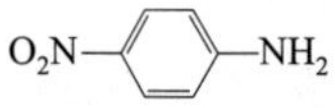 O_2N——NH_2

4. 下列化合物中不属于芳香胺的是（　　）。

A. 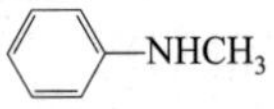 —$NHCH_3$　　B. 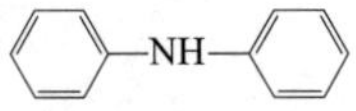 —NH—　　C. 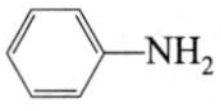 —NH_2　　D. 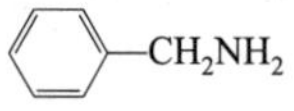 —CH_2NH_2

5. 能将伯、仲、叔胺分离开的试剂为（　　）。

A. 斐林试剂

B. 硝酸银的乙醇溶液

C. 苯磺酰氯的氢氧化钠溶液

D. 碘的氢氧化钠溶液

6. 脂肪胺中与亚硝酸反应能够放出氮气的是（　　）。

A. 季铵盐　　　　　B. 叔胺　　　　　C. 仲胺　　　　　D. 伯胺

7. 干燥苯胺不应选择的干燥剂是（　　）。

A. K_2CO_3　　　　B. $CaCl_2$　　　　C. $MgSO_4$　　　　D. 粉状 $NaOH$

8. 下列化合物中碱性最强的是（　　）。

A. 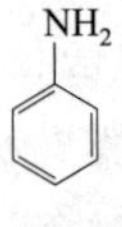 　　　　B. 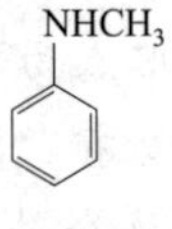 　　　　C. 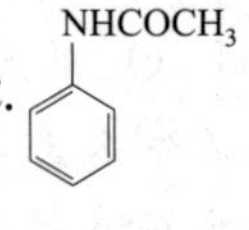 　　　　D.

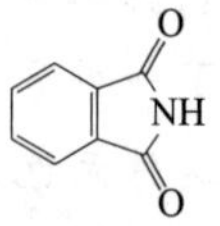

9. 能与亚硝酸作用定量地放出氮气的化合物是（　　）。

A. $(CH_3)_2NCH_2CH_3$　　　　B. 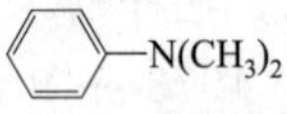 —$N(CH_3)_2$

C. $CH_3(CH_2)_4NH_2$　　　　D. $CH_3CH_2\overset{\underset{\displaystyle CH_3}{|}}{CH}(CH_2)_2NHCH_3$

10. 由苯重氮盐制备—CN所需要的试剂是（　　）。

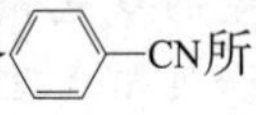

A. $CuCN/KCN$　　B. CH_3CN/KCN　　C. KCN/H_2O　　D. HCN/KCN

二、判断题

1. 苯酚和苯胺不可以用溴水反应来区别。　　　　　　　　　　　　　　（　　）

2. 碱性从大到小的顺序是：脂肪仲胺＞脂肪伯胺＞脂肪叔胺。　　　　（　　）

3. 苯胺可以直接与硝酸和硫酸混合酸反应，得到硝基苯胺。　　　　　（　　）

4. 乙酰胺含有羰基，因此可以和醛酮一样容易发生亲核加成反应。　　（　　）

5. 所有的胺类化合物都能生成分子内氢键。　　　　　　　　　　　　　（　　）

6. N-亚硝基胺、多环稠苯芳烃是可能引起癌变的物质。　　　　　　　（　　）

三、综合题

1. 分别比较下列各组化合物的碱性：

（1）二乙胺、乙胺、苯胺、对甲氧基苯胺、对氯苯胺、对硝基苯胺、2,4-二硝基苯胺

（2）氢氧化四甲铵、苄胺、苯胺、N-乙酰苯胺

（3）邻苯二甲酰亚胺、环己胺、环己酮亚胺

2. 用简单化学方法分别鉴别下列两组化合物

（1）$C_6H_5NH_2$　　　　（2）

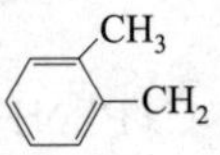

$C_6H_5CH_2NH_2$

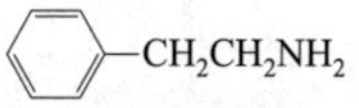

$C_6H_5N(CH_3)_2$

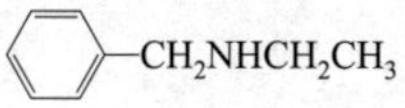

$C_6H_5CH_2N(CH_3)_2$

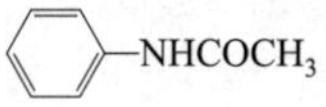

-CH_2CH_2NH_2

-CH_2NHCH_2CH_3

-NHCOCH_3

3. 用化学方法分离下列混合物

（1） 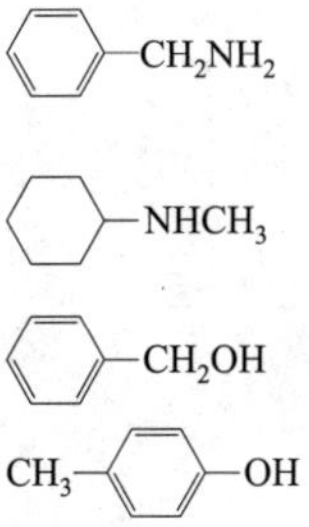　-CH_2NH_2

-NHCH_3

-CH_2OH

CH_3-　　-OH

（2）
CH_3 / OH

COOH / OH

-NHCH_3

CH_3-　　-NH_2

-CH_2CH_3

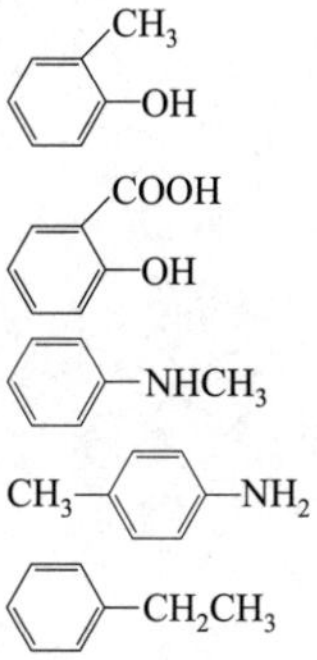

四、合成题

1. 从苯开始合成间氨基苯乙酮
2. 从苯开始合成邻硝基苯胺
3. 从甲苯开始合成间硝基苯甲酸
4. 从甲苯开始合成间溴甲苯

第五模块

物质的聚集态和化学热力学基础

第 17 章
化学热力学基础

 学习目标

知识目标

1. 理解热力学的基本概念和热力学第一定律；
2. 掌握标准生成焓、标准燃烧焓的定义；
3. 掌握标准摩尔反应焓的计算方法；
4. 掌握利用吉布斯函数判据来判断反应进行的方向和限度的方法。

能力目标

1. 学会化学反应热效应测定的方法；会使用数显氧弹式热量计；
2. 能利用热力学数据计算化学反应热；
3. 能利用吉布斯函数判据来判断反应进行的方向。

素质目标

1. 培养努力学习、勤于思考的基本素质；
2. 培养相互帮助、共同提高的协作精神；
3. 培养科技创新意识以及实事求是的职业精神。

　　热力学的基本原理应用于化学变化过程及与化学有关的物理变化过程，即构成化学热力学。化学热力学的主要内容是：利用热力学第一定律来研究化学变化过程以及与之密切相关的物理变化过程中的能量效应；利用热力学第二定律来研究在指定条件下某热力学过程的方向和限度以及研究多相平衡和化学平衡；利用热力学第三定律来确定规定熵的数值，再结合其他热力学数据来解决有关化学平衡的计算问题。

　　采用热力学的基本原理来解决问题，使我们在设计新的化学反应路线或试制新的化学产品时，得以事先在理论上作出判断，从而避免因盲目实验所造成的大量人力、物力和时间的耗费。因此，热力学已经并且仍将极大地推动社会生产及相关科学的发展。

17.1　热力学基本概念

17.1.1　系统和环境

　　在热力学中，选择要研究的对象称为系统，与系统密切相关的外界称为环境。热力学系统通常是由大量分子、原子、离子等微粒组成的宏观集合体。系统与环境之间通过界面隔开。这种界面可以是真实的物理界面，也可以是并不存在的假想界面。

根据系统与环境的相互关系，可以把系统分为三类：

① 敞开系统。系统与环境既有能量交换又有物质交换的系统。

② 封闭系统。系统与环境只有能量交换而没有物质交换的系统。

③ 隔离系统。系统与环境既没有物质交换又没有能量交换的系统。

明确所研究的系统属于何种类型是至关重要的。由于处理问题的对象不同，描述它们的变量不同，所适用的热力学公式也有所不同。世界上的事物总是有机地相互联系、相互依赖、相互制约着，因此不存在绝对意义上的隔离系统。但是，为了使研究问题变得简单，在适当的条件下，可以近似地将一个系统视为隔离系统。以后若未特别指明，所研究的系统均指封闭系统。

17.1.2　系统的性质

热力学系统是由大量微观粒子组成的宏观集合体。这个集合体所具有的宏观特征包括可以通过实验直接测定的，如压力、体积、温度、热容、表面张力等，还包括无法通过实验测定的，如热力学能（又称内能）、焓、熵、亥姆霍兹函数、吉布斯函数等，都属于热力学系统的宏观性质，简称热力学性质。通常将性质分为两类：

① 广度性质　又称容量性质，广度性质的数值与系统中物质的量有关，具有加和性。例如体积（V）、质量（m）、热力学能（U）、焓（H）等。

② 强度性质　强度性质的数值与系统中物质的量无关，不具有加和性，例如温度（T）、压力（p）、摩尔体积（V_m）、密度（ρ）等。

两个广度性质之比成为系统的强度性质。例如，密度等于质量与体积之比；摩尔体积等于体积与物质的量之比；摩尔热容等于热容与物质的量之比。密度、摩尔体积、摩尔热容这些均是强度性质。

17.1.3　状态和状态函数

系统的状态是系统的物理性质和化学性质的综合表现。系统所有的性质确定之后，系统的状态就完全确定了。反之，系统的状态确定之后，它的所有性质均有确定的值。状态与性质之间的存在单值对应关系，故将一定状态下系统的性质称为**状态函数**。

状态函数的一个重要特征就是，其数值只取决于系统当时所处的状态，而与系统之前所经历的过程无关。例如，1mol 理想气体在标准状况下的体积为 $22.4 dm^3$，这完全是由该系统当时所处的状态决定的，而与系统此前是否经历过冷却、加热、膨胀、压缩等毫无关系，无论系统曾经如何千变万化，只要最终达标准状况，1mol 该理想气体的体积就必然是 $22.4 dm^3$，而不可能是别的任何数值。

因为状态函数的数值只决定于系统所处的状态，所以当系统由一个状态变化到另一个状态时，状态函数的改变值只决定于系统的始态和末态，而与实现这一变化的具体步骤（途径）无关。状态函数的微小变化在数学上应当是一全微分。

描述热力学系统的某一确定的状态，并不需要罗列其所有的状态性质。同一系统的各性质之间是相互关联、相互制约的，犹如数学中函数与变量的关系，这也是我们将系统的性质称为状态函数的原因之一。例如，理想气体的某一状态可以具有压力（p）、体积（V）、温度（T）、物质的量（n）等多种状态性质，这些性质之间存在着由理想气体状态方程所反映的相互依赖关系：

$$pV = nRT \quad 或 \quad pV_m = RT \quad 或 \quad p = f(T, V, n)$$

所以，要确定系统的状态并不需要知道全部四个状态性质，而只要知道其中三个就可以了。第四个状态性质由状态方程即可确定。

17.1.4 热力学平衡态

在没有外界影响的条件下，系统的性质不随时间而改变时，系统所处的状态称为热力学平衡态。热力学系统，必须同时实现下列几个平衡，才能成为热力学平衡态。

① 热平衡。系统中没有绝热壁存在的情况下，系统各部分温度相等。若系统不是绝热的，则系统与环境的温度也相等。

② 力平衡。系统中没有刚性壁存在的情况下，系统各部分压力相等。

③ 相平衡。系统中各相间没有物质的净转移，各相的组成和数量不随时间而改变。

④ 化学平衡。系统中存在化学变化时，达到平衡后系统内各物质组成一定，不随时间而改变。

在以后的讨论中，说系统处于某种状态，均指系统处于热力学平衡态。

17.1.5 变化过程

在一定条件下，系统状态发生了变化时，又称为经历了一个过程。从始态 1 变到末态 2，变化的具体步骤，称为途径。系统变化过程分三大类：单纯 PVT 变化、相变化和化学变化。

只有单纯 PVT 变化的过程，又称简单变化过程。某些特定条件下的单纯 PVT 变化过程分为以下几种（1-始态，2-末态）。

① 等温过程与恒温过程　$T_1=T_2=T_环$，等温过程是指系统的始态温度 T_1、末态温度 T_2 以及环境温度 $T_环$ 三者都相等的过程。若变化过程中系统的温度始终保持不变，即 T 恒定不变且等于环境的温度，就称为恒温过程。

② 等压过程与恒压过程　$p_1=p_2=p_环$，等压过程是指系统的始态压力 p_1、末态压力 p_2 以及系统对抗的环境压力 $p_环$ 三者都相等的过程。若变化过程中系统的压力始终保持不变，即 p 恒定不变且等于环境的压力，就称为恒压过程。

③ 恒外压过程　$p_1 \neq p_2$，$p_2=p_环=$ 常数，恒外压过程是指系统的所对抗的环境压力 $p_环$ 恒定不变的过程。

④ 等容过程与恒容过程　$V_1=V_2$，等容过程是指系统的始态体积 V_1 与末态温度 V_2 相等；若等容过程中系统的体积 V 始终保持恒定不变，就称为恒容过程。一般在刚性容器中进行的过程都是恒容过程。

⑤ 绝热过程　$Q=0$，体系与环境间没有热交换，但可以有功的传递。

⑥ 循环过程　系统经过一系列的变化后又回到原来的状态。循环过程中，所有状态函数的改变量均为零。如 $\Delta U=0$，$\Delta H=0$。

17.1.6 状态函数法

由一个或多个过程组成的系统由始态变化到终态的变化经历称为途径。系统由某一始态变化到某一终态往往可通过不同途径来实现，而在这一变化过程中系统的任何状态函数的变化值，仅与系统变化的始、终态有关，而与变化经历的不同途径无关。例如，下述理想气体的 pVT 变化可通过两个不同途径来实现。

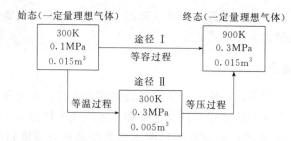

途径Ⅰ仅由等容过程组成；途径Ⅱ则由等温及等压两个过程组合而成。在两种变化途径中，系统的状态函数变化值，如 $\Delta T = 600K$，$\Delta p = 0.2MPa$，$\Delta V = 0$ 却是相同的，不因途径不同而改变。状态函数的这一特点，在热力学中有广泛的应用。例如，不管实际过程如何，可以根据始态和终态选择理想的过程建立状态函数间的关系，选择较简便的途径来计算状态函数的变化等。这类处理方法是热力学中的重要方法，通常称为状态函数法。

17.2　热力学第一定律

17.2.1　热与功

热和功是体系与环境间交换（传递）能量的两种形式，是与过程有关的物理量，单位 J 或 kJ。

（1）热

系统与环境间因存在温度差而交换的一种能量称为热，以符号 Q 表示。一般规定：系统从环境吸热，$Q > 0$；系统向环境放热，$Q < 0$。因为热是"传递"的能量，即系统在其状态发生变化的过程中与环境交换的能量，因而热总是与系统所进行的具体过程相联系的，没有过程就没有热。因此，热不是系统的状态性质。为了与状态函数相区别，微量的热以 δQ 表示，它不是全微分。从微观的角度看，热是大量质点以无序运动方式而传递的能量。

热力学中主要有三种形式的热：①显热，即体系经单纯 pVT 变化（物理变化）而与环境交换的热；②相变热（潜热），即体系发生相变化时吸收或放出的热；③化学变化热，即体系发生化学变化时吸收或放出的热。

（2）功

除热以外，体系与环境之间交换的其他形式的能量统称为功，以符号 W 表示。一般规定：系统从环境得功（环境对系统作功），$W > 0$；系统对环境做功，$W < 0$。功也是与过程有关的量，它不是系统的状态性质。微量的功以 δW 表示。从微观的角度看，功是大量质点以有序运动方式而传递的能量。

功可以分为两大类：①体积功 W，即系统在外压力作用下，体积发生改变时与环境传递的功；②非体积功 W'，除体积功之外的所有其他功（如电功、表面功等）。

17.2.2　热力学能

热力学能也称为内能，内能是指体系内部所有微观粒子能量总和。微观粒子包括分子、原子、原子核、电子等。热力学能用符号 U 表示，单位 J 或 kJ，是体系的状态函数，广度性质。在化学热力学中，通常研究的是宏观、静止的体系，无动能；同时也不考虑外力场的存在（电磁场、重力场等），只考虑热力学能。可以简单地认为热力学能包括以下三部分：

① 分子动能。指分子的热运动能，主要与体系的温度有关，用 $E_k(T)$ 表示。

② 分子势能。指分子间相互作用的势能，其值取决于分子间作用力，主要与体系体积有关，用 $E_p(V)$ 表示。

③ 分子的内部能量。是指分子内部各种粒子（原子，原子核，电子等）能量之和，在一定条件下为定值，用 E_m 表示。

所以，对于定量、定组成的实际气体系统，热力学能可以表示为温度和体积（压力）的函数，即

$$U = f(T,V) \tag{17-1}$$

目前还无法测量或计算内能的绝对值，通常只能计算体系状态函数发生变化时内能的改变值 ΔU。

17.2.3　热力学第一定律

热力学第一定律的实质，就是能量守恒与转化定律在化学变化（包含物理变化）中的应用。可以表述为：一切物质都有能量，能量不会凭空产生，也不会自行消失，能量具有各种不同的形式，它能从一种形式转化为另一种形式，从一个物体传递给另一个物体，但在转化和传递的过程中能量的总值不变。

若在某封闭系统中发生一个过程，系统从环境吸收热量 Q，同时系统对环境做功 W，根据能量守恒定律有

$$\Delta U = Q + W \tag{17-2}$$

若系统发生无限小变化时，上式可写成

$$\mathrm{d}U = \delta Q + \delta W \tag{17-3}$$

式(17-2)、式(17-3) 就是封闭系统热力学第一定律的数学表达式。它表明当封闭系统的状态发生变化时，系统内能改变值等于变化过程中系统与环境间交换的热与功的代数和。

【例 17-1】　(1) 已知 1g 纯水在 101.325kPa 下，温度由 287.7K 变为 288.7K，吸热 2.0927J，做功 2.0928J，求其热力学能的变化。(2) 若在绝热条件下，使 1g 纯水发生与 (1) 同样的变化，需对其做多少功？

解：(1) $Q = 2.0927J$　　　$W = 2.0928J$

$$\Delta U = Q + W = 2.0927J + 2.0928J = 4.1855J$$

(2) $Q = 0$

因为系统的初终状态与 (1) 相同，故 ΔU 和 (1) 相同。即：$\Delta U = 4.1855J$

$$W = \Delta U - Q = 4.1855J - 0 = 4.1855J$$

显然 (1) 和 (2) 的初终态相同，状态函数 ΔU 相同，但 Q 与 W 却因过程不同而异。

17.2.4　焦耳实验

焦耳 (Joule) 于 1843 年设计了如下实验，见图 17-1。在一水浴槽中放有一容器，容器中间有旋塞可连通左右两边，连通器的左侧装有低压气体（可视为理想气体），右侧抽成真空。

整个连通器放在有绝热壁的水浴中，水中插有温度计，视气体为系统。实验时打开连通器中间的活塞，使左侧气体向右侧真空膨胀，直至平衡；然后通过水浴中的温度计观察水温是否有变化，实验中发现水浴温度没有变化。这说明左侧气体向真空膨胀过程中系统和环境之间没有热交换，即 $Q = 0$；又因为此过程为气体向真空膨胀，故 $W = 0$；根据热力学第一定律，此过程 $\Delta U = 0$，这一实验事实说明低压气体向真空膨胀时，温度不变，内能亦保持

不变，但压力降低了，体积增大了。

由此可得出焦耳实验结论：在温度一定时，低压（理想）气体的内能为一定值，与压力、体积无关。

上述结论的数学形式可推导如下：

对于定量、定组成的封闭系统，热力学能（内能）可以表示为温度和体积（压力）的函数，即 $U=f(T,V)$，当其状态发生变化时，其内能变化可用下式表示：

$$dU=\left(\frac{\partial U}{\partial T}\right)_V dT+\left(\frac{\partial U}{\partial V}\right)_T dV \qquad (17\text{-}4)$$

将此公式用于焦耳实验，因其 $dT=0$，$dU=0$，而 $dV>0$，所以

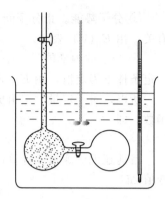

图 17-1　焦耳实验示意图

$$\left(\frac{\partial U}{\partial V}\right)_T=0 \qquad (17\text{-}5)$$

此式的物理意义是，在温度一定时改变体积或压力，低压（理想）气体的内能不变。也就是说，理想气体的内能只是温度的函数，与体积、压力无关，即

$$U=f(T) \qquad (17\text{-}6)$$

17.3　体积功的计算

系统的体积功分为两种情况：一是气体反抗环境压力对外膨胀做功，$W<0$；另一种是气体体积被压缩，环境对系统做功，$W>0$。

17.3.1　体积功计算通式

设一定量的气体体积为 V，受热膨胀微小体积为 dV，反抗环境压力（外压）$p_环$ 而作的微小体积功为：

$$\delta W=-p_环 dV \qquad (17\text{-}7)$$

若气体由始态 1（$p_1 V_1 T_1$）经某过程膨胀到末态 2（$p_2 V_2 T_2$）时，则整个过程的体积功可以看作是多个微小的体积功的加和，即

$$W=\sum_{V_1}^{V_2}-p_环 dV=\int_{V_1}^{V_2}-p_环 dV$$

所以，得到体积功计算通式，即

$$W=\int_{V_1}^{V_2}-p_环 dV \qquad (17\text{-}8)$$

若气体膨胀过程中环境压力（外压）$p_环$ 保持恒定，则体积功计算式为：

$$W=-p_环(V_2-V_1) \qquad (17\text{-}9)$$

17.3.2　不同过程的功

理想气体自由（真空）膨胀：$p_环=0$，所以 $W=0$。

恒容过程：$dV=0$，所以 $W=0$。

$p_环$ 恒定的过程：包括恒压过程和恒外压过程，$W=-p_环(V_2-V_1)$。

理想气体恒温可逆过程：

$$W_r = -nRT\ln\frac{V_2}{V_1} \tag{17-10}$$

上式中，$nRT = p_1V_1 = p_2V_2$。

可逆体积功 W_r 的推导如下：

可逆过程是指系统在无限接近平衡的条件下进行的过程（过程推动力无限小 $\mathrm{d}p \to 0$）。可逆过程的过程推动力无限小，即气体在膨胀或压缩时内外压差无限小，整个过程可以看作由很多个微小的恒外压膨胀（压缩）过程组成，整个过程进行非常缓慢，所以可逆过程也可以认为是一种准平衡过程。

$$p_环 = p_系 \pm \mathrm{d}p$$

$$W_r = \int_{V_1}^{V_2} -p_环 \,\mathrm{d}V = \int_{V_1}^{V_2} -(p_系 \pm \mathrm{d}p)\,\mathrm{d}V \approx \int_{V_1}^{V_2} -p_系 \,\mathrm{d}V \quad (\mathrm{d}p \to 0, \mathrm{d}p\mathrm{d}V \approx 0)$$

所以，以 $p_系$ 代替 $p_环$ 计算 W_r　$W_r = \int_{V_1}^{V_2} -p_系 \,\mathrm{d}V$

因理想气体恒温过程，$p_系 = \dfrac{nRT}{V}$

所以，$W_r = \int_{V_1}^{V_2} -p_系 \,\mathrm{d}V = -\int_{V_1}^{V_2} \dfrac{nRT}{V}\mathrm{d}V = -nRT\ln\dfrac{V_2}{V_1}$

得到理想气体恒温过程功，即：$W_r = -nRT\ln\dfrac{V_2}{V_1}$

所以，①理想气体在恒温可逆膨胀过程中，系统对环境做最大功 $|W_{max}|$；在恒温可逆压缩过程中，环境对体系做最小功 $|W_{min}|$，系统消耗最小能量。②可逆过程的（正向）膨胀功和（逆向）压缩功绝对值相等，符号相反。③可逆过程是一种理想化的过程，实际过程只能无限趋近于它，但永远达不到。引入可逆过程的目的，如计算热机的最大效率，即理论效率，可以将实际过程与理想的可逆过程进行比较，就可以确定提高实际过程效率的可能性。

【例 17-2】　气缸中总压为 101.3kPa 的氢气和氧气混合物经点燃化合成液态水时，系统的体积在恒定外压 101.3kPa 下增加 $2.37\mathrm{dm}^3$，同时向环境放热 550J。试求系统经历此过程后热力学能变化。

解：取气缸内的物质和空间为系统

$$p_环 = 101.3\mathrm{kPa}, Q = -550\mathrm{J}, \Delta V = V_2 - V_1 = 2.37\mathrm{dm}^3$$

$$W = -p_环(V_2 - V_1) = -101.3 \times 10^3\mathrm{Pa} \times 2.37 \times 10^{-3}\mathrm{m}^3 = -240\mathrm{J}$$

$$\Delta U = Q + W = -550\mathrm{J} - 240\mathrm{J} = -790\mathrm{J}$$

【例 17-3】　1mol、273.15K、100kPa 的理想气体，经由下述两个途径（1）$p_环$ 恒为 50kPa；（2）自由膨胀（向真空膨胀）到末态为 273.15K、50kPa，分别求两个途径的 W。

解：始、末态气体的体积分别为

$$V_1 = \frac{nRT_1}{p_1} = \frac{1\mathrm{mol} \times 8.314\mathrm{J/(K \cdot mol)} \times 273.15\mathrm{K}}{1.00 \times 10^5\mathrm{Pa}} = 2.27 \times 10^{-2}\mathrm{m}^3$$

$$V_2 = \frac{p_1V_1}{p_2} = \frac{1.00 \times 10^5\mathrm{Pa} \times 2.27 \times 10^{-2}\mathrm{m}^3}{5.00 \times 10^4\mathrm{Pa}} = 4.54 \times 10^{-2}\mathrm{m}^3$$

（1）由题意可知，该过程为恒温恒外压，即 $p_环 = 50\mathrm{kPa}$

$$W_{(1)} = -p_环(V_2 - V_1) = -5.00 \times 10^4 \, \text{Pa} \times (4.54 - 2.27) \times 10^{-2} \, \text{m}^3 = -1.14 \times 10^3 \, \text{J}$$

（2）因为气体自由膨胀，即 $p_环 = 0$，得

$$W_{(2)} = -\int_{V_1}^{V_2} p_环 \, \mathrm{d}V = 0 \, \text{J}$$

计算结果表明：两种膨胀方式尽管系统的始、末态相同，但因（1）、（2）两种具体途径中气体膨胀反抗的环境压力不同，功也不同。说明功不是状态函数，而与途径有关。

17.4　恒容热、恒压热及焓

无论在科学研究还是在化工生产中，对变化过程热的研究都有着重要的意义。热和功都是途径函数，是与过程有关的物理量。但是在某些特定条件下，变化过程的热只取决于系统的始态和终态，而与变化过程经历的具体途径无关。应用热力学第一定律对恒容和恒压两种特定过程的热与状态函数改变量的关系进行讨论，并且通过特定条件下的过程热来计算状态函数改变值。

17.4.1　恒容热（Q_V）

系统进行恒容且非体积功 $W' = 0$ 的过程时与环境交换的热称为恒容热，以 Q_V 表示。

由热力学第一定律 $\Delta U = Q + W$（或 $\mathrm{d}U = \delta Q + \delta W$），因为是恒容过程，即 $\Delta V = 0$，所以，过程的体积功 $W_系 = 0$，又非体积功 $W' = 0$，则总的功：$W = W_系 + W' = 0$，根据热力学第一定律，得出

$$Q_V = \Delta U \tag{17-11}$$

对于微小的变化过程，则有

$$\delta Q_V = \mathrm{d}U \tag{17-12}$$

上式表明，在恒容且非体积功 $W' = 0$ 条件下，系统与环境交换的热 Q_V 与系统内能改变值 ΔU 相等。

17.4.2　恒压热（Q_p）及焓

系统进行恒压且非体积功 $W' = 0$ 的过程时与环境交换的热称为恒压热，以 Q_p 表示。

定义 $H = U + pV$，H 称为焓，焓（H）也是系统的状态函数，单位 J 或 kJ，是系统的广度性质。

因为 $W' = 0$，所以 $W = W_系 + W' = W_系$；

由于是恒压过程，所以 $p_1 = p_2 = p_环$，$W_系 = -p_环(V_2 - V_1) = -(p_2V_2 - p_1V_1)$

代入热力学第一定律数学式 $\Delta U = Q_p + W$，又 $H = U + pV$

所以 $Q_p = \Delta U - W = (U_2 - U_1) + (p_2V_2 - p_1V_1) = (U_2 + p_2V_2) - (U_1 + p_1V_1) = H_2 - H_1$

即

$$Q_p = \Delta H \tag{17-13}$$

对于微小的变化过程，则有

$$\delta Q_p = \mathrm{d}H \tag{17-14}$$

上式表明，在恒压且非体积功 $W' = 0$ 条件下，系统与环境交换的热 Q_p 与系统焓变值 ΔH 相等。

17.4.3　热容

一定量（1mol 或 1kg）物质温度升高 1K 所吸收的热，称为热容，以符号 C 表示。分为摩尔热容（单位 $J \cdot mol^{-1} \cdot K^{-1}$）和比热容（单位 $J \cdot K^{-1} \cdot g^{-1}$）

（1）热容（单位 $J \cdot K^{-1}$）

$$C = \frac{\delta Q}{\mathrm{d}T} \tag{17-15}$$

（2）摩尔热容 C_m（单位 $J \cdot K^{-1} \cdot mol^{-1}$）

$$C_m = \frac{\delta Q}{n\mathrm{d}T} = \frac{\delta Q_m}{\mathrm{d}T} \tag{17-16}$$

① 定容摩尔热容 $C_{V,m}$

$$C_{V,m} = \frac{\delta Q_{V,m}}{\mathrm{d}T} \tag{17-17}$$

在恒容且非体积功 $W'=0$ 条件下，$C_{V,m} = \frac{\delta Q_{V,m}}{\mathrm{d}T} = \left(\frac{\partial U_m}{\partial T}\right)_V \tag{17-18}$

② 定压摩尔热容 $C_{p,m}$

$$C_{p,m} = \frac{\delta Q_{p,m}}{\mathrm{d}T} \tag{17-19}$$

在恒压且非体积功 $W'=0$ 下，$C_{p,m} = \frac{\delta Q_{p,m}}{\mathrm{d}T} = \left(\frac{\partial H_m}{\partial T}\right)_p \tag{17-20}$

③ 平均摩尔热容

$$C_{m(平均)} = \frac{Q}{n(T_2 - T_1)} \tag{17-21}$$

（3）摩尔热容与温度的关系

$$C_{p,m} = a + bT + cT^2 \tag{17-22}$$

上式中，a、b、c 均为经验常数，可以查附录中的数据。

（4）物质的 $C_{p,m}$ 与 $C_{V,m}$ 的关系

纯固体或液体物质的 $C_{p,m}$ 与 $C_{V,m}$ 的关系

$$C_{p,m} \approx C_{V,m} \tag{17-23}$$

理想气体的 $C_{p,m}$ 与 $C_{V,m}$ 的关系

$$C_{p,m} - C_{V,m} = R \tag{17-24}$$

根据统计热力学计算得到，单原子理想气体：

$$C_{V,m} = \frac{3}{2}R \text{ 和 } C_{p,m} = \frac{5}{2}R$$

双原子理想气体：

$$C_{V,m} = \frac{5}{2}R \text{ 和 } C_{p,m} = \frac{7}{2}R$$

17.4.4　显热计算

（1）恒容热 Q_V

$$C_{V,m} = \frac{\delta Q_{V,m}}{\mathrm{d}T}$$

$$\delta Q_V = nC_{V,m}\mathrm{d}T$$

在恒容且非体积功 $W'=0$ 条件下，有

$$Q_V = \int_{T_1}^{T_2} nC_{V,m}\mathrm{d}T = \Delta U \tag{17-25}$$

当热容 $C_{V,m}$＝常数时，有

$$Q_V = nC_{V,m}(T_2 - T_1) \tag{17-26}$$

（2）恒压热 Q_p
$$C_{p,m} = \frac{\delta Q_{p,m}}{dT}$$

$$\delta Q_p = nC_{p,m}dT$$

在恒压且非体积功 $W'=0$ 条件下，有

$$Q_p = \int_{T_1}^{T_2} nC_{p,m}dT = \Delta H \tag{17-27}$$

当热容 $C_{p,m}$＝常数时，有

$$Q_p = nC_{p,m}(T_2 - T_1) \tag{17-28}$$

注意：当热容 $C_{p,m} \neq$ 常数时，需求定积分，如 $C_{p,m}=a+bT+cT^2$，有

$$Q_p = \int_{T_1}^{T_2} n(a+bT+cT^2)dT \tag{17-29}$$

注意上述计算式不可用于相变化和化学变化过程热的计算。

【例 17-4】 将 1.00mol、298.15K、101.325kPa 的 $O_2(g)$ 分别经（1）等压过程（2）等容过程加热到 398.15K。试计算两过程所需的热。已知 298.15K 时，$C_{p,m}=29.35J \cdot mol^{-1} \cdot K^{-1}$，并可看作常数。

解：（1）$Q_p = nC_{p,m}(T_2 - T_1) = 1.00mol \times 29.35J \cdot mol^{-1} \cdot K^{-1} \times (398.15 - 298.15)K = 2935J$

（2）因为 $C_{V,m}=C_{p,m}-R=(29.35-8.314)J \cdot mol^{-1} \cdot K^{-1}=21.04J \cdot mol^{-1} \cdot K^{-1}$

$Q_V = nC_{V,m}(T_2 - T_1) = 1.00mol \times 21.04J \cdot mol^{-1} \cdot K^{-1} \times (398.15 - 298.15)K = 2104J$

【例 17-5】 已知 $CO_2(g)$ 的 $C_{p,m}=[26.75 + 42.258 \times 10^{-3}(T/K) - 14.25 \times 10^{-6}(T/K)^2]J \cdot mol^{-1} \cdot K^{-1}$

求：（1）300K 至 800K 间 $CO_2(g)$ 的 $\bar{C}_{p,m}$；（2）1kg 常压下的 $CO_2(g)$ 从 300K 恒压加热至 800K 的 Q。

解：（1）$\Delta H_m = \int_{T_1}^{T_2} C_{p,m}dT$

$$= \int_{300K}^{800K}[26.75 + 42.258 \times 10^{-3}(T/K) - 14.25 \times 10^{-6}(T/K)^2]d(T/K)J \cdot mol^{-1}$$

$$= 22.7kJ \cdot mol^{-1}$$

$$\bar{C}_{p,m} = \Delta H_m / \Delta T = (22.7 \times 10^3)/500J \cdot mol^{-1} \cdot K^{-1} = 45.4J \cdot mol^{-1} \cdot K^{-1}$$

（2）$\Delta H = n\Delta H_m = (1 \times 10^3) \div 44.01 \times 22.7kJ = 516kJ$

17.5 热力学第一定律对理想气体的应用

本节着重讨论理想气体单纯 pVT 变化过程中系统的 W、Q、ΔU、ΔH 计算；并且讨论相变过程中系统的 W、Q、ΔU、ΔH 的计算。

17.5.1 理想气体内能和焓

焦耳（Joule）实验测得理想气体自由膨胀前后，温度没有变化，该过程 $\Delta V > 0$，$\Delta p < 0$，$\Delta T = 0$，$Q = 0$，$W = 0$，$\Delta U = 0$。因此由焦耳实验得到结论，理想气体的内能只是温度的函数，与体积、压力无关，即 $U = f(T)$。

对于一定量理想气体，$H = U + pV = U + nRT$，由于 $U = f(T)$ 所以 $H = f(T)$。由此得到推论：定量、定组成的理想气体的焓只是温度的函数，与压力、体积无关，即 $H = f(T)$。

由于理想气体的内能 U 和焓 H 都只是温度的函数，所以当理想气体经单纯 pVT 变化过程时，系统的内能变 ΔU 和焓变 ΔH 可以通过特定过程热 Q_V 和 Q_p 来计算。

对于理想气体 pVT 变化过程，系统的内能变 ΔU 和焓变 ΔH 计算式如下：

$C_{V,m} = \dfrac{\delta Q_{V,m}}{dT} = \dfrac{dU_m}{dT}$，$dU = nC_{V,m}dT$，则有

$$\Delta U = \int_{T_1}^{T_2} nC_{V,m}dT \tag{17-30}$$

$C_{p,m} = \dfrac{\delta Q_{p,m}}{dT} = \dfrac{dH_m}{dT}$，$dH = nC_{p,m}dT$，则有

$$\Delta H = \int_{T_1}^{T_2} nC_{p,m}dT \tag{17-31}$$

当热容＝常数时，有
$$\Delta U = nC_{V,m}(T_2 - T_1) \tag{17-32}$$
$$\Delta H = nC_{p,m}(T_2 - T_1) \tag{17-33}$$

以上计算式适用于理想气体任意 pVT 变化过程（不包含相变化和化学变化）。

17.5.2 热力学第一定律对理想气体 pVT 变化过程的应用

理想气体 pVT 变化过程，主要包括恒容过程、恒压过程、恒温过程及绝热过程等，这些变化过程有关 W、Q、ΔU、ΔH 基本计算公式总结如下：

（1）恒容过程
$$W = 0, Q_V = \Delta U = nC_{V,m}(T_2 - T_1), \Delta H = nC_{p,m}(T_2 - T_1)$$

（2）恒压过程
$$p_1 = p_2 = p_{环}, W = -p_{环}(V_2 - V_1) = -(p_2 V_2 - p_1 V_1) = -nR(T_2 - T_1)$$
$$\Delta U = nC_{V,m}(T_2 - T_1), Q_p = \Delta H = nC_{p,m}(T_2 - T_1)$$

（3）恒温过程
$$\Delta T = 0, \Delta U = 0, \Delta H = 0, Q = W$$

① 自由膨胀 $W = 0$

② 恒温恒外压过程（不可逆）
$$p_1 \neq p_2, p_2 = p_{环}, W = -p_{环}(V_2 - V_1) = -nRT\left(1 - \frac{p_2}{p_1}\right)$$

③ 恒温可逆过程 $W_r = -nRT\ln\dfrac{V_2}{V_1}$（其中 $nRT = p_1 V_1 = p_2 V_2$）

（4）绝热过程
$$Q = 0, \Delta U = W = -p_{环}(V_2 - V_1) \text{ 或者 } \Delta U = nC_{V,m}(T_2 - T_1)$$
$$\Delta H = nC_{p,m}(T_2 - T_1)$$

对于绝热恒外压过程，以上公式中的 T_2，可由以下公式求出 T_2 后计算 ΔU 和 ΔH：

$$nC_{V,m}(T_2-T_1)=-p_2(V_2-V_1)=-nR\left(T_2-\frac{p_2}{p_1}\times T_1\right)$$

【例 17-6】 某理想气体 $C_{V,m}=1.5R$。今有该气体 5mol 在恒容下温度升高 50℃，求过程的 W、Q、ΔH 和 ΔU。

解：因为是恒容过程，所以 $W=0$；

$$\Delta U=\int_T^{T+50K}nC_{V,m}dT=nC_{V,m}(T+50K-T)$$

$$=nC_{V,m}\times 50K=5\times\frac{3}{2}\times 8.3145\times 50=3118J=3.118(kJ)$$

$$\Delta H=\int_T^{T+50K}nC_{p,m}dT=nC_{p,m}(T+50K-T)=n(C_{V,m}+R)\times 50K$$

$$=5\times\frac{5}{2}\times 8.3145\times 50=5196J=5.196(kJ)$$

根据热力学第一定律，$W=0$，故有 $Q=\Delta U=3.118kJ$

【例 17-7】 某理想气体 $C_{V,m}=2.5R$。今有该气体 5mol 在恒压下温度降低 50℃，求过程的 W、Q、ΔH 和 ΔU。

解：

$$\Delta U=\int_T^{T-50K}nC_{V,m}dT=nC_{V,m}(T-50K-T)$$

$$=nC_{V,m}\times(-50K)=-5\times\frac{5}{2}\times 8.3145\times 50=-5196J=-5.196(kJ)$$

$$\Delta H=\int_T^{T-50K}nC_{p,m}dT=nC_{p,m}(T-50K-T)$$

$$=nC_{p,m}\times(-50K)=-5\times\frac{7}{2}\times 8.3145\times 50=-7275J=-7.275(kJ)$$

$$Q=\Delta H=-7.275(kJ)$$

根据热力学第一定律，$W=\Delta U-Q=-5.196kJ-(-7.725kJ)=2.079kJ$

【例 17-8】 2mol 某理想气体，$C_{p,m}=\frac{7}{2}R$。由始态 100kPa、50dm³，先恒容加热使压力升高至 200kPa，再恒压冷却使体积缩小至 25dm³。求整个过程的 W、Q、ΔH 和 ΔU。

解：整个过程示意如下：

$$
\begin{array}{ccc}
\text{2mol} & \text{2mol} & \text{2mol} \\
T_1 & \xrightarrow{\ W_1=0\ } \quad T_2 & \xrightarrow{\ W_2\ } \quad T_3 \\
\text{100kPa} & \text{200kPa} & \text{200kPa} \\
\text{50dm}^3 & \text{50dm}^3 & \text{25dm}^3
\end{array}
$$

$$T_1=\frac{p_1V_1}{nR}=\frac{100\times 10^3\times 50\times 10^{-3}}{2\times 8.3145}=300.70K$$

$$T_2=\frac{p_2V_2}{nR}=\frac{200\times 10^3\times 50\times 10^{-3}}{2\times 8.3145}=601.4K$$

$$T_3=\frac{p_3V_3}{nR}=\frac{200\times 10^3\times 25\times 10^{-3}}{2\times 8.3145}=300.70K$$

$$W_2=-p_2\times(V_3-V_1)=-200\times 10^3\times(25-50)\times 10^{-3}=5000J=5.00(kJ)$$

$$W_1 = 0; W_2 = 5.00\text{kJ}; W = W_1 + W_2 = 5.00(\text{kJ})$$

因为 $T_1 = T_3 = 300.70\text{K}$ 所以 $\Delta U = 0, \Delta H = 0$

因为 $\Delta U = 0$ 所以 $Q = -W = -5.00\text{kJ}$

17.5.3 热力学第一定律对相变过程的应用

(1) 可逆相变过程 W、Q、ΔU、ΔH 的计算

可逆相变即正常相变，在满足相平衡条件下进行的相变过程。如：在 101.3kPa、100℃ 条件下，水（l）汽化变成水蒸气（g）的过程就是可逆相变。

可逆相变是指在恒温恒压且 $W' = 0$ 条件下进行的相变过程，有

$$Q_p = \Delta H = n\Delta H_{\text{m(相变)}}$$

因为是恒温恒压过程，所以

$$W = -p_{环}(V_2 - V_1) = -p(V_g - V_1) \approx -pV_g = -nRT$$

因为 V_g 远大于 V_1，所以 $V_g - V_1 \approx V_g$，且水蒸气看作理想气体

$$\Delta U = Q_p + W = \Delta H - p(V_2 - V_1) \approx \Delta H - nRT$$

上式中的 V_1 为相变前始态的体积，V_2 为相变后末态的体积。

【例 17-9】 已知水（H_2O,l）在 100℃ 的饱和蒸气压 $p = 101.325\text{kPa}$，在此温度、压力下水的摩尔蒸发焓 $\Delta_{vap}H_m = 40.668\text{kJ} \cdot \text{mol}^{-1}$。求在 100℃、101.325kPa 下使 1kg 水全部汽化变成水蒸气时的 Q、W、ΔU 及 ΔH。设水蒸气适用理想气体状态方程。

解：该过程为正常相变

$$1\text{kgH}_2\text{O(l)},100℃,101.325\text{kPa} \longrightarrow 1\text{kgH}_2\text{O(g)},100℃,101.325\text{kPa}$$

$$n = 1000/18 = 55.56(\text{mol})$$

$$Q = Q_p = n \times \Delta_{vap}H_m = 55.56 \times 40.668\text{kJ} = 2260\text{kJ} = \Delta H$$

$$W = -p_{环}(V_g - V_1) \approx -pV_g = -n_g RT = -\left(\frac{1000}{18} \times 8.314 \times 373.15\right)\text{J} = -172.35(\text{kJ})$$

$$\Delta U = Q + W = (2260 - 172.35) \approx 2087.65(\text{kJ})$$

(2) 不可逆相变过程 ΔU、ΔH 的计算

不可逆相变即非正常相变，不在相平衡条件下进行的相变过程。如：在 101.3kPa、-10℃ 条件下，水（l）凝固变成冰（s）。

不可逆相变需在始、末态之间设计可逆途径，该途径包含可逆相变和可逆 pVT 变化，分步求 ΔH 或 ΔU。

【例 17-10】 1mol -10℃ 的过冷水 H_2O(l) 于恒定压力 101.3kPa 下凝固成 -10℃ 的冰 H_2O(s)，求该过程的焓变 ΔH。已知水在正常冰点时的凝固焓为 $-6020\text{J} \cdot \text{mol}^{-1}$，$H_2O$(l) 的 $C_{p,m}$(l) $= 75.3\text{J} \cdot \text{K}^{-1} \cdot \text{mol}^{-1}$，$H_2O$(s) 的 $C_{p,m}$(s) $= 37.2\text{J} \cdot \text{K}^{-1} \cdot \text{mol}^{-1}$。

解：该过程为非正常相变，需在始、末态之间设计包含正常相变的可逆途径来进行计算。

$$
\begin{array}{ccc}
\text{H}_2\text{O(l)}, -10℃ & \xrightarrow{\Delta H_m} & \text{H}_2\text{O(s)}, -10℃ \\
\downarrow{\scriptstyle \Delta H_{1,m}} & & \uparrow{\scriptstyle \Delta H_{3,m}} \\
\text{H}_2\text{O(l)}, 0℃ & \xrightarrow{\Delta H_{2,m}} & \text{H}_2\text{O(s)}, 0℃
\end{array}
$$

$$\Delta H_{2,m} = -\Delta_{fus}H_m = -6020\text{J} \cdot \text{mol}^{-1}$$

$$\Delta H_m = \Delta H_{1,m} + \Delta H_{2,m} + \Delta H_{3,m}$$

$$= \int_{263.15K}^{273.15K} C_{p,m}(H_2O,l)dT + \Delta H_{2,m} + \int_{273.15K}^{263.15K} C_{p,m}(H_2O,s)dT$$

$$= C_{p,m}(H_2O,l) \times (273.15K-263.15K) + \Delta H_{2,m} + C_{p,m}(H_2O,s) \times (263.15K-273.15K)$$

$$= (75.3 \times 10 - 6020 - 37.2 \times 10)J \cdot mol^{-1}$$

$$= -5639(J \cdot mol^{-1})$$

17.6　化学反应热

化学反应中生成物的总能量和反应物的总能量常常是不相等的,反应前后能量变化导致产生化学反应热,所以化学反应通常伴随着吸热或放热现象,研究化学反应热效应的科学称为热化学。正确理解化学反应热并且掌握最基本的测量方法和计算方法,对于了解化学反应规律、经济合理利用反应热并制定适宜的化工工艺条件具有重要意义。

17.6.1　反应进度

为了描述化学反应进行的程度,引入了反应进度的概念,用符号 ξ 表示。

对于任意化学反应式 $aA+bB \longrightarrow eE+fF$,反应进度的定义如下

$$\xi = \frac{\Delta n_B}{\nu_B} \tag{17-34}$$

上式中 Δn_B 为某一段时间内系统内任一物质 B 的物质的量变化;ν_B 是化学反应式中物质 B 分子式前面的系数,简称化学计量数;对反应物,ν_B 取负值,对生成物,ν_B 取正值。因为 ν_B 是无量纲的纯数,所以反应进度 ξ 与物质的量 n_B 有相同的量纲,其单位为 mol。

引入反应进度的最大优点是在反应进行到任意时刻时,可用任一反应物或生成物来表示反应进行的程度,所得的值总是相等的。但应注意,同一化学反应,如果反应计量式写法不同,相应 ν_B 数值就不同。所以,当物质 B 有确定的 Δn_B 情况下,反应计量式写法不同,必然导致 ξ 数值不同。

【例 17-11】　当 10mol N_2 和 20mol H_2 混合通过合成氨塔,经过多次循环反应,最后有 5mol NH_3 生成,试分别用以下两个反应方程式为基础,计算反应的进度。

(1) $N_2 + 3H_2 \longrightarrow 2NH_3$

(2) $\frac{1}{2}N_2 + \frac{3}{2}H_2 \longrightarrow NH_3$

解:

	$n(N_2)/mol$	$n(H_2)/mol$	$n(NH_3)/mol$
当 $t=0,\xi=0$	10	20	0
当 $t=t,\xi=\xi$	7.5	12.5	5

(1) 根据反应计量式,用 NH_3 物质的量的变化来计算 ξ:

$$\xi = \frac{(5-0)mol}{2} = 2.5mol$$

用 H_2 物质的量的变化来计算 ξ:

$$\xi = \frac{(12.5-20)mol}{-3} = 2.5mol$$

用 N_2 物质的量的变化来计算 ξ：

$$\xi = \frac{(7.5 - 10)\,mol}{-1} = 2.5\,mol$$

（2）根据反应计量式，分别用 NH_3、H_2 和 N_2 物质的量变化来计算 ξ：

$$\xi = \frac{(5-0)\,mol}{1} = \frac{(12.5-20)\,mol}{-\dfrac{3}{2}} = \frac{(7.5-10)\,mol}{-\dfrac{1}{2}} = 5\,mol$$

17.6.2 化学反应热

化学反应热效应是指在恒温且不做非体积功条件下，化学反应吸收或放出的热量，简称反应热。根据反应条件不同，反应热可分为恒容反应热和恒压反应热。

（1）恒容反应热

恒容反应热也称为反应内能变，是指在恒温恒容且非体积功 $W' = 0$ 条件下，化学反应吸热或放出的热，用 Q_V 或 $\Delta_r U$ 表示，即 $Q_V = \Delta_r U$，单位为 J 或 kJ。

反应进度 $\xi = 1\,mol$ 时的恒容反应热称为恒容摩尔反应热，恒容摩尔反应热等于摩尔反应内能变，即 $Q_{V,m} = \Delta_r U_m$，单位为 $J \cdot mol^{-1}$ 或 $kJ \cdot mol^{-1}$。

（2）恒压反应热

恒压反应热也称为反应焓变，是指在恒温恒压且非体积功 $W' = 0$ 条件下，化学反应吸收或放出的热，用 Q_p 或 $\Delta_r H$ 表示，即 $Q_p = \Delta_r H$，单位为 J 或 kJ。

反应进度 $\xi = 1\,mol$ 时的恒压反应热称为恒压摩尔反应热，恒压摩尔反应热等于摩尔反应焓变，即 $Q_{p,m} = \Delta_r H_m$，单位为 $J \cdot mol^{-1}$ 或 $kJ \cdot mol^{-1}$。

（3）恒压反应热与恒容反应热的关系

通常用实验仪器，如氧弹式量热计测量物质的燃烧热，一般都是在恒容条件下测定的，测得的数据是恒容摩尔反应热 $Q_{V,m}$（或 $\Delta_r U_m$），然后再转化成恒压摩尔反应热 $Q_{p,m}$（或 $\Delta_r H_m$）。

恒压反应热 Q_p 与恒容反应热 Q_V 存在下列关系：

$$Q_p - Q_V = \Delta_r H - \Delta_r U = \Delta n(g)RT = \xi \sum_B \nu_B(g)RT \tag{17-35}$$

若反应进度 $\xi = 1\,mol$ 时，则有

$$Q_{p,m} - Q_{V,m} = \Delta_r H_m - \Delta_r U_m = \sum_B \nu_B(g)RT \tag{17-36}$$

上面两式中 $Q_{p,m}$ 与 $Q_{V,m}$ 分别为恒压摩尔反应热与恒容摩尔反应热，$\sum_B \nu_B(g)$ 为反应式中气体物质化学计量数的代数和，$\Delta n(g)$ 为该反应前后气体物质的量的变化。

例如，对于气相反应 $a\text{A} + b\text{B} \longrightarrow e\text{E} + f\text{F}$，有

$$\Delta n(g) = e + f - a - b, \text{式中 } \Delta n(g) \text{有单位：mol}$$

而 $\sum_B \nu_B(g) = e + f + (-a) + (-b)$，式中 $\sum_B \nu_B(g)$ 无单位，是与 $\Delta n(g)$ 数值相等的纯数。

【例 17-12】 已知反应 $C_6H_6(l) + \dfrac{15}{2}O_2(g) \longrightarrow 6CO_2(g) + 3H_2O(l)$ 在 298.15K 时 $\Delta_r U_m = -3268\,kJ \cdot mol^{-1}$，求 298.15K 时上述反应在恒压下进行时，1mol 反应进度的反应热。

解：根据式（17-36）　　$\Delta_r H_m - \Delta_r U_m = \sum_B \nu_B(g)RT$

上式中 $\sum\limits_B \nu_B(g) = 6 - \dfrac{15}{2} = -1.5$

而 $\Delta_r U_m = -3268 \text{kJ} \cdot \text{mol}^{-1}$

所以 $\Delta_r H_m = \Delta_r U_m + \sum\limits_B \nu_B(g) RT$

$$= (-3268 - 1.5 \times 8.314 \times 298.15 \times 10^{-3}) \text{kJ} \cdot \text{mol}^{-1} = -3272 \text{kJ} \cdot \text{mol}^{-1}$$

【例 17-13】 25℃下，密闭恒容的容器中有 10g 固体萘 $C_{10}H_8(s)$ 在过量的 $O_2(g)$ 中完全燃烧成 $CO_2(g)$ 和 $H_2O(l)$，过程放热 401.727kJ。已知萘 $C_{10}H_8(s)$ 分子量 $M_B = 128.173 \text{g} \cdot \text{mol}^{-1}$。

求 (1) $C_{10}H_8(s) + 12O_2(g) \longrightarrow 10CO_2(g) + 4H_2O(l)$ 的反应进度；(2) $C_{10}H_8(s)$ 的燃烧反应的恒容摩尔反应热 $\Delta_r U_m$；(3) $C_{10}H_8(s)$ 的燃烧反应的恒压摩尔反应热 $\Delta_r H_m$。

解：(1) 反应进度：

$$\xi = \Delta n_B / \nu_B = \Delta n_B / 1 = \Delta n_B = \frac{10}{128.173} = 0.07802(\text{mol})$$

(2) 298.15K 下 $C_{10}H_8(s)$ 的燃烧反应的 $\Delta_r U_m$：

已知萘 $C_{10}H_8(s)$ 相对分子质量 $M_B = 128.173 \text{g} \cdot \text{mol}^{-1}$，每摩尔萘的恒容摩尔反应热

$$\Delta_r U_m(298.15\text{K}) = \frac{128.173}{10} \times (-401.727) \text{kJ} \cdot \text{mol}^{-1} = -5149 \text{kJ} \cdot \text{mol}^{-1}$$

(3) 298.15K 下萘的燃烧反应的恒压摩尔反应热为

$$\Delta_r H_m(298.15\text{K}) = \Delta_r U_m(298.15\text{K}) + \sum\limits_B \nu_B(g) RT$$

$$= [-5149 + (-2) \times 8.314 \times 298.15 \times 10^{-3}] \text{kJ} \cdot \text{mol}^{-1}$$

$$= -5154 \text{kJ} \cdot \text{mol}^{-1}$$

(4) 标准摩尔反应焓变

热力学能 U、焓 H 的绝对值是不可测量的，为此采用了相对值的办法。热力学规定了一个公共的参考基准，即物质的标准态。

① 气体物质的标准态规定：在温度 T 及标准压力 $p^\ominus$ 时具有理想气体性质的纯气体，由于理想气体实际上是不存在的，所以气体的标准态是假想的。

② 液体和固体物质的标准态规定：在温度为 T 及标准压力 $p^\ominus$ 时的纯液体或纯固体状态。根据新的标准态规定，标准压力 $p^\ominus = 100 \text{kPa}$。标准态对温度不作规定，符号"$\ominus$"表示标准态。一个化学反应若参与反应的所有物质都处于 T 的标准态下，其摩尔反应焓变就称为标准摩尔反应焓变，用 $\Delta_r H_m^\ominus$ 表示。

标准态没有规定具体的温度，任何温度下都有各自的标准态。

17.6.3 热化学方程式

表示化学反应与反应热关系的方程式称为热化学方程式。因为反应热与反应条件、参与反应的各组分的聚集态有关，所以在书写和使用热化学方程式时有以下几点具体规定：

① 正确写出化学计量方程式，在反应式的右边指明是恒容反应热 $\Delta_r U_m$ 还是恒压反应热 $\Delta_r H_m$，写明数值和单位。

② 注明反应的温度和压力，若不注明温度和压力，一般默认温度为 298.15K，压力为 100kPa。可以在 $\Delta_r H_m$ 后面的括号中注明反应温度，如 $\Delta_r H_m(298.15K)$。

③ 注明参加反应的各物质的聚集状态以及固体晶形，一般用"s"表示固体，"l"表示液体，"g"表示气体。若是在溶液中进行的反应，应注明物质的浓度，若是稀溶液可用"aq"表示。

④ $\Delta_r H_m$ 中的下标"m"表示参与反应的各物质按给定方程式完全进行的反应，反应进度 $\xi = 1mol$。

⑤ 反应热与反应计量方程式的书写形式有关。同一反应，计量方程式写法不同，反应热也不同。如

$$H_2(g) + 1/2O_2(g) \longrightarrow H_2O(l) \qquad \Delta_r H_m(298.15K) = -285.83kJ \cdot mol^{-1}$$
$$2H_2(g) + O_2(g) \longrightarrow 2H_2O(l) \qquad \Delta_r H_m(298.15K) = -571.7kJ \cdot mol^{-1}$$

即参加反应物质的量增加 1 倍，反应热也增加 1 倍。

17.7　标准摩尔反应焓变的计算

大多数化学反应的反应热可以通过实验测量，不过也有一些反应的反应热不能通过实验直接测量得到，但是可以由已知的化学反应热通过简单计算得到。由于一般化学反应都是在恒温恒压且非体积功 $W' = 0$ 条件下进行的，$Q_{p,m} = \Delta_r H_m$；以下化学反应热的计算主要是标准摩尔反应焓变 $\Delta_r H_m^{\ominus}$ 的计算。下面介绍几种简单的（标准）摩尔反应焓变的计算方法。

17.7.1　盖斯定律

有些化学反应，如 C(石墨)$+1/2O_2(g) =\!=\!= CO(g)$，其反应热效应就不能由实验直接测定，因为在反应过程中总会有 $CO_2(g)$ 生成，此类不易直接测定的反应热效应，一般只能通过其他易于直接测定的化学反应热来计算。1840 年，俄国化学家盖斯（G. H. Hess）在大量实验的基础上，总结出一条规律：一个化学反应不论是一步完成，还是分几步完成，其反应热效应是相同的。这一规律称为盖斯定律（Hess' Law）。

【例 17-14】已知 298.15K、100kPa 下反应（1）和反应（2）的 $\Delta_r H_m^{\ominus}$，求反应（3）的 $\Delta_r H_{m,3}^{\ominus}$。

（1）　　　C(石墨)$+O_2(g) \longrightarrow CO_2(g)$　　　$\Delta_r H_{m,1}^{\ominus} = -393.51kJ \cdot mol^{-1}$

（2）　　　$2CO + O_2(g) \longrightarrow 2CO_2(g)$　　　$\Delta_r H_{m,2}^{\ominus} = -565.7kJ \cdot mol^{-1}$

（3）　　　C(石墨)$+1/2O_2(g) \longrightarrow CO(g)$　　　$\Delta_r H_{m,3}^{\ominus} = ?$

解：可以设想反应（3）是经过下述两步完成的

$$反应(3) = 反应(1) - \frac{1}{2}反应(2)$$

所以，$\Delta_r H_{m,3}^{\ominus} = \Delta_r H_{m,1}^{\ominus} - \frac{1}{2}\Delta_r H_{m,2}^{\ominus} = -393.51 - \frac{1}{2} \times (-565.7) = -110.7(kJ \cdot mol^{-1})$

注意，在利用盖斯定律计算反应的 $\Delta_r H_m^{\ominus}$ 时，各反应式中的相同物质只有处在相同状态（温度、压力、聚集态等）时，才能进行相关计算。

17.7.2　由标准摩尔生成焓计算标准摩尔反应焓变

常温下物质的标准摩尔生成焓及标准摩尔燃烧焓，是计算常温下标准摩尔反应焓变 $\Delta_r H_m^{\ominus}$ 的基础热力学数据，由 $\Delta_r H_m^{\ominus}(298.15K)$ 数据可以进一步计算高温下的摩尔反应焓变 $\Delta_r H_m^{\ominus}(T)$。

（1）标准摩尔生成焓

在温度为 T 的标准状态下，由稳定单质生成 1mol 指定相态的化合物 B，该反应（指 B 的生成反应）的标准摩尔反应焓变 $\Delta_r H_m^{\ominus}$ 就称为化合物 **B** 的标准摩尔生成焓，用符号 $\Delta_f H_m^{\ominus}(B,T)$ 表示，其单位是 $J \cdot mol^{-1}$ 或 $kJ \cdot mol^{-1}$，下标"f"表示生成反应。

例如，在 298.15K 的标准态下，已知下列两个反应的摩尔反应焓变 $\Delta_r H_m^{\ominus}$

$$H_2(g)+1/2O_2(g) \longrightarrow H_2O(l) \qquad \Delta_r H_m^{\ominus}=-285.83 kJ \cdot mol^{-1}$$
$$C(石墨)+O_2(g) \longrightarrow CO_2(g) \qquad \Delta_r H_m^{\ominus}=-393.51 kJ \cdot mol^{-1}$$

则　$H_2O(l)$ 在 298.15K 的标准摩尔生成焓 $\Delta_f H_m^{\ominus}=-285.83 kJ \cdot mol^{-1}$

$CO_2(g)$ 在 298.15K 的标准摩尔生成焓 $\Delta_f H_m^{\ominus}=-393.51 kJ \cdot mol^{-1}$

根据标准摩尔生成焓的定义，任何温度下稳定单质的 $\Delta_f H_m^{\ominus}=0$。例如在 298.15K、101.3kPa 下，碳元素有三种相态，即金刚石、石墨、无定型碳，其中石墨是碳元素最稳定的单质，所以 $\Delta_f H_m^{\ominus}(石墨,298.15K)=0$，而 $\Delta_f H_m^{\ominus}(金刚石,298.15K) \neq 0$。

同一化合物的相态不同时，其标准摩尔生成焓也不同。例如液态水 $\Delta_f H_m^{\ominus}(H_2O,l,298.15K)=-285.83 kJ \cdot mol^{-1}$，而气态水 $\Delta_f H_m^{\ominus}(H_2O,g,298.15K)=-241.82 kJ \cdot mol^{-1}$。

（2）由标准摩尔生成焓计算标准摩尔反应焓变

对于任意化学反应，由附录查出参与反应各物质在 298.15K 时的标准摩尔生成焓 $\Delta_f H_m^{\ominus}$ 数据，就可以计算该反应在 298.15K 时的标准摩尔反应焓变。

对于温度 T 标准态下的任一化学反应，有

$$\Delta_r H_m^{\ominus}(T)=\sum_B \nu_B \Delta_f H_m^{\ominus}(B,T) \tag{17-37}$$

上式表明，在温度 T 下化学反应的标准摩尔反应焓变 $\Delta_r H_m^{\ominus}(T)$ 等于同温度下参加反应的各物质的标准摩尔生成焓与其化学计量数乘积的代数和。化学计量数 ν_B，对生成物 ν_B 取正值，对反应物 ν_B 取负值。

【例 17-15】 已知下列反应

$(COOH)_2(s)+1/2O_2(g) \longrightarrow 2CO_2(g)+H_2O(l)$ 标准摩尔反应焓为 $\Delta_r H_m^{\ominus}(298.15K)=-246.02 kJ \cdot mol^{-1}$，已知 $\Delta_f H_m^{\ominus}(CO_2,g,298.15K)=-393.51 kJ \cdot mol^{-1}$，$\Delta_f H_m^{\ominus}(H_2O,l,298.15K)=-285.83 kJ \cdot mol^{-1}$，计算 $(COOH)_2(s)$ 的标准摩尔生成焓。

解： 上述反应的标准摩尔反应焓为

$\Delta_r H_m^{\ominus}(298.15K)=2\Delta_f H_m^{\ominus}(CO_2,g,298.15K)+\Delta_f H_m^{\ominus}(H_2O,l,298.15K)-\Delta_f H_m^{\ominus}[(COOH)_2,s,298.15K]-\dfrac{1}{2}\Delta_f H_m^{\ominus}(O_2,g,298.15K)$

由于　　$\Delta_f H_m^{\ominus}(O_2,g,298.15K)=0$

所以　　$\Delta_f H_m^{\ominus}[(COOH)_2,s,298.15K]$

$=2\Delta_f H_m^{\ominus}(CO_2,g,298.15K)+\Delta_f H_m^{\ominus}(H_2O,l,298.15K)-\Delta_r H_m^{\ominus}(298.15K)$

$=2 \times (-393.51)+(-285.83)-(-246.02)=-826.83(kJ \cdot mol^{-1})$

17.7.3　由标准摩尔燃烧焓计算标准摩尔反应焓变

（1）标准摩尔燃烧焓

在温度 T 的标准态下，1mol 指定相态的物质 A 完全燃烧，该反应（A 的燃烧反应）的标准摩尔反应焓变 $\Delta_r H_m^{\ominus}$ 称为反应物 A 的标准摩尔燃烧焓，用符号 $\Delta_c H_m^{\ominus}$ 表示，其单位：$J \cdot mol^{-1}$ 或 $kJ \cdot mol^{-1}$，下标"c"代表燃烧反应。

应注意，"完全燃烧"的含义是指反应物 A 燃烧后生成指定燃烧产物，如 $C \rightarrow CO_2(g)$，$H \rightarrow H_2O(l)$，$S \rightarrow SO_2(g)$，$N \rightarrow N_2(g)$，$Cl \rightarrow HCl$（水溶液）。

例如，在 298.15K 的标准态下，已知下列两个反应的摩尔反应焓变 $\Delta_r H_m^{\ominus}$

$$H_2(g) + 1/2 O_2(g) \longrightarrow H_2O(l) \qquad \Delta_r H_m^{\ominus} = -285.83 kJ \cdot mol^{-1}$$

$$C(石墨) + O_2(g) \longrightarrow CO_2(g) \qquad \Delta_r H_m^{\ominus} = -393.51 kJ \cdot mol^{-1}$$

则　$H_2(g)$ 在 298.15K 的标准摩尔燃烧焓 $\Delta_c H_m^{\ominus} = -285.83 kJ \cdot mol^{-1}$

C（石墨）在 298.15K 的标准摩尔燃烧焓 $\Delta_c H_m^{\ominus} = -393.51 kJ \cdot mol^{-1}$

根据标准摩尔燃烧焓的定义，氧气以及指定燃烧的产物的标准燃烧热等于零。$\Delta_c H_m^{\ominus}$ 与温度有关，一些物质在 298.15K 时的 $\Delta_c H_m^{\ominus}$ 可以查表。

（2）由标准摩尔燃烧焓计算标准摩尔反应焓变

利用标准摩尔燃烧焓数据，也可计算任一反应的标准摩尔反应焓变。对于温度 T 标准态下的任一化学反应，有

$$\Delta_r H_m^{\ominus}(T) = -\sum_B \nu_B \Delta_c H_m^{\ominus}(B, T) \tag{17-38}$$

上式表明，在温度 T 时，任一化学反应的标准摩尔反应焓等于同温度下参加反应的各物质的标准摩尔燃烧焓与其化学计量数乘积的代数和之负值。化学计量数 ν_B，对反应物 ν_B 取负值，对生成物 ν_B 取正值。

【例 17-16】　由标准摩尔燃烧焓计算下列各反应在 298.15K 时的标准摩尔反应焓。
$$3C_2H_2(g) \longrightarrow C_6H_6(l)$$
已经查得：$\Delta_c H_m^{\ominus}(C_2H_2, g, 298.15K) = -1299.59 kJ \cdot mol^{-1}$，

$\Delta_c H_m^{\ominus}(C_6H_6, l, 298.15K) = -3267.54 kJ \cdot mol^{-1}$

解：$\Delta_r H_m^{\ominus}(298.15K) = 3\Delta_c H_m^{\ominus}(C_2H_2, g, 298.15K) - \Delta_c H_m^{\ominus}(C_6H_6, l, 298.15K)$

$$= 3 \times (-1299.59) - (-3267.54) = -631.23 (kJ \cdot mol^{-1})$$

【例 17-17】　应用附录中有关物质的热化学数据，计算 25℃时反应的标准摩尔反应焓。
$$2CH_3OH(l) + O_2(g) \longrightarrow HCOOCH_3(l) + 2H_2O(l)$$
（1）应用 25℃的标准摩尔生成焓数据，已知 $\Delta_f H_m^{\ominus}(HCOOCH_3, l) = -379.07 kJ \cdot mol^{-1}$。

（2）应用 25℃的标准摩尔燃烧焓数据。

解：（1）应用 25℃的标准摩尔生成焓数据，由附录查得有关物质的 $\Delta_f H_m^{\ominus}$ 数据并代入式(17-37) 计算如下。

$$2CH_3OH(l) + O_2(g) \longrightarrow HCOOCH_3(l) + 2H_2O(l)$$

$\Delta_r H_m^{\ominus} = 2 \times \Delta_f H_m^{\ominus}(H_2O, l) + \Delta_f H_m^{\ominus}(HCOOCH_3, l) - 2 \times \Delta_f H_m^{\ominus}(CH_3OH, l)$

$$= 2 \times (-285.83) + (-379.07) - 2 \times (-238.66) = -473.52 (kJ \cdot mol^{-1})$$

（2）应用 25℃的标准摩尔燃烧焓数据，查得有关物质的 $\Delta_c H_m^{\ominus}$ 数据并代入式(17-38) 计算如下。

$$\Delta_r H_m^{\ominus} = 2 \times \Delta_c H_m^{\ominus}(CH_3OH, l) - \Delta_c H_m^{\ominus}(HCOOCH_3, l)$$
$$= 2 \times (-726.51) - (-979.5) = -473.52(kJ \cdot mol^{-1})$$

17.8　熵和熵变

自然界实际发生的过程（指宏观过程）普遍遵循热力学第一定律，但并非不违背热力学第一定律的过程都能自动发生。例如，热由高温物体传到低温物体或反过来由低温物体传到高温物体都不违背热力学第一定律；但实际上，热总是自动地由高温物体传到低温物体，而其逆过程：热由低温物体传到高温物体却不能自动进行。因此，热力学第一定律不能解决过程进行的方向问题以及限度问题。过程进行的方向和限度问题是由热力学第二定律解决的，这个问题与热、功转化的规律紧密地联系着。实际上，人们对热力学第二定律的认识，首先是从研究热功转化规律开始的。热功转化问题虽然最初局限于讨论热机的效率，但客观世界总是彼此相互联系、相互制约、相互渗透的，共性寓于个性之中。热力学第二定律正是抓住了事物的共性，根据热功转化的规律，提出了具有普遍意义的新的状态函数——熵函数，根据这个状态函数以及由此导出的热力学函数——吉布斯函数，能够解决化学反应的方向和限度问题。

17.8.1　熵函数与熵增原理

（1）熵函数

在热力学中，用熵来衡量系统的混乱度，熵越大，则混乱程度越大，用符号 S 表示，其定义式为：

$$\Delta S_{1 \to 2} = \int_{\text{始态}1}^{\text{终态}2} \frac{\delta Q_r}{T} \tag{17-39}$$

或

$$dS = \frac{\delta Q_r}{T} \tag{17-40}$$

式（17-39）既是熵的定义式，也是系统在两个指定状态之间熵的变化值的计算式，式中 $\Delta S_{1 \to 2}$ 代表系统自始态 1 至终态 2 的熵变，式（17-40）中 dS 表示系统经历一微小变化过程的熵变。和热力学能（内能）一样，熵也是热力学状态函数，是系统的广度性质，熵的单位为 $J \cdot K^{-1}$。

（2）熵增原理

在隔离系统中进行的不可逆过程总是向着熵增大的方向进行的，称为熵增加原理。用下式表示。

$$dS_{\text{隔离}} \geqslant 0 \qquad \begin{matrix} \text{不可逆过程} \\ \text{可逆过程} \end{matrix} \qquad \text{或} \qquad \Delta S_{\text{隔离}} \geqslant 0 \qquad \begin{matrix} \text{不可逆过程} \\ \text{可逆过程} \end{matrix} \tag{17-41}$$

熵增加原理对于封闭系统是不成立的。也就是说，在封闭系统内进行的不可逆过程，其熵值不一定增加。但我们可以将封闭系统以及与其有能量交换的环境加在一起，组成一个假想的大隔离系统，在这个假想的大隔离系统中，系统的总熵变 $\Delta S_{\text{隔离}}$ 等于封闭系统与环境两部分的熵变之和。应用熵增加原理，则有

$$\Delta S_{\text{隔离}} = \Delta S_{\text{系统}} + \Delta S_{\text{环境}} \geqslant 0 \qquad \begin{matrix} \text{自发（不可逆）} \\ \text{平衡（可逆）} \end{matrix} \tag{17-42}$$

隔离系统中发生的不可逆过程必为自发过程，而可逆过程是推动力无限小情况下进行的过程，或者说是系统内部及其与环境间无限接近平衡时进行的过程，所以可逆过程可认为是自发过程进行所能达到的限度。式(17-41)是利用熵变作为判断过程的可逆性与方向性的依据，简称熵判据。

17.8.2　熵变的计算

为了利用熵判据判断隔离系统中过程的自发性，必须计算过程的环境的熵变与系统的熵变。

环境熵变：环境因与系统交换能量而引起状态变化，在其始、末状态确定后，熵变 $\Delta S_{环境}$ 的计算方法与系统的熵变计算是相同的。按熵的定义可得

$$\Delta S_{环境} = \int_{始态1}^{终态2} \mathrm{d}S_{环境} = \int_{始态1}^{终态2} \left(\frac{\delta Q_r}{T}\right)_{环境} \tag{17-43}$$

在许多实际计算中，环境通常是个恒温恒压的大热源，$Q_{环境}$ 是指环境与系统实际交换的热，故 $Q_{环境} = -Q_{系统}$。应当特别注意 $Q_{系统}$ 是系统进行实际过程的热，不是为计算 ΔS 时所假设的可逆途径的热，因此环境熵变可表示为

$$\Delta S_{环境} = -\frac{Q_{系统}}{T_{环境}} \tag{17-44}$$

系统熵变：计算系统熵变的基本公式为

$$\Delta S = S_2 - S_1 = \int_{始态1}^{终态2} \mathrm{d}S = \int_{始态1}^{终态2} \frac{\delta Q_r}{T} \tag{17-45}$$

式(17-45)表明，必须通过可逆过程的热温商来计算 ΔS，由于熵是状态函数，其变化量 ΔS 只决定于系统的始末状态。因此，对于不可逆过程可设计一个从相同的始态到相同的末态的可逆过程来计算。

以下分别讨论封闭系统的简单状态变化（单纯 pVT）变化、相变化和化学变化的熵变计算。

（1）单纯 pVT 变化过程 ΔS

① 等温过程　温度不变，不论过程是否可逆，都按等温可逆途径来计算系统的熵变。对于理想气体的等温过程，有

$$\Delta U = 0, Q_r = -W_r = \int_{V_1}^{V_2} p\,\mathrm{d}V = \int_{V_1}^{V_2} \frac{nRT}{V}\mathrm{d}V = nRT\ln\frac{V_2}{V_1} = nRT\ln\frac{p_1}{p_2}$$

$$\Delta S = \frac{Q_r}{T} = \frac{-W_r}{T} = nR\ln\frac{V_2}{V_1} = nR\ln\frac{p_1}{p_2} \tag{17-46}$$

【例 17-18】　5mol 理想气体由 298.15K、1013.25kPa 分别按以下过程膨胀至 298.15K、101.325kPa，计算系统的熵变 ΔS，并判断哪些过程可能是自发的。

（1）可逆膨胀；（2）自由膨胀；（3）反抗恒外压 101.325kPa 膨胀。

解：题中三个过程有相同的始末态，因此 ΔS 是相同的，由等温可逆过程来计算 ΔS。

$$\Delta S_{系} = nR\ln\frac{p_1}{p_2} = 5 \times 8.314\ln\frac{1013.25}{101.325} = 95.72(\mathrm{J \cdot K^{-1}})$$

过程（1）是理想气体等温可逆膨胀

$$\Delta S_{环} = \frac{Q_{环}}{T_{环}} = \frac{-Q_{系}}{T_{环}} = -nR\ln\frac{p_1}{p_2} = -95.72(\mathrm{J \cdot K^{-1}})$$

$$\Delta S_{隔离}=\Delta S_{系}+\Delta S_{环}=95.72-95.72=0$$

故过程（1）是可逆的。

过程（2）是理想气体等温自由膨胀

$$Q=0,\Delta S_{环}=-\frac{Q_{系}}{T_{环}}=0$$

$$\Delta S_{隔离}=\Delta S_{系统}+\Delta S_{环境}=95.72J\cdot K^{-1}>0$$

故过程（2）是自发的。

过程（3）为理想气体在等温下反抗恒外压膨胀

$$Q=-W=p_{环}(V_2-V_1)$$

$$=p_2\Big(\frac{nRT}{p_2}-\frac{nRT}{p_1}\Big)=nRT\Big(1-\frac{p_2}{p_1}\Big)=nRT\Big(1-\frac{1}{10}\Big)=\frac{9}{10}nRT$$

$$\Delta S_{环}=\frac{Q_{环}}{T_{环}}=\frac{-Q_{系}}{T_{环}}=-\frac{9}{10}nR=-\frac{9}{10}\times5\times8.314=-37.41(J\cdot K^{-1})$$

$$\Delta S_{隔离}=\Delta S_{系统}+\Delta S_{环境}=95.72-37.41=58.31(J\cdot K^{-1})>0$$

所以，过程（3）是自发的。

② 等压过程（变温）　不论过程是否可逆均按等压可逆过程来计算熵变。在等压可逆过程中，有

$$\delta Q_r=nC_{p,m}dT$$

$$\Delta S=\int_{T_1}^{T_2}\frac{nC_{p,m}dT}{T} \tag{17-47}$$

若 $C_{p,m}$ 不随温度而变化，则

$$\Delta S=nC_{p,m}\ln\frac{T_2}{T_1} \tag{17-48}$$

③ 等容过程（变温）　与等压变温过程类似，若 $C_{V,m}$ 不随温度而变化，则

$$\Delta S=nC_{V,m}\ln\frac{T_2}{T_1} \tag{17-49}$$

（2）混合过程 ΔS

混合过程包含以下两种情况：①理想气体恒温混合；②液（固）体恒压绝热混合。

【例 17-19】　设有体积为 V 的绝热容器，中间以隔板将容器分为体积为 V_A 与 V_B 的两部分，分别盛以 n_A mol 理想气体与 n_B mol 理想气体，两边温度与压力均相等，当抽去隔板后两气体在等温等压下混合，见图 17-2。求过程的熵变。

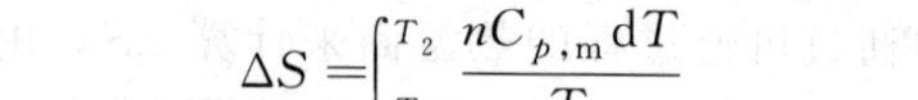

图 17-2　A 与 B 的混合过程

解：抽去隔板后，A 气体从体积 V_A 膨胀至 $V=V_A+V_B$，其熵变为：

$$\Delta S_A=n_AR\ln\frac{V_A+V_B}{V_A}$$

B 气体从体积 V_B 膨胀至 $V=V_A+V_B$，其熵变为：

$$\Delta S_B = n_B R \ln \frac{V_A + V_B}{V_B}$$

根据分体积定律：

$$y_A = \frac{V_A}{V_A + V_B}, y_B = \frac{V_B}{V_A + V_B}$$

其中 y_A 与 y_B 是混合气体中 A 与 B 两种气体的摩尔分数。

因此，两种气体在等温等压下混合过程的熵变为：

$$\Delta S = \Delta S_A + \Delta S_B = -R(n_A \ln y_A + n_B \ln y_B)$$

由于 y_A 与 y_B 均小于 1，所以 $\Delta S > 0$。

因为当以气体 A 与 B 为系统时，此系统与环境既无物质的交换又无能量的交换，故认为是一隔离系统。由于 $\Delta S_{隔离} > 0$，说明气体在等温等压下的混合过程是一个自发过程。

【例 17-20】 100g、283K 的水与 200g、313K 的水混合，已知水的恒压摩尔热容为 75.3J·K^{-1}·mol^{-1}，求过程的熵变。

解：设混合后水的温度为 T，则

$$\frac{100}{18} \times C_{p,m}(T - 283) = \frac{200}{18} \times C_{p,m}(313 - T)$$

解得　　$T = 303K$

$$\Delta S = \Delta S_A + \Delta S_B = n_A C_{p,m(A)} \ln \frac{T}{T_A} + n_B C_{p,m(B)} \ln \frac{T}{T_B}$$

$$\Delta S = \Delta S_A + \Delta S_B = \frac{100}{18} \times 75.3 \ln \frac{303}{283} + \frac{200}{18} \times 75.3 \ln \frac{303}{313} = 1.40(J \cdot K^{-1}) > 0$$

由于此系统为隔离系统，隔离系统 $\Delta S > 0$，说明该过程是自发的。

（3）相变过程 ΔS

① 可逆相变　满足正常相平衡条件下进行的相变化（恒温恒压可逆相变）。

$$Q_r = \Delta H = n \Delta H_{相变}$$

$$\Delta S = \frac{Q_r}{T_{相变}} = \frac{n \Delta H_{相变}}{T_{相变}} \tag{17-50}$$

式中，$\Delta H_{相变}$ 为可逆条件下的相变焓，$T_{相变}$ 为可逆相变时的温度。

② 不可逆相变　不在正常相平衡条件下进行的相变化（恒温恒压不可逆）。

需设计可逆途径求 ΔS；在始、末态之间设计可逆途径，该途径包含可逆相变和可逆 pVT 变化，分步求 ΔS。

【例 17-21】 10mol 水在 373.15K、101.325kPa 下汽化为水蒸气，求过程中的 $\Delta S_{系统}$ 及 $\Delta S_{总}$。已知水的汽化焓 $\Delta H_{m(汽化)} = 4.06 \times 10^4$ J·mol^{-1}。

解：水在 373.15K、101.325kPa 下汽化为水蒸气是两相平衡条件下的相变过程，就是可逆过程，过程中的汽化焓即为可逆热，因为是恒温、恒压过程，故

$$\Delta S = \frac{Q_r}{T} = \frac{\Delta H_{相变}}{T_{相变}} = \frac{10 \times 4.06 \times 10^4}{373.15} = 1088(J \cdot K^{-1})$$

熵变为正值，这是因为水由液态变为气态，分子运动的范围加大，系统内部的混乱程度增加，熵也增大。

$$\Delta S_{环境} = -\frac{Q_{系统}}{T_{环境}} = -\frac{\Delta H_{相变}}{T_{环境}}$$

因为是恒温过程，所以

$$\Delta S_{环境} = -\frac{\Delta H_{相变}}{T_{相变}}$$

$$\Delta S_{总} = \Delta S_{系统} + \Delta S_{环境} = \frac{\Delta H_{相变}}{T_{相变}} - \frac{\Delta H_{相变}}{T_{相变}} = 0$$

$\Delta S_{总} = 0$，说明过程为可逆过程。

（4）化学反应熵变

在温度为绝对零度时，任何纯物质完美晶体的熵值为零，即 $S(0K) = 0$；这样就可以确定其他温度下熵值，称作规定熵。

1mol 某纯物质在标准状态下的规定熵称为该物质的标准摩尔熵，以 $S_m^{\ominus}(T)$ 表示。部分物质的标准摩尔熵可查附录。

有了各种物质的标准摩尔熵值可方便地计算化学反应的标准摩尔反应熵变。化学反应的 $\Delta_r S_m^{\ominus}(T)$ 等于产物的标准摩尔熵之和减去反应物的标准摩尔熵之和，可用数学式表示如下：

$$\Delta_r S_m^{\ominus}(T) = \sum_B \nu_B S_m^{\ominus}(B,T) \tag{17-51}$$

式中化学反应计量系数 ν_B 对于反应物为负，产物为正。

【例 17-22】 计算反应 $H_2(g) + Cl_2(g) \longrightarrow 2HCl(g)$ 的 $\Delta_r S_m^{\ominus}(298.15K)$。

解：由附表查得有关物质的标准摩尔熵

物　质	$Cl_2(g)$	$H_2(g)$	$HCl(g)$
$S_m^{\ominus}/J \cdot K^{-1} \cdot mol^{-1}$	222.59	130.59	186.79

$$\Delta_r S_m^{\ominus}(298.15K) = 2S_m^{\ominus}(HCl,g,298.15K) - S_m^{\ominus}(H_2,g,298.15K) - S_m^{\ominus}(Cl_2,g,298.15K)$$
$$= 2 \times 186.79 - 130.59 - 222.59 = 20.04(J \cdot K^{-1} \cdot mol^{-1})$$

17.9 吉布斯函数

1876 年美国物理化学家吉布斯（Gibbs）提出用吉布斯函数判断恒温恒压条件下过程自发进行的方向及限度。

（1）吉布斯函数

吉布斯函数用符号 G 表示，其定义式为　　$G = H - TS$

由 G 的定义可知，吉布斯函数具有能量单位，并且是系统的广度量。因焓的绝对值无法知道，故系统某状态下吉布斯函数的绝对值也无法得知。

在恒温恒压下，系统发生状态变化时，吉布斯函数的变化值为

$$\Delta G = \Delta H - T\Delta S \tag{17-52}$$

（2）吉布斯函数判据

恒温恒压且非体积功为零的过程是否能自发进行的判据为

$$\Delta G \leqslant 0 \quad \begin{matrix} 自发 \\ 平衡 \end{matrix} \quad (T、p \text{ 恒定且 } W' = 0) \tag{17-53}$$

式(17-53)表明在等温、等压且非体积功为零的条件下，封闭体系中的过程总是自发地向着吉布斯函数 G 值减少的方向进行，直至达到在该条件下 G 值最小的平衡状态为止。在平衡状态时，系统的任何变化都一定是可逆过程，其 G 值不再改变。吉布斯函数增大的方向是不能实现的。利用吉布斯函数改变值可以在上述条件下判断自发过程进行的方向。

由于相变化和化学变化一般都是在恒温恒压条件下进行的，故吉布斯函数判据的应用较为广泛。

(3) 恒温过程吉布斯函数变量 ΔG 的计算

① 对恒温恒压可逆相变（相平衡），$\Delta G = 0$。

② 对恒温恒压化学平衡，$\Delta_r G_m = \Delta_r H_m - T \Delta_r S_m = 0$。

③ 对理想气体单纯恒温变化，可用两种方法计算恒温过程的 ΔG。

一种是利用 ΔG 计算通式，$\Delta G = \Delta H - T \Delta S$，先求出过程的 ΔH 和 ΔS，再求得 ΔG。

另一种是利用 $\mathrm{d}G$ 来求 ΔG。

$$\mathrm{d}G = \mathrm{d}U + p\mathrm{d}V + V\mathrm{d}p - T\mathrm{d}S - S\mathrm{d}T$$

对不做非体积功的可逆过程

$$\mathrm{d}U = \delta Q_r + \delta W_r = T\mathrm{d}S - p\mathrm{d}V$$

代入上式得

$$\mathrm{d}G = V\mathrm{d}p - S\mathrm{d}T$$

对于等温过程

$$\Delta G_T = \int_{p_1}^{p_2} V\mathrm{d}p \tag{17-54}$$

如系统为理想气体

$$\Delta G_T = nRT\ln\frac{p_2}{p_1} = nRT\ln\frac{V_1}{V_2} \tag{17-55}$$

【例 17-23】　1mol 理想气体在 298.15K 下向真空膨胀，末态体积为始态体积的 2 倍（$V_2 = 2V_1$），求系统的 ΔG。

解：理想气体恒温时，$\Delta H = 0$

$$\Delta S = nR\ln\frac{V_2}{V_1} = 1 \times 8.314\ln\frac{2}{1} = 5.76(\mathrm{J \cdot K^{-1}})$$

$$\Delta G = \Delta H - T\Delta S = 0 - 298 \times 5.76 = -1.72 \times 10^3(\mathrm{J})$$

也可直接使用式(17-55)计算 ΔG，即

$$\Delta G = nRT\ln\frac{V_1}{V_2} = 1 \times 8.314 \times 298 \times \ln\frac{1}{2} = -1.72 \times 10^3(\mathrm{J})$$

(4) 非恒温过程 ΔG 的计算

变温过程 ΔG 可按以下关系计算：

$$\Delta G = \Delta H - \Delta(TS) = \Delta H - (T_2 S_2 - T_1 S_1) \tag{17-56}$$

17.10　化学反应方向的判断

17.10.1　化学反应方向判据式

化学反应一般都在恒温恒压的条件下进行，可由 ΔG 计算通式

$$\Delta_r G_m = \Delta_r H_m - T\Delta_r S_m \qquad (17\text{-}57)$$

计算出一定温度下摩尔反应吉布斯变化值 $\Delta_r G_m$，再根据 $\Delta_r G_m$ 计算结果判断反应方向。

$$\Delta_r G_m < 0 \qquad 化学反应自发向右进行；$$
$$\Delta_r G_m = 0 \qquad 化学反应达到平衡状态；$$
$$\Delta_r G_m > 0 \qquad 化学反应逆向（向左）进行$$

17.10.2 标准摩尔反应吉布斯函数

若参加化学反应的各物质均处于各自的热力学标准状态时，式（17-57）又可写成如下形式：

$$\Delta_r G_m^{\ominus} = \Delta_r H_m^{\ominus} - T\Delta_r S_m^{\ominus} \qquad (17\text{-}58)$$

式中的 $\Delta_r G_m^{\ominus}(T)$ 称为标准摩尔反应吉布斯函数。$\Delta_r H_m^{\ominus}$ 和 $\Delta_r S_m^{\ominus}$ 是同一温度下化学反应的标准摩尔反应焓变和标准摩尔反应熵变。

17.10.3 标准摩尔生成吉布斯函数

标准摩尔生成吉布斯函数是指在温度为 T 的标准态下，由最稳定的单质生成 1mol 化合物的反应吉布斯函数。部分物质的标准摩尔生成吉布斯函数见附录表。显然，最稳定单质的标准摩尔生成吉布斯函数等于零。

使用标准摩尔生成吉布斯函数计算标准摩尔反应吉布斯函数十分方便，完全类似于由标准摩尔生成焓计算标准摩尔反应焓的方法。因此，对于任一化学反应，$\Delta G_m^{\ominus}(T)$ 可由下式求得

$$\Delta_r G_m^{\ominus}(T) = \sum_B \nu_B \Delta_f G_m^{\ominus}(B,T) \qquad (17\text{-}59)$$

【例 17-24】 乙烷裂解时有如下反应发生：

$$C_2H_6(g) \longrightarrow C_2H_4(g) + H_2(g)$$

已知 1000K 时 $C_2H_6(g)$ 和 $C_2H_4(g)$ 的标准摩尔生成吉布斯函数 $\Delta_f G_m^{\ominus}$ 分别为 114.223kJ·mol^{-1}、118.198kJ·mol^{-1}，计算该反应的 $\Delta_r G_m^{\ominus}(1000\text{K})$。

解：根据式（17-59），对于上述反应

$$\Delta_r G_m^{\ominus}(1000\text{K}) = \Delta_f G_m^{\ominus}[C_2H_4(g),1000\text{K}] - \Delta_f G_m^{\ominus}[C_2H_6(g),1000\text{K}]$$

$$= 118.198 - 114.223 = 3.975 \ (\text{kJ·mol}^{-1})$$

学习指导 ⌖ ————————————————————————————————————

——

实训 13 ⚙ ——————————————————————————————————
燃烧热的测定

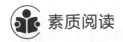 素质阅读

安全环保的二氧化碳制冷剂

2020 年 9 月 22 日，习近平主席在第 75 届联合国大会上发表重要讲话中提到：中国二氧化碳排放力争于 2030 年前达到峰值，努力争取 2060 年前实现碳中和。"碳达峰碳中和"（双碳）目标彰显了中国积极应对全球气候变化，走绿色低碳发展道路，推动全人类共同发展的坚定决心。

"双碳"目标下，我国需要从多方面采取措施减少二氧化碳（CO_2）排放，并且将 CO_2 作为一种资源加以利用，这也是实现"绿水青山就是金山银山"目标的重要前提条件。

中国制冷行业的碳排放，一方面来自用电及生产过程中的二氧化碳排放，另一方面来自氟利昂制冷剂等非二氧化碳温室气体的排放。商用制冷是制冷行业的主体，如果采用 CO_2 作制冷剂，就可以将商用制冷系统碳排放量减少到几乎为零。

1. 二氧化碳制冷剂进速滑馆制冷系统

有着"冰丝带"美誉的国家速滑馆，是 2022 年冬奥会北京赛区的标志性场馆。北京冬奥"冰丝带"速滑馆不仅是亚洲最大的全冰面设计（冰面面积高达 1.2 万平方米），还是全世界首个采用二氧化碳跨临界直接蒸发制冷（制冰）技术的冬奥场馆。

作为 2022 年北京冬奥会期间极具特色的制冷系统，二氧化碳跨临界直冷制冰技术被视为目前最先进、最环保、最高效的制冰技术之一。那么，这种制冷技术优势到底体现在哪里？二氧化碳制冷原理和普通空调中的制冷剂循环类似，二氧化碳在常温常压下是气态，但在施加一定高压后，二氧化碳会变为临界状态的流体，这些流体随后被送到需要制冷的区域，在其蒸发过程中会大量吸热，进而达到降温制冷的目的。这种制冷技术最关键的特征是二氧化碳具有大气友好性，无味无毒，不会破坏大气臭氧层，可以减少温室效应；同时对实现碳达峰、碳中和目标也会有非常大的贡献。

2. 二氧化碳制冷剂的特点

①二氧化碳是天然物质，对大气臭氧层没有破坏作用，且来源广泛、价格便宜，具有良好的经济性。②二氧化碳安全无毒无味、不可燃、不爆炸，具有良好的热稳定性，即使在高温下也不会分解出有害的气体，泄漏对人体、食品、生态都无损害。③二氧化碳黏度小，流体的流动阻力小，传热性能比氟利昂类制冷剂更好，可以改善全封闭制冷压缩机的散热。④二氧化碳具有与制冷循环和设备相适应的热物性。相对分子质量小，制冷能力大，0℃的单位制冷量比常规制冷剂高 5～8 倍，因而对于相同冷负荷的制冷系统，压缩机的尺寸可以明显减小，重量减轻，整个系统非常紧凑；对制冷系统常见材料无腐蚀，可以改善开启式压缩机的密封性能，减少泄漏。⑤二氧化碳制冷的能效比传统制冷系统更高。

因此，选择二氧化碳制冷技术符合北京冬奥会"绿色、共享、开放、廉洁"的办会理念。

3. 二氧化碳制冷技术的应用效果

在全冰面运行的情况下，"冰丝带"速滑馆仅在制冷环节每年就能节电 200 余万度（1 度电＝1kW·h）。由于在整个制冷过程中碳排放趋近于零，这等同于种下超过 120 万棵树木实现的碳减排量。

速滑比赛场馆对冰面质量有着极高的要求，冰温不均会导致冰面有的地方软，而有的地方冰面又太硬；对于速滑运动员来说，太软的冰面会导致速度变慢，而太硬的地方又可能蹬不住冰，影响选手的比赛发挥。相比之下，"冰丝带"采用二氧化碳直冷制冰系统，不仅系统换热效率更高，而且冰温均匀，其冰面温差基本可以控制在 $0.5℃$ 以内，有助于为顶级赛事打造"滑最快的冰"。

思考与练习

一、单选题

1. 实际气体处于下列哪种情况时，其行为与理想气体接近（　　）。

A. 高温高压　　　　B. 高温低压　　　　C. 低温高压　　　　D. 低温低压

2. 热力学第一定律 $\Delta U = Q + W$ 只适用于（　　）。

A. 单纯状态变化　　B. 相变化　　　　C. 化学变化　　　　D. 封闭物系的任何变化

3. 对反应 $C(石墨) + O_2(g) \longrightarrow CO_2(g)$，其 $\Delta_r H_m$ 和 $\Delta_r U_m$ 的关系为（　　）。

A. $\Delta_r H_m > \Delta_r U_m$　　B. $\Delta_r H_m < \Delta_r U_m$　　C. $\Delta_r H_m = \Delta_r U_m$　　D. 无法判断

4. $298.2K$，$p^{\ominus}$ 下，理想气体反应 $H_2(g) + 1/2O_2(g) \longrightarrow H_2O(l)$ 的 $\Delta_r H_m$ 和 $\Delta_r U_m$ 的差值为（　　）。

A. $1239J \cdot mol^{-1}$　　B. $2477J \cdot mol^{-1}$　　C. $3719J \cdot mol^{-1}$　　D. $-3719J \cdot mol^{-1}$

5. 反应 $2C(s) + 3H_2(g) \longrightarrow C_2H_6(g)$ 在 $298K$、$101.3kPa$ 下的 $Q_{p,m} = -84kJ \cdot mol^{-1}$，$Q_{V,m} =$（　　）。

A. $-79kJ \cdot mol^{-1}$　　B. $79kJ \cdot mol^{-1}$　　C. $-89kJ \cdot mol^{-1}$　　D. $89kJ \cdot mol^{-1}$

6. 关于反应 $H_2(g) + 1/2O_2(g) \longrightarrow H_2O(g)$ 的反应热 $\Delta_r H_m$，下列说法中不正确的是（　　）。

A. $\Delta_r H_m$ 是 $H_2O(g)$ 的生成热　　　　B. $\Delta_r H_m$ 是负值

C. $\Delta_r H_m$ 是 $H_2(g)$ 的燃烧热　　　　D. $\Delta_r H_m$ 值与反应的 $\Delta_r U_m$ 的值不相等

7. 反应 $1/2N_2(g) + 3/2H_2(g) \longrightarrow NH_3(g)$，反应起始时 $H_2(g)$ 的物质的量为 $30mol$，反应进行到 t 时刻，$H_2(g)$ 的物质的量为 $21mol$，则反应到 t 时刻的反应进度 ξ 为（　　）。

A. $-6mol$　　　　B. $6mol$　　　　C. $-9mol$　　　　D. $9mol$

8. 某理想气体从 p_1、V_1 经等温可逆膨胀到 p_2、V_2，则状态函数改变值为零的是（　　）。

A. ΔH　　　　B. ΔS　　　　C. ΔA　　　　D. ΔG

9. 某理想气体从 p_1、V_1 经绝热可逆膨胀到 p_2、V_2，则状态函数改变值为零的是（　　）。

A. ΔH　　　　B. ΔS　　　　C. ΔA　　　　D. ΔG

10. 在绝热条件下，迅速推动活塞压缩气筒内空气，此过程的体系熵变（　　）。

A. 等于零　　　　B. 小于零　　　　C. 大于零　　　　D. 无法确定

11. 液态乙醇在正常沸点 $78.1℃$ 下汽化变成乙醇蒸气，该过程状态函数变化值为零的是（　　）。

A. $\Delta U = 0$　　　　B. $\Delta H = 0$　　　　C. $\Delta S = 0$　　　　D. $\Delta G = 0$

12. 一个绝热密闭的刚性容器中，发生一个化学反应，系统的温度从 T_1 升高到 T_2，则该过程的（　　）。

A. $\Delta U = 0$　　　　B. $\Delta H = 0$　　　　C. $\Delta S = 0$　　　　D. $\Delta G = 0$

二、填空题

1. 298.15K、101.325kPa 下，反应 $H_2(g) + 1/2O_2(g) \longrightarrow H_2O(l)$ 的 $\Delta_r H_m^\ominus = -285.83 \text{kJ} \cdot \text{mol}^{-1}$，$C(石墨) + O_2(g) \longrightarrow CO_2(g)$ 的 $\Delta_r H_m^\ominus = -393.51 \text{kJ} \cdot \text{mol}^{-1}$，则 298.15K 时 $H_2O(l)$ 的 $\Delta_f H_m^\ominus =$ _____，298.15K 时 $H_2(g)$ 的 $\Delta_c H_m^\ominus =$ _____，C（石墨）的 $\Delta_c H_m^\ominus =$ _____。

2. 已知温度 T 时，反应 (1) $Zn(s) + 1/2O_2 \longrightarrow ZnO(s)$，$\Delta_r H_m^\ominus(1) = 351.5 \text{kJ} \cdot \text{mol}^{-1}$

反应 (2) $Hg(s) + 1/2O_2 \longrightarrow HgO(s)$，$\Delta_r H_m^\ominus(2) = 90.8 \text{kJ} \cdot \text{mol}^{-1}$

因此反应 (3) $Zn(s) + HgO(s) \longrightarrow ZnO(s) + Hg(s)$ 的 $\Delta_r H_m^\ominus(3) =$ _____。

3. 已知下列化学反应的 25℃时反应热：

(1) $C_2H_2(g) + 5/2O_2(g) \longrightarrow 2CO_2(g) + H_2O(g)$；$\Delta_r H_m^\ominus = -1246.2 \text{kJ} \cdot \text{mol}^{-1}$

(2) $C(s) + 2H_2O(g) \longrightarrow CO_2(g) + 2H_2(g)$；$\Delta_r H_m^\ominus = 90.9 \text{kJ} \cdot \text{mol}^{-1}$

(3) $2H_2O(g) \longrightarrow 2H_2(g) + O_2(g)$；$\Delta_r H_m^\ominus = 483.6 \text{kJ} \cdot \text{mol}^{-1}$

求 25℃时乙炔（C_2H_2，g）的标准摩尔生成焓 $\Delta_f H_m^\ominus =$ _____。

4. 已知 298.15K 时 $CH_3COOH(l)$、$CO_2(g)$ 和 $H_2O(l)$ 的标准摩尔生成焓 $\Delta_f H_m^\ominus$ 分别是 -484.5、-393.5 和 $-285.8 \text{kJ} \cdot \text{mol}^{-1}$，则 298.15K 时 $CH_3COOH(l)$ 的标准摩尔燃烧焓 $\Delta_c H_m^\ominus =$ _____。

5. 已知 25℃时，$C_2H_4(g)$ 的 $\Delta_c H_m^\ominus = -1411.0 \text{kJ} \cdot \text{mol}^{-1}$，$CO_2(g)$ 的 $\Delta_f H_m^\ominus = -393.5 \text{kJ} \cdot \text{mol}^{-1}$，$H_2O(l)$ 的 $\Delta_f H_m^\ominus = -285.8 \text{kJ} \cdot \text{mol}^{-1}$，则 $C_2H_4(g)$ 的 $\Delta_f H_m^\ominus =$ _____。

6. 在 298.15K 及 $p^\ominus$ 时，环丙烷（g）、石墨（s）及氢气的标准摩尔燃烧焓 $\Delta_c H_m^\ominus$ 分别为 -2092、-393.51 及 $-285.83 \text{kJ} \cdot \text{mol}^{-1}$，则环丙烷（g）的标准摩尔生成焓 $\Delta_f H_m^\ominus =$ _____；若已知丙烯（g）的 $\Delta_f H_m^\ominus = 20.50 \text{kJ} \cdot \text{mol}^{-1}$，则 298.15K 时环丙烷（g）异构为丙烯（g）的 $\Delta_r H_m^\ominus =$ _____。

7. 已知 298.15K 时，$\Delta_c H_m^\ominus$（C_2H_5OH，l）$= -1366.8 \text{kJ} \cdot \text{mol}^{-1}$，$\Delta_f H_m^\ominus$（$CO_2$，g）$= -393.51 \text{kJ} \cdot \text{mol}^{-1}$，$\Delta_f H_m^\ominus$（$H_2O$，l）$= -285.83 \text{kJ} \cdot \text{mol}^{-1}$，则乙醇（l）在 298.15K 时的 $\Delta_f H_m^\ominus$（C_2H_5OH，l）$=$ _____。

8. 在 298.15K 时，将 0.5g 的正庚烷放在弹式量热计中燃烧，测得燃烧后量热计温度升高了 2.94K，已知量热计本身及其附件的热容 $C_V = 8177 \text{J} \cdot \text{K}^{-1}$，则 298.15K 时正庚烷的恒容反应热 $\Delta_r U_m =$ _____，恒压反应热 $\Delta_r H_m =$ _____。

9. 1mol 理想气体在恒压下升温 10℃，该过程的体积功 $W =$ _____。

10. 在 300K 时，1mol 理想气体经等温可逆膨胀过程，体积增大为原来的 10 倍，则该过程的 $W =$ _____，$Q =$ _____，$\Delta U =$ _____，$\Delta H =$ _____，$\Delta S =$ _____。

三、计算题

1. 已知某单原子理想气体 $C_{V,m} = 1.5R$，该气体 5mol 在恒容下加热，温度升高 80℃，求此变化过程的 W、Q、ΔH 和 ΔU。

2. 已知某双原子理想气体 $C_{V,m} = 2.5R$，该气体 3mol 在恒压下冷却，温度降低 60℃，求过程的 W、Q、ΔH 和 ΔU。

3. 已知 $CO_2(g)$ 的恒压摩尔热容 $C_{p,m} = [26.75 + 42.258 \times 10^{-3}(T/K) - 14.25 \times 10^{-6}(T/K)^2] \text{J} \cdot \text{mol}^{-1} \cdot \text{K}^{-1}$，求：(1) 常压下 500g $CO_2(g)$ 从 300K 恒压加热至 800K 的所吸

收的热 Q；(2) $CO_2(g)$ 的平均恒压摩尔热容 $\overline{C}_{p,m}$ （温度 $300\sim800K$）。

4. $25℃$下，密闭恒容的容器中有 $12g$ 固体萘 $C_{10}H_8(s)$ 在过量的 $O_2(g)$ 中完全燃烧生成 $CO_2(g)$ 和 $H_2O(l)$，过程放热 $482.078kJ$。已知萘 $C_{10}H_8(s)$ 相对分子质量 $M_B = 128.17g \cdot mol^{-1}$。求：(1) $25℃$下萘 $C_{10}H_8(s)$ 的燃烧反应的恒容反应热 $\Delta_r U_m$；(2) $25℃$下萘 $C_{10}H_8$ (s) 的燃烧反应的恒压反应热 $\Delta_r H_m$。

5. 已知 $25℃$时下列两个热化学方程式：

(1) $C(石墨)+1/2O_2(g) \longrightarrow CO(g)$，$\Delta_r H_m(1) = -110.54kJ \cdot mol^{-1}$

(2) $3Fe(s)+2O_2(g) \longrightarrow Fe_3O_4(s)$，$\Delta_r H_m(2) = -1117.13kJ \cdot mol^{-1}$

求反应 (3) $Fe_3O_4(s)+4C(石墨) \longrightarrow 3Fe(s)+4CO(g)$ 在 $25℃$时的反应热 $\Delta_r H_m$。

6. 已知 $25℃$时丙烯腈 (g)、C（石墨）和 $H_2(g)$ 的标准摩尔燃烧热（焓）分别为 -2042.6、-393.5、$-285.8kJ \cdot mol^{-1}$，$HCN(g)$ 和 $C_2H_2(g)$ 的标准摩尔生成热（焓）分别为 $129.58kJ \cdot mol^{-1}$ 和 $226.73kJ \cdot mol^{-1}$。求下列反应 $25℃$时的标准摩尔反应热（焓）。

$$HCN(g)+C_2H_2(g) \longrightarrow CH_2{=}CHCN(g)$$

第 18 章
溶液及相平衡

 学习目标

知识目标

1. 掌握拉乌尔定律和亨利定律并熟练运用；
2. 理解理想溶液的定义，掌握理想溶液的蒸气总压及气-液平衡组成计算；
3. 掌握单组分系统相图的特点和应用；
4. 掌握二组分系统气-液平衡相图的特点和应用。

能力目标

1. 会运用拉乌尔定律和亨利定律计算溶液的蒸气压及组成；
2. 会分析简单相图的特点并应用。

素质目标

1. 培养勤奋学习、善于思考的基本素质；
2. 培养互帮互学、共同提高的协作精神；
3. 培养环保意识，培养实事求是、勇于创新的职业精神。

溶液可分为三类：气态溶液、液态溶液和固态溶液，通常所讲溶液多是指液态溶液。习惯上将相对含量较多的组分称为溶剂，相对含量较少的组分称为溶质。如果溶液中溶质的含量非常少，则称该溶液为稀溶液。本章第一部分主要介绍稀溶液的两个经验定律，稀溶液的依数性以及理想液态混合物的特性。第二部分主要介绍多相系统的相平衡原理及相律，着重介绍单组分、两组分系统最基本的几种相图绘制方法及应用。

研究多相系统的相平衡状态随组成、温度、压力等变量的改变而发生变化，并用图形来表示系统相平衡状态的变化，这种图称为相图，相图形象而直观地表达出相平衡时系统的状态与温度、压力、组成的关系。

相律为多相平衡系统的研究建立了热力学基础，是物理化学中最具有普遍性的规律之一，相律讨论平衡系统中相数、独立组分数与描述该平衡系统的变量之间的关系，并揭示了多相平衡系统中外界条件（温度、压力、组成等）对相变的影响；相律可以帮助我们从实验数据正确画出相图，并理解和应用相图。

18.1 拉乌尔定律和亨利定律

19 世纪，人们在研究溶液的气液平衡问题中，发现了两个有关稀溶液的蒸气压与溶液组成之间的经验定律，即拉乌尔定律和亨利定律。

18.1.1 拉乌尔定律

在一定温度下于纯溶剂 A 中加入少量不挥发溶质 B（例如在水中加入少量蔗糖）而形成稀溶液，稀溶液的蒸气压要低于同温度下纯溶剂的蒸气压。由于溶液中溶质是不挥发的，因此稀溶液的蒸气压实际上就是稀溶液中溶剂的蒸气压。拉乌尔归纳多次实验结果，于 1887 年提出了如下的经验定律：一定温度下，稀溶液中溶剂的蒸气压等于该温度下纯溶剂的饱和蒸气压乘以溶液中溶剂的物质的量分数（也叫"摩尔分数"），用公式表示为：

$$p_A = p_A^* x_A \tag{18-1}$$

或

$$\Delta p = p_A^* - p_A = p_A^* x_B$$

这就是拉乌尔定律。式中 p_A^* 代表在此温度下纯溶剂的饱和蒸气压，x_A 代表溶液中溶剂的物质的量分数。

从微观上解释，当溶剂 A 中溶解了少量溶质 B 之后，虽然 A—B 分子间受力情况与 A—A 分子间受力情况不同，但由于 B 的相对含量很少，对于每个 A 分子来说，其周围绝大多数的相邻分子还是同种分子 A，故溶液液面上 A 分子逸出液面的速率与其处于纯溶剂状态时逸出速率几乎相同，此时溶剂的饱和蒸气压只与溶液中溶剂的物质的量分数 x_A 成正比，而与溶质分子的性质无关。另外，如果溶剂 A 分子的性质与 B 分子的性质非常相近，两者可以任何比例混合而构成理想溶液，那么在全部组成范围内，A—A、A—B、B—B 之间的受力情况几乎相同。归纳起来，拉乌尔定律适用于稀溶液中的溶剂及任何组成的理想液态混合物溶液中的每个组分。

拉乌尔定律最初是从含有不挥发性非电解质的溶液中总结出来的，但后来的实验证明，在含有挥发性非电解质的稀溶液中，溶剂也遵守拉乌尔定律。在该情况下，溶液的蒸气压为溶剂与溶质的蒸气压之和，因此溶液的蒸气压不一定低于同温同压下纯溶剂的蒸气压。

18.1.2 亨利定律

亨利在 1803 年根据实验总结出稀溶液的另一条重要的经验定律：在一定温度下，气体溶质在液体中的溶解度与液体上方蒸气中该气体的平衡分压成正比。用公式表示为：

$$p_B = k_x x_B \tag{18-2a}$$

式中，x_B 为溶液中溶质的物质的量分数；p_B 为溶液上方蒸气中溶质 B 的平衡分压；k_x 称为亨利常数，其数值取决于温度、溶质和溶剂的性质。

亨利定律中溶质的组成可以用不同的方式表示。当溶质 B 的组成分别以质量摩尔浓度 b_B 和物质的量浓度 c_B 表示时，相应的亨利定律

$$p_B = k_b b_B \tag{18-2b}$$

$$p_B = k_c c_B \tag{18-2c}$$

以上三式均为亨利定律的表达形式，k_x、k_b、k_c 都称为亨利常数，其数值和量纲是不同的，但它们之间有一定的数值关系。

应用亨利定律时必须注意下列几点：

① 如果溶液中有多种挥发性溶质，则溶液上方的蒸气为多种气体的混合物。当混合物气体的总压不大时，亨利定律分别适用于每一种气体溶质。

② 应用亨利定律进行气液平衡计算时，溶质在气相和在溶液中的分子形态必须是相同的。例如：HCl(g) 溶于苯或氯仿中，在气相和溶液中都是 HCl 分子的气体形态，所以可以应用亨利定律。但是，如果 HCl(g) 溶于水中，在气相中是 HCl 分子，在液相中则为 H^+ 和 Cl^-，这时亨利定律就不适用。

③ 温度越高，溶质的平衡分压越低，溶液越稀，亨利定律越准确。

表 18-1 给出了 25℃时几种气体在溶剂水和溶剂苯中的亨利常数 k_x。

表 18-1　几种气体在溶剂水和溶剂苯中的亨利常数 k_x（25℃）

气体		H_2	N_2	O_2	CO	CO_2	CH_4	C_2H_2	C_2H_4	C_2H_6
k_x	溶剂水	7.2	8.68	4.4	5.79	0.166	4.18	0.135	1.16	3.07
/GPa	溶剂苯	0.367	0.239		0.163	0.114	0.0569			

【例 18-1】　D-果糖 $C_6H_{12}O_6$（B）溶于水（A）中形成的某溶液，质量分数 $w_B = 0.095$，此溶液在 20℃时的密度 $\rho = 1.0365 \text{g} \cdot \text{cm}^{-3}$。求此果糖溶液的（1）物质的量分数；（2）物质的量浓度；（3）质量摩尔浓度。

解：$(1) x_B = \dfrac{w_B/M_B}{w_B/M_B + (1-w_B)/M_A} = \dfrac{0.095/180}{0.095/180 + 0.905/18} = 0.0104$

$(2) c_B = \dfrac{0.095/180}{1/1.0365} \times 10^3 \text{mol} \cdot \text{dm}^3 = 0.547 \text{mol} \cdot \text{dm}^3$

$(3) b_B = \dfrac{0.095/180}{(1-0.095)/1000} \times 10^3 \text{mol} \cdot \text{kg}^{-1} = 0.583 \text{mol} \cdot \text{kg}^{-1}$

18.1.3　理想稀溶液

（1）理想稀溶液

在一定温度下，溶剂服从拉乌尔定律、溶质服从亨利定律的稀溶液定义为理想稀溶液。在理想稀溶液中，溶质分子间距离很大，溶剂分子和溶质分子周围几乎全是溶剂分子。

（2）理想稀溶液的特征

微观上，不同组分的分子大小可以不等，结构也可以不同；同种分子之间的作用力与不同种分子之间的作用力互不相同。宏观上，不同组分混合形成理想稀溶液时，将伴随有热效应和体积变化。

（3）理想稀溶液的蒸气压

理想稀溶液气-液平衡时溶液蒸气总压等于溶剂 A 和溶质 B 的蒸气分压之和。

$$p = p_A + p_B = p_A^* x_A + k_x x_B \tag{18-3}$$

【例 18-2】　97.11℃时，在 $w(C_2H_5OH) = 3.00\%$ 的乙醇水溶液上方，平衡时的蒸气总压为 101.325kPa。已知 97.11℃时纯水的蒸气压为 91.326kPa，试计算在该温度下 $x(C_2H_5OH) = 0.0200$ 的乙醇水溶液上方水和乙醇的蒸气分压。假定上述溶液均为理想稀溶液。

解：由于上述溶液为理想稀溶液，所以溶剂（水）遵循拉乌尔定律，溶质（乙醇）遵循亨利定律。欲求 $x(C_2H_5OH) = 0.0200$ 的乙醇水溶液上方水和乙醇的蒸气分压，则必须求得 $p^*(H_2O)$、$k_x(C_2H_5OH)$ 之值。现题中 $p^*(H_2O)$ 为已知，故首先应从 $w(C_2H_5OH) = 3.00\%$ 的溶液求出 k_x 之值。先对浓度进行换算。

$$x(C_2H_5OH) = \frac{n(C_2H_5OH)}{n(C_2H_5OH) + n(H_2O)}$$

$$= \frac{3.00/46.07}{3.00/46.07 + 97/18.02} = 0.0120$$

因为溶液上方蒸气总压为乙醇及水的蒸气分压之和，因此对 $w(C_2H_5OH)=3.00\%$ 的溶液有

$$p=p(H_2O)+p(C_2H_5OH)$$
$$=p^*(H_2O)x(H_2O)+k_xx(C_2H_5OH)$$
$$=p^*(H_2O)[1-x(C_2H_5OH)]+k_xx(C_2H_5OH)$$

由上式可解得

$$k_x=\frac{p-p^*(H_2O)[1-x(C_2H_5OH)]}{x(C_2H_5OH)}$$
$$=\frac{101.325-91.326\times(1-0.0120)}{0.0120}=925(kPa)$$

所以，在 $x(C_2H_5OH)=0.0200$ 的溶液上方

$$p(H_2O)=p^*(H_2O)x(H_2O)=91.326kPa\times(1-0.0200)=89.50kPa$$
$$p(C_2H_5OH)=k_xx(C_2H_5OH)=925kPa\times0.0200=18.5kPa$$

18.2　稀溶液的依数性

在一定温度下，纯溶剂中溶入少量的不挥发性溶质形成稀溶液后，溶液的蒸气压降低、沸点升高、凝固点降低以及具有渗透压。这些性质仅与溶液中所含溶质质点数目有关，而与溶质本性无关，因此称为稀溶液的依数性。

18.2.1　蒸气压下降

稀溶液中溶液的蒸气压 p 就等于溶剂的蒸气分压 p_A，根据拉乌尔定律，稀溶液的蒸气压低于同温下纯溶剂的蒸气分压 p_A^*，蒸气压降低值 Δp 可由下式表示

$$\Delta p=p_A^*-p_A=p_A^*-p_A^*x_A=p_A^*(1-x_A) \tag{18-4}$$

亦即

$$\Delta p=p_A^*-p_A=p_A^*x_B$$

上式说明稀溶液的蒸气压降低值与溶液中溶质的物质的量分数 x_B 成正比。由于稀溶液蒸气压的降低，会引起稀溶液沸点升高、凝固点下降等现象。

18.2.2　沸点升高

沸点是指溶液的蒸气压等于外压时的温度。如图18-1所示，AB 线和 CD 线分别为纯溶剂和溶液的蒸气压随温度的变化曲线。由于溶液的蒸气压降低，所以 CD 线在 AB 线以下，当外压为 p 时，纯溶剂的沸点为 T_b^*，而溶液的沸点则为 T_b，则 $T_b>T_b^*$，即稀溶液的沸点高于纯溶剂的沸点。

实验证明，含有不挥发性溶质的稀溶液的沸点升高值 ΔT_b 与溶液中溶质的质量摩尔浓度 b_B 成正比。

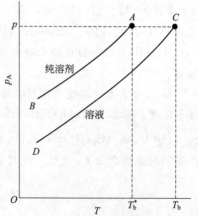

图 18-1　稀溶液的沸点升高示意图

$$\Delta T_b = T_b - T_b^* = K_b b_B \tag{18-5}$$

其中质量摩尔浓度 b_B 等于溶液中溶质 B 的物质的量除以溶剂 A 的质量,即

$$b_B = \frac{n_B}{m_A}$$

式(18-5)中 K_b 称为沸点升高常数,其值仅与溶剂性质有关,而与溶质性质无关。表18-2 列出了一些常见溶剂的 K_b 值。

表 18-2　几种常见溶剂的 K_b 值

溶剂	水	甲醇	乙醇	丙酮	氯仿	苯	四氯化碳
T_b^*/K	373.15	337.66	351.48	329.3	334.35	353.1	349.87
$K_b/K \cdot kg \cdot mol^{-1}$	0.52	0.83	1.19	1.73	3.85	2.60	5.02

【例 18-3】　25g 的 CCl_4 中溶有 0.5455g 某溶质,与此溶液成平衡的 CCl_4 蒸气分压为11.1888kPa,而在同一温度时纯 CCl_4 的饱和蒸气压为 11.4008kPa。(1)求此溶质的摩尔质量。(2)根据元素分析结果,溶质中含 C 为 94.34%,含 H 为 5.66%(质量分数),确定溶质的化学式。

解:(1)$p_A = p_A^* x_A = p_A^*(1 - x_B)$

$$x_B = \frac{p_A^* - p_A}{p_A^*} = \frac{m_B/M_B}{m_B/M_B + m_A/M_A}$$

所以　$M_B = \dfrac{m_B M_A p_A}{m_A(p_A^* - p_A)} = \dfrac{0.5455 \times 153.823 \times 11.1888}{25 \times (11.4008 - 11.1888)} = 178(g \cdot mol^{-1})$

(2)1mol 溶质 B 中,含 C 元素的物质的量

$$n_C = (178 \times 0.9434/12.011)mol \approx 14mol$$

含 H 元素的物质的量

$$n_H = (178 \times 0.0566/1.0079)mol \approx 10mol$$

所以,溶质 B 的化学式为:$C_{14}H_{10}$。

【例 18-4】　10g 葡萄糖($C_6H_{12}O_6$)溶于 400g 中,溶液的沸点较纯乙醇的上升0.1428℃,另外有 2g 有机物溶于 100g 乙醇中,此溶液的沸点上升 0.1250℃,求此有机物的摩尔质量。

解:$b_{糖} = \dfrac{10 \times 10^3}{180.157 \times 400}mol \cdot kg^{-1} = 0.1388mol \cdot kg^{-1}$

$$K_b = \frac{\Delta T_b}{b_{糖}} = \frac{0.1428}{0.1388}K \cdot mol^{-1} \cdot kg = 1.029K \cdot mol^{-1} \cdot kg = 1.029 \times 10^3 K \cdot mol^{-1} \cdot g$$

又有　$\Delta T_b' = K_b b_B = K_b \dfrac{m_B}{M_B \times m_A}$

所以　$M_B = K_b \dfrac{m_B}{m_A} \times \dfrac{1}{\Delta T_b'} = \dfrac{2 \times 1.029 \times 10^3}{100 \times 0.1250} = 164.7(g \cdot mol^{-1})$

18.2.3　凝固点降低

凝固点是指固态纯溶剂与溶液成平衡时的温度。(这里假设溶剂 A 与溶质 B 不形成固溶体,从溶液中析出的是固态纯溶剂)。相平衡规律指出:某种物质同时存在于两相中,并在

一定温度下呈平衡状态，则在两相中该物质的平衡分压是相等的。根据该原则，在凝固点时，固体的蒸气压等于它的液体的蒸气压。

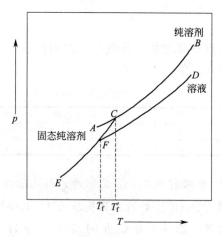

图 18-2　溶液的冰点下降示意图

在图 18-2 中，EFC 是固态纯溶剂的蒸气压曲线。平衡时，固相与液相的蒸气压相等。所以 C 点对应的温度 T_f^* 是纯溶剂的冰点，F 点对应的温度 T_f 是溶液的凝固点。$T_f < T_f^*$，即溶液的凝固点下降。实验证明，含有不挥发性溶质的稀溶液的凝固点降低值 ΔT_f 与溶液中溶质的质量摩尔浓度 b_B 成正比。

$$\Delta T_f = T_f^* - T_f = K_f b_B \tag{18-6}$$

表 18-3 是几种常见溶剂的 K_f 值。

表 18-3　几种常见溶剂的 K_f 值

溶剂	水	醋酸	苯	环己烷	萘	樟脑
T_f^*/K	273.15	289.75	278.68	279.65	353.4	446.15
$K_f/\mathrm{K \cdot kg \cdot mol^{-1}}$	1.86	3.90	5.10	20	6.9	40

【例 18-5】　樟脑的熔点是 445.15K，$K_f = 40$（这个数值很大，因此用樟脑作溶剂来测定溶质的摩尔质量通常只需极少的溶质就可以了）。今有 $7.9 \times 10^{-6} \mathrm{kg}$ 酚酞和 $1.292 \times 10^{-4} \mathrm{kg}$ 樟脑的混合物，测得该溶液的凝固点比樟脑低 8.0K，求酚酞的摩尔质量。

解：由式　$\Delta T_f = K_f b_B = K_f \times \dfrac{m_B / M_B}{m_A}$

得　$M_B = \dfrac{K_f m_B}{\Delta T_f m_A} = \dfrac{40 \times 7.9 \times 10^{-6}}{8.0 \times 1.292 \times 10^{-4}} \mathrm{kg \cdot mol^{-1}} = 305.7 \mathrm{g \cdot mol^{-1}}$

18.2.4　渗透压

有许多天然和人造的膜对物质的透过有选择性。它们只允许小于一定粒径的微粒通过，或者允许溶剂分子通过，而不允许溶质分子通过。这种膜称为半透膜。例如，醋酸纤维膜允许水分子通过，不允许水中的溶质离子通过；动物的膀胱膜允许水分子通过，而不允许高分子溶质分子或胶体粒子通过等。

如图 18-3(a) 所示，在一个 U 形的容器中，用半透膜将纯溶剂和溶液分开。由于纯溶剂的蒸气压比溶液的蒸气压大，则溶剂的化学势在溶剂的一方大于溶液的一方。因此溶剂分子通过半透膜进入溶液。我们将发现：恒定温度条件下，经过一段时间后，溶液的液面将沿容器上的毛细管上升，直到某一高度达到平衡为止。如果改变溶液的浓度，则溶液上升的高度也随之改变。这种现象称为渗透现象。若要制止渗透现象的发生，必须在溶液上方增加压力，直到两边液面高度相等，渗透现象停止，如图 18-3（b）所示。平衡时纯溶剂上方的压力为 p，溶液上方的压力为 $p+\Pi$，Π 称为渗透压。

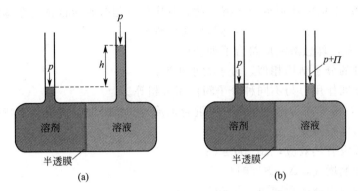

图 18-3　渗透平衡示意图

利用热力学原理和方法，可以推导出理想稀溶液的渗透压与溶液组成的关系为：

$$\Pi = c_B RT \qquad (18\text{-}7)$$

该式称为范特霍夫渗透压公式。式中 c_B 为理想稀溶液中溶质 B 的物质的量浓度，R 是摩尔气体常数，T 是溶液的温度。

渗透压是稀溶液的依数性中最灵敏的一种，它特别适用于测定大分子化合物的相对分子质量。根据测得的渗透压可以求溶质的相对分子质量 M_B。

【例 18-6】　在 25℃ 时，10g 某溶质溶于 $1dm^3$ 溶剂中，测出该溶液的渗透压 $\Pi = 0.400kPa$，确定该溶质的摩尔质量。

解：$\Pi = c_B RT = \dfrac{n_B}{V} RT \approx \dfrac{m_B/M_B}{V_A} RT$

$$M_B = \frac{m_B RT}{\Pi V_A} = \frac{10 \times 8.314 \times 298.15}{0.4000 \times 10^3 \times 1 \times 10^{-3}} g \cdot mol^{-1} = 6.20 \times 10^4 (g \cdot mol^{-1})$$

即　$M_B = 6.20 \times 10^4 g \cdot mol^{-1}$

【例 18-7】　在 20℃ 下将 68.4g 蔗糖（$C_{12}H_{22}O_{11}$）溶于 1kg 水中。求：（1）此溶液的蒸气压；（2）此溶液的渗透压。已知 20℃ 下此溶液的密度为 $1.024g \cdot cm^{-3}$，纯水的饱和蒸气压 $p^*_{(H_2O)} = 2.339kPa$。

解：（1）$x_{(H_2O)} = \dfrac{1000/18}{68.4/342.299 + 1000/18} = 0.9964$

所以　$p_{(H_2O)} = p^*_{[H_2O(l)]} x_{(H_2O)} = 2.339 \times 0.9964 kPa = 2.33(kPa)$

（2）$V = \dfrac{m}{\rho} = \dfrac{68.4 + 1000}{1.024} \times 10^{-6} m^3 = 1.0434 \times 10^{-3}(m^3)$

$$\Pi = \frac{nRT}{V} = \frac{68.4 \times 8.314 \times 293.15}{342.299 \times 1.0434 \times 10^{-3}} Pa = 467(kPa)$$

18.3　理想液态混合物

18.3.1　理想液态混合物

两种或两种以上的液体形成液态混合物，其中任一组分在全部浓度范围内均服从拉乌尔定律的溶液称为理想液态混合物（也称为理想溶液）。

从微观角度看，理想溶液应符合下列条件：

① 不同组分的分子结构相似，分子大小相近；

② 同种分子间作用力与不同种分子间作用力相等。

从宏观上看，液体在等温等压条件下混合形成理想溶液时，具有以下特征：

① 混合前后体积不变，$\Delta_{mix}V=0$；

② 混合过程没有热效应，$\Delta_{mix}H=0$；

③ 混合过程熵增大，$\Delta_{mix}S>0$；

④ 混合过程吉布斯函数减小，$\Delta_{mix}G<0$。

18.3.2　理想双液系气-液平衡时蒸气总压及气-液组成

设液体 A、B 形成理想溶液，根据拉乌尔定律，在一定温度时，A、B 两组分的蒸气分压：

$$p_A=p_A^*x_A$$
$$p_B=p_B^*x_B$$

气-液平衡时蒸气总压 p 等于 A、B 二组分的蒸气分压之和，

$$p=p_A+p_B=p_A^*x_A+p_B^*x_B \tag{18-8}$$

或者，$p=p_A^*(1-x_B)+p_B^*x_B=p_A^*+(p_B^*-p_A^*)x_B$

若 $p_B^*>p_A^*$　　则　$p_A^*<p<p_B^*$。

上式说明，一定温度下理想溶液气-液平衡时蒸气总压 p 的大小介于同温下两纯组分蒸气压（p_A^*、p_B^*）之间。

由于 A、B 两组分的蒸气压（p_A^*、p_B^*）不同，所以与溶液平衡共存的气相组成（y_A，y_B）与液相组成（x_A，x_B）也不相同。要全面描述气-液平衡系统的状态，必须了解平衡时气相组成与压力的关系。

设蒸气为理想气体混合物，根据道尔顿分压定律，气-液平衡时 A、B 两组分的气相组成：

$$y_B=\frac{p_B}{p}=\frac{p_B^*x_B}{p} \tag{18-9a}$$

$$y_A=\frac{p_A}{p}=\frac{p_A^*x_A}{p} \tag{18-9b}$$

若设 B 为易挥发组分，即　$p_B^*>p_A^*$

又因为　$p_A^*<p<p_B^*$

则　$y_B>x_B$（或 $y_A<x_A$）。

该结果表示：气-液两相平衡时，气相组成与液相组成并不相同，易挥发组分 B（蒸气压较大的组分）在平衡气相中组成大于其在液相中的组成。

【例 18-8】 60℃时甲醇的饱和蒸气压是 83.4kPa，乙醇的饱和蒸气压是 47.0kPa。二者可形成理想液态混合物，若混合物的组成为质量百分数各 50%，求 60℃时此混合物的平衡蒸气组成，以物质的量分数表示。

解：$M_{甲醇}=32.042, M_{乙醇}=46.069$

$$x_{甲醇}=\frac{50/32.042}{50/32.042+50/46.069}=0.58979$$

$$p_{甲醇}=p^*_{甲醇}\, x_{甲醇}=83.4\times0.58979=49.19(kPa)$$

$$p_{乙醇}=p^*_{乙醇}(1-x_{甲醇})=47.0\times(1-0.58979)=19.28(kPa)$$

$$y_{甲醇}=\frac{p_{甲醇}}{p_{甲醇}+p_{乙醇}}=\frac{49.19}{49.19+19.28}=0.718$$

$$y_{乙醇}=1-y_{甲醇}=1-0.718=0.282$$

【例 18-9】 80℃时纯苯的蒸气压为 100kPa，纯甲苯的蒸气压为 38.7kPa。两液体可形成理想液态混合物。若有苯-甲苯的气-液平衡混合物，80℃时气相中苯的物质的量分数 $y_{苯}=0.300$，求液相的组成。

解：$x_{苯}=\dfrac{p y_{苯}}{p^*_{苯}}=\dfrac{p^*_{苯}x_{苯}+p^*_{甲苯}(1-x_{苯})}{p^*_{苯}}y_{苯}$

$$x_{苯}=\frac{p^*_{甲苯}\,y_{苯}}{p^*_{苯}+p^*_{甲苯}\,y_{苯}-p^*_{苯}\,y_{苯}}=\frac{38.7\times0.3}{100+38.7\times0.3-100\times0.3}=0.142$$

$$x_{甲苯}=1-x_{苯}=0.858$$

18.4 相平衡基本概念

多组分多相平衡系统的变量有温度、压力和各个相组成。当这些变量确定后，系统的状态就确定了。但是，这些变量之间并不是彼此毫无关系的，因此多组分多相系统中能够独立改变的变量比可以改变的变量少。吉布斯（Gibbs）根据热力学原理提出的相平衡基本定律，就是用来确定相平衡系统中独立改变的变量（自由度）的数目与系统的组分数和相数之间的关系的。下面先介绍几个基本概念。

18.4.1 相和相数

在系统内部，物理性质和化学性质完全相同的均匀部分称为"相"。相与相之间在指定的条件下有明显的界面，系统内相的数目称为"相数"，用符号 P 表示。

气体：任何气体均能无限混合，不论有多少种气体都为一个气相。

液体：则视其可溶程度，通常可以是一相、两相或三相共存。

固体：一般是有一种固体便有一个相。同一种固体的几种同素异型晶体共存时，由于固态晶型不同，其物理性质各异，所以是不同的相。固态溶液中粒子的分散程度和液态溶液中相似，所以仅为一相。只有液体和固体的系统称为"凝聚系统"。

> 想一想：碳酸钙和氧化钙混合得十分均匀，此时混合系统有几个相？

18.4.2　物种数和组分数

物种数：系统中所含化学物质种类的数目称为系统的"物种数"，用符号 S 表示。

组分数：足以确定平衡系统中所有各相组成所需要的最少数目的独立物质称为独立组分数，简称为"组分数"，用符号 C 表示。组分数等于化学物质的数目减去独立的平衡反应数目再减去独立的限制条件数目，即

$$C=S-R-R'\qquad(18\text{-}10)$$

式(18-10)中的 R 为独立的平衡反应数，计算时需注意"独立"的含义。R' 为浓度限制条件，对于浓度限制条件 R'，必须是在同一个相中的几种物质的浓度之间存在的某种关系。

例如 $CaCO_3(s)\Longrightarrow CaO(s)+CO_2(g)$，系统中几个物种之间不存在浓度限制条件，即使由 $CaCO_3(s)$ 分解生成的 $CaO(s)$ 和 $CO_2(g)$ 的物质的量存在一定的比例关系，但是 CaO 和 CO_2 不存在于同一相中，故它们之间不存在限制条件，$R'\neq1$，而是 $R'=0$。

对于 $NH_4Cl(s)\Longrightarrow HCl(g)+NH_3(g)$，由于 HCl 和 NH_3 均处于同一相（气相），所以浓度限制条件可以成立，即 $R'=1$。

另外，计算组分数时所涉及的化学平衡反应，必须是在所讨论的条件下系统中实际存在的反应。例如，N_2、H_2 和 NH_3 的系统中，在常温常压下，三种物质是互相独立的，即 $R=0$、$R'=0$、$S=3$。故 $C=3-0-0=3$，是三组分系统。

若系统处于 $500℃$、300 个大气压下，就存在下列平衡反应：$N_2(g)+3H_2(g)\Longrightarrow 2NH_3(g)$，此时 $S=3$，$R=1$，$R'=0$，故 $C=3-1-0=2$，是二组分系统。

若再加以限制，使 $N_2(g)$ 和 $H_2(g)$ 的物质的量之比为 1∶3，则 $S=3$、$R=1$、$R'=1$，故 $C=3-1-1=1$，是单组分系统。

18.4.3　自由度和自由度数

在一定范围内可以任意独立地改变，而不致引起旧相消失或新相生成的强度量（温度、压力、组成等）称为**系统的自由度**，自由度数用符号 F 表示。

例如，在一定范围内，水与水蒸气两相平衡共存，我们若改变温度，同时要保持原有的两相平衡，则系统的压力必须等于该温度下的饱和蒸气压而不能任意选择。同样，改变压力时，温度也不能任意选择。这就是说水与水蒸气两相平衡的系统中能够独立改变的变量只有一个。因此系统的自由度 $F=1$。但是，对液态水来说，我们可以在一定范围内，任意改变液态水的温度，同时任意改变其压力，仍能保持水的液相，这时，我们说该系统的自由度 $F=2$。

18.4.4　相律

相律就是联系平衡系统中相数、组分数以及其他因素与自由度之间关系的规律。在只考虑温度和压力因素的影响下，平衡系统中的相数、组分数与自由度之间的关系可以用下列形式表示

$$F=C-P+2\qquad(18\text{-}11)$$

式中，F 表示系统的自由度；C 表示组分数；P 表示相数；"2"表示温度和压力两个变量。由式(18-11)可知，平衡系统中的组分数增加，自由度增加；如果相数增多时，自由度减少。对于凝聚系统，外压对平衡系统的影响不大，此时可以认为只有温度是影响平衡的外界条件，相律可写作

$$F^* = C - P + 1 \tag{18-12}$$

式中，F^* 称为**条件自由度**。

在相律表达式中，系统自由度 F 会随着相数 P 增加而减小。F 的最小值是 0，当系统相数最大时，自由度最小；P 的最小值为 1，当系统相数最小时，自由度最大。

【例 18-10】 指出下列平衡系统中的组分数 C，相数 P 及自由度 F。

(1) $I_2(s)$ 与其蒸气 $I_2(g)$ 成平衡；

(2) $CaCO_3(s)$ 与其分解产物 $CaO(s)$ 和 $CO_2(g)$ 成平衡；

(3) $NH_4HS(s)$ 放入一抽空的容器中，分解产生 $NH_3(g)$ 和 $H_2S(g)$ 并达平衡；

(4) 取任意量的 $NH_3(g)$ 和 $H_2S(g)$ 与 $NH_4HS(s)$ 成平衡；

(5) 一定温度下，I_2 作为溶质在互不相溶的液体 H_2O 和 CCl_4 中达到分配平衡（凝聚系统）。

解: (1) $C = S - R - R' = 1 - 0 - 0 = 1$; $P = 2$; $F = C - P + 2 = 1 - 2 + 2 = 1$

(2) $C = S - R - R' = 3 - 1 - 0 = 2$; $P = 3$; $F = C - P + 2 = 2 - 3 + 2 = 1$

(3) $C = S - R - R' = 3 - 1 - 1 = 1$; $P = 2$; $F = C - P + 2 = 1 - 2 + 2 = 1$

(4) $C = S - R - R' = 3 - 1 - 0 = 2$; $P = 2$; $F = C - P + 2 = 2 - 2 + 2 = 2$

(5) $C = S - R - R' = 3 - 0 - 0 = 3$; $P = 2$; $F = C - P + 1 = 3 - 2 + 1 = 2$

【例 18-11】 碳酸钠与水可组成下列几种化合物：

$$Na_2CO_3 \cdot H_2O; Na_2CO_3 \cdot 7H_2O; Na_2CO_3 \cdot 10H_2O$$

(1) 说明 101.325kPa 下，与碳酸钠水溶液和冰共存的含水盐最多可以有几种？

(2) 说明在 303.2K 时，可与水蒸气平衡共存的含水盐最多可以有几种？

解: 此系统由 Na_2CO_3 及 H_2O 构成，$K = 2$。虽然可有多种固体含水盐存在，但在每形成一种含水盐，物种数增加 1 的同时，增加 1 个化学平衡关系式，因此组分数仍为 2。

(1) 指定 101.325kPa 时，相律表达式为

$$F = C - P + 1 = 2 - P + 1 = 3 - P$$

相数最多时，自由度最小，即 $F = 0$ 时 $P = 3$。因此，与 Na_2CO_3 水溶液及冰共存的含水盐最多只有一种，即 $3 - 2 = 1$

(2) 指定 303.2K 时，相律表达式为

$$F = C - P + 1 = 2 - P + 1 = 3 - P$$

$F = 0$ 时，$P = 3$，最多能有三相。因此与水蒸气平衡共存的含水盐最多可能有两种。

18.5　单组分系统的相图

相图又称为状态图，它是以相律作为理论基础，并根据实验数据绘制而成。它可以直观地指出在指定条件下，系统由哪些相构成、各相的组成是多少、质量关系如何。在相图中，表示系统总组成和压力、温度的点称为"系统点"，表示某一个相的组成和压力、温度点称为"相点"。正确区别系统点与相点有利于理解当条件变化时，系统中各相的变化情况。

18.5.1　单组分系统相律分析

对于单组分系统，根据式(18-11)

$$F = C - P + 2 = 3 - P$$

若 $P=1$，则 $F=2$，即单组分单相系统有两个自由度，称为双变量平衡系统。

若 $P=2$，则 $F=1$，即单组分两相平衡系统只有一个自由度，称为单变量系统。温度和压力两个变量中只有一个量是独立的，也就是说，温度和压力之间有一定的依赖性，因此在压力-温度（p-T）图中可用线表示这个系统。

若 $P=3$，则 $F=0$，即单组分三相平衡系统的自由度数为零，称为无变量系统。温度和压力两个变量的数值都是一定的，不能作任何改变，这个具有确定温度和压力的点就是三相点，在 p-T 图上可以用点来表示这个系统。

> **思考**：纯水的冰点和三相点是不是同一个点，在冰点时自由度数是否也等于零？

18.5.2　水的相图分析

水的相图是单组分系统中最典型的相图，图 18-4 是根据实验结果绘制的水的相图。

① 在"水""冰""水蒸气"三个区域内，系统都是单相，$P=1$，$F=2$。每个区域表示一个双变量系统，温度和压力可以同时在一定范围内改变而无新相出现。就是说，必须同时指定温度和压力两个变量，才可以确定系统的状态。

② 图中三条实线是两个区域的交界线。在线上，$P=2$，$F=1$，表示指定温度和压力中的任一项，另一项就不能任意指定而是由系统自定。

OA 线是水蒸气和水的两相平衡曲线，即水在不同温度下的蒸气压曲线。

OB 线是冰和水蒸气两相的平衡曲线（即冰的升华曲线）。OB 线在理论上可延长到热力学零度附近。

OC 线为冰和水的平衡曲线，OC 线不能无限向上延伸，大约从 $2.03 \times 10^8 \, \text{Pa}$ 开始，相图变得比较复杂，有不同结构的冰生成。OA 线也不能任意延长，它终止于临界点 A（674K，$2.2 \times 10^7 \, \text{Pa}$）。在临界点，液体的密度与蒸气的密度相等（液态和气态之间的界面消失）。

OD 是 OA 的延长线，表示过冷水的饱和蒸气压与温度的关系曲线。OD 线在 OB 线之上，它的蒸气压比同温度下处于稳定状态的冰的蒸气压大。过冷水处于不稳定状态，只要稍微受到外界因素的干扰，例如搅动或加入少量晶种就会立即析出冰来。

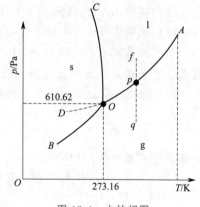

图 18-4　水的相图

③ O 点是三条线的交点，称为三相点。在该点，$P=3$，$F=0$，说明三相点的温度、压力均不能任意改变。

必须指出，水的三相点与通常所说的水的冰点并不是同一个点。三相点是严格的单组分系统，而通常所说的冰点则是暴露在空气中的冰-水两相平衡系统。气相中包含其他组分（N_2、O_2、CO_2 等），故已非单组分系统。三相点的温度、压力分别是 273.16K 和 610.62Pa，而冰点的温度、压力则分别是 273.15K 和 101325Pa。

18.5.3　纯物质两相平衡时压力与温度的关系

一定温度时，纯液体与其蒸气达两相平衡时蒸气的压力称为该液体的饱和蒸气压（简称蒸气压）；蒸气压随温度的升高而增大，如图 18-4 水的相图中的 OA 线所示。当蒸气压＝外压时，对应的温度称为该液体的沸点。固-气平衡时蒸气的压力称为固体的蒸气压（也称升华压），升华压随温度的升高而增大，如图 18-4 水的相图中的 BO 线所示，其值远小于液体的蒸气压。

纯液体蒸气压是衡量液体挥发性大小的依据，同一温度下，蒸气压越大的液体越容易挥发；同一外压下，易挥发液体的沸点越低。

(1) 克拉贝龙方程

水的相图中 OA 线、OB 线和 OC 线是三条两相平衡线，表示了纯物质两相平衡时压力与温度的关系，三条线的函数关系式可以用克拉贝龙方程来表示，见式(18-13a) 或式(18-13b)。

$$\frac{\mathrm{d}p}{\mathrm{d}T}=\frac{\Delta H_m}{T\Delta V_m} \tag{18-13a}$$

或

$$\frac{\mathrm{d}T}{\mathrm{d}p}=\frac{T\Delta V_m}{\Delta H_m} \tag{18-13b}$$

式中，ΔH_m 为摩尔相变热，$kJ \cdot mol^{-1}$；ΔV_m 为相变时摩尔体积改变值，$dm^3 \cdot mol^{-1}$。

(2) 克劳修斯-克拉贝龙方程

对于有气体参加的两相平衡，例如液-气平衡和固-气平衡，其凝聚相（液体或固体）的体积与气相的体积相比，前者可忽略不计。若再把气体视为理想气体，则克拉贝龙方程可进一步简化；现以液-气平衡为例加以说明。

$$\frac{\mathrm{d}p}{\mathrm{d}T}=\frac{\Delta H_m}{T\Delta V_m}=\frac{\Delta H_m}{T[V_m(g)-V_m(l)]}\approx\frac{\Delta H_m}{TV_m(g)}\approx\frac{\Delta H_m}{T(RT/p)}$$

得到

$$\frac{(1/p)\mathrm{d}p}{\mathrm{d}T}=\frac{\Delta H_m}{RT^2}$$

即

$$\frac{\mathrm{d}\ln p}{\mathrm{d}T}=\frac{\Delta H_m}{RT^2} \tag{18-14}$$

上式称为克劳修斯-克拉贝龙方程，适应于纯物质有气体参加的两相平衡。将式(18-14) 分离变量作积分，并假设 $\Delta H_m=$ 常数，得到不定积分式(18-15) 和定积分式(18-16)。

$$\int\mathrm{d}\ln p=\int\frac{\Delta H_m}{RT^2}\mathrm{d}T$$

$$\ln p=-\frac{\Delta H_m}{RT}+C \tag{18-15}$$

$$\ln\frac{p_2}{p_1}=-\frac{\Delta H_m}{R}\left(\frac{1}{T_2}-\frac{1}{T_1}\right) \tag{18-16}$$

【例 18-12】 100℃、101.3kPa 时，水的摩尔蒸发焓为 40.67kJ $\cdot$ mol^{-1}。液体水的摩尔体积为 0.0188dm$^3 \cdot$ mol^{-1}，水蒸气的摩尔体积为 30.20dm$^3 \cdot$ mol^{-1}。问在 100℃ 时，大气压力每改变 1kPa，水的沸点改变多少。

解：由式(18-13b)，得到

$$\frac{\mathrm{d}T}{\mathrm{d}p}=\frac{T\Delta V_m}{\Delta H_m}=\frac{373.15\times(30.20-0.0188)\times10^{-3}}{40.67\times10^3}$$

$$\frac{\mathrm{d}T}{\mathrm{d}p}=2.769\times10^{-4}\mathrm{K\cdot Pa^{-1}}=0.2769\mathrm{K\cdot kPa^{-1}}$$

故压力每增加 1kPa 时，水的沸点将上升 0.2769℃。

【例 18-13】 已知水在 373.15K 时饱和蒸气压为 101.3kPa，摩尔蒸发焓为 40.67kJ·mol⁻¹。试计算：(1) 水在 363.15K 时的饱和蒸气压；(2) 在海拔为 4500m 的西藏高原上，大气压力只有 57.3kPa，试计算此高原上水的沸点。

解：(1) 根据式(18-16)，得到

$$\ln\frac{p_2}{p_1}=-\frac{\Delta H_{\mathrm{m}}}{R}\left(\frac{1}{T_2}-\frac{1}{T_1}\right)$$

$$\ln\frac{p_2}{101.3}=-\frac{40.67\times10^3}{8.314}\left(\frac{1}{363.15}-\frac{1}{373.15}\right)$$

解得 $p_2=70.62\times10^3\mathrm{Pa}=70.62\mathrm{kPa}$

(2) 沸点是液体的蒸气压等于外压力时的温度，因此求外压=57.3kPa 的沸点，就是求当蒸气压为 57.3kPa 时水的温度是多少。根据式(18-16)，得到

$$\ln\frac{57.3}{101.3}=-\frac{40.67\times10^3}{8.314}\left(\frac{1}{T_3}-\frac{1}{373.15}\right)$$

解得 $T_3=357.6\mathrm{K}$

故此西藏高原上水的沸点为 357.6K，即 84.45℃。

18.6 二组分理想溶液的气-液平衡相图

对于二组分系统，$C=2$，$F=4-P$，至少存在一个相，所以自由度数最多等于 3，即系统的状态可以由三个独立变量来确定，这三个变量通常用温度、压力和组成表示。系统的状态图要用具有三个坐标的立体模型表示。实际应用中，通常保持一个变量为常数，从而得平面图，这种平面图可以有两种：p-x 图、T-x 图。在平面图上，最大的自由度数 $F=2$，同时共存的最多相数 $P=3$。

若两个纯液体组分可以按任何比例互相混溶，这种系统就称为完全互溶的双液系。根据二组分的分子结构上的差异可以将其分为理想溶液和非理想溶液，下面分别进行介绍。

18.6.1 二组分理想溶液的蒸气压-组成图

设液体 A、B 形成理想溶液，根据拉乌尔定律，在一定温度时，A、B 两组分的蒸气分压：

$$p_{\mathrm{A}}=p_{\mathrm{A}}^*x_{\mathrm{A}}$$

$$p_{\mathrm{B}}=p_{\mathrm{B}}^*x_{\mathrm{B}}$$

气-液平衡时蒸气总压 p 等于 A、B 二组分的蒸气分压之和，

设液体 A 与液体 B 形成理想溶液，根据拉乌尔定律，在一定温度 T 时，A、B 两组分的蒸气分压：$p_{\mathrm{A}}=p_{\mathrm{A}}^*x_{\mathrm{A}}$，$p_{\mathrm{B}}=p_{\mathrm{B}}^*x_{\mathrm{B}}$。

根据式(18-8)，气-液平衡时蒸气总压 p 等于 A、B 二组分的蒸气分压之和，

$$p=p_{\mathrm{A}}+p_{\mathrm{B}}=p_{\mathrm{A}}^*x_{\mathrm{A}}+p_{\mathrm{B}}^*x_{\mathrm{B}}=p_{\mathrm{A}}^*(1-x_{\mathrm{B}})+p_{\mathrm{B}}^*x_{\mathrm{B}}$$

$$= p_A^* + (p_B^* - p_A^*) x_B$$

若 $p_B^* > p_A^*$ 则 $p_A^* < p < p_B^*$

以甲苯(A)-苯(B)系统为例,一定温度下,以 x_B 为横坐标,p 为纵坐标,由上式知道,p_A、p_B、p 与 x_B 的关系均是直线,如图 18-5 所示。p_A^*、p_B^* 的连线表示了系统总压与溶液组成的线性关系,该直线也称为液相线。从液相线上可以找出指定蒸气总压下溶液的组成,或者指定溶液组成时蒸气的总压。

根据式(18-9),气-液平衡时 A、B 两组分的气相组成:

$$y_B = \frac{p_B}{p} = \frac{p_B^* x_B}{p} \quad 同理 \quad y_A = \frac{p_A}{p} = \frac{p_A^* x_A}{p}$$

若设 B 为易挥发组分,即 $p_B^* > p_A^*$ 又因为:$p_A^* < p < p_B^*$

则 $y_B > x_B$ (或 $y_A < x_A$)

该结果表示:当气液两相平衡时,气相组成与液相组成并不相同,在理想溶液中,易挥发组分 B 在平衡气相中组成大于其在液相中的组成。

如果把表示溶液蒸气总压与蒸气组成关系的线(p-y 线,称为气相线)与液相线画在同一张图上,就得到一幅完整的理想溶液的 p-x-y 图,如图 18-6 所示。如上所述,$y_B > x_B$,因此,同一压力下,气相组成比液相组成更接近 p_B^*,即液相线处于气相线的上方。液相线以上区域是液相区;气相线以下的区域是气相区;液相线与气相线之间的区域是气液两相平衡共存区。

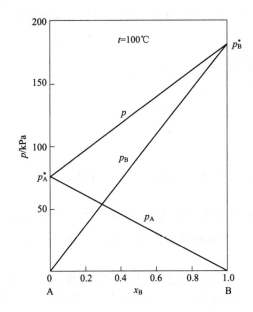

图 18-5 理想溶液的蒸气压-液相组成图

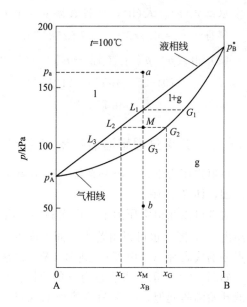

图 18-6 理想溶液的蒸气压-组成图

应用相图可以了解系统在外界条件改变时的相变化情况。例如在一个带有活塞的汽缸中,盛有 A、B 二组分的溶液,组成为 x,在温度 T 和压力 p 下,系统的状态相当于图 18-6 中液相区内 p 点。

当压力降低时,系统沿组成线垂直向下移动,到达 L_1 点之前一直是单一的液相,到达 L_1 点时,溶液开始蒸发,最初形成的蒸气状态为 G_1 点所示。

当压力继续降低时,溶液继续蒸发为蒸气,系统进入两相平衡区内,当系统处于 M 点时，系统中气液两相平衡共存，L_2 点表示液相状态，G_2 点表示气相状态，L_2 和 G_2 均为相点。两个平衡相点的连线称为相平衡结线，即 L_2G_2 线。

由图 18-6 可知，当系统从 L_1 点移动到 M 点的过程中，平衡两相的相点都在改变，液相点由 L_1 点沿液相线变为 L_2 点，气相点由 G_1 点沿气相线变为 G_2，当压力继续降低，气相点到达 G_3 点时，溶液几乎全部蒸发为蒸气，最后一滴溶液的状态如图中 L_3 所示，此后，系统进入蒸气的单相区。

系统由 L_1 移动到 G_3 的整个过程中，系统中始终保持气液平衡，平衡两相的组成和相对数量都随压力而变化。

【例 18-14】 液体 A 和 B 可形成理想溶液。把组成为 $y_A=0.40$ 的蒸气混合物放入一带有活塞的汽缸中进行等温压缩（温度为 T）。已知温度 T 时 p_A^* 和 p_B^* 分别为 40530Pa 和 121590Pa。

(1) 计算刚开始出现液相时的蒸气总压力。

(2) 求 A 和 B 的液态混合物在 101325Pa 下沸腾时液相的组成。

解：(1) 刚开始凝结的气相组成仍为 $y_A=0.4$，$y_B=0.6$，

由 $p_B=py_B$，得

$$p=p_B/y_B=p_B^*x_B/y_B \tag{a}$$

又因为 $$p=p_A^*+(p_B^*-p_A^*)x_B \tag{b}$$

联立式(a)、式(b)，并将数据 $y_B=0.6$，$p_A^*=40530$Pa，$p_B^*=121590$Pa 代入两式，解得 $x_B=0.333$ $p=67584$Pa。

(2) 由式 $p=p_A^*+(p_B^*-p_A^*)x_B$，代入数据，得

$$101325=40530+(121590-40530)x_B$$
$$x_B=0.750$$

18.6.2　二组分理想溶液的沸点-组成图

在恒定压力下，二组分系统气液平衡时表示溶液的沸点与组成关系的相图，称为沸点-组成图，即 T-x 图。

通常可以在恒定压力下，由实验测定出一系列平衡系统中的 x_B 与相应 T 的对应数值，并绘出 T-x 图；也可以由若干不同温度下的 p-x 图转换得到如图 18-7 所示。图中 t_A^*、t_B^* 两点分别代表纯 A（甲苯）、纯 B（苯）的沸点。

如图 18-7 所示，将状态为 a 的溶液恒压升温达到液相线的 L_1 点（对应温度为 t_1）时，溶液开始沸腾起泡，t_1 称为该溶液的泡点。因为液相线表示溶液组成与泡点的关系，所以液相线也称为泡点线。若将状态为 b 的蒸气恒压降温达到 G_2 点（对应温度为 t_2）时，蒸气开始凝结而析出露珠似的液滴，t_2 称为该蒸气的露点，气相线表示蒸气组成与露点的关系，所以气相线也称为露点线。

18.6.3　杠杆规则

相图不仅能表示相平衡系统存在的条件，还可以用来计算两相平衡时相互的数量关系。图 18-8 是一恒定压力下的 T-x（y）图，在梭形区内，气液两相平衡，两相的组成可分别从水平线 L_1G_1 的两端读出。设液体 A 与液体 B 混合后形成理想溶液，物质的量分别为 n_A、

n_B，理想混合液中，B 的摩尔分数为 x_{B0}，当温度为 t_1 时，系统点的位置在 M 点，M 点落在梭形区中，达到气液两相平衡。

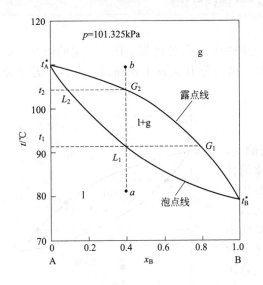

图 18-7　理想溶液的沸点-组成图　　　　　图 18-8　杠杆规则在相图中的应用

平衡气相组成为 y_B，气相物质的量为 n_G，平衡液相组成为 x_B，液相物质的量为 n_L。就组分 B 来说，在气液两相平衡时，它存在于气、液两相之中，即

$$\underset{\substack{\text{原溶液中 B 的}\\\text{总物质的量}}}{n x_{B0}} = \underset{\substack{\text{分配在液相中}\\\text{B 的物质的量}}}{n_L x_B} + \underset{\substack{\text{分配在气相中}\\\text{B 的物质的量}}}{n_G y_B}$$

$$n = n_L + n_G$$

所以　　　　　　　　　　$(n_L + n_G) x_{B0} = n_L x_B + n_G y_B$

或　　　　　　　　　　　$n_L(x_{B0} - x_B) = n_G(y_B - x_{B0})$

也可以表示为：

$$\frac{n_L}{n_G} = \frac{y_B - x_{B0}}{x_{B0} - x_B} = \frac{\overline{MG}}{\overline{LM}}$$

如果把图中 $L_1 G_1$ 比作一个以 M 点为支点的杠杆，液相物质的量乘以 $L_1 M$ 等于气相物质的量乘以 MG_1，此关系称为杠杆规则。

【例 18-15】　100mol 组成为 $x_B = 0.50$ 的甲苯(A)-苯(B)混合物在 $100℃$、压力为 $117.4kPa$ 时，气、液两相组成分别为 $y_1 = 0.61$，$x_1 = 0.40$，试求两相的物质的量。

解：设两相物质的量分别为 $n(g)$ 与 $n(l)$，则有

$$n(l) \times (0.50 - 0.40) = n(g) \times (0.61 - 0.50)$$

另外，根据题给条件，系统总的物质的量应为两相的物质的量之和，即

$$n(l) + n(g) = 100mol$$

解上述方程，即可得到

$$n(l) = 52.4mol$$

$$n(g) = 47.6mol$$

18.7 二组分实际溶液的气-液平衡相图

通常遇到的实际溶液大多数是非理想溶液,它们的行为与拉乌尔定律有一定的偏差。对于二组分系统,可以证明,若组分 A 发生正偏差,则组分 B 也发生正偏差;反之,若组分 A 发生负偏差,则组分 B 也发生负偏差。

18.7.1 具有一般正(负)偏差的系统

苯与丙酮形成的溶液,对拉乌尔定律发生正偏差,两个组分的蒸气压和总蒸气压均大于拉乌尔定律的计算值;氯仿与乙醚形成的溶液,对拉乌尔定律发生负偏差,两个组分的蒸气压和总蒸气压均低于拉乌尔定律的计算值。这类系统的特点是:正(负)偏差均不是很大,其蒸气压-组成图和沸点-组成图与理想溶液的相图类似,又称为正常型溶液,这类溶液的蒸气总压总是介于两个纯组分的蒸气压之间,见图 18-9。

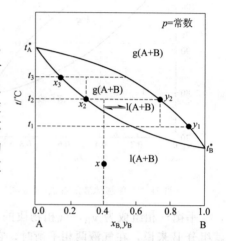

图 18-9 正常型溶液的沸点-组成图

18.7.2 具有最大正偏差的系统

甲醇与氯仿所形成的溶液分别对拉乌尔定律产生正偏差,在一定浓度范围内,溶液的蒸气压大于任何一个纯组分的蒸气压,所以具有最大正偏差系统的相图特征是分别在蒸气压-组成图上出现最高点,见图 18-10,在沸点组成图上出现最低恒沸点,如图 18-11 所示。

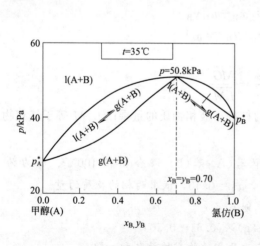

图 18-10 甲醇(A)-氯仿(B)
系统的蒸气压-组成图
(具有最大正偏差)

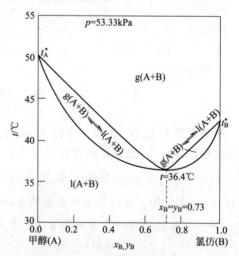

图 18-11 甲醇(A)-氯仿(B)
系统的沸点-组成图
(具有最低恒沸点)

18.7.3 具有最大负偏差的系统

氯仿与丙酮所形成的溶液分别对拉乌尔定律产生负偏差,所不同的是在一定浓度范围内，溶液的蒸气压小于任何一个纯组分的蒸气压，所以具有最大负偏差系统的相图特征是分别在蒸气压-组成图上出现最低点，见图 18-12，在沸点组成图上出现最高恒沸点，如图 18-13 所示。

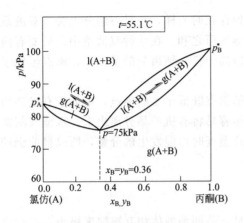

图 18-12　氯仿（A）-丙酮（B）
系统的蒸气压-组成图
（具有最大负偏差）

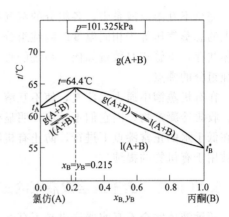

图 18-13　氯仿（A）-丙酮（B）
系统的沸点-组成图
（具有最高恒沸点）

18. 7. 4　精馏原理

化工生产中，常常通过精馏操作把液态混合物分离为纯组分，其原理就是在气-液时气相组成不等于液相组成。

对液态混合物进行多次部分汽化和多次部分冷凝从而使之分离为纯组分的操作叫精馏。因为气相中易挥发组分的相对含量大于其在液相中的相对含量，将平衡时的气液相分离并使气相凝结一部分，则剩余的气相中易挥发组分的相对含量会提高，将分开的液相再蒸发一部分，剩余液相中的不易挥发组分的相对含量也会进一步提高，将这样的操作在精馏塔中反复进行，若塔的底部温度设计为不易挥发组分的沸点，塔的顶部温度设计为易挥发组分的沸点，自塔底到塔顶温度逐渐降低。塔中间分成若干层，每层塔板上液相与气相同处于气液平衡。将要分离的液态混合物于塔中部适当位置通入，塔底产生的气相逐层通过塔板上升。塔顶可以不断获得纯的易挥发组分；由塔顶冷凝的液相逐层通过塔板下降，在塔底不断获得纯的不易挥发组分，从而达到分离的目的。

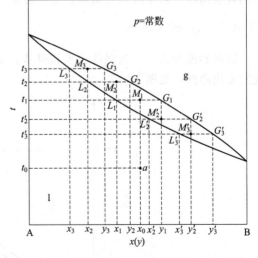

图 18-14　精馏原理的二组分系统沸点-组成图

如图 18-14 所示，气相多次部分冷凝时，$y_1 < y_2' < y_3''$，气相→易挥发组分纯 B；液相多次部分气化时，$x_3 < x_2 < x_1 < x_0$，液相→难挥发组分纯 A。

18.8 液态完全不互溶双液系的蒸气压

完全不互溶双液系中，各组分的蒸气压与单独存在时一样，与另一组分无关。双液系液面上的总蒸气压等于相同温度时两纯组分的饱和蒸气压之和。在这种双液系中，只要有两种液体共存，不管相对数量如何，系统的总蒸气压恒高于任一纯组分的蒸气压，沸点恒低于任一纯组分的沸点。

在有机蒸馏中通入水蒸气，使不互溶双液系的沸点既低于水的沸点，更低于有机物的沸点。收集冷凝产物，因它们不互溶，明显分层，很容易将有机产品分离出来。水蒸气蒸馏可以在低于水的正常沸点下进行，防止有机物在较高温度时可能发生的分解，所以目前仍较多地被用于有机物的提纯。

18.8.1 液态完全不互溶双液系的蒸气压

两种液体完全不互溶严格讲是不存在的。但是，若两种液体相互溶解度极小，以致可以忽略不计，这样近似地可视为完全不互溶双液系。例如，汞和水、水和二硫化碳、水和溴苯等就属于这种系统，以下简称为不互溶双液系。

当两种完全不互溶的液体 A 和 B 共存时，各组分的饱和蒸气压与单独存在时一样，与另一组分无关。在不互溶双液系的液面上，总蒸气压等于该温度时两纯组分的饱和蒸气压之和，即

$$p = p_A^* + p_B^* \tag{18-17}$$

在这种系统中，只要有两种液体共存，不论其相对数量如何，系统的总蒸气压恒高于任一纯组分的蒸气压。

沸点通常是指液体的蒸气压等于外压时，液体开始沸腾时的温度。由于不互溶双液系的蒸气压恒大于任一种纯液体的蒸气压，因而这种双液系的沸点会恒低于任一纯组分的沸点，人们就利用这一点来降低有机物蒸馏的温度。

18.8.2 水蒸气蒸馏

以水和溴苯为例，近似认为水和溴苯完全不互溶。分别画出水和溴苯的饱和蒸气压随温度的变化曲线，见图 18-15。

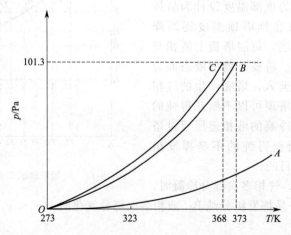

图 18-15 水和溴苯的蒸气压随温度变化的曲线

图 18-15 中，OA 线是溴苯的蒸气压随温度变化的曲线，若将 OA 线延长，当蒸气压等于 101.325kPa 时溴苯沸腾，沸点为 429K（图中未画出）。OB 线是水的蒸气压曲线，在压力为 101.325kPa 时，水沸腾，水的正常沸点为 373K。OC 是"水＋溴苯"的总蒸气压曲线，即把每一温度下溴苯和水的蒸气压相加而得。当 OC 与压力为 101.325kPa 的水平线相交于 C 点时，这个不互溶双液系开始沸腾，沸点为 368K，这个沸点既低于溴苯的沸点，也低于水的沸点。这时水蒸气和溴苯蒸气同时馏出，冷凝接收，得两者的液相产物。由于它们不互溶，明显分层，所以很容易从馏出物中将溴苯分离出来。

由于加入水蒸气后可以使有机物蒸馏的温度下降，可以在低于水的正常沸点温度下蒸馏，防止有机物在较高温度时发生分解，而且这种操作成本低，操作容易，所以水蒸气蒸馏方法仍较多地用于实验室及生产中来提纯有机物质。

水与水银也可近似看作完全不互溶双液系，其液面上的饱和蒸气压等于同温下水的饱和蒸气压与水银的饱和蒸气压之和。有人想在水银面上盖上一层水，以降低水银蒸气对人们的危害，显然是徒劳的。

【知识拓展】

分配定律

实验证明，在等温等压下，如果一种物质 B 可以溶解在另外两种同时存在的互不相溶的液体里，达到平衡后，该物质在两相中的浓度之比等于常数，这就是分配定律。其数学表达式为：

$$\frac{b_{B(\alpha)}}{b_{B(\beta)}}=K \qquad (18\text{-}18a)$$

或者

$$\frac{c_{B(\alpha)}}{c_{B(\beta)}}=K \qquad (18\text{-}18b)$$

式中，$b_{B(\alpha)}$ 和 $b_{B(\beta)}$ 分别为溶质 B 在溶剂 α 和溶剂 β 中的质量摩尔浓度（溶解度）；$c_{B(\alpha)}$ 和 $c_{B(\beta)}$ 分别为溶质 B 在溶剂 α 和溶剂 β 中的物质的量浓度（溶解度）；K 称为分配系数。影响 K 的因素有温度、压力、溶质及两种溶剂的性质。当溶液浓度不大时，该式能很好地与实验结果相符。这个经验定律也可以从热力学得到证明。

醋酸在水与乙醚间的分配，碘在水与四氯化碳间的分配，都是符合分配定律的例子。

分配定律是化学工业中萃取操作的理论基础。用萃取法可以除去溶液中的杂质组分，或分离出溶液中有用的组分。稀有元素的萃取和分离常采取这种方法。

学习指导

实训 14
双液系的气液平衡相图的绘制

 素质阅读

二氧化碳的相图及超临界流体

在"碳达峰碳中和"（双碳）目标下，实现二氧化碳大规模减排，需要多措施并举、多

管理齐下；另一方面，如何将二氧化碳作为一种资源来进行利用，实现经济增长和碳减排的目标，以助推我国经济社会的可持续发展也是当前很重要的一个研究问题。下面简单介绍二氧化碳的相图及超临界流体的应用。

1. 二氧化碳的相图

二氧化碳（CO_2）的相图（见图 18-16）与水的相图（图 18-4）相似，也是典型的单组分系统相图。图中 OA 线是固态 CO_2 和液态 CO_2 的两相平衡线；OC 线是液态 CO_2 和气态 CO_2 的两相平衡线；OB 线是固态 CO_2 和气态 CO_2 的两相平衡线。OC 线不能任意向右上方向延长，它终止于 CO_2 的临界点 C（304.2K，$7.38×10^3$kPa），在临界点时，液态和气态之间的界面消失，液体密度与气体密度相等（物质呈现浑浊态）。O 点是三相点，CO_2 的三相点的温度为 216.55K，压力为 517.8kPa。

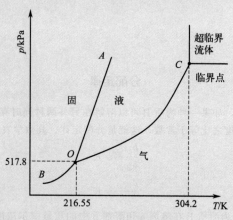

图 18-16　二氧化碳的相图

2. 二氧化碳超临界流体及应用

在临界点 C 的右上方区域是 CO_2 超临界流体区（$T_c>304.2$K，$p_c>7.38$MPa）。超临界流体基本上仍属于一种气态物质，但是又不同于一般气体，是一种稠密气体，它的密度比一般气体要大两个数量级，与液体相近。它的黏度比一般液体小，但扩散速度比一般液体快，所以超临界流体具有较好的流动性和传递性能。它的介电常数较大，有利于溶解一些极性物质。下面介绍超临界 CO_2 的一些应用。

（1）超临界二氧化碳在萃取技术中的应用　与传统的有机溶剂萃取相比，超临界 CO_2 萃取具有无毒、无残留、环保等优点，因此，超临界 CO_2 萃取技术在食品、医药、化妆品等领域得到了广泛应用。超临界 CO_2 可以用于从天然物中抽取有效成分，例如用超临界 CO_2 从咖啡豆中除去咖啡因，从烟草中脱除尼古丁，从大豆或玉米胚芽中分离油脂，对花生油、棕榈油、大豆油进行脱臭处理等。又例如从红花中提取红花甙及红花醌甙（二者是治疗高血压和肝病的有效成分），从月见草中提取月见草油（对心血管病有良好的疗效）等。

（2）超临界二氧化碳作为反应介质的应用　超临界 CO_2 作为反应介质具有独特的优势。由于超临界 CO_2 具有良好的溶解能力，可以溶解多种有机物和无机物，如将反应物和催化剂都溶解在超临界流体中，可使非均相反应变成均相反应。其次，超临界 CO_2 的扩散性能较好，有利于反应物质的混合和传质；超临界 CO_2 的黏度较低，有利于减少反应过程中的传质阻力。再者，超临界流体技术涉及高压系统，某些反应其反应速率随压力增高而增加，此类反应若是在超临界流体中进行，显然对加快反应速率是非常有利的。因此，超临界 CO_2 在化学反应中具有很广的应用前景。目前，已有许多研究报道了利用超临界二氧化碳作为反应介质进行有机合成、催化反应等方面的应用。

（3）超临界二氧化碳在化工分离技术中的应用 超临界 CO_2 在分离技术中也具有独特的应用价值。由于超临界 CO_2 相对于一般气体具有较高的密度，且具有较低的表面张力和良好的溶解能力，可以实现对多种物质的分离。例如，在石油化工领域，可以利用超临界 CO_2 对石油中的烃类进行分离和提纯；在环境保护领域，可以利用超临界 CO_2 对废气中的有害物质进行吸附和分离。此外，超临界二氧化碳还可以用于气体混合物的分离和提纯等领域。

 思考与练习

一．单选题

1. 在一定外压下，多组分体系的沸点（　　）。

A. 有恒定值　　　 B. 随组分而变化　　　 C. 随浓度而变化　　　 D. 随组分及浓度而变化

2. 298K 时 A 和 B 两种气体在某一溶剂中溶解的亨利系数分别为 k_A 和 k_B，且知 $k_A > k_B$，则当 A 和 B 的分压力相同时，在该溶剂中所溶解的量是（　　）。

A. A 的量大于 B 的量　　　　　　　　　 B. A 的量小于 B 的量

C. A 的量等于 B 的量　　　　　　　　　 D. A 的量与 B 的量无法比较

3. 影响沸点升高常数和凝固点降低常数的主要因素是（　　）。

A. 温度和压力　　　 B. 温度和溶剂本性　　 C. 溶剂本性　　　　 D. 溶质本性

4. 纯水的沸点为 T_b^*，凝固点为 T_f^*；NaCl 水溶液的沸点为 T_b，凝固点为 T_f，则（　　）。

A. $T_f^* < T_f$，$T_b^* > T_b$　　　　　　　　 B. $T_f^* > T_f$，$T_b^* < T_b$

C. $T_f^* > T_f$，$T_b^* > T_b$　　　　　　　　 D. $T_f^* < T_f$，$T_b^* < T_b$

5. 两只烧杯中各有 1kg 水，向 A 杯中加入 0.01mol 蔗糖，向 B 杯中加入 0.01mol NaCl，两只烧杯按同样速度冷却降温，则有（　　）。

A. A 杯先结冰　　　 B. B 杯先结冰　　　　 C. 两杯同时结冰　　 D. 不能确定

6. 单组分体系的最大自由度数及平衡共存的最大相数为（　　）。

A. 2，2　　　　　　 B. 2，3　　　　　　　 C. 3，3　　　　　　 D. 3，4

7. 由二组分体系的最大自由度数及平衡共存的最大相数为（　　）。

A. 2，3　　　　　　 B. 3，3　　　　　　　 C. 3，4　　　　　　 D. 4，5

8. A、B 两液体以一定比例混合形成理想液态混合物（理想溶液），设 B 为易挥发组分，在一定温度下达气液平衡时，溶液蒸气总压 p 与两纯组分蒸气压 p_A^* 和 p_B^* 相对大小是（　　）。

A. $p_A^* < p < p_B^*$　　 B. $p_B^* < p < p_A^*$　　 C. $p < p_A^*$　　　　　　 D. $p > p_B^*$

9. A、B 两液体以一定比例混合形成理想溶液，设 B 为易挥发组分，在一定压力下达气-液平衡时，溶液沸点 T 与两纯组分沸点 T_A^* 和 T_B^* 相对大小是（　　）。

A. $T>T_A^*$ B. $T_A^*<T<T_B^*$ C. $T_B^*<T<T_A^*$ D. $T<T_B^*$

10. 在冰点时，纯水体系的自由度数为（　　　）。

A. 1   B. 0   C. 2   D. 3

11. 碳酸钠和水可形成三种化合物：$NaCO_3 \cdot H_2O$，$NaCO_3 \cdot 7H_2O$，$NaCO_3 \cdot 10H_2O$，该系统的独立组分数 C 和在恒压下最多可能平衡共存的相数 P 是（　　　）。

A. $C=2$　$P=2$ B. $C=2$　$P=3$ C. $C=3$　$P=2$ D. $C=2$　$P=4$

12. 在450℃的抽空容器中，通入 $NH_3(g)$，当反应 $2NH_3(g) \rightleftharpoons N_2(g)+3H_2(g)$ 达平衡时，体系的组分数 C 和自由度数 F 是（　　　）。

A. $C=3$　$F=2$ B. $C=2$　$F=3$ C. $C=1$　$F=2$ D. $C=1$　$F=1$

13. 在400K 时，液体 A 的蒸气压为 40kPa，液体 B 的蒸气压为 60kPa，两者组成理想液态混合物，气液平衡时溶液中 A 的摩尔分数为 0.6，则气相中 B 的摩尔分数为（　　　）。

A. 0.60   B. 0.50   C. 0.40   D. 0.30

二．填空题

1. 拉乌尔定律的表达式为_____，它适用于理想溶液的_____及理想稀溶液中的_____。

2. 25℃下，$HCl(g)$ 溶于液态苯中达平衡，气相中 HCl 的分压为 100kPa 时，溶液中 HCl 的摩尔分数为 0.04，则 25℃时 HCl（g）溶解在液态苯中的亨利常数为_____。

3. 在一定温度下，纯溶剂中溶入少量的不挥发性溶质形成稀溶液后，稀溶液的_____、_____、_____和_____，这些性质仅与溶液中_____有关，而与_____无关，因此称为稀溶液的依数性。

4. 在100℃下，水 $H_2O(l)$ 与水蒸气 $H_2O(g)$ 成平衡，该体系的组分数 $C=$____，相数 $P=$_____，自由度数 $F=$_____。

5. $N_2(g)$、$O_2(g)$ 溶于 $CHCl_3(l)$ 与水组成的部分互溶溶液中且达到相平衡，该体系的相数 $P=$_____，组分数 $C=$_____，自由度数 $F=$_____。

6. $Ca(OH)_2(s)$ 与 $CaO(s)$ 和 $H_2O(g)$ 达分解平衡，$Ca(OH)_2(s) \rightleftharpoons CaO(s)+H_2O(g)$，该体系的相数 $P=$_____，组分数 $C=$_____，自由度数 $F=$_____。

7. $NH_4Cl(s)$ 放在抽空的容器中部分分解得 $NH_3(g)$ 和 $HCl(g)$，且达到平衡，该体系的相数 $P=$_____，组分数 $C=$_____，自由度数 $F=$_____。

8. 由 $NH_4HS(s)$ 和任意量的 $NH_3(g)$ 及 $H_2S(g)$ 组成的体系达到平衡时，其相数 $P=$_____，组分数 $C=$_____，自由度数 $F=$_____。

9. $N_2(g)$、$H_2(g)$、$NH_3(g)$ 以任意的比例混合，并且达到化学平衡，该体系的相数 $P=$_____，组分数 $C=$_____，自由度数 $F=$_____。

10. 在450℃的抽空容器中，通入 $NH_3(g)$，当反应 $2NH_3(g) \rightleftharpoons N_2(g)+3H_2(g)$ 达平衡时，体系的相数 $P=$_____，组分数 $C=$_____，自由度数 $F=$_____。

11. 与拉乌尔定律产生_____正偏差或_____负偏差的系统能形成恒沸混合物；恒沸混合物不是化合物，因为它的组成随_____的变化而改变。

12. 已知水的正常沸点为100℃，水的摩尔蒸发热 $\Delta H_m=40.604kJ \cdot mol^{-1}$，某高原地区的气压只有 60kPa，则该地区水的沸点为_____。

三、计算题

1. 溶质果糖 $C_6H_{12}O_6$（B）溶于水（A）中形成的水溶液，已知其质量分数为 9.85%，在 20℃时此水溶液的密度 $\rho=1.0367kg \cdot dm^{-3}$。求此水溶液的摩尔分数、体积摩尔浓度、质量摩尔浓度。

2. 20℃时，乙醚 $C_2H_5OC_2H_5$（A）的饱和蒸气压为 58.95kPa，在 0.100kg 乙醚（A）中加入某种不挥发性有机物（B）0.010kg，乙醚的蒸气压降低到 56.79kPa，试求该有机物的摩尔质量 M_B。

3. 在 0.0337kg 的 CCl_4（A）中溶解 $6×10^{-4}$kg 某不挥发性溶质（B），测得该稀溶液沸点为 78.26℃，已知纯 CCl_4 的沸点是 76.75℃，已知 CCl_4 的沸点升高常数为 5.02K·kg·mol^{-1}，求该不挥发性溶质的摩尔质量 M_B。

4. 人的血液（可视为稀水溶液）在 101.325kPa 下于 -0.56℃ 凝固，已知水的凝固点降低常数 $K_f = 1.86$K·mol^{-1}·kg。求人体血液在 37℃时的渗透压（血液密度近似为 $1.0×10^3$kg·m^{-3}）。

5. 某乙醇（B）-水（A）溶液，在 97.1℃ 当乙醇（B）的质量分数为 0.03 时，该乙醇水溶液的蒸气总压为 101.3kPa，已知在 97.1℃ 时纯水（A）的蒸气压为 91.295kPa。试计算在该温度下，当乙醇水溶液中乙醇摩尔分数 $x_B = 0.025$ 时，此乙醇水溶液的蒸气总压。（该乙醇水溶液可视为理想稀溶液。）

6. 已知 60℃ 时乙醇（A）的饱和蒸气压是 47.0kPa，甲醇（B）的饱和蒸气压是 83.4kPa。二者可形成理想液态混合物，若混合物的组成为 A 和 B 质量分数各占 50%，求 60℃ 时此混合物两相平衡时蒸气总压及气相组成（以摩尔分数表示）。

7. 已知 80℃ 时纯苯（B）的蒸气压为 100kPa，纯甲苯（A）的蒸气压为 38.7kPa。两液体可形成理想液态混合物。若有苯-甲苯的气液平衡混合物，在 80℃ 时气相中苯的摩尔分数 $y_B = 0.300$，求平衡液相的组成。

第 19 章
胶体及应用

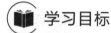 学习目标

知识目标

熟悉胶体的性质及用途。

能力目标

能运用胶体知识解释日常生活或工业生产中的现象。

素质目标

1. 提高辩证思维和创新能力；
2. 培养科学立场、信念和态度；
3. 增强文化自信，提高建设科技强国的社会责任意识。

胶体分散系统有着许多特别的性质和现象，在能源、材料、生物、化学制造和环境科学等领域具有广泛的应用，并渗透到国民经济的各个主要领域中。所涉及其中的一些重大科学问题，如土壤改良、功能与复合材料、三次采油、人造血浆、药物缓释与定向、润滑和油漆涂料等，与国家安全、能源开发、环境保护和人民生活等方面密切相关，对社会与经济的可持续发展具有重要的意义。本章内容主要是介绍胶体的主要性质及应用，开拓学生的视野，适应现代社会对知识结构的要求，提高实际工作的能力。

19.1　胶体及其主要特性

胶体分散系统由于分散程度较高，且为多相（具有明显的物理分界面），因此它的一系列性质与其他分散系统有所不同。

> **查一查**：中国古代文明中的胶体化学。

19.1.1　胶体的分类

分散系中分散成粒子的物质叫作分散质，另一种物质叫作分散剂。通常情况下，分散质粒子直径在 1～100nm 之间的分散系称为胶体。胶体是一种分散质粒子直径介于粗分散体系和溶液之间的一类分散体系，这是一种高度分散的多相不均匀体系。

> **想一想**：渗析法可以提纯胶体吗？

常见的分类方法是按照分散相和分散介质的聚集状态进行分类，见表 19-1。

表 19-1　分散系统的分类（按照分散相和分散介质的聚集状态）

分散相	分散介质	名　称	实　例
气	液		泡沫（如肥皂、灭火泡沫）
液	液	液溶胶	乳状液（牛奶、含水原油）
固	液		悬浮体或溶胶（如油漆、泥浆）
气	固		浮石、泡沫塑料
液	固	固溶胶	珍珠、某些宝石
固	固		某些合金、有色玻璃
气	气		—
液	气	气溶胶	雾
固	气		烟，沙尘暴

19.1.2　胶团的结构

胶团结构：一定量的难溶物分子聚结形成胶粒的中心，称为胶核；胶核选择性地吸附稳定剂中的一种离子，形成紧密吸附层；由于正、负电荷相吸，在紧密层外形成反号离子的包围圈，从而形成了带与紧密层相同电荷的胶粒；胶粒与扩散层中的反号离子，形成一个电中性的胶团。以 AgI 胶团结构式为例，如图 19-1 和图 19-2 所示，虽然胶团显示电中性，但是胶粒显示电负性。正是由于胶粒都带有相同的电荷，所以相互排斥，故胶体显示稳定性，不易聚结。

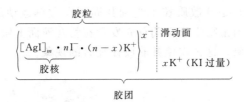

图 19-1　AgI 胶团结构式

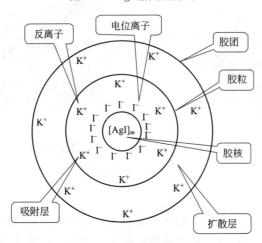

图 19-2　AgI 胶团剖面图

19.1.3　溶胶的光学性质

丁达尔效应是粒子对光散射的结果。当一束光线透过胶体，从入射光的垂直方向可以观察到胶体里出现的一条光亮的"通路"，这种现象就叫丁达尔效应，见图 19-3。

这是因为当入射光的波长大于分散质粒子的尺寸时，主要发生光的散射，所以在光的前进方向之外也能观察到发光的现象。反之，当入射光的波长小于分散质粒子的尺寸时，则主要发生光的反射。由于丁达尔效应是胶粒对光散射作用的宏观表现，因此，可用它来鉴别溶胶。

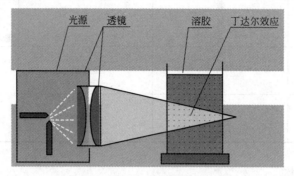

图 19-3　丁达尔效应

> **查一查**：探寻丁达尔效应实例，拍摄丁达尔现象，寻找"最美丁达尔现象"。

19.1.4　溶胶的动力学性质

（1）布朗运动

布朗运动（见图 19-4）是分散质粒子受到其周围在做热运动的分散介质分子的撞击而引起的无规则运动。因英国植物学家布朗首先发现花粉在液面上做无规则运动而得名。布朗运动属于微粒的热运动现象。这种现象并非胶体独有的现象。

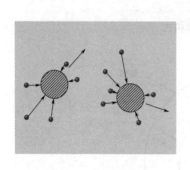

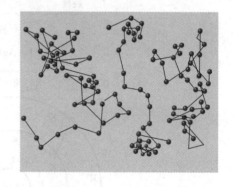

(a) 分散相粒子受介质分子冲击示意图　　　　　(b) 超显微镜下分散相粒子的布朗运动

图 19-4　布朗运动

（2）扩散和渗透压

当系统中存在浓度差时，介质中的质点会自发地从高浓度区域向低浓度区域迁移，这一现象称为扩散。布朗运动是扩散的运动基础，粒子扩散的原动力是浓度梯度，因为系统总是要向浓度均匀分布的方向变化。通过扩散试验，可以运用 Fick 扩散定律求出粒子的扩散系数，并通过扩散系数获得粒子的大小和形状。这是人们研究扩散现象的目的。

扩散作用与渗透压之间有着密切的联系。渗透压是溶液的依数性之一，是衡量介质分子通过半透膜进入溶液能力的尺度。溶胶的渗透压可以借助渗透压的公式计算。

（3）沉降及沉降平衡

胶粒受到重力的作用而下沉的过程称为沉降。胶体粒子的沉降必然导致浓度差的出现，而浓度梯度又使得粒子朝着沉降的反方向扩散。当沉降与扩散速率相等时，则体系达到沉降平衡。这时溶胶粒子密度分布随高度变化关系与大气层中空气密度随高度分布情况类似，位置越高密度越低，如图 19-5 所示。研究表明：粒子质量越大，其平衡浓度随高度的降低亦越大。

19.1.5　溶胶的电学性质

（1）双电层模型和 ζ 电势

胶团双电层结构：根据斯特恩（Stern）的观点，一部分反离子由于电性吸引或非电性的特性吸引作用而和表面紧密结合，吸附在固体表面的紧密层有 1～2 个分子层的厚度的吸附层，后被称为 Stern 层。其余的离子则扩散地分布在溶液中，构成双电层的扩散层（见图 19-6）。带电的固体或胶粒在移动时，移动的滑动面与液体本体之间的电位差称为 ζ 电势。ζ 电势的大小，反映了胶体粒子带电的程度。

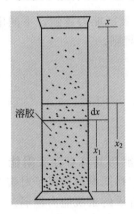

图 19-5　沉降平衡

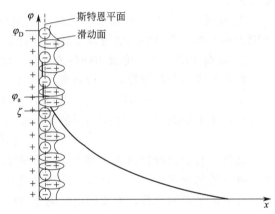

图 19-6　双电层中的电势变化

（2）电泳

在外加电场下，胶体粒子在分散介质中作定向运动的现象称为电泳，如图 19-7 所示。

影响电泳的因素有：带电粒子的大小、形状；粒子表面电荷的数目；介质中电解质的种类、离子强度，pH 值和黏度；电泳的温度和外加电压等。从电泳现象可以获得胶粒或大分子的结构、大小和形状等有关信息。

（3）电渗

在外加电场下，可以观察到分散介质会通过多孔膜或极细的毛细管而移动，即固定相不动两液相移动，这种现象称为电渗，见图 19-8。

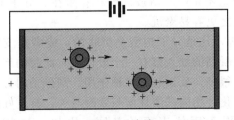

图 19-7　电泳

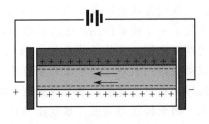

图 19-8　电渗

电渗技术在工业中常用于增强微流道内的流体混合，驱除产品中的水分，制备多孔介质材料，控制生物芯片中的液体薄膜移动等实际应用。

想一想：在电泳实验中，观察到胶粒向阳极移动，能说明什么？

19.1.6　溶胶的聚沉作用

因为溶胶的胶粒具有很大的表面积，总是有聚集成更大的颗粒的倾向。当颗粒达到一定程度以后就要沉淀，所以他是不稳定的。溶胶中粒子合并、长大这一过程叫作聚沉。聚沉可以有各种原因，其中电解质这一原因人们了解得最多。

（1）电解质的聚沉作用

加入电解质后，溶胶的稳定性最差，非常易于聚沉。电解质使溶胶聚沉，起主要作用的是反离子。

① 反离子的价数。电解质中反离子的价数越高，它的聚沉能力越强，不同电解质的聚沉能力和反离子价数的六次方成正比，这就是舒尔茨-哈迪规则。

② 反离子的大小。价数相同的离子聚沉能力有所不同。

对胶粒带负电的溶胶，一价阳离子的聚沉能力次序为：

$$H^+>Cs^+>Rb^+>NH_4^+>K^+>Na^+>Li^+$$

对带正电的胶粒，一价阴离子的聚沉能力次序为：

$$F^->Cl^->Br^->NO_3^->I^-$$

其次，有机化合物的离子都有很强的聚沉能力，这可能与其具有强吸附能力有关。另外，电解质的聚沉作用是正负离子作用的总和，与胶粒具有相同电荷的离子对聚沉也存在影响，有时甚至影响显著，通常同电性离子的价数越高，电解质的聚沉能力越弱。

总而言之，电解质对溶胶聚沉作用的影响虽然比较复杂，但无论加入何种电解质，只要浓度达到某一定数值，都会使溶胶产生聚沉。

（2）溶胶系统的相互作用

将电性相反的溶胶相互混合也会发生相互聚沉作用。与加入电解质的聚沉作用不同的是，当两种溶胶的用量恰能使其所带电荷的量相等时，才会完全聚沉，否则会不完全聚沉，甚至不发生聚沉。即溶胶系统的相互聚沉作用对两种溶胶的用量比例要求严格。溶胶系统的相互聚沉作用在土壤学的研究中具有重要意义。

（3）高分子化合物对溶胶的作用

加入少量某种高分子溶液，有时能明显地破坏溶胶的稳定性，或者是使电解质的聚沉值显著减小，称为敏化作用，或者是高分子化合物直接导致胶粒聚集而沉降，称为絮凝过程。

产生絮凝作用的原因是当加入的大分子物质的量不足时，溶胶的胶粒黏附在大分子上，大分子起了一个桥梁作用，把胶粒联系在一起，使之更容易聚沉。

起絮凝作用的高分子化合物一般具有链状结构，凡是分子构型是交联的，或者是支链的，其絮凝作用就差，甚至没有絮凝能力。任何絮凝剂的加入都有一个最佳值，此时的絮凝效果最好，超过了此值，絮凝效果就下降，若超出很多，反而起到保护作用。高分子的分子量越大，则架桥能力越强，絮凝能力越高。高分子化合物的基团性质与絮凝有关，有良好的絮凝作用的高分子化合物至少应该具备能吸附于固体表面的基团，比如—COOH，—CONH₂，—OH，—SO₃Na 等，这些极性基团的特点是亲水性很强，在固体表面上能吸附，所以基团的性质对絮凝效果有十分重要的影响。此外，絮凝过程是否迅速、彻底，这取决于絮凝物的大小和结构，絮凝物的性能与絮凝剂的混合条件，搅拌速度和强度等。

高分子化合物的聚沉作用：搭桥效应、脱水效应、电中和效应。明胶、蛋白质、淀粉等高分子常作为溶胶的保护性胶体，保护性胶体在生理上具有很重要的作用。

19.1.7　胶体的性质与意义

在生产生活中胶体的应用越来越广（见表 19-2），所以做好胶体性质的探究是有实际意义的。

表 19-2　胶体的性质与意义

胶体的性质	意　义
丁达尔现象（光学现象）	区别胶体与溶液的方法
布朗运动（动力学性质）	证明分子是运动着的
胶体的聚沉	破坏胶体，如做豆腐
电泳现象	静电除尘
渗析	净化胶体

> 想一想：利用胶体的性质可以解决哪些实际问题？

19.2　乳状液

乳状液是我们生活中常见的胶体，在农业、工业、食品行业等领域有着不可或缺的关键作用。

19.2.1　乳状液的定义及分类

（1）定义

由两种（或两种以上）不互溶或部分互溶的液体形成的分散系统，称乳状液。比如开采石油时从油井中喷出的含水原油、合成洗发精、洗面奶、配制成的农药乳剂以及牛奶或人的乳汁等等都是乳状液，食品如蛋黄酱、乳化炸药等皆属此类。

乳状液一般不透明，液滴直径大多在 $100nm \sim 10 \mu m$ 之间，可用一般光学显微镜观察。

（2）分类

乳状液的分散相被称为内相，分散介质被称为外相。乳状液中一相为水，用"W"表示。另一相为有机物，如苯、苯胺、煤油，皆称为"油"，用"O"表示。油作为不连续相分散在水中，称水包油型，用 O/W 表示；水作为不连续相分散在油中，称油包水型，用 W/O 表示。乳状液的类型如图 19-9 所示。

19.2.2　乳状液的不稳定性

乳状液理论中，一个重要的问题是其分层、变型和破乳。它们是乳状液不稳定性的三种表现方式，每个过程皆代表一种不同情况。特殊情况下它们又可能是相关的。

（1）分层

这往往是破乳的前导。一种乳状液变成了两种乳状液，一层中分散相比原来的多，另一层中相反。分层过程中，界面膜未破坏，故分层并未破乳，但分层最终将导致破乳。比如牛

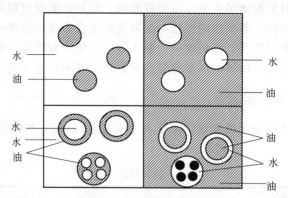

图 19-9　乳状液类型示意图

奶的分层是最常见的分层现象，它的上层是奶油，在上层中分散相乳脂约占 35%，而在下层只占 8%。

有些乳状液需要加速分层，如从牛奶中分离奶油，可采用高速离心机（6000r·min⁻¹）加速分层。有时可以加些试剂来加速分层，这种试剂称为分层剂。例如电解质对天然橡胶是一种很好的分层剂。

（2）变型

是指乳状液由 O/W 型变成了 W/O 型或相反的过程（如图 19-10 所示）。在乳状液中加入一定量的电解质，会促使乳状液变型。

(a) O/W型乳状液　(b) 变型过程　(c) 变型过程　(d) W/O型乳状液

图 19-10　乳状液变型示意图

（3）破乳

使乳状液破坏的过程称为**破乳**或**去乳化**。破乳与分层不同，分层还有两种乳状液存在，而破乳是使两种液体完全分离。破乳的机理分两步实现：第一步是絮凝，此过程中，连续相在液滴与界面间排泄出来，分散相的液珠聚集成团；第二步是聚结，此过程中，界面膜发生破裂，各个团合成一个大滴，导致液滴数目的减少和乳状液的完全破坏。

破坏乳状液的方法很多：

① 温度变化　升温，可增加乳化剂的溶解度，降低在界面的吸附量，削弱保护膜；升温还可降低外相黏度，增加液滴碰撞机会，利于破乳。

冷冻，也能破乳。非离子型乳化剂的乳状液在相转变温度时处于不稳定状态，不充分搅拌就会破乳。

② 电破乳　常用于 W/O 型乳状液的破乳：高压电场中，极性乳化剂分子转向而降低界面膜的强度，同时，水滴极化后相互吸引排成一串，当电压升至一定强度（一般在 2000V·cm⁻¹ 以上）时，小液滴瞬间聚结成大水滴而破乳。

③ 表面活性剂破乳　是目前工业上最常用的破乳方法。选择能强烈吸附于油-水界面上的表面活性剂，如异戊醇，顶走原来的乳化剂，在油-水界面形成新膜，但新膜的强度比原

乳化剂形成的膜降低很多，因而容易失去稳定性而破乳。这种表面活性剂叫破乳剂。

④ 添加酸　以碱性皂作为乳化剂的乳状液中添加酸，皂变为脂肪酸析出，失去乳化作用而破乳。

⑤ 过滤　用分散相易润湿的过滤材料过滤乳状液，液滴润湿过滤材料聚集成薄膜，导致乳状液破坏。例：W/O 型乳状液通过填充碳酸钙的过滤层，O/W 型乳状液通过塑料网，都可能会引起破乳。

⑥ 添加无机盐　在一些乳状液中添加无机盐会引起破乳作用，对不同的乳化剂，作用机理有所不同。

除以上方法外，还有离心法、超声波法等或多种方法并用。如原油破乳，加热、电场和添加破乳剂三者同时进行。

> **查一查**：乳状液广泛存在于石油天然气工业、燃料化工、环境科学与资源利用等领域中，为什么有时还需要进行破乳？

19.2.3　乳状液的应用

乳状液是热力学不稳定的多相分散系统，有一定的动力学稳定性，应用领域较为广泛，目前在食品、化妆品、油田采油、香料与香精的制备等行业中被广泛应用。

（1）油田中的应用

乳状液体系凭借其特殊的物理化学性能，在油田开发中得到广泛应用，形成了乳化钻井液、乳化酸、乳化压裂液、乳化稠油堵水剂、多重乳状液、微乳液、乳化驱油等体系。其中，乳化钻井液体系具有井壁稳定性强、润滑性好和保护油层等优点。乳化酸适用于低渗透碳酸盐岩油气藏的深度酸化改造和强化增产作业，滤失量小，缓速性能好，能进入地层深部。乳化压裂液分为水包油型和油包水型两种，水包油型乳化压裂液具有比油包水型摩阻小、流变性便于调节、易返排等优点；油包水型乳化压裂液与油基冻胶压裂液相比，性价比高，适合于水敏性、低压、低渗储层的压裂改造，具有增黏能力强、黏度调节便利、高携砂、低滤失、低残渣等优点。乳化稠油堵水剂分为活性稠油堵水剂和水包稠油堵水剂。前者注入油井的堵剂为加有适量油包水乳化剂的高黏度稠油，后者用水包油型乳化剂将稠油乳化在水中制成。乳状液可有效降低地层中的残余油含量，从而提高采收率。多重乳状液体系一般为 W/O/W 型，由于破乳时间较长，达到了延缓交联的目的。微乳液是指具有超低界面张力、热力学稳定的乳状液。三次采油中，在水中加入表面活性剂和部分高分子化合物，配成驱油溶液进行驱油，可显著提高原油采收率。

（2）化妆品中的应用

乳状液是化妆品中功能性成分最佳的载体，能够将功能性组分迅速而有效地输送给皮肤和毛发，同时，乳状液在配方时不受原料水溶性的限制，不论水溶油溶，在乳化剂作用下形成乳化体后都会成为稳定有效的有机整体，共同发挥滋润保湿、美容护肤的作用。乳状液的配制技术是化妆品行业的基础技术，也是决定化妆品优劣的关键技术。化妆品乳化体中的内相和外相一般都不是单一物质，而是多种水溶性组分和油溶性组分的混合物，如水相可以由水、甘油、水溶性高分子聚合物等组成，油相可以由白油、凡士林、脂肪酸、蜡类、合成油脂等组成，这样在一定程度上增加了化妆品的配方与制备难度，但乳状液有助于将水相和油相有效混合，从而提高产品配方的稳定性。

（3）含金属离子废水的处理

利用乳状液膜法处理废水中重金属离子在技术可行性方面具有很好的发展前景。净化含铬废水，用胺、煤油、液体石蜡及少量表面活性剂、添加剂和 $w(\text{NaOH})=3\%\sim5\%$ 的溶液在高速搅拌下制成油包水型乳状液，采用多节分离柱的连续逆流操作，静电破乳后的内相浓缩液可回收利用，使电镀厂的含铬废水经一次处理就可达到排放标准[$c($铬$)\leqslant9.6\text{mol/L}$]，净化率≥98％。

（4）纺织工业中的应用

把各种天然或人造纤维纺成纱时，要防止断裂、减少纤维间黏附或静电效应，就要用 O/W 型乳状液处理。经处理后的纤维具有平滑、抗静电、润湿及防霉蛀等作用。乳状液中的油目前常用的是锭子油（占 70％），也有的用天然动、植物油。乳化剂有聚氧乙烯烷基苯酚醚或烷基磺酸钠等。

> **查一查**：乳状液的最新应用。

学习指导

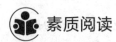 **素质阅读**

傅鹰：中国胶体化学主要奠基人

傅鹰是我国有突出贡献的物理化学家之一，为中国胶体化学、表面化学、色谱和高等化学教育的发展作出了开创性贡献。

潜心科研，奠基中国胶体化学

在美国导师巴特尔教授的悉心指导下，傅鹰在当时的新兴领域——胶体化学王国里刻苦钻研，主攻表面现象和吸附作用。1928 年，导师巴特尔教授在一次学术会议上宣读了傅鹰的博士论文，得到同行的极高评价，立刻引起了一家著名化学公司的注意，他们派人以优厚的待遇聘请傅鹰去工作。傅鹰和张锦商议后谢绝了，"我们花了中国很多钱到国外留学，不是件容易的事。现在如果留在国外，为外国人做事，对不起中国人。"

1939 年，傅鹰受厦门大学校长萨本栋力邀到厦大任教，在此期间，他创新化学学科知识体系，培养青年教师，让厦门大学化学学科走在全国前列。著名化学家唐有祺院士曾这样评价："傅先生才是一位大科学家。书教得好，科研做得精，有远见，有胆识。当初是他把胶体科学的各个领域都带动了起来。他是新中国胶体科学的主要奠基人。"

1943 年，萨本栋校长病重，希望傅鹰接任厦门大学校长一职。但国民党要求继任厦门大学校长必须加入国民党，傅鹰严词拒绝："我宁可不当校长，也不加入国民党！"

1944 年底，傅鹰夫妇把 9 岁的儿子傅本立寄养于天津的亲戚家中，再度经印度乘船赴美。二度赴美的傅鹰继续与导师合作，从事表面化学研究，并共同培养博士研究生。他在指导学生实验中发现了测定多孔固体比表面的新方法，比 BET 理论早了 8 年。

躬身讲堂，为国家培养科技人才

国外的大学为傅鹰夫妇提供了便利的科研条件，但二人无时无刻不在怀念祖国和人民。中华人民共和国成立后，傅鹰夫妇二人毅然决定回国。经过一年多的周旋和斗争，1950 年 8 月 31 日，历经磨难的傅鹰夫妇终于和 126 位同样心系祖国的学者一起，在旧金山登上了"威尔逊总统号"邮轮，义无反顾地奔赴祖国。

1954年，苏联列宁格勒大学化学系主任、从事胶体化学研究的诺沃德拉诺夫教授来到中国讲学。他刚一到北京就急切地向接待人员打听："有一个叫 Ying Fu 的，我只知道他是一个中国人。他现在在哪儿？是不是在中国？如果在中国，我很想拜见他！"

见到接待人员一头雾水，对"Ying Fu"一无所知，诺沃德拉诺夫教授马上如数家珍似地向他介绍"Ying Fu"在科学上取得的巨大成就，并补充道："我在上大学的时候就熟悉'Ying Fu'这个名字，读到他的许多论文。他是国际著名的胶体化学专家。我虽然没有见过他，但我是他的学生，一个虔诚的崇拜者！"

接待人员立即把这一情况向上级部门做了汇报，一查，"Ying Fu"就是现在北京石油学院任教的傅鹰！没在履历上写过自己科学成就的傅鹰，在短短一年内就已经凭着自己对教学科研的热情投入，成为北京石油学院著名的"八大教授"之一；夫人张锦也因在北京石油学院开创了有机化学教研室、坚持教学与科研相结合而成为北京石油学院历史上令人仰望的大先生。

1955年，傅鹰被调往北京大学化学系任教，夫人张锦也于1959年调入北京大学。此后，傅鹰夫妇一直在北京大学化学系工作，直至生命的终点。

傅鹰对待学生极其认真。为了让学生有兴趣，学得明白透彻，他极为重视备课环节，每一堂课都精心准备。他认为，一名优秀的教师只有"厚积"足够的知识，并精心琢磨、剥茧抽丝，才能以生动形象的语言深入浅出地"薄发"给学生，教学来不得半点投机取巧。

1979年9月7日，傅鹰因病逝世。邓小平同志亲自批示隆重悼念这位勤勤恳恳、顽强奋斗，为科学和教育事业贡献一生的伟大爱国者。2002年，在傅鹰先生百年华诞的纪念活动上，国务院副总理李岚清亲笔题词："中国知识分子的光辉典范"！傅鹰学识高深、忠诚爱国、严谨治学的高尚人格，将永远为人们颂扬与景仰。

 思考与练习

一、选择题

1. 在水泥、冶金工厂，常用高压电对气溶胶作用，以除去大量烟尘，减少对空气的污染，这种做法应用的原理是（　　）。
A. 丁达尔现象　　　　B. 电泳　　　　　C. 渗析　　　　　D. 凝聚

2. 不存在丁达尔现象的分散系是（　　）。
A. 豆浆　　　　　　　B. 蔗糖溶液　　　C. 淀粉溶液　　　D. 蛋白质溶液

3. 下列关于胶体的叙述不正确的是（　　）。
A. 布朗运动是胶体粒子特有的运动方式，可以据此把胶体和溶液、悬浊液区分开来
B. 光线透过胶体时，胶体发生丁达尔现象
C. 胶体粒子具有较大的表面积，能吸附阳离子或阴离子，从而带上电荷，在电场作用下产生电泳现象
D. 用渗析的方法净化胶体时，使用的半透膜只能让离子、小分子通过

4. 为使氢氧化铁胶体凝聚，从下面选出需要物质的物质的量最小的电解质是（　　）。
A. $NaCl$　　　　　　B. $MgCl_2$　　　　C. $AlCl_3$　　　　D. $Al_2(SO_4)_3$

5. 铁酸钠（Na_2FeO_4）是水处理过程中使用的一种新型净水剂，它的氧化性比高锰酸

钾更强，本身在反应中被还原为 Fe^{3+}。下列有关叙述正确的是（　　）。

A. Na_2FeO_4 有强碱性，使细菌不能生存

B. Na_2FeO_4 有强氧化性使细菌不能生存

C. Na_2FeO_4 可水解生成 $Fe(OH)_3$ 胶体使水中的悬浮物凝聚沉降

D. Na_2FeO_4 的还原产物可在水中生成 $Fe(OH)_3$ 胶体使水中的悬浮物凝聚沉降

6. 下列各组混合物的分离或提纯方法不正确的是（　　）。

A. 用渗析法分离 $Fe(OH)_3$ 胶体和 $FeCl_3$ 溶液的混合物

B. 用结晶法提纯 NaCl 和 KNO_3 混合物中的 KNO_3

C. 用蒸馏法分离乙醇和苯酚的混合物

D. 用加热法分离碘和氯化铵的混合物

7. 在外电场作用下，氢氧化铁胶体微粒移向阴极的原因是（　　）。

A. Fe^{3+} 带正电荷　　　　　　　　　　　B. $Fe(OH)_3$ 带负电吸引阳离子

C. 氢氧化铁胶体微粒吸附阳离子而带正电　　D. 氢氧化铁胶体吸附阴离子而带负电

8. 一般情况下，胶体微粒不易聚集而稳定，主要是因为（　　）。

A. 胶体有丁达尔现象　　　　　　　　　　　B. 胶体有布朗运动

C. 胶粒很小，不受重力作用　　　　　　　　D. 同种胶粒带同种电荷，它们互相排斥

9. 将胶体颗粒带负电荷的白色胶体，分别先后加入：①蔗糖溶液、②氯化钙溶液、③氢氧化铁胶体、④硫化砷胶体中，共出现三种现象：a 红褐色沉淀、b 无沉淀、c 白色沉淀。那么按实验的先后，出现现象的顺序是（　　）。

A.b b a c　　　　　　B.b c a b　　　　　　C.c b c a　　　　　　D.b c b a

10. 在沸水中滴入 $FeCl_3$ 溶液制备 $Fe(OH)_3$ 胶体，欲除去胶体的杂质，可采用的方法是（　　）。

A. 过滤　　　　　　　B. 蒸馏　　　　　　　C. 电泳　　　　　　　D. 渗析

11. 含有泥沙的江河水（泥沙胶粒带负电荷）用作工业用水时，必须经过净化，用明矾可作净水剂，明矾除去江河水中泥沙的主要原因是（　　）。

A. 明矾与泥沙发生了化学反应

B. 明矾溶液中的胶粒具有很强的吸附作用

C. 明矾溶液中的胶粒与泥沙胶粒所带的电荷电性相反

D. 明矾溶液中的胶粒与泥沙碰撞而沉淀

12.$FeCl_3$ 溶液和 $Fe(OH)_3$ 胶体具有的共同性质是（　　）。

A. 滴加盐酸，先产生沉淀，然后沉淀又溶解

B. 都能透过半透膜

C. 都有丁达尔现象

D. 加热、蒸干、灼烧，最终都有 Fe_2O_3 生成

13. 某胶体遇盐卤（含 Mg^{2+}）或石膏易发生凝聚，而遇食盐水或 Na_2SO_4 溶液不易发生凝聚，有关解释正确的是（　　）。

A. 胶体微粒的直径为 $10^{-9} \sim 10^{-7}$ cm　　B. 该胶体微粒带有正电荷

C. 该胶体微粒不带电荷　　　　　　　　　　D.Na^+ 使此胶体凝聚的效果不如 Ca^{2+} 和 Mg^{2+}

14. 已知由 $AgNO_3$ 溶液和稍过量的 KI 溶液制得 AgI 胶体，当把它和 $Fe(OH)_3$ 胶体相混合时，便析出 AgI 和 $Fe(OH)_3$ 的混合沉淀。由此可推断（　　）。

A. 该 AgI 胶粒带正电荷　　　　　　　　　　B. 该 AgI 胶粒在电泳时向阴极移动

C. 该 AgI 胶粒带负电荷　　　　　　　　　　D.$Fe(OH)_3$ 胶粒在电泳时向阳极移动

15. 已知土壤胶体微粒带负电荷，又有很大的表面积，因而具有选择吸附能力。在土壤里施用含氮量相同的下列肥料，肥效较差的是（　　）。

　　A.（NH$_4$）$_2$SO$_4$　　　　　B. NH$_4$HCO$_3$　　　　C. NH$_4$NO$_3$　　　　D. NH$_4$Cl

16. 下列关于 Fe(OH)$_3$ 胶体的说法不正确的是（　　）。

　　A. Fe(OH)$_3$ 溶液与硅酸溶胶混合将产生凝聚现象

　　B. Fe(OH)$_3$ 胶体粒子在电场影响下将向阳极移动

　　C. Fe(OH)$_3$ 胶体微粒不停地做布朗运动

　　D. 光线通过 Fe(OH)$_3$ 溶胶时会发生丁达尔现象

17. 下列事实与胶体性质无关的是（　　）。

　　A. 在豆浆里加入盐卤做豆腐

　　B. 河流入海处易形成沙洲

　　C. 一束平行光线照射蛋白质溶液时，从侧面可以看到光亮的通路

　　D. 三氯化铁溶液中滴入氢氧化钠溶液出现红褐色沉淀

18. 下列现象不能用胶体的知识解释的是（　　）。

　　A. 牛油与 NaOH 溶液共煮，向反应后所得液体中加入食盐，会有固体析出

　　B. 一支钢笔使用两种不同牌号的蓝黑墨水，易出现堵塞

　　C. 向 FeCl$_3$ 溶液中加入 Na$_2$CO$_3$ 溶液，会出现红褐色沉淀

　　D. 在河水与海水的交界处，有三角洲形成

19. 胶体的本质特征是（　　）。

　　A. 丁达尔现象　　　B. 微粒带电　　　C. 微粒直径为 $10^{-9}\sim10^{-7}$ m　　　D. 布朗运动

20. 明矾净水的主要原因是（　　）。

　　A. 形成 Al(OH)$_3$ 沉淀

　　B. 与难以沉降的小颗粒带有相反的电荷

　　C. 明矾跟小颗粒发生化学反应

　　D. 明矾溶于水后，生成了具有很大表面积的胶体微粒

21. 某学生在做 Fe(OH)$_3$ 胶体凝聚实验时，分别加入下列物质，其中不能观察到凝聚现象的是（　　）。

　　A. 硅酸胶体　　　　　　　　　　　　B. 加入 Al(OH)$_3$ 胶体

　　C. 加入 Al$_2$(SO$_4$)$_3$ 溶液　　　　　　D. 加入硫化砷胶体

22. 下列事实与胶体知识有关的是（　　）。

　　①盐卤点豆腐　　　　②水泥的硬化　　　　③用明矾净水

　　A. ①②　　　　　　　B. ①③　　　　　　C. ②③　　　　　　D. 全部

二、填空题

1. 胶体溶液区别于其他分散系的本质原因是_____。制备 Fe(OH)$_3$ 胶体时，可将_____逐滴加入_____中。反应的离子方程式为：_____。若将得到的 Fe(OH)$_3$ 胶体加热至沸腾，出现的现象为_____，原因是_____。

2. 有一种橘红色的硫化锑（Sb$_2$S$_3$）胶体，装入 U 形管，插入电极后通以直流电，发现阳极附近橘红色加深，这叫_____现象。它证明 Sb$_2$S$_3$ 胶粒带_____电荷，它之所以带有该种电荷，是因为_____。

3. 向 Fe(OH)$_3$ 胶体中逐滴加入盐酸至过量，出现的现象是_____。原因是_____。

4. 在陶瓷工业上常遇到因陶土里混有氧化铁而影响产品质量的情况，解决的方法是将

陶土和水一起搅拌，使微粒直径处于 $10^{-9} \sim 10^{-7}$ m 之间，然后插入两根电极，接通直流电源，这时阳极聚集_____，阴极聚集_____，理由是_____。

三、判断题

1. 溶胶在热力学和动力学上都是稳定系统。　　　　　　　　　　　　　（　　）

2. 溶胶与真溶液一样是均相系统。　　　　　　　　　　　　　　　　　（　　）

3. 能产生丁达尔效应的分散系统是溶胶。　　　　　　　　　　　　　　（　　）

4. 加入电解质可以使胶体稳定，加入电解质也可以使胶体聚沉；二者是矛盾的。

　　　　　　　　　　　　　　　　　　　　　　　　　　　　　　　　（　　）

5. 大分子溶液与溶胶一样是多相不稳定体系。　　　　　　　　　　　　（　　）

四、名词解释

1. 丁达尔效应

2. 布朗运动

3. 电泳

4. 电渗

五、简答题

1. 胶体有哪些特性？

2. 破乳有哪些方法？

六、讨论题

乳状液有哪些应用？请举例说明。

附　录

附录1　常见物质的热力学数据

[标准摩尔生成焓、标准摩尔生成吉布斯函数和标准摩尔熵（298.15K）]

物　　质	化学式(物态)	$\Delta_f H_m^{\ominus}/(kJ \cdot mol^{-1})$	$\Delta_f G_m^{\ominus}/(kJ \cdot mol^{-1})$	$S_m^{\ominus}/(kJ \cdot mol^{-1})$
银	$Ag(s)$	0	0	42.55
溴化银	$AgBr(s)$	−100.37	−96.90	107.1
氯化银	$AgCl(s)$	−127.07	−109.79	96.2
铝	$Al(s)$	0	0	28.33
氧化铝(刚玉)	$Al_2O_3(s)$	−1675.7	−1582.3	50.92
溴	$Br_2(l)$	0	0	152.23
溴	$Br_2(g)$	30.91	3.11	245.46
石墨	$C(s)$	0	0	5.74
四氯化碳	$CCl_4(l)$	−135.44	65.21	216.40
四氯化碳	$CCl_4(g)$	−102.9	−60.59	309.85
一氧化碳	$CO(g)$	−110.52	−137.17	197.67
二氧化碳	$CO_2(g)$	−395.51	−394.36	213.74
二硫化碳	$CS_2(l)$	89.70	65.27	151.34
二硫化碳	$CS_2(g)$	117.36	67.12	237.84
方解石	$CaCO_3(s)$	−1206.92	−1128.79	92.9
氯化钙	$CaCl_2(s)$	−795.8	−748.1	104.6
氧化钙	$CaO(s)$	−635.99	−604.03	39.75
氢氧化钙	$Ca(OH)_2(s)$	−986.59	−896.69	76.1
氯气	$Cl_2(g)$	0	0	222.59
铜	$Cu(s)$	0	0	33.15
氧化铜	$CuO(s)$	−157.3	−129.7	42.63
氧化亚铜	$Cu_2O(s)$	−168.6	−146.0	93.14
氟气	$F_2(g)$	0	0	202.78
氧化铁(赤铁矿)	$Fe_2O_3(s)$	−824.2	−742.2	87.4
四氧化三铁(磁铁矿)	$Fe_3O_4(s)$	−1118.4	−1015.4	146.4
硫酸亚铁	$FeSO_4(s)$	−928.4	−820.8	107.5
氢气	$H_2(g)$	0	0	130.68

续表

物　　质	化学式(物态)	$\Delta_f H_m^{\ominus}/(kJ \cdot mol^{-1})$	$\Delta_f G_m^{\ominus}/(kJ \cdot mol^{-1})$	$S_m^{\ominus}/(kJ \cdot mol^{-1})$
溴化氢	HBr(g)	−36.4	−53.45	198.70
氯化氢	HCl(g)	−92.31	−95.30	186.91
氟化氢	HF(g)	−271.1	−273.2	175.78
碘化氢	HI(g)	26.48	1.70	206.59
硝酸	HNO₃(l)	−174.10	−80.71	155.60
硝酸	HNO₃(g)	−135.10	−74.72	266.38
磷酸	H₃PO₄(s)	−1279.0	−1119.1	110.50
水	H₂O(l)	−285.83	−237.13	69.91
水	H₂O(g)	−241.82	−228.57	188.83
硫化氢	H₂S(g)	−20.63	−33.56	205.79
硫酸	H₂SO₄(l)	−813.99	−690.00	156.90
碘	I₂(s)	0	0	116.14
碘	I₂(g)	62.44	19.33	260.69
氯化钾	KCl(s)	−436.75	−409.14	82.59
硝酸钾	KNO₃(s)	−494.63	−394.86	133.05
硫酸钾	K₂SO₄(s)	−1437.79	−1321.37	175.56
镁	Mg(s)	0	0	32.68
氮气	N₂(g)	0	0	191.61
氨气	NH₃(g)	−46.11	−16.45	192.45
氯化铵	NH₄Cl(s)	−314.43	−202.87	94.6
一氧化氮	NO(g)	90.25	86.55	210.76
二氧化氮	NO₂(g)	33.18	51.31	240.06
氯化钠	NaCl(s)	−411.15	−384.14	72.13
硝酸钠	NaNO₃(s)	−467.85	−367.00	116.52
氢氧化钠	NaOH(s)	−425.61	−379.49	64.46
碳酸钠	Na₂CO₃(s)	−1130.68	−1044.44	134.98
碳酸氢钠	NaHCO₃(s)	−950.81	−851.0	101.7
硫酸钠	Na₂SO₄(s,正交晶系)	−1387.08	−1270.16	149.58
氧气	O₂(g)	0	0	205.14
臭氧	O₃(g)	132.7	163.2	238.93
白磷	P(α - 白磷)	0	0	41.09
红磷	P(s,三斜晶系)	−17.6	−12.1	22.80
磷	P(g,白磷)	58.91	24.44	279.98
三氯化磷	PCl₃(g)	−297.0	−267.8	311.78
五氯化磷	PCl₅(g)	−374.9	−305.0	364.58
硫	S(s,正交晶系)	0	0	31.80
硫	S(g)	278.81	238.25	167.82
硅	Si(s)	0	0	18.83
二氧化硅	SiO₂(s,石英)	−910.94	−856.64	41.84
锌	Zn(s)	0	0	41.63
氧化锌	ZnO(s)	−348.28	−318.30	43.64

附录 2　弱酸、弱碱的解离常数（298.15K）

A. 弱酸在水中的解离常数

物　质	化学式	$K_{a_1}^{\ominus}$	$K_{a_2}^{\ominus}$	$K_{a_3}^{\ominus}$
硼酸	H_3BO_3	5.8×10^{-10}		
碳酸	$H_2CO_3(CO_2+H_2O)$	4.3×10^{-7}	5.61×10^{-11}	
氢氰酸	HCN	6.2×10^{-10}		
次氯酸	$HClO$	2.8×10^{-8}		
硫氰酸	$HSCN$	1.4×10^{-1}		
氢氟酸	HF	6.6×10^{-4}		
亚硝酸	HNO_2	5.1×10^{-4}		
磷酸	H_3PO_4	6.9×10^{-3}	6.2×10^{-8}	4.8×10^{-13}
氢硫酸	H_2S	1.3×10^{-7}	7.1×10^{-15}	
硫酸	H_2SO_4		1.2×10^{-2}	
亚硫酸	$H_3SO_3(SO_3+H_2O)$	1.3×10^{-2}	6.3×10^{-8}	
甲酸	$HCOOH$	1.77×10^{-4}		
乙酸	CH_3COOH	1.76×10^{-5}		
乙二酸(草酸)	$H_2C_2O_4$	5.4×10^{-2}	5.4×10^{-5}	
一氯乙酸	$CH_3ClCOOH$	1.4×10^{-3}		
苯甲酸	C_6H_5COOH	6.2×10^{-5}		
邻-苯二甲酸	—COOH —COOH	1.1×10^{-3}	3.9×10^{-6}	
苯酚	C_6H_5OH	1.1×10^{-10}		

B. 弱碱在水中的解离常数

物　质	化学式	$K_b^{\ominus}$	物　质	化学式	$K_b^{\ominus}$
氨	NH_3	1.8×10^{-5}	二乙胺	$(C_2H_5)_2NH$	1.3×10^{-3}
联氨	H_2NNH_2	$3.0\times10^{-6}(K_{b_1}^{\ominus})$ $7.6\times10^{-15}(K_{b_2}^{\ominus})$	乙二胺	$H_2NCH_2CH_2NH_2$	$8.3\times10^{-5}(K_{b_1}^{\ominus})$ $7.1\times10^{-8}(K_{b_2}^{\ominus})$
羟氨	NH_2OH	9.1×10^{-9}	乙醇胺	$HOCH_2CH_2NH_2$	3.2×10^{-5}
甲胺	CH_3NH_2	4.2×10^{-4}	三乙醇胺	$(HOCH_2CH_2)_3N$	5.8×10^{-7}
乙胺	$C_2H_5NH_2$	5.6×10^{-4}	苯胺	$C_6H_5NH_2$	4.3×10^{-10}
二甲胺	$(CH_3)_2NH$	1.2×10^{-4}	吡啶	C_5H_5N	1.7×10^{-9}

附录 3　难溶化合物的溶度积常数（298.15K）

化　合　物	$K_{sp}^{\ominus}$	化　合　物	$K_{sp}^{\ominus}$
$AgBr$	5.35×10^{-13}	$Ba_3(PO_4)_2$	3.4×10^{-23}
Ag_2CO_3	8.46×10^{-12}	$BaSO_3$	5.0×10^{-10}
$AgCl$	1.8×10^{-10}	$BaSO_4$	1.08×10^{-10}
$Ag_2C_2O_4$	5.40×10^{-12}	BaS_2O_3	1.6×10^{-5}
Ag_2CrO_4	1.1×10^{-12}	$CaCO_3$	3.36×10^{-9}
$Ag_2Cr_2O_7$	2.0×10^{-7}	$CaC_2O_4\cdot H_2O$	2.32×10^{-9}
AgI	8.3×10^{-17}	$Ca(OH)_2$	5.02×10^{-6}
Ag_2S	6.3×10^{-50}	$Ca_3(PO_4)_2$	2.07×10^{-33}
Ag_2SO_4	1.20×10^{-5}	$CaSO_4$	4.93×10^{-5}

续表

化　合　物	$K_{sp}^{\ominus}$	化　合　物	$K_{sp}^{\ominus}$
CuI	1.27×10^{-12}	$Mn(OH)_2$	1.9×10^{-13}
$Cu(OH)_2$	2.2×10^{-20}	MnS(无定形)	2.5×10^{-10}
CuS	6.3×10^{-36}	MnS(结晶)	2.5×10^{-13}
Cu_2S	2.5×10^{-48}	$PbCl_2$	1.70×10^{-5}
$Fe(OH)_2$	8.0×10^{-16}	$PbCrO_4$	2.8×10^{-13}
$Fe(OH)_3$	4.0×10^{-38}	PbI_2	9.8×10^{-9}
FeS	6.3×10^{-18}	$PbSO_4$	2.53×10^{-8}
HgS(红)	4.0×10^{-53}	PbS	8.0×10^{-28}
HgS(黑)	1.6×10^{-52}	$ZnCO_3$	1.46×10^{-10}
$MgCO_3$	6.82×10^{-6}	$Zn(OH)_2$	3.0×10^{-17}
$Mg(OH)_2$	5.61×10^{-12}	α-ZnS	1.6×10^{-24}
$MnCO_3$	2.24×10^{-11}	β-ZnS	2.5×10^{-22}

附录 4　标准电极电势（298.15K）

A. 在酸性溶液中

电　极　反　应	$\varphi_A^{\ominus}/V$
$Na^+ + e \rightleftharpoons Na$	-2.71
$Mg^{2+} + 2e \rightleftharpoons Mg$	-2.372
$Mn^{2+} + 2e \rightleftharpoons Mn$	-1.180
$Cr^{2+} + 2e \rightleftharpoons Cr$	-0.913
$Zn^{2+} + 2e \rightleftharpoons Zn$	-0.763
$Cr^{3+} + 3e \rightleftharpoons Cr$	-0.744
$Fe^{2+} + 2e \rightleftharpoons Fe$	-0.447
$Cr^{3+} + e \rightleftharpoons Cr^{2+}$	-0.407
$Cd^{2+} + 2e \rightleftharpoons Cd$	-0.4032
$Co^{2+} + 2e \rightleftharpoons Co$	-0.28
$Ni^{2+} + 2e \rightleftharpoons Ni$	-0.257
$CuI + e \rightleftharpoons Cu + I^-$	-0.180
$Sn^{2+} + 2e \rightleftharpoons Sn$	-0.136
$Pb^{2+} + 2e \rightleftharpoons Pb$	-0.1264
$2H^+ + 2e \rightleftharpoons H_2$	0.000
$S_4O_6^{2-} + 2e \rightleftharpoons 2S_2O_3^{2-}$	0.08
$S + 2H^+ + 2e \rightleftharpoons H_2S$	0.142
$Sn^{4+} + 2e \rightleftharpoons Sn^{2+}$	0.151
$SO_4^{2-} + 4H^+ + 2e \rightleftharpoons H_2SO_3 + H_2O$	0.172
$Hg_2Cl_2 + 2e \rightleftharpoons 2Hg + 2Cl^-$	0.26791
$Cu^{2+} + 2e \rightleftharpoons Cu$	0.337
$H_2SO_3 + 4H^+ + 4e \rightleftharpoons S + 3H_2O$	0.449
$Cu^+ + e \rightleftharpoons Cu$	0.521
$I_2 + 2e \rightleftharpoons 2I^-$	0.536
$MnO_4^- + e \rightleftharpoons MnO_4^{2-}$	0.558
$H_3AsO_4 + 2H^+ + 2e \rightleftharpoons H_3AsO_3 + H_2O$	0.560
$Cu^{2+} + Cl^- + e \rightleftharpoons CuCl$	0.56
$O_2 + 2H^+ + 2e \rightleftharpoons H_2O_2$	0.695
$Fe^{3+} + e \rightleftharpoons Fe^{2+}$	0.771
$Ag^+ + e \rightleftharpoons Ag$	0.7994

电 极 反 应	$\varphi_A^\ominus/V$
$Hg^{2+}+2e \Longrightarrow Hg$	0.851
$NO_3^-+4H^++3e \Longrightarrow NO+2H_2O$	0.957
$HNO_2+H^++e \Longrightarrow NO+H_2O$	0.983
$Br_2+2e \Longrightarrow 2Br^-$	1.066
$IO_3^-+6H^++6e \Longrightarrow I^-+3H_2O$	1.085
$MnO_2+4H^++2e \Longrightarrow Mn^{2+}+2H_2O$	1.224
$O_2+4H^++4e \Longrightarrow 2H_2O$	1.229
$Cr_2O_7^{2-}+14H^++6e \Longrightarrow 2Cr^{3+}+7H_2O$	1.33
$HBrO+H^++2e \Longrightarrow Br^-+H_2O$	1.331
$Cl_2+2e \Longrightarrow 2Cl^-$	1.36
$ClO_4^-+8H^++7e \Longrightarrow Cl_2+4H_2O$	1.39
$BrO_3^-+6H^++6e \Longrightarrow Br^-+3H_2O$	1.423
$ClO_3^-+6H^++6e \Longrightarrow Cl^-+3H_2O$	1.451
$PbO_2+4H^++2e \Longrightarrow Pb^{2+}+2H_2O$	1.455
$ClO_3^-+6H^++5e \Longrightarrow Cl_2+3H_2O$	1.47
$HClO+H^++2e \Longrightarrow Cl^-+H_2O$	1.482
$2BrO_3^-+12H^++10e \Longrightarrow Br_2+6H_2O$	1.482
$Au^{3+}+3e \Longrightarrow Au$	1.498
$MnO_4^-+8H^++5e \Longrightarrow Mn^{2+}+4H_2O$	1.507
$NaBiO_3+6H^++2e \Longrightarrow Bi^{3+}+Na^++3H_2O$	1.60
$2HClO+2H^++2e \Longrightarrow Cl_2+2H_2O$	1.611
$MnO_4^-+4H^++3e \Longrightarrow MnO_2+2H_2O$	1.679
$Au^++e \Longrightarrow Au$	1.68
$Ce^{4+}+e \Longrightarrow Ce^{3+}$	1.72
$H_2O_2+2H^++2e \Longrightarrow 2H_2O$	1.776
$Co^{3+}+e \Longrightarrow Co^{2+}$	1.92
$S_2O_8^{2-}+2e \Longrightarrow 2SO_4^{2-}$	2.010
$O_3+2H^++2e \Longrightarrow O_2+H_2O$	2.076
$F_2+2e \Longrightarrow 2F^-$	2.866

B. 在碱性溶液中

电 极 反 应	$\varphi_A^\ominus/V$
$Fe(OH)_3+e \Longrightarrow Fe(OH)_2+OH^-$	-0.56
$S+2e \Longrightarrow S^{2-}$	-0.47644
$CrO_4^{2-}+4H_2O+3e \Longrightarrow Cr(OH)_3+5OH^-$	-0.13
$MnO_2+2H_2O+2e \Longrightarrow Mn(OH)_2+2OH^-$	-0.05
$Co(OH)_3+e \Longrightarrow Co(OH)_2+OH^-$	0.17
$ClO^-+H_2O+2e \Longrightarrow ClO_2^-+2OH^-$	0.33
$O_2+2H_2O+4e \Longrightarrow 4OH^-$	0.401
$2BrO^-+2H_2O+2e \Longrightarrow Br_2+4OH^-$	0.45
$ClO_4^-+4H_2O+8e \Longrightarrow Cl^-+8OH^-$	0.51
$2ClO^-+2H_2O+2e \Longrightarrow Cl_2+4OH^-$	0.52
$BrO_3^-+2H_2O+4e \Longrightarrow BrO^-+4OH^-$	0.54
$MnO_4^-+2H_2O+3e \Longrightarrow MnO_2+4OH^-$	0.595
$MnO_4^{2-}+2H_2O+2e \Longrightarrow MnO_2+4OH^-$	0.60
$BrO_3^-+3H_2O+6e \Longrightarrow Br^-+6OH^-$	0.61
$ClO_3^-+3H_2O+6e \Longrightarrow Cl^-+6OH^-$	0.62
$ClO_2^-+H_2O+2e \Longrightarrow ClO^-+2OH^-$	0.66
$BrO^-+H_2O+2e \Longrightarrow Br^-+2OH^-$	0.761
$ClO^-+H_2O+2e \Longrightarrow Cl^-+2OH^-$	0.81
$O_3+H_2O+2e \Longrightarrow O_2+2OH^-$	1.24

附录 5   常见配离子的稳定常数（298.15K）

配　离　子	$K_{稳}^{\ominus}$	配　离　子	$K_{稳}^{\ominus}$
$[Ag(CN)_2]^-$	1.3×10^{21}	$[MgY]^{2-}$	4.37×10^8
$[Ag(CN)_4]^{3-}$	4.0×10^{20}	$[MnY]^{2-}$	6.3×10^{13}
$[Au(CN)_2]^-$	2.0×10^{38}	$[NiY]^{2-}$	3.64×10^{18}
$[Cd(CN)_4]^{2-}$	6.02×10^{18}	$[ZnY]^{2-}$	2.5×10^{16}
$[Cu(CN)_2]^-$	1.0×10^{16}	$[Co(en)_3]^{2+}$	8.69×10^{13}
$[Cu(CN)_4]^{3-}$	2.00×10^{30}	$[Co(en)_3]^{3+}$	4.90×10^{48}
$[Fe(CN)_6]^{4-}$	1.0×10^{35}	$[Cu(en)_2]^+$	6.33×10^{10}
$[Fe(CN)_6]^{3-}$	1.0×10^{42}	$[Cu(en)_3]^{2+}$	1.0×10^{21}
$[Hg(CN)_4]^{2-}$	2.5×10^{41}	$[Fe(en)_3]^{2+}$	5.00×10^9
$[Ni(CN)_4]^{2-}$	2.0×10^{31}	$[Ni(en)_3]^{2+}$	2.14×10^{18}
$[Zn(CN)_4]^{2-}$	5.0×10^{16}	$[Zn(en)_3]^{2+}$	1.29×10^{14}
$[Cu(SCN)_2]^-$	1.51×10^5	$[AlF_6]^3$	6.94×10^{19}
$[Fe(NCS)_2]^+$	2.29×10^3	$[FeF_6]^{3-}$	1.00×10^{16}
$[Hg(SCN)_4]^{2-}$	1.70×10^{21}	$[Ag(NH_3)_2]^+$	1.12×10^7
$[AgY]^{3-}$	2.09×10^5	$[Cd(NH_3)_4]^{2+}$	1.32×10^7
$[AlY]^-$	1.29×10^{16}	$[Co(NH_3)_6]^{2+}$	1.29×10^5
$[CaY]^{2-}$	1.0×10^{11}	$[Co(NH_3)_6]^{3+}$	1.58×10^{35}
$[CdY]^{2-}$	2.5×10^7	$[Cu(NH_3)_2]^+$	7.25×10^{10}
$[CoY]^{2-}$	2.04×10^{16}	$[Cu(NH_3)_4]^{2+}$	2.09×10^{13}
$[CoY]^-$	1.0×10^{36}	$[Hg(NH_3)_4]^{2+}$	1.90×10^{19}
$[CuY]^{2-}$	5.0×10^{18}	$[Ni(NH_3)_6]^{2+}$	5.49×10^8
$[FeY]^{2-}$	2.14×10^{14}	$[Ni(NH_3)_4]^{2+}$	9.09×10^7
$[FeY]^-$	1.70×10^{24}	$[Zn(NH_3)_4]^{2+}$	2.88×10^9
$[HgY]^{2-}$	6.33×10^{21}	$[Ag(S_2O_3)_2]^{3-}$	2.88×10^{13}

附录 6   常见化合物的相对分子质量表

化　合　物	相对分子质量	化　合　物	相对分子质量
$AgBr$	187.77	$BaCl_2$	208.42
$AgCl$	143.32	CO_2	44.01
Ag_2CrO_4	331.73	CaO	56.08
AgI	234.77	$CaCO_3$	100.09
$AgNO_3$	169.87	$CaCl_2$	110.99
$AlCl_3$	133.34	$CaCl_2 \cdot 6H_2O$	219.08
Al_2O_3	101.96	$Ca(OH)_2$	74.10
$Al(OH)_3$	78.00	$Ca_3(PO_4)_2$	310.18
$Al_2(SO_4)_3$	342.14	$CaSO_4$	136.14
$Al_2(SO_4)_3 \cdot 18H_2O$	666.41	$CuCl_2$	134.45

化　合　物	相对分子质量	化　合　物	相对分子质量
$CuCl_2 \cdot 2H_2O$	170.48	$KBrO_3$	167.00
CuI	190.45	KCl	74.55
$Cu(NO_3)_2$	187.56	K_2CO_3	138.21
$Cu(NO_3)_2 \cdot 3H_2O$	241.60	K_2CrO_4	194.19
CuO	79.55	$K_2Cr_2O_7$	294.18
Cu_2O	143.09	KI	166.00
$CuSO_4$	159.06	KIO_3	214.00
$CuSO_4 \cdot 5H_2O$	249.68	$KMnO_4$	158.03
$FeCl_2$	126.75	MgO	40.30
$FeCl_2 \cdot 4H_2O$	198.81	$Mg(OH)_2$	58.32
$FeCl_3$	162.21	MnO_2	86.94
$FeCl_3 \cdot 6H_2O$	270.30	NH_3	17.03
$FeNH_4(SO_4)_2 \cdot 12H_2O$	482.18	NH_4Cl	53.49
$Fe(NO_3)_2$	241.86	$(NH_4)_2SO_4$	132.13
FeO	71.85	$Na_2B_4O_7 \cdot 10H_2O$	381.37
Fe_2O_3	159.69	Na_2CO_3	105.99
$Fe(OH)_3$	106.87	$Na_2CO_3 \cdot 10H_2O$	286.14
$FeSO_4$	151.91	$Na_2C_2O_4$	134.00
$FeSO_4 \cdot 7H_2O$	278.01	CH_3COONa	82.03
$Fe(NH_4)_2(SO_4)_2 \cdot 6H_2O$	392.13	$CH_3COONa \cdot 3H_2O$	136.08
$HCOOH$	46.03	$NaCl$	58.44
CH_3COOH	60.05	$NaHCO_3$	84.01
$H_2C_2O_4$	90.04	$Na_2HPO_4 \cdot 12H_2O$	358.14
$H_2C_2O_4 \cdot 2H_2O$	126.07	$Na_2H_2Y \cdot 2H_2O$	372.24
H_2O	18.015	$NaOH$	40.00
H_3PO_4	98.00	Na_3PO_4	163.94
H_2S	34.08	Na_2SO_4	142.04
H_2SO_3	82.07	$Na_2S_2O_3$	158.10
H_2SO_4	98.07	SiO_2	60.08
$KAl(SO_4)_2 \cdot 12H_2O$	474.38	ZnO	81.38
KBr	119.00		

参考文献

[1] 张正兢.基础化学.北京：化学工业出版社，2007.

[2] 刘斌.无机化学.2版.北京：中国医药科技出版社，2010.

[3] 史苏华.无机化学.北京：科学出版社，2013.

[4] 李炳诗，李煜.基础化学（含实验）.2版.武汉：华中科技大学出版社，2010.

[5] 蒋疆.无机及分析化学.厦门：厦门大学出版社，2012.

[6] 苏小云，臧祥生.工科无机化学.3版.上海：华东理工大学出版社，2004.

[7] 高职高专化学教材编写组.有机化学.4版.北京：高等教育出版社，2013.

[8] 刘军.有机化学.2版.北京：化学工业出版社，2005.

[9] 齐欣，高鸿宾.有机化学简明教程.2版.天津：天津大学出版社，2011.

[10] 初玉霞.有机化学.4版.北京：化学工业出版社，2020.

[11] 袁红兰.有机化学.3版.北京：化学工业出版社，2015.

[12] 傅献彩.物理化学.5版.北京：高等教育出版社，2013.

[13] 天津大学物理化学教研室.《物理化学》（上、下册）.5版.北京：高等教育出版社，2009.

[14] 高职高专化学教材编写组.物理化学.北京：高等教育出版社，2013.

元素周期表

IUPAC 2013

氧化态(单质的氧化态为0，
未列入；常见的是红色)

以 $^{12}C=12$ 为基准的原子质量
(注◆的是半衰期最长同位
素的原子质量)

原子序数
元素符号(红色的为放射性元素)
元素名称(注◆的为人造元素)
价层电子构型

95
Am
镅
$5f^77s^2$
243.06138(2)◆

图例(分区元素)

| s区元素 | p区元素 | ds区元素 |
| d区元素 | f区元素 | 稀有气体 |

电子层：K L M N O P Q

族 周期	IA 1	IIA 2	IIIB 3	IVB 4	VB 5	VIB 6	VIIB 7	VIIIB(VIII) 8 9 10	IB 11	IIB 12	IIIA 13	IVA 14	VA 15	VIA 16	VIIA 17	VIIIA(0) 18
1	**H** 氢 $1s^1$ 1.008															**He** 氦 $1s^2$ 4.002602(2)
2	**Li** 锂 $2s^1$ 6.94	**Be** 铍 $2s^2$ 9.0121831(5)									**B** 硼 $2s^22p^1$ 10.81	**C** 碳 $2s^22p^2$ 12.011	**N** 氮 $2s^22p^3$ 14.007	**O** 氧 $2s^22p^4$ 15.999	**F** 氟 $2s^22p^5$ 18.998403163(6)	**Ne** 氖 $2s^22p^6$ 20.1797(6)
3	**Na** 钠 $3s^1$ 22.98976928(2)	**Mg** 镁 $3s^2$ 24.305									**Al** 铝 $3s^23p^1$ 26.9815385(7)	**Si** 硅 $3s^23p^2$ 28.085	**P** 磷 $3s^23p^3$ 30.973761998(5)	**S** 硫 $3s^23p^4$ 32.06	**Cl** 氯 $3s^23p^5$ 35.45	**Ar** 氩 $3s^23p^6$ 39.948(1)
4	**K** 钾 $4s^1$ 39.0983(1)	**Ca** 钙 $4s^2$ 40.078(4)	**Sc** 钪 $3d^14s^2$ 44.955908(5)	**Ti** 钛 $3d^24s^2$ 47.867(1)	**V** 钒 $3d^34s^2$ 50.9415(1)	**Cr** 铬 $3d^54s^1$ 51.9961(6)	**Mn** 锰 $3d^54s^2$ 54.938044(3)	**Fe** 铁 $3d^64s^2$ 55.845(2)／**Co** 钴 $3d^74s^2$ 58.933194(4)／**Ni** 镍 $3d^84s^2$ 58.6934(4)	**Cu** 铜 $3d^{10}4s^1$ 63.546(3)	**Zn** 锌 $3d^{10}4s^2$ 65.38(2)	**Ga** 镓 $4s^24p^1$ 69.723(1)	**Ge** 锗 $4s^24p^2$ 72.630(8)	**As** 砷 $4s^24p^3$ 74.921595(6)	**Se** 硒 $4s^24p^4$ 78.971(8)	**Br** 溴 $4s^24p^5$ 79.904	**Kr** 氪 $4s^24p^6$ 83.798(2)
5	**Rb** 铷 $5s^1$ 85.4678(3)	**Sr** 锶 $5s^2$ 87.62(1)	**Y** 钇 $4d^15s^2$ 88.90584(2)	**Zr** 锆 $4d^25s^2$ 91.224(2)	**Nb** 铌 $4d^45s^1$ 92.90637(2)	**Mo** 钼 $4d^55s^1$ 95.95(1)	**Tc** 锝 $4d^55s^2$ 97.90721(3)◆	**Ru** 钌 $4d^75s^1$ 101.07(2)／**Rh** 铑 $4d^85s^1$ 102.90550(2)／**Pd** 钯 $4d^{10}$ 106.42(1)	**Ag** 银 $4d^{10}5s^1$ 107.8682(2)	**Cd** 镉 $4d^{10}5s^2$ 112.414(4)	**In** 铟 $5s^25p^1$ 114.818(1)	**Sn** 锡 $5s^25p^2$ 118.710(7)	**Sb** 锑 $5s^25p^3$ 121.760(1)	**Te** 碲 $5s^25p^4$ 127.60(3)	**I** 碘 $5s^25p^5$ 126.90447(3)	**Xe** 氙 $5s^25p^6$ 131.293(6)
6	**Cs** 铯 $6s^1$ 132.90545196(6)	**Ba** 钡 $6s^2$ 137.327(7)	57~71 La~Lu 镧系	**Hf** 铪 $5d^26s^2$ 178.49(2)	**Ta** 钽 $5d^36s^2$ 180.94788(2)	**W** 钨 $5d^46s^2$ 183.84(1)	**Re** 铼 $5d^56s^2$ 186.207(1)	**Os** 锇 $5d^66s^2$ 190.23(3)／**Ir** 铱 $5d^76s^2$ 192.217(3)／**Pt** 铂 $5d^96s^1$ 195.084(9)	**Au** 金 $5d^{10}6s^1$ 196.966569(5)	**Hg** 汞 $5d^{10}6s^2$ 200.592(3)	**Tl** 铊 $6s^26p^1$ 204.38	**Pb** 铅 $6s^26p^2$ 207.2(1)	**Bi** 铋 $6s^26p^3$ 208.98040(1)	**Po** 钋 $6s^26p^4$ 208.98243(2)◆	**At** 砹 $6s^26p^5$ 209.98715(5)◆	**Rn** 氡 $6s^26p^6$ 222.01758(2)◆
7	**Fr** 钫 $7s^1$ 223.01974(2)◆	**Ra** 镭 $7s^2$ 226.02541(2)◆	89~103 Ac~Lr 锕系	**Rf** 𬬻 $6d^27s^2$ 267.122(4)◆	**Db** 𬭊 $6d^37s^2$ 270.131(4)◆	**Sg** 𬭳 $6d^47s^2$ 269.129(3)◆	**Bh** 𬭛 $6d^57s^2$ 270.133(2)◆	**Hs** 𬭶 $6d^67s^2$ 270.134(2)◆／**Mt** 鿏 $6d^77s^2$ 278.156(5)◆／**Ds** 𫟼 $281.165(4)$◆	**Rg** 𬬭 281.166(6)◆	**Cn** 鿔 285.177(4)◆	**Nh** 鿭 286.182(5)◆	**Fl** 𫓧 289.190(4)◆	**Mc** 镆 289.194(6)◆	**Lv** 𫟷 293.204(4)◆	**Ts** 鿬 293.208(6)◆	**Og** 𫠇 294.214(5)◆

★ 镧系

57 **La** 镧 $5d^16s^2$ 138.90547(8)	58 **Ce** 铈 $4f^15d^16s^2$ 140.116(1)	59 **Pr** 镨 $4f^36s^2$ 140.90766(2)	60 **Nd** 钕 $4f^46s^2$ 144.242(3)	61 **Pm** 钷 $4f^56s^2$ 144.91276(2)◆	62 **Sm** 钐 $4f^66s^2$ 150.36(2)	63 **Eu** 铕 $4f^76s^2$ 151.964(1)	64 **Gd** 钆 $4f^75d^16s^2$ 157.25(3)	65 **Tb** 铽 $4f^96s^2$ 158.92535(2)	66 **Dy** 镝 $4f^{10}6s^2$ 162.500(1)	67 **Ho** 钬 $4f^{11}6s^2$ 164.93033(2)	68 **Er** 铒 $4f^{12}6s^2$ 167.259(3)	69 **Tm** 铥 $4f^{13}6s^2$ 168.93422(2)	70 **Yb** 镱 $4f^{14}6s^2$ 173.045(10)	71 **Lu** 镥 $4f^{14}5d^16s^2$ 174.9668(1)

★ 锕系

89 **Ac** 锕 $6d^17s^2$ 227.02775(2)◆	90 **Th** 钍 $6d^27s^2$ 232.0377(4)	91 **Pa** 镤 $5f^26d^17s^2$ 231.03588(2)	92 **U** 铀 $5f^36d^17s^2$ 238.02891(3)	93 **Np** 镎 $5f^46d^17s^2$ 237.04817(2)◆	94 **Pu** 钚 $5f^67s^2$ 244.06421(4)◆	95 **Am** 镅 $5f^77s^2$ 243.06138(2)◆	96 **Cm** 锔 $5f^76d^17s^2$ 247.07035(3)◆	97 **Bk** 锫 $5f^97s^2$ 247.07031(4)◆	98 **Cf** 锎 $5f^{10}7s^2$ 251.07959(3)◆	99 **Es** 锿 $5f^{11}7s^2$ 252.0830(3)◆	100 **Fm** 镄 $5f^{12}7s^2$ 257.07511(5)◆	101 **Md** 钔 $5f^{13}7s^2$ 258.09843(3)◆	102 **No** 锘 $5f^{14}7s^2$ 259.10100(7)◆	103 **Lr** 铹 $5f^{14}6d^17s^2$ 262.110(2)◆